基礎流體力學

Fluid Mechanics:
Fundamentals and Applications, 3e

Yunus A. Çengel
John M. Cimbala
著

劉旭光
精編

洪俊卿、蔡尤溪、郭仰
譯

國家圖書館出版品預行編目(CIP)資料

基礎流體力學 / Yunus A. Çengel, John M. Cimbala 著；劉旭光編，洪俊卿，蔡尤溪，郭仰譯. -- 初版. -- 臺北市：麥格羅希爾，臺灣東華，2017.06
　　面；　公分
譯自：Fluid mechanics : fundamentals and applications, 3rd ed.
ISBN 978-986-341-355-4 (平裝)

1. 流體力學

332.6　　　　　　　　　　　　　　　　　　106009709

基礎流體力學

繁體中文版 © 2017 年，美商麥格羅希爾國際股份有限公司台灣分公司版權所有。本書所有內容，未經本公司事前書面授權，不得以任何方式（包括儲存於資料庫或任何存取系統內）作全部或局部之翻印、仿製或轉載。

Traditional Chinese Abridged copyright © 2017 by McGraw-Hill International Enterprises, LLC., Taiwan Branch
Original title: Fluid Mechanics: Fundamentals and Applications, 3E (ISBN: 978-0-07-338032-2)
Original title copyright © 2014 by McGraw-Hill Education. Previous editions © 2006 and 2010.
All rights reserved.

作　　　者	Yunus A. Çengel, John M. Cimbala
編　　　者	劉旭光
譯　　　者	洪俊卿、蔡尤溪、郭仰
合 作 出 版	美商麥格羅希爾國際股份有限公司台灣分公司
暨 發 行 所	台北市 10044 中正區博愛路 53 號 7 樓
	TEL: (02) 2383-6000　　FAX: (02) 2388-8822
	臺灣東華書局股份有限公司
	10045 台北市重慶南路一段 147 號 3 樓
	TEL: (02) 2311-4027　　FAX: (02) 2311-6615
	郵撥帳號：00064813
	門市：10045 台北市重慶南路一段 147 號 1 樓
	TEL: (02) 2371-9320
總 經 銷	臺灣東華書局股份有限公司
出 版 日 期	西元 2017 年 6 月 初版一刷

ISBN：978-986-341-355-4

編者序 Preface

　　本書為 *Fluid Mechanics: Fundamentals and Applications*, 3e (Çengel 與 Cimbala 合著) 之中譯本的精簡版。由於目前國內學生在修習流體力學時，多僅有一學期的時間，而坊間相關教科書的內容篇幅都已偏多，因此在本精簡版中主要涵蓋流體力學中較基礎的部分，包括流體力學的基本概念 (第 1 章) 與流體性質 (第 2 章)、流體在靜止狀態下的行為 (第 3 章)、流體流動下的現象與描述方法 (第 4 章)、伯努利及能量方程式 (能量守恆，第 5 章)、流動系統的受力分析 (動量守恆，第 6 章)、有助於簡化實驗及歸納實驗結果的因次分析 (第 7 章)，以及在工廠及日常生活中會頻繁遇到的管路系統分析 (內部流，第 8 章)；不過較為深入的流場微分分析 (第 9 章)、物體在流場中的受力分析 (外部流，第 10 章)，以及在土木、水利及環工領域可能會遇到的明渠流 (第 11 章) 則仍保留供讀者參考，教師可視授課時間及個別領域需求來做選擇及介紹。

　　至於各章節的內容，因考慮到學生對流體力學多為初次接觸，因此在精簡過程中仍維持原書在推導基本觀念及關係式時的完整性，以便同學能清楚地理解其來龍去脈。

劉旭光 謹識

2017 年 6 月

序 Preface

背景

　　流體力學為一門令人興奮且迷人的學問，其實際應用極為廣泛，包含微生物系統、汽車、飛機及太空船推進等，流體力學對於大學生來說也一向是極富挑戰性的學科，因為適當分析流體力學的問題不只需要基本知識與概念，還仰賴物理直覺與經驗。藉由本書仔細講解概念，並佐以大量例子、圖解、照片，我們期望將觀念與其實際應用作好連結。

　　流體力學是一門成熟的學科，其方程式與逼近法已完整建立且能在任何本科目的教科書上查到，本書不同於其它教科書的特點在於由淺入深的漸進式編排，並在各章節的開頭先概述過去章節所提及的觀念。由於流體力學是相當自然且視覺上直觀的科目，我們提供更多的圖解與照片，唯有清楚闡述觀念，學生才能夠完全領會其數學上的涵義。

目標

　　本書是為大學生的基礎流體力學課程所著，若需要，本書也為雙向教學提供適當的教材。我們假設讀者具備微積分、基礎物理學、工程數學與熱力學的基礎，本書的目標為：

- 呈現流體力學的基本原理與方程式。
- 展示大量多面向的真實工程範例，以讓學生能有所需的直覺去正確使用流體力學在工程上的應用。
- 藉由強調物理學概念，發展對流體力學的直覺式理解，並以圖解與照片強化此理解。

　　本書擁有足夠的教材來作適當的彈性教學，例如航空與航天工程師會注重在勢流、阻力與升力、可壓縮流體、渦輪機構與計算流體力學，而機械與土木工程教學者則會選擇注重在管流與明渠流。

第三版更新部分

　　在本版中，大致內容與編排並沒有太大的改變，所有圖解與照片都以雙色的方式增加視覺衝擊力，許多圖解的部分以照片作為替代，以讓該教材內容更貼近於真實生活的實際應用。另外，我們在某些章節的最後增加了一些新的應用焦點，以此介紹該章節教材中，一些領導者所作令人振奮的實際工業應用與學術研究。我們期望這些能讓學生看出所學教材與實際應用的關聯。由來自賓州州立大學的客座作者 Keefe Manning 所著的新內容"生物流體"收錄在第 8 章與第 9 章，並在章節中附有生物相關的例子與作業題。

一些章節中已加入新的已解例題，而一些新的章節末習題和修改過後的舊題目也更為多面向且實際，更重要的是，增加了基礎工程考題類型的習題，以幫助學生準備職業工程考試。

理念和目標

以作者 Yunus Çengel 為主導所著的本版教科書與先前版本有相同的理念和目的：

- 能與未來的工程師有簡單而精確的溝通。
- 帶領學生清楚了解並深入領會流體力學的基本原理。
- 鼓勵創新思維與發展對於流體力學更深的理解與直覺感受。
- 給有興趣且熱情的學生閱讀，而非只是作為解決作業習題的引導。

最佳的學習方式是練習，此書花了許多心力在強調先前提及的教材內容 (該章節與過去章節所出現的教材內容)，許多闡述的例題與章節末習題相當多面向，並鼓勵學生複習或回頭瀏覽先前的觀念與所建立的直覺。

本書的許多地方展示計算流體力學所產出的例題，也對於此議題提供一個引導章節，我們的目標並非詳細教導有關計算流體力學的數值演算法，這呈現在其它課程較為合適。我們是要將計算流體力學以工程工具的形式介紹給大學生，並介紹其能力與極限。我們使用計算流體力學解答的目的與使用從風洞測試得到的實驗結果非常類似 (即加強對於流體流動物理學的理解，並提供優質的流動可視化以幫助對流體行為的理解)。藉由網站上數十個計算流體力學的習題，教師有足夠的機會在課程中介紹計算流體力學的基礎。

內容與架構

本書從流體的基礎、流體特性、流體流動至計算流體力學依次介紹，共分為15個章節。其中，第 13、14、15 章置於東華書局網站以供讀者下載。

- 第 1 章提供流體基礎介紹、流體流動分類、控制體積與系統的形成、因次、單位、有效數字與解決問題技巧。
- 第 2 章致力於流體性質，例如密度、蒸氣壓、比熱、音速、黏度與表面張力。

- 第 3 章處理流體靜力學與壓力，包含壓力計與氣壓計、潛面的流體靜力、浮力與穩定性及剛體運動的流體。
- 第 4 章涵蓋議題關於流體運動學，例如拉格朗日與歐拉流體描述的差異、流動模式、流體視覺化、渦度與旋轉度與雷諾輸運定理。
- 第 5 章介紹基本質量守恆定理、動量與能量，並強調適當運用質量、伯努利，以及能量守恆與對於方程式的實際應用。
- 第 6 章將雷諾輸運定理應用在線動量與角動量，並強調對於有限控制體積動量分析的工程應用。
- 第 7 章加強因次齊一性觀念與介紹白金漢 π- 定理的因次分析、動力相似與重複參數方法 —— 為本書其它部分與許多科學和工程很有用處的教材。
- 第 8 章致力於管流與導管流。我們討論層流與紊流的差異、管流與導管流的黏性喪失及管網的次要損失，也解釋對於網管如何適當的選擇泵與風扇。最終，討論各種用於測量流率與流速的實驗設備，也提供對於生物流力學的簡單介紹。
- 第 9 章處理流體流動的微分解析，其中包含連續方程式的推導與應用、科西方程式及納維–斯托克斯方程式。我們也介紹流體方程式，描述其分析流體流動的用處，並提供生物流的簡單介紹。最後，指出一些對於生物流力學微分解析的獨特觀點。
- 第 10 章討論納維–斯托克斯方程式的一些逼近法，並對每一個逼近法 —— 包含蠕動流、無黏性流、無旋轉流 (勢流) 與邊界層 —— 提供一些解決案例。
- 第 11 章包含物體上之力 (阻力與升力)，解釋摩擦阻力與壓力阻力的差異，並提供許多常用幾何的阻力係數。本章強調在第 7 章所介紹的風洞量測配合動力相似和因次分析的實際應用。
- 第 12 章延伸流體流動分析至可壓縮流，其氣體特性深受馬赫數的影響。在本章中，我們介紹膨脹波、正震波與斜震波以及阻流的觀念。
- 第 13 章處理明渠流以及與自由空間液體流有關的獨特特性，包含表面波和水躍。
- 第 14 章更加仔細審視渦輪機，包含泵、風扇和渦輪，強調泵和渦輪的運作而非它們的設計細節，我們也以動力相似原理與簡化速度向量分析為基礎討論泵和渦輪的整體設計。
- 第 15 章敘述計算流體力學的基本觀念，並呈現給學生如何使用商業計算流體力學軟體作為解決複雜流體力學問題的工具。我們強調計算流體力學的應用而非軟體中使用的演算法。

每個章節包含豐富的章節末習題，我們也提供廣泛的附錄，內容除了空氣與水外，還包括其它許多材料的熱力學與流體性質，還有一些有用的圖和表。許多章末習題需要用到一些附錄的材料性質以加強問題的真實性。

學習工具

注重在物理學

本書獨特的特性在於除了數學表示與運算外，強調各主題的物理觀點。作者相信，大學教育應該注重於發展工程師在面對現實世界的問題時，了解其底層物理機制與掌握解決實際問題的能力，培養直覺理解的課程也讓學生有更具啟發性且有價值的經驗。

有效使用聯想

一個敏銳的頭腦應該要對於工程科學的理解毫無困難，畢竟工程科學的定理建立在我們每天的經驗與實驗觀察上，因此本書始終採用的是一個物理與直覺的方式。課程內容常常提起與學生的每日經驗的相似之處，以讓他們能夠從課程內容聯想到已知道的事。

自我教導

課文的教材是以一般學生能舒適理解的層級作介紹，它與學生對等對談，而不用艱難的內容。事實上，它是可自我教導的，注意科學定理是基於實驗觀察而來，本課文中大部分的推導大多基於物理論點，因此它們是易於跟隨與理解的。

廣泛使用原圖與照片

圖片幫助學生能抓住其意象，是在學習時的重要工具，本課文中有效應用圖片，包含相對於其它本類別的教科書更多的圖、照片與敘述。圖能吸引注意並引起好奇與興趣，課文中大多的圖試圖成為強調一些會被忽略的重點觀念之方式，其它一些圖則用在頁面總結。

大量解出的範例

所有章節都包含大量解出的範例以澄清教材內容，並演示課文中基本定理的使用以幫助學生的直覺。所有範例的解法使用直覺且系統的方式。此解題方案始於問題的陳述與所有目標的辨認，並皆以假設與逼近法的道理說明，任何解題需要的性質都被分開條列，許多的值與單位一同使用以強調若沒單位，數字會變得沒意義。各個例子結果的意義都在解題中被討論，這個方案也在章末習題解答被遵守與提供給授課者。

大量現實的章節末習題

章節末習題依題材詳細地被編組，讓授課者與學生能較易選擇題目。在各組的觀念題目 (Concept Problems) 以 C 標著，用以查驗學生對於基本觀念的了解程度。

基礎工程學試題 (FE Exam Problems) 被設計來協助學生準備專業工程師執照的基本工程測驗。而複習題 (Review Problems) 較為全面，且並非直接依附於任何特定章節，在某些情況下它們需要在先前章節中所學的教材。設計與小論文題 (Design and Essay) 的題目意圖在鼓勵學生作工程判斷、引發對於主題獨立探索的興趣，並以專業的方式傳達他們的發現。

常見符號使用

在不同工程課程對相同的物理量採用不同的符號，長久以來造成不滿與疑惑，例如一個修習流體力學與熱傳學的學生，在流體力學課必須使用符號 Q 代表體積流率，卻在熱傳學中以其代表另一個物理意義。在工程教育中統一符號時常被提起，甚至在一些由國家科學基金會的基金會聯盟 (National Science Foundation through Foundation Coalitions) 所贊助的會議報告也有提及，但時至今日在此方面所投注的心力還是很少，舉例而言，2003 年 5 月 28 與 29 日在威斯康辛大學舉辦的能源 Stem 創新小型會議 (Mini-Conference on Energy Stem Innovations) 中的最終報告。本課文中我們作了有意識的努力，藉由將採用符號 $\dot{V}$ 代表體積流率，保留了 Q 在熱傳學的符號，以最小化符號使用的衝突。另外，持續使用上點來標記時率，我們認為授課者與學生會感激這個提升符號一致度的努力。

共同包含伯努利與能量方程式

伯努利方程式為流體力學中最常使用的方程式，但也是最常被誤用的。因此，強調這個理想化的方程式之使用與呈現如何適當交代其不完美與不可逆損失是很重要的。在第 5 章，我們藉由介紹在伯努利方程式後馬上介紹能量方程式，並展示許多實際工程例題的解答與使用伯努利方程式的結果之不同來達到此強調效果，幫助學生發展對於伯努利定律的現實觀點。

流體力學運算的獨立章節

商業計算流體力學軟體在設計與流體系統分析的工程應用被廣泛使用，它對於工程師紮實理解流體力學運算的基礎面向、能力與極限都極度重要。我們意識到大部分大學工程課程並沒有完整的計算流體力學的課程，因此在本書開立獨立的計算流體力學的章節去彌補此不足，並提供學生對於計算流體力學的好壞處有足夠的背景。

應用焦點

整本書都有重點的例子，稱為應用焦點，呈現現實世界中的流體力學應用。這些特殊例子的獨立特點在於它們是由客座作者撰寫。應用焦點是設計來將流體力學在各廣泛的領域中各類的應用呈現給學生，它們也包含客座作者研究中搶眼的照片。

符號索引

用在課文中的主要符號、下標及上標附在內文以便參考。

致謝

作者想特別感謝許多來自以下第三版的評估者與評審的珍貴評論、建議、建設性批評及讚美：

Bass Abushakra	密爾瓦基工業學院
Jonathan Istok	俄勒岡州立大學
John G. Cherng	密西根大學迪爾伯恩校區
Time Lee	麥基爾大學
Peter Fox	亞利桑那州立大學
Nagy Nosseir	聖地牙哥州立大學
Sathya Gangadbaran	安柏瑞德航空大學
Robert Spall	猶他州立大學

我們也感謝在本書第一版與第二版致謝過的學者，因人數眾多不再提及。特別感謝 Gary S. Settles 與其在賓州州立大學的同事 (Lori Dodson-Dreibelbis、J. D. Miller 與 Gabrielle Tremblay) 製作令人振奮的講述短片。作者也感謝賓州州立大學的 James Brasseur 製作精確的流體力學詞彙表、奧克拉荷馬州立大學的 Glenn Brown 為本書提供許多具歷史興趣 (historical interest) 的物件、客座作者 David F. Hill (部分第 13 章)與 Keefe Manning (生物流體章節)、加濟安泰普大學的 Mehmet Kanoglu 準備基本工程測驗題目與解答，以及 Sakarya 大學的 Tahsin Engin 提供一些章末習題。

我們也致謝韓國翻譯團隊，他們在翻譯過程中，指出一些在第一、二版已被更正的錯誤與非連貫性，此團隊包含亞洲大學的 Yun-ho Choi、仁川大學的 Nae-Hyun Kim、韓國技術教育大學的 Woonjean Park、檀國大學的 Wonnam Lee、水原大學的 Sang-Won Cha、釜山大學的 Man Yeong Ha 以及韓國航空大學的 Yeol Lee。

最後，特別感謝我們的家人，尤其是妻子 Zehra Çengel 與 Suzanne Cimbala 在準備此書時持續的耐心、理解和支持，因為她們需要在自己丈夫鎖在電腦螢幕前時，長時間的自行處理家務事。

Yunus A. Çengel
John M. Cimbala

目錄

編者序 iii
序 v

Chapter 1 緒論和基本概念 1

1-1 緒論 2
　什麼是流體？ 2
　流體力學的應用領域 4
1-2 流體力學簡史 5
1-3 無滑動條件 7
1-4 流體流動的分類 8
　流動的黏性流與無黏性流區 8
　內部流與外部流 9
　可壓縮流與不可壓縮流 9
　層流與紊流 10
　自然流動 (或無受力流動) 與強制流動 10
　穩定流與不穩定流 10
　一維、二維和三維的流動 11
1-5 系統和控制容積 12
1-6 因次和單位的重要性 13
　一些 SI 和英制單位 15
　因次均一性 17
　單位轉換比 18
1-7 解題技巧 19
　步驟 1：問題敘述 20
　步驟 2：畫示意圖 20
　步驟 3：假設和近似 20
　步驟 4：物理定理 20
　步驟 5：性質 20
　步驟 6：計算 20
　步驟 7：推理、證明和討論 21
1-8 套裝工程軟體 21
　工程方程式求解器 (EES) 22
　CFD 軟體 23
1-9 準確度、精密度和有效數字 23

Chapter 2 流體的性質 29

2-1 緒論 30
　連體 30
2-2 密度和比重 31
　理想氣體的密度 32
2-3 蒸氣壓力和空蝕 33
2-4 能量和比熱 35
2-5 壓縮性與音速 37
　壓縮係數 37
　體積膨脹係數 38
　音速和馬赫數 40
2-6 黏度 42
2-7 表面張力和毛細現象 47
　毛細現象 49

xi

Chapter 3 壓力和流體靜力學 63

3-1	壓力	64
	在一點上的壓力	66
	壓力隨深度的變化	66
3-2	壓力量測裝置	69
	氣壓計	69
	液體壓力計	73
	其它壓力量測裝置	76
3-3	流體靜力學簡介	77
3-4	作用在沉浸平面上的液壓靜力	78
	特例：沉浸的矩形平板	81
3-5	作用在沉浸曲面上的液壓靜力	83
3-6	浮力和穩定度	86
	沉體和浮體穩定度	89
3-7	流體在作剛體運動	91
	特例 1：流體靜止	93
	特例 2：流體的自由落下	93
	沿直線路徑加速	93
	圓柱形容器的旋轉	96

Chapter 4 流體運動學 111

4-1	拉格朗日和歐拉描述	112
	加速度場	114
	隨質點導數	118
4-2	流動型態和流動可視化	119
	流線與流線管	120
	路徑線	122
	煙線	122
	時間線	123
	折射流動可視化技巧	124
	表面流動可視化技術	125
4-3	流體流動數據的圖形	125
	外形圖	125
	向量圖	126
	等高線圖	127
4-4	其它運動學的描述	127
	流體元素的運動或變形的形式	127
4-5	渦度與旋轉度	133
	兩種圓周流動的比較	136
4-6	雷諾輸運定理	138
	隨質點導數與 RTT 的關係	143

Chapter 5 伯努利與能量方程式 153

5-1	簡介	154
	質量守恆	154
	線性動量方程式	154
	能量守恆	154
5-2	質量守恆	155
	質量與體積流率	155
	質量守恆定理	157
	移動或變形的控制體積	159
	穩定流過程的質量守恆	159
	特殊情況：不可壓縮流	160
5-3	機械能和效率	163
5-4	伯努利方程式	166
	流體質點的加速度	167
	伯努利方程式的推導	168
	跨過流線的力平衡	169
	靜壓、動壓與停滯壓	170

	使用伯努利方程式的限制	171
	水力坡線 (HGL) 與能量坡線 (EGL)	173
	伯努利方程式的應用	175
5-5	能量方程式的一般式	181
	熱的能量傳遞，Q	182
	功的能量傳遞，W	182
5-6	穩定流的能量分析	186
	特例：沒有機械功裝置與摩擦力可忽略的不可壓縮流	189
	動能修正因子，α	189

Chapter 6　流動系統的動量分析　207

6-1	牛頓定律	208
6-2	選擇一個控制體積	209
6-3	作用在一個控制體積上的力	210
6-4	線性動量方程式	214
	特例	215
	動量修正因子，β	216
	穩定流	218
6-5	轉動與角動量的複習	225
6-6	角動量方程式	228
	特例	230
	徑向流裝置	231

Chapter 7　因次分析與模型製作　247

7-1	因次與單位	248
7-2	因次齊一性	249
7-3	因次分析與相似性	250
7-4	重複變數法與白金漢 π- 定理	255
7-5	實驗測試、模型製作與不完全相似性	271
	建構實驗與實驗數據的相關性分析	271
	不完全相似性	272
	風洞測試	272
	有自由表面的流動	275

Chapter 8　內部流　287

8-1	介紹	288
8-2	層流與紊流	289
	雷諾數	290
8-3	入口區	291
	入口長度	292
8-4	管中的層流	293
	壓力降與水頭損失	295
	層流中重力對速度與流率的影響	298
	非圓形管中的層流	299
8-5	管中的紊流	302
	紊流剪應力	303
	紊流速度形狀	304
	穆迪圖與科爾布魯克方程式	308
	流體流動問題的分類	310
8-6	次要損失	315
8-7	管網路與泵的選擇	322
	管的串聯與並聯	322
	有泵與透平機的管路系統	324
8-8	流率與速度量測	331
	皮托管與皮托靜壓管	332
	阻塞型流量計：孔口計、文氏管與噴嘴計	333

正排量型流量計	337	
渦輪流量計	337	
可變面積流量計 (浮子流量計)	338	
超音波流量計	338	
電磁式流量計	340	
渦流式流量計	340	
加熱式風速計 (熱線式與熱膜式)	341	
雷射都卜勒測速法	343	
粒子成像測速法	344	

Chapter 9 流體流動的微分解析　361

- 9-1 介紹　362
- 9-2 質量守恆－連續方程式　363
  - 在圓柱座標系統中的連續方程式　367
  - 連續方程式的特例　368
- 9-3 流線函數　372
  - 卡氏座標中的流線函數　372
  - 圓柱座標中的流線函數　376
- 9-4 線性動量微分方程式
  —— 科西方程式　378
  - 科西方程式的替代形式　382
- 9-5 納維－斯托克斯方程式　383
  - 介紹　383
  - 牛頓與非牛頓流體　384
  - 推導不可壓縮且等溫流動的納維
    －斯托克斯方程式　385
  - 卡氏座標的連續與納維－斯托克
    斯方程式　387
  - 圓柱座標的連續與納維－斯托克
    斯方程式　388
- 9-6 流體流動問題的微分解析　389
  - 對已知速度場計算其壓力場　389
  - 連續與納維－斯托克斯方程式的正解　394

Chapter 10 外流場：阻力與升力　421

- 10-1 導論　422
- 10-2 阻力與升力　423
- 10-3 摩擦與壓力阻力　427
  - 用流線型降低阻力　428
  - 流動分離　429
- 10-4 常見幾何形狀的阻力係數　430
  - 生物系統與阻力　431
  - 車輛的阻力係數　434
  - 線性疊加　435
- 10-5 流過平板的平行流　437
  - 摩擦係數　438
- 10-6 流過圓柱體或球體　441
  - 表面粗糙度的影響　443
- 10-7 升力　445
  - 有限翼展翼和誘導阻力　449
  - 由旋轉生成的升力　450

Chapter 11 明渠流　465

- 11-1 明渠流的分類　466
  - 均勻流與變速流　466
  - 渠道中的層流與紊流　467
- 11-2 福勞數與波速　469
  - 表面波的速度　471
- 11-3 比能量　473

11-4	質量與能量守恆方程式	476	
11-5	渠道中的均勻流	479	
	臨界均勻流	481	
	非均勻周長的疊加法	481	
11-6	最好的水力截面積	484	
	矩形渠道	486	
	梯形渠道	487	
11-7	漸變流	489	
	明渠中的液體表面形狀，$y(x)$	491	
	一些代表性的表面形狀	494	
	表面形狀的數值解	495	
11-8	急變流與水躍	499	
11-9	流動控制與量測	504	
	底流閘門	504	
	溢流閘門	506	

附錄 525

性質表與圖 525

表 A-1	莫耳質量、氣體常數與理想氣體比熱	526
表 A-2	沸點與凝固點的性質	527
表 A-3	水的飽和性質	528
表 A-4	冷媒-134a 的飽和性質	529
表 A-5	氨的飽和性質	530
表 A-6	丙烷的飽和性質	531
表 A-7	液體的性質	532
表 A-8	液體金屬的性質	533
表 A-9	在 1 atm 氣壓的空氣性質	534
表 A-10	在 1 atm 氣壓的氣體性質	535
表 A-11	不同高度的大氣性質	537
圖 A-12	圓管中完全發展流決定摩擦因子的穆迪圖	538

符號索引 539

中英文索引 543

緒論和基本概念

學習目標

讀完本章後,你將能夠

- 瞭解流體力學的基本觀念。
- 區別出在實務中遭遇的流體流動問題的各種型態。
- 面對工程問題以系統性方法求解。
- 對於準確度、精密度及有效數字有工作知識,並能認識到工程計算中因次均一性的重要性。

本章我們將介紹分析流體流動的基本觀念。首先將討論物質的相態及流體流動的各種分類方法,例如黏性流與無黏性流、內部流與外部流、可壓縮流與不可壓縮流、層流與紊流及穩態流與非穩態流。我們同時討論了固-液介面的無滑動條件 (no-slip condition) 及簡單介紹了流體力學的發展史。

在介紹系統 (system) 與控制容積 (control volume,以下簡稱控容) 的觀念後,我們討論了將要採用的單位系統 (unit systems)。之後我們介紹了一種直覺的系統性解題技巧 (problem-solving technique),用來作為求解工程問題的模型。最後我們討論了工程量測及計算的準確度、精密度及有效數字。

1-1 緒論

力學 (mechanics) 是古老的物理科學，討論靜止及移動物體受力下的影響。處理靜止物體的力學分支稱為**靜力學** (statics)，而處理移動物體的分支稱為**動力學** (dynamics)。**流體力學** (fluid mechanics) 這個分類討論的是靜止 (流體靜力學) 或運動 (流體動力學) 中流體的行為。在靜止流體被當作是速度為零的運動流體的特例時，流體力學也稱為**流體動力學** (fluid dynamics)。

流體力學本身又再劃分成數種分類。流體的流動如果可以被近似為不可壓縮者 (例如液體，特別是水及速度低的氣體) 通常被稱為**水力動力學** (hydrodynamics)。水力動力學的一個次分類是**水力學** (hydraulics)，處理的是管中或明渠中的液體流動。**氣體動力學** (gas dynamics) 處理的是密度有明顯改變的流體流動，例如噴嘴中的高速氣流。**空氣動力學** (aerodynamics) 處理的是氣體 (特別是空氣) 以高速或低速流經飛機、火箭及汽車等物體。其它比較特殊的分類，例如氣象學 (meteorology)、海洋學 (oceanography) 及水文學 (hydrology)，處理的是自然現象的流體流動。

什麼是流體？

你可以回想在物理學中物質以三種主要相態存在：固體、液體、氣體。(在非常高溫時，物質可以電漿態存在。) 以液相或氣相存在的物質稱為**流體** (fluid)。固體及流體的區別在於當被施加試圖改變其形狀的剪應力 (或切向應力) 時的抵抗能力。被施加剪應力時，固體以 (定量的) 變形來抵抗，然而流體在剪應力的影響下會持續的變形，不論剪應力有多小。在固體中，應力正比於應變，而在流體中，應力正比於應變率。當被施加定量剪力時，固體的變形最終會以固定的應變角度終止，而流體則持續的變形並達到一個固定的應變率。

考慮一個置於兩塊平板之間的長方形橡膠塊。當上平板以力 F 拖拉，而下平板被固定住時，橡膠塊會變形，如圖 1-1 所示。變形角度 α (稱為剪應變或角位移) 會正比於施力 F 而增加。假設橡膠塊及平板間沒有滑動，橡膠塊的上表面被推移的量等於上平板的位移而下表面維持不動。平衡時，上平板在水平方向受到的淨合力為零，因此必有另一個與 F 大小相同、方向相反的力作用於平板上。這個因為摩擦而作用於平板-橡膠介面的逆向力被表示為 $F = \tau A$，此處 τ 是剪應力而 A 是上平板與橡膠間的接觸面積。當施力去除時，橡膠回復其原來的位置。這種現象也可在其它固體中觀察到，如鋼塊，只要施力沒有超越彈性極限。如果在流體中重做這個實驗 (例如兩塊很大的平板被置於很大體積的水中)，不論施力多

圖 1-1 置於兩平行板間的橡膠塊受到剪力影響的變形。圖中顯示的剪應力作用在橡膠上 ── 另一個大小相同、方向相反的剪應力作用在上平板上。

小，與上平板接觸的流體層將以平板速度跟平板一起持續移動。由於流體層間摩擦力的作用，流體速度隨深度遞減，最後在下平板處達於零值。

回想一下在靜力學中**應力** (stress) 被定義為每單位面積的受力，可以將施力除以其作用面的面積而決定之。每單位面積受力的正向分量稱為**正向應力** (normal stress)，而每單位面積受力的切向分量稱為**剪應力** (shear stress) (圖 1-2)。在靜止的流體中，正向應力稱為**壓力** (pressure)。靜止流體處於零剪應力的狀態。當水中牆面被移除時或液體容器被傾斜時，液體會流動來重新建立一個水平自由液面，此時剪力又再發展出來。

在液體中，分子團間可作相對運動，但體積幾乎維持固定，因為分子間有很強的吸引力。結果是液體會依其所在的容器而改變形狀，而且在重力場中會在其所在的大容器中形成自由表面。相反的，氣體在容器中會持續膨脹直到碰到容器壁為止，從而充填所有的可用空間。這是因為氣體分子間相隔較遠，而使得它們之間的吸引力非常小的緣故。不同於液體，一個開放容器中的氣體不能形成自由表面 (圖 1-3)。

雖然固體和液體在很多情況下很容易區別，但在某些情況下這樣的區別就不是那麼清楚。例如瀝青的外觀及行為像是固體，因為其可在一段短時間內抵抗剪應力。但當施力延長一段較長的時間後，瀝青就會慢慢變形，行為表現就像流體。有些塑膠、鉛和泥漿式混合物也呈現出相似的行為。這些特殊案例超出本書的範圍。本書所討論的流體都是很容易辨識為流體的。

分子間的鍵結在固體中最強，在氣體中最弱。一個理由是固體中的分子是緊緻地堆集在一起，而在氣體中，它們相隔了相當大的距離 (圖 1-4)。固體中的分子被安排成重複出現的型態。由於固體中分子間的距離很小，分子間的吸引力極大，從而能維持分子在固定的位置上。液相的分子間距與固相差異不大，但其分子不再維持在固定的位置上，因此可以自由的轉動和移動。在液體中，分子間的作用力較固體中的弱些，但仍較氣體中的強大。通常當固體轉變成流體時，分子間的距離稍微增加，但水是著名的例外。

在氣相中，各分子彼此遠遠的隔開，且分子間的秩序並不存在。氣體分子隨機性的到處移動，彼此間及與其限制容器間作持續性的碰撞。特別是在低密度時，分子間作用力非常小，使得碰撞是分子間唯有的互動模式。相較於液相或固相，氣相

正向應力：$\sigma = \dfrac{F_n}{dA}$

剪應力：$\tau = \dfrac{F_t}{dA}$

圖 1-2 作用於一個流體元素表面上的正向應力和剪應力。對靜止流體而言，剪應力為零，而壓力是僅有的正向應力。

圖 1-3 不同於液體，氣體不會形成自由表面，並且會膨脹直到充滿整個可用空間。

4 基礎流體力學

(a)

(b)

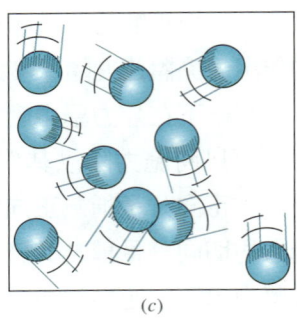
(c)

圖 1-4 在不同相態中原子的排列：(a) 在固相中分子位於相對固定的位置上，(b) 在液相中分子團能相對彼此移動，及 (c) 在氣相中個別的分子作隨機性的運動。

圖 1-5 在微觀尺度上，壓力是由個別氣體分子的相互作用來決定的。然而在巨觀尺度上，我們可以用氣壓計量測壓力。

分子處於相當高的能階，因此氣體在可以冷凝或凍結前必須釋放出大量的能量。

氣體和蒸汽常被當成同義詞。當物質的蒸汽相溫度高於其臨界溫度時，習慣上被稱為氣體。蒸汽通常暗示著現在的相態與凝結狀態相距不遠。

任何實際的流體系統都包含大量的分子，因此系統的性質自然相依於這些分子的行為。例如，一個容器內的氣體壓力是氣體分子與容器壁間作動量交換的結果。然而，為決定容器內的壓力，並不需要知道分子的行為，只要在容器上安裝一個氣壓計就足夠了 (圖 1-5)。這種巨觀的或古典的方法並不需要知道個別分子行為的知識就可提供一個分析工程問題的直接且容易的方法。更精細的微觀或統計方法，根基於大量分子的平均行為，非常複雜，因此在本書中僅使用其當作一種支援角色。

流體力學的應用領域

開發對於流體力學基本原理的良好理解非常重要，因為流體力學廣泛使用於日常活動及從真空吸塵器到超音速飛機等的現代工程系統設計上。例如，流體力學在人體上扮演著關鍵的角色。心臟持續泵送血液經由動脈和血管到人體各部分，肺臟則是空氣流改變流動方向的地方。所有人工心臟、呼吸器及透析系統的設計都會用到流體力學。

一棟普通房子，就某些方面來說，是充滿流體力學應用的展覽廳。每棟個別房屋及整個城市的水管系統、天然氣及污水系統主要都是根據流體力學的原理來設計的。對於加熱及空調系統的管路及風管網路，這敘述也是真實的。一個冷凍機包含有冷媒流動的管路，一個對冷媒加壓的壓縮機，與兩個熱交換器，可以分別吸熱及排熱。流體力學在設計這些零件時都扮演著主要的角色。即使很平常的水龍頭,其運作也是基於流體力學。

在汽車上我們也可看到很多流體力學的應用。所有從燃料箱到汽缸運送燃油的相關零件(燃油管路、燃油泵、燃油噴射器或化油器),燃油和空氣在汽缸中的混合,以及在排氣管中燃燒廢氣的洩放,都用流體力學來做分析。流體力學同時也使用在車用空調系統、油壓剎車、動力方向盤、自動換檔、潤滑系統、汽缸本體的冷卻系統(包含散熱器和水泵),以及輪胎。現代汽車時髦的流線外形是為了降低風阻而廣泛的分析流體流過物體表面的研究成果。

在廣泛的尺度上,流體力學在設計和分析許多裝置上扮演著主要的角色,例如飛機、船舶、潛水艇、火箭、噴射引擎、風車、生醫裝置、電子零件的冷卻系統,以及移動水、原油和天然氣的傳輸系統。同時它也用來設計建築物、橋樑,甚至廣告招牌以確定結構可抵抗風施加的負荷。許多自然現象,例如雨的循環、天氣型態、地下水上升到樹梢、風、海浪,以及大型水體內的水流都受到流體力學原理的控制。

1-2　流體力學簡史[1]

人類所遭遇的第一個工程問題,是城市發展時對家庭用水及灌溉用水的供應。我們的城市生活方式只能靠充分的供水來維持。考古學清楚的證明每一個成功的史前文明都致力於供水系統的建構與維持。古羅馬的輸水道,有些仍在使用,是最著名的例子。然而從技術觀點來看,令人印象最深刻的工程是位於今日土耳其境內的帕加馬古國(Pergamon)的希臘化城中。在那裡,從紀元前283到133年,他們建造了一系列的鉛及黏土管線,長達45 km,在壓力超過1.7 MPa (180 m 水頭)下操作。可惜,幾乎所有這些早期建造者的姓名都湮沒於歷史之中。

最早受到承認,對流體力學理論作出貢獻的是希臘數學家阿基米德(285-212 BC)。他推導出浮力原理並在歷史上的第一次使用,藉此非破壞性檢測的方式來決定希羅一世國王(King Hiero I)的皇冠其黃金含量。古羅馬人建造大型輸水道並教育許多被征服的人民乾淨供水的好處,但整體而言,他們對流體理論的瞭解極差。[也許在他們攻陷敘拉古(Syracuse)時,不應該殺了阿基米德。]

中世紀時,流體機械的應用發展緩慢,但穩定的擴張。精巧的活塞泵被開發來從礦坑抽水,而水車和風車則被改良完美以研磨穀物、鍛冶金屬及做其它工作。在有紀錄的人類歷史中,第一次不需要人類及動物提供的肌肉力量就完成了顯著的工作,而這些發明稍後更促成了工業革命。這些進展的發明者亦是不知名的,但裝置

---

1. 本節由奧克拉荷馬州立大學布朗(Glenn Brown)教授所貢獻。

本身則由許多技術作者，例如阿格力科拉 (Georgius Agricola)，完整的記錄下來。

文藝復興帶來對流體系統和機器的持續發展，更重要的是，科學方法被完美化並在歐洲到處被採用。西蒙‧斯特芬 (1548-1617)、伽利略‧伽利萊 (1564-1642)、愛德姆‧馬略特 (1620-1684) 及埃萬傑利斯塔‧托里切利 (1608-1647) 等人首先採用科學方法來研究流體的靜壓分佈和真空。這個工作被傑出的數學家兼哲學家布萊茲‧帕斯卡 (1623-1662) 加以整合及改進。義大利神父班內迪托‧卡斯特力 (1577-1644) 是發表流體的連續原理敘述的第一人。除了推導出他的固體運動方程式外，艾薩克‧牛頓爵士 (1643-1727) 應用其定理於流體並探討了流體的慣性和阻力、自由噴流及黏性。他的努力由瑞士人丹尼爾‧伯努利 (1700-1782) 和其同事李奧納多‧歐拉 (1707-1783) 接棒。他們一起的工作定義了能量與動量方程式。伯努利的 1738 年古典論文 "Hydrodynamica" 可視為第一本流體力學的教科書。最後，尚‧達朗貝特 (1717-1789) 發展出速度與加速度分量的觀念，連續方程式的微分形式，及提出物體在穩態均勻流中無阻力的矛盾論。

一直到十八世紀末期流體力學理論的發展對於工程的衝擊甚微，這是因為對性質和參數的量化作得太差，同時大部分理論太過抽象化，以至於不能為設計目的作量化。這種情況由瑞奇‧德‧布隆尼 (1755-1839) 所領導的巴黎工程學院的發展而改變。布隆尼 (他因為利用剎車量測軸功率而聞名) 和他在巴黎國立綜合理工學院及國立橋路學院的同事們最先整合微積分和科學理論到工程課程中，這也成為世界其它地區的模型。(現在知道你們痛苦的大一新鮮人生活要怪誰了吧！) 安東尼‧謝才 (1718-1798)、路易士‧納維 (1785-1836)、賈斯帕‧柯里奧利 (1792-1843)、亨利‧達西 (1803-1858) 以及其它許多對流體工程和理論有貢獻的人都是這幾間學校的學生或講師。

到了十九世紀中葉，基礎理論的進展來到幾個前鋒領域。物理學家尚‧普修爾 (1799-1869) 已經正確量測了多種流體在毛細管中的流動，同時，德國的高特希爾‧哈根 (1797-1884) 已經區別出管中的層流和紊流。英國的奧斯鮑恩‧雷諾爵士 (1842-1912) 繼續這個工作並發展出以他為名的無因次參數。類似的，並行於納維的早期工作，喬治‧斯托克斯 (1819-1903) 完成了以他們為名的流體運動的通用方程式 (有摩擦力)。威廉‧福勞德 (1810-1879) 幾乎單獨發展出物理模型實驗的步驟並證明了其價值。美國專家的貢獻也足以和歐洲匹敵，其成效展示在詹姆士‧法蘭西斯 (1815-1892) 和列斯特‧佩爾頓 (1829-1908) 在透平機的開創性工作，以及克萊門斯‧賀雪爾 (1842-1930) 對於文式計的發明。

除了雷諾和斯托克斯外，愛爾蘭和英國的科學家在十九世紀末期對流體理論也作出許多顯著的貢獻，包括威廉‧湯姆斯‧克爾文爵士 (1824-1907)、威廉‧史特拉特‧瑞立爵士 (1842-1919)，以及賀拉斯‧蘭姆爵士 (1849-1934)。這些人研究了許多問題，包括因次分析、無旋流、旋渦流、空蝕及波浪。廣義來說，他們的工作也探討了流體力學、熱力學及熱傳學之間的連結關係。

二十世紀初帶來了兩項偉大的發展。首先在 1903 年，自學的萊特兄弟 [威伯爾 (1867-1912)；奧維爾 (1871-1948)] 經由理論的應用和實驗的幫助發明了飛機，他們的原始發明非常完備，包含了現代飛機所有主要的部分。到這個時間點為止，納維－斯托克斯方程式由於太難求解而很少被使用到。在 1904 年的一篇開創性的論文中，德國的路德維希・普朗特 (1875-1953) 提出流體流動可以被區分出靠近壁面的一層，稱為邊界層，那裡的摩擦效應很顯著，以及一個外層，那裡的摩擦效應可以忽略使得簡化的歐拉和伯努利方程式可以適用。他的學生，西奧多・馮卡門 (1881-1963)、包爾・布拉修士 (1883-1970)、約翰・尼古拉德斯 (1894-1979) 及其它人把理論擴展到水力學和空氣動力學的應用。(在二次大戰期間，敵對雙方都從普朗特的理論得益。普朗特留在德國，而他最好的學生，匈牙利出生的馮卡門在美國工作。)

二十世紀中期可以視為流體力學應用的黃金時期。已有的理論對於現有的工作是適當的，同時流體性質和參數也都有良好的定義。這些都支持了航太、化學工業和水資源等部門的巨大發展；每個部門都將流體力學推向一個新的方向。流體力學在二十世紀晚期的研究和工作受到美國數位式計算機進展的主宰。能夠解決大型的複雜問題的能力，例如全域氣候模擬、透平機葉片的最佳化等，對我們的社會所帶來的好處是十八世紀流體力學的開創者無法想像的。以下所介紹的原理已經被應用至很多流場，從微觀尺度的瞬間模擬到對一整個流域的 50 年長期模擬，真的是令人心眩神迷！

二十一世紀以後流體力學將往何處去？老實說即使從現在作有限度的外部臆測都是很愚蠢的。然而如果歷史有告訴我們什麼，那就是工程師將應用他們所知的來造福社會，研究他們未知的，並且從過程中得到快樂。

1-3 無滑動條件

流體常受到固體面的限制，所以瞭解固體面的存在對流體的影響是很重要的。我們知道河流中的水不能穿石流過，只能繞過它們。亦即垂直石頭表面的水的速度分量必為零，而且當水接近表面時會在表面上完全停止。比較不明顯的是當水以一個角度接近岩石時，在岩石表面也會完全停止，因此水的切向速度在表面也是零。

考慮一流體在靜止管中流動或流過一個非多孔性固體表面 (即對流體是非穿透性的)。所有實驗觀測都指出運動流體在固體表面會完全停止，因而假設相對於表面的速度為零。也就是與固體直接接觸的流體會「黏」住表面，從而沒有滑動。這被稱為<u>無滑動條件</u> (no-slip condition)。導致無滑動條件及邊界層發展的流體性質是黏度，將在第 2 章中討論。

圖 1-6　由於無滑動條件，當流體流過固體表面時，表面速度為零。

由圖 1-6 的示意圖中可清楚瞭解，無滑動條件的後果是所有的速度形狀在流體與固體的接觸面上速度為零，因此無滑動條件要對速度形狀的發展負責。接近固體表面的流體區域，黏性效應 (因此導致速度梯度) 顯著，稱為<u>邊界層</u> (boundary layer)。無滑動條件的另一後果是表面阻力，或稱表皮摩擦阻力，這是流體對固體表面在流動方向施加的力。

當流體被強制流過一個曲面時，比如圓柱的背部，邊界層可能不再附著於表面而從表面分離 —— 這個過程稱為<u>流動分離</u> (flow separation)。我們要強調無滑動條件適用於沿表面任何地方，即使是在分離點的下游處。

1-4　流體流動的分類

早先我們定義流體力學是討論處於靜止或運動中的流體行為，及流體與固體或其它流體在邊界處相互作用的科學。在實務上遭遇的流體流動問題有廣泛的類別。因此基於某些共同的特性將流體分類可以方便分群來研究它們。有很多方法來分類流體流動問題，這裡我們將提出某些常見的分類。

流動的黏性流與無黏性流區

當兩層流體相對彼此運動時，摩擦力在它們之間發展出來，較慢的流體層試圖拉慢較快的流體層。這種流動的內部阻力可用流體的黏度性質來定量。黏度是流體內部黏滯能力的量度。黏度來自於液體分子間相互的吸引力及來自氣體分子間的碰撞。沒有流體具有零黏度，所有流體的流動都牽涉到某種程度的黏性效應。具有顯著摩擦效應的流動稱為<u>黏性流</u> (viscous flows)。然而，在許多實際的流動中，有些區域 (特別是不很靠近固體表面的區域) 黏性力相對於慣性力或壓力小到可以忽略。在這些<u>無黏性流區</u> (inviscid flow region) 中省略黏性項可以很大的簡化分析，卻沒有在正確性上損失很多。

在一個流動速度均勻的流場中置入一塊平行於流場的平板，將可觀察到黏性流區和無黏性流區的發展。由於無滑動條件，流體黏住平板兩邊，在靠近平板，有顯著黏性效應的細薄邊界層就是黏性流區。平板兩邊較遠幾乎不受到平板存在影響的區域就是<u>無黏性流區</u>。

內部流與外部流

流體的流動被分類為內部流或外部流,端視流體的流動是在一個被限制的區間裡或流過表面。一個沒有受到界限的流體在諸如平板、線、管等外表面流動時稱為外部流。而在管道內的流動,流體完全被固體壁界限住則是內部流。例如管中水的流動是內部流,而空氣流過球表面,或在起風的日子時流過管的外表面就是外部流。在流道中流動的液體如果只是一部分填滿流道且有自由表面則稱為**明渠流**(open-channel flow)。例如河中及灌溉渠道中的水流即是這種流動的例子。

內部流的整個流場都受到黏性效應影響的宰制。在外部流中,黏性效應被限制在靠近固體面的邊界層中及在物體下游的尾流區中。

可壓縮流與不可壓縮流

流體流動可分類為可壓縮或不可壓縮,端視流動時密度的變化程度而定。不可壓縮性是一種近似,密度到處都幾乎維持為常數時,稱流動為**不可壓縮**(incompressible)。當流動被近似為不可壓縮時,其每一部分的體積在運動的過程中幾乎維持不變。

液體的密度幾乎維持常數,其流動基本上是不可壓縮的。因此液體經常被當成不可壓縮物質。例如將 1 atm 的液態水加壓到 210 atm 只造成密度大約 1% 的改變。相反的,氣體就有高度的可壓縮性。大氣中的空氣,只要有 0.01 atm 的壓力改變就會造成密度有 1% 的改變。

當分析火箭、太空船及其它牽涉到高速氣體流動的系統時,流動速度通常以無因次的**馬赫數** (Mach number) 來表示,其定義是

$$\text{Ma} = \frac{V}{c} = \frac{流速}{音速}$$

其中 c 是音速,在海平面及室溫條件下,其值是 346 m/s。流動當 Ma = 1 時稱為**音速** (sonic),當 Ma < 1 時稱為**次音速** (subsonic)、當 Ma > 1 時稱為**超音速** (supersonic),及當 Ma ≫ 1 時稱為**極音速** (hypersonic)。無因次參數在第 7 章有詳細的討論。

液體流視為不可壓縮是有高度正確性的,但是把氣體流模擬為不可壓縮所牽涉的氣體密度變化程度及近似程度則視馬赫數而定。如果氣體流的密度變化小於約 5% 則通常可視為不可壓縮,通常當 Ma < 0.3 時是這種情況。因此室溫下,空氣的壓縮性影響在速度小於約 100 m/s 時是可忽略的。

層流與紊流

某些流動是平滑有序的，而其它流動則是混亂的。極度有秩序的流體運動，有很平滑的流體層稱為層流 (laminar)。「層」這個字眼來自於相鄰的流體分子一起像層一般的流動。高黏性的流體 (例如油) 在低速下的流動就是層流。高度不規則的流體運動，通常發生在高速時，具有速度擾動的特徵，稱為紊流 (turbulent)。像空氣一樣，低黏度的流體在高速流動時一般是紊流。奧斯鮑恩‧雷諾在 1880 年代所進行的實驗建立了無因次雷諾數 (Reynolds number, Re)，作為決定管中流動狀態 (flow regime) 的主要參數 (第 8 章)。

自然流動 (或無受力流動) 與強制流動

流體流動依據運動是如何引起的可區分成自然流動或強制流動。在強制流動 (forced flows) 中，流體被外在因素 (例如泵或風扇) 強制流過物體表面或管中。在自然流動 (natural flows) 中，流體的運動導因於自然因素，例如浮力效應－溫暖 (因此較輕) 的流體上升，寒冷 (因此較重) 的流體下降。例如在太陽能熱水系統中，虹吸效應常被用來取代泵，即把儲水箱遠高於太陽能吸收器放置。

穩定流與不穩定流

穩定和均勻這兩個詞經常用在工程上，因此瞭解它們的涵義極為重要。穩定 (steady) 指的是在流場的一點上，性質、溫度、速度等都不隨時間而變。穩定的反面就是不穩定 (unsteady)。均勻 (uniform) 指的是在一個指定區域內，所有性質不隨位置而變。這些涵義與它們日常的使用方法是一致的 (穩定的女朋友、均勻的分佈等)。

不穩定與暫態這兩個詞經常交換使用，但它們並不是同義詞。在流體力學中，不穩定這個詞經常使用在任何不穩定的流動，但是暫態 (transient) 經常使用在發展中的流動。例如當火箭引擎發動時，會有暫態效應 (火箭引擎中的壓力建立上來、流動加速等) 直到引擎安定下來並且穩定的操作為止。週期性 (periodic) 是不穩定流中的一種，指的是流動以一種穩定的方式振盪。

許多裝置，例如透平機、壓縮機、鍋爐、冷凝器和熱交換器等，經常在相同的條件下操作很長的時間，因此被歸類為穩定流裝置。(注意靠近輪機葉片的流場當然是不穩定的，但是當我們分類裝置時，我們考慮的是整體的流場，而不是在某些特定位置的細節。) 在穩定流中，一個裝置內的流體性質可以作點到點的變化，但在任何一個固定點則維持常數。因此一個穩定流裝置或流段的體積、質量及總能量都維持不變。

某些循環式裝置，例如往復式引擎或壓縮機，由於在進口和出口的流動是脈動且不穩定的，所以不滿足穩定流條件。然而流體性質隨時間作週期性的改變，因此經由對這些性質取時間平均值，可使流過這些裝置的流動仍然可用穩定流過程來分析。

工程師最重要的任務之一就是決定是否只要研究一個問題經過時間平均後的「穩定」流動特徵就夠了，或是需要對問題的不穩定特徵作詳細的研究。如果工程師有興趣的只是流場的總體性質 (例如時間平均的阻力係數、平均速度和壓力場)，則只需時間平均描述、時間平均的實驗或對流場所作的時間平均解析或數值計算就夠了。但是如果工程師對不穩定流場的細節有興趣，比如流動引起的振盪、不穩定的壓力擾動，或從紊流旋渦發射的聲波或震波，則對流場的時間平均描述就是不足的。

一維、二維和三維的流動

一個流場可由其速度分佈作最好的特徵描述，因此一個流動可由其速度是依一個、二個或三個主要維度而變，而被稱為是一維、二維或三維的流動。一個典型的流體流動牽涉到三維的幾何，因此速度可能在所有三個方向變化，使得流動是三維的 [$\vec{V}(x, y, z)$，在直角座標中；或 $\vec{V}(r, \theta, z)$，在圓柱座標系統中]。然而速度在某些方向的變化相對於其它方向的速度變化可能很小，從而可被忽略而誤差甚小。在這些情況下，流動可很方便的被模擬成一維或二維，使得分析較為容易。

考慮一個流體的穩定流從大桶流入圓管中，由於無滑動的條件，使得在管壁上每一處流體的速度都是零，從而在管的入口區流動是二維的，因為速度只在 r- 和 z- 方向改變，而不是在 θ- 方向。離開入口一段距離以後，速度形狀達到完全發展不再改變 (在紊流中大約 10 倍直徑，在層流中會長一些，參考圖 1-7)，這個區域的流動稱為完全發展流。在圓管中的完全發展流是一維的，因為速度的變化只發生在 r- 方向，而不在角度 θ- 方向或軸向 z- 方向，如圖 1-7 所示。因此，速度形狀在任何軸向 (z-) 位置是相同的，而且對稱於管軸。

注意流動的維度也相依於座標系統的選擇和方向。例如討論中的管流在圓柱座

圖 1-7 圓管中速度形狀的發展。在入口區，$V = V(r, z)$，流動是二維的，在下游當速度形狀完全發展後，變成一維的，不再隨流動方向改變，$V = V(r)$。

標中是一維的，但在卡氏座標中是二維的 —— 這說明了選擇最適當座標系統的重要性。同時注意在這樣簡單的流動中，由於無滑動條件的關係，速度在圓管的切面上並不是均勻的。然而如果管的入口非常圓滑，速度形狀在管的橫向可以近似為幾乎是均勻的，因為速度在任何徑向位置，除了靠近管壁以外，幾乎是常數。

當寬長比很大使得速度在較長方向的變化幾乎不變時，流動可被近似為二維的。例如通過汽車天線的空氣流可以被考慮成二維的，除了靠近天線尾端，因為天線的長度遠大於其直徑且流向天線的氣流相當均勻 (圖1-8)。

圖 1-8　除了靠近天線頂端及底端以外，流過天線的氣流被近似成二維的。

例題 1-1　經過子彈的軸對稱流

考慮一顆子彈在一段很短的時間間隔內飛穿過靜止的空氣，其間子彈的速度幾乎是常數。試決定在其飛行的期間，流過子彈的時間平均氣流是一維、二維或是三維 (圖 1-9)。

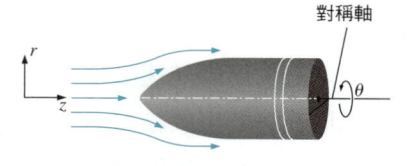

圖 1-9　經過子彈的軸對稱流。

解答：要決定流過子彈的氣流是一維、二維或是三維。
假設：沒有明顯的風並且子彈不旋轉。
解析：子彈擁有對稱軸，因此是軸對稱物體。子彈上游的氣流與軸平行，因此我們預期時間平均的氣流相對於軸為旋轉式對稱的 —— 這種流動稱為是軸對稱的。本例中速度隨軸向距離 z 和徑向距離 r 而變，但不隨角度 θ 而變。因此流過子彈的時間平均氣流是**二維的**。
討論：雖然時間平均氣流是軸對稱的，但瞬時氣流則不是。在卡氏座標中，流動將是三維的。最後，許多子彈也會旋轉。

1-5　系統和控制容積

圖 1-10　系統、環境和邊界。

一個<u>系統</u> (system) 被定義為具有一定量的物質或空間中選來作研究的一個區域。系統外的質量或區域稱為環境 (surroundings)。把系統從它的環境隔開的真實的或假想的面稱為邊界 (boundary) (圖 1-10)。系統的邊界可以是固定的或移動的。注意邊界是系統和環境共有的接觸面。數學上來說，邊界厚度是零，因此不能包含任何質量，也不能佔有空間中任何體積。

系統可視為是封閉的或開放的，端視被選來做研究的是一個固定質量或空間的一個體積而定。一個<u>封閉系統</u> (closed system) [也稱為<u>控制質量</u> (control mass) 或當上下文使其意思清楚時可簡稱為系統] 包含一定質量的物質，沒有任何質量可以穿過邊界。但是能量，以熱或功的形式，仍可以穿過邊界，而且封閉系統的體積不一定是固定的。一個特例是如果能量也不被允許穿過邊界，這個系統就稱為隔離系統 (isolated system)。

考慮如圖 1-11 所示的活塞–汽缸系統。假設我們想要發現被封閉於其中的氣體被加熱時發生了什麼事。因為我們的焦點是氣體，它就是我們的系統。活塞和汽缸的內表面形成邊界，而且沒有質量穿過邊界，這是一個封閉系統。注意能量可以穿過邊界，而且邊界的一部分 (本例中是活塞的內表面) 可以移動。氣體以外的所有東西，包括活塞和汽缸，是環境。

圖 1-11　一個有移動邊界的封閉系統。

一個開放系統 (open system)，經常被稱為控制容積 (control volume)，是在空間中被選定的一個區域。它經常包圍著一個有質量流動的裝置，比如壓縮機、透平機或噴嘴。經過這些裝置的流動，最好選擇裝置內的區域當作控制容積來研究。質量和能量兩者皆能穿過控容的邊界 (稱為控制面)。

很多工程問題牽涉到質量流進流出一個開放系統，因此被模擬成控制容積。熱水器、汽車散熱器、透平機和壓縮機都牽涉到質量流動，應該當作控制容積 (開放系統)，而不是當作控制質量 (封閉系統) 來分析。

一個控制容積可以有固定的大小和形狀，例如噴嘴的例子，或是可以包含一個移動邊界，如圖 1-12 所示。然而大多數控容有固定的邊界，而不包含任何移動邊界。一個控制容積，除了質量交互作用外，也可能有熱和功的交互作用，就如同一個封閉系統。

1-6　因次和單位的重要性

任何物理量都可以由因次 (dimensions) 表示特性。指定給因次的大小稱為單位 (units)。某些基本因次，如質量 m、長度 L、時間 t 和溫度 T 被選擇當作主要因次

(a) 一個有真實和虛擬邊界的控制容積 (CV)

(b) 一個有固定和移動邊界及真實和虛擬邊界的控制容積 (CV)

圖 1-12　一個控制容積可能有固定或移動的真實和虛擬邊界。

(primary dimensions) 或基礎因次 (fundamental dimensions)，而其它如速度 V、能量 E 和體積 V 用基本因次來表示，因此被稱為次要因次 (secondary dimensions) 或導出因次 (derived dimensions)。

歷年來，很多單位系統被發展出來。雖然科學和工程界很努力的想用一個單一的單位系統來統一這個世界，今天仍然有兩套單位系統廣泛的被使用著：英制系統 (English system)，又稱為美國習慣系統 (USCS)。公制 SI 系統 (Le Systèm International d'Unités)，又稱為國際系統。SI 系統根基於各種單位間 10 進制的關係，是一個簡單又符合邏輯的系統，在許多工業化的國家被使用在科學和工程的工作上，包括英國。英制系統沒有明顯有系統的數字基底，這個系統的各種單位間的關係非常隨意 (12 in = 1 ft、1 mile = 5280 ft、4 qt = 1 gal 等等)，這使得學習非常令人困惑及困難。美國是唯一還沒有完全轉換到公制系統的工業化國家。

為了發展通用可接受的單位系統的系統性努力可以回溯到 1790 年，當時法國國會責成法國科學研究院來發展一個單位系統。一個早期版本的公制系統在法國很快被開發出來，但它並未得到廣泛的接受，一直到 1875 年公制會議條約被準備好並得到 17 個國家簽字，其中包括美國。這個國際條約，建立起米和克，分別當作長度和質量的公制單位，並且設立一個重量與量測會議 (CGPM)，規定每六年開會一次。在 1960 年，CGPM 制定了 SI 系統，它的基礎是 6 個基本量，並且以 1954 年第 10 屆 CGPM 被採用的單位為基準：長度是米 (m)，質量是公斤 (kg)，時間是秒 (s)，電流是安培 (A)，溫度是度克耳文 (°K)，光照強度是燭光 (cd)。在 1971 年，CGPM 增加了第七個基本量和單位。物質量用莫耳 (mole)。

根據 1967 年制定的符號標註法，度符號正式從絕對溫度單位被除去，而且所有單位書寫時都不用大寫，即使它們是從姓名導出的 (表 1-1)。然而從姓名導出的單位如果被簡寫則要大寫。例如力的 SI 單位，是以艾薩克‧牛頓爵士 (1647-1723) 命名的，是 newton (不是 Newton)，而它可被簡寫成 N。再者，單位的全名可有複數形，但其簡寫不能。例如一個物體的長度可寫成 5 m 或 5 meters，但不能是 5 ms 或 5 meter。最後單位的簡寫不能跟著句點符號，除非它們出現在句尾。例如，meter 的正確簡寫是 m (不是 m.)。

表 1-1 7 個基本 (或主要) 因次和其公制單位

因次	單位
長度	meter (m)
質量	kilogram (kg)
時間	second (s)
溫度	kelvin (k)
電流	ampere (A)
光照強度	candela (cd)
物質量	mole (mol)

美國對公制系統的推動起始於 1968 年，為了回應世界其它地方發生的情況，國會通過了公制研究法案。1975 年，國會通過了公制轉換法案，為的是促進自動轉換到公制系統。1988 年國會通過一個貿易法案，設定 1992 年 9 月為所有聯邦單位要轉換到公制系統的期限。然而，這期限稍後被放寬了，而未來沒有任何明確的

計畫。

如已介紹過的，SI 系統是根據於單位間的 10 進位關係。前置詞被選來表示各種單位間的倍數，如表 1-2 所示。它們在所有單位都是標準的，而且因為它們的使用非常廣泛，應該鼓勵學生去記住它們 (圖 1-13)。

一些 SI 和英制單位

在 SI，質量、長度和時間的單位分別是 kilogram (kg)、meter (m) 和 second (s)。這些單位在英制系統分別是 pound-mass (lbm)、foot (ft) 和 second (s)。質量和長度在這兩個系統間的關係是：

$$1 \text{ lbm} = 0.45359 \text{ kg}$$
$$1 \text{ ft} = 0.3048 \text{ m}$$

在英制系統，力常被當成主要的因次之一，而且被指定一個非導出單位。這是混亂和錯誤的源頭，而且常常需要在很多式子中使用到一個有因次的常數 (g_c)。為了避免這種討厭的事，我們把力當成次要因次，其單位由牛頓第二定律導出，即

$$力 = (質量)(加速度)$$

或
$$F = ma \tag{1-1}$$

在 SI，力的單位是 newton (N)，其定義是使 1 kg 的質量產生 1 m/s^2 的加速度所需要的力。在英制系統，力的單位是 pound-force (lbf)，其定義是使 32.174 lbm (1 slug) 的質量產生 1 ft/s^2 的加速度所需要的力 (圖1-14)。因此

$$1 \text{ N} = 1 \text{ kg·m/s}^2$$
$$1 \text{ lbf} = 32.174 \text{ lbm·ft/s}^2$$

表 1-2 公制單位的標準前置詞

倍數	前置詞
10^{24}	yotta, Y
10^{21}	zetta, Z
10^{18}	exa, E
10^{15}	peta, P
10^{12}	tera, T
10^{9}	giga, G
10^{6}	mega, M
10^{3}	kilo, k
10^{2}	hecto, h
10^{1}	deka, da
10^{-1}	deci, d
10^{-2}	centi, c
10^{-3}	milli, m
10^{-6}	micro, μ
10^{-9}	nano, n
10^{-12}	pico, p
10^{-15}	femto, f
10^{-18}	atto, a
10^{-21}	zepto, z
10^{-24}	yocto, y

圖 1-13 SI 單位的前置詞使用於所有工程領域。

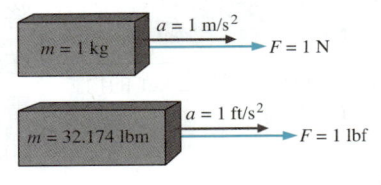

圖 1-14 力的單位的定義。

力 1 N 大概相當於 1 顆小蘋果 ($m = 102$ g) 的重量，而力 1 lbf 大概相當於 4 顆中型蘋果 ($m_{\text{total}} = 454$ g) 的重量，如圖 1-15 所示。另一個廣泛使用於許多歐洲國家的力的單位是 kilogram-force (kgf)，這是 1 kg 的質量在海平面的重量 (1 kgf = 9.807 N)。

重量 (weight) 這詞常被誤用來表示質量，特別是在減肥中心。不像質量，重量

圖 1-15 力的單位 newton-force (N)、kilogram-force (kgf) 和 pound-force (lbf) 之間的相對大小。

圖 1-16 在地球上重量 72 kgf 的物體在月球上僅重 12 kgf。

圖 1-17 單位質量在海平面的重量。

W 是力量。它是一個物體受到的重力，其大小可根據牛頓第二定律的一個方程式決定之，

$$W = mg \quad (N) \tag{1-2}$$

其中 m 是物體的質量，而 g 是當地重力加速度 (在北緯 45° 的海平面 g 是 9.807 m/s^2 或 32.174 ft/s^2)。一個物質每單位體積的重量稱為比重量 (specific weight) γ，其計算式為 $\gamma = \rho g$，其中 ρ 是密度。

一個物體的質量不論在宇宙中任何位置都是相同的，但其重量會隨重力加速度改變而改變。物體的重量在山頂會輕些，因為 g 減少 (少一點點) 之故。在月球的表面，太空人的重量大約是他／她在地球上重量的 1/6 (圖 1-16)。

在海平面 1 kg 質量的重量是 9.807 N，如圖 1-17 所示。然而 1 lbm 質量的重量卻是 1 lbf，這常誤導人們相信 pound-mass 和 pound-force 可以交換使用並表示為 pound (lb)，這是英制系統的一個主要錯誤來源。

功 (work) 是能量的一種形式，可以簡單定義成力量乘以距離，其單位是 "newton-meter (N·m)"，且被稱為 joule (J)。因此，

$$1\ J = 1\ N \cdot m \tag{1-3}$$

在 SI 系統中更通用的單位是 kilojoule (1 kJ = 10^3 J)。在英制系統中，能量的單位是 Btu (British thermal unit)，其定義是將 1 lbm 質量的水，溫度從 68°F 升溫 1°F 所需要的能量。在公制系統中，將 1 g 質量的水，溫度從 14.5°C 升溫 1°C 所需要的能量定為 1 calorie (cal)，而且 1 cal = 4.1868 J。單位 kilojoule 與 Btu 的大小幾乎相同 (1 Btu = 1.0551 kJ)。這裡有個好方法來感覺這些單位的大小：如果你點燃 1 支典型的火柴棒並讓它燃燒到熄滅，則產生的能量大約就是 1 Btu (或 1 kJ)。

能量對時間的變化率的單位是 joule per second (J/s)，又稱為 watt (W)。在功的例子中，能量的時間變化率稱為功率 (power)。功率的常用單位是 horsepower (hp)，其值與 745.7 W 相當。電能的單位通常用千瓦小時 (kilo watt-hour, kWh) 來表示，其值相當於 3600 kJ。一個額定功率 1 kW 的電力裝置連續運作 1 小時會消耗 1

kWh 的電力。當處理電功率生產時，單位 kW 和 kWh 經常被混淆。注意 kW 或 kJ/s 是功率的單位，而 kWh 是能量的單位，因此像「這款新的風車每月將產生 50 kW 的電力」的敘述是無意義且不正確的。正確的敘述應該像是「這款額定功率 50 kW 的新風車每年將產生 120,000 kWh 的電力」。

因次均一性

我們都知道你不能對蘋果和橘子作加法，但我們總是試著去做 (當然是錯誤的)。在工程上，所有的方程式必須是因次均一的。也就是說一個方程式中的每一項必須有同樣的因次。如果在作分析的某個階段，我們發現自己處於正在加總兩個有不同因次或單位的量，這清楚表示我們在稍早的階段犯錯了，因此檢查因次 (或單位) 可以作為偵測錯誤的有利工具。

例題 1-2　風車生產的電功率

一間學校的電費支出是 $0.09/kWh，為了減少電費帳單，學校裝設了一台額定功率 30 kW 的風車。如果風車每年以額定功率操作 2200 小時，試求每年生產的電能及學校每年節省的費用。

解答：風車被裝置來發電。要決定每年生產電能的量與節省的經費。
解析：風車的發電率是 30 kW 或 30 kJ/s。因此每年生產的總電能為

$$\text{總電能} = (\text{單位時間的電能})(\text{時間間隔})$$
$$= (30 \text{ kW})(2200 \text{ h})$$
$$= \mathbf{66{,}000 \text{ kWh}}$$

每年節省的費用是這些能量的貨幣價值，

$$\text{節省的費用} = (\text{總電能})(\text{每單位能量的價值})$$
$$= (66{,}000 \text{ kWh})(\$0.09/\text{kWh})$$
$$= \mathbf{\$5940}$$

討論：每年生產的總電能也可經由單位換算以 kJ 來表示：

$$\text{總電能} = (30 \text{ kW})(2200 \text{ h})\left(\frac{3600 \text{ s}}{1 \text{ h}}\right)\left(\frac{1 \text{ kJ/s}}{1 \text{ kW}}\right)$$
$$= 2.38 \times 10^8 \text{ kJ}$$

這是與 66,000 kWh 相等的 (1 kWh = 3600 kJ)。

我們從經驗中都知道，如果在解題時不是很小心使用單位的話，它們能造成可怕的錯誤。然而只要用心及一點技巧，單位的使用對我們是有益的，它們可用來檢查公式；有時候甚至可以用來推導公式，如以下例題所解釋的。

例題 1-3 ▶ 從單位的考量來推導公式

一個油槽中的儲油密度是 $\rho = 850 \text{ kg/m}^3$。如果油槽的體積是 $V = 2 \text{ m}^3$，試求槽中油的總質量。

解答： 油槽的體積給定，要決定油的質量。

假設： 油幾乎是不可壓縮物質，因此其密度是常數。

解析： 剛描述過的系統的簡圖示於圖 1-18。假設我們忘了質量、密度與體積間的相關公式，但是我們知道質量的單位是公斤 (kilograms, kg)。也就是不論我們如何計算，結果必須是以公斤為單位。將這些訊息列入考量，我們有

圖 1-18 例題 1-3 的簡圖。

$$\rho = 850 \text{ kg/m}^3 \quad 與 \quad V = 2 \text{ m}^3$$

很顯然我們可以將這兩個量相乘，消去 m^3，結果是以 kg 為單位。因此我們所尋找的公式應該是

$$m = \rho V$$

從而，

$$m = (850 \text{ kg/m}^3)(2 \text{ m}^3) = \textbf{1700 kg}$$

討論： 注意這個步驟對於較複雜的公式可能不適用。無因次常數有可能存在於公式中，而這些是不可能從單純的單位考量推導出來的。

你應該記住一個不符合因次均一性的公式一定是錯誤的 (圖 1-19)，但是一個符合因次均一性的公式也不一定是正確的。

單位轉換比

就像所有的非主要因次可以經由適當組合主要因次來形成，所有的非主要單位 (次要單位) 可經由組合主要單位來形成。例如力的單位可以表示成

$$\text{N} = \text{kg} \frac{\text{m}}{\text{s}^2} \quad 與 \quad \text{lbf} = 32.174 \text{ lbm} \frac{\text{ft}}{\text{s}^2}$$

它們也可更方便的表示成單位轉換比 (unity conversion ratio)，

$$\frac{\text{N}}{\text{kg·m/s}^2} = 1 \quad 與 \quad \frac{\text{lbf}}{32.174 \text{ lbm·ft/s}^2} = 1$$

單位轉換比正好是 1，並且是無單位的。因此這些比 (或其倒數) 可以很方便的插入任何計算中來正確轉換單位 (圖 1-20)。當轉換單位時，你被鼓勵經常使用這些單位轉換比。有些教科書會插入過時的重力常數 g_c，定義為 $g_c = 32.174 \text{ lbm·ft/lbf·s}^2 = \text{kg·m/N·s}^2 = 1$，到方程式中來強制單位一致。這種作法導致混淆，本書作者強烈反對。我們鼓勵你使用單位轉換比作為替代。

第 1 章　緒論和基本概念　　19

圖 1-19　總是要在你的計算中檢查單位。

圖 1-20　每個單位轉換比 (或其倒數) 正好等於 1。這裡所示的是幾個經常使用的單位轉換比。

例題 1-4　　1 lbm 的重量

使用單位轉換比，說明 1.00 lbm 在地球上重 1.00 lbf (圖 1-21)。

解答：質量 1.00 lbm 受到標準地球重力作用。要以 lbf 決定它的重量。
假設：標準海平面條件。
性質：重力常數是 $g = 32.174 \text{ ft/s}^2$。
解析：在已知質量和加速度下，我們應用牛頓第二定律來計算重量 (力)。任何物體的重量等於它的質量乘以當地重力加速度的值。因此，

圖 1-21　質量 1 lbm 在地球上重量是 1 lbf。

$$W = mg = (1.00 \text{ lbm})(32.174 \text{ ft/s}^2)\left(\frac{1 \text{ lbf}}{32.174 \text{ lbm·ft/s}^2}\right) = 1.00 \text{ lbf}$$

討論：本方程式中在最後括號內的量是單位轉換比。質量不論其位置在哪裡都是一樣的。然而在具有不同重力加速度的某個行星上，質量 1 lbm 的重量會與這裡的計算值不同。

1-7　解題技巧

學習任何科學的第一步就是要抓住基本原理並獲得它的良好知識。下一步就是要測試這些知識以掌控基本原理。這是經由解決有意義的實務問題來完成的。解決這些問題，特別是複雜問題，需要一個系統性方法。經由使用步進的方法，工程師可以簡化一個複雜問題的解答成為一系列簡單問題的解答 (圖 1-22)。當你解答一個問題時，我們建議你熱情地使用以下的步

圖 1-22　一個步進方法可以大幅簡化問題的求解。

驟，這將幫助你避免某些與解答問題有關的一般陷阱。

步驟 1：問題敘述

用你自己的語言，簡潔的敘述問題、給定的主要訊息及要求解的量。這能在你企圖解答問題前，確定你瞭解這個問題及其目標。

步驟 2：畫示意圖

為牽涉到的物理系統畫一個寫實的簡圖，並在圖上列出相關的訊息。簡圖不需要很精細，但必須與真實的系統相似並顯示主要的特徵。指出任何與環境間的能量和質量的交互作用。在簡圖上列出給定的訊息，能幫助立刻看清楚整個問題。檢查此過程中維持常數的性質(例如等溫過程中的溫度)，並在簡圖上將它們指示出來。

步驟 3：假設和近似

已知：在丹佛市的空氣溫度。

求解：空氣的密度。

遺失訊息：大氣壓力。

假設 #1：取 $P = 1$ atm。(不適當。忽略了高度效應，會造成超過 15% 的誤差。)

假設 #2：取 $P = 0.83$ atm。(適當。僅忽略了次要效應，例如氣候。)

圖 1-23　求解工程問題所作的假設必須是合理、可證明的。

敘述任何適當的假設和近似，這是為了簡化問題使求解變得可能所做的。對有問題的假設作辯護。對需要但遺失的量假設合理的值。例如，若缺失大氣壓力的數據，可以取 1 atm 的值。但是在分析中必須注意到大氣壓力會隨高度增加而遞減，例如在丹佛市 (海拔 1610 m)，它會掉到 0.83 atm (圖 1-23)。

步驟 4：物理定理

應用所有相關的基本物理定理和原則 (例如質量守恆)，並且利用所作的假設來簡化它們成為最簡單形式。然而，物理定理作用的區域必須事先清楚的界定出來。例如水流經噴嘴時速度的遞增是經由噴嘴的進口與出口之間應用質量守恆定理來分析的。

步驟 5：性質

從性質關係式或圖表決定在已知狀態下未知的性質以供求解問題的需要。將性質分別列出，可能的話，註明出處。

步驟 6：計算

將已知的量代入簡化後的關係式並進行計算來決定未知數。特別注意單位及單位化簡，並且注意一個有因次的量不給單位是無意義的。再者，不要把計算器螢幕上的所有數字都複製下來，而給出高精確度的錯誤印象 —— 要把最後的結果捨入成具有適當位數有效數字的結果 (1-9 節)。

步驟 7：推理、證明和討論

檢查來確定獲得的結果是合理且直覺的，並且驗證有問題的假設的可靠性。重做導致不合理值的計算。例如汽車外形流線化以後，在同樣的測試條件下，作用在汽車的空氣阻力不應該增加 (圖 1-24)。

同時要指出結果的重要性，並討論其意涵。敘述可以從結果得到的結論，及可以從它們做出的建議。強調結果可以使用的限制，並且警告以避免誤解及使用結果在假設不適用的情況。例如，假設你決定在一個建議的管線系統中採用較大管徑的管子會在材料上增加 $5000 的成本，但每年能節省 $3000 的泵送成本，指出大管徑的管線可在兩年內從電費上回收其成本差異。然而也要指出這個分析中只有與大管徑管線相關的額外材料成本被考量在內。

圖 1-24 從工程分析得到的結果必須檢查其合理性。

這裡所介紹的方法被用來解答例題，同時也應使用在本書的習題上。對於某些問題，有些步驟也許不適用或不需要。例如，分別列出性質經常是不實際的。然而，在解答問題時，我們並不會太過於強調一個有組織、有秩序的方法的重要性。解答一個問題所遭遇到的大多數困難不是由於缺乏知識，而是由於缺乏組織。在解答問題時，你被強烈鼓勵遵循這些步驟，直到你發展出最適合你個人的工作方法為止。

1-8 套裝工程軟體

你可能會困惑於為什麼我們要對另一個工程科學的基本原理作深入的研習。畢竟，幾乎所有我們可能遭遇到的實際問題，都可使用目前市場上輕易可得的數個精緻套裝軟體來解決。這些套裝軟體不僅提供所要的數值結果，並且為令人印象深刻而提供了色彩繽紛的圖形輸出。今日在實際的工程上沒有使用到這些套裝軟體是不能想像的。這種只要按個鈕就可提供給我們的強大計算能力既是祝福也是詛咒。它確實使工程師能容易快速的解答問題，但是也打開濫用和錯誤訊息之門。在學習不精的人手裡，這些套裝軟體就像精緻有力的武器落在訓練不良的士兵手裡一樣危險。

把一個在基本原理沒有適當訓練但會使用工程套裝軟體的人想成可以做工程，

就好像把一個會使用扳手的人想成可以勝任汽車技工一樣。如果因為幾乎所有事都能使用電腦快速簡單的完成，而認為工程科系學生不需要修習基本課程是對的，那麼雇主不需要高薪工程師也會是對的，因為任何人只要會使用文書處理程式就能學習如何使用套裝軟體。然而不管這些有力套裝軟體的可用性如何，統計顯示對工程師的需求正在增加而不是減少。

我們應該隨時記住，現今所有的計算能力和工程套裝軟體都只是工具，而工具只有在專家手裡才有意義。有最好的文書處理程式不能使一個人成為好的作家，但確實能使一個好作家的工作更容易、更有生產力；手持計算器不能去除教導小孩加法或減法的需要；精緻的醫學套裝軟體無法取代醫學院訓練的地位。工程套裝軟體同樣也無法取代傳統的工程教育，它們只能使課程的重點從數學轉移到物理。就是課堂上會花更多的時間，更詳細的討論問題的物理層面，而少花時間在解題步驟的機械層面上。

工程方程式求解器 (EES)

EES 是一個程式，可以對線性或非線性微分方程式作數值求解。它有一個很大的資料庫，內建熱力學性質函數和數學函數，並且允許使用者提供額外的性質數據。不像某些套裝軟體，EES 不對工程問題求解，它只對使用者提供的方程式求解。因此使用者必須瞭解問題，以及必須使用任何相關的物理定理和關係來推導方程式。EES 可以很簡單的對導出的數學方程式求解，而節省使用者可觀的時間和努力。這使得原來不適合手算的很多工程問題變得可能，也可以快速且方便地從事參數化的分析。EES 是一個能力很強但直覺式的程式，並且很容易使用，例如例題 1-5 所展示的。

例題 1-5　使用 EES 來求解一個方程式系統

兩個數的差是 4，且兩數的平方和是兩數的總和加 20。試求這兩個數。

解答：已知兩數的差和兩數的平方和。要求解這兩數。

解析：我們雙擊 EES 程式的圖像來啟動，開啟一個新檔，並在空白的螢幕上輸入以下兩式：

$$x - y = 4$$
$$x\verb|^|2 + y\verb|^|2 = x + y + 20$$

這是問題敘述的正確數學表示式，其中 x 和 y 代表未知數。這有著兩個未知數的兩個非線性方程系統的解答可以單擊工具欄上的 "Calculator" 圖像來獲得。它給的解 (圖 1-25) 是：

圖 1-25 例題 1-5 的 EES 螢幕截圖。

$$x = 5 \text{ 與 } y = 1$$

討論：注意我們要做的與我們在紙上做的一樣：推導問題的方程式，EES 負責數學求解的所有細節。同時注意方程式可以是線性的或非線性的。而且它們可以任何順序輸入，未知數可在方程式任意端。像 EES 一般的友善求解器讓使用者可以聚焦於問題的物理，而不需要擔心與求解方程式系統有關的數學複雜性。

CFD 軟體

計算流體力學 (CFD) 在工程和研究上被大量的使用。貫穿本教科書，我們也將展示一些 CFD 的解答，因為 CFD 輸出圖在說明流線、速度場和壓力場等是很棒的，遠超過我們在實驗室所能看到的。然而由於有許多不同的商業化 CFD 套裝軟體供使用者選擇，而且學生對這些程式的使用權高度依賴系上的授權權限，我們在每章末不會提供與特定 CFD 套裝軟體綁在一起的 CFD 問題。不過我們維護了一個網站 (參考在 www.mheducation.asia/olc/cengel 的連結)，包含可以用許多不同的 CFD 程式求解的 CFD 問題，學生被鼓勵去嘗試求解某些這些問題來熟悉 CFD。

1-9 準確度、精密度和有效數字

在工程計算中，提供的訊息在超過特定數目的有效數字 (通常是 3 位有效數字) 以後就無法確定。結果是，獲得的結果不可能精確到有更多的有效數字。以更多的有效數字報告結果，暗示比已存在的訊息更精確，因此必須避免。

不管採用什麼單位系統，工程師必須瞭解主宰著正確使用數值的三個原則：準確度、精密度和有效數字。對於工程量測，它們被定義如下：

- 準確度誤差 (不準確性) 是讀值減去真實值。通常一組量測的準確度指的是讀值的平均與真實值的接近程度。準確度一般與重複的固定誤差有關。
- 精密度誤差是讀值減去讀值平均值。通常一組量測的精密度指的是解析度的精細度及儀器的可重複性。精密度一般與不可重複的隨機誤差有關。
- 有效數字是有關聯的有意義的數字。

一個量測或計算可以很精密但不很準確，或者相反。假設風速的真實值是 25.00 m/s。兩個風速計 A 和 B 各讀取風速 5 次：

風速計 A：25.50, 25.69, 25.52, 25.58, 25.61 m/s。
所有讀值的平均 = 25.58 m/s。
風速計 B：26.3, 24.5, 23.9, 26.8, 23.6 m/s。
所有讀值的平均 = 25.02 m/s。

顯然，風速計 A 更精密，因為沒有任何讀值與平均值的差異超過 0.11 m/s。但是，平均值是 25.58 m/s，比真正的風速大 0.58 m/s；這指出有可觀的偏移誤差 (bias error)，或稱為常數誤差 (constant error)，或系統誤差 (systematic error)。另一方面，風速計 B 不很精密，因為它的讀值從平均擺動得很厲害；但是整體的平均值與真實值非常接近。因此風速計 B 較風速計 A 準確，至少對這組讀值而言，雖然它比較不精密。準確度與精密度的差異，可以很有效的用對目標射箭的相似情況來說明 (圖 1-26)。射手 A 很精密，但不是很準確，而射手 B 有較好的準確度，但不太精密。

許多工程師在他們的計算中對於有效數字的位數不太注意。一個數值的最小有效數字暗示著量測或計算的精密度。例如，一個結果寫成 1.23 (三個有效數字) 暗示著結果精確到小數點後第 2 位的一個數字之內；即數值介於 1.22 和 1.24 之間。將這個數值用更多的數字表示是誤導的。有效數字的位數當數值以指數形式書寫時最容易評估；有效數字的位數可以簡單算出，包括零。另外，最小有效數字可以加底線來指示作者的用途。一些例子顯示於表 1-3。

當進行計算或操作幾個參數時，最後的結果通常僅與問題中最不精密的參數一樣的精密。例如，假設 A 和 B 相乘以獲得 C。如果 $A = 2.3601$ (5 位有效數字)，且 $B = 0.34$ (2 位有效數字)，則 $C = 0.80$ (最後結果僅有 2 位有效數字)。注意多數學生可能會寫成 $C = 0.802434$，有 6 位有效數字，因為那是這兩個數相乘以後展示在計算器上的。

當書寫一個計算的中間結果時，建議的作法是保留幾個「多餘」的數字以避免捨入誤差；然而最後結果的書寫應該把有效數字的數目考慮進去。實驗決定的數值受制於量測誤差，這樣的誤差在獲得的結果中反映出來。例如，假設一個物質的密度有 2% 的不確定性，那麼用這個密度值所決定的質量也將有 2% 的不確定性。最後，當有效數字的位數未知者，被接受的工程標準是 3 位有效數字。因此如果一個管材長度的給值是 40 m，我們將假設其值為 40.0 m，為的是合理化在最後的結果中使用 3 位有效數字。

圖 1-26 準確度對應精密度的圖解。射手 A 較精密，但較不準確，而射手 B 較準確，但較不精密。

表 1-3 有效數字

數值	指數形式	有效數字位數
12.3	1.23×10^1	3
123,000	1.23×10^5	3
0.00123	1.23×10^{-3}	3
40,300	4.03×10^4	3
40,300	4.0300×10^4	5
0.005600	5.600×10^{-3}	4
0.0056	5.6×10^{-3}	2
0.006	$6. \times 10^{-3}$	1

第 1 章　緒論和基本概念　**25**

> ### 例題 1-6　　有效數字與體積流率
>
> 珍妮佛使用花園水管中的冷水進行一項實驗。為了計算水流經水管的體積流率，她計時多久可以充滿一個容器。使用一個碼表量測，在時間間隔 $\Delta t = 45.62$ s 收集到水的體積是 $V = 4.2$ L。試計算水流經水管的體積流率，以每分鐘多少立方公尺的單位表示。
>
> **解答：** 從量測的體積和時間間隔決定體積流率。
> **假設：1.** 珍妮佛正確的記錄她的量測，比如體積的測量值精密到 2 位有效數字，而時間間隔精密到 4 位有效數字。**2.** 沒有因為濺出容器而造成的注水損失。
> **解析：** 體積流率 $\dot{V}$ 是單位時間的水流體積，可以表示成
>
> 體積流率：
> $$\dot{V} = \frac{\Delta V}{\Delta t}$$
>
> 代入測量值，決定的體積流率是
>
> $$\dot{V} = \frac{4.2 \text{ L}}{45.62 \text{ s}} \left(\frac{1 \text{ m}^3}{1000 \text{ L}}\right)\left(\frac{60 \text{ s}}{1 \text{ min}}\right) = 5.5 \times 10^{-3} \text{ m}^3/\text{min}$$
>
> **討論：** 最後的結果用 2 位有效數字列出，因為我們沒有信心比這個更精密。如果這只是個後繼計算的中間步驟，可以攜帶一些額外的數字，以避免累積的捨入誤差。在這樣的例子中，體積流率將被寫成 $\dot{V} = 5.5239 \times 10^{-3}$ m³/min。根據所提供的訊息，我們對結果的準確度不能說任何事情，因為我們對於體積量測或時間量測的系統性誤差都沒有任何的訊息。
>
> 　　同時記住精密度良好並不能保證準確度良好。例如，假設碼表的電池變弱了，它的準確度可能變得很差，但是讀值可能還是顯示 4 位有效數字的精密度。
>
> 　　通常精密度與解析度有關。解析度是量測時，儀器所能報告的最細量度。例如，一個能顯示 5 位數字的數位伏特表就比另一個僅能顯示 3 位數字的數位伏特表精密。然而，顯示數字的數目與量測的總體準確度無關。若是有很可觀的偏移誤差時，一個儀器可以是很精密，但不是很準確。同樣的，一個顯示數字比較少的儀器，有可能比顯示數字比較多的儀器更準確 (圖 1-27)。

正確的時間 = 45.623451 … s

| (a) TIMEXAM 46. s | (b) TIMEXAM 43. s | (c) TIMEXAM 44.189 s | (d) TIMEXAM 45.624 s |

圖 1-27　一個儀器有許多數字的解析度 (碼表 c) 可能比另一個儀器有很少數字的解析度 (碼表 a) 更不準確。關於碼表 b 和 d，你能說些什麼吧？

總結

本章介紹和討論了一些流體力學的基本觀念。物質處於液態或氣態時被稱為流體。流體力學是討論靜止或運動中的流體的行為，並討論流體與固體或其它流體在邊界上交互作用的科學。

一個無界流體流過一個表面的流動是外部流，而在管道中的流動，如果流體被固體表面所完全界限則稱為內部流。流體可被分類成可壓縮或不可壓縮，端視流體流動時密度的變化大小而定。液體的密度基本上維持常數，因此典型的液體流動是不可壓縮的。穩定一詞暗示著不隨時間而變。穩定的反面是不穩定。均勻一詞暗示在一個指定區域內不隨位置而變。一個流動被稱為一維的，如果性質或變數僅在一個維度方向有變化。一個與固體表面直接接觸的流體，黏住表面而不滑動，稱為無滑動條件，會導致沿固體表面產生邊界層。本書中，我們聚焦於穩定、不可壓縮的黏性流，包括內部流和外部流。

一個具有固定質量的系統稱為封閉系統，而一個系統如果穿越其邊界有質量傳遞則稱為開放系統或控制容積。很多工程問題牽涉到質量進出系統，因此被模擬成控制容積。

工程計算上，要特別注意量的單位以避免不一致的單位造成的錯誤，同時也要遵循一個系統性的解題方法，這些都是很重要的。同樣重要的是，要承認供給我們的訊息的有效數字的位數是有限的，因此從其推論所得的結果不可能有更多的有效數字。本章所給的資訊，包括因次和單位、解題技巧、精密度、準確度，以及有效數字在整本書中都會用到。

參考資料和建議讀物

1. American Society for Testing and Materials. *Standards for Metric Practice*. ASTM E 380-79, January 1980.
2. G. M. Homsy, H. Aref, K. S. Breuer, S. Hochgreb, J. R. Koseff, B. R. Munson, K. G. Powell, C. R. Robertson, and S. T. Thoroddsen. *Multi-Media Fluid Mechanics* (CD). Cambridge: Cambridge University Press, 2000.
3. M. Van Dyke. *An Album of Fluid Motion*. Stanford, CA: The Parabolic Press, 1982.

習題

有 "C" 題目是觀念題，學生應儘量作答。

緒論、分類和系統

1-1C 考慮空氣流過飛機的機翼。這個流動是內部流或外部流？如果是氣體流經一個噴射引擎呢？

1-2C 定義內部流、外部流和明渠流。

1-3C 當飛機相對於地面以等速度飛行時，若說這架飛機的馬赫數也是常數是否正確？

1-4C 什麼是無滑動條件？是由什麼造成的？

1-5C 什麼是邊界層？什麼造成邊界層的發展？

1-6C 什麼是穩定流過程？

1-7C 當分析氣體流過一個噴嘴的加速度時，你會選擇什麼當作你的系統？這是一個什麼形式的系統？

1-8C 你正試圖瞭解一個往復式空氣壓縮機（一個活塞–汽缸裝置）如何工作的。你將使用什麼系統？這個系統的形式是什麼？

質量、力、單位

1-9C 解釋為什麼光年有長度的因次。

1-10C 什麼是 pound-mass 和 pound-force 的差異？

1-11C 作用在一輛以 70 km/h 等速度巡航的汽車上的淨力是什麼？(a) 在平坦的路上。(b) 在上坡路上。

1-12 一個質量 200 kg 的物體位於 $g = 9.6 \text{ m/s}^2$ 的地方，其重量是多少 N？

1-13 決定一房間內空氣的質量和重量。房間的尺寸是 6 m × 6 m × 8 m。假設空氣的密度是 1.16 kg/m³。(Answer: 334.1 kg, 3277 N)

1-14 高速飛機的加速度有時候用 g 表示 (表示成標準重力加速度的倍數)。試求一個 90 kg 的人在一架加速度為 $6g$ 的飛機上所感受到的淨力大小。

1-15 在北緯 45°，重力加速度可表示成海平面以上高度 z 的函數，$g = a - bz$，其中 $a = 9.807 \text{ m/s}^2$，$b = 3.32 \times 10^{-6} \text{ s}^{-2}$。試求使一個物體的重量減少 1% 的海平面高度。(Answer: 29,500 m)

1-16 一輛汽車的油箱用加油嘴加油，加油嘴以等流動速率填加汽油。基於對量的單位考慮，試導出加滿油的時間 t (s) 與油箱體積 V (L) 和注油率 $\dot{V}$ (L/s) 之間的關係式。

1-17 僅基於單位考慮，試證明將一輛質量為 m (kg) 的汽車在時間間隔 t (s) 從靜止加速到速度 V (m/s) 所需的功率是正比於質量和汽車的速度平方，而反比於時間間隔。

1-18 一個人到傳統市場買牛排作晚餐。他發現一塊 12 oz 的牛排 (1 lbm = 16 oz) 價格是 \$3.15。接著他到隔壁的國際市場，發現一塊 320 g 的牛排，品質相同，價格是 \$3.30。哪一塊牛排是比較好的買賣呢？

1-19 一輛升高機將 90.5 kg 的板條箱舉高 1.80 m。(a) 展示你所有的工作過程及使用單位轉換比，計算升高機對板條箱所作的功，以單位 kJ 表示。(b) 如果花了 12.3 秒來舉高板條箱，試計算供給板條箱的有用功率，以單位 kW 表示。

模擬與求解工程問題

1-20C 對於一個工程問題，解析方法和實驗方法的差異是什麼呢？討論每個方法的優缺點。

1-21C 精密度和準確度的差異是什麼呢？一個量測有可能很精密但不準確嗎？解釋之。

1-22C 工程套裝軟體的價值是什麼？(a) 工程教育，及 (b) 工程實務？

1-23 使用 EES 解有 2 個未知數的 2 個聯立方程式系統：

$$x^3 - y^2 = 10.5$$
$$3xy + y = 4.6$$

1-24 使用 EES 解有 3 個未知數的 3 個聯立方程式系統：

$$x^2 y - z = 1.5$$
$$x - 3y^{0.5} + xz = -2$$
$$x + y - z = 4.2$$

複習題

1-25 人體的重量從一個地方換到另一個地方會稍微改變，因為重力加速度 g 會隨高度而改變。使用習題 1-16 的關係式，試求一個 80.0 kg 的人在海平面 ($z = 0$)、在丹佛市 ($z = 1610$ m) 及在艾佛勒斯峰頂端 ($z = 8848$ m) 的重量。

1-26 在固－液混合物的兩相管流中的一個重要的設計考慮是終端沉降速度，低於這個速度流動變得不穩定，最後使管子堵塞。在廣泛的運輸測試的基礎下，固體粒子在水中的終端沉降速度是 $V_L = F_L \sqrt{2gD(S-1)}$，其中 F_L 是實驗係數，g 是重力加速度，D 是管徑及 S 是固體粒子的比重。什麼是 F_L 的因次？這個方程式是否是因次均一的？

1-27 空氣作用在汽車上的阻力相依於一個無因次阻力係數、空氣密度、車速及汽車的視面積。即，F_D = function (C_{Drag}, A_{front}, ρ, V)。僅依據對單位的考慮，試推導出一個阻力關係式。

圖 P1-27

基礎工程 (FE) 試題

1-28 已知飛機的速度為 1250 km/h。若當地的音速為 315 m/s，則馬赫數是
(a) 0.5 　　(b) 0.85 　　(c) 1.0
(d) 1.10 　　(e) 1.20

1-29 10 kg 的質量在海平面的重量是
(a) 9.81 N 　　(b) 32.2 kgf 　　(c) 98.1 N
(d) 10 N 　　(e) 100 N

1-30 1 kJ 不等於
(a) $1\,kPa\cdot m^3$ 　　(b) $1\,kN\cdot m$ 　　(c) 0.001 MJ
(d) 1000 J 　　(e) $1\,kg\cdot m^2/s^2$

1-31 1 個水力發電廠在其額定功率 7 MW 操作。如果電廠在一個指定年度生產了 26×10^6 kWh 的電力，則電廠在那年度共操作多少小時？
(a) 1125 h 　　(b) 2460 h 　　(c) 2893 h
(d) 3714 h 　　(e) 8760 h

設計與小論文題

1-32 搜尋網路來發現當考慮有效位數時如何正確的作加法與減法。對正確的技術作總結並使用此技術來對以下各例求解：
(a) 1.006 + 23.47，(b) 703,200 − 80.4，(c) 4.6903 − 14.58。小心用合適的有效數字的數目來表示你最後的答案。

流體的性質

學習目標

讀完本章後,你將能夠

- 瞭解流體基本性質的使用知識,並且瞭解連體近似。
- 瞭解黏性係數及在流體流動時其所造成的摩擦效應的後果。
- 計算管中由於表面張力效應所造成的毛細上升(或下降)。

本章我們將討論分析流體流動時會遭遇到的性質。首先討論內延和外延性質,並且定義密度和比重。接著討論的性質是蒸氣壓、能量及其各種形式、理想氣體和不可壓縮物質的比熱、壓縮係數及音速。然後將討論黏性係數這個性質,在流體流動的許多層面上,它都扮演著重要的角色。最後我們介紹表面張力這個性質,並且介紹在靜態平衡條件下的毛細上升。壓力這個性質在第 3 章與流體靜力學一起討論。

2-1 緒論

一個系統的任何特徵稱為性質 (property)，一些熟悉的性質是壓力 P、溫度 T、體積 V 及質量 m。這列表可被擴大來包括一些較不熟悉的性質，例如黏性係數、熱傳導係數、彈性模數、熱膨脹係數、電阻係數，甚至速度和高度也是。

性質不是內延的就是外延的。**內延性質** (intensive properties) 與系統的質量無關，例如溫度、壓力和密度。**外延性質** (extensive properties) 與系統的大小或質量有關。總質量、總體積 V 與總動量是外延性質的一些例子。決定一個性質到底是內延還是外延的一個簡單方法是用一個想像的隔板把系統隔開成兩個相等部分，如圖 2-1 所示。每個部分和原來的系統有相同內延性質的值，但是外延性質的值只是原來系統的一半。

通常，大寫字母被用來表示外延性質 (質量 m 是主要的例外)，而小寫字母被用來表示內延性質 (壓力 P 和溫度 T 是明顯的例外)。

每單位質量的外延性質被稱為比性質 (specific properties)。一些比性質的例子是比容 ($v = V/m$) 和比總能 ($e = E/m$)。

一個系統的狀態由它的性質來描述。但我們從經驗知道不需要指定所有的性質來固定狀態。一旦足夠數目的性質的值被指定後，其它的性質就有特定的值。即只要指定特定數目的性質就足夠固定一個狀態。要固定一個系統之狀態的性質數目由狀態假說 (state postulate) 來給定：一個簡單可壓縮系統的狀態由兩個獨立的內延性質完全指定。

當兩個性質是獨立時，若一個性質被固定，另一個性質可被任意改變。不是所有性質都是獨立的，有些性質由其它性質來定義，如 2-2 節所解釋的。

圖 2-1 區別內延和外延性質的準則。

連體

流體由可能隔開很遠的分子 (特別是氣相時) 所組成。但是忽視流體的原子本質而把它當成連續的、均勻而沒有洞的物質是很方便的，也就是一個**連體** (continuum)。這個連體理想化允許我們把性質視為點函數，並且可假設性質在空間是連續性改變的，沒有跳躍式的不連續性。這個理想化是有效的，只要我們處理的系統的大小遠大於分子間的間隔即可。幾乎所有的系統中都是這樣的，除了某些特例以外。很多我們所作敘述中都暗示著連體理想化，例如 "玻璃杯中水的密度在任何點都是相同的"。

為了對牽涉到分子層面的距離有感覺，考慮一個容器充滿著大氣條件下的氧氣。氧分子的直徑大約是 3×10^{-10} m，質量是 5.3×10^{-26} kg。同時，在 1 atm 壓力，20°C 時氧的平均自由路徑 (mean free path) 是 6.3×10^{-8} m。即，氧分子在與其它氧分子碰撞前平均旅行的距離是 6.3×10^{-8} m (約是其直徑的 200 倍)。

再者，在 1 atm 壓力與 20°C 下，有大約 3×10^{16} 個氧分子在 1 mm³ 的狹小空間內 (圖 2-2)。只要系統的特徵長度 (例如其直徑) 遠大於分子的平均自由路徑，連體的模型是可用的。在很低的壓力下，例如很高的位置，平均自由路徑可能變成很大 (例如，對 100 km 高度下的空氣而言約是 0.1 m)，在這種情況下，稀薄氣體理論 (rarefied gas flow theory) 應被使用，且個別分子的碰撞應被考慮。在本書中，我們限制所考慮的物質是可被模擬成連體的。

圖 2-2 雖然分子間有相當大的間隔，但是氣體通常可被模擬成連體，因為即使在一個相當小的體積內也有非常大量的分子。

2-2 密度和比重

密度 (density) 定義成每單位體積的質量 (圖 2-3)。即

密度：
$$\rho = \frac{m}{V} \quad (\text{kg/m}^3) \quad (2\text{-}1)$$

密度的倒數是比容 (specific volume) v，定義成每單位質量所佔的體積。即，$v = V/m = 1/\rho$。對一個微分體積元素，質量 δm 與體積 δV，密度可以表示成 $\rho = \delta m/\delta V$。

圖 2-3 密度是每單位體積的質量；比容是每單位質量的體積。

一個物質的密度通常相依於溫度與壓力。多數氣體的密度與壓力成正比，而與溫度成反比。另一方面，液體和固體基本上是不可壓縮物質，它們的密度隨壓力的改變通常可忽略。例如在 20°C 時，水的密度從 1 atm 時的 998 kg/m³ 到 100 atm 時的 1003 kg/m³，只改變了 0.5%。液體和固體的密度比較強烈地相依於溫度，而不是壓力。例如在 1 atm 時，水的密度從 20°C 時的 998 kg/m³ 到 75°C 時的 975 kg/m³，改變了 2.3%，這在很多工程分析上仍然是可以忽略的。

有時候一個物質的密度是以相對於另一個知名物質的密度而給的。這時它被稱為比重 (specific gravity) 或相對密度 (relative density)，並被定義為物質的密度與某個標準物質在一個指定溫度下 (通常是 4°C 的水，其密度 $\rho_{H_2O} = 1000$ kg/m³) 的密度的比值。即

比重：
$$SG = \frac{\rho}{\rho_{H_2O}} \quad (2\text{-}2)$$

表 2-1 某些物質在 20°C，1 atm (除非另有註明) 的比重

物質	SG
水	1.0
血液 (在 37°C)	1.06
海水	1.025
汽油	0.68
酒精	0.790
水銀	13.6
巴沙木	0.17
硬橡木	0.93
金	19.3
骨頭	1.7-2.0
冰 (在 0°C)	0.916
空氣	0.001204

注意物質的比重是個無因次量。然而，在 SI 單位中，物質比重的數值正好等於其密度以 g/cm³ 或 kg/L (或 0.001 乘以用 kg/m³ 表示的密度) 表示的值，因為水的密度在 4°C 時是 1 g/cm³ = 1 kg/L = 1000 kg/m³。例如水銀在 20°C 的比重是 13.6，因此其在 20°C 的密度是 13.6 g/cm³ = 13.6 kg/L = 13,600 kg/m³。某些物質在 20°C 的比重如表 2-1 所示。注意物質的比重小於 1 的，比水還輕，因此會浮在水上 (如果是不可混合的)。

一個物質單位體積的重量稱為比重量 (specific weight) 或重量密度 (weight density)，可以表示為

比重量： $$\gamma_s = \rho g \quad (\text{N/m}^3) \tag{2-3}$$

其中 g 是重力加速度。

理想氣體的密度

性質表提供有關性質非常準確與精密的訊息，但有時候在性質之間能有某個簡單的關係式，既足夠通用且有合理的準確度，是非常方便的。一個物質的任何表示壓力、溫度和密度 (或比容) 之間關係的方程式稱為狀態方程式 (equation of state)。在氣相中，有關物質的最簡單、最廣為人知的狀態方程式是理想氣體狀態方程式 (ideal-gas equation of state)，表示成

$$Pv = RT \quad \text{或} \quad P = \rho RT \tag{2-4}$$

其中 P 是絕對壓力，v 是比容，T 是絕對溫度，ρ 是密度，及 R 是氣體常數。氣體常數對每一種氣體是不同的，並且可由 $R = R_u/M$ 來決定，其中 R_u 是萬用氣體常數 (universal gas constant)，它的值是 $R_u = 8.314$ kJ/kmol·K，M 是氣體的分子量 (molar mass 或 molecular weight)。數種物質的 R 和 M 的值示於表 A-1。

在 SI 系統中的熱力學溫度尺標是克耳文溫標 (Kelvin scale)，此溫標的溫度單位是 kelvin，記為 K。在英制系統中，對應的是朗肯溫標 (Rankine scale)，此溫標的溫度單位是 rankine，R。各種溫標的關係式如下：

$$T(K) = T(°C) + 273.15 = T(R)/1.8 \tag{2-5}$$

$$T(R) = T(°F) + 459.67 = 1.8T(K) \tag{2-6}$$

一般常用的作法是把常數 273.15 和 459.67 分別捨入成 273 和 460，但是我們並不鼓勵這麼做。

式 (2-4) 是理想氣體狀態方程式，也簡單稱為理想氣體關係式 (ideal-gas relation)，遵循這個關係式的氣體稱為**理想氣體** (ideal gas)。對一個體積 V、質量 m、莫耳數 $N = m/M$ 的理想氣體，理想氣體狀態方程式也可寫成 $PV = mRT$ 或 $PV = NR_uT$。對一個固定質量 m，把理想氣體關係式寫兩遍並化簡，可得一個理想氣體在兩個不同狀態的性質之間的關係式，$P_1V_1/T_1 = P_2V_2/T_2$。

理想氣體是一個假想物質，符合關係式 $Pv = RT$。實驗觀測顯示真實氣體在密度低時，其 P-v-T 行為與理想氣體關係式非常近似。在低壓高溫時，氣體的密度降低，使得氣體行為像理想氣體。在實用的範圍內，許多熟悉的氣體，像空氣、氮、氧、氫、氦、氬、氖、氪，甚至更重的氣體，如二氧化碳，可以被當成理想氣體而只有可忽略的誤差 (通常小於 1%)。濃氣體，如蒸氣發電廠中的水蒸氣和冷凍機、空調機、熱泵中的冷媒，通常不能視為理想氣體，因為它們存在的狀態通常非常接近飽和。

例題 2-1　房間中空氣的密度、比重和質量

試求房間中空氣的密度、比重和質量。房間尺寸是 4 m×5 m×6 m，在 100 kPa 和 25°C 的狀態 (圖 2-4)。

解答： 要決定一個房間內空氣的密度、比重和質量。
假設： 在給定的條件下，空氣可被視為是理想氣體。
性質： 空氣的氣體常數是 $R = 0.287$ kPa·m³/kg·K。
解析： 空氣的密度由理想氣體關係式 $P = \rho RT$ 決定：

$$\rho = \frac{P}{RT} = \frac{100 \text{ kPa}}{(0.287 \text{ kPa·m}^3/\text{kg·K})(25 + 273.15) \text{ K}} = \mathbf{1.17 \text{ kg/m}^3}$$

圖 2-4 例題 2-1 的示意圖。

則空氣的比重是

$$\text{SG} = \frac{\rho}{\rho_{\text{H}_2\text{O}}} = \frac{1.17 \text{ kg/m}^3}{1000 \text{ kg/m}^3} = \mathbf{0.00117}$$

最後，房間內空氣的體積和質量是

$$V = (4 \text{ m})(5 \text{ m})(6 \text{ m}) = 120 \text{ m}^3$$

$$m = \rho V = (1.17 \text{ kg/m}^3)(120 \text{ m}^3) = \mathbf{140 \text{ kg}}$$

討論： 注意在將其代入理想氣體關係式之前，我們把空氣溫度從 (相對) 單位 °C 轉換成 (絕對) 單位 K。

2-3　蒸氣壓力和空蝕

大家都知道純物質在相變化過程時，其溫度和壓力是相依的性質，即溫度與壓力之間有 1 對 1 的相互關係。在給定壓力下，純物質改變相態的溫度稱為**飽和溫**

度 (saturation temperature) T_{sat}。同樣的，在給定溫度下，純物質改變相態的壓力稱為飽和壓力 (saturation pressure) P_{sat}。例如在絕對壓力是 1 標準大氣壓時 (1 atm 或 101.325 kPa)，水的飽和溫度是 100°C。相反的，在溫度是 100°C 時，水的飽和壓力是 1 atm。

純物質的蒸氣壓 (vapor pressure) P_v 被定義為在給定的溫度下，氣-液相平衡時，蒸氣所施加的壓力 (圖 2-5)。P_v 是純物質的性質，而且與液體的飽和壓力 P_{sat} 相同 ($P_v = P_{sat}$)。我們必須小心不要把蒸氣壓和分壓弄混淆了。分壓 (partial pressure) 是氣體或蒸氣與其它氣體組成混合物時，氣體或蒸氣的壓力。例如，大氣是乾空氣和水蒸氣的混合物，大氣壓力是乾空氣的分壓和水蒸氣分壓的加總。水蒸氣的分壓只構成大氣壓力的一部分 (通常小於 3%)，因為空氣中大部分是氮和氧。如果沒有液體存在，水蒸氣的分壓必定小於或等於蒸氣壓。然而，當液、氣共存且系統處於相平衡狀態時，蒸氣的分壓必等於蒸氣壓，系統被稱為是飽和的。開放水體 (例如湖泊) 的蒸發率，受制於蒸氣壓和蒸氣分壓的差異值。例如，水在 20°C 的蒸氣壓是 2.34 kPa。因此，一桶 20°C 的水被放置在一間內有乾空氣、壓力 1 atm 的房間內，桶內水會持續蒸發直到以下兩種事件中的一件發生為止：水全部蒸發 (沒有足夠的水來建立房間內的相平衡)，或是當房間中水蒸氣的分壓增加到 2.34 kPa 時，蒸發停止，此時相平衡已經建立了。

對一個純物質的液相和氣相之間的相變化過程而言，飽和壓力和蒸氣壓是相等的，因為蒸氣是純的。注意壓力值不管是在氣相或液相中量測的都是相同的 (只要量測點靠近液-氣介面以避免任何靜水力效應)。蒸氣壓隨溫度增加。因此一個在較高壓的物質，會在較高溫沸騰。例如，水在一個 3 atm 絕對壓力的壓力鍋中，會在 134°C 沸騰，但在高度 2000 m (其大氣壓力 0.8 atm) 的一個普通鍋中，水在 93°C 沸騰。各種物質的飽和 (或蒸氣) 壓力示於附錄中表 A-1 和表 A-2。水的一個節錄的表格示於表 2-2，以供方便參考。

我們對於蒸氣壓有興趣的理由是因為在於一個流動的液體系統中，其液體壓力有可能在某些位置降低至蒸氣壓以下，導致非計畫性的汽化。例如，10°C 的水在某些位置 (例如水輪機的翼尖區域，或水泵的吸入端)，其壓力降至低於 1.23 kPa，有可能汽化並形成氣泡。這

圖 2-5 純物質的蒸氣壓 (飽和壓力) 是在某一給定溫度下，系統中的蒸氣與其液體處於相平衡時，蒸氣所施加的壓力。

表 2-2 水在各種溫度的飽和 (或蒸氣) 壓力

溫度 T, °C	飽和壓力 P_{sat}, kPa
−10	0.260
−5	0.403
0	0.611
5	0.872
10	1.23
15	1.71
30	2.34
25	3.17
30	4.25
40	7.38
50	12.38
100	101.31 (1 atm)
150	475.8
200	1554
250	3973
300	8584

些氣泡 [稱為**空蝕泡** (cavitation bubble)，因為它們在液體中形成空洞] 在被掃離低壓區時會崩潰，產生高破壞性的極高壓波，這種現象經常導致性能下降甚至水輪葉片的侵蝕，稱為**空蝕** (cavitation)，這在設計水力輪機和水泵時是很重要的考量因素。

在大多數流動系統中，空蝕必須被避免 (至少要儘量減小)，因會降低性能，產生擾人的振動或噪音，並造成設備的損害。我們注意到有些流動系統，會利用空蝕來造成好處，例如高速「超空蝕」魚雷。在固體表面附近，由於大量的氣泡崩潰所造成的壓力尖峰經過一段長時間會造成侵蝕、表面凹坑、疲勞破壞，並造成機械零件的最終破壞。流動系統中空蝕的存在可由其造成的特殊噪音感測到。

2-4 能量和比熱

能量可用多種形式存在，例如熱能、機械能、動能、位能、電能、磁能、化學能和核能，它們的總和構成系統的**總能** (total energy) E (或每單位質量的總能 e)。跟一個系統的分子結構及分子活動能力的程度有關的能量形式被視為是微觀能量 (microscopic energy)。所有微觀形式能量的總和稱為系統的**內能** (internal energy)，用 U 表示 [或每單位質量的內能 (u)]。

系統的巨觀能量 (macroscopic energy) 相依於運動與一些外在效應的影響，例如重力、磁力、電力及表面張力。系統運動時所具有的能量稱為**動能** (kinetic energy)。當系統的所有部分以相同速度移動時，每單位質量的動能表示成 $ke = V^2/2$，其中 V 是系統相對於某固定參考座標的速度。系統所具有的能量與其在一個重力場中的高度有關的稱為**位能** (potential energy)，每單位質量的位能表示成 $pe = gz$，其中 g 是重力加速度，而 z 是系統的重心相對於某任意選定的參考平面的高度。

在日常生活中，我們經常把內能的顯在與潛在形式當作**熱** (heat)，因此我們會談到物體的熱含量。然而在工程上，這些形式的能量通常被稱為**熱能** (thermal

---

例題 2-2 ▶ **避免空蝕的最小壓力**

在一水分配系統中，觀測的水溫最高是 30°C。試求在系統中避免空蝕的最小壓力。

解答： 要決定在一個水分配系統中避免空蝕的最小壓力。
性質： 水在 30°C 的蒸氣是 4.25 kPa (表 2-2)。
解析： 為了避免空蝕，流動中任何地點的壓力不允許低於給定溫度下的蒸氣 (飽和) 壓。即

$$P_{min} = P_{sat@30°C} = \mathbf{4.25 \text{ kPa}}$$

因此，流動中任何地點的壓力應該維持高於 4.25 kPa。
討論： 蒸氣壓隨溫度增加而增加，因此空蝕的危險在高流體溫度時較大。

energy) 來避免與熱傳 (heat transfer) 混淆。

國際能量的單位是 joule (J) 或 kilojoule (1 kJ = 1000 J)。1 joule 是 1 N 乘以 1 m。在英制系統，能量的單位是 British thermal unit (Btu)，其定義是把 1 lbm 的水溫度從 68°F 升高 1°F 所需的能量。kJ 和 Btu 的大小幾乎是相同的 (1 Btu = 1.0551 kJ)。另一個知名的能量單位是 calorie (1 cal = 4.1868 J)，其定義是把 1 g 的水溫度從 14.5°C 升高 1°C 所需的能量。

在分析牽涉到流動的系統時，我們常遇到性質 u 和 Pv 的組合。為了方便起見，這個組合被稱為焓 (enthalpy) h。即

焓：
$$h = u + Pv = u + \frac{P}{\rho} \tag{2-7}$$

其中 P/ρ 是流能 (flow energy)，也被稱為流功 (flow work)，這是移動流體保持流動時每單位質量所需的能量。在作流動流體的能量分析時，把流能當作流體能量的一部分，並且把流動流體的微觀能量用焓 h 來表示是很方便的 (圖 2-6)。注意，焓是每單位質量的量，因此它是比性質。

沒有諸如磁力、電力和表面張力等效應的系統稱為簡單可壓縮系統 (simple compressible system)。簡單可壓縮系統的總能包含三個部分：內能、動能、位能。在單位質量的基礎上，可表示成 $e = u + \mathrm{ke} + \mathrm{pe}$。流進或流出一個控容的流體擁有另一種形式的能 — 流能 P/ρ。故流動流體單位質量的總能變成

圖 2-6 內能 u 代表不流動的流體之單位質量的微觀能量，而焓 h 代表流動的流體之單位質量的微觀能量。

$$e_{\text{flowing}} = P/\rho + e = h + \mathrm{ke} + \mathrm{pe} = h + \frac{V^2}{2} + gz \quad \text{(kJ/kg)} \tag{2-8}$$

其中 $h = P/\rho + u$ 是焓，V 是速度的大小，而 z 是系統相對於某外界參考點的高度。

藉由使用焓而不是內能來代表流動流體的能量，我們就不需要考慮到流功。跟推動流體有關的能量自動的被焓考慮了。事實上這是定義性質焓最主要的理由。

理想氣體的內能和焓的微量或有限量的改變可以用比熱來表示

$$du = c_v \, dT \quad \text{與} \quad dh = c_p \, dT \tag{2-9}$$

其中 c_v 與 c_p 是理想氣體的定容比熱和定壓比熱。使用平均溫度的比熱值，內能和焓的有限量變化可以近似的被表示成

$$\Delta u \cong c_{v,\text{avg}} \, \Delta T \quad \text{與} \quad \Delta h \cong c_{p,\text{avg}} \, \Delta T \tag{2-10}$$

對不可壓縮的物質，定容和定壓比熱是相同的。因此對液體而言，$c_P \cong c_v \cong c$，且液體內能的改變可被表示成 $\Delta u \cong c_{avg} \Delta T$。

注意不可壓縮物質的 $\rho =$ 常數，焓 $h = u + P/\rho$ 的微分成為 $dh = du + dP/\rho$。積分後，焓的改變成為

$$\Delta h = \Delta u + \Delta P/\rho \cong c_{avg} \Delta T + \Delta P/\rho \tag{2-11}$$

因此對等壓過程，$\Delta h = \Delta u \cong c_{avg} \Delta T$，而液體中的等溫過程則是 $\Delta h = \Delta P/\rho$。

2-5 壓縮性與音速

壓縮係數

我們從經驗得知液體的體積 (或密度) 隨其壓力或溫度之變化而變。流體通常在被加熱或減壓時會膨脹，被冷卻或加壓時會收縮。但是不同流體的體積改變量是不同的，並且我們需要表示體積變化與壓力及溫度變化間關係的性質。兩個這樣的性質是彈性體模數 κ 和體積膨脹係數 β。

通常觀測到當更大壓力作用在流體時會使其收縮，而當更小壓力作用在流體時會使其膨脹 (圖 2-7)。即流體對壓力的反應像彈性固體。因此，就如同固體的彈性楊氏模數，也可適當的定義流體的**壓縮係數** (coefficient of compressibility) κ，亦稱為壓縮容積模數 (bulk modulus of compressibility) 或**彈性容積模數** (bulk modulus of elasticity)，

$$\kappa = -v\left(\frac{\partial P}{\partial v}\right)_T = \rho\left(\frac{\partial P}{\partial \rho}\right)_T \quad (Pa) \tag{2-12}$$

也可以用有限量變化近似的表示成

$$\kappa \cong -\frac{\Delta P}{\Delta v/v} \cong \frac{\Delta P}{\Delta \rho/\rho} \quad (T = 常數) \tag{2-13}$$

注意 $\Delta v/v$ 及 $\Delta \rho/\rho$ 是無因次的，因此 κ 必須有壓力的因次 (Pa)。壓縮係數代表溫度維持常數時流體的體積或密度的變化比所造成的壓力改變。對於一個真正不可壓縮的物質 ($v =$ 常數)，壓縮係數是無窮大的。

圖 2-7 流體，像固體一樣，當施加壓力從 P_1 增至 P_2 時會收縮。

一個很大的 κ 值，代表需要很大的壓力變化，才能造成體積的很小比例的變化，因此具有很大 κ 值的流體基本上是不可壓縮的。這在液體中是典型的，也解

釋了液體為何通常可被視為不可壓縮的。例如水在正常的大氣條件下,壓力必須被升高到 210 atm,才能把它壓縮 1%,這對應的壓縮係數的值是 21,000 atm。

液體中很小的密度變化仍可以在管路系統中造成有趣的現象,例如水錘,其特徵聲音類似水管被捶打所造成的聲音。這現象的發生是當水管網路中的液體碰到一個突然的束收 (例如關閉閥門) 而被局部壓縮了。這樣產生的聲波在傳遞時衝擊管壁、彎管與閥門,並且沿管反射,造成水管震動並發出熟悉的特徵聲音。除了惱人的聲音外,水錘現象可以是非常有破壞性,造成洩漏或甚至結構破壞。這效應可使用水錘捕捉器 (water hammer arrestor) 加以抑制,它是一個體積容器,內有伸縮囊或活塞來吸收震動。對於大管,一根稱為突激塔 (surge tower) 的垂直管常被使用,突激塔頂部有自由空氣表面且通常不需要維護。

注意體積和壓力是呈反比的 (當壓力增加時體積減小,因此 $\partial P/\partial v$ 是負號的),因此在定義式 (2-12) 中的負號確保 κ 是正號的。另外,微分 $\rho = 1/v$ 得到 $d\rho = -dv/v^2$,可以重新整理成

$$\frac{d\rho}{\rho} = -\frac{dv}{v} \tag{2-14}$$

即流體的密度和比容的比例變化的大小相等,但正負號相反。

對於理想氣體,$P = \rho RT$ 且 $(\partial P/\partial \rho)_T = RT = P/\rho$,因此

$$\kappa_{\text{理想氣體}} = P \quad \text{(Pa)} \tag{2-15}$$

即理想氣體的壓縮係數等於其絕對壓力,並且氣體的壓縮係數隨壓力增加而增加。將 $\kappa = P$ 代入壓縮係數的定義中經整理後,得

理想氣體:
$$\frac{\Delta \rho}{\rho} = \frac{\Delta P}{P} \quad (T = \text{常數}) \tag{2-16}$$

因此在等溫壓縮過程中,理想氣體的密度增加比例等於壓力的增加比例。

空氣在 1 atm 壓力時,$\kappa = P = 1$ atm,當體積減少 1% ($\Delta V/V = -0.01$) 時,對應的壓力增加是 $\Delta P = 0.01$ atm。但是當空氣是 1000 atm 時,$\kappa = 1000$ atm,減少 1% 的體積,對應的壓力增加是 $\Delta P = 10$ atm。因此在很高的壓力下,氣體體積的一個小比例的改變可以造成很大的壓力改變。

體積膨脹係數

流體的密度通常強烈的相依於溫度,而不是壓力,因此隨溫度變化的密度變化對很多自然現象負責:譬如風、洋流、煙囪的煙柱上升、熱氣球的操作、自然流的

熱傳，甚至熱空氣的上升。為量化這些效應，我們需要一個流體性質來代表流體在等壓下隨溫度的密度變化。

　　提供這樣資訊的性質即為**體積膨脹係數** (coefficient of volume expansion) β，或稱體積膨脹率 (volume expansivity)，定義為 (圖 2-8)，

$$\beta = \frac{1}{v}\left(\frac{\partial v}{\partial T}\right)_P = -\frac{1}{\rho}\left(\frac{\partial \rho}{\partial T}\right)_P \quad (1/K) \tag{2-17}$$

也可以用有限量變化近似的表示成

$$\beta \approx \frac{\Delta v/v}{\Delta T} = -\frac{\Delta \rho/\rho}{\Delta T} \quad (P = 常數) \tag{2-18}$$

流體有很大的 β 值表示隨溫度有很大的密度變化。乘積 $\beta\,\Delta T$ 代表在常壓下，相對於溫度變化 ΔT，所造成的體積變化比例。

　　理想氣體 ($P = \rho RT$) 在溫度 T 時，其體積膨脹係數可以證明是溫度的倒數：

$$\beta_{理想氣體} = \frac{1}{T} \quad (1/K) \tag{2-19}$$

其中 T 是絕對溫度。

　　在研究自然流時，圍繞熱區或冷區的主要流體區域的狀況常被用「無窮大」的下標標示，作為提醒，即這是一個夠遠處的值，其地感受不到熱區或冷區的存在。在這樣的例子中，體積膨脹係數可以近似的被表示成

$$\beta \approx -\frac{(\rho_\infty - \rho)/\rho}{T_\infty - T}$$

或

$$\rho_\infty - \rho = \rho\beta(T - T_\infty) \tag{2-20}$$

其中 ρ_∞ 是密度，T_∞ 是溫度，屬於遠離熱區或冷區的靜止流體區域的值。

　　我們在第 3 章將會看到自然流是由浮力啟動的，浮力正比於密度差，而密度差正比於常壓下的溫度差。因此冷區或熱區與圍繞的主流體區的溫差越大，浮力就越大，使得自然流的流動越強。一個有關的現象有時會發生在飛機以接近音速的速度飛行時。突然的降溫會造成水蒸氣在看得到的蒸氣雲上凝結。

圖 2-8 體積膨脹係數是一個物質在等壓下，隨溫度變化的體積變化的量度。

音速和馬赫數

研究可壓縮流時，一個重要的參數是音速 (speed of sound 或 sonic speed)，定義為極微小壓力波在一個介質中的傳遞速度。壓力波是由一個小擾動導致局部壓力的微小上升造成的。

為了獲得一個介質中音速的關係式，考慮一個管道，其中充滿著靜止的流體，如圖 2-9 所示。管道中的活塞以一個常數增量速度 dV 向右移動，創造了一個音波。波前以音速 c 穿過流體向右移動，並且隔開緊接活塞附近的移動流體與仍然靜止的流體。在波前左邊的流體體驗到它的熱力性質的增量變化，而在波前右邊的流體維持其原來的熱力性質，如圖 2-9 所示。

為了簡化分析，考慮一個圍繞波前隨其運動的控容，如圖 2-10 所示。對一個與波前一起移動的觀察者而言，右邊的流體似乎朝向波前以速度 c 移動，而其左邊的流體以速度 $c - dV$ 從波前移走。當然，觀察者看到的包圍著波前的控容是靜止的，因此觀察者觀測的是一個穩定流過程。這個單一流束的穩定流過程的質量守恆被表示成

$$\dot{m}_{\text{right}} = \dot{m}_{\text{left}}$$

圖 2-9 微小壓力波沿管道的傳遞。

圖 2-10 控容與微小壓力波沿管道一起移動。

或

$$\rho A c = (\rho + d\rho)A(c - dV)$$

藉由消去截面積 A，並且忽略高次項，此方程式簡化成

$$c\, d\rho - \rho\, dV = 0$$

在此穩定流過程中，沒有熱或功穿越控容的邊界，且位能變化可被忽略。則穩定流能量平衡 $e_{\text{in}} = e_{\text{out}}$ 變成

$$h + \frac{c^2}{2} = h + dh + \frac{(c - dV)^2}{2}$$

整理後成為

$$dh - c\, dV = 0$$

其中我們已經忽略二階項 dV^2。通常音波的幅度很小，不會造成流體的壓力和溫度的明顯變化。因此音波的傳遞不只是絕熱的，而且幾乎是等熵的，則熱力學關係式 $T\,ds = dh - dP/\rho$ (參考 Çengel and Boles, 2011) 簡化成

$$\cancel{T\,ds}^{\,0} = dh - \frac{dP}{\rho}$$

或

$$dh = \frac{dP}{\rho}$$

把以上的方程式結合就產生我們要的音速表示式：

$$c^2 = \frac{dP}{d\rho} \quad (s = \text{常數})$$

或

$$c^2 = \left(\frac{\partial P}{\partial \rho}\right)_s \tag{2-21}$$

藉由熱力學性質關係式，式 (2-21) 也可寫成 (留給讀者去證明)

$$c^2 = k\left(\frac{\partial P}{\partial \rho}\right)_T \tag{2-22}$$

其中 $k = c_p/c_v$ 是流體的比熱比。注意流體的音速是流體熱力學性質的函數。

當流體是理想氣體時 ($P = \rho RT$)，式 (2-22) 中的微分可被執行，得到

$$c^2 = k\left(\frac{\partial P}{\partial \rho}\right)_T = k\left[\frac{\partial(\rho RT)}{\partial \rho}\right]_T = kRT$$

或

$$c = \sqrt{kRT} \tag{2-23}$$

注意氣體常數 R 對一個指定的理想氣體是個常數，並且比熱比 k 對一個理想氣體頂多是溫度的函數，因此理想氣體的音速只是溫度的函數 (圖 2-11)。

分析可壓縮流體流動的第 2 個重要參數是馬赫數 (Mach number) Ma，以奧地利物理學家恩斯特‧馬赫 (1838-1916) 命名。它是實際流體的速度 (或靜止中移動物體的速度) 與在相同

空氣　　　氦

284 m/s　200 K　832 m/s

347 m/s　300 K　1019 m/s

634 m/s　1000 K　1861 m/s

圖 2-11 音速隨溫度而改變，並且隨流體不同而改變。

流體、相同狀態下的音速的比值：

$$\text{Ma} = \frac{V}{c} \tag{2-24}$$

注意馬赫數相依於音速，而音速相依於流體的狀態。因此，一架飛機以等速度在靜止空氣中巡航的馬赫數在不同的位置可能是不同的。

流體流動區通常用流動的馬赫數來描述。當 Ma = 1 時，流動稱為是音速流 (sonic)，當 Ma < 1 時是次音速流 (subsonic)，當 Ma > 1 時是超音速流 (supersonic)，當 Ma ≫ 1 時是極音速流 (hypersonic)，及當 Ma ≅ 1 時稱為穿音速流 (transonic)。

例題 2-3　空氣流進擴散器的馬赫數

空氣以速度 200 m/s 流進一個擴散器如圖 2-12 所示。試求 (a) 音速，和 (b) 在擴散器入口的馬赫數，空氣溫度是 30°C。

解答：空氣以高速進入擴散器，要決定擴散器入口的音速和馬赫數。

假設：空氣在給定的條件下行為像理想氣體。

性質：空氣的氣體常數是 $R = 0.287$ kJ/kg·K，在 30°C 的比熱比是 1.4。

解析：我們注意到氣體的音速隨溫度而變。給定溫度是 30°C。

(a) 聲音在 30°C 空氣中的速度由式 (2-23) 決定

$$c = \sqrt{kRT} = \sqrt{(1.4)(0.287 \text{ kJ/kg·K})(303 \text{ K})\left(\frac{1000 \text{ m}^2/\text{s}^2}{1 \text{ kJ/kg}}\right)} = \mathbf{349 \text{ m/s}}$$

圖 2-12　例題 2-3 的示意圖。

(b) 馬赫數是

$$\text{Ma} = \frac{V}{c} = \frac{200 \text{ m/s}}{349 \text{ m/s}} = \mathbf{0.573}$$

討論：擴散器入口的流動是次音速流，因為 Ma < 1。

2-6　黏度

兩個互相接觸的固體相對彼此逆向運動，在接觸面會發展出與運動方向相反的摩擦力。例如，推動地板上的一張桌子，我們必須在水平方向對桌子施加足夠克服摩擦力的力量。推動桌子所需要的力的大小相依於地板和桌腳之間的摩擦係數。

當流體相對於固體運動或兩流體之間相對運動時，情況是類似的。我們在空氣中相對的容易移動，但在水中就不是。在油中的運動會更加困難，如同我們觀測到一顆玻璃球掉入一充滿油的管中，其掉下速度是很慢的。似乎有一種性質代表著對流體運動的內部阻力，這個性質就是黏度 (viscosity)。流動流體在流動方向施加到一個物體的力量，稱為阻力 (drag force)，這個力量的大小，部分相依於黏度。

為獲得黏度的關係式，考慮在兩個很大平行板之間的流體層 (或是二塊平行板浸泡在很大的流體水體之中)，平板距離是 ℓ (圖 2-13)。現在考慮施加一個固定的平行力 F 於上平板上，而下平板被固定住。在起始的暫態過去以後，觀測到上平板在力的影響下以等速度 V 持續的移動。與上平板接觸的流體黏住平板面，並且跟上平板以同速度移動，則作用在上平板的剪應力 τ 是：

$$\tau = \frac{F}{A} \tag{2-25}$$

圖 2-13 兩塊平行板間的流體在層流流動的行為，上平板以等速度移動。

其中 A 是平板與流體的接觸面積。注意流體層在剪應力的作用下持續的變形。

與下平板接觸的流體具有那塊平板的速度，即是零 (因為無滑動條件 — 參考 1-2 節)。在穩定的層流時，平板間的流體速度在 0 與 V 之間呈線性變化，因此速度形狀和速度梯度是

$$u(y) = \frac{y}{\ell}V \quad 與 \quad \frac{du}{dy} = \frac{V}{\ell} \tag{2-26}$$

其中 y 是從下平板向上的垂直距離。

在一個微分時間間隔 dt，沿著垂直線 MN 上的所有流體質點轉了一個微分角度 $d\beta$，而上平板移動了微分距離 $da = V\, dt$。角度位移或變形 (或剪應變) 可以表示成

$$d\beta \approx \tan d\beta = \frac{da}{\ell} = \frac{V\, dt}{\ell} = \frac{du}{dy} dt \tag{2-27}$$

整理後，在剪應力 τ 影響下的角度變形率變成

$$\frac{d\beta}{dt} = \frac{du}{dy} \tag{2-28}$$

因此我們的結論是流體元素的變形率等於速度梯度 du/dy。進而，可從實驗證明多數流體的變形率 (即速度梯度) 是直接正比於剪應力 τ 的，

$$\tau \propto \frac{d\beta}{dt} \quad 或 \quad \tau \propto \frac{du}{dy} \tag{2-29}$$

如果流體的變形率線性正比於剪應變，則稱為牛頓流體 (Newtonian fluids)，以艾薩克·牛頓命名，他在 1687 年首次提出上式。大多數平常的流體，例如水、空氣、汽油和油都是牛頓流體。血液和液態塑膠則是非牛頓流體的例子。

在牛頓流體的一維剪力流中，剪應力可以用線性關係表示成

剪應力：
$$\tau = \mu \frac{du}{dy} \quad (\text{N/m}^2) \tag{2-30}$$

其中比例常數 μ 稱為流體的黏度係數 (coefficient of viscosity) 或是動力黏度 (dynamic viscosity) 或絕對黏度 (absolute viscosity)，其單位是 kg/m·s，或 N·s/m² (或 Pa·s，其中 Pa 是壓力單位 pascal)。一個常用的黏度單位是 poise (與 0.1 Pa·s 相等)，或是 centipoise (等於 0.01 poise)。水在 20°C 的黏度是 1.002 centipoise，因此 centipoise 這單位是個有用的參考值。牛頓流體的剪應力與變形率 (速度梯度) 的對應關係是一條直線，其斜率是流體的黏度，如圖 2-14 所示。注意牛頓流體的黏度係數是獨立於變形率的。因為變形率正比於應變率，圖 2-14 顯示出黏度事實上是應力−應變關係式的係數。

圖 2-14 牛頓流體的變形率 (速度梯度) 正比於剪應力，比例常數是黏度。

作用在牛頓流體層的剪力 (shear force) (或是基於牛頓第三定律，作用在平板的力) 是

剪力：
$$F = \tau A = \mu A \frac{du}{dy} \quad (\text{N}) \tag{2-31}$$

再一次其中的 A 是平板與流體之間的接觸面積。因此，在圖 2-13 中，當下平板保持靜止，以等速度 V 移動上平板所需的力是

$$F = \mu A \frac{V}{\ell} \quad (\text{N}) \tag{2-32}$$

當 F 被量測時，這個關係式可用來計算 μ。因此，剛剛描述過的實驗裝置可被用來量測流體的黏度。注意在相同條件下，F 對不同的流體將是非常不同的。

對非牛頓流體而言，剪應力和變形率之間的關係是非線性的，如圖 2-15 所示。在 τ 對應 du/dy 的圖上的曲線斜率被當作是流體的視黏度 (apparent viscosity)。流體的視黏度隨變形率增加的 (例如有懸浮澱粉或細砂的溶液) 稱為剪切增黏流體 (dilatant or shear thickening fluid)，而那些顯現相反行為的 (流體

圖 2-15 牛頓和非牛頓流體的剪應力隨變形率的變化關係 (曲線上一點的斜率是流體在那點的視黏度)。

應變率較大時變得較不黏，例如有些油漆、聚合物溶液和有懸浮粒子的流體) 被稱為剪切減黏流體 (pseudoplastic or shear thinning fluid)。有些材質，例如牙膏可以抵抗有限的剪應力因而行為像固體，但當剪應力超過降服應力後，會持續變形，因而行為像流體。這些材料被稱為賓漢塑膠 (Bingham plastics)，依尤金‧賓漢 (1878-1945) 而命名，他在二十世紀初為美國國家標準局做了很多流體黏度的先端工作。

在流體力學和熱傳學中，動力黏度和密度的比值經常出現。為了方便，這個比值被命名為 運動黏度 (kinematic viscosity) v 並表示為 $v = \mu/\rho$。運動黏度的兩個常用單位是 m^2/s 和 stoke (1 stoke = 1 cm^2/s = 0.0001 m^2/s)。

通常，流體的黏度相依於溫度和壓力兩者，雖然對壓力的相依性非常弱。對液體而言，動力和運動黏度兩者都幾乎不相依於壓力，因此任何小的壓力變化經常被忽略，除了在極高壓情況下。對於氣體，動力黏度也是這個情況 (從低壓到中壓)，但是運動黏度就不是這樣，因為氣體的密度正比於其壓力 (圖 2-16)。

流體的黏度是它「抵抗變形」的量度。黏度起因於當不同的流體層被強迫相對於彼此運動時，層與層間內部的摩擦力。

流體的黏度與在管中傳輸流體或移動物體經過流體 (如空氣中的汽車或海中的潛水艇) 所需的泵功率 (pumping power) 直接相關。黏度是由於液體分子間的吸引力或由於氣體中分子的碰撞所引起的。液體的黏度隨溫度下降，而氣體的黏度隨溫度而增加 (圖 2-17)。這是因為液體分子在高溫時擁有更多能量，因此可以更強力的反抗分子間的強力吸引力。結果是，能量較高的分子可以更自由的移動。

在氣體中分子間的力量是可忽略的，且在高溫時氣體分子以高速度隨機的運動。這導致每單位時間、單位體積內更多的分子碰撞，因此對流動有更大的阻力。氣體動力理論預測氣體的黏度正比於溫度的平方根，即 $\mu_{gas} \propto \sqrt{T}$。這預測用實際觀測證實了，但是對不同氣體的偏離度需要採用某些修正因子加以掌握。

某些流體在室溫下的黏度列於表 2-3。黏度相對於溫度的關係示於圖 2-18。注意不同流體的黏度差異達到幾個數量級。同時，在一個高黏度的流體中，如機油，移動一個物體比在低黏度流體中，如水，困難多了。通常液體的黏度遠大於氣體。

在 20°C 與 1 atm 下的空氣：
$\mu = 1.83 \times 10^{-5}$ kg/m·s
$v = 1.52 \times 10^{-5}$ m^2/s

在 20°C 與 4 atm 下的空氣：
$\mu = 1.83 \times 10^{-5}$ kg/m·s
$v = 0.380 \times 10^{-5}$ m^2/s

圖 2-16 動力黏度一般不相依於壓力，但運動黏度會。

圖 2-17 隨溫度增加，液體的黏度變小，而氣體的黏度變大。

表 2-3　一些流體在 1 atm，20°C (除非另有註明) 的動力黏度

流體	動力黏度 μ，kg/m·s
甘油：	
−20°C	134.0
0°C	10.5
20°C	1.52
40°C	0.31
機油：	
SAE 10W	0.10
SAE 10W30	0.17
SAE 30	0.29
SAE 50	0.86
水銀	0.0015
酒精	0.0012
水：	
0°C	0.0018
20°C	0.0010
100°C (液態)	0.00028
100°C (氣態)	0.000012
血液，37°C	0.00040
汽油	0.00029
氨	0.00015
空氣	0.000018
氫，0°C	0.0000088

圖 2-18　一般流體在 1 atm 隨溫度變化的動力 (絕對) 黏度 ($1\ N\cdot s/m^2 = 1\ kg/m\cdot s$)。
Data from EES and F. M. White, Fluid Mechanics 7e. Copyright © 2011 The McGraw-Hill Companies, Inc. Used by permission.

　　考慮一個流體層，厚度 ℓ，介於兩個同心圓柱中間的一個小間隙中，例如頸軸承中的一細層油。兩圓柱之間的間隙可以被模擬成被流體隔開的兩平行板。注意，扭力是 $T = FR$ (力乘以力臂，在此例中是內圓柱的半徑 R)，切線速度是 $V = \omega R$ (角速度乘以半徑)，內圓柱的濕面積是 $A = 2\pi RL$，忽略作用在內圓柱兩端的剪應力，扭力可以表示成

$$T = FR = \mu\frac{2\pi R^3 \omega L}{\ell} = \mu\frac{4\pi^2 R^3 \dot{n} L}{\ell} \tag{2-33}$$

其中 L 是圓柱長度，$\dot{n}$ 是單位時間的轉動數，通常表示成 rpm (每分鐘的轉動數)。注意，一個旋轉的角度距離是 2π rad，因此角速度，rad/min，與 rpm 的關係是 $\omega = 2\pi\dot{n}$。藉由測量在指定角速度下的扭力，式 (2-33) 可被用來計算流體的黏度，因此兩個同心圓柱可以被用作為黏度計，一種測量黏度的裝置。

例題 2-4　決定流體的黏度

流體的黏度要使用兩個 40 cm 長的同心圓柱構成的黏度計測量 (圖 2-19)。內圓柱的外徑是 12 cm，兩圓柱間的間隙是 0.15 cm。內圓柱以 300 rpm 旋轉，量測到的扭力是 1.8 N·m。試求流體的黏度。

解答：已知一個雙圓柱黏度計的扭力和 rpm。要求流體的黏度。
假設：**1.** 內圓柱完全浸泡在流體中。**2.** 在內圓柱兩端的黏滯效應可以忽略。
解析：速度形狀只有在曲率效應可以忽略時才是線性的。本例的速度形狀可以被近似為線性的，因為 $\ell/R = 0.025 \ll 1$。求解式 (2-33) 來得到黏度。代入已知數值，可計算黏度如下：

$$\mu = \frac{T\ell}{4\pi^2 R^3 \dot{n} L} = \frac{(1.8 \text{ N·m})(0.0015 \text{ m})}{4\pi^2 (0.06 \text{ m})^3 \left(300 \frac{1}{\text{min}}\right)\left(\frac{1 \text{ min}}{60 \text{ s}}\right)(0.4 \text{ m})} = \mathbf{0.158 \text{ N·s/m}^2}$$

圖 2-19　例題 2-4 的示意圖 (未按比例)。

討論：黏度是溫度的強函數，一個黏度值沒有給出對應的溫度是無用的。因此流體的溫度在實驗時也應該被測量，並隨同本計算被報告。

2-7　表面張力和毛細現象

經常可以觀察到一滴血在一塊水平玻璃上形成小圓丘；一滴水銀形成接近完美的球形並像鋼球般在光滑平面上滾動；從雨露來的水滴掛在樹枝或樹葉上；液體燃料噴入引擎後形成液滴狀霧；從滲漏水龍頭滴下的水滴幾乎是球狀的；釋放到空中的肥皂泡幾乎是球狀的；在花瓣上的水形成許多小水珠。

在這些和其它觀察中，液滴的行為像是充滿液體的小氣球，液體表面像是張力作用下的彈性膜。這種拉力造成的張力作用平行於表面，其成因是液體分子間的吸引力造成的。每單位長度的這種力的大小稱為表面張力 (surface tension) 或表面張力係數 σ_s，通常以 N/m 的單位表示。這種效應也稱為表面能量 (每單位面積)，並且用對等的單位 N·m/m^2 或 J/m^2 來表示。在這種情況，σ_s 代表為了增加單位量的液體面積所必須作出的拉引功。

為了瞭解表面張力的來源，我們用一張微觀圖，圖 2-20，來考慮兩個液體分子，一個位於液面，一個在液體內部深處。由於對稱性，內部分子受到周圍分子的吸引力彼此平衡。但是作用在表面分子的吸引力並不是對稱的，其上方氣體分子所施加的吸引力通常非常小。因此有一個淨吸引力作用在液體表面的分子上，試圖把表面分子拉向液體內部。這力被從液體表面

圖 2-20　作用在液面和液體內部分子的吸引力。

圖 2-21 用 U 形線框牽引液膜，及作用在長度 b 的可動線段上的力。

以下的分子 (它們被壓縮了) 所提供的排斥力平衡了。結果是液體最小化其表面積。這是液滴有達到球狀的趨勢的理由，因為對一給定體積，球狀有最小的表面積。

你可能已經觀察到，有些昆蟲可以站在或行走在水面上 (如水黽)，及小鋼球可以浮在水面上。這些現象是因為表面張力平衡了物體的重量而變為可能的。

為了更進一步瞭解表面張力，考慮一液體膜 (例如肥皂泡的膜) 懸掛在 U 形線框之中，線框的一邊為可移動的 (圖 2-21)。正常情況下，液膜試圖向內拉框的可動線段以減少表面積。為了平衡這個拉引效應，必須在可動線段上施加一個反向的力 F。薄膜兩邊都是對空氣曝露的表面，因此在此例中表面張力作用的長度是 $2b$。對可動線段作力的平衡可得 $F = 2b\sigma_s$，因此表面張力可以表示成

$$\sigma_s = \frac{F}{2b} \tag{2-34}$$

注意若 $b = 0.5$ m，則量測到的力 F (N) 就是以 (N/m) 為單位的表面張力。一個這種裝置，具備足夠的精密度，可以用來量測各種液體的表面張力。

在 U 形線框裝置中，可動線段被拉動以牽引液膜來增加其表面積。當可動線被拉一段距離 Δx，面積增加了 $\Delta A = 2b\,\Delta x$，牽引過程中所作的功 W 是

$$W = 力 \times 距離 = F\,\Delta x = 2b\sigma_s\,\Delta x = \sigma_s\,\Delta A$$

其中我們假設力在這一小段距離中維持常數。這個結果可以解釋成薄膜的表面能量在這拉引過程中被增加了 $\sigma_s\,\Delta A$ 的量，這與 σ_s 是每單位面積的表面能的另一種解釋是互相一致的。這就類似一條橡皮筋在其被拉伸後有更多的 (彈性) 位能一樣。在液膜的例子中，這功被用來移動液體分子從內部到表面，必須對抗來自其它分子的吸引力。因此，表面張力也可定義為增加每單位液體表面積所作的功。

表面張力從物質到物質，變化很大，在同一物質中，則隨溫度而變，如表 2-4 所示。例如，在 20°C 時周圍被大氣圍繞下，水的表面張力是 0.073 N/m，水銀則是 0.440 N/m。水銀的表面張力夠大使水銀滴幾乎是圓球狀的，並且可以像固體球一樣在平滑的表面上滾

表 2-4 一些流體在 1 atm，20°C (除非另有註明) 的空氣中的表面張力

流體	表面張力 σ_s, N/m
†水：	
0°C	0.076
20°C	0.073
100°C	0.059
300°C	0.014
甘油	0.063
SAE 30 機油	0.035
水銀	0.440
酒精	0.023
血液，37°C	0.058
汽油	0.022
氨	0.021
肥皂溶液	0.025
煤油	0.028

† 從附錄可得到水的更精密的數據。

動。通常液體的表面張力隨溫度減小，在臨界點變成零 (因此在高於臨界點的溫度，沒有明顯的液-氣介面)。壓力對表面張力的影響通常是可忽略的。

　　物質的表面張力可以被雜質顯著的改變，因此某些化學物，稱為表面劑 (surfactants)，可加入液體中來減小其表面張力。例如，肥皂和清潔劑可以降低水的表面張力，使其可以鑽入纖維間的小孔達到更有效的清潔。但這也表示靠表面張力操作的裝置 (如熱管) 有可能因為雜質的存在而失效，這通常是由不良加工造成的。

　　我們只有在液-液或液-氣介面才談到液體的表面張力。因此在指定表面張力時，同時指定相鄰的液體或氣體是必要的。表面張力決定了形成液滴的大小，因此藉由加入更多質量使液滴持續增大，一直到表面張力不能維持時液滴就會破掉。這就像對氣球充氣時，當內部壓力增高到氣球材料的強度以上時，氣球會破掉一般。

　　彎曲的表面顯示有壓力差 (壓力跳躍) 跨越介面兩邊，而凹面的壓力較高。例如空氣中的水滴、水中的氣泡或空氣中的肥皂泡。超過大氣壓力的壓力差 ΔP 可以由考慮半顆液滴或氣泡的自由體圖來決定 (圖 2-22)。注意表面張力沿圓周作用，而壓力作用在面上，對液滴或氣泡和肥皂泡作水平方向力的平衡可得

圖 2-22 半顆液滴或氣泡和半顆肥皂泡的自由體圖。

液滴或氣泡：　　$(2\pi R)\sigma_s = (\pi R^2)\Delta P_{\text{droplet}} \rightarrow \Delta P_{\text{droplet}} = P_i - P_o = \dfrac{2\sigma_s}{R}$ 　　(2-35)

肥皂泡：　　$2(2\pi R)\sigma_s = (\pi R^2)\Delta P_{\text{bubble}} \rightarrow \Delta P_{\text{bubble}} = P_i - P_o = \dfrac{4\sigma_s}{R}$ 　　(2-36)

其中 P_i 和 P_o 分別是液滴或氣泡內部和外部的壓力。當液滴或氣泡在大氣中時，P_o 是大氣壓力。在肥皂泡的力平衡式中額外的 2，這個因子是因為肥皂薄膜存在著 2 個表面 (內和外表面)，因此在截面上有兩個圓周。

毛細現象

　　另外一個有趣的表面張力的結果是毛細現象 (capillary effect)，這是當一根小直徑的管子插入液體中，液體上升或下降的現象。這種窄管或狹窄的流道稱為毛細管 (capillaries)。煤油燈中，煤油由油池經過插入油池的棉蕊上升就是由於這種現象。毛細現象也部分負責將水分輸送到高樹的頂端。毛細管中彎曲的液體自由液面稱為新月面 (meniscus)。

　　經常觀察到水在玻璃容器中在其與玻璃接觸的邊緣輕微的向上彎；但在水銀中

情況相反，液面在邊緣輕微的向下彎 (圖 2-23)。這現象通常藉由說水會潤濕玻璃，而水銀則不會來表示。毛細現象的強度由接觸角 (contact angle) 或潤濕角 (wetting angle) ϕ 來量化，定義為在接觸點的液體曲面的切線與固體面的夾角。表面張力的力量沿著切線向固體而作用。當 $\phi < 90°$ 時，液體被說是會潤濕表面；當 $\phi > 90°$ 時，則不會潤濕表面。在大氣中，水 (與多數其它有機液體) 和玻璃的接觸角幾乎是零，$\phi \approx 0°$。因此水在玻璃管中的表面張力沿著圓周向上作用，企圖把水拉高。結果是管中的水上升到其重量與表面張力的力量平衡為止。在空氣中，水銀-玻璃的接觸角是 130°，煤油-玻璃則是 26°。注意，一般情況接觸角在不同環境中是不同的 (比如另一種氣體或液體中，而不是空氣)。

圖 2-23 潤濕和非潤濕流體的接觸角。

毛細現象可以藉由聚合力 (相同分子間的力量，例如水-水) 和附著力 (不同分子間的力量，例如水-玻璃) 來微觀地說明。在固-液介面的液體分子會受到來自其它液體分子的聚合力和來自固體分子的附著力的同時作用。這些力量的相對大小決定液體是否會潤濕固體表面，顯然的，水分子比較強烈的被玻璃分子吸引，遠大於被其它水分子吸引，因此水傾向於沿玻璃面上升。相反現象發生於水銀，使其接近玻璃面的液體表面被壓低 (圖 2-24)。

圖 2-24 在小直徑玻璃管中水的毛細上升和水銀的毛細下降。

在圓管中毛細上升的高度可從對管中高度 h 的圓柱形液柱作力平衡分析來決定之 (圖 2-25)。液柱的底部與液槽的自由表面等高，因此那裡的壓力等於大氣壓力，這個壓力與液柱頂端受到的大氣壓力互相平衡，因此互相抵消。液柱的重量大約是

$$W = mg = \rho \forall g = \rho g(\pi R^2 h)$$

圖 2-25 作用在液柱的力。管中液柱的上升起因於毛細現象。

令表面張力的垂直分量等於重量得到

$$W = F_{\text{surface}} \rightarrow \rho g(\pi R^2 h) = 2\pi R \sigma_s \cos \phi$$

求解 h 就得到毛細上升為

毛細上升: $$h = \frac{2\sigma_s}{\rho g R} \cos \phi \quad (R = 常數) \tag{2-37}$$

這關係式對非潤濕流體也是成立的 (例如水銀在玻璃中)，並且給出毛細下降。在這情況時 $\phi > 90°$，因此 $\cos \phi < 0$，這使 h 成為負的。因此，毛細上升的負值對應到毛細下降 (圖 2-24)。

第 2 章 流體的性質

注意毛細上升與管半徑成反比。因此管子越細，管中液體的上升值 (或下降) 越大。在實用時，毛細現象對於直徑大於 1 cm 的管經常是可忽略的。當使用液體壓力計 (manomenters) 或氣壓計 (barometers) 量測壓力時，使用足夠大的管子來降低毛細現象的影響是很重要的。毛細現象也與液體密度成反比，這與預期相符。因此，一般而言，輕液體體驗到更大的毛細上升。最後，必須記住，式 (2-37) 是從等直徑管推導出來的，因此不應被使用在具有變化截面的管子。

例題 2-5 水在管中的毛細上升

一根 0.6 mm 直徑的玻璃管被插入杯子中 20°C 的水中。試求水在管中的毛細上升 (圖 2-26)。

解答： 要決定水在細長管中因為毛細現象所造成的上升。

假設： 1. 水中無雜質且玻璃管的表面未被污染。2. 實驗在大氣中進行。

性質： 水在 20°C 的表面張力是 0.073 N/m (表 2-4)。水與玻璃管的接觸角近似 0° (如前文)。水的密度取 1000 kg/m³。

解析： 毛細上升直接用式 (2-37) 決定之。代入已知值得到

$$h = \frac{2\sigma_s}{\rho g R} \cos \phi = \frac{2(0.073 \text{ N/m})}{(1000 \text{ kg/m}^3)(9.81 \text{ m/s}^2)(0.3 \times 10^{-3} \text{ m})} (\cos 0°) \left(\frac{1 \text{kg·m/s}^2}{1 \text{ N}}\right)$$

$$= 0.050 \text{ m} = \mathbf{5.0 \text{ cm}}$$

圖 2-26 例題 2-5 的示意圖。

因此，水在管中較杯中液面上升 5 cm。

討論： 注意，如果管直徑是 1 cm，毛細上升將為 0.3 mm，這在人眼幾乎看不出來。事實上，在大直徑管中，毛細上升僅發生在邊緣，中間部分都沒上升，因此大直徑管中的毛細現象可被忽略。

例題 2-6 利用毛細上升在水輪機發電

重新思考例題 2-5，瞭解到在無需從外界能源輸入任何能量下，靠著表面張力的影響，水上升了 5 cm，有一個人突發奇想，認為可以在管中水面下鑽一個孔，將漏出的水輸入一個水輪機來發電 (圖 2-27)。這人把想法再往前推進，建議可以使用一系列的管排達到這個目的，並且可使用串聯來達到實際可行的流動率與高度差。試決定這個想法是否有任何價值。

圖 2-27 例題 2-6 的示意圖。

解答： 在毛細現象的影響下，管中上升的水要被輸入水輪機用來發電。要評估這個建議的可行性。

解析： 建議的系統看起來像是一個天才的靈光一閃，因為一般的水力發電廠是藉由捕捉高處水的位能來發電的，而毛細上升提供了一個機制來提高水位到任何高度卻不需要輸入任何能量。

從熱力學的觀點來看，建議的系統可立刻被標示為是一個永動機 (PMM)，因為它可持續的發電

而不需要任何能量輸入。也就是這個建議的系統創造了能量，這很明顯的違反了熱力學第一定律或能量守恆定理，因此它不值得任何進一步的考量。但是熱力學第一定律未能阻止很多人夢想成為證明自然是錯誤的第一人，並且想出一個花招來永遠解決世界的能源問題，因此這個建議的不可行應該被說明。

回憶你的物理課程可知 (也會在下一章中討論到)，靜水中的壓力僅在高度方向改變並隨深度成線性增加。因此管中跨過 5 cm 高水柱的壓力差變成

$$\Delta P_{管中水柱} = P_2 - P_1 = \rho_{水}gh$$
$$= (1000 \text{ kg/m}^2)(9.81 \text{ m/s}^2)(0.05 \text{ m})\left(\frac{1 \text{ kN}}{1000 \text{ kg·m/s}^2}\right)$$
$$= 0.49 \text{ kN/m}^2 \,(\approx 0.005 \text{ atm})$$

因此水柱頂端的壓力比底端壓力少 0.005 atm。注意水柱底端的壓力是大氣壓力 (因為它與杯中水面在同一水平線上)，管中任何位置的壓力都小於大氣壓力，其相差值在頂端達到最大值 0.005 atm。因此若在管上鑽一個洞，空氣將滲入管中，而不是水從管中漏出。

討論：管中的水柱是不動的，因此沒有任何不平衡的力作用其上 (零淨力)。跨越新月面介於大氣與水柱頂端的壓力差所造成的力被表面張力平衡了。如果表面張力消失了，管中的水在重力的影響下會下降到與管外水面同高。

總結

本章討論了各種經常在流體力學中使用到的性質。一個系統中與質量相依的性質稱為外延性質，其它的稱為內延性質。密度是單位體積的質量，而比容是單位質量的體積。比重定義為物質的密度與 4°C 水的密度的比，

$$SG = \frac{\rho}{\rho_{H_2O}}$$

理想氣體狀態方程式表示為

$$P = \rho RT$$

其中 P 是絕對壓力，T 是熱力學溫度，ρ 是密度，R 是氣體常數。

在一給定溫度下，純物質改變相態的壓力稱為飽和壓力。在純物質從液態到蒸氣態的相變化過程中，飽和壓力通常稱為蒸氣壓力 P_v。液體中低壓區域產生的蒸氣泡，當被掃離低壓區會崩潰，產生具有高度破壞性的極高壓波 (此現象稱為空蝕)。

能量可用各種不同形式存在，它們的總和構成系統的總能量 E (或每單位質量的總能量 e)。系統所有微觀形式能量的總和稱為內能 U。系統相對於某個參考座標運動所具有的能量稱為動能，單位質量的動能表示為 $ke = V^2/2$。系統因為在重力場的高度所擁有的能量稱為位能，每單位質量的位能表示為 $pe = gz$。

流體的壓縮效應由壓縮係數 κ (也稱為彈性容積模數) 來表示，定義為

$$\kappa = -\nu\left(\frac{\partial P}{\partial \nu}\right)_T = \rho\left(\frac{\partial P}{\partial \rho}\right)_T \cong -\frac{\Delta P}{\Delta \nu/\nu}$$

代表在常壓下，流體的密度隨溫度改變的性質是體積膨脹係數 β (或容積膨脹率)，定義為

$$\beta = \frac{1}{\nu}\left(\frac{\partial \nu}{\partial T}\right)_P = -\frac{1}{\rho}\left(\frac{\partial \rho}{\partial T}\right)_P \cong -\frac{\Delta \rho/\rho}{\Delta T}$$

介質中微小的壓力波傳遞的速度是音速。理想氣體的音速可表示成

$$c = \sqrt{\left(\frac{\partial P}{\partial \rho}\right)_s} = \sqrt{kRT}$$

馬赫數是流體的實際速度與同狀態下音速的比值：

$$\mathrm{Ma} = \frac{V}{c}$$

當 Ma＝1 時是音速流，Ma＜1 時是次音速流，Ma＞1 時是超音速流，Ma ≫ 1 時是極音速流，而 Ma ≅ 1 時是穿音速流。

流體的黏度是其對變形抵抗能力的量度。每單位面積的切向力稱為剪應力，對於平板間的簡單剪流 (一維流動) 可以表示為

$$\tau = \mu \frac{du}{dy}$$

其中 μ 是流體的黏度係數或動力 (或絕對) 黏度，u 是流動方向的速度分量，y 是垂直流動的方向。遵循這個線性關係的流體稱為牛頓流體。動力黏度對密度的比值稱為運動黏度 ν。

流體分子在介面的拉引效應，是每單位長度上由分子間的吸引力所造成的，稱為表面張力 σ_s。在一個球形液滴或肥皂泡內部的超出壓力 ΔP 可分別表示成

$$\Delta P_{\text{液滴}} = P_i - P_o = \frac{2\sigma_s}{R} \quad \text{與} \quad \Delta P_{\text{肥皂泡}} = P_i - P_o = \frac{4\sigma_s}{R}$$

其中 P_i 和 P_o 代表液滴或肥皂泡內部和外部的壓力。一根小直徑管插入液體中，管中液體因為表面張力而上升或下降的現象稱為毛細現象。毛細上升或下降如下式決定

$$h = \frac{2\sigma_s}{\rho g R}\cos\phi$$

其中 ϕ 是接觸角。毛細上升與管之半徑成反比；對水而言，其效應對於管直徑大於約 1 cm 者是可忽略的。

密度和黏度是兩個最重要的流體性質，它們廣泛使用於以下各章之中：在第 3 章，考慮了流體中密度對於壓力變化的影響，並且使用在決定表面上的靜水力；在第 8 章，計算流動中黏度效應造成的壓力降，並且用在決定需要的泵馬力；黏度在第 9 章和第 10 章中對推導和求解流體運動方程式也是一個關鍵性質。

應用聚焦燈 —— 空蝕

客座作者：G. C. Lauchle 與 M. L. Billet，賓州大學

空蝕是液體，或液–固介面的破裂，是由於液體系統內部或邊界的流體的動力作用造成局部靜壓的降低所造成的，液體破裂造成可見到的氣泡。液體，例如水，包含許多微觀並可作為空蝕核的空洞。當這些核成長為顯著可見的大小時就發生空蝕。雖然沸騰也是液體內形成空洞的現象，但我們一般會將其與空蝕作區別，因為沸騰是由於溫度升高造成的，而空蝕則是由壓力降低至水的蒸汽壓以下時所造成的。空蝕可用在有利的用途，例如超音波清洗機、蝕刻機與切割機，但是一般在流體流動的應用中應該避免空蝕，因為它會破壞水力性能，造成很大的噪音，也會造成極大的振動，並且它還會破壞 (侵蝕) 表面。當空蝕氣泡進入高壓區並崩潰時，水下震波有時會產生微量光，這種現象稱為聲致冷光 (sonoluminescence)。

就一艘水面船隻而言，其水下船艏多為球形，而作成這種形狀是因為其內部的聲波導航與聲納系統是球形的，水面船隻的這個部分因此稱為聲納罩 (sonar dome)。當船速越來越快時，有些聲納罩開始產生空蝕，其造成的噪音會使聲納系統失效，造船工程師及流體力學學者試圖設計不會產生空蝕的聲納罩。而透過模型尺寸的測試使工程師能夠事先知道一個設計能否改進空蝕性能，因為這些測試是在水洞中進行的，受測水的條件應含有足夠的空蝕核才能模擬原型操作的條件，這可以保證液體表面張力的影響被最小化，重要的變數包括：水中的氣體含量水平 (空蝕核的分佈)、溫度、靜水壓。空蝕首先發生在物體上的最小壓力點 $C_{p\min}$ (當速度增加或沉浸深度減小時)。因此好的水力設計要求 $2(P_\infty - P_v)/\rho V^2 > C_{p\min}$，其中 ρ 是密度，$P_\infty = \rho g h$ 是相對的靜壓，C_p 是壓力係數 (第 7 章)，而 P_v 是水的蒸氣壓。

參考文獻

Lauchle, G. C., Billet, M. L., and Deutsch, S., "High-Reynolds Number Liquid Flow Measurements," in *Lecture Notes in Engineering*, Vol. 46, *Frontiers in Experimental Fluid Mechanics*, Springer-Verlag, Berlin, edited by M. Gad-el-Hak, Chap. 3, pp. 95-158, 1989.

Ross, D., *Mechanics of Underwater Noise*, Peninsula Publ., Los Altos, CA, 1987.

Barber, B. P., Hiller, R. A., Löfstedt, R., Putterman, S. J., and Weninger, K. R., "Defining the Unknowns of Sonoluminescence," *Physics Reports*, Vol. 281, pp. 65-143, 1997.

參考資料和建議讀物

1. J. D. Anderson *Modern Compressible Flow with Historical Perspective*, 3rd ed. New York: McGraw-Hill, 2003.
2. E. C. Bingham. "An Investigation of the Laws of Plastic Flow," *U.S. Bureau of Standards Bulletin*, 13, pp. 309-353, 1916.
3. Y. A. Cengel and M. A. Boles. *Thermodynamics: An Engineering Approach*, 7th ed. New York: McGraw-Hill, 2011.
4. D. C. Giancoli. Physics, 6th ed. Upper Saddle River, NJ: Pearson, 2004.
5. Y. S. Touloukian, S. C. Saxena, and P. Hestermans. *Thermophysical Properties of Matter, The TPRC Data Series*, Vol. 11, *Viscosity*. New York: Plenum, 1975.
6. L. Trefethen. "Surface Tension in Fluid Mechanics." In *Illustrated Experiments in Fluid Mechanics*. Cambridge, MA: MIT Press, 1972.

7. *The U.S. Standard Atmosphere*. Washington, DC: U.S. Government Printing Office, 1976.
8. M. Van Dyke. *An Album of Fluid Motion*. Stanford, CA: Parabolic Press, 1982.
9. C. L. Yaws, X. Lin, and L. Bu. "Calculate Viscosities for 355 Compounds. An Equation Can Be Used to Calculate Liquid Viscosity as a Function of Temperature," *Chemical Engineering*, 101, no. 4, pp. 1110-1128, April 1994.
10. C. L. Yaws. *Handbook of Viscosity*. 3 Vols. Houston, TX: Gulf Publishing, 1994.

習題

有"C"題目是觀念題，學生應儘量作答。

密度和比重

2-1C 內延和外延性質的差異是什麼？

2-2C 系統的比重量定義為每單位體積的重量(注意這個定義違反了一般的比性質定義習慣)。比重量是外延或內延性質呢？

2-3C 在什麼條件下，理想氣體假設對真實氣體是適用的？

2-4 流體的體積 24 L，重量 225 N，所處地點的重力加速度是 9.80 m/s²。試求流體的質量和密度？

2-5 氧氣在 300 kPa，27°C，試求其比容。

2-6 汽車輪胎的壓力依胎內空氣的溫度而定。當空氣溫度是 25°C 時，氣壓計讀值是 210 kPa。假設輪胎的體積是 0.025 m³，當胎內空氣溫度上升至 50°C 時，試求胎內的壓升值。同時決定在這個溫度下，必須排出多少空氣量壓力才能恢復至其原來的值。假設大氣壓力是 100 kPa。

圖 P2-6
Stockbyte/GettyImages

2-7 飽和液態冷媒 R-134a 在 $-20°C \leq T \leq 100°C$ 的密度示於表 A-4。使用這些值為 R-134a 與絕對溫度的函數關係配湊如 $\rho = aT^2 + bT + c$ 的表示式，並且決定每個數據組的相對誤差。

蒸氣壓與空蝕

2-8C 什麼是空蝕？什麼原因造成的？

2-9C 如果一個物質的壓力在沸騰時增加了，則溫度是否也會增加或維持常數？為什麼？

2-10 分析在 20°C 的水中操作的螺旋槳顯示，在高速時，螺旋槳尖端的壓力降至 1 kPa。試決定這螺旋槳是否有空蝕的危險。

2-11 在一個管路系統中，水的溫度維持 30°C 以下。試決定在這系統中避免空蝕的最低壓力。

能量和比熱

2-12C 什麼是流能？流體在靜止時，是否擁有任何流能？

2-13C 巨觀和微觀的能量形式的差異是什麼？

2-14C 列出對系統的內能有貢獻的能量形式。

2-15C 使用平均比熱，解釋理想氣體和不可壓縮物質的內能變化是如何決定的。

2-16 飽和水蒸氣在 150°C (焓 $h = 2745.9$ kJ/kg) 以 50 m/s 流經一管子，高度是 $z = 10$ m。試求蒸氣相對於地面的總能量，以 J/kg 表示。

壓縮性

2-17C 流體的體積膨脹係數代表什麼？它是如何與壓縮係數不同的？

2-18 水在 15°C 及 1 atm 壓力，在常壓下被加熱到 100°C。使用體積膨脹係數的數據，試決定水的密度的改變。(Answer: 38.7 kg/m^3)

2-19 使用體積膨脹係數的定義及表示式 $\beta_{理想氣體} = 1/T$，試證明理想氣體在等壓膨脹過程中，比容的百分增加率等於絕對溫度的百分增加率。

2-20 理想氣體的體積被等溫的壓縮成原來的一半。試求需要的壓力變化是多大。

2-21 一個水槽完全充滿著 20°C 的液態水。槽體的材料可以抵抗由於體積膨脹 0.8 % 所造成的張力。試決定不會造成危險的最大溫度上升值。為簡單計，假設 β = 常數 = 在 40°C 的 β 值。

2-22 海水在自由表面 (壓力 98 kPa) 的密度約 1030 kg/m^3。海水的彈性體積模數是 2.34×10^9 N/m^2，並且壓力隨深度 z 的變化可表示成 $dP = \rho g \, dz$，試求在深度 2500 m 的壓力和密度。忽略溫度的影響。

2-23 證明理想氣體的體積膨脹係數是 $\beta_{理想氣體} = 1/T$。

2-24 一個沒有摩擦的活塞–汽缸裝置內含 10 kg 的水，溫度 20°C，壓力 1 atm。一外力 F 作用在活塞上直到汽缸內壓增加至 100 atm。假設在壓縮時，水的壓縮係數維持不變。試估計需多少能量來等溫的壓縮水。(Answer: 29.4 J)

圖 P2-24

音速

2-25C 什麼是聲音？它是如何產生的？它如何傳遞？音波可在真空傳遞嗎？

2-26C 在哪種介質中，音波在已知溫度的傳遞最快：空氣、氦或氬？

2-27C 氣體等速度流動時，其馬赫數是否維持常數？解釋之。

2-28C 在一特定介質中的音速是否是一個固定量，或是它會隨介質的性質改變而改變？解釋之。

2-29 溫度 1200 K 的二氧化碳以 50 m/s 的速度進入一個絕熱噴嘴，離開時的溫度是 400 K，假設比熱是常數，試決定馬赫數：(a) 在噴嘴入口，(b) 在出口。(Answer: (a) 0.0925, (b) 3.73)

2-30 假設理想氣體行為，試求 R-134a 在 0.9 MPa，60°C 的音速。

2-31 蒸氣流過一個裝置，壓力 825 kPa，溫度 400°C，速度 275 m/s。假設理想氣體行為，$k = 1.3$，試求蒸氣在此狀態的馬赫數。(Answer: 0.433)

2-32 空氣從 2.2 MPa，77°C 等熵膨脹到 0.4 MPa。試求起始與最終音速的比值。(Answer: 1.28)

2-33 理想氣體的等熵過程被表示成 Pv^k = 常數。使用這個方程式以及音速的定義 [式 (2-21)]，試求理想氣體音速的表示式 [式 (2-23)]。

黏度

2-34C 什麼是牛頓流體？水是牛頓流體嗎？

2-35C 動力黏度如何隨溫度改變：(a) 液體，(b) 氣體？

2-36 一個流體的黏度要用黏度計量測。黏度計由兩個長度 1.5 m 的圓柱作成。外圓柱的內直徑是 16 cm，兩圓柱的間隙是 0.09 cm。外圓柱以 250 rpm 旋轉，量測到的扭力是 1.4 N·m，決定流體的黏度。
(Answer: 0.00997 N·s/m²)

2-37 考慮一個黏度 μ 的流體流過一圓管。管中的速度形狀為 $u(r) = u_{max}(1 - r^n/R^n)$，其中 u_{max} 是在中心線的最大流速；r 是離中心線的徑向距離；而 $u(r)$ 是在任何位置 r 的流速。試推導一個流體在流動方向每單位管長施加在管壁的阻力的關係式。

圖 P2-37

2-38 一個旋轉黏度計由兩個同心圓柱組成一半徑 R_i 的內圓柱以角速度 ω_i 旋轉，而靜止的外圓柱的內徑是 R_o。在內外圓柱中間的小間隙中的是黏度 μ 的流體。圓柱的長度是 L (在進入圖 P2-38 的頁面方向)。L 夠大使得端效應可忽略 (我們可視此問題為二維的)。需要扭力 (T) 來維持內圓柱作等速旋轉。(a) 顯示你所有的推導過程，產生一個 T 和其它變數間函數關係的近似表示式。(b) 解釋為什麼你的解只是個近似解。特別是你是否預期間隙中的速度形狀在間隙越來越大時還是維持線性的 (即外徑 R_o 被增加，而所有其它變數維持不變)。

圖 P2-38

2-39 一個廣泛用來描述氣體的黏度變化的相關式是冪定理方程式，$\mu/\mu_0 = (T/T_0)^n$，其中 μ_0 和 T_0 分別是參考黏度和溫度。使用冪定理和 Sutherland 定理，檢視空氣在溫度範圍 100°C (373 K) 到 1000°C (1273 K) 的黏度變化。畫出你的結果並與列於表 A-9 的值比較。對於大氣取參考溫度 0°C 與 $n = 0.666$。

2-40 在遠離進口很遠的區域，圓管中的流體流動是一維的，在層流下速度形狀是 $u(r) = u_{max}(1 - r^2/R^2)$，其中 R 是管的半徑，r 是離管中心的徑向距離，而 u_{max} 是在管中心的最大流速。試求 (a) 一個關係式表示流體對一段 L 長度的管子所施加的阻力，(b) 求阻力的值，已知水流溫度 20°C，$R = 0.08$ m，$L = 30$ m，$u_{max} = 3$ m/s 及 $\mu = 0.0010$ kg/m·s。

圖 P2-40

2-41 一個截錐形物體在一個充滿 20°C 的 SAE 10 W 機油 ($\mu = 0.100$ Pa·s) 的容器中以等角速度 200 rad/s 旋轉，如圖 P2-41 所示。如果每一邊的油膜厚度都是 1.2 mm。試求維持這個運動所需的功率。同時也決定當油溫上升至 80°C 時 ($\mu = 0.0078$ Pa·s)，需要輸入的功率減小了多少。

圖 P2-41

2-42 兩平行板中間是 20°C，5 mm 厚的機油膜，下平板固定，上平板被以等速度 $U = 4$ m/s 推動。假設半拋物線形的速度形狀在油膜中，如圖 P2-42 所示。試求上平板的剪應力及其方向。如果假設的速度形狀是線性的，將會發生什麼事呢？

圖 P2-42

2-43 一塊薄平板在兩塊平行、水平且固定的平板間以等速度 5 m/s 移動。兩塊固定平板間隔 4 cm，平板間充滿黏度 0.9 N·s/m² 的油。任何時間平板泡在油中的部分是 2 m 長，0.5 m 寬。如果一細板在兩固定板的中間平面移動，試決定維持此運動所需的力。如果細板離底板 1 cm (h_2)，離上板 3 cm (h_1)，你的答案將是多少呢？

圖 P2-43

表面張力與毛細現象

2-44C 什麼是表面張力？其原因是什麼？為什麼表面張力又稱為表面能？

2-45C 什麼是毛細現象？其原因是什麼？它是如何被接觸角影響的？

2-46C 毛細上升在小直徑管或大直徑管中，哪個較大呢？

2-47 一個 6 cm 直徑的肥皂泡藉由吹入空氣來將它增大。肥皂泡的表面張力是 0.039 N/m，試求將肥皂泡充氣至 6.9 cm 直徑時，所需輸入的功。

2-48 試求肥皂泡內部 (20°C) 的錶壓力：(a) 直徑 0.2 cm，(b) 直徑 5 cm。

2-49 液體的表面張力要使用懸掛在一個 U 形線框 (具有 8 cm 長的可動線段) 上的液膜來量測。如果移動可動線段的力是 0.024 N，試求此液體在空氣中的表面張力。

2-50 一毛細管被垂直地浸入一個貯水容器中。已知壓力降至低於 2 kPa 時，水開始蒸發。試求最大毛細上升與對應此最大毛細上升的管直徑。管內壁的接觸角取 6° 且表面張力取 1.00 N/m。

2-51 溶解在水中的養分被帶到植物頂端，部分原因是經由微細管子的毛細現象。試求一棵樹中，經由 0.0026 mm 直徑小管的毛細現象，可讓水溶液上升多高？將溶液當成 20°C，接觸角為 15° 的水。(Answer:

11.1 m)

圖 P2-51

複習題

2-52 考慮一個 55 cm 長的頸軸承。在開始操作時溫度是 20°C，黏度是 0.1 kg/m·s。在預期的穩定操作溫度 80°C 時，黏度是 0.008 kg/ m·s。軸的直徑是 8 cm，而軸和頸的平均間隙是 0.08 cm。當軸以 1500 rpm 旋轉時，試決定起始時和穩定操作時，為克服軸承摩擦所需要的扭力。

2-53 汽油引擎的燃燒可以用一個等體積加熱過程來近似，且燃燒室的內含物在燃燒前後都是空氣。燃燒前的狀態是 1.8 MPa，450°C，燃燒後是 1300°C。試求燃燒過程結束後的壓力。(Answer: 3916 kPa)

圖 P2-53

2-54 汽車輪胎的絕對壓力在旅行前量測是 320 kPa，旅行後是 335 kPa。假設輪胎的體積維持常數 0.022 m³，試決定輪胎中空氣的絕對溫度的百分增加率。

2-55 泥漿中的固體和攜帶流體的比重通常是已知的，但是泥漿的比重相依於固體粒子的濃度。試證明一個基於水的泥漿的比重可以用固體的比重 SG_s 和懸浮固體粒子的質量百分濃度 $C_{s,\text{mass}}$ 來表示，

$$SG_m = \frac{1}{1 + C_{s,\text{mass}}(1/SG_s - 1)}$$

2-56 一個密閉水槽的一部分填充了 60°C 的水。如果水面上的空氣已經完全被抽真空了，試求被抽真空的空間中的蒸氣壓。假設溫度維持常數。

2-57 一根新製成的管的管直徑 2 m 及管長 15 m，要在 10 MPa 下被測試，使用的水溫度是 15°C，將管兩端封閉後，管中首先用水充滿，然後將更多水泵進測試管中直到測試壓力為止。假設管沒有變形，試求多少額外的水必須被泵入管中。壓縮係數是 2.10×10^9 Pa。(Answer: 224 kg)

2-58 考慮黏度 μ 的牛頓流體在兩塊平行板間作層流流動。流動是一維流動，速度形狀是 $u(y) = 4u_{\max}\,[y/h - (y/h)^2]$，其中 y 是離底板的 y 座標，h 是兩平板間距離，$u_{\max}$ 是在中間平面的最大流速。推導流體在兩塊平板上，作用在流動方向，每單位平板面積的阻力關係式。

圖 P2-58

2-59 一根軸，直徑 $D = 80$ mm，長度 $L = 400$ mm，如圖 P2-59 所示，被以等速度 $U = 5$ m/s 拉經過一個有可變化直徑的軸承。軸和軸承之間隙從 $h_1 = 1.2$ mm 變化到 $h_2 = 0.4$ mm，其中，充滿了動力黏度是

0.10 Pa·s 的牛頓潤滑油。試求維持軸的軸向運動所需要的力。(Answer: 69 N)

圖 P2-59

2-60 一根 10 cm 直徑的軸在一個 40 cm 長，10.3 cm 直徑的軸承中旋轉。軸和軸承中間完全充滿著油，其在預期的操作溫度下黏度是 0.300 N·s/m^2。試決定當軸旋轉時，克服摩擦力所需的功率，軸轉速是
(a) 600 rpm，及 (b) 1200 rpm。

基礎工程學 (FE) 試題

2-61 一種流體的比重被指定為 0.82。此流體的比容是
(a) $0.00100 \text{ m}^3/\text{kg}$ (b) $0.00122 \text{ m}^3/\text{kg}$
(c) $0.0082 \text{ m}^3/\text{kg}$ (d) $82 \text{ m}^3/\text{kg}$
(e) $820 \text{ m}^3/\text{kg}$

2-62 在 20°C 的理想氣體流過一根管子。氣體的密度是 1.9 kg/m^3，分子量是 44 kg/kmol。此氣體的壓力是
(a) 7 kPa (b) 72 kPa (c) 105 kPa
(d) 460 kPa (e) 4630 kPa

2-63 液態水流過鍋爐的管路時汽化成水蒸氣。若管內水溫是 180°C，則管內水的蒸氣壓是
(a) 1002 kPa (b) 180 kPa
(c) 101.3 kPa (d) 18 kPa
(e) 100 kPa

2-64 一個系統的熱能指的是
(a) 顯能 (b) 潛能
(c) 顯能 + 潛能 (d) 焓
(e) 內能

2-65 水壓從 100 kPa 用泵增加為 1200 kPa。水的密度是 1 kg/L，比熱是 $c_p = 4.18$ kJ/kg·°C。在這個過程中水的焓值改變是
(a) 1100 kJ/kg (b) 0.63 kJ/kg
(c) 1.1 kJ/kg (d) 1.73 kJ/kg
(e) 4.2 kJ/kg

2-66 在大氣壓力下的水的壓力必須被提升到 210 atm 才會被壓縮 1%。因此水的壓縮係數的值是
(a) 209 atm (b) 20,900 atm (c) 21 atm
(d) 0.21 atm (e) 210,000 atm

2-67 一種流體的密度在等壓下當溫度增加 10°C 時減少了 5%。此流體的體積膨脹係數是
(a) 0.01 K^{-1} (b) 0.005 K^{-1} (c) 0.1 K^{-1}
(d) 0.5 K^{-1} (e) 5 K^{-1}

2-68 太空船在 −40°C 的空氣中的速率是 1250 km/h。此流動的馬赫數是
(a) 35.9 (b) 0.85 (c) 1.0
(d) 1.13 (e) 2.74

2-69 一個黏度計由兩個 30 cm 長的同心圓柱建造而成，可以用來量測流體的黏度。內圓柱的外徑是 9 cm，兩圓柱之間的間隙是 0.18 cm。內圓柱以 250 rpm 轉動，量測到的扭力是 1.4 N·m。流體的黏度是
(a) 0.0084 N·s/m^2 (b) 0.017 N·s/m^2
(c) 0.062 N·s/m^2 (d) 0.0049 N·s/m^2
(e) 0.56 N·s/m^2

2-70 肥皂水在 20°C 的表面張力是 $\sigma_s = 0.025$ N/m。在 20°C 的一個直徑 2 cm 的肥皂泡的內部錶壓力是
(a) 10 Pa (b) 5 Pa (c) 20 Pa
(d) 40 Pa (e) 0.5 Pa

設計與小論文題

2-71 設計一個實驗室來量測液體的黏度。使用一個垂直的漏斗，包含一個高度為 h 的圓柱形蓄液池與一個狹窄的流動段，直徑為

D，長度為 L。作合適的假設，導出黏度的一個表示式，用容易量測到的量，例如密度與體積流率來表示。

2-72 寫一篇小論文討論不同季節使用在汽車引擎的機油及其黏度。

2-73 雖然鋼的密度是水的 7 至 8 倍，但仍可使鋼製迴紋針或刮鬍刀浮在水面上，解釋並討論。如果你將一些肥皂與水混合，預測會發生什麼事。

壓力和流體靜力學

Chapter 3

學習目標

讀完本章後，你將能夠

- 決定流體靜止時的壓力變化。
- 利用各種形式的壓力計計算壓力。
- 計算靜止的流體對沉浸的平面或曲面所施加的力和力矩。
- 分析漂浮或沉浸物體的穩定度。
- 分析容器中的流體在作線性加速運動或轉動時的剛體運動。

　　本章討論流體在靜止時或作剛體運動時所施加的力。與這些力有關的流體性質是壓力，這是流體對每單位面積所施加的垂直力。我們在本章從詳細討論壓力開始，包括絕對和錶壓力、在一點上的壓力、在重力場中壓力隨深度的變化、氣壓計、壓力計和其它壓力量測裝置。接下來討論的是作用在沉浸物體上的靜水力，包括在平面上或在曲面上的力。然後考慮流體作用在沉浸或漂浮物體的浮力，及討論這些物體的穩定度。最後我們將牛頓第二運動定律應用在一個像剛體運動的流體上，其正在作線性加速度運動或在一個旋轉容器中。本章對處於力平衡的物體作了廣泛的力平衡分析，所以事先對靜力學相關的論點作複習是很有幫助的。

3-1 壓力

壓力 (pressure) 定義為流體在單位面積上施加的垂直力。我們只有在討論到氣體或液體時才談到壓力。壓力在固體上的對應量是正向應力 (normal stress)。因為壓力被定義為每單位面積的力，它的單位是每平方米牛頓 (N/m^2)，又稱為 pascal (Pa)。也就是：

$$1 \text{ Pa} = 1 \text{ N/m}^2$$

對大多數實際會碰到的壓力，壓力單位 pascal 太小了。因此一般會使用它的倍數 kilo、pascal (1 kPa = 10^3 Pa) 和 megapascal (1 MPa = 10^6 Pa)。其它三個常會使用到的壓力單位，特別在歐洲，是 bar、atm 及 kgf/cm^2：

$$1 \text{ bar} = 10^5 \text{ Pa} = 0.1 \text{ MPa} = 100 \text{ kPa}$$
$$1 \text{ atm} = 101{,}325 \text{ Pa} = 101.325 \text{ kPa} = 1.01325 \text{ bars}$$
$$1 \text{ kgf/cm}^2 = 9.807 \text{ N/cm}^2 = 9.807 \times 10^4 \text{ N/m}^2$$
$$= 9.807 \times 10^4 \text{ Pa}$$
$$= 0.9807 \text{ bar}$$
$$= 0.9679 \text{ atm}$$

注意壓力單位 bar、atm 和 kgf/cm^2 彼此幾乎是相等的。在英制系統，壓力的單位是 lbf/in^2 (或 psi)，而 1 atm = 14.696 psi。壓力單位 kgf/cm^2 和 lbf/in^2 也分別被表示成 kg/cm^2 和 lb/in^2，它們經常被使用在胎壓計上。可以證明 1 kgf/cm^2 = 14.223 psi。

壓力也同時被使用在固體面上當作正向應力的同義詞，即每單位面積，垂直作用在表面上的力。例如，一個 70 kg 的人，其腳掌總面積 343 cm^2，對地板施加的壓力是 (70×9.81/1000) $kN/0.0343 \text{ m}^2$ = 20 kPa (圖 3-1)。如果此人單腳站立，壓力加倍。如果此人體重增加，他或她可能會遭遇到足部不舒服的問題，因為其足部壓力增加了 (足底大小不會隨體重增加而改變)。這也解釋了一個人為何可以穿一雙大雪鞋在新雪上行走卻不下沉，及一個人使用利刃時，可以輕鬆切割的原因。

在一個已知地點的實際壓力稱為絕對壓力 (absolute pressure)，其量測是相對於絕對真空的 (即絕對零壓力)。然而多數壓力量測裝置被校正成在大氣中讀值為零，因此它們指示的是絕對壓力和當地大氣壓力的差值。這差值稱為錶壓力 (gage

70 kg　　140 kg

A_{feet} = 343 cm^2

P = 20 kPa　　P = 40 kPa

$P = \sigma_n = \dfrac{W}{A_{feet}} = \dfrac{(70 \times 9.81/1000) \text{ kN}}{0.0343 \text{ m}^2} = 20 \text{ kPa}$

圖 3-1 一個肥胖者的足底正向應力 (或壓力) 遠大於一個苗條的人的足底正向應力。

圖 3-2 絕對壓力、錶壓力和真空壓力。

pressure)，P_{gage} 可以是正值或負值。低於大氣壓力的壓力有時候也稱為真空壓力 (vacuum pressure)，它是由真空壓力計量測的，指的是大氣壓力和絕對壓力的差值。絕對壓力、錶壓力和真空壓力間的關係是

$$P_{gage} = P_{abs} - P_{atm} \tag{3-1}$$

$$P_{vac} = P_{atm} - P_{abs} \tag{3-2}$$

這些關係說明於圖 3-2。

就像其它壓力計，用來量測汽車輪胎內空氣壓力的壓力計讀出的是錶壓力。因此一個普通的讀值 32.0 psi (2.25 kgf/cm^2) 指的是高於大氣壓力 32.0 psi。例如在大氣壓力是 14.3 psi 的地點，胎內的絕對壓力是 32.0 + 14.3 = 46.3 psi。

在熱力學關係式及圖表中，幾乎都是使用絕對壓力。貫穿本書之中，壓力 P 指示的是絕對壓力，除非另有指定。通常字母 "a" (指絕對壓力) 和 "g" (指錶壓力) 會被加到壓力單位中來清楚表示其意涵 (例如 psia 和 psig)。

例題 3-1　真空室中的絕對壓力

連接到真空室中的真空壓力計讀值是 40 kPa，當地的大氣壓力是 100 kPa。試求室中的絕對壓力。

解答： 已知真空室中的錶壓力。要決定室中的絕對壓力。

解析： 絕對壓力可輕易使用式 (3-2) 求解：

$$P_{abs} = P_{atm} - P_{vac}$$
$$= 100 - 40 = 60 \text{ kPa}$$

討論： 注意求解絕對壓力時，會使用到當地的大氣壓力值。

在一點上的壓力

壓力是每單位面積的壓縮力，它給人向量的印象。然而，在流體中的任一點，壓力在所有方向是相同的 (圖 3-3)。也就是說，它有大小但沒有特定方向，因此是個純量。這可藉由考慮一個有單位長度 ($\Delta y = 1$，進入頁面方向) 的楔形流體元素的平衡來說明，如圖 3-4 所示。在三個面上的壓力是 P_1、P_2 和 P_3，而作用在面上的力是壓力和表面面積的乘積。根據牛頓第二運動定律，在 x- 和 z- 方向的力平衡可得

$$\sum F_x = ma_x = 0: \quad P_1 \Delta y \Delta z - P_3 \Delta y l \sin \theta = 0 \quad (3\text{-}3a)$$

$$\sum F_z = ma_z = 0: \quad P_2 \Delta y \Delta x - P_3 \Delta y l \cos \theta - \frac{1}{2} \rho g \Delta x \Delta y \Delta z = 0 \quad (3\text{-}3b)$$

其中 ρ 是密度，$W = mg = \rho g \Delta x \Delta y \Delta z / 2$ 是流體元素的重量。注意楔形物是個直角三角形，故有 $\Delta x = \ell \cos \theta$ 和 $\Delta z = \ell \sin \theta$。代入這些幾何關係式並將式 (3-3a) 除以 $\Delta y \Delta z$，式 (3-3b) 除以 $\Delta x \Delta y$ 得到

$$P_1 - P_3 = 0 \quad (3\text{-}4a)$$

$$P_2 - P_3 - \frac{1}{2} \rho g \Delta z = 0 \quad (3\text{-}4b)$$

在式 (3-4b) 的最後一項因為 $\Delta z \to 0$ 被消去且楔形物變成無限小，因此流體元素縮到一點。結合這兩個關係式的結果得到

$$P_1 = P_2 = P_3 = P \quad (3\text{-}5)$$

不論角度 θ 的值是什麼。我們可以對一個在 yz- 平面的元素重複這個分析並得到相似的結果。因此結論是流體中一點的壓力在所有方向都是相同的。這個結果可以適用於運動中的流體，也適用於靜止的流體，因為壓力是純量，不是向量。

壓力隨深度的變化

靜止流體的壓力在水平方向不會變化，對你而言這並不意外。這可輕易的藉由考慮一個流體水平薄層，並對其作任意水平方向的力平衡分析而證明。然而在垂直的重力場方向，情況就不是這樣。流體中的壓力隨深度而增加。因為有更多的流體壓在更深層的流體上，這種「更多重量」壓在更深層流體的效應是由壓力的增加來

平衡的 (圖 3-5)。

為了獲得壓力隨深度變化的關係式，考慮一個長方形流體元素，高 Δz，長 Δx，具有單位深度 ($\Delta y = 1$，進入頁面方向)，處於平衡狀態如圖 3-6 所示。假設流體的密度是常數，作垂直方向 (z- 方向) 的力平衡分析，得到

$$\sum F_z = ma_z = 0: \quad P_1 \Delta x \Delta y - P_2 \Delta x \Delta y - \rho g \Delta x \Delta y \Delta z = 0$$

其中 $W = mg = \rho g \Delta x \Delta y \Delta z$ 是流體元素的重量，$\Delta z = z_2 - z_1$。除以 $\Delta x \Delta y$ 並重新整理後，得到

$$\Delta P = P_2 - P_1 = -\rho g \Delta z = -\gamma_s \Delta z \tag{3-6}$$

其中 $\gamma_s = \rho g$ 是流體的比重量。因此，我們的結論是在等密度流體中，兩點間的壓力差正比於兩點間的垂直距離 Δz 與流體密度 ρ。注意負號表示在靜止流體中的壓力隨深度線性的增加。這是當一個潛水者潛入更深的湖裡所經驗到的。

對處於靜水力條件下的流體中的任意兩點間，更容易記憶和應用的方程式是

$$P_{\text{below}} = P_{\text{above}} + \rho g |\Delta z| = P_{\text{above}} + \gamma_s |\Delta z| \tag{3-7}$$

其中"below"指的點在較低的高度 (流體中較深處)，而"above"指的點在較高的高度。如果你很一致地使用這個方程式，應該可以避免符號錯誤。

對一個已知流體，有些時候會用垂直距離 Δz 來量度壓力，此時它被稱為壓力頭 (pressure head)。

我們同時從式 (3-6) 得到的結論是對於小至中等的距離，壓力隨深度的變化在氣體中是可忽略的，原因是氣體的低密度。例如在一個內含氣體的槽，槽內壓力可視為是均勻的，因為氣體的重量太小不能造成明顯的差異。同樣的，充滿空氣的房

圖 3-5　靜止流體的壓力隨深度增加 (增加重量的結果)。

圖 3-6　一個在平衡狀態的長方形流體元素的自由體圖。

間中的壓力也可被近似為一個常數 (圖 3-7)。

如果我們把"above"這個點取在液體與大氣接觸的自由表面上 (圖 3-8)，這裡的壓力是大氣壓力 P_{atm}，則根據式 (3-7)，在自由表面以下深度 h 處的壓力變成

$$P = P_{atm} + \rho gh \quad \text{或} \quad P_{gage} = \rho gh \tag{3-8}$$

靜止液體的壓力與容器截面積的形狀無關。它只隨垂直距離而變化，但在其它方向維持是常數。因此在一已知流體的一個水平面上的所有點壓力都是相同的。德國數學家西蒙・斯特芬 (1548-1620) 在 1586 年發表了圖 3-9 說明的原理。注意點 A、B、C、D、E、F 和 G 上的壓力都相等，因為它們有同樣的深度，且它們以同一種靜態流體相連接。然而，點 H 和 I 的壓力卻不同，因為此兩點不能以同一種流體相連接 (即，我們無法從點 I 到點 H 畫一條線而能夠維持在同一流體中)，雖然它們位於同樣的深度。(你能說出哪一點的壓力較高嗎？) 同時注意，流體施加的壓

圖 3-7 在一個充滿氣體的房間內，壓力隨高度的變化是可以忽略的。

圖 3-8 靜止液體的壓力隨離自由液面的距離呈線性增加。

$P_A = P_B = P_C = P_D = P_E = P_F = P_G = P_{atm} + \rho gh$
$P_H \neq P_I$

圖 3-9 在靜水力條件下，一個已知流體中，位在相同水平面上所有點的壓力是相同的，與幾何形狀無關，條件是各點之間是由相同的流體連接的。

第 3 章　壓力和流體靜力學　　69

力總是垂直於指定點的平面上。

　　流體中的壓力在水平方向維持是個常數的一個後果是施加在一個封閉流體的壓力會使流體中每一點的壓力都增加相同的量。這個結果稱為**帕斯卡定理** (Pascal's Law)，依布萊茲・帕斯卡 (1623-1662) 命名。帕斯卡同時曉得流體所施加的力正比於表面面積。它瞭解到兩個不同截面積的液壓活塞可被連接，則大活塞的出力可以遠大於作用在小活塞的力。「帕斯卡機器」成為許多發明的來源，也是我們日常生活的一部分，例如液壓剎車和液壓升降機。這使我們可以輕易的用一隻手臂抬高一輛車，如圖 3-10 所示。注意 $P_1 = P_2$，因為兩活塞在相同高度 (微小的高度差效應是可忽略的，特別是在高壓時)，輸出力相對輸入力的比值成為

圖 3-10　應用帕斯卡定理，用小力舉起重物。一個常例是液壓千斤頂。

$$P_1 = P_2 \rightarrow \frac{F_1}{A_1} = \frac{F_2}{A_2} \rightarrow \frac{F_2}{F_1} = \frac{A_2}{A_1} \quad (3\text{-}9)$$

面積比 A_2/A_1 稱為液壓升降機的理想機械效益 (ideal mechanical advantage)。例如使用一個面積比 $A_2/A_1 = 100$ 的液壓汽車起重機，一個人只要施力 10 kgf (= 90.8 N) 就能夠舉起 1000 kg 的汽車。

3-2　壓力量測裝置

氣壓計

　　大氣壓力使用稱為**氣壓器** (barometer) 的裝置量測；因此大氣壓力 (atmospheric pressure) 有時也稱為 barometric pressure。

　　義大利人埃萬傑利斯塔・托里切利 (1608-1647) 第一個證明大氣壓力可藉由將一根充滿水銀的管子倒轉插入一個對大氣開口的水銀槽中來量測 (圖 3-11)。在 B 點的壓力等於大氣壓力，C 點的壓力可當成零，因為 C 點之上只有微量的水銀蒸氣，其壓力相較於 P_{atm} 甚小，在很好的近似下可被忽略。在垂直方向作力平衡分析可得

圖 3-11　基本氣壓計。

$$P_{atm} = \rho g h \quad (3\text{-}10)$$

其中 ρ 是水銀密度，g 是當地重力加速度，h 是自由液面以上的水銀柱高度。注意管的長度和截面積對一個氣壓計的液柱高度沒有影響 (圖 3-12)。

圖 3-12　氣壓計的管長和截面積對液柱高度沒有影響，只要管的直徑夠大，可以避免表面張力 (毛細) 現象即可。

一個常用的壓力單位是標準大氣壓 (standard atmosphere)，其定義是在標準重力加速度下 (g = 9.807 m/s^2)，0°C，760 mm 的水銀柱 (ρ_{Hg} = 13,595 kg/m^3) 高度所產生的壓力。如果用水取代水銀來量測標準大氣壓力，就需要約 10.3 m 水柱的高度。有時候直接用水銀柱的高度來表示壓力 (特別是氣象預報員)。例如，在 0°C 的標準大氣壓是 760 mmHg。單位 mmHg 又稱為 torr，用來紀念托里切利。因此 1 atm = 760 torr，而 1 torr = 133.3 Pa。

大氣壓力 P_{atm} 從海平面的 101.325 kPa 分別變化到在高度 1000、2000、5000、10,000 和 20,000 公尺的 89.88、79.50、54.05、26.5 和 5.53 kPa。例如，丹佛市 (高度 = 1610 m) 的典型大氣壓力是 83.4 kPa。記住一個地方的大氣壓力只是那個地方每單位地表面積以上的空氣重量。因此，它不僅隨高度也隨天氣條件而改變。

大氣壓力隨高度遞減對日常生活有深遠的影響。例如在高處的烹煮時間較長，是因為水在低大氣壓力時，沸騰的溫度也較低。在高處流鼻血是常碰到的經驗，因為在這種情況下，血壓和大氣壓力的差值較大，而鼻內精細的血管經常無法忍受這種額外的壓力。

在已知的溫度下，空氣的密度在高處較小，因此一個已知體積內會含較少的空氣和較少的氧氣。不意外的，我們在高海拔處較易累也較易經歷流鼻血的問題。同樣的，在 1500 m 高度，一個 2.0 L 的汽車引擎會表現得像一個 1.7 L 的汽車引擎 (除非是渦輪增壓)，因為 15% 降低的壓力，導致空氣密度降低了 15% (圖 3-13)。在那個高度下，一個風扇或壓縮機在相同的體積排送率之下會少排出 15% 的空氣。因此高海拔處可能需要選擇較大的冷卻風扇來確保達到指定的質量流率。較低的壓力和較小的密度也影響到升力和阻力；飛機在高海拔需要較長的跑道來發展需要的升力，然後它們爬升到高空巡航以降低阻力，從而達到較佳的燃油效率。

圖 3-13 在高海拔處，因為空氣的低密度，汽車引擎產生較少的動力，而個人得到較少的氧氣。

例題 3-2　使用氣壓計量測大氣壓力

一個地方的氣壓計讀值是 740 mmHg，重力加速度是 g = 9.805 m/s^2，試求其大氣壓力。假設水銀的溫度是 10°C，其密度是 13,570 kg/m^3。

解答：已知一個地方的氣壓計的水銀柱高度，要決定大氣壓力。
假設：水銀的溫度假設是 10°C。
性質：已知水銀的密度是 13,570 kg/m^3。
解析：大氣壓力可以從式 (3-10) 決定之：

$$P_{\text{atm}} = \rho g h$$
$$= (13{,}570 \text{ kg/m}^3)(9.805 \text{ m/s}^2)(0.740 \text{ m})\left(\frac{1 \text{ N}}{1 \text{ kg·m/s}^2}\right)\left(\frac{1 \text{ kPa}}{1000 \text{ N/m}^2}\right)$$
$$= \mathbf{98.5 \text{ kPa}}$$

討論：注意密度隨溫度而變，因此這個效應必須在計算中考慮到。

例題 3-3 從 IV 瓶來的重力驅動流

靜脈注射通常是由重力驅動，方法是把液體瓶懸掛在夠高的地方來對抗血管中的血壓並驅動流體進入體內 (圖 3-14)。瓶掛得越高，流體的流動率將會越大。(a) 如果觀察到當瓶高於手臂 1.2 m 時，流體與血壓互相平衡，試求血壓的錶壓力，(b) 如果在手臂高度需要的流體錶壓力是 20 kPa 以得到足夠的流動率，試求瓶必須被放在多高的地方。流體的密度是 1020 kg/m^3。

解答：已知在一個特定高度，IV 流體和血壓相互平衡。要決定血壓和要維持希望流率的瓶高。

假設：**1.** IV 流體是不可壓縮的。**2.** IV 瓶是對大氣開放的。

性質：IV 流體的密度已知為 ρ = 1020 kg/m^3。

解析：(a) 當 IV 瓶比手臂高度高 1.2 m 時，IV 流體和血壓相互平衡。手臂的血壓等於 IV 流體在深度 1.2 m 的錶壓力：

$$P_{\text{gage, arm}} = P_{\text{abs}} - P_{\text{atm}} = \rho g h_{\text{arm-bottle}}$$
$$= \rho g h_{\text{arm-bottle}}$$
$$= (1020 \text{ kg/m}^3)(9.81 \text{ m/s}^2)(1.20 \text{ m})\left(\frac{1 \text{ kN}}{1000 \text{ kg·m/s}^2}\right)\left(\frac{1 \text{ kPa}}{1 \text{ kN/m}^2}\right)$$
$$= \mathbf{12.0 \text{ kPa}}$$

圖 3-14 例題 3-3 的示意圖。

(b) 為提供在手臂高度處能有 20 kPa 的錶壓力，瓶中的 IV 流體從手臂位置算起的液面高度同樣可用 $P_{\text{gage, arm}} = \rho g h_{\text{arm-bottle}}$ 來決定：

$$h_{\text{arm-botttle}} = \frac{P_{\text{gage, arm}}}{\rho g}$$
$$= \frac{20 \text{ kPa}}{(1020 \text{ kg/m}^3)(9.81 \text{ m/s}^2)}\left(\frac{1000 \text{ kg·m/s}^2}{1 \text{ kN}}\right)\left(\frac{1 \text{ kN/m}^2}{1 \text{ kPa}}\right)$$
$$= \mathbf{2.00 \text{ m}}$$

討論：儲水體的高度在重力驅動流中可被用來控制流率。當有流動時，管中由於摩擦效應所造成的壓力降也必須考慮。對於指定的流率，需要將瓶稍微提高來克服此壓力降。

例題 3-4　在一個有密度變化的太陽池中的靜水力壓力

太陽池是數公尺深的小型人造湖，用來儲存太陽能。藉由加鹽到池內來防止受熱的水（因此較輕）上升到表面。在一個典型的鹽梯度太陽池，水的密度在梯度層遞增，如圖 3-15 所示。密度可以被表示成

$$\rho = \rho_0 \sqrt{1 + \tan^2\left(\frac{\pi}{4}\frac{s}{H}\right)}$$

圖 3-15 例題 3-4 的示意圖。

其中 ρ_0 是在水面的密度，s 是從梯度層頂端往下量的垂直距離 ($s = -z$)，而 H 是梯度層的厚度。若 $H = 4$ m，$\rho_0 = 1040$ kg/m³ 和表面層的厚度是 0.8 m，試求梯度層底部的錶壓力。

解答： 已知一個太陽池的梯度層的鹽水密度隨深度變化的關係式。要決定在梯度層底部的錶壓力。

假設： 太陽池的表面層的密度是常數。

性質： 已知表面的鹽水密度是 1040 kg/m³。

解析： 我們將梯度層的頂部和底部分別標示為 1 和 2。注意表面層的密度是常數，表面層底面（梯度層頂面）的錶壓力是

$$P_1 = \rho g h_1 = (1040 \text{ kg/m}^3)(9.81 \text{ m/s}^2)(0.8 \text{ m})\left(\frac{1 \text{ kN}}{1000 \text{ kg·m/s}^2}\right) = 8.16 \text{ kPa}$$

因為 $1 \text{ kN/m}^2 = 1 \text{ kPa}$。因為 $s = -z$，跨越垂直距離 ds 所對應的靜水壓差是

$$dP = \rho g \, ds$$

從梯度層頂面（點 1，$s = 0$）到梯度層中任何位置 s（無下標）積分可得

$$P - P_1 = \int_0^s \rho g \, ds \quad \rightarrow \quad P = P_1 + \int_0^s \rho_0 \sqrt{1 + \tan^2\left(\frac{\pi}{4}\frac{s}{H}\right)} g \, ds$$

執行這個積分可得在梯度層中的錶壓力變化

$$P = P_1 + \rho_0 g \frac{4H}{\pi} \sinh^{-1}\left(\tan\frac{\pi}{4}\frac{s}{H}\right)$$

然後在梯度層底面 ($s = H = 4$ m) 的壓力變成

$$P_2 = 8.16 \text{ kPa} + (1040 \text{ kg/m}^3)(9.81 \text{ m/s}^2)$$

$$\frac{4(4 \text{ m})}{\pi} \sinh^{-1}\left(\tan\frac{\pi}{4}\frac{4}{4}\right)\left(\frac{1 \text{ kN}}{1000 \text{ kg·m/s}^2}\right)$$

$$= \mathbf{54.0 \text{ kPa (gage)}}$$

討論： 梯度層中隨深度的錶壓力變化繪於圖 3-16。虛線表示等密度 1040 kg/m³ 下的靜水壓力，是供參考用的。注意當密度隨深度變化時，壓力隨深度的變化不是線性的。這是需要積分的原因。

圖 3-16 在太陽池的梯度層中，錶壓力隨深度的變化。

液體壓力計

我們從式 (3-6) 注意到在靜止流體中 $-\Delta z$ 的高度變化對應到 $\Delta P/\rho g$，這建議著一個流體柱可被用來量測壓力差。基於這個原理的裝置稱為液體壓力計 (manometer)，經常被用來量測小到中等的壓力差。一個液體壓力計包含一根玻璃或塑膠 U 形管，內含一種或多種流體，例如水銀、水、酒精或油。為了使液體壓力計的大小維持在可處理的範圍，當預期到比較大的壓力差時，就採用比較重的流體，例如水銀。

考慮示於圖 3-17 的液體壓力計，用來量測桶內的壓力。因為氣體的重力效應可以忽略，桶中任何位置，包括點 1，有同樣的壓力。再者，同一種流體中，在同一水平面上的壓力是相同的，因此點 2 的壓力與點 1 的壓力相同，$P_2 = P_1$。

圖中高度差為 h 的流體柱處於靜平衡，而且一端對大氣開放，因此點 2 的壓力可以用式 (3-7) 來決定：

$$P_2 = P_{atm} + \rho g h \quad (3\text{-}11)$$

圖 3-17 基本液體壓力計。

其中 ρ 是液體壓力計管中流體的密度。注意管的截面積對高度差 h 沒有影響，因此也對流體的壓力沒有影響。然而，管的直徑必須夠大 (大於數毫米) 以確保表面張力效應和毛細上升可忽略。

例題 3-5　用液體壓力計量測壓力

一個液體壓力計用來量測氣體桶內的壓力。使用的流體的比重是 0.85，且壓力計的液柱高度是 55 cm，如圖 3-18 所示。如果當地大氣壓力是 96 kPa，試求桶內的絕對壓力。

解答： 接到氣體桶的壓力計讀值和大氣壓力已知。要決定桶內的絕對壓力。

假設： 桶內氣體的密度遠小於壓力計流體的密度。

性質： 已知壓力計流體的比重是 0.85。我們假設水的標準密度是 1000 kg/m³。

圖 3-18 例題 3-5 的示意圖。

解析： 流體密度的決定是將其比重乘以水的密度而得

$$\rho = SG(\rho_{H_2O}) = (0.85)(1000 \text{ kg/m}^3) = 850 \text{ kg/m}^3$$

然後從式 (3-11)，

$$\begin{aligned} P &= P_{atm} + \rho g h \\ &= 96 \text{ kPa} + (850 \text{ kg/m}^3)(9.81 \text{ m/s}^2)(0.55 \text{ m})\left(\frac{1 \text{ N}}{1 \text{ kg} \cdot \text{m/s}^2}\right)\left(\frac{1 \text{ kPa}}{1000 \text{ N/m}^2}\right) \\ &= \mathbf{100.6 \text{ kPa}} \end{aligned}$$

討論： 注意桶內的錶壓力是 4.6 kPa。

有些液體壓力計使用傾斜管，為的是在讀流體高度時增加解析度 (精密度)。這種裝置稱為**傾斜式液體壓力計** (inclined manometers)。

許多工程問題和某些液體壓力計牽涉到多種不同密度的不能相互混合的流體堆疊在一起。這些系統可以輕易的被分析，只要記住 (1) 跨過高度為 h 的流體柱的壓力差是 $\Delta P = \rho g h$，(2) 在一個已知流體中，往下壓力遞增，往上壓力遞減 (即，$P_{bottom} > P_{top}$)，(3) 在一個靜止的連續流體中，相同高度的兩點，有相同的壓力。

以上最後一項原則，是帕斯卡定理的一個結果，允許我們在一個壓力計中從一個流體柱「跳」到另一個而不用擔心壓力降，只要我們是在同一個連續流體中而且流體是靜止的。那麼任何一點的壓力即可被決定，方法是從一個已知壓力的點開始，朝向我們有興趣的點前進，依順序增加或減去對應的 $\rho g h$ 項即可。例如，要決定圖 3-19 中桶底的壓力，可以從自由液面，其壓力是 P_{atm}，開始朝下移動直到我們到達底部的點 1 為止。它給出

$$P_{atm} + \rho_1 g h_1 + \rho_2 g h_2 + \rho_3 g h_3 = P_1$$

在所有流體層有相同的密度的特例中，這個關係式化簡成 $P_{atm} + \rho g(h_1 + h_2 + h_3) = P_1$。

液體壓力計特別適用於量測跨過兩個指定點之間的水平流動段的壓力降，這是由於存在著，例如閥、熱交換器或任何流動流阻器的原因。其作法是把液體壓力計的兩腿分別接到上下游的這兩點，如圖 3-20 所示。工作中的流體可以是氣體或液體，其密度是 ρ_1，壓力計流體的密度是 ρ_2，液柱高度差是 h。兩流體必須不相混合，並且 ρ_2 必須大於 ρ_1。

圖 3-19 在靜止的堆疊流體層中，跨過每一個密度 ρ、高度 h 的流體層的壓力變化是 $\rho g h$。

圖 3-20 使用液體壓力計測量跨過一個流動段或流動裝置的壓力降。

從點 1 的 P_1 開始，沿管移動，加上或減去 $\rho g h$ 項直到達到點 2，並且設定結果等於 P_2，我們就可以得到壓力差 $P_1 - P_2$ 的關係式：

$$P_1 + \rho_1 g(a + h) - \rho_2 g h - \rho_1 g a = P_2 \tag{3-12}$$

注意我們從點 A 水平地跳到點 B，並且忽略其下的部分因為此兩點的壓力相同。化簡後得

$$P_1 - P_2 = (\rho_2 - \rho_1) g h \tag{3-13}$$

注意距離 a 必須被包括在分析中，即使它們對結果沒有影響。另外，當管內流動的流體是氣體時，$\rho_1 \ll \rho_2$，式 (3-13) 的關係式可以化簡成 $P_1 - P_2 \cong \rho_2 g h$。

例題 3-6　使用多流體壓力計量測壓力

一個桶內的水用空氣加壓，並且使用一個多流體壓力計量測壓力，如圖 3-21 所示。桶位於高度 1400 m 的山上，其大氣壓力是 85.6 kPa。如果 $h_1 = 0.1$ m，$h_2 = 0.2$ m，$h_3 = 0.35$ m，試求桶內的空氣壓力。水、油和水銀的密度分別是 1000 kg/m³、850 kg/m³ 和 13,600 kg/m³。

解答：一個加壓水桶的壓力用一個多流體壓力計量測，要決定桶內的空氣壓力。

假設：桶內的空氣壓力是均勻的 (即因為其低密度，壓力隨高度的變化可忽略)，因此我們可以在空氣–水介面處決定空氣壓力。

性質：水、油和水銀的密度分別是 1000 kg/m³、850 kg/m³ 和 13,600 kg/m³。

圖 3-21　例題 3-6 的示意圖；未依比例繪製。

解析：從空氣–水介面的點 1 的壓力開始，沿管移動，加上或減去對應的 ρgh 項直到我們到達點 2，並設定結果等於 P_{atm}，因為在點 2 對大氣是開放的，可得到

$$P_1 + \rho_{water} gh_1 + \rho_{oil} gh_2 - \rho_{mercury} gh_3 = P_2 = P_{atm}$$

解出 P_1 並代入已知數值，

$$\begin{aligned}
P_1 &= P_{atm} - \rho_{water} gh_1 - \rho_{oil} gh_2 + \rho_{mercury} gh_3 \\
&= P_{atm} + g(\rho_{mercury} h_3 - \rho_{water} h_1 - \rho_{oil} h_2) \\
&= 85.6 \text{ kPa} + (9.81 \text{ m/s}^2)[(13{,}600 \text{ kg/m}^3)(0.35 \text{ m}) - (1000 \text{ kg/m}^3)(0.1 \text{ m}) \\
&\quad - (850 \text{ kg/m}^3)(0.2 \text{ m})]\left(\frac{1 \text{ N}}{1 \text{ kg}\cdot\text{m/s}^2}\right)\left(\frac{1 \text{ kPa}}{1000 \text{ N/m}^2}\right) \\
&= \mathbf{130 \text{ kPa}}
\end{aligned}$$

討論：注意從一支管水平的跳躍至下一支管，並且瞭解到在相同的流體中壓力是常數的事實，使分析得到可觀的簡化。注意水銀是有毒液體，因此水銀壓力計和溫度計正在被比較安全的流體取代，以避免在意外事件中，曝露在水銀蒸氣下的危險。

例題 3-7　使用 EES 分析一個多流體壓力計

重新考慮在例題 3-6 討論的多流體壓力計。使用 EES 來決定桶內的空氣壓力。同時也決定，若最後的液柱中的水銀被密度為 1030 kg/m³ 的海水取代，而且空氣壓力一樣時，流體高度差 h_3 會變成多少。

解答：用一個多流體壓力計量測水桶內的壓力。如果水銀被換成海水，要使用 EES 來決定桶內的空氣壓力和流體高度差 h_3。

解析：我們開啟 EES 程式，開新檔案，並在出現的黑色螢幕上輸入以下各行 (為了單位一致性，我們將大氣壓力以 Pa 表示)：

```
g=9.81
Patm=85600
h1=0.1;  h2=0.2;  h3=0.35
rw=1000;  roil=850;  rm=13600
P1+rw*g*h1+roil*g*h2−rm*g*h3=Patm
```

其中 P1 是唯一的未知，由 EES 求得

$$P_1 = 129647 \text{ Pa}$$
$$\cong 130 \text{ kPa}$$

這與例題 3-6 所得的結果是一致的。當水銀被海水取代時，流體柱的高度 h_3 可藉由用 "P1 = 129647" 替換 "h3 = 0.35"，用 "rm = 1030" 替換 "rm = 13600" 來輕易的決定。單擊 calculator 符號，可得

$$h_3 = 4.62 \text{ m}$$

討論：我們像紙本一樣使用螢幕，並且以有組織的方式寫下相關的訊息及可用的關係式。EES 代替我們做剩下來的其它工作。方程式可寫在不同行或同行但用分號隔開，同時可插入空白行或註解行來增加可讀性。EES 使得問 "what if" 問題和進行參數研究變得非常容易。

其它壓力量測裝置

另外一種平常會使用到的機械式壓力量測裝置是巴登管 (Bourdon tube)，依法國工程師兼發明家尤金・巴登 (1808-1884) 命名。這是由一根彎曲的、盤繞的或扭曲的空心金屬管組織，其一端封閉並連接到一個刻度盤的指針上 (圖 3-22)。當管子對大氣開放時不變形，刻度盤上的指針被校正為讀值是零 (錶壓力)。當管內被加壓時，管子伸長並正比於施加的壓力移動指針。

電子學已經深入日常生活的每一方面，包括壓力量測裝置。現代的壓力感測器，稱為壓力轉換器 (pressure transducers)，使用各種技術將壓力效應轉換成電子效應，例如電壓、電阻或電容的改變。壓力轉換器更小、更快，並且可以比它們的機械式對手更敏感、可靠和精密。它們可以量測的壓力從小於 1 atm 的百萬分之一到數千 atm。

圖 3-22 用來量測壓力的各種形式的巴登管。它們的工作原理與派對噪音產生器相同，依靠的都是有扁平截面的管子。

有範圍廣泛的壓力轉換器可供使用來量測錶壓力、絕對壓力和壓力差。錶壓力轉換器使用大氣壓力當參考點，方法是將感壓簧片的背面通氣到大氣，因此不管在高度多少的大氣環境，它們都輸出零訊號。絕對壓力轉換器被

校正為在完全真空時輸出零訊號。差壓轉換器直接量測兩點間的壓力差，而不是使用兩個壓力器分別量測，再取差值。

應變計壓力轉換器是靠一個介於兩個開放給壓力輸入的氣室中間的膜片的變形來操作的。膜片反映其兩邊的壓力差而變形，膜片上的應變計被拉伸產生訊號，惠斯登橋電路將訊號放大輸出。電容式轉換器的工作原理類似，但是當膜片變形時，量測的是電容的改變而不是電阻的改變。

壓電式轉換器，又稱為固態壓力轉換器，其工作原理是當一個結晶物質承受機械壓力時，會產生對應的電壓。這個現象第一次在 1880 年由居里兄弟 (Pierre and Jacques Curie) 發現。壓電式壓力轉換器比膜片式有更快的頻率響應，並且非常適合高壓上的應用，但是它們通常不像膜片式轉換器敏感，特別是在低壓時。

另一種機械式壓力計稱為靜重試驗機 (deadweight tester)，主要用來作校正用，並可量測極高的壓力 (圖 3-23)。其名稱暗示靜重試驗機直接量測壓力，是經由施加一重量來產生每單位面積的力 — 即壓力的基本定義。它的構造是有一個內部充滿流體 (通常是油) 的腔室，與一個緊密配合的活塞、汽缸和推擠活塞。重物置於活塞頂端，其將對腔室內的油施加一力。作用在活塞－油介面的油上的總力 F 是活塞重量和重物重量的加總。因為活塞截面積 A_e 是已知的，壓力經過計算是 $P = F/A_e$。一個明顯的誤差源來自於活塞和汽缸介面間的摩擦力，但即使這誤差也是小得可以忽略。參考壓力埠不是連接到一個待測的未知壓力就是連接到一個等待校正的壓力感測器上。

圖 3-23 一個靜重試驗機能夠量測極高的壓力 (在某些應用高達 70 MPa)。

3-3 流體靜力學簡介

流體靜力學討論與靜止流體相關的問題，流體可以是液體或氣體。當流體是液體時，流體靜力學通常被指稱為液體靜力學 (hydrostatics)；當流體是氣體時，稱為氣體靜力學 (aerostatics)。在流體靜力學中，相鄰流體層之間沒有相對運動，因此沒有剪 (切向) 應力試圖將流體變形。流體靜力學唯一討論的應力是垂直應力，也就是壓力。壓力的變化源於流體的重量，因此流體靜力學的論題只有在重力場中才有意義，推展出的關係式自然與重力加速度 g 有關。靜止流體作用在表面的力垂直於通過作用點的表面，因為在流體和固體表面間沒有相對運動，從而沒有剪應力平行作用在表面上。

流體靜力學被用來決定作用在浮體和沉浸物體的力，以及像水壓機和汽車千斤頂內發展出來的力。許多工程系統的設計，像水壩和水壓機，需要用流體靜力學來決定作用在它們的表面上的力。作用在沉浸體表面上的液壓總力的完整描述需要決定力的大小、作用方向以及作用線。在接下來的兩個章節中，我們將討論由於壓力而作用在沉浸物體的平面和曲面上的力。

3-4 作用在沉浸平面上的液壓靜力

一塊平板 (例如水壩的閘閥、流體儲存桶的牆、靜止船舶的船殼) 當其表面接觸液體時，承受的液壓靜力分佈於其表面上。在平面上，液壓靜力形成一個平行力系統，我們經常需要決定力的大小和其作用點，稱為壓力中心 (center of pressure)。在大多數的情況，平板的另一面對大氣開放 (例如閘門乾的一面)，因此大氣壓力作用在平板的兩邊，產生一個零合力。在此情況下，把大氣壓力減去，只考慮錶壓力更為方便 (圖 3-24)。例如，在湖底，$P_{gage} = \rho g h$。

考慮一塊任何形狀的平板，其上表面完全沉浸在液體中，在圖 3-25 與其正向視圖一起顯示。這個平板所在的平面 (垂直頁面) 與水平自由表面的夾角是 θ，且我們取相交線當 x 軸 (方向從頁面向外)。液面的絕對壓力是 P_0。如果液面對大氣開放，P_0 就是當地大氣壓力 P_{atm} (但如果液面上的空間被抽真空或被加壓，則 P_0 就不同於 P_{atm})。那麼平板上任一點的壓力即為

$$P = P_0 + \rho g h = P_0 + \rho g y \sin \theta \tag{3-14}$$

其中 h 是壓力作用點離自由表面的垂直距離，而 y 則是壓力點離 x 軸 (從圖 3-25 的 O 點向外) 的距離。作用在表面上的液壓靜力的合力 F_R，是把作用在微小面積 dA 上的力 $P\,dA$ 對整個表面積作積分而決定的，

$$F_R = \int_A P\,dA = \int_A (P_0 + \rho g y \sin \theta)\,dA = P_0 A + \rho g \sin \theta \int_A y\,dA \tag{3-15}$$

圖 3-24 當對作用在沉浸平面上的液壓靜力分析時，作用在結構兩邊的大氣壓力可以被減去，使分析更為簡化。

圖 3-25 作用在一個完全沉浸在液體中的傾斜平面上的液壓靜力。

其中面積的一次矩 $\int_A y\, dA$ 與平面形心的 y- 座標的關係是

$$y_C = \frac{1}{A}\int_A y\, dA \qquad (3\text{-}16)$$

代入後可得，

$$F_R = (P_0 + \rho g y_C \sin\theta)A = (P_0 + \rho g h_C)A = P_C A = P_{\text{avg}} A \qquad (3\text{-}17)$$

其中 $P_C = P_0 + \rho g h_C$ 是作用在平面形心上的壓力，其與作用在平面上的平均壓力 P_{avg} 相等，同時 $h_C = y_C \sin\theta$ 是形心與液體自由表面的垂直距離 (圖 3-26)。因此我們的結論是

　　作用在一個完全沉浸在一個均質流體 (密度不變) 中的平面上的合力大小等於作用在平面形心上的壓力 P_C 乘以平面的面積 A (圖 3-27)。

圖 3-26 作用在平面形心的壓力等於作用在平面的平均壓力。

　　壓力 P_0 通常是大氣壓力，因為作用在平板的兩邊，所以在大多數力的計算中可以被忽略。當情況不是如此時，一個考慮 P_0 對合力的貢獻的實用方法是加上一個等效深度 $h_{\text{equiv}} = P_0/\rho g$ 到 h_C；也就是說存在一個厚度為 h_{equiv} 的額外液體層在原液體之上，其上則為真空。

　　接下來我們需要決定合力的作用線。兩個平行力的系統，如果有相同的大小且對任意點有相同的力矩，則它們是相等的。液壓靜力的合力的作用線，通常並不通過平面的形心，而是位於壓力較高的地方。合力的作用線和表面的交點稱為<u>壓力中心</u> (center of pressure)。作用線的垂直位置可以令合力對 x- 軸的力矩等於分佈壓力對 x- 軸的力矩來決定：

圖 3-27 作用在平面的合力等於作用在平面形心的壓力和平面面積的乘積，且作用線經過壓力中心。

$$y_P F_R = \int_A yP\, dA = \int_A y(P_0 + \rho g y \sin\theta)\, dA$$

$$= P_0 \int_A y\, dA + \rho g \sin\theta \int_A y^2\, dA$$

或

$$y_P F_R = P_0 y_C A + \rho g \sin\theta\, I_{xx,O} \qquad (3\text{-}18)$$

其中 y_P 是壓力中心離 x- 軸 (圖 3-27 的點 O) 的距離,而 $I_{xx,O} = \int_A y^2 \, dA$ 是面積對 x- 軸的二次矩 (又稱為面積的慣性矩)。常見形狀的面積二次矩在許多工程手冊上都能查到,不過它們通常都是以相對於通過形心的軸的形式給出的。幸運的是,相對於兩個平行軸的面積二次矩彼此以平行軸定理互相關聯,在這種情況下可以表示成

$$I_{xx,O} = I_{xx,C} + y_C^2 A \tag{3-19}$$

其中 $I_{xx,C}$ 是相對於通過形心的 x- 軸的面積二次矩,y_C (形心的 y- 座標) 是兩個平行軸之間的距離。將式 (3-17) 的 F_R 和式 (3-19) 的 $I_{xx,O}$ 代入式 (3-18) 並解出 y_P,得到

$$y_P = y_C + \frac{I_{xx,C}}{[y_C + P_0/(\rho g \sin \theta)]A} \tag{3-20a}$$

若 $P_0 = 0$,這通常是大氣壓力被忽略的情況,則化簡成

$$y_P = y_C + \frac{I_{xx,C}}{y_C A} \tag{3-20b}$$

知道 y_P 後,就可決定壓力中心到自由液面的垂直距離,即 $h_P = y_P \sin \theta$。

一些常見面積的 $I_{xx,C}$ 值被給出在圖 3-28。對於相對於 y- 軸有對稱性的面積,

(a) 矩形
$A = ab$, $I_{xx,C} = ab^3/12$

(b) 圓
$A = \pi R^2$, $I_{xx,C} = \pi R^4/4$

(c) 橢圓
$A = \pi ab$, $I_{xx,C} = \pi ab^3/4$

(d) 三角形
$A = ab/2$, $I_{xx,C} = ab^3/36$

(e) 半圓
$A = \pi R^2/2$, $I_{xx,C} = 0.109757 R^4$

(f) 半橢圓
$A = \pi ab/2$, $I_{xx,C} = 0.109757 ab^3$

圖 3-28 一些常見形狀的形心和形心慣性矩。

第 3 章　壓力和流體靜力學

壓力中心在 y- 軸直接位於形心以下。在這樣的情況下，壓力中心的位置就在對稱垂直平面上，距離自由平面 h_P 的點上。

壓力垂直作用在平面上，而作用在一個任意形狀的平板上的液壓靜力形成一個體積，其底是平板面積，其高是呈線性變化的壓力，如圖 3-29 所示。這個虛擬壓力稜柱有一個有趣的物理解釋：它的體積等於作用在平板上的液壓靜力的合力大小，因為 $F_R = \int P\,dA$，而合力的作用線經過這個均質稜柱的形心。這個形心在平板上的投影是壓力中心。因此有了壓力稜柱的觀念，對於作用在平面上的液壓靜力合力的描述簡化成尋找這個壓力稜柱的體積，以及其形心的兩個座標。

圖 3-29　作用在一個平面上的液壓靜力形成一個壓力稜柱，其底 (左平面) 是平面，而壓力是其高。

特例：沉浸的矩形平板

考慮一個完全沉浸的矩形平板，高度 b，寬度 a，從水平面傾斜一個 θ 角度，其頂邊是水平的且沿平板所在的表面方向與自由表面距離 s，如圖 3-30a 所示。在其上表面的液壓靜力的合力等於平均壓力，這是作用在平面中心點的壓力，乘以表面積 A。也就是：

傾斜矩形平板：
$$F_R = P_C A = [P_0 + \rho g(s + b/2)\sin\theta]ab \tag{3-21}$$

這力的作用點離自由液面的垂直距離為 $h_P = y_P \sin\theta$，就在平板的形心以下，其位置從式 (3-20a) 可得

$$y_P = s + \frac{b}{2} + \frac{ab^3/12}{[s + b/2 + P_0/(\rho g \sin\theta)]ab}$$

$$= s + \frac{b}{2} + \frac{b^2}{12[s + b/2 + P_0/(\rho g \sin\theta)]} \tag{3-22}$$

(a) 傾斜平板
$F_R = [P_0 + \rho g(s + b/2)\sin\theta]ab$

(b) 垂直平板
$F_R = [P_0 + \rho g(s + b/2)]ab$

(c) 水平平板
$F_R = (P_0 + \rho g h)ab$

圖 3-30　液壓靜力作用在一個沉浸矩形平板的上表面上，包括傾斜、垂直和水平三種情況。

當平板的上緣就在自由液面上時，$s=0$，式 (3-21) 化簡成

傾斜矩形平板 $(s=0)$： $\qquad F_R = [P_0 + \rho g(b\sin\theta)/2]ab \qquad (3\text{-}23)$

對於一個完全沉浸的垂直平板 $(\theta = 90°)$ 其上緣是水平的，液壓靜力可以令 $\sin\theta = 1$ 來獲得 (圖 3-30b)：

垂直矩形平板： $\qquad F_R = [P_0 + \rho g(s + b/2)]ab \qquad (3\text{-}24)$

垂直矩形平板 $(s=0)$： $\qquad F_R = (P_0 + \rho g b/2)ab \qquad (3\text{-}25)$

當 P_0 的影響因為作用在平板的兩邊而被忽略時，對高度 b 且其水平上緣位於自由表面的垂直矩形平板作用的液壓靜力是 $F_R = \rho g a b^2/2$，其作用點離自由表面的距離是 $2b/3$，就位於平板形心之下的地方。

在一個沉浸的水平平板上的壓力分佈是均勻的，其大小是 $P = P_0 + \rho g h$，其中 h 是離自由液面的距離，因此作用在水平矩形平板的液壓靜力是

水平矩形平板： $\qquad F_R = (P_0 + \rho g h)ab \qquad (3\text{-}26)$

其作用點位於平板的中心 (圖 3-30c)。

例題 3-8 ▶ 作用在一輛被沉浸的汽車的門上面的液壓靜力

在一次意外中，一輛汽車掉進湖裡，並以其車輪著陸於湖底 (圖 3-31)。車門高 1.2 m，寬 1 m，門的上緣在水的自由表面以下 8 m 的位置。試求作用在門上的液體力，壓力中心的位置，並討論駕駛者是否可以打開車門。

解答：一輛車沉浸在水裡。要決定作用在車門的液體力，並評估駕駛者打開車門的可能性。

假設：**1.** 湖底是水平的。**2.** 駕駛艙密封良好，因此沒有漏水進去。**3.** 車門可以近似成一個垂直的矩形。**4.** 駕駛艙內維持在大氣壓力下，因為沒有漏水進去，因此內部空氣沒被壓縮。計算時，大氣壓力因為作用在門的兩側，可以被抵消。**5.** 車重大於作用在車上的浮力。

性質：我們取湖水的密度是 1000 kg/m³。

圖 3-31 例題 3-8 的示意圖。

解析：作用在門上的平均 (錶) 壓力，是在門的形心 (中心點) 的壓力並如下決定：

$$P_{\text{avg}} = P_C = \rho g h_C = \rho g(s + b/2)$$
$$= (1000 \text{ kg/m}^3)(9.81 \text{ m/s}^2)(8 + 1.2/2 \text{ m})\left(\frac{1 \text{ kN}}{1000 \text{ kg·m/s}^2}\right)$$
$$= \mathbf{84.4 \text{ kN/m}^2}$$

在門上的液體力的合力成為

$$F_R = P_{avg}A = (84.4 \text{ kN/m}^2)(1 \text{ m} \times 1.2 \text{ m}) = \mathbf{101.3 \text{ kN}}$$

壓力中心就位於門的中心點以下，其離開湖面的距離可以從式 (3-22) 決定。令 $P_0 = 0$，得到

$$y_P = s + \frac{b}{2} + \frac{b^2}{12(s + b/2)} = 8 + \frac{1.2}{2} + \frac{1.2^2}{12(8 + 1.2/2)} = \mathbf{8.61 \text{ m}}$$

討論：一個強壯的人可以舉起 100 kg，相當於重量 981 N 或約 1 kN。同時此人可以將此力作用在離門鉸鏈最遠的點上 (1 m 遠) 來得到最大效果，並且產生 1 kN·m 的力矩。液體力的合力作用在門的中心點，其離開鉸鏈的距離是 0.5 m。這產生 50.6 kN·m 的力矩，這約是駕駛者所能產生的力矩的 50 倍，因此駕駛者打開門是不可能的。駕駛者最好的方法是讓一些水流進來 (例如將車窗轉下一點點)，並且保持他或她的頭靠近天花板。在車內快要充滿水之前駕駛者應該能打開車門，因為此時門兩邊的壓力幾乎相等，此時在水中打開門就幾乎等於在空氣中打開一般。

3-5 作用在沉浸曲面上的液壓靜力

在許多實際應用上，被沉浸的表面並不是平的，而是曲面。對於一個被沉浸的曲面，決定液體力的合力更為複雜，因為要被積分的壓力沿著曲面一直在改變方向。壓力稜柱的觀念在這種情況也沒有多大幫助，因為牽涉到的形狀是複雜的。

決定作用在一個二維曲面的液壓靜力合力 F_R 的最簡單方法是分別決定水平分力和垂直分力，F_H 和 F_V。這可藉由考慮一個液體區塊的自由體圖來達成。液體區塊是由曲面和通過曲面兩端的平面 (一個水平，另一個垂直) 所圍成的，如圖 3-32 所示。注意被考慮的液體區塊的垂直面是曲面在一個垂直平面的投影，而水平面則是曲面在一個水平平面上的投影。作用在固體曲面上的合力與作用在液體曲面上的

圖 3-32 決定作用在一個沉浸曲面上的液壓靜力。

圖 3-33 當一個曲面在液體之上時，液體的重量和液壓靜力的垂直分量作用在相反的方向。

圖 3-34 作用在圓弧表面的液壓靜力總是通過圓心，因為壓力垂直於表面，所以都通過圓心。

圖 3-35 一個沉浸在多層流體的表面上的液壓靜力可以將這個在不同流體中的表面的各部分當成不同的表面，再來決定。

合力大小相等方向相反 (牛頓第三定律)。

作用在虛擬的水平面或垂直面上的力及其作用線可以如 3-4 節所討論的方法來決定。體積是 V 的封閉液體區塊的重量是 $W = \rho g V$，此力通過體積的形心向下作用。注意液體區塊是在靜平衡狀態，水平方向和垂直方向的力平衡給出：

曲面上的水平力分量： $\quad F_H = F_x \quad$ (3-27)

曲面上的垂直力分量： $\quad F_V = F_y \pm W \quad$ (3-28)

其中加總 $F_y \pm W$ 是一個向量加法 (同向相加，逆向相減)。因此，我們的結論是：

1. 作用在曲面的液壓靜力的水平分量等於作用在曲面的垂直投影面的液壓靜力 (包括力的大小和作用線都是)。
2. 作用在曲面的液壓靜力的垂直分量等於作用在曲面的水平投影面的液壓靜力，加上 (或減去，如果作用方向相反) 液體區塊的重量。

作用在曲面的液壓靜力的合力大小是 $F_R = \sqrt{F_H^2 + F_V^2}$，合力與水平方向夾角的正切值是 $\tan \alpha = F_V/F_H$。合力作用線的正確位置 (例如，它離曲面的一個端點的距離) 可以藉由取其對應於一個合適點的力矩來決定。這個討論可以適用於所有的曲面，不管它們是在液體之上或之下。注意若曲面在液體之上，液體的重量就要從液壓靜力的垂直分量減去，因為它們作用在相反的方向 (圖 3-33)。

當曲面是一個圓弧時 (全圓或其一部分)，作用在曲面的液壓靜力的合力總是通過圓心。這是因為壓力都是垂直於表面的，而所有垂直於圓弧表面的線都會通過圓心。因此所有的壓力在圓心形成一個共點力系統，它們可以簡化成一個作用在那一點上的單一的等效力 (圖 3-34)。

最後，作用在一個沉浸於有不同密度的多層流體之中的平面或曲面上的液壓靜力，可以藉由把在不同流體中的表面的各不同部分當成不同的表面來處理，求出每一個部分的液壓靜力，然後用向量加法將它們加總。對於一個平面，可以表示成 (圖 3-35)：

在不同流體層的平面： $\quad F_R = \sum F_{R,i} = \sum P_{C,i} A_i \quad$ (3-29)

其中 $P_{C,i} = P_0 + \rho_i g h_{C,i}$ 是平板在流體 i 的部分的形心上面的壓力，而 A_i 是平板在流體 i 的部分的面積。這個等效力作用線的決定是由要求等效力對任意一點的力矩等於所有各分別力對同一點的力矩的加總來求得的。

例題 3-9　一個重力控制的圓柱閘門

一個長固體圓柱，半徑 0.8 m，鉸鏈在 A 點，被用來當作自動閘門，如圖 3-36 所示。當水面達到 5 m 時，閘門繞著鉸鏈 A 點轉開。試求 (a) 當閘門打開時，作用在圓柱的液壓靜力，(b) 每單位長度 (m) 的圓柱重量。

解答：水庫的水面高度受一個鉸鏈在水庫上的圓柱閘門控制。要決定作用在圓柱的液壓靜力與每單位圓柱的重量。

假設：1. 鉸鏈上的摩擦力可以忽略。**2.** 大氣壓力作用在閘門兩邊，因此互相抵消了。

性質：我們取水的密度是 1000 kg/m³。

解析：(a) 我們考慮的液體區塊的自由體圖由圓柱的圓形表面及其垂直和水平投影面所圍繞。作用在垂直面和水平面的液壓靜力以及液體區塊的重力如下決定：

在垂直面的水平力：

$$F_H = F_x = P_{avg}A = \rho g h_C A$$

$$= \rho g (s + R/2) A$$

$$= (1000 \text{ kg/m}^3)(9.81 \text{ m/s}^2)(4.2 + 0.8/2 \text{ m})(0.8 \text{ m} \times 1 \text{ m}) \left(\frac{1 \text{ kN}}{1000 \text{ kg·m/s}^2} \right)$$

$$= 36.1 \text{ kN}$$

在水平面的垂直力 (向上)：

$$F_y = P_{avg}A = \rho g h_C A = \rho g h_{bottom} A$$

$$= (1000 \text{ kg/m}^3)(9.81 \text{ m/s}^2)(5 \text{ m})(0.8 \text{ m} \times 1 \text{ m}) \left(\frac{1 \text{ kN}}{1000 \text{ kg·m/s}^2} \right)$$

$$= 39.2 \text{ kN}$$

進入頁面方向之 1 m 寬度的流體區塊的重量 (向下)：

$$W = mg = \rho g V = \rho g (R^2 - \pi R^2/4)(1 \text{ m})$$

$$= (1000 \text{ kg/m}^3)(9.81 \text{ m/s}^2)(0.8 \text{ m})^2 (1 - \pi/4)(1 \text{ m}) \left(\frac{1 \text{ kN}}{1000 \text{ kg·m/s}^2} \right)$$

$$= 1.3 \text{ kN}$$

因此，向上的垂直淨力是

$$F_V = F_y - W = 39.2 - 1.3 = 37.9 \text{ kN}$$

圖 3-36　例題 3-9 的示意圖與在圓柱下的液體的自由體圖。

作用在圓柱表面的液壓靜力的大小和方向成為

$$F_R = \sqrt{F_H^2 + F_V^2} = \sqrt{36.1^2 + 37.9^2} = \mathbf{52.3\ kN}$$

$$\tan\theta = F_V/F_H = 37.9/36.1 = 1.05 \to \theta = 46.4°$$

因此，每米長度的圓柱受到的液壓靜力是 52.3 kN，其作用線通過圓柱中心與水平線的夾角是 46.4°。

(b) 當水面高度 5 m 時，閘門即將打開，圓柱底面的反作用力是零。因此除了在鉸鏈上的力以外，作用在圓柱的力有通過圓柱中心的圓柱重量，以及水所施加的液壓靜力。對鉸鏈所在位置的 A 點取力矩並令其等於零，可得

$$F_R R \sin\theta - W_{\text{cyl}} R = 0 \to W_{\text{cyl}} = F_R \sin\theta = (52.3\ \text{kN}) \sin 46.4° = \mathbf{37.9\ kN}$$

討論：每米長度的圓柱重量經計算為 37.9 kN。可以證明這相當於每米長度的質量是 3863 kg，且圓柱材料的密度是 1921 kg/m³。

3-6 浮力和穩定度

一個物體在液體中比在空氣中不論感覺或實際稱重都比較輕是一個很平常的經驗。這可以很輕易的用一個防水彈簧秤在水中稱重物就可證明。同時由木頭或其它輕質材料做成的物件會浮在水上。這些例子和其它觀察指出流體會對浸在它裡面的物施加一個向上的力。這種試圖舉起物體的力稱為浮力 (buoyant force)，並且用 F_B 表示。

圖 3-37 一塊均勻厚度 h 的平板，沉浸在液體之中並與自由表面平行。

造成浮力的原因是流體中的壓力會隨深度增加。例如考慮一塊厚度 h 的平板，沉浸在密度 ρ_f 的液體中，並平行於自由液面，如圖 3-37 所示。平板的上 (及下) 表面的面積是 A，離自由液面的深度是 s。平板的上及下表面的錶壓力分別是 $\rho_f g s$ 和 $\rho_f g(s+h)$。液壓靜力 $F_{\text{top}} = \rho_f g s A$ 向下作用在上表面，而較大的力 $F_{\text{bottom}} = \rho_f g(s+h)A$ 向上作用在平板的下表面。這兩個力的差值是一個淨向力，也就是浮力

$$F_B = F_{\text{bottom}} - F_{\text{top}} = \rho_f g(s+h)A - \rho_f g s A = \rho_f g h A = \rho_f g V \tag{3-30}$$

其中 $V = hA$ 是平板的體積。但是關係式 $\rho_f g V$ 正是相當於平板體積的液體體積的重量。因此我們的結論是作用在平板的浮力等於平板排開的液體的重量。對於一個等密度的流體，浮力與物體離自由表面的距離無關，也與物體的密度無關。

式 (3-30) 是從簡單形狀推導出來的關係式，但對任何物體，不管是任何形狀，都是有效的。這可以用一個力平衡作數學式的證明，或簡單的用以下的論

證：考慮在靜止流體中的一個任意形狀的固體物體並將它與相同形狀，在相同的垂直位置，用虛線表示的液體物體相互比較 (圖 3-38)。作用在這兩個物體的浮力是相同的，因為在兩物體的邊界上的壓力分佈，僅與高度有關，是相同的。這個虛擬的流體物體是在靜力平衡狀態，因此作用在其上的淨力和淨力矩都是零。虛擬的流體物體，其體積等於固體物體的體積，受到的向上的浮力必定等於其重量。再者，重量和浮力必定有相同的作用線才能有零力矩。這稱為阿基米德原理 (Archimedes' principle)，依希臘數學家阿基米德 (287-212 BC) 命名，並被表示為

作用在沉浸於一個流體中，具有均勻密度的一個物體上的浮力等於此物體排開的液體的重量，且浮力是通過排開的液體體積的形心向上作用的。

對於浮體，整個物體的重量必定等於浮力，這等於與浮體被沉浸部分的體積相等的流體體積的重量。也就是說，

$$F_B = W \rightarrow \rho_f g V_{sub} = \rho_{avg, body} g V_{total} \rightarrow \frac{V_{sub}}{V_{total}} = \frac{\rho_{avg, body}}{\rho_f} \quad (3\text{-}31)$$

因此，一個浮體被沉浸的體積比等於物體的平均密度與流體密度的比。注意當密度比等於或大於 1 時，浮體變成完全被淹沒。

從這些討論中可以得知一個物體沉浸在一個流體中時，(1) 當其平均密度等於流體密度時，可在流體中任何位置維持靜止；(2) 當其平均密度大於流體密度時，下沉至底部；(3) 當其平均密度小於流體密度時，上升至流體的表面上並漂浮 (圖 3-39)。

浮力正比於流體的密度，因此我們可能認為由氣體 (比如空氣) 所施的浮力是可忽略的。一般情況確實如此，但也有明顯的例外。例如，一個人的體積約 0.1 m³，取空氣的密度為 1.2 kg/m³，則空氣對人的浮力是

$$F_B = \rho_f g V = (1.2 \text{ kg/m}^3)(9.81 \text{ m/s}^2)(0.1 \text{ m}^3) \cong 1.2 \text{ N}$$

1 個 80 kg 的人，重量是 80×9.81 = 788 N。因此忽略浮力在這個情況產生的重量誤差只有 0.15%，是可以忽略的。但是氣體的浮力主宰著一些重要的自然現象，例如在一個較冷環境中溫暖氣體的上升所導致的自然對流的氣流，熱空氣或氦氣球的上升，以及大氣中的空氣移動，而熱氣球的工作原理亦然。

圖 3-38 作用在一個沉浸在流體的固體物體的浮力與作用在相同形狀、相同深度的液體物體的浮力是相同的。浮力 F_B 向上作用，通過被排開體積的形心 C，其大小等於被排開流體的重量 W，但是方向相反。對於一個有均勻密度的固體物體，其重量 W_s，通過形心作用，但其大小不一定等於其排開液體的重量。(這裡，$W_s > W$，因此 $W_s > F_B$；這個固體物體將會沉下。)

圖 3-39 一個被丟入流體中的固體在流體中將會下沉、漂浮或維持在任何一點，端視它的平均密度與流體密度的相對大小而定。

例題 3-10 ▶ 用比重計量測比重

如果你有一個海水水族箱，你可能使用過用一根小的圓柱形的玻璃管（其底部用鉛配重）來量測水的鹽度，只要簡單的觀測管下沉多深即可。這種在垂直方向浮動，可用來量測液體比重的裝置稱為比重計（圖 3-40）。比重計的上面部分伸出液體表面，其上的刻度允許一個人直接讀出比重。比重計被校正成在純水中的空氣－水介面時正好讀出 1.0。(a) 推導出一個關係式來表示液體的比重和離開純水刻度的距離 Δz 之間的函數關係，(b) 一根 1 cm 直徑，20 cm 長的比重計，若在純水中正好漂浮在一半長度 (10 cm) 的地方，試求管中必須灌入多少質量的鉛。

解答：要用比重計量測液體的比重。要推導比重和離開參考位置的距離的關係式，並且要決定在一個特定比重計中必須加入的鉛量。

假設：1. 玻璃管的重量相對於加入的鉛重是可忽略的。2. 管底部的曲率可以忽略。

性質：我們取純水的密度為 1000 kg/m³。

解析：(a) 注意比重計處於靜力平衡，液體的浮力 F_B 必須永遠等於比重計的重量 W。在純水中（下標 w），我們讓比重計的底部和自由液面的垂直距離是 z_0。令 $F_{B,w} = W$，在此情況下得

$$W_{\text{hydro}} = F_{B,w} = \rho_w g V_{\text{sub}} = \rho_w g A z_0 \tag{1}$$

其中 A 是管的截面積，ρ_w 是純水的密度。

在一個比水輕的流體中 ($\rho_f < \rho_w$)，比重計下沉更深，液面將會在高於 z_0，距離 Δz 之處。再令 $F_B = W$ 得出

$$W_{\text{hydro}} = F_{B,f} = \rho_f g V_{\text{sub}} = \rho_f g A(z_0 + \Delta z) \tag{2}$$

這個關係式對比水重的流體中也成立，但 Δz 必須取負值。令式 (1) 和 (2) 相等，因為比重器的重量是個常數，經整理後可得

$$\rho_w g A z_0 = \rho_f g A(z_0 + \Delta z) \quad \to \quad \text{SG}_f = \frac{\rho_f}{\rho_w} = \frac{z_0}{z_0 + \Delta z}$$

這是流體的比重和 Δz 的關係式。注意，對一個已知的比重計，z_0 是一個常數，且 Δz 對比純水重的流體是個負數。

(b) 忽略玻璃管的重量時，必須加入管中的鉛量，是由要求鉛重等於浮力來決定的。當比重計的一半沉浸在水中時，作用於其上的浮力是

$$F_B = \rho_w g V_{\text{sub}}$$

令 F_B 等於鉛重，得到

圖 3-40 例題 3-10 的示意圖。

$$W = mg = \rho_w g V_{sub}$$

解出 m 並代入,鉛的質量可以被決定為

$$m = \rho_w V_{sub} = \rho_w (\pi R^2 h_{sub}) = (1000 \text{ kg/m}^3)[\pi(0.005 \text{ m})^2(0.1 \text{ m})] = \textbf{0.00785 kg}$$

討論:注意,若比重計在水中只要求下沉 5 cm,則需要的鉛質量只是此量的一半。另外,忽略玻璃管的重量是有問題的,因為鉛重只是 7.85 g。

沉體和浮體穩定度

浮力觀念的一個重要應用是評估沒有外界聯繫的沉體和浮體的穩定度。這個論題在設計船舶和潛水艇時非常重要。這裡我們對垂直和旋轉穩定度提供一些一般性的定性討論。

我們用古典的「地板上的球」的相似性來解釋穩定和不穩定的基本觀念。示於圖 3-41 的是停在地板上的三顆球。例 (a) 是**穩定的** (stable),因為任何微小的擾動 (某人將球向右或向左移動) 產生一個回復力 (由於重力) 使球回到其原始位置。例 (b) 是**中性穩定的** (neutrally stable),因為如果某人將球向右或向左移動,它會停留在新的位置。它沒有移動回到原始位置,也沒有繼續移開的趨勢。例 (c) 的狀況是球會在那個瞬間靜止,但是任何擾動,即使是非常微小,都會使球從頂端滾落 — 不會回到其原始位置,而是發散了。這種情況是**不穩定的** (unstable)。那球如果在斜面的情況是怎樣呢?討論這種情況的穩定度是不適宜的,因為球不是在一種平衡狀態。換言之,它不可能是靜止的,並且一定會從斜坡滾下來,即使沒有任何擾動。

(a) 穩定

(b) 中性穩定

(c) 不穩定

圖 3-41 藉由分析一顆在地板上的球可以輕易的瞭解穩定度。

對於一個在靜平衡的沉體或浮體,作用在物體上的重量和浮力互相平衡,並且這樣的物體在垂直方向是天生平衡的,如果一個沉浸的中性浮體在不可壓縮液體中被抬高或降低到一個不同深度,這物體會在新位置維持平衡。一個浮體如果被一個垂直力稍微抬高或壓低,只要外力移除後,物體會馬上回復其原始位置。因此,一個浮體擁有垂直穩定度,而一個沉浸的中性浮體是中性穩定的,因為擾動以後,它不會回復到其原始位置。

沉體的旋轉穩定度相依於物體的重心與浮力中心 (這是排量體積的形心) 的相對位置。如果沉體的底部較重使得重心 G 在浮心 B 下方,則沉體是穩定的 (圖 3-42a)。在此情況下,物體的一個旋轉擾動會產生一個回復力矩來使物體回復到其原始的穩定位置。因此一艘潛艇的穩定設計要求將引擎和船員艙配置在下半部,為的是將重量儘量轉移到底部。熱氣球或氦氣球 (可被視為沉浸在空氣中) 也都是穩定的，因為荷重的籃子也是在底部。一個重心 G 在浮心 B 上方的沉體是不穩定的，任何擾動將會造成物體翻轉 (圖 3-42c)。一個重心 G 和浮心 B 重疊的物體是中性穩定的 (圖 3-42b)。這是物體的密度到處都是常數的情況。這樣的物體，沒有翻轉成矯正姿勢的趨勢。

如果重心和浮心不是在同一條垂直線上的情況，如圖 3-43，又會如何呢？在這種情況下討論穩定度並不適當，因為物體並不是在平衡狀態。換言之，它不可能是靜止的，而是朝其穩定狀態旋轉，即使沒有任何擾動。此情況的回復力矩，如圖 3-43 所示，是反時鐘方向的，並使物體反時鐘旋轉，來使點 G 和點 B 垂直對齊。注意，也許會有一些振盪，但最終會靜止在它的穩定狀態 (圖 3-42a)。圖 3-43 中物體的起始穩定度相似於一顆在斜面上的球。如果圖 3-43 中物體的重量是集中在物體的另一端，你能預測將會發生什麼事吧？

轉動穩定度準則對浮體也是類似的。同樣的，如果浮體的底部較重，因此重心 G 直接在浮心 B 下方，物體總是穩定的。但不像沉體，當 G 在 B 上方時，浮體仍有可能是穩定的 (圖 3-44)。這是因為在一個旋轉擾動時，排量體積的形心向旁轉移到 B' 點，但物體的重心 G 維持不變。如果點 B' 夠遠，這兩種力產生一個回復力矩並將物體回復至其原始位置。一個浮體穩定度的量度是定傾中心高度 (metacentric height) GM，這是重心 G 和穩心 M 的距離。定傾中心 M 是旋轉前後通過物體的浮力的作用線的交點。對於大多數船殼形狀，若旋轉角度小於約 $20°$，定傾中心可被當成一個固定點。一個浮體若定傾中心 M 在重心 G 之上 (GM 為正值) 是穩定的，如果點 M 在點 G 下方 (GM 為負值) 是不穩定的。在後一種情況，作用在傾斜物體上的重力和浮力產生一個翻轉力矩而不是一個回復力矩，導致物體翻轉了。在 G 點之上的定傾中心高度的長度是穩定度的一個量度：其值越大，浮體越穩定。

如已經討論過的，一艘船可以傾斜至某一個最大角度而不翻覆，但是超過那個角度，它就會翻覆 (並下沉)。我們在浮體

圖 3-42 一個沉浸的中性浮體是 (a) 穩定的，因為重心 G 在物體的浮心 B 下方。(b) 中性穩定的，因為浮心 B 和重心 G 共點。(c) 不穩定的，因為 G 在 B 上方。

圖 3-43 當一個中性浮體的重心與其浮心不是垂直對齊時，它不是在平衡狀態並會向其穩定狀態旋轉，即使沒有任何擾動。

圖 3-44 如果這物體是 (a) 底部較重，因重心 G 在物體形心 B 下方，或 (b) 若定傾中心 M 在點 G 上方，該浮體是穩定的。然而，如果點 M 在點 G 下方，物體是 (c) 不穩定的。

的穩定度與地板的一顆滾球之間作一個最後的相似性比較。想像一顆球位於兩座山峰的一個山谷中 (圖 3-45)，球被擾動後，在一個最大限度以內，會回到它的穩定平衡位置。如果擾動的幅度太大，球會滾過對面的山峰而不回到它的平衡位置。這種情況稱為穩定至一個擾動的極限水平，但超過以後就不穩定了。

圖 3-45 兩座山峰間山谷中的球對小擾動是穩定的，但對大擾動則不穩定。

3-7 流體在作剛體運動

我們在 3-1 節中證明了在一已知點上的壓力對所有方向都有相同的大小，即它是一個純量函數。對於像固體一樣運動的流體，不管有沒有加速度，都沒有任何的剪應力 (即流體層之間沒有相對運動)。本節中，我們將獲得在這種流體中的壓力變化。

許多流體，像牛奶或汽油，是用桶子運輸的。在一個加速的桶子中，流體跑到後面，剛開始可能有些會濺出。然後會形成一個新的自由表面 (通常不是水平的)，每一個流體質點都有相同的加速度，整個流體像剛體一樣的運動。在流體中剪應力不存在，因為流體沒有變形。流體的剛體運動也發生在繞一個軸旋轉的流體中。

考慮一個微分矩形流體元素，其 x-、y- 和 z- 軸的邊長分別是 dx、dy 和 dz，其中 z- 軸在垂直向上的方向 (圖 3-46)。注意這個微分流體元素的行為像剛體，對這個元素的牛頓運動定律可以表示為

$$\delta \vec{F} = \delta m \cdot \vec{a} \tag{3-32}$$

其中 $\delta m = \rho \, dV = \rho \, dx \, dy \, dz$ 是流體元素的質量，$\vec{a}$ 是加速度，而 $\delta \vec{F}$ 是作用在元素上的淨力。

圖 3-46 在垂直方向作用在一個微分流體元素的表面力和體積力。

作用在流體元素的力包括物體力 (body force)，例如重力，作用在整個流體元素上並正比於其體積 (電力和磁力也是物體力，但本書中不考慮)，與表面力 (surface force)，例如壓力，作用在元素表面上並正比於表面積 (剪應力也是表面力，但在本例中不考慮，因為流體元素的相對位置維持不變)。注意壓力代表周圍流體作用在流體元素的壓縮力，並且總是垂直、向內作用在表面的。

取流體元素中心的壓力為 P，元素上、下表面的壓力分別為 $P + (\partial P/\partial z)dz/2$ 及 $P - (\partial P/\partial z)dz/2$。注意壓力在一個表面上的施力是平均壓力乘以表面面積，在 z- 方

向作用在元素上的淨表面力是下表面和上表面的壓力的差值，

$$\delta F_{S,z} = \left(P - \frac{\partial P}{\partial z}\frac{dz}{2}\right)dx\,dy - \left(P + \frac{\partial P}{\partial z}\frac{dz}{2}\right)dx\,dy = -\frac{\partial P}{\partial z}dx\,dy\,dz \qquad (3\text{-}33)$$

同樣的，在 x- 和 y- 方向的淨表面力是

$$\delta F_{S,x} = -\frac{\partial P}{\partial x}dx\,dy\,dz \quad \text{和} \quad \delta F_{S,y} = -\frac{\partial P}{\partial y}dx\,dy\,dz \qquad (3\text{-}34)$$

則作用在整個元素的表面力可以用向量形式表示成

$$\begin{aligned}\delta\vec{F}_S &= \delta F_{S,x}\vec{i} + \delta F_{S,y}\vec{j} + \delta F_{S,z}\vec{k} \\ &= -\left(\frac{\partial P}{\partial x}\vec{i} + \frac{\partial P}{\partial y}\vec{j} + \frac{\partial P}{\partial z}\vec{k}\right)dx\,dy\,dz = -\vec{\nabla}P\,dx\,dy\,dz\end{aligned} \qquad (3\text{-}35)$$

其中 $\vec{i}$、$\vec{j}$ 和 $\vec{k}$ 分別是在 x-、y- 和 z- 方向的單位向量，並且

$$\vec{\nabla}P = \frac{\partial P}{\partial x}\vec{i} + \frac{\partial P}{\partial y}\vec{j} + \frac{\partial P}{\partial z}\vec{k} \qquad (3\text{-}36)$$

是壓力梯度。注意 $\vec{\nabla}$ 或 "del" 是一個向量運算子，用來以向量形式簡潔地表示一個純量函數的梯度。另外，一個純量函數的梯度被表示成有一個給定方向，因此是個向量。

唯一作用在流體元素上的物體力是這個元素的重量，作用在負 z- 方向，可以被表示成 $\delta F_{B,z} = -g\delta m = -\rho g\,dx\,dy\,dz$ 或用向量形式表示成

$$\delta\vec{F}_{B,z} = -g\delta m\vec{k} = -\rho g\,dx\,dy\,dz\vec{k} \qquad (3\text{-}37)$$

那麼，作用在流體元素的總力成為

$$\delta\vec{F} = \delta\vec{F}_S + \delta\vec{F}_B = -(\vec{\nabla}P + \rho g\vec{k})\,dx\,dy\,dz \qquad (3\text{-}38)$$

代入牛頓第二運動定律 $\delta\vec{F} = \delta m\cdot\vec{a} = \rho\,dx\,dy\,dz\cdot\vec{a}$ 並消去 $dx\,dy\,dz$，可得到一個像剛體 (沒有剪應力) 一樣運動的流體的運動方程式：

流體的剛體運動：
$$\vec{\nabla}P + \rho g\vec{k} = -\rho\vec{a} \qquad (3\text{-}39)$$

把向量展開成其分量形式，這關係式可以更清楚的表示成

$$\frac{\partial P}{\partial x}\vec{i} + \frac{\partial P}{\partial y}\vec{j} + \frac{\partial P}{\partial z}\vec{k} + \rho g\vec{k} = -\rho(a_x\vec{i} + a_y\vec{j} + a_z\vec{k}) \qquad (3\text{-}40)$$

或是，用三個垂直方向的純量來表示，如

加速的流體： $$\frac{\partial P}{\partial x} = -\rho a_x, \quad \frac{\partial P}{\partial y} = -\rho a_y \quad 與 \quad \frac{\partial P}{\partial z} = -\rho(g + a_z) \qquad (3\text{-}41)$$

其中 a_x、a_y 和 a_z 分佈是在 x-、y- 和 z- 方向的加速度。

特例 1：流體靜止

對靜止或沿一條直線作等速度運動的流體，所有加速度的分量都是零，關係式式 (3-41) 化簡成

靜止的流體： $$\frac{\partial P}{\partial x} = 0, \quad \frac{\partial P}{\partial y} = 0 \quad 與 \quad \frac{dP}{dz} = -\rho g \qquad (3\text{-}42)$$

這證實了：當流體靜止時，壓力在任何水平方向維持是常數 (P 與 x 和 y 無關) 並且僅在垂直方向改變，這是重力作用的結果 [因此 $P = P(z)$]。這些關係式對於可壓縮和不可壓縮流體都是可用的。

特例 2：流體的自由落下

一個自由落體在重力的影響下加速。當空氣阻力可忽略時，物體的加速度等於重力加速度，且任何水平方向的加速度為零。因此 $a_x = a_y = 0$ 與 $a_z = -g$。那麼加速度流體的運動方程式 [式 (3-41)] 化簡成

自由落下的流體： $$\frac{\partial P}{\partial x} = \frac{\partial P}{\partial y} = \frac{\partial P}{\partial z} = 0 \quad \rightarrow \quad P = 常數 \qquad (3\text{-}43)$$

因此在隨流體運動的參考座標中，它的行為像是在沒有動的環境中。(順便一提，這正是一個在軌道上運行的太空站的情況。那裡的重力並不是零，儘管許多人這樣認為！) 在一顆自由落下的液滴中，錶壓力到處都是零。(事實上，錶壓力稍微大於零，原因在於表面張力，它會保持液滴的完整。)

當運動方向逆轉時，流體受力垂直向上以 $a_z = +g$ 的加速度移動，例如在電梯中的流體容器或被火箭引擎推向上的太空船，則其在 z 方向的壓力梯度是 $\partial P/\partial z = -2\rho g$。此情況下跨過液體層的壓力差相較於靜止液體的情況變成兩倍 (圖 3-47)。

圖 3-47 自由落下和向上加速的液體中，加速度對壓力的影響。

沿直線路徑加速

考慮一個部分充滿流體的容器。此容器沿一直線路徑作等加速度運動，我們取

圖 3-48 在一個線性加速桶中液體的剛體運動。這個系統的行為像靜止的流體，除了在液體靜平衡方程式中 $\vec{g} - \vec{a}$ 取代了 $\vec{g}$ 以外。

運動路徑在水平面上的投影當 x- 軸，在垂直面上的當 z- 軸，如圖 3-48 所示。加速度的 x- 和 z- 分量是 a_x 和 a_z。在 y- 方向沒有運動，因此那個方向的加速度是零，$a_y = 0$。加速流體的運動方程式 (3-41) 化簡成

$$\frac{\partial P}{\partial x} = -\rho a_x, \quad \frac{\partial P}{\partial y} = 0 \quad \text{與} \quad \frac{\partial P}{\partial z} = -\rho(g + a_z) \tag{3-44}$$

因此壓力與 y 無關。壓力 $P = P(x, z)$ 的全壓差，$dP = (\partial P/\partial x)dx + (\partial P/\partial z)dz$，變成

$$dP = -\rho a_x\, dx - \rho(g + a_z)\, dz \tag{3-45}$$

若 $\rho = $ 常數，兩點 1 和 2 之間的壓力差可用積分來決定成為

$$P_2 - P_1 = -\rho a_x(x_2 - x_1) - \rho(g + a_z)(z_2 - z_1) \tag{3-46}$$

取點 1 當原點 ($x = 0, z = 0$)，其壓力是 P_0 且點 2 是流體中的任意點 (無下標)，壓力分佈可表示成

壓力變化： $\quad P = P_0 - \rho a_x x - \rho(g + a_z)z \tag{3-47}$

選擇自由液面上的兩點 1 和 2 (因此 $P_1 = P_2$)，並從式 (3-46) 求解 $z_2 - z_1$ (圖 3-49)，即可得自由液面上的點 2 相對於點 1 的垂直上升 (或下降) 距離，

自由液面的垂直上升： $\quad \Delta z_s = z_{s2} - z_{s1} = -\dfrac{a_x}{g + a_z}(x_2 - x_1) \tag{3-48}$

其中 z_s 是液體自由液面的 z- 座標。等壓面 (isobars) 的方程式可以從式 (3-45) 中令 $dP = 0$ 且用 z_{isobar} 取代 z 來獲得。z_{isobar}，等壓面的 z 座標 (垂直距離)，與 x 的函數關係成為

等壓面： $\quad \dfrac{dz_{\text{isobar}}}{dx} = -\dfrac{a_x}{g + a_z} = $ 常數 $\tag{3-49}$

我們的結論是等壓面 (包括自由表面) 在一個以等加速度作直線運動的不可壓縮流體中都是平行面，其在 xz- 平面的斜率是

等壓面的斜率： $\quad$ 斜率 $= \dfrac{dz_{\text{isobar}}}{dx} = -\dfrac{a_x}{g + a_z} = -\tan\theta \tag{3-50}$

圖 3-49 在一個線性加速流體中的等壓線 (這是等壓面在 xz- 平面的投影)。圖中也顯示出垂直上升。

顯然這種流體的自由表面是一個平面，並且是傾斜的，除非 $a_x = 0$ (加速度僅在垂直方向)。質量守恆與不可壓縮性 (ρ = 常數) 的假設要求流體的體積在加速前後維持不變。因此在一邊流體高度的上升一定被另一邊流體高度的下降所平衡。

例題 3-11　加速水缸的溢流

一個 80 cm 高的魚缸，截面積 2 m×0.6 m，內部部分裝滿水，被放在卡車上運輸 (圖 3-50)。卡車在 10 秒內從 0 加速到 90 km/h。如果希望在加速時，沒有水溢出，試求缸內可容許的起始水高。你會建議魚缸的長邊或短邊沿著運動方向擺放呢？

解答：用卡車運送魚缸。要決定在加速時避免水溢流的可容許水高與合適的擺放方位。

假設：**1.** 在加速時路是水平的，所以加速度沒有垂直分量 ($a_z = 0$)。**2.** 濺水、剎車、換檔、駛過凸起物、爬坡⋯⋯等效應均假設是次要的，因此不需考慮。**3.** 加速度維持常數。

解析：我們取 x- 軸是運動方向，z- 軸是垂直方向，而原點是在缸的左下角。注意卡車在 10 秒內從 0 加速到 90 km/h，卡車的加速度是

$$a_x = \frac{\Delta V}{\Delta t} = \frac{(90-0) \text{ km/h}}{10 \text{ s}} \left(\frac{1 \text{ m/s}}{3.6 \text{ km/h}} \right) = 2.5 \text{ m/s}^2$$

圖 3-50　例題 3-11 的示意圖。

自由表面與水平面夾角的正切值是

$$\tan \theta = \frac{a_x}{g + a_z} = \frac{2.5}{9.81 + 0} = 0.255 \quad (因此 \; \theta = 14.3°)$$

自由表面最大的垂直上升高度發生在缸的背部，且垂直中平面在加速中沒有上升或下降，因為它是個對稱面。那麼缸背部相對於中平面的垂直上升高度對這兩個可能方向變成

情況 1：長邊平行於運動方向：

$$\Delta z_{s1} = (b_1/2) \tan \theta = [(2 \text{ m})/2] \times 0.255 = 0.255 \text{ m} = \textbf{25.5 cm}$$

情況 2：短邊平行於運動方向：

$$\Delta z_{s2} = (b_2/2) \tan \theta = [(0.6 \text{ m})/2] \times 0.255 = 0.076 \text{ m} = \textbf{7.6 cm}$$

因此，假設翻倒不是問題，**魚缸應被擺放成其短邊平行於運動方向**。此例中裝水高度應使其自由表面的高度低於水缸高度 7.6 cm，就可以避免因為加速所造成的溢流。

討論：注意缸的擺放方位對控制垂直上升高度是重要的，還有這個分析對任何密度是常數的流體都是適用的，並不僅限於水，因為我們在求解中沒有用到水的任何訊息。

圓柱形容器的旋轉

從經驗中我們知道當一個裝水的玻璃杯繞其軸旋轉時，由於離心力的原因 (但用向心力解釋更適當)，流體被迫向外流，使得流體的自由表面變凹。這稱為強制渦旋運動。

考慮一個垂直的圓柱形容器部分填充液體，容器繞其軸以等角度 ω 旋轉，如圖 3-51 所示。在起始的暫態過後，液體像剛體一樣與容器一同運動。沒有變形，因此沒有剪應力，並且容器內每一個流體質點以相同的角度速運動。

這個問題最好使用圓柱座標系統 (r, θ, z) 來作分析，取 z 沿著容器的中心線從底部指向自由表面，因為容器是圓柱形的，且流體質點在進行圓周運動。一個與旋轉軸距離為 r，以等角速度 ω 旋轉的流體質點的向心加速度是 $r\omega^2$，並指向旋轉軸方向 (負 r- 方向)，即 $a_r = -r\omega^2$。問題有對 z- 軸 (即旋轉軸) 的對稱性，所以與 θ 無關。因此 $P = P(r, z)$ 且 $a_\theta = 0$。再者，$a_z = 0$ 因為在 z- 方向沒有運動。

圖 3-51 一個旋轉的垂直圓柱形容器內液體的剛體運動。

加速流體的運動方程式 (3-39) 化簡成

$$\frac{\partial P}{\partial r} = \rho r \omega^2, \quad \frac{\partial P}{\partial \theta} = 0 \quad \text{與} \quad \frac{\partial P}{\partial z} = -\rho g \tag{3-51}$$

壓力 $P = P(r, z)$ 的全壓差，$dP = (\partial P/\partial r)dr + (\partial P/\partial z)dz$，變成

$$dP = \rho \omega^2\, dr - \rho g\, dz \tag{3-52}$$

等壓面方程式可以令 $dP = 0$ 並用 z_{isobar} 取代 z_o 來獲得。即等壓面的 z- 值 (垂直距離)，與 r 的函數關係是

$$\frac{dz_{\text{isobar}}}{dr} = \frac{r\omega^2}{g} \tag{3-53}$$

積分，即可決定等壓面的方程式為

等壓面：
$$z_{\text{isobar}} = \frac{\omega^2}{2g} r^2 + C_1 \tag{3-54}$$

這是一個拋物線方程式。因此我們的結論是等壓面 (包括自由表面) 的形狀是個旋轉拋物面 (圖 3-52)。

積分常數 C_1 的值對不同的等壓拋物面是不同的。對於自由表面，在式 (3-54) 中令 $r = 0$，得到 $z_{\text{isobar}}(0) = C_1 = h_c$，其中 h_c

圖 3-52 一個旋轉液體的等壓面。

是沿著旋轉軸從底部到自由表面的距離 (圖 3-51)。因此自由表面的方程式變成

$$z_s = \frac{\omega^2}{2g} r^2 + h_c \tag{3-55}$$

其中 z_s 是在半徑 r 處，自由表面離開容器底部的距離。這個分析的假設是容器內有足夠的液體，使得容器底部維持隨時都被液體覆蓋的情況。

一個圓柱形薄殼元素，半徑 r，高度 z_s，厚度 dr 的體積是 $dV = 2\pi r z_s\, dr$。那麼由自由表面所形成的拋物面體的體積是

$$V = \int_{r=0}^{R} 2\pi z_s r\, dr = 2\pi \int_{r=0}^{R} \left(\frac{\omega^2}{2g} r^2 + h_c\right) r\, dr = \pi R^2 \left(\frac{\omega^2 R^2}{4g} + h_c\right) \tag{3-56}$$

因為質量守恆且密度是常數，此體積必定等於原來在容器中流體的體積，也就是

$$V = \pi R^2 h_0 \tag{3-57}$$

其中 h_0 是無旋轉時，容器中流體原來的高度 h。因為這兩個體積互相相等，沿圓柱形容器中心線的流體高度變成

$$h_c = h_0 - \frac{\omega^2 R^2}{4g} \tag{3-58}$$

所以自由表面的方程式變成

自由表面：
$$z_s = h_0 - \frac{\omega^2}{4g}(R^2 - 2r^2) \tag{3-59}$$

拋物面的形狀與流體性質無關，因此相同的自由表面方程式對任何流體都適用。例如，旋轉液態水銀形成一個拋物面鏡，在天文學中非常有用。

最大的垂直高度發生在 $r = R$ 的邊緣，而自由表面的邊緣和中心之間的最大高度差的決定，可以計算在 $r = R$ 和 $r = 0$ 的 z_s，再取其差值即可，

最大高度差：
$$\Delta z_{s,\,\text{max}} = z_s(R) - z_s(0) = \frac{\omega^2}{2g} R^2 \tag{3-60}$$

當 $\rho =$ 常數時，流體中兩點 1 和 2 的壓力差可以經由對 $dP = \rho r \omega^2\, dr - \rho g\, dz$ 積分來決定。這會得到

$$P_2 - P_1 = \frac{\rho \omega^2}{2}(r_2^2 - r_1^2) - \rho g(z_2 - z_1) \tag{3-61}$$

取原點為點 1 ($r = 0, z = 0$)，其壓力 P_0，而點 2 是流體中的任意點 (無下標)，則壓力差被表示為

壓力變化：
$$P = P_0 + \frac{\rho \omega^2}{2} r^2 - \rho g z \tag{3-62}$$

注意在一個固定半徑下，壓力在垂直方向作液體靜力似的變化，就像是在靜止流體中一樣。在一個固定的垂直距離 z 時，壓力隨徑向距離 r 的平方變化，從中心線向外緣增加。在任何水平平面上，中心和在容器半徑 R 的外緣處之間的壓力差是 $\Delta P = \rho \omega^2 R^2 / 2$。

例題 3-12　旋轉中液體的上升

一個 20 cm 直徑，60 cm 高的垂直圓柱形容器，如圖 3-53，部分充填著 50 cm 高的液體，其密度是 850 kg/m³。現在容器以等速度旋轉。試求液體會開始從容器邊緣溢出的轉速。

解答：一個部分充填液體的圓柱形容器被旋轉起來。要決定液體開始溢出的角速度。
假設：**1.** 轉速的增加非常慢，以致容器中的液體總是像剛體一般的運動。**2.** 容器的底部在旋轉時，總是維持被液體覆蓋著 (沒有乾點)。
解析：取旋轉垂直圓柱的底面中心當作原點 ($r = 0, z = 0$)，液體自由表面的方程式為

$$z_s = h_0 - \frac{\omega^2}{4g}(R^2 - 2r^2)$$

圖 3-53　例題 3-12 的示意圖。

在容器外緣 $r = R$ 處的液體垂直高度變成

$$z_s(R) = h_0 + \frac{\omega^2 R^2}{4g}$$

其中 $h_0 = 0.5$ m 是旋轉前液體原來的高度。在液體正要溢出前，容器邊緣的液體高度等於容器的高度，因此 $z_s(R) = H = 0.6$ m。從上式解出 ω 並代值進入，即可決定容器的最大轉速，

$$\omega = \sqrt{\frac{4g(H - h_0)}{R^2}} = \sqrt{\frac{4(9.81 \text{ m/s}^2)[(0.6 - 0.5) \text{ m}]}{(0.1 \text{ m})^2}} = \mathbf{19.8 \text{ rad/s}}$$

因為轉一圈相當於 2π rad，容器的轉速也可用每分鐘的轉數 (rpm) 來表示，

$$\dot{n} = \frac{\omega}{2\pi} = \frac{19.8 \text{ rad/s}}{2\pi \text{ rad/rev}}\left(\frac{60 \text{ s}}{1 \text{ min}}\right) = \mathbf{189 \text{ rpm}}$$

因此，為了避免離心力造成的液體溢出，容器的轉速應該限制在 189 rpm 以下。

討論： 這個分析適用於任何液體，因為結果與密度或任何其它流體性質無關。我們也應該驗證沒有乾點的假設是成立的。中心點的液體高度是

$$z_s(0) = h_0 - \frac{\omega^2 R^2}{4g} = 0.4 \text{ m}$$

因為 $z_s(0)$ 是正的，我們的假設是成立的。

總結

每單位面積所受的流體正向力稱為壓力，其 SI 單位是 pascal，1 pa ≡ 1 N/m²。相對於絕對真空的壓力稱為絕對壓力，絕對壓力和當地大氣壓力的差值稱為錶壓力。低於大氣壓力的壓力也稱為真空壓力。絕對壓力、錶壓力和真空壓力彼此間的關係是

$$P_{\text{gage}} = P_{\text{abs}} - P_{\text{atm}}$$
$$P_{\text{vac}} = P_{\text{atm}} - P_{\text{abs}} = -P_{\text{gage}}$$

流體中一點的壓力在所有方向的大小都相同。靜止流體中壓力隨高度的變化是

$$\frac{dP}{dz} = -\rho g$$

其中，正 z- 方向習慣上取向上的方向。當流體的密度是常數時，跨過厚度 Δz 的流體層，壓力差是

$$P_{\text{below}} = P_{\text{above}} + \rho g |\Delta z| = P_{\text{above}} + \gamma_s |\Delta z|$$

一個對大氣開口的靜止流體，在離自由表面深度為 h 的地方，其絕對壓力和錶壓力是

$$P = P_{\text{atm}} + \rho g h \quad \text{與} \quad P_{\text{gage}} = \rho g h$$

靜止流體中的壓力在水平方向不會改變。根據帕斯卡定理，對一個封閉的流體加壓，則增加的壓力量在流體中到處都一樣。大氣壓力可以用大氣壓力計量測，其表示式是

$$P_{\text{atm}} = \rho g h$$

其中 h 是液柱的高度。

流體靜力學討論與靜止流體有關的問題，當流體是液體時，稱為液體靜力學。對一個完全沉浸在一個均質流體裡面的平面，作用在其表面上的合力大小等於此表面的形心上面的壓力 P_C 和表面面積的乘積，可以表示為

$$F_R = (P_0 + \rho g h_C)A = P_C A = P_{\text{avg}} A$$

其中 $h_C = y_C \sin \theta$ 是形心和液體自由表面的垂直距離。壓力 P_0 通常是大氣壓力，在大多數情況下，因其作用在平板的兩邊而互相抵消。合力的作用線和表面的交點是壓力中心。合力作用線的垂直位置如下：

$$y_P = y_C + \frac{I_{xx,C}}{[y_C + P_0/(\rho g \sin\theta)]A}$$

其中 $I_{xx,C}$ 是相對於通過平面形心的 x- 軸的面積二次力矩。

流體對沉浸於其中的物體施予一個向上的力,稱為浮力,其表示式為

$$F_B = \rho_f g \vee$$

其中 $\vee$ 是物體的體積。這稱為阿基米德原理,並被表示為:作用在一個沉浸於流體中的物體的浮力等於物體所排開流體的重量;浮力向上作用,通過排量體積的形心。在一個密度不變的流體中,浮力的大小與物體和自由表面間的距離無關。對於浮體,其被沉浸的體積比率等於物體的平均密度和流體密度的比值。

流體作用在剛體的運動方程式為

$$\vec{\nabla}P + \rho g \vec{k} = -\rho \vec{a}$$

其中重力是沿著負 z- 方向。上式可以純量式表示為

$$\frac{\partial P}{\partial x} = -\rho a_x, \quad \frac{\partial P}{\partial y} = -\rho a_y, \quad 與 \quad \frac{\partial P}{\partial z} = -\rho(g + a_z)$$

其中 a_x、a_y 和 a_z 分別是 x-、y- 和 z- 方向的加速度。在 xy- 平面的線性加速度運動中,壓力分佈的表示式為

$$P = P_0 - \rho a_x x - \rho(g + a_z)z$$

在一個作等加速度線性運動的液體中的等壓面(包括自由表面)是平行平面,其在 xz- 平面的斜率是

$$斜率 = \frac{dz_{\text{isobar}}}{dx} = -\frac{a_x}{g + a_z} = -\tan\theta$$

在一個旋轉圓柱形容器中,作剛體運動的液體的等壓面是旋轉拋物面,其自由表面方程式是

$$z_s = h_0 - \frac{\omega^2}{4g}(R^2 - 2r^2)$$

其中 z_s 是在半徑 r 處,自由表面離容器底部的距離,h_0 是容器沒有旋轉時,流體原來的高度。液體中,壓力變化的表示式是

$$P = P_0 + \frac{\rho\omega^2}{2}r^2 - \rho g z$$

其中 P_0 是原點 $(r = 0, z = 0)$ 的壓力。

壓力是一個基本性質,很難想像一個重要的流體流動的問題沒有牽涉到壓力的。因此你會在本書其它章節中看到這個性質。但是對於作用在平面和曲面上的液壓靜力的考慮,大部分將侷限在本章之中。

參考資料和建議讀物

1. F. P. Beer, E. R. Johnston, Jr., E. R. Eisenberg, and G. H. Staab. *Vector Mechanics for Engineers, Statics*, 10th ed. New York: McGraw-Hill, 2012.

2. D. C. Giancoli. *Physics*, 6th ed. Upper Saddle River, NJ: Prentice Hall, 2012.

習題

有 "C" 題目是觀念題，學生應儘量作答。

壓力、液體壓力計和大氣壓力計

3-1C 一個微小的鋼製立方體用線懸掛在水中。如果立方體的邊長都很小，你將如何比較這個立方體的頂面、底面和邊面的壓力呢？

3-2C 考慮兩個相同的風扇，一個在海平面，另一個在高山上，以相同的速度運轉。你如何比較這兩個風扇的 (a) 體積流率，(b) 質量流率？

3-3C 解釋在高海拔地區，為什麼有人會有流鼻血的經驗，為什麼有人會感覺到呼吸困難呢？

3-4 在一個大氣壓力是 92 kPa 的地方，連接到一個腔室的真空計讀值是 36 kPa。試求腔室內的絕對壓力。

3-5 如圖 P3-5 所示，用空氣加壓桶內的水，並使用多流體式液體壓力計量測壓力。如果 $h_1 = 0.4$ m，$h_2 = 0.6$ m，$h_3 = 0.8$ m，試求桶內空氣的錶壓力。取水、油與水銀的密度分別是 1000 kg/m^3、850 kg/m^3 與 13,600 kg/m^3。

圖 P3-5

3-6 在某液體內深度 3 m 處的錶壓力是 28 kPa。試求同液體內深度 12 m 處的錶壓力。

3-7 體重 90 kg 的男人，其足底壓印總面積為 450 cm^2。試求此男人對地面所施的壓力，如果 (a) 他以雙腳站立，(b) 他以單腳站立。

3-8 一個連接到桶子的真空計讀值是 45 kPa，當地的大氣壓力計讀值是 755 mmHg。試求桶內的絕對壓力。設 $\rho_{Hg} = 13,590$ kg/m^3。(Answer: 55.6 kPa)

3-9 一個連接到桶子的壓力計讀值是 500 kPa，當地的大氣壓力是 94 kPa。試求桶內的絕對壓力。

3-10 已知冷凝器的真空壓力是 80 kPa。如果大氣壓力是 98 kPa，試求以 kPa、kN/m^2、lbf/in^2、psi 與 mmHg 表示的錶壓力和絕對壓力。

3-11 登山者的大氣壓力計在行前的讀值是 980 mbars，登山後的讀值是 790 mbars。忽略高度對於當地重力加速度的影響，試求登山的垂直距離。假設空氣的平均密度是 1.20 kg/m^3。(Answer: 1614 m)

3-12 試求作用在海面下 70 m 處巡航的潛水艇上的壓力。假設大氣壓力是 101 kPa，海水的比重是 1.03。

3-13 如圖所示的系統被用來正確測量水管中的壓力增加 ΔP 時的壓力變化。當 $\Delta h = 70$ mm 時，水管中的壓力變化是多少？

圖 P3-13

3-14 一個含油 ($\rho = 850$ kg/m^3) 的液壓計被接到一個充滿空氣的桶子。如果兩個液柱中的油面高度差是 150 cm 且大氣壓力是 98 kPa，試求桶中空氣的絕對壓力。
(Answer: 111 kPa)

3-15 一個健康者的上臂之最高血壓約 120 mmHg，若一根對大氣開放的垂直管被接到此人上臂的血管中，試求血液在管中的上升高度。設血液密度為 1040 kg/m^3。

圖 P3-15

3-16 考慮一根 U 形管其雙臂都對大氣開放。現在從 U 形管的一臂灌入水，另一臂灌入輕油 ($\rho = 790$ kg/m^3)。其中一臂內含 70 cm 高的水，另一臂則同時含有兩種流體，其油對水的高度比是 6。試求那支臂中每種流體的高度。

圖 P3-16

3-17 在平行管線中流動的純水和海水彼此用雙 U 形液壓管連接，如圖 P3-17 所示。試求兩條管線間的壓力差。設當地海水的密度為 $\rho = 1035$ kg/m^3。分析中是否可忽略空氣柱的影響？

圖 P3-17

3-18 圖 P3-18 中桶內空氣的錶壓力量測值是 65 kPa。試求水銀柱的高度差。

圖 P3-18

3-19 圖 P3-19 中的液壓起重機上的 500 kg 負載，要利用從細管端灌入油 ($\rho = 780$ kg/m^3) 來將其抬高。試求高度 h 要多高才能開始抬高重物？

圖 P3-19

3-20 壓力經常用液柱高來表示，稱為「壓力頭」。將標準大氣壓力用以下液體的液柱高來表示。(a) 水銀 (SG = 13.6)，(b) 水 (SG = 1.0)，(c) 甘油 (SG = 1.26)。解釋為什麼我們通常在液壓計中使用水銀。

3-21 考慮一個雙流體液壓計連接到一條空氣管線，如圖 P3-21 所示。如果其中一種流體的比重是 13.55，對如圖所示的空氣絕對壓力，試求另一種流體的比重。設大氣壓力為 100 kPa。(Answer: 1.34)

圖 P3-21

3-22 考慮如圖 P3-22 所示的系統。如果空氣壓力的一個 0.9 kPa 的變化造成在液柱中滷水－水銀介面下降了 5 mm，而滷水管內的壓力維持是常數，試求 A_2/A_1 的比值。

圖 P3-22

3-23 考慮一個在修車廠使用的液壓千斤頂，如圖 P3-23 所示。活塞的面積分別是 $A_1 = 0.8$ cm^2 與 $A_2 = 0.04$ m^2。當左邊小活塞被壓上、壓下時，比重 0.870 的液壓油被泵入來緩慢的頂起右邊較大的活塞。一輛重量為 13,000 N 的汽車要被頂起。(a) 在剛開始，當兩個活塞是在相同高度時 ($h = 0$)，試計算要撐住車重的力 F_1，以 newtons 表示。(b) 在汽車被頂高 2 公尺時 ($h = 2$ m)，重做計算。比較並討論。

圖 P3-23

流體靜力學：在平面和曲面上的液壓靜力

3-24 某人聲稱她可決定作用在沉浸於水中的一個平面的液壓靜力的大小，不管其形狀和方向如何，只要她知道這個表面的形心離自由表面的垂直距離與表面的面積。這個

3-25C 你可能已經注意到水壩的底部總是比較厚。討論為什麼水壩要這樣子建造。

3-26C 考慮一個沉浸的曲面。解釋你要如何決定作用在這個面的液壓靜力的垂直分量。

3-27 考慮一輛重車沉到一個有水平底部的湖底。此車駕駛側的門，高 1.1 m，寬 0.9 m，且門的上緣離水面 10 m。試求作用在門上的淨力 (垂直其表面) 與壓力中心的位置，如果 (a) 汽車密封良好，且內含大氣壓力下的空氣，與 (b) 汽車內部被水充滿。

3-28 考慮一個 60 m 高、360 m 寬的水壩，其儲水量滿載。試求 (a) 作用在水壩的液壓靜力，與 (b) 水壩在接近頂部和接近底部每單位面積的受力。

3-29 一個 70 m 長的水壩，其靠水邊的牆是一個半徑 7 m 的 $\frac{1}{4}$ 圓。當水壩滿水至其上緣時，試求作用在水壩的液壓靜力與其作用線。

3-30 試求作用在一個高 0.7 m，寬 0.7 m 的三角形閘門 (示於圖 P3-30) 上的合力大小及其作用線。

圖 P3-30

3-31 一個圓柱形桶子完全用水充滿 (圖 P3-31)。為了增加從桶子流出的水流，用壓縮機在水面施加額外的壓力。若 $P_0 = 0$、$P_0 = 3$ bar 及 $P_0 = 10$ bar，試計算水對表面 A 施加的液壓靜力。

圖 P3-31

3-32 一個 V 形水槽的兩邊彼此在底部相遇處鉸鏈在一起，如圖 P3-32 所示，且每邊都與地面呈 45° 夾角。水槽的每邊都是 0.75 m 寬且在沿其長度方向每隔 6 m，就用一條纜繩和鬆緊扣將兩邊連接在一起。當水槽裝滿水時，試計算在每條纜繩上的張力。(Answer: 5510 N)

圖 P3-32

3-33 要建造一個對抗土石流的擋土牆，藉由放置並排連接的 1.2 m 高、0.25 m 寬的矩形混凝土塊 ($\rho = 2700$ kg/m^3)，如圖 P3-33 所示。地面和混凝土塊間的摩擦係數是 $f = 0.4$，而土石流的密度約 1400 kg/m^3。有人擔心當土石流的高度增加時，混凝土塊有可能滑動或翻倒過左下角的邊線。試求這兩種情況的土石流高度，(a) 混凝土塊克服摩擦力開始滑動，(b) 混凝土塊翻倒。

圖 P3-33

3-34 一個 4 m 長，$\frac{1}{4}$ 圓形狀的閘門，半徑 3 m，重量可忽略，被鉸鏈在其上緣 A，如圖 P3-34 所示。這閘門控制在 B 點越過擋牆的水流，並在其處受到彈簧的壓力。當水位上升到閘門上緣的 A 處時，試求為了使閘門維持關閉所需要的最小彈簧力。

圖 P3-34

3-35 考慮一塊平板，厚度 t，進入頁面的寬度 w，長度 b，沉浸在水中，如圖 P3-35。從水面到平板中心的水深是 H，而角度 θ 是相對於平板中心定義的。(a) 導出一個作用在平板上平面的力 F 的方程式，表示成 (最多) H、b、t、w、g、ρ 和 θ 的函數。忽略大氣壓力。換言之，計算除了大氣壓力以外的力。(b) 作為你的方程式的一個測試，令 $H = 1.25$ m、$b = 1$ m、$t = 0.2$ m、$w = 1$ m、$g = 9.807$ m/s²、$\rho = 998.3$ kg/m³ 及 $\theta = 30°$。如果你的方程式是正確的，你將得到一個 11.4 kN 的力。

圖 P3-35

3-36 考慮一個 1 m 寬，忽略重量的傾斜閘門，被用來將水從另一種流體隔開。為了使閘門維持在如圖所示的位置，沉浸在水中的混凝土塊 (SG = 2.4) 的體積必須是多少呢？忽略任何摩擦效應。

圖 P3-36

浮力

3-37C 什麼是浮力？什麼造成的？作用在一個體積為 V 的沉浸物體上的浮力大小是多少呢？浮力的方向和作用線是什麼呢？

3-38C 考慮兩顆 5 cm 直徑的圓球沉浸在水中，其中一顆鋁製，另一顆鐵製。作用在此兩球上的浮力是否相同？解釋之。

3-39C 討論 (a) 一個沉體與 (b) 一個重心在浮心之上的浮體的穩定度。

3-40 要使用彈簧秤來決定一個不規則形狀物體的體積和平均密度。物體在空氣中重量 7200 N，在水中重量 4790 N。試求物體的體積和密度。敘述你的假設。

3-41 一個由密度 1600 kg/m³ 材質製成的圓殼被置於水中。如果殼的內、外半徑是 $R_1 = 5$ cm、$R_2 = 6$ cm，試求殼的總體積中沉浸的比例。

3-42 量測物體的重量時通常忽略空氣的浮力。考慮一個密度為 7800 kg/m³，直徑為 20 cm 的圓球形物體。與忽略空氣浮力有關的百分誤差是多少？

3-43 據說阿基米德在洗澡時發現了這個原理，當時他正在思考希羅國王的皇冠是否真正由純金製成的。在浴缸中，他得到一個想法，即他可以決定一個不規則形狀物體的平均密度，藉由將物體分別在空氣中和水中稱重。如果皇冠在空氣中重量是 3.55 kgf (= 34.8 N)，在水中重量是 3.25 kgf (= 31.9 N)，試求皇冠是否由純金製成。黃金的密度是 19,300 kg/m³。討論如果不在水中對皇冠稱重，而是使用一個沒有對體積檢正的平常水桶，你將如何解決這個問題。你可以在空氣中稱任何東西。

流體作剛體運動

3-44C 在什麼條件下，一個移動的流體可被當作是剛體？

3-45C 考慮相同的兩杯水，一杯靜止，另一杯在水平面上作等加速度運動。假設沒有飛濺或溢出，哪一杯會有較高的壓力，在杯底平面的 (a) 前端，(b) 中點，(c) 後端？

3-46 一個水槽被卡車在水平面上拖動，水面與水平面間的夾角被量測為 12°，試求卡車的加速度。

3-47 一個水槽在一條與水平面成 14° 的上坡路上以等加速度 3.5 m/s² 朝運動方向被拖動著。試求水的自由表面與水平面的夾角。如果是朝同一條路的下坡方向，以相同的加速度運動，則你的答案會是什麼呢？

3-48 一個 60 m 高，40 cm 直徑的水槽在一條水平路上被運送。預期最大的加速度是 4 m/s²。如果在加速時沒有水會溢出，試求可容許的原始最高水面高度是多少？
(Answer: 51.8 cm)

3-49 一個內裝 60 cm 水高的魚缸在電梯中移動。試求魚缸底部的壓力，當電梯是 (a) 靜止的，(b) 以加速度 3 m/s² 向上移動，(c) 以加速度 3 m/s² 向下移動。

3-50 考慮一個矩形截面的桶子，其內部局部裝滿液體，並被置於一個斜面上，如圖所示。若摩擦效應可忽略時，證明當桶子被釋放時，液面的斜率與斜面的斜率相同。當摩擦力顯著時，你認為自由表面的斜率將會怎麼樣呢？

圖 P3-50

3-51 密度 1020 kg/m³ 的牛奶，裝在 9 m 長、3 m 直徑的儲槽中沿水平路面運送。儲槽裝滿牛奶（沒有空氣的空間），並以 4 m/s² 加速。如果儲槽中的最低壓力是 100 kPa，試求最大壓力差以及最大壓力的位置。(Answer: 66.7 kPa)

圖 P3-51

3-52 一根兩邊開口的 U 形管，其兩臂間的中心距離是 30 cm，且 U 形管的兩臂中都內含 20 cm 高的酒精。現在 U 形管繞其左臂以 4.2 rad/s 旋轉。試求兩臂間液面的高度差。

圖 P3-52

3-53 一個 3 m 直徑、7 m 長的圓柱桶，內部完全裝滿水。此桶被一輛卡車沿一條水平路面拖拉，其 7 m 長的軸是水平的。試求此桶中沿一條水平線，在桶前端和後端的壓力差，當卡車 (a) 以 3 m/s² 加速時，(b) 以 4 m/s² 減速時。

3-54 如圖所示的一個裝滿液體的封閉盒子可用來量測車子的加速度。方法是當 B 點被維持在大氣壓力時，量測盒背部頂端 A 點的壓力。推導出一個壓力 P_A 和加速度 a 之間的關係式。

圖 P3-54

3-55 一根 U 形管以等角速度 ω 旋轉。液體 (甘油) 上升至如圖 P3-55 所示的高度。推導一個 w 以 g、h、L 表示的關係式。

圖 P3-55

複習題

3-56 一個 0.5 m 半徑的半圓形閘門沿其上緣 AB 被鉸鏈住，如圖所示。試求要維持閘門關閉必須在其重心施加的力量。(Answer: 11.3 kN)

圖 P3-56

3-57 一個 30 cm 直徑的圓柱形容器繞其垂直軸以等角速度 100 rad/s 旋轉。如果內部上表面中點的壓力是大氣壓力，就像外表面一樣。試求圓柱內部整個上表面所受到的向上總力是多少？

3-58 已知一個蒸氣鍋爐中的壓力是 90 kgf/cm²。將這壓力用 psi、kPa、atm 與 bars 來表示。

3-59 一個 12 m 高的圓柱形容器的上半部裝滿水 (ρ = 1000 kg/m³)，下半部則裝滿比重 0.85 的油。試求圓柱底部和頂部的壓力差。(Answer: 109 kPa)

圖 P3-59

3-60 一個壓力鍋藉由維持內部較高的壓力和溫度可以比平常的平底鍋煮得更快。壓力鍋的蓋子密封良好，蒸氣只能從鍋蓋中央一個小開口洩出。一個分離的金屬塊 (小活栓) 位於這個開口的頂部，阻擋蒸氣溢出直到壓力克服小活栓的重量為止。蒸氣以這種方式週期性的排氣阻止了任何可能的危險壓力的建立，並維持內部壓力在一個常數值。如果一個壓力鍋的操作錶壓力是 120 kPa，並有一個截面積為 3 mm² 的開口，試求此壓力鍋的小活栓的質量。假設大氣壓力是 101 kPa，並且畫一個小活栓的自由體圖。(Answer: 36.7 g)

圖 P3-60

3-61 地球上平均大氣壓力與高度的近似關係是 $P_{atm} = 101.325(1-0.02256z)^{5.256}$，其中 P_{atm} 是大氣壓力 (kPa)，z 是高度 (km)，在海平面的 $z = 0$。試求在亞特蘭大 ($z = 306$ m)、丹佛 ($z = 1610$ m)、墨西哥城 ($z = 2309$ m)，以及聖母峰頂 ($z = 8848$ m) 的大氣壓力。

3-62 考慮一根開口的 U 形管。現在將相同體積的水和輕油 ($\rho = 790$ kg/m³) 分別從不同臂端注入。一個人從 U 形管的油端吹氣直到兩種流體的介面移到 U 形管的底部，使得在兩臂中的液體高度都一樣。如果每一臂中的液體高度都是 102 cm，試求此人吸氣在油上所施加的錶壓力。

3-63 考慮一根充填水銀的 U 形管，如圖 P3-63。U 形管的右臂直徑是 $D = 1.5$ cm，而左臂的直徑是其兩倍大。比重 2.72 的重油被注入左臂，迫使一些水銀從左臂流入右臂。試求可以加到左臂的最大油量。(Answer: 0.0884 L)

圖 P3-63

3-64 在厚氣體層中，壓力隨密度的變化為 $P = C\rho^n$，其中 C、n 是常數。注意壓力在垂直方向跨過一個微分流體層厚度 dz 的變化是 $dP = -\rho g\, dz$。試推導一個壓力與高度 z 的函數關係式。取在 $z = 0$ 的壓力和密度分別是 P_0 和 ρ_0。

3-65 一個在平面上，重 30 噸、直徑 4 m 的半球形圓頂被充滿水，如圖 P3-65 所示。有人聲稱他可以使用帕斯卡定理來舉起圓

圖 P3-62

圖 P3-65

頂，方法是連接一條長管到圓頂頂部並將其裝滿水。試求為了舉起圓頂，管中水的高度需要多少？忽略管與在其內部的水的重量。(Answer: 1.72 m)

3-66 一根 U 形管的右臂內含水，而另一種流體在左臂。當 U 形管繞著離右臂 15 cm，離左臂 5 cm 的轉軸以 50 rpm 轉動時，觀察到兩臂中液體的高度變成相同，且兩種流體在旋轉軸上碰面。試求左臂中流體的密度。

圖 P3-66

3-67 一個 5 m 長、4 m 高的桶子，在沒有運動時，內部含有 2.5 m 深的水，並且利用在中間的一個通氣孔對大氣開放。現在桶子在一個水平面上向右以 2 m/s² 作加速度運動。試求桶內相對於大氣壓力的最大壓力。(Answer: 29.5 kPa)

圖 P3-67

3-68 一個重量 65 N 的圓柱形容器被倒轉並壓入水中，如圖 P3-68 所示。試求液體壓力計的高度差 h 與維持容器在圖示位置所需要的力 F。

圖 P3-68

3-69 量測一個浮體的密度可以藉由綁重物在浮體上一直到浮體和重物都一起被水淹沒為止，然後將兩者分別在空氣中稱重。考慮一塊在空氣中重 1540 N 的木頭。如果需要 34 kg 的鉛 ($\rho = 11{,}300$ kg/m³) 才能使木頭和鉛完全沉到水裡，試求木頭的平均密度。(Answer: 835 kg/m³)

基礎工程學 (FE) 試題

3-70 一個 10 m 深的水體，其上下兩端的壓力差是 (設水的密度是 1000 kg/m³)
(a) 98,100 kPa (b) 98.1 kPa (c) 100 kPa
(d) 10 kPa (e) 1.9 kPa

3-71 考慮一個汽車液壓千斤頂，其活塞直徑比是 9。一個人可以頂起 2000 kg 的車，藉由施力
(a) 2000 N (b) 200 N (c) 19,620 N
(d) 19.6 N (e) 18,000 N

3-72 一個液體壓力計被用來量測一個桶子中氣體的壓力。壓力計流體是水 ($\rho = 1000$ kg/m³) 且液柱高度是 1.8 m。如果當地大氣壓力是 100 kPa，則桶內的絕對壓力是
(a) 17,760 kPa (b) 100 kPa (c) 180 kPa
(d) 101 kPa (e) 118 kPa

3-73 一個垂直矩形牆，寬度 20 m，高度 12 m，擋住一個 7 m 深的水體。作用在此牆

上的液壓靜力是
(a) 1370 kN (b) 4807 kN (c) 8240 kN
(d) 9740 kN (e) 11,670 kN

3-74 一個矩形平板，寬度 16 m，高度 12 m，位於水面下 4 m 處。此平板傾斜並與水平面夾角 35°。作用在此平板上表面的液壓靜力是
(a) 10,800 kN (b) 9745 kN (c) 8470 kN
(d) 6400 kN (e) 5190 kN

3-75 一個 1.8 m 直徑、3.6 m 長的圓柱形容器內部裝著比重 0.73 的流體。這個容器垂直擺放並且裝滿流體。忽略大氣壓力，作用在這個容器頂部和底部平面的液體靜力分別是
(a) 0 kN, 65.6 kN (b) 65.6 kN, 0 kN
(c) 65.6 kN, 65.6 kN (d) 25.5 kN, 0 kN
(e) 0 kN, 25.5 kN

3-76 考慮一個 6 m 直徑的球形閘門擋住一個高度等於閘門直徑的水體。大氣壓力作用在閘門的兩邊。作用在此曲面的液壓靜力的垂直分量是
(a) 89 kN (b) 270 kN (c) 327 kN
(d) 416 kN (e) 505 kN

3-77 一個 3 kg 的物體，密度 7500 kg/m³ 被置於水中。這物體在水中的重量是
(a) 29.4 N (b) 25.5 N (c) 14.7 N
(d) 30 N (e) 2 N

3-78 一個 10 kg 的物體，密度 900 kg/m³，被放置在一個密度為 1100 kg/m³ 的流體中。此物體被水淹沒的體積比例是
(a) 0.637 (b) 0.716 (c) 0.818
(d) 0.90 (e) 1

3-79 一個 15 cm 直徑，40 cm 高的垂直圓柱形容器的一部分裝著 25 cm 高的水。現在此容器以等速率 20 rad/s 旋轉。其自由表面的邊緣和中心的最大高度差是
(a) 15 cm (b) 7.2 cm (c) 5.4 cm
(d) 9.5 cm (e) 11.5 cm

3-80 一個 15 cm 直徑、50 cm 高的垂直圓柱形容器的一部分裝著高 30 cm 的水。現在此容器以等速率 20 rad/s 旋轉。在此容器的底部平面的中心和邊緣的壓力差是
(a) 7327 Pa (b) 8750 Pa (c) 9930 Pa
(d) 1045 Pa (e) 1125 Pa

設計與小論文題

3-81 要量測一塊岩石的體積，但不能使用任何量測體積的裝置。解釋你要如何使用一個防水的彈簧秤來達成任務。

流體運動學

學習目標

讀完本章後，你將能夠

- 瞭解隨質點導數在拉格朗日與歐拉描述之間轉換的角色。
- 區別各種形式的流動可視化方法與畫出流體流動特性的方法。
- 體會流體移動和變形的各種形式。
- 根據流動性質渦度來區別流動的旋轉與不旋轉區域。
- 瞭解雷諾輸運定理的有用性。

流體運動學討論對於流體運動的描述而不考慮造成運動的力和力矩。本章介紹一些關於流動流體的運動學概念。我們討論隨質點導數和其在將守恆方程式從流體流動的拉格朗日描述 (跟隨一個流體質點) 轉換到流體流動的歐拉描述 (與流場相關) 的角色。然後討論流場可視化的各種方法 —— 流線、煙線、路徑線、時間線；光學方法 —— 胥來侖紋影法，陰影照相法、表面法；以及畫流動數據的三種方法 —— 外形圖、向量圖與等高線圖。我們將解釋流體運動和變形的四種基本運動性質 —— 平移率、旋轉率、線性變形率與剪變形率。然後討論流體流動中的渦度、旋轉度和無旋度等觀念。最後我們討論雷諾輸運定理 (Reynolds transport theorem, RTT)，強調其在把跟隨者系統的運動方程式轉換到流體進出控制體積的運動方程式的角色。微小流體元素的隨質點導數和有限控制體積的 RTT 之間的相似性也將予以說明。

4-1 拉格朗日和歐拉描述

運動學 (kinematics) 關心的是對於運動的研究。在流體力學中，流體運動學研究流體如何流動與如何描述流體的運動。從基本觀點來看，有兩種不同的方法來描述運動。第一個也是最熟悉的方法是高中物理學中所學到的方法 —— 跟隨個別物體的路徑。例如，我們在物理實驗都看到的，一顆在撞球檯上的球或一顆在空氣曲棍球桌的球餅與另一顆球或餅或牆的碰撞 (圖 4-1)。牛頓定律被用來描述這些物體的運動，我們可以正確的預測它們往哪裡去及動量和動能如何由一個物體交換給另一個物體。這些實驗的運動學牽涉到追蹤每一個物體的位置向量 $\vec{x}_A$、$\vec{x}_B$、……，與每一個物體的速度向量 $\vec{V}_A$、$\vec{V}_B$、……，跟時間的函數關係 (圖 4-2)。當這個方法被應用到流動的流體時，稱為流體運動的**拉格朗日描述** (Lagrangian description)，依義大利數學家喬瑟夫‧路易士‧拉格朗日 (1736-1813) 命名。拉格朗日描述法要求我們追蹤每一個個別的流體團 (有固定身分的流體團稱為流體質點) 的位置和速度。

如你能想到的，這種描述流體運動的方法比起描述撞球的確是困難太多了！首先，我們很難定義並區別正在到處移動的流體質點。再者，流體是一個**連體** (continuum) (從巨觀觀點來看)，因此流體質點間的相互作用不像個別撞球或曲棍球餅間的相互作用那樣容易描述。最後，流體質量在流動時會一直在變形。

從微觀的觀點來看，流體由好幾十億個分子組成，分子間彼此持續的碰撞，就像撞球一樣；但即使只要跟隨這些分子的一部分都是相當困難的工作，甚至使用現在最快、最大的計算機也是。然而，拉格朗日描述還是有許多實際的應用，例如追蹤一個流動中的被動純量來模擬污染物的輸運，對太空船重新進入大氣層來作稀薄氣體動力學的計算，以及根據質點追蹤方法來發展流動可視化或量測系統 (如 4-2 節中的討論)。

一個更常用來描述流體流動的方法是流體運動的**歐拉描述法** (Eulerian description)，依瑞士數學家利昂哈德‧歐拉 (1707-1783) 命名。在流體運動的歐拉描述法中，定義一個流體可以流進、流出的有限體積，稱為流區或**控制體積** (control volume)。取代追蹤個別的流體質點，我們定義在這個控制體積內的場變數 (field variables)，其為空間和時間的函數。在一個特定位置、特定時間的場變數是在那個時間正好佔有那個位置的流體質點的變數值。例如壓力場 (pressure field) 是一個純量場變數；對於

圖 4-1 如果物體的數目少時，例如撞球檯的中撞球，個別物體可以被追蹤。

圖 4-2 在拉格朗日描述中，我們必須追蹤個別質點的位置和速度。

一般的不穩定三維流體流動，在卡氏座標系統可表示為

壓力場：
$$P = P(x, y, z, t) \tag{4-1}$$

我們以相同的方式定義**速度場** (velocity field) 為一個向量場變數，

速度場：
$$\vec{V} = \vec{V}(x, y, z, t) \tag{4-2}$$

同樣的，**加速度場** (acceleration field) 也是一個向量場變數

加速度場：
$$\vec{a} = \vec{a}(x, y, z, t) \tag{4-3}$$

結合起來，這些 (與其它) 場變數定義了**流場** (flow field)。在式 (4-2) 的速度場在卡氏座標 (x, y, z)、$(\vec{i}, \vec{j}, \vec{k})$ 可以展開成

$$\vec{V} = (u, v, w) = u(x, y, z, t)\vec{i} + v(x, y, z, t)\vec{j} + w(x, y, z, t)\vec{k} \tag{4-4}$$

對於式 (4-3) 的加速度場也可以用同樣的方式展開。在歐拉描述中，所有這些場變數都是定義在控制體積內任意位置 (x, y, z) 及任意時間 t 的 (圖 4-3)。在歐拉描述中，我們對什麼發生在個別流體質點上並不在意；而是關心在想要的位置上，在想要的時間，正好通過那個位置的流體質點的壓力、速度、加速度……等。

這兩種描述法的區別可用以下例子說明清楚。想像一個人站在河邊，量測其性質。在拉格朗日的方法中，他丟進一個隨水往下游移動的探針；在歐拉方法中，他把探計用錨固定在水中的固定位置。

雖然拉格朗日法在許多場合中是有用的，但對於流體力學中的應用，歐拉方法通常更方便。例如在風洞中，速度和壓力探計通常被放置於固定的位置，來量測 $\vec{V}(x, y, z, t)$ 或 $P(x, y, z, t)$。然而，雖然跟隨個別流體質點的拉格朗日描述的運動方程式廣為人知 (如牛頓第二定律)，在歐拉描述中的流體運動方程式還不是那麼明顯，必須仔細的推導來求得。我們會對控制體積使用本章後面的雷諾輸運定理來進行這樣的推導分析。在第 9 章我們會推導出微分的運動方程式。

圖 4-3 在歐拉描述中，我們定義場變數，例如在任何位置、任何瞬間的壓力場和速度場。

例題 4-1　穩定的二維流場

一個穩定的、不可壓縮的二維速度場如下式：

$$\vec{V} = (u, v) = (0.5 + 0.8x)\vec{i} + (1.5 - 0.8y)\vec{j} \tag{1}$$

其中 x- 和 y- 座標的單位是 m，速度的單位是 m/s。停滯點定義為流場中速度為零的點。(a) 決定流

比例尺： 10 m/s

圖 4-4 例題 4-1 的速度場的速度向量（顏色箭頭）。比例尺用圖上緣的箭頭表示，實心黑線代表一些流線的近似形狀，是根據計算到的速度向量得到的。停滯點有小圓圈指示。灰色陰影的區域代表流場的一部分可用來近似一個入口的流動（圖 4-5）。

圖 4-5 一個水力發電水壩的鐘形入口附近的流場；例題 4-1 的速度場的一部分可用來作為這個物理流場的一階近似。灰色陰影的部分對應圖 4-4 的部分。

場中是否有任何停滯點，在哪裡？(b) 在 $x = -2$ m 到 2 m，與 $y = 0$ m 到 5 m 的範圍內畫出在一些位置上的速度向量；定性式的描述一下流場。

解答： 對已知的速度場，要決定停滯點的位置。要畫出一些位置的速度向量並描述速度場。

假設：1. 流動是穩定和不可壓縮的。**2.** 流動是二維的，暗示沒有速度的 z- 分量，且 u、v 不會隨 z 而變化。

分析 (a) 因為 $\vec{V}$ 是向量，為了使 $\vec{V}$ 為零，其所有分量都必須為零。使用式 (4-4) 並令式 (1) 等於零，

停滯點：
$$u = 0.5 + 0.8x = 0 \quad \rightarrow \quad x = -0.625 \text{ m}$$
$$v = 1.5 - 0.8y = 0 \quad \rightarrow \quad y = 1.875 \text{ m}$$

是的，有一個停滯點位於 $x = -0.625$ m，$y = 1.875$ m。

(b) 在指定範圍內的一些 (x, y) 位置上，其速度的 x- 和 y- 分量用式 (1) 來計算。例如在點 ($x = 2$ m, $y = 3$ m)，$u = 2.10$ m/s 及 $v = -0.900$ m/s。此點速度大小（速率）是 2.28 m/s。在此點，與在一個陣列上的其它位置，速度向量從其兩個分量建立起來，結果如圖 4-4 所示。這個流動可以被稱為停滯流，流體從上、下面進入，並沿一條在 $y = 1.875$ m 的水平對稱線向左、右分佈出去。(a) 小題的停滯點在圖 4-4 中用小圓圈指示出來。

如果我們僅注意圖 4-4 的灰色陰影部分，這裡的流場模擬一個從左到右收縮的加速流場。例如，在水力發電水壩的水底下的鐘形入口（圖 4-5）。給定流場中的有用部分可被想成圖 4-5 所示的物理流場的灰色陰影部分的一階近似。

討論： 用第 9 章中的內容可以證明這個流場在物理上是有效的，因為它滿足了質量守恆的微分形式。

加速度場

如同從你在熱力學研習中可以回憶到的，基本的守恆定理（例如質量守恆和熱力學第一定律）都是對一個有固定組成的系統（又稱為封閉系統）來表示的。在控制體積分析比系統分析更方便的情況，就必須把基本定理重寫成可以在控制體積中應用的形式。同樣的道理也適用在這裡。事實上，熱力學中系統與控制體積的對應關係和流體動力學中拉格朗日描述法與歐拉描述法的對應關係有直接的相似性。流體流動的運動方程式（例如牛頓第二定律）是對流體質點 [又稱為**質點**

(material particle)] 寫出的。如果跟隨一個特定的流體質點在流場中移動，我們將會採用拉格朗日描述，因此運動方程式可以直接應用。例如，我們會將質點在空間的位置用**質點位置向量** (material position vector) ($x_{\text{particle}}(t)$, $y_{\text{particle}}(t)$, $z_{\text{particle}}(t)$) 來表示。然而，若要將運動方程式轉換成在歐拉描述法中可以使用的形式就需要一些數學上的操作。

例如，考慮將牛頓第二定律應用到流體質點上，

牛頓第二定律：
$$\vec{F}_{\text{particle}} = m_{\text{particle}} \vec{a}_{\text{particle}} \tag{4-5}$$

其中 $\vec{F}_{\text{particle}}$ 是作用在流體質點的淨力，m_{particle} 是其質量，$\vec{a}_{\text{particle}}$ 是其加速度 (圖 4-6)。根據定義，流體質點的加速度是質點速度的時間導數，

流體質點的加速度：
$$\vec{a}_{\text{particle}} = \frac{d\vec{V}_{\text{particle}}}{dt} \tag{4-6}$$

圖 4-6 牛頓第二定律應用在一個流體質點；加速度向量 $\vec{a}$ 與力向量 $\vec{F}$ 在相同方向，但速度向量可能在不同的方向。

圖 4-7 當跟隨一個流體質點時，速度的 x- 分量，u，定義為 dx_{particle}/dt。同樣的，$v = dy_{\text{particle}}/dt$ 與 $w = dz_{\text{particle}}/dt$。為了簡單性，移動在此僅用二維形式來表示。

然而，在任何瞬時 t，質點的速度與速度場在此質點所在位置 ($x_{\text{particle}}(t)$, $y_{\text{particle}}(t)$, $z_{\text{particle}}(t)$) 的局部值是一樣的，因為根據定義，流體質點隨著流體運動。換言之，$\vec{V}_{\text{particle}}(t) \equiv \vec{V}(x_{\text{particle}}(t), y_{\text{particle}}(t), z_{\text{particle}}(t), t)$。為了取式 (4-6) 的時間導數，我們必須使用鎖鏈律，因為相依變數 ($\vec{V}$) 是四個獨立變數 ($x_{\text{particle}}, y_{\text{particle}}, z_{\text{particle}}, t$) 的函數，

$$\begin{aligned}\vec{a}_{\text{particle}} &= \frac{d\vec{V}_{\text{particle}}}{dt} = \frac{d\vec{V}}{dt} = \frac{d\vec{V}(x_{\text{particle}}, y_{\text{particle}}, z_{\text{particle}}, t)}{dt} \\ &= \frac{\partial \vec{V}}{\partial t}\frac{dt}{dt} + \frac{\partial \vec{V}}{\partial x_{\text{particle}}}\frac{dx_{\text{particle}}}{dt} + \frac{\partial \vec{V}}{\partial y_{\text{particle}}}\frac{dy_{\text{particle}}}{dt} + \frac{\partial \vec{V}}{\partial z_{\text{particle}}}\frac{dz_{\text{particle}}}{dt}\end{aligned} \tag{4-7}$$

在式 (4-7)，∂ 是偏導數運算子，而 d 是**全導數運算子** (total derivative operator)。考慮式 (4-7) 右邊的第二項。因為加速度是跟隨一個流體質點來定義的 (拉格朗日描述)，此質點的 x- 位置相對於時間的變化率 $dx_{\text{particle}}/dt = u$ (圖 4-7)，其中 u 是由式 (4-4) 定義的速度向量的 x- 分量。同樣的，$dy_{\text{particle}}/dt = v$ 與 $dz_{\text{particle}}/dt = w$。而且，在考慮的任何瞬間，流體質點在拉格朗日座標中的位置向量 ($x_{\text{particle}}, y_{\text{particle}}, z_{\text{particle}}$) 等於在歐拉座標中的位置向量 ($x, y, z$)。式 (4-7) 變成

$$\vec{a}_{\text{particle}}(x, y, z, t) = \frac{d\vec{V}}{dt} = \frac{\partial \vec{V}}{\partial t} + u\frac{\partial \vec{V}}{\partial x} + v\frac{\partial \vec{V}}{\partial y} + w\frac{\partial \vec{V}}{\partial z} \tag{4-8}$$

圖 4-8 流過園藝水管噴嘴的水流，說明了流體質點即使在穩定流時也可能被加速。在此例中，出口的流速遠大於水管中的流速，暗示著即使在穩定流中，流體質點也是會被加速的。

其中我們已經使用了一個 (明顯的) 事實，即 $dt/dt = 1$。最後在任何瞬間 t，式 (4-3) 的加速度場必須等於在那個時間 t，正好佔有那個位置 (x, y, z) 的流體質點的加速度。為什麼？因為根據定義，流體質點是隨流體流動一起加速的。因此我們可以用式 (4-7) 和 (4-8) 的 $\vec{a}(x, y, z, t)$ 取代 $\vec{a}_{\text{particle}}$ 來從拉格朗日轉換到歐拉參考座標。用向量形式，式 (4-8) 可以寫成

流體質點的加速度表示成場變數：

$$\vec{a}(x, y, z, t) = \frac{d\vec{V}}{dt} = \frac{\partial \vec{V}}{\partial t} + (\vec{V} \cdot \vec{\nabla})\vec{V} \tag{4-9}$$

其中 $\vec{\nabla}$ 是梯度運算子或 del 運算子，是一個向量運算子，其在卡氏座標中被定義為

梯度或 del 運算子：

$$\vec{\nabla} = \left(\frac{\partial}{\partial x}, \frac{\partial}{\partial y}, \frac{\partial}{\partial z} \right) = \vec{i}\frac{\partial}{\partial x} + \vec{j}\frac{\partial}{\partial y} + \vec{k}\frac{\partial}{\partial z} \tag{4-10}$$

因此在卡氏座標中，加速度向量的分量是

卡氏座標：

$$a_x = \frac{\partial u}{\partial t} + u\frac{\partial u}{\partial x} + v\frac{\partial u}{\partial y} + w\frac{\partial u}{\partial z}$$
$$a_y = \frac{\partial v}{\partial t} + u\frac{\partial v}{\partial x} + v\frac{\partial v}{\partial y} + w\frac{\partial v}{\partial z} \tag{4-11}$$
$$a_z = \frac{\partial w}{\partial t} + u\frac{\partial w}{\partial x} + v\frac{\partial w}{\partial y} + w\frac{\partial w}{\partial z}$$

在式 (4-9) 中右邊的第一項，$\partial \vec{V}/\partial t$，稱為局部加速度 (local acceleration)，並且只有在不穩定流中才不是零。第二項，$(\vec{V}\cdot\vec{\nabla})\vec{V}$，稱為**遷移加速度** (advective acceleration)，有時稱為**對流加速度** (convective acceleration)；這項對於穩定流也有可能是非零的。它說明了流體質點在流場中流到 (遷移或對流) 一個速度不同的新位置的影響。例如，考慮水流過一個園藝水管噴嘴的穩定流 (圖 4-8)。我們定義在歐拉參考座標中的穩定為在流場中的任意點的性質不隨時間而變之意。因為在噴嘴出口的速度大於在噴嘴入口的速度，流體質點很清楚的加速了，即使流動是穩定的。因為在式 (4-9) 的遷移，加速度是非零的。注意雖然從一個在歐拉參考座標的觀點來看，流動是穩定的，但從一個隨流體質點移動，進入噴嘴並在流過噴嘴時加速的拉格朗日參考座標來看則不是穩定的。

例題 4-2　流體質點流過噴嘴的加速度

納丁正在洗車，使用如圖 4-8 所示的噴嘴。噴嘴的長度是 9.91 cm，有 1.07 cm 的入口直徑與 0.460 cm 的出口直徑 (圖 4-9)。流經園藝水管 (也經過噴嘴) 的體積流率是 $\dot{V}= 0.0530$ L/s，且流動為穩定的。試估計流體質點沿著噴嘴中心線往下流的加速度大小。

解答：要估計流體質點沿著噴嘴中心線往下流的加速度。

假設：1. 流動是穩定和不可壓縮的。**2.** 取 x- 方向為沿著噴嘴的中心線。**3.** 根據對稱性，沿著中心線 $v = w = 0$，但 u 經過噴嘴時被加速。

解析：流動是穩定的，所以你可能被誘使去認為加速度為零。然而即使這個穩定流場的局部加速度 $\partial \vec{V}/\partial t$ 為零，但對流加速度 $(\vec{V} \cdot \vec{\nabla})\vec{V}$ 並不是零。我們先計算在噴嘴的入口和出口的平均速度的 x- 分量，將體積流率除以截面積：

圖 4-9 例題 4-2 經過噴嘴的水流。

入口速率：

$$u_{\text{inlet}} \cong \frac{\dot{V}}{A_{\text{inlet}}} = \frac{4\dot{V}}{\pi D_{\text{inlet}}^2} = \frac{4(5.30 \times 10^{-5}\text{ m}^3/\text{s})}{\pi (0.0107 \text{ m})^2} = 0.589 \text{ m/s}$$

同樣的，出口平均速率是 $u_{\text{outlet}} = 3.19$ m/s。我們現在用兩種方法計算加速度，結果相等。首先，在 x- 方向的平均加速度是把速率的改變除以流體質點在噴嘴內的**逗留時間**的估計值來計算的，$\Delta t = \Delta x/u_{\text{avg}}$ (圖 4-10)。根據加速度是速度的變化率的基本定義，

圖 4-10 逗留時間 Δt 定義為流體質點從入口到出口 (距離 Δx) 所花費的時間。

方法 A：

$$a_x \cong \frac{\Delta u}{\Delta t} = \frac{u_{\text{outlet}} - u_{\text{inlet}}}{\Delta x / u_{\text{avg}}} = \frac{u_{\text{outlet}} - u_{\text{inlet}}}{2 \Delta x /(u_{\text{outlet}} + u_{\text{inlet}})} = \frac{u_{\text{outlet}}^2 - u_{\text{inlet}}^2}{2 \Delta x}$$

第二個方法使用加速度場在卡氏座標的分量方程式 (4-11)，

方法 B：

$$a_x = \underbrace{\frac{\partial u}{\partial t}}_{\substack{0 \\ \text{穩定}}} + u \frac{\partial u}{\partial x} + \underbrace{v \frac{\partial u}{\partial y}}_{\substack{0 \\ v = 0 \text{ 沿中心線}}} + \underbrace{w \frac{\partial u}{\partial z}}_{\substack{0 \\ w = 0 \text{ 沿中心線}}} \cong u_{\text{avg}} \frac{\Delta u}{\Delta x}$$

這裡我們看到只有一個遷移項是非零的。我們把流經噴嘴的平均速度近似為入口和出口的平均速度，並且使用**一階有限差分近似** (圖 4-11) 來計算經過噴嘴中心線的導數 $\partial u/\partial x$ 的平均值：

圖 4-11 導數 dq/dx 的一階有限差分近似是應變數 (q) 的變化量除以自變數 (x) 的變化量。

$$a_x \cong \frac{u_{\text{outlet}} + u_{\text{inlet}}}{2} \frac{u_{\text{outlet}} - u_{\text{inlet}}}{\Delta x} = \frac{u_{\text{outlet}}^2 - u_{\text{inlet}}^2}{2 \Delta x}$$

方法 B 的結果等同於方法 A 的。將已知值代入，得到

軸向加速度：
$$a_x \cong \frac{u_{\text{outlet}}^2 - u_{\text{inlet}}^2}{2\,\Delta x} = \frac{(3.19 \text{ m/s})^2 - (0.589 \text{ m/s})^2}{2(0.0991 \text{ m})} = \mathbf{49.6 \text{ m/s}^2}$$

討論：流體質點經過噴嘴的加速度幾乎是重力加速度的 5 倍 (幾乎是 5g)！這個簡單的例題說明了即使在穩定流中，流體質點的加速度有可能是非零的。注意加速度事實上是個**點**函數，但是在此我們估算的是流經整個噴嘴的平均加速度。

隨質點導數

在式 (4-9) 中的全導數運算子 d/dt 被給予一個特殊名稱，隨質點導數 (material derivative)；並被指定一個特殊符號，D/Dt，目的在強調其為跟隨一個流體質點在流場中移動所形成的 (圖 4-12)。隨質點導數的其它名稱包括全導數 (total derivative)、質點導數 (particle derivative)、拉格朗日導數 (Lagrangian derivative)、歐拉導數 (Eulerian derivative) 及實質導數 (substantial derivative)。

隨質點導數：
$$\frac{D}{Dt} = \frac{d}{dt} = \frac{\partial}{\partial t} + (\vec{V} \cdot \vec{\nabla}) \qquad (4\text{-}12)$$

當我們將式 (4-12) 的隨質點導數應用到速度場時，結果是式 (4-9) 所表示的加速度場，因此其有時也被稱為隨質點加速度 (material acceleration)，

隨質點加速度：
$$\vec{a}(x, y, z, t) = \frac{D\vec{V}}{Dt} = \frac{d\vec{V}}{dt} = \frac{\partial \vec{V}}{\partial t} + (\vec{V} \cdot \vec{\nabla})\vec{V} \qquad (4\text{-}13)$$

除了速度外，式 (4-12) 也可以應用到其它流體性質，純量與向量皆可。例如，壓力的隨質點導數可以寫成

壓力的隨質點導數：
$$\frac{DP}{Dt} = \frac{dP}{dt} = \frac{\partial P}{\partial t} + (\vec{V} \cdot \vec{\nabla})P \qquad (4\text{-}14)$$

式 (4-14) 代表跟隨一個流體質點流動時，其壓力的變化率，包含局部 (不穩定) 和遷移分量 (圖 4-13)。

圖 4-12 隨質點導數 D/Dt 是跟隨一個流體質點在流場中運動時來定義的。這張說明圖中流體質點正向右加速，當它向右、向上移動時。

圖 4-13 隨質點導數 D/Dt 包含一個局部或不穩定部分和一個遷移或對流部分。

例題 4-3 ▶ 穩定流場的隨質點加速度

考慮一個如例題 4-1 的穩定、不可壓縮的二維速度場。(a) 求在點 ($x = 2$ m, $y = 3$ m) 的隨質點加速度。(b) 畫出在例題 4-1 的相同陣列上的 x- 與 y- 值上的隨質點加速度向量。

解答：對一個已知速度場，要計算在一個特定點上的隨質點加速度向量與畫出在一個位置陣列上所有點的隨質點加速度向量。

假設：1. 流動是穩定、不可壓縮的。**2.** 流動是二維的，意思是沒有速度的 z- 分量，及 u 和 v 不隨 z 改變。

解析：(a) 使用例題 4-1 的式 (1) 所表示的速度場與卡氏座標中隨質點加速度的分量方程式 (4-11)，可以寫出加速度向量的兩個非零分量的表示式

$$a_x = \frac{\partial u}{\partial t} + u\frac{\partial u}{\partial x} + v\frac{\partial u}{\partial y} + w\frac{\partial u}{\partial z}$$
$$= 0 + \overbrace{(0.5 + 0.8x)(0.8)} + \overbrace{(1.5 - 0.8y)(0)} + 0$$
$$= (0.4 + 0.64x) \text{ m/s}^2$$

與

$$a_y = \frac{\partial v}{\partial t} + u\frac{\partial v}{\partial x} + v\frac{\partial v}{\partial y} + w\frac{\partial v}{\partial z}$$
$$= 0 + \overbrace{(0.5 + 0.8x)(0)} + \overbrace{(1.5 - 0.8y)(-0.8)} + 0$$
$$= (-1.2 + 0.64y) \text{ m/s}^2$$

在點 ($x = 2$ m, $y = 3$ m)，$a_x = \mathbf{1.68}$ **m/s**^{2}，與 $a_y = \mathbf{0.720}$ **m/s**^{2}。

(b) 將 (a) 小題的方程式使用在一個已知流場中的位置陣列上的 x- 與 y- 值上，並在 圖 4-14 中畫出其加速度向量。

討論：加速度場是非零的，即使流動是穩定的。在停滯點以上 ($y = 1.875$ m 以上)，圖 4-14 的加速度向量指向上，在離開停滯點的方向，大小漸增。在停滯點往右 ($x = -0.625$ m 往右)，加速度向量指向右，在離開停滯點的方向，大小漸增。這與圖 4-4 中的速度向量和圖 4-14 的流線趨勢在定量上是一致的；即在流場的右上部分，流體質點往右上方向加速，因此往逆時鐘方向轉向，因為**向心加速度**是指向右上的。在 $y = 1.875$ m 以下的流動是這條對稱線以上流動的鏡面映像，而在 $x = -0.625$ m 左邊的流動則是這條對稱線右邊流動的鏡面映像。

圖 4-14 例題 4-1 與 4-3 的速度場的加速度向量（短箭頭）。比例尺用圖上緣的箭頭顯示。實心黑色曲線代表一些流線的近似形狀，是基於計算到的速度場（圖 4-4）而來的。停滯點由圓圈指示。

4-2 流動型態和流動可視化

雖然流體力學的定量研究需要高等數學，但從流動可視化（flow visualization）── 對流場特徵的視覺檢視 ── 還是可以學到許多東西。流動可視化

不只在實際的實驗上有用，在數值解答上也是 [計算流體力學 (CFD)]。事實上，一個使用 CFD 的工程師在得到解答後的第一件事就是模擬出一些流動可視化的形式，來讓他 (或她) 可以看到整個「圖像」，而不僅僅是一些數字與定量數據的列表。為什麼？因為人類的心思被設計成可以很快的處理非常大量的視覺資訊；俗話說，一張圖勝過千言萬語。有許多形式的流動型態可以被可視化，物理的 (實驗的) 及 (或) 計算的都是。

流線與流線管

流線 (streamline) 是一條曲線，其上每一點都與那一點上的瞬時速度向量相切。

流線在指示整個流場中的流體的瞬時運動方向非常有用。例如，迴旋流動的區域與流體從一個固體面脫離，都很容易可以從流線型態中看出來。流線不能直接從實驗上觀測到，除非在穩定流場中，在此情況時，它們與路徑線和煙線重合，以下就會討論到。然而，根據其定義，數學上我們可以給流線寫出一個簡單的表示式。

考慮沿著流線的一段微小弧長 $d\vec{r} = dx\vec{i} + dy\vec{j} + dz\vec{k}$；根據流線的定義，$d\vec{r}$ 必須平行於當地的速度向量 $\vec{V} = u\vec{i} + v\vec{j} + w\vec{k}$。使用簡單的相似三角形的數學討論，我們知道 $d\vec{r}$ 的分量必須正比於 $\vec{V}$ 的分量 (圖 4-15)。因此

圖 4-15 在 xy- 平面的二維流，沿流線的弧長 $d\vec{r} = (dx, dy)$ 在每個地方都切於當地的瞬時速度向量 $\vec{V} = (u, v)$。

流線方程式：
$$\frac{dr}{V} = \frac{dx}{u} = \frac{dy}{v} = \frac{dz}{w} \tag{4-15}$$

其中 dr 是 $d\vec{r}$ 的大小，而 V 是速率，即速度向量 $\vec{V}$ 的大小。在圖 4-15 中為了簡單起見以二維來做說明式 (4-15)。對於一個已知速度場，我們積分式 (4-15) 來得到流線方程式。在二維時，(x, y), (u, v)，得到以下的微分方程式：

在 xy- 平面的流線：
$$\left(\frac{dy}{dx}\right)_{沿著流線} = \frac{v}{u} \tag{4-16}$$

在某些簡單的情況下，式 (4-16) 可能有解析解；在一般的情況下，它必須用數值法求解。不管哪種情況，會產生一個任意的積分常數。每一個被選擇的常數，代表一條不同的流線。滿足式 (4-16) 的曲線家族代表了此流場的流線。

例題 4-4 ▶ xy- 平面的流線 — 解析解

對於例題 4-1 的穩定、不可壓縮的二維流場，畫出在流場右半部 ($x > 0$) 的數條流線並且與圖 4-4 的速度向量比較。

解答：要產生一個流線的解析表示式並畫在右上部象限上。
假設：**1.** 流動是穩定、不可壓縮的。**2.** 流動是二維的，意謂著沒有速度的 z- 分量及 u 或 v 不會隨 z 變化。
解析：在此，式 (4-16) 是可用的；因此，沿著一條流線，

$$\frac{dy}{dx} = \frac{v}{u} = \frac{1.5 - 0.8y}{0.5 + 0.8x}$$

我們用變數分離法來解這個微分方程式

$$\frac{dy}{1.5 - 0.8y} = \frac{dx}{0.5 + 0.8x} \quad \rightarrow \quad \int \frac{dy}{1.5 - 0.8y} = \int \frac{dx}{0.5 + 0.8x}$$

經過一些代數運算後，我們解出沿一條流線的 y 與 x 的函數關係，

$$y = \frac{C}{0.8(0.5 + 0.8x)} + 1.875$$

其中 C 是積分常數，可以被設定為各種數值來畫出流線。對於所給流場的數條流線，被顯示於圖 4-16。

討論：圖 4-4 的速度向量被覆蓋在圖 4-16 的流線上；吻合度非常良好，因為速度向量在每一點都與流線相切。注意單從流線無法決定速率的大小。

圖 4-16 例題 4-4 的速度場的流線 (黑色實線)；圖 4-4 的速度向量 (短箭頭) 被覆蓋其上來做比較。

　　一條**流線管** (streamtube) 包含著一束流線 (圖 4-17)，非常像一條通信纜線包含一束光纖一般。因為流線在每個地方都平行當地速度，根據定義，流體不能夠穿過流線。延伸此一觀念可知，一條流線管內的流體必須一直待在流線管內且不能夠穿過流線管的邊界。你必須記住，流線和流線管兩者都是瞬時量，是根據某一時刻的速度場而定義在時間上的那一個特定時刻。在一個不穩定流中，流線的型態隨時間有可能變化很大。但是在任一時刻，穿過流線管中的任何一個截面的質量流率必須維持一樣。例如在一個不可壓縮流場的收縮部分，隨著速度的增加，流線管的直徑必須減小以符合質量守恆 (圖 4-18a)。同樣的，在一個不可壓縮流的擴張部分，流線管的直徑會增加 (圖 4-18b)。

圖 4-17 一條流線管由一束個別的流線組成。

圖 4-18 在一個不可壓縮流場中，一條流線管 (a) 當流動加速或收縮時，直徑減小，(b) 當流動減速或擴張時，直徑增加。

(a)　　　　　(b)

路徑線

路徑線 (pathline) 是由一個個別的流體質點在一段時間區間內所經過路徑。

路徑線是最容易瞭解的流動型態。路徑線是一個拉格朗日觀念，我們只要跟隨個別的流體質點在流場中移動的路徑即可（圖 4-19）。路徑線與 4-1 節所討論過的流體質點的位置向量 $(x_{particle}(t), y_{particle}(t), z_{particle}(t))$ 是一樣的，即流體質點在某一段有限的時間間隔的軌跡。在一個物理實驗中，你可以想像一個被標記的追蹤流體質點，不論是用顏色或亮度標記，使其可以很容易的從周圍的流體中被區別出來。現在想像一台照相機，其快門維持開啟，經過一段時間間隔，$t_{start} < t < t_{end}$，這期間質點的路徑被錄下來；此結果的曲線被稱為路徑線。

如果速度場是穩定的，個別的流體質點都循流線流動。因此，對穩定流而言，路徑線與流線是一樣的。

圖 4-19 一條路徑線是跟隨一個流體質點的真實路徑形成的。

煙線

煙線 (streakline) 是流場中依序通過某個指定點的所有流體質點所形成的軌跡。

煙線是在物理實驗中所產生的最常見流動型態。如果你在流場中插入一根小管並導入一連續的追蹤流體 (水流中的染料或氣流中的煙)，所觀察到的型態就是煙線。圖 4-20 顯示追蹤質點被注入含有一個物體 (例如機翼) 的自由流中。每個圓圈代表個別被注入的追蹤流體質點，在相同的時間間隔被釋放。當質點被物體迫使轉向時，它們會在物體的肩部加速，可以從那個區域內個別追蹤質點間的距離增加看出來。煙線是把所有的圓圈連接成一條平滑的曲線形成的。在一個水洞或風洞的物理實驗中，煙或染料是以連續式的而不是以個別質點的方式注入，由此產生的流動型態，根據定義即為煙線。在圖 4-20 中追蹤質點 1 比質點 2 在一個較早的時間被釋放，以此類推。一個追蹤質點的位置決定於從注入的瞬間一直到現在的時間的周圍流場。如果流動是不穩定的，周圍的流場隨時改變，由此我們不能預期煙線在任何瞬間會和流線或路徑線一樣。然而，如果流動是穩定的，流線、路徑線和煙線都是相同的。

圖 4-20 一條煙線是從一點連續的注入染料或煙到流場中所形成的。被標記的追蹤質點 (1 到 8) 依序注入。

煙線常與流線或路徑線混淆。雖然這三種流動型態在穩流中是相同的，但它們在不穩定流中有可能非常不同。主要的區別在於，流線是一種在時間的一個瞬間下的瞬時流動型態，而煙線和路徑線都是有一些「年紀」的流動型態，因此都會牽涉到一段時間的歷史。煙線是一個時間累積流動型態的瞬間曝光照。另一方面，路徑線則是一個單獨的流體質點經過一段時間間隔的長時間曝光所記錄的路徑。

例題 4-5　不穩定流的流動型態的比較

已知一個不穩定、不可壓縮的二維速度場

$$\vec{V} = (u, v) = (0.5 + 0.8x)\vec{i} + [1.5 + 2.5\sin(\omega t) - 0.8y]\vec{j} \tag{1}$$

其中角頻率 ω 等於 2π rad/s (物理頻率 1 Hz)。這個速度場除了在速度的 v- 分量中多了一個週期性項之外，與例題 4-1 的式 (1) 一樣。事實上因為振動週期是 1 s，當時間 t 是 $\frac{1}{2}$ s 的任何整數倍時 ($t = 0, \frac{1}{2}, 1, \frac{3}{2}, 2, \cdots$ s)，式 (1) 的 sin 項為零且瞬時速度場與例題 4-1 的相同。物理上，我們想像在一個大型的鐘形嘴入口的流動以頻率 1 Hz，上上下下振盪著。考慮流動的兩個完整的循環，從 $t = 0$ s 到 $t = 2$ s。試比較在 $t = 2$ s 的瞬時流線與時間從 $t = 0$ s 到 $t = 2$ s 的區間內所產生的路徑線和煙線。

解答：對已知的不穩定速度場產生並比較流線、路徑線和煙線。
假設：**1.** 流動是不可壓縮的。**2.** 流動是二維的，意指沒有速度的 z- 分量且 u 與 v 不隨 z 改變。
解析：在 $t = 2$ s 的瞬時流線與圖 4-16 中的一樣，它們之中的一些被重畫在圖 4-21。為了模擬路徑線，我們用 Runge-Kutta 數值積分技巧，從 $t = 0$ s 往 $t = 2$ s 前進，追蹤從 3 個位置釋放的流體質點的路徑：($x = 0.5$ m, $y = 0.5$ m)、($x = 0.5$ m, $y = 2.5$ m) 與 ($x = 0.5$ m, $y = 4.5$ m)。這些路徑線與流線同時顯示在圖 4-21。最後，煙線的模擬是跟隨許多從剛剛提到的三個位置所釋放的追蹤流體質點在時間介於 $t = 0$ s 到 $t = 2$ s 之間的路徑，再把它們在 $t = 2$ s 的軌跡連接起來而形成煙線。這些煙線被畫在圖 4-21 中。
討論：因為流動是不穩定的，流線、路徑線與煙線並不一致。事實上它們彼此之間差異頗大。注意煙線和路徑線是波浪形的，原因在於速度中振盪的 v- 分量。在 $t = 0$ s 到 $t = 2$ s 期間已經發生了兩個完整的振盪週期，可以由仔細觀察路徑線和煙線而得到證實。流線沒有這樣的波動，因為它們沒有時間歷史；它們代表的是速度場在 $t = 2$ s 的一個瞬時快照。

圖 4-21　例題 4-5 的振盪速度場的流線、路徑線與煙線。煙線與路徑線是波浪形的，原因在於它們的積分時間歷史。但流線不是波浪形的，卻是因為它們代表流場的一個瞬時快照。

時間線

時間線 (timeline) 是一組相鄰的流體質點，它們在 (較早的) 一個相同的瞬間被標記。

　　時間線在檢查流動均勻性的場合特別有用。圖 4-22 顯示一個介於兩個平行壁面間的通道內的流動的時間線，由於壁面的摩擦，那裡的流體速度為零 (無滑動條

圖 4-22 時間線藉由標記一條線上的流體質點而形成的，然後觀察此線在流場中的移動 (與變形)；時間線顯示在 $t = 0$、t_1、t_2 與 t_3。

件)，時間線的頂端與底端被固定在它們開始的位置。在離開壁面的流動區域，被標記的流體質點以當地的流速流動，使時間線變形。圖 4-22 的例子中，靠近通道中央的流速相當均勻，但是隨著時間，當時間線拉伸時，小的變異傾向於被放大。時間線在水道的實驗中可以經使用氫氣泡線來產生。當一個短電流脈衝送經一條陰極線時，水被電解使細小的氫氣泡在電線上面產生。因為氫氣泡很小，它們的浮力幾乎可以忽略，使氣泡可以很好的隨水流動。

折射流動可視化技巧

另外一種流動可視化是基於光波的折射性質。回憶一下你在物理中的學習，光速在一種材料中會與在另一種材料中不同，甚至在同一種材料中，只要密度改變，也是如此。光從一種流體進入另一種折射率不同的流體時會轉彎 (光被折射)。

有兩種主要的流動可視化技術，都使用到空氣 (或其它氣體) 的折射率會隨密度改變的事實。它們是陰影照相術 (shadowgraph technique) 與胥來侖紋影術 (schlieren technique) (Settles, 2001)。干涉術是一種可視化技術，利用光通過密度有變化的空氣中，其相位變化作為流動可視化的基礎，但不會在此討論 (可參考 Merzkirch, 1987)。所有這些技術，對於密度會從一個位置變化到另一個位置的流場，都是很有用的流場可視化技術，例如自然對流 (溫度差造成密度變化)、混合流 (流體種類造成密度變化)，與超音速流 (震波與膨脹波造成密度變化)。

不像煙線、路徑線與時間線等流動可視化方法，陰影照相術和胥來侖紋影術不需要注入可視的追蹤質點 (煙或染料)，而是密度差與光線的折射特性提供必要的工具來可視化流場中的活躍區域，讓我們可以「看到不可見的」。陰影法所產生的圖像 (陰影圖) 是當折射光線重新整理並投射到視屏或相機焦平面，造成在陰影中出現明暗圖樣。黑色圖樣指示光線的射出位置，而明色圖樣則記錄光線的終止位置，並且有可能是誤導的。結果是暗的區域較明亮的區域扭曲少，在解釋陰影圖時更為有用。

陰影圖不是真正的光學圖像；畢竟它只是個陰影。胥來侖紋影圖 (schlieren image)，包含鏡片和一個刀鋒或其它用來遮擋折射光線的截斷裝置，則是一個真正的聚焦光學圖像。胥來侖紋影成像術比陰影成像術的建立更複雜 (細節請參考 Settles, 2001)，但有許多優點。例如胥來侖紋影圖不會受害於折射光線的光學扭曲，對於較弱的密度梯度也比較敏感，例如造成自然對流者或在超速流動的膨脹波中的漸擴現象。彩色胥來侖成像術也已經開發出來了。最後，我們在胥來侖設備中可以調整的零件較多，諸如截斷設備的位置、方向與型式等，來產生對眼前問題最

表面流動可視化技術

最後我們簡短的介紹一下一些沿著固體表面上很有用的流動可視化技術。緊沿著固體表面之上的流體流動方向，可以用絲線來觀察 ── 將短而可撓的絲線的一端黏在固體表面上，可以用來指示流動方向。絲線對於流動分離 (其流動反向) 的定位特別有用。

一種稱為表面油流可視化的技術可以為相同的目的被使用 ── 塗佈於表面的油料形成稱為摩擦線的紋路，可以用來指示流動的方向。如果下小雨時，你的車是髒的 (特別在冬天路上有灑鹽時)，你可能注意到在引擎蓋、車邊，甚至在擋風玻璃上的紋路。這與在表面油流可視化中觀察到的相似。

最後，對壓力敏感和溫度敏感的油漆可以讓研究者用來觀測固體表面上的壓力或溫度分佈。

4-3 流體流動數據的圖形

不管結果是如何得到 (解析、實驗或計算)，通常都需要畫出流動數據，來讓讀者感覺流動性質如何隨時間及 (或) 空間變化。你已經熟悉了時間圖，在紊流中特別有用 (例如，速度分量對應時間的函數關係圖)，與 xy- 圖 (例如，壓力對應半徑的函數關係)。本節我們要討論在流體力學上很有用的三種其它形式的圖 ── 外形圖、向量圖與等高線圖。

外形圖

外形圖 (profile plot) 顯示一個純量性質的值如何沿著某個流場的需要方向而改變。

外形圖是三種圖中最容易瞭解的，因為它們就像你上了中學就已會畫的 xy-圖，即畫出一個變數 y 與另一個變數 x 的函數關係。在流體力學中，任何純量變數 (壓力、溫度、密度等) 的外形圖都可以被建立，但在本書中最常看到的是速度外形圖。因為速度是個向量，我們經常畫的是速度的大小或速度向量的一個分量，其與某個需要方向的距離之間的函數關係。

例如邊界層流中的一條時間線可以被轉換成一張速度外形圖。即畫出在時間的某一個瞬間，垂直方向的 y 位置的氫氣泡所流過的水平距離正比於當地速度的 x-分量 u。我們將 u 與 y 的函數關係畫在圖 4-23。圖中 u 值的獲得也可以經由解析方法 (參考第 9、10 章)，經由 PIV 或某種局部速度量測裝置 (參考第 8 章) 的實驗方法，或計算方法。注意在此例中把 u 畫在橫軸 (水平軸) 而不是縱軸 (垂直軸)，即使其為應變數，在物理上更有意義，因為位置 y 會在其適當的方向 (向上) 而不是橫向。

最後，一般會在速度外形圖上加箭頭來使其在視覺上更吸引人，雖然箭頭並沒有提供額外的訊息。如果多於一個速度分量被用箭頭畫出，局部速度向量的方向就被指示了，則速度外形圖就變成了速度向量圖。

向量圖

向量圖 (vector plot) 是一群箭頭的陣列，指示在時間的一個瞬間，一個向量性質的大小與方向。

雖然流線指示瞬時速度場的方向，但它們並不直接指示速度的大小 (即速率)。一個對實驗和計算兩種流體流動都同樣有用的流動圖形是向量圖。這是由一群箭頭的陣列組成，可以同時指示瞬時向量性質的大小和方向。我們已經看到在圖 4-4 的速度向量圖與在圖 4-14 的加速度向量圖的範例。這些圖是由解析方法產生的。向量圖也可以從實驗得到的數據 (例如從 PIV 量測) 或從 CFD 計算結果來產生。

為了進一步說明向量圖，我們進行 CFD 計算，產生一個自由流沖擊在一個矩形截面障礙物上的二維流場。其結果示於圖 4-24。注意這個流場天生是不穩定的紊流，但只有長時間平均的結果被計算並在此展示。流線被畫在圖 4-24a；這個視圖展示整個障礙物和其尾流的大部分。在對稱平面上下的封閉流線顯示大型的迴轉渦旋，一個在對稱線之上，另一個在其下。速度向量圖顯示在圖 4-24b。(因為對稱性只顯示流場的上半部。) 很清楚可以看出流動加速繞過障礙物上游的角落，因為太快以致邊界層無法應付尖銳的角落而從障礙物分離，導致在障礙物下游產生大型的迴轉渦旋。(注意這些速度向量是時間平均值；瞬時向量的大小與方向當渦流從物體脫離時都隨時間而變。) 分離流動區域的一個拉近放大圖畫在圖 4-24c，圖上證實了大型迴轉渦旋下半部的逆向流動。

圖 4-24 的向量用速度的大小上色，但是用現代的 CFD 程式與後處理器，向量可以用一些其它的流動性質來上色，例如壓力 (顏色代表高壓，灰色代表低壓) 或溫度 (顏色代表熱，灰

圖 4-23 速度的水平分量與垂直距離的函數關係的外形圖；沿水平平板成長的邊界層流動：(a) 標準外形圖，與 (b) 帶有箭頭的外形圖。

圖 4-24 流體沖擊一個障礙物的 CFD 計算結果：(a) 流線，(b) 流場上半部的速度向量圖，與 (c) 速度向量圖，接近放大圖，揭露在分離流動區域更多的細節。

色代表冷)。以這種方式，我們不只可以輕易的看到流動的大小和方向，同時可以看到其它性質。

等高線圖

等高線圖 (contour plot) 顯示一個純量性質 (或一個向量性質的大小) 在時間的一個瞬間的等值曲線。

如果你從事遠足，你會熟悉山徑的等高線圖。這些圖包含一系列的封閉曲線，每一條指示等高度的位置。靠近每一群這種曲線的中心處是山峰或山谷；實際的山峰或山谷在圖上是一個點，顯示高度最高與最低的位置。這種圖非常有用，不但讓你可以鳥瞰溪流與山徑，也可能讓你看出你的高度及山徑是平是陡。在流體力學，同樣的原理可以應用到各種純量流體性質。等高線圖可以對壓力、溫度、速度大小、成分濃度、紊流性質……等來產生。一張等高線圖可以迅速的揭露研究中流動性質的高值 (或低值) 區域。

等高線圖可以只包含指示性質高低的曲線；這種稱為等線圖 (contour line plot)。另一種形式的等高線圖用顏色或灰階陰影填充；這種稱為填充等高線圖 (filled contour plot)。對於像在圖 4-24 的流場，其壓力等高線圖的一個例子顯示在圖 4-25。在圖 4-25a 所示的填充等高線圖中，使用顏色來區別不同壓力水平的區域 —— 深色區域指示低壓，而顏色區域指示高壓。此圖清楚顯示出在障礙物前端表面的壓力最高，而在沿著障礙物上表面的分離區中壓力最低。如預期的，在障礙物尾流中的壓力也是低的，圖 4-25b 中顯示同樣的壓力等高線圖，但卻是用等高線圖顯示，用 pascal 為單位的錶壓力來標示壓力值。

圖 4-25 流體沖擊一個障礙物的壓力場的等高線圖，由 CFD 計算所產生的。由於對稱性，僅顯示上半部；(a) 填充顏色等高線圖，與 (b) 等高線圖，其壓力值用以 Pa (pascals) 為單位的錶壓力顯示。

在 CFD 中，等高線圖通常以生動的色彩顯示，紅色通常指示純量的最高值，而灰色指示最低值。健康人的眼睛可以輕易偵測紅色或灰色區域，因此可以找出流動性質的高或低值的區域。由於 CFD 能產生漂亮的圖形，計算流體力學有時候被賦予「多彩多姿的流體力學」的暱稱。

4-4 其它運動學的描述

流體元素的運動或變形的形式

在流體力學中，就像在固體力學中，一個元素可能承受四種基本運動或變形的形式，就像在圖 4-26 中二維的說明：(a) 平移，(b) 旋轉 (rotation)，(c) 線性應變 (linear strain) [有時候稱為伸長應變 (extensional strain)]，與 (d) 剪應變 (shear strain)。在流體力學中的研究會由於以下的事實而更為複雜，即運動或變形的四種形式通常會同時發生。由於流體元素可能一直在運動，在流體力學中使用變化率來描述流體元素的運動或變形是更適合的。特定而言，我們將討論速度 (移動變化率)、角速度 (轉動變化率)、線性應變率 (線性應變變化率) 與剪應變率 (剪應變變化率)。為了使這些變形率 (deformation rates) 在流體流動的計算中有用，我們必須將它們用速度與速度的導數來表示。

移動和轉動很容易瞭解，因為它們經常在固體粒子 (例如撞球) 的運動中被觀測到 (圖 4-1)。為了完整描述在三維中的移動率，需要用向量表示。平移向量變化率在數學上被描述為速度向量。在卡氏座標中，

卡氏座標中的平移向量變化率： $\vec{V} = u\vec{i} + v\vec{j} + w\vec{k}$ (4-17)

圖 4-26 流體元素運動或變形的基本形式：(a) 平移，(b) 旋轉，(c) 線性應變，(d) 剪應變。

在圖 4-26a 中，流體元素在正水平 (x) 方向移動；因此 u 是正的，而 v (與 w) 是零。

在一點的旋轉率 (角速度) 可定義為兩條開始時在那點相交成互相垂直直線的平均旋轉率。例如在圖 4-26b 中，考慮在一個正方形流體元素左下角的點，剛開始在此點相交的左邊和底邊線段是互相垂直的，這兩條線之間的夾角 (或此流體元素上任何兩條互相垂直的線段的夾角) 維持為 90°。因為此圖所畫的是固體式旋轉，兩條線以相同的速率旋轉，因此在此平面的旋轉率即為角速度在那個平面的分量。

在更一般、但仍是二維的例子中 (圖 4-27)，流體質點旋轉時同時有平移與變形，旋轉率是根據先前段落中的定義計算的。即我們從時間 t_1 時的兩條互相垂直的直線開始 (圖 4-27 的線 a 與 b)，此兩直線相交於 xy- 平面的 P 點。在一個微小的時間增量 $dt = t_2 - t_1$ 中，我們跟隨此兩直線移動和旋轉。在時間 t_2，線 a 旋轉角度為 α_a，線 b 旋轉角度為 α_b 且兩條線都如圖所示隨流體移動 (兩個角都以弧度量表示且圖中所示的都是數學上的正向)。平均旋轉角度因此是 $(\alpha_a + \alpha_b)/2$，而在 xy- 平面的旋轉率或角速度等於這個平均旋轉角度的時間導數，

圖 4-27 對於一個如圖所示在平移及變形的流體元素，點 P 的旋轉率定義為兩條開始時互相垂直直線 (線 a 與線 b) 的平均旋轉率。

圖 4-27 中流體元素繞著 P 點的旋轉率：

$$\omega = \frac{d}{dt}\left(\frac{\alpha_a + \alpha_b}{2}\right) = \frac{1}{2}\left(\frac{\partial v}{\partial x} - \frac{\partial u}{\partial y}\right) \quad (4\text{-}18)$$

式 (4-18) 的證明留作練習，其中我們已經用速度分量 u 和 v 來代替 α_a 和 α_b 並寫出 ω。

在三維中，我們必須替流場中一點的旋轉率定義一個向量，因為其大小在三維的每一個方向都會改變。對一個在三維的旋轉率向量的推導可以在許多流體力學的書中發現，例如 Kundu and Cohen (2011) 與 White (2005)。旋轉率向量等於角速度向量，在卡氏座標中表示成

卡氏座標中的旋轉率向量：

$$\vec{\omega} = \frac{1}{2}\left(\frac{\partial w}{\partial y} - \frac{\partial v}{\partial z}\right)\vec{i} + \frac{1}{2}\left(\frac{\partial u}{\partial z} - \frac{\partial w}{\partial x}\right)\vec{j} + \frac{1}{2}\left(\frac{\partial v}{\partial x} - \frac{\partial u}{\partial y}\right)\vec{k} \quad (4\text{-}19)$$

線性應變率 (linear strain rate) 定義為每單位長度的長度變化率。數學上，一個流體元素的線性應變率相依於我們要量測線性應變的那一線段的開始方向。因此，它不能以純量或向量來表示。取代的是，我們定義線性應變率在某個任意的方向，此方向我們用 x_α- 方向來表示。例如，在圖 4-28 中的 PQ 線段的開始長度為 dx_α，且如圖所示成長為線段 $P'Q'$。從已知定義與使用在圖 4-28 標示的線段，在 x_α- 方向的線性應變率為

$$\begin{aligned}\varepsilon_{\alpha\alpha} &= \frac{d}{dt}\left(\frac{P'Q' - PQ}{PQ}\right) \\ &\cong \frac{d}{dt}\left(\frac{\overbrace{\left(u_\alpha + \frac{\partial u_\alpha}{\partial x_\alpha}dx_\alpha\right)dt + dx_\alpha - u_\alpha dt}^{P'Q'\text{ 在 }x_\alpha\text{- 方向的長度}} - \overbrace{dx_\alpha}^{PQ\text{ 在 }x_\alpha\text{- 方向的長度}}}{\underbrace{dx_\alpha}_{PQ\text{ 在 }x_\alpha\text{- 方向的長度}}}\right) \\ &= \frac{\partial u_\alpha}{\partial x_\alpha}\end{aligned} \quad (4\text{-}20)$$

圖 4-28 在某一個任意方向 x_α 的線性應變率定義為在那個方向每單位長度的長度變化率。如果線段長度縮短，線性應變率將會是負值。這裡我們跟隨線段長度的增加，從線段 PQ 變成線段 $P'Q'$，這會產生正的線性應變率。速度分量與距離都在一階被截斷，因為 dx_α 與 dt 都是微小量。

在卡氏座標中，我們一般取 x_α- 方向為三個座標軸方向的任一個，雖然我們並不被限制在這些方向。

卡氏座標中的線性應變率： $\quad \varepsilon_{xx} = \frac{\partial u}{\partial x} \quad \varepsilon_{yy} = \frac{\partial v}{\partial y} \quad \varepsilon_{zz} = \frac{\partial w}{\partial z} \quad (4\text{-}21)$

對於更一般的情況，流體元素的移動及變形如畫於圖 4-27 者。式 (4-21) 在一般的情況下仍是有效的，證明留作練習。

固體物件，例如線、棒、桿等被拉時會伸長。你應該可以從工程力學中的學習回憶到當物件在一個方向被拉伸時，通常在其它垂直方向會收縮。這在流體元素中也是真實的。圖 4-26c 中，原來是正方形的流體元素在水平方向拉伸，而在垂直方向收縮。其線性應變率在水平方向是正的，而垂直方向是負的。

如果流動是不可壓縮的，流體元素的淨體積必須維持是常數；因此若元素在一個方向拉伸，在其它方向必須以適當的量收縮來作為補償。然而，可壓縮流體元素當其密度減小或增加時，其體積可能會相對的減少或增加。(流體元素的質量必須維持為常數，但因為 $\rho = m/V$，密度和體積成反比。) 例如考慮在一個汽缸中的一小塊空氣被活塞壓縮 (圖 4-29)，流體元素的體積減小，而其密度增加使得流體元素的質量是守恆的。一個流體元素的每單位體積的體積變化率稱為**體積應變率** (volumetric strain rate) 或體應變率 (bulk strain rate)。這個運動性質當體積增加時是正值。另一個體積應變率的同義詞是體積膨脹率 (rate of volumetric dilatation)，這很容易記住，如果你想想當你的眼睛虹膜曝露在微光時的膨脹 (放大) 情形。事實上體積應變率是三個互相垂直方向的線性應變率的加總。在卡氏座標 (圖 4-20)，體積應變率因此是

圖 4-29 在汽缸中的空氣被活塞壓縮；在汽缸中流體元素的體積縮小，對應一個負的體積膨脹率。

卡氏座標中的體積膨脹率：

$$\frac{1}{V}\frac{DV}{Dt} = \frac{1}{V}\frac{dV}{dt} = \varepsilon_{xx} + \varepsilon_{yy} + \varepsilon_{zz} = \frac{\partial u}{\partial x} + \frac{\partial v}{\partial y} + \frac{\partial w}{\partial z} \quad (4\text{-}22)$$

式 (4-22) 中大寫字母符號 D 被用來強調我們談到的體積是跟隨流體元素的，也就是流體元素的物質體積，就像在式 (4-12) 一般。

體積應變率在一個不可壓縮流動中是零。

剪應變率是一個比較困難描述和理解的變形。一點的**剪應變率** (shear strain rate) 定義為兩條開始時在那一點相交成互相垂直直線的夾角減少率的一半。(一半的理由在稍後我們結合剪應變率與線性應變率到一個張量中時會變得明白。) 例如，圖 4-26d 中，正方形流體元素左下角與右上角原來是 90° 的角度減小了；根據定義，這是正的剪應變。然而當這個原本是正方形的流體元素變形時，左上角和右下角的角度增加了；這是一個負的剪應變。顯然我們不能僅用一個純量或一個向量來描述剪應變率。而是，對於剪應變率的完整的數學描述，其說明需要在任

何兩個互相垂直的方向。在卡氏座標中，座標軸本身是最明顯的選擇，雖然我們並沒有被限制要這樣。元素隨時間的平移與變形畫在圖 4-30。跟隨兩條開始時互相垂直的線 (分別在 x- 與 y- 方向的線 a 與線 b)。這兩條線的夾角，如圖所示，從 π/2 (90°) 減小成為在 t_2 時標記為 $\alpha_{a\text{-}b}$ 的角度。對於開始時互相垂直且分別在 x- 與 y- 方向的兩條線，其在交點 P 的剪應變率可表示為 (其證明留作習題)，

開始時在 x- 與 y- 方向，兩條線互相垂直之間的剪應變率：

$$\varepsilon_{xy} = -\frac{1}{2}\frac{d}{dt}\alpha_{a\text{-}b} = \frac{1}{2}\left(\frac{\partial u}{\partial y} + \frac{\partial v}{\partial x}\right) \tag{4-23}$$

式 (4-23) 可以輕易地延伸到三維。其剪應變率為

卡氏座標中的剪應變率：

$$\varepsilon_{xy} = \frac{1}{2}\left(\frac{\partial u}{\partial y} + \frac{\partial v}{\partial x}\right) \quad \varepsilon_{zx} = \frac{1}{2}\left(\frac{\partial w}{\partial x} + \frac{\partial u}{\partial z}\right) \quad \varepsilon_{yz} = \frac{1}{2}\left(\frac{\partial v}{\partial z} + \frac{\partial w}{\partial y}\right) \tag{4-24}$$

最後，我們事實上可用數學式結合線性應變率與剪應變率成為一個對稱的二階張量，稱為應變率張量，其為式 (4-21) 與 (4-24) 的結合：

卡氏座標中的應變率張量：

$$\varepsilon_{ij} = \begin{pmatrix} \varepsilon_{xx} & \varepsilon_{xy} & \varepsilon_{xz} \\ \varepsilon_{yx} & \varepsilon_{yy} & \varepsilon_{yz} \\ \varepsilon_{zx} & \varepsilon_{zy} & \varepsilon_{zz} \end{pmatrix} = \begin{pmatrix} \dfrac{\partial u}{\partial x} & \dfrac{1}{2}\left(\dfrac{\partial u}{\partial y} + \dfrac{\partial v}{\partial x}\right) & \dfrac{1}{2}\left(\dfrac{\partial u}{\partial z} + \dfrac{\partial w}{\partial x}\right) \\ \dfrac{1}{2}\left(\dfrac{\partial v}{\partial x} + \dfrac{\partial u}{\partial y}\right) & \dfrac{\partial v}{\partial y} & \dfrac{1}{2}\left(\dfrac{\partial v}{\partial z} + \dfrac{\partial w}{\partial y}\right) \\ \dfrac{1}{2}\left(\dfrac{\partial w}{\partial x} + \dfrac{\partial u}{\partial z}\right) & \dfrac{1}{2}\left(\dfrac{\partial w}{\partial y} + \dfrac{\partial v}{\partial z}\right) & \dfrac{\partial w}{\partial z} \end{pmatrix} \tag{4-25}$$

這個應變張量符合數學張量的所有定律，例如張量不變式、轉換定理與主軸。

圖 4-31 顯示在可壓縮流體流動中的一般情況 (雖然是二維的)，其中所有可能的運動與變形都同時存在。特定而言，有平移、旋轉、線性應變與剪應變。由於流動的可壓縮特性，也有體積應變 (膨脹)。現在你應該已經對流體動力學固有的複雜性與完整描述流體移動所需要的複雜數學有較佳的體認。

圖 4-30 圖中的流體元素在作平移與變形，在 P 點的剪應變率定義為開始時互相垂直的兩條線 (線 a 及 b)，其夾角減小率的一半。

圖 4-31 一個流場元素說明了平移、旋轉、線性應變、剪應變與體積應變。

例題 4-6 　二維流動中的運動性質的計算

考慮例題 4-1 的穩定的二維速度場：

$$\vec{V} = (u, v) = (0.5 + 0.8x)\vec{i} + (1.5 - 0.8y)\vec{j} \qquad (1)$$

其中長度的單位用 m，時間用 s，而速度用 m/s。如圖 4-32 所示，有一個停滯點在 (−0.625, 1.875)。流場的流線也畫在圖 4-32 中。試計算各種運動性質，即移動率、旋轉率、線性應變率、剪應變率與體積應變率。證明流動是不可壓縮的。

解答： 我們要計算一個已知速度場的幾個運動性質並證明流動是不可壓縮的。

假設：1. 流動是穩定的。**2.** 流動是二維的，沒有速度的 z- 分量及 u 和 v 不隨 z 而變。

解析： 由式 (4-17) 得知移動率即為速度向量本身，由式 (1) 給定。因此

平移率：
$$u = 0.5 + 0.8x \qquad v = 1.5 - 0.8y \qquad w = 0 \qquad (2)$$

轉動率由式 (4-19) 計算。在此例中，因為每一個地方的 $w = 0$，且 u 和 v 都不隨 z 而改變，唯一的轉動率分量是在 z- 方向。因此

旋轉率：
$$\vec{\omega} = \frac{1}{2}\left(\frac{\partial v}{\partial x} - \frac{\partial u}{\partial y}\right)\vec{k} = \frac{1}{2}(0 - 0)\vec{k} = 0 \qquad (3)$$

此例中，我們看到當流體質點移動時，沒有淨旋轉。

在任意方向的線性應變率可以用式 (4-21) 計算。在 x-、y- 與 z- 方向，線性應變率是

$$\varepsilon_{xx} = \frac{\partial u}{\partial x} = 0.8\ \text{s}^{-1} \qquad \varepsilon_{yy} = \frac{\partial v}{\partial y} = -0.8\ \text{s}^{-1} \qquad \varepsilon_{zz} = 0 \qquad (4)$$

因此，我們預測流體質點在 x- 方向拉伸 (正線性應變率) 而在 y- 方向收縮 (負線性應變率)。這在圖 4-33 中說明，圖中我們標記了一塊開始是矩形的流體包，中心在 (0.25, 4.25)。經由式 (2) 對時間積分，我們計算出在 1.5 s 的時間以後，標記流體的四個角落的位置。確實，就如同預測的，這個流體包在 x- 方向拉伸了，而在 y- 方向收縮了。

剪應變力是從式 (4-24) 決定的。由於二維性，非零剪應變率僅發生在 xy- 平面。使用平行於 x- 與 y- 軸的線作為我們開始時的垂直線，我們可以計算 ε_{xy}，

$$\varepsilon_{xy} = \frac{1}{2}\left(\frac{\partial u}{\partial y} + \frac{\partial v}{\partial x}\right) = \frac{1}{2}(0 + 0) = 0 \qquad (5)$$

圖 4-32 例題 4-6 的速度場的流線。停滯點由小圓點指示，位於 $x = -0.625$ m, $y = 1.875$ m。

圖 4-33 在例題 4-6 的速度場中的一個被標記的流體元素，開始時是矩形的，其在時間為 1.5 s 的區間的變形。停滯點在 $x = -0.625$ m，$y = 1.875$ m，由小圓圈標示，且有畫出數條流線。

因此流場中沒有剪應變,就如圖 4-33 所示的。雖然樣本流體質點變形了,但維持為矩形;原為 90° 的邊角在整個計算期間都維持為 90°。

最後,體積應變率可由式 (4-22) 計算:

$$\frac{1}{V}\frac{DV}{Dt} = \varepsilon_{xx} + \varepsilon_{yy} + \varepsilon_{zz} = (0.8 - 0.8 + 0)\,s^{-1} = 0 \tag{6}$$

因為體積應變率到處為零,我們可以確定的說流體質點的體積不膨脹也不收縮。因此,**我們證明了這個流動確實是不可壓縮的**。在圖 4-33 中,加陰影的流體質點的面積 (也是其體積,因為它是二維流),當其在流場中運動與變形時,維持是常數。

討論:此例中,線性應變率 (ε_{xx} 與 ε_{yy}) 不為零,但剪應變率 (ε_{xy} 與其對稱夥伴 ε_{yx}) 為零。這表示 x- 與 y- 軸是這個流場的主軸。這個 (二維的) 應變率張量在這個方向,因此是

$$\varepsilon_{ij} = \begin{pmatrix} \varepsilon_{xx} & \varepsilon_{xy} \\ \varepsilon_{yx} & \varepsilon_{yy} \end{pmatrix} = \begin{pmatrix} 0.8 & 0 \\ 0 & -0.8 \end{pmatrix} s^{-1} \tag{7}$$

如果你將軸旋轉一個任意角度,新軸就不是主軸,則應變率張量的所有四個元素都不是零。你可以回想在工程力學的學習中,旋轉軸可以用莫耳圓來決定主軸、最大剪應變……等。同樣的分析在流體力學中也可以施行。

4-5 渦度與旋轉度

我們已經定義過流體元素的旋轉率向量 [參考式 (4-19)]。有一個在分析流體流動時很重要,而且密切相關的運動性質是渦度向量,數學上定義為速度向量 $\vec{V}$ 的旋度,

渦度向量:
$$\vec{\zeta} = \vec{\nabla} \times \vec{V} = \text{curl}(\vec{V}) \tag{4-26}$$

物理上,用向量積的右手法則 (圖 4-34),可以定出渦度向量的方向。渦度使用的符號 ζ 是希臘字母 zeta。你應注意到給渦度用的這個符號在流體力學的教科書中並不是通用的;有些作者使用希臘字母 omega (ω),而其它人則用大寫字母 omega (Ω)。在本書中 $\vec{\omega}$ 被用來代表流體元素的旋轉率向量 (角速度向量)。事實上旋轉率向量等於渦度向量的一半,

圖 4-34 向量積的方向由右手法則決定。

旋轉率向量:
$$\vec{\omega} = \frac{1}{2}\vec{\nabla} \times \vec{V} = \frac{1}{2}\text{curl}(\vec{V}) = \frac{\vec{\zeta}}{2} \tag{4-27}$$

因此,渦度是流體質點轉動的量度。確切的說,

渦度 (vorticity) 等於流體質點角速度的兩倍 (圖 4-35)。

圖 4-35 一個轉動的流體質點的渦度向量等於角速度向量的兩倍。

圖 4-36 旋轉與不旋轉流的區別：在流場的旋轉區域的流體元素旋轉，但那些在流場的不旋轉區域的則不旋轉。

如果在流場的某一點上的渦度不是零，則在空間中正好佔有那一點的流體質點是 旋轉的 (rotational)；那個區域的流動稱為是旋轉的。同樣的，如果在流場的一個區域的渦度是零 (或小到可以忽略)，那裡的流體質點是不旋轉的；那個區域的流動稱為 無旋的 (irrotational)。物理上，在一個流場的旋轉區域的流體質點，當它們順流而下時一個接一個的旋轉下去。例如在靠近一個固體壁面的黏性邊界層裡面，流體質點是旋轉的 (因此渦度不是零)，而在邊界層外面的流體質點是不旋轉的 (渦度是零)。這兩個情況都在圖 4-36 中說明。

流體元素的旋轉與尾流、邊界層、渦輪機械的流動 (風扇、透平機、壓縮機等) 及有熱傳的流動有關係。流體元素的渦度不能夠改變，除非經由黏滯性、不均勻加熱 (溫度梯度) 或其它不均勻現象的作用。因此，一個起源於不旋轉區域的流動會保持不旋轉，除非某些不均勻過程改變它。例如，從靜止環境進入一個入口的空氣是無旋的並且維持如此，除非在它的路徑遇到一個物體或受到不均勻的加熱。如果流場的一個區域可以被近似為無旋的，運動方程式就可大為化簡。

在卡氏座標，$(\vec{i}, \vec{j}, \vec{k})$、$(x, y, z)$ 與 (u, v, w)，式 (4-26) 被展開如下式：

卡氏座標中的渦度向量：

$$\vec{\zeta} = \left(\frac{\partial w}{\partial y} - \frac{\partial v}{\partial z}\right)\vec{i} + \left(\frac{\partial u}{\partial z} - \frac{\partial w}{\partial x}\right)\vec{j} + \left(\frac{\partial v}{\partial x} - \frac{\partial u}{\partial y}\right)\vec{k} \quad (4\text{-}28)$$

如果是在 xy- 平面的二維流動，速度的 z- 分量 (w) 是零且 u 與 v 都不隨 z 改變。因此在式 (4-28) 的前兩個分量都為零，渦度化簡為

卡氏座標中的二維流動：
$$\vec{\zeta} = \left(\frac{\partial v}{\partial x} - \frac{\partial u}{\partial y}\right)\vec{k} \quad (4\text{-}29)$$

注意如果是在 xy- 平面的二維流動，渦度向量不是指向 z- 方向就是 –z- 方向 (圖 4-37)。

圖 4-37 對 xy- 平面的二維流動，渦度向量總是指向 z- 或 –z- 方向。在這張圖中，旗幟形狀的流體質點，當其在 xy- 平面運動時，以逆時鐘旋轉；圖中顯示其渦度指向正 z- 方向。

例題 4-7 二維流動的渦度等高線圖

考慮二維自由流沖擊矩形截面的障礙物的 CFD 計算，如圖 4-24 與 4-25 所示。畫出渦度等高線圖並討論。

解答： 我們要對一個由 CFD 產生的已知速度場計算其渦度場，並建立一個渦度的等高線圖。

解析： 因為流動是二維的，其唯一非零的渦度分量是在 z- 方向，垂直圖 4-24 與 4-25 的頁面。這個流場的渦度的 z- 分量的一張等高線圖示於圖 4-38。靠近障礙物左上角的區域的渦度有很大的負值，意指那個區域的流體質點是順時鐘旋轉的。這是由於在流場的這個區域遭遇到很大的速度梯度；邊界層從物體的這個角分離並形成一個細的**剪力層**，穿越此剪力層的速度變化很劇烈。在剪力層的渦度濃度往下游方向因為渦度擴散而逐漸消失。靠近障礙物右上角的區域代表一個正渦度的區域 (逆時鐘旋轉) —— 由流動分離所造成的二次流形成。

討論： 我們期望在速度的空間導數是高的地方 (參考式 4-28)，其渦度的大小也是最高。詳細檢視顯示圖 4-38 的障礙物左上角區域的確對應圖 4-24 的大的速度梯度的區域。記住圖 4-38 的渦度場是時間平均的。瞬時的流場事實上是不穩定的紊流，且渦旋從鈍形物體脫離。

圖 4-38 由於流動沖擊一個障礙物產生的渦度場 ζ_z 的等高線圖，由 CFD 計算產生的；因為對稱性只顯示上半部。左上角區域代表很大的負渦度，而右上角區域代表很大的正渦度。

例題 4-8 決定二維流動的旋轉性

考慮以下的穩定、不可壓縮的二維速度場：

$$\vec{V} = (u, v) = x^2 \vec{i} + (-2xy - 1)\vec{j} \tag{1}$$

這個流場是旋轉的或是不旋轉的？在第一象限畫出一些流線並討論。

解答： 我們要決定一個已知速度場的流動是旋轉的或不旋轉的，並且要在第一象限畫一些流線。

解析： 因為流動是二維的，式 (4-29) 是可用的。因此

渦度：

$$\vec{\zeta} = \left(\frac{\partial v}{\partial x} - \frac{\partial u}{\partial y}\right)\vec{k} = (-2y - 0)\vec{k} = -2y\vec{k} \tag{2}$$

因為渦度非零，此流動是**旋轉的**。在圖 4-39，我們在第一象限畫出流場的流線；可以看到流體往下，往右流動。一個流體包的平移及變形也被顯示了：在 $\Delta t = 0$，流體包是正方形的，在 $\Delta t = 0.25$ s，它已經移動且變形了，在 $\Delta t = 0.50$ s，流體包移動更遠且變形更多。特別是，流體包的最右部分相較於最左的部分移動得更快並且向下更快，使得流體包在 x- 方向拉伸而在垂直方向擠壓。很清楚的可以看出流體包也有一個淨的順時鐘轉動，這與

圖 4-39 例題 4-8 的速度場中，原來為正方形的流體包在時間區間 $\Delta t = 0.25$ 與 0.50 s 時的變形。也畫出在第一象限的一些流線，很清楚的看出這流場是不旋轉的。

式 (2) 的結果吻合。

討論：從式 (4-27)，個別的流體質點以角速度等於 $\vec{\omega} = -y\vec{k}$ 旋轉，為渦度向量的一半。因為 $\vec{\omega}$ 不是一個常數，這個流動不是固體旋轉，而是 $\vec{\omega}$ 為 y 的線性函數。進一步的分析顯示這個流場是不可壓縮的，圖 4-39 中的陰影部分 (代表流體包) 的面積 (也是體積) 在所有三個時間的瞬間，一直維持是常數。

在圓柱座標中，$(\vec{e}_r, \vec{e}_\theta, \vec{e}_z)$、$(r, \theta, z)$ 與 (u_r, u_θ, u_z)，式 (4-18) 可展開成為

圓柱座標中的渦度向量：

$$\vec{\zeta} = \left(\frac{1}{r}\frac{\partial u_z}{\partial \theta} - \frac{\partial u_\theta}{\partial z}\right)\vec{e}_r + \left(\frac{\partial u_r}{\partial z} - \frac{\partial u_z}{\partial r}\right)\vec{e}_\theta + \frac{1}{r}\left(\frac{\partial (ru_\theta)}{\partial r} - \frac{\partial u_r}{\partial \theta}\right)\vec{e}_z \quad (4\text{-}30)$$

對於在 $r\theta$- 平面上的二維流動，式 (4-30) 化簡成

圓柱座標中的二維流動：
$$\vec{\zeta} = \frac{1}{r}\left(\frac{\partial (ru_\theta)}{\partial r} - \frac{\partial u_r}{\partial \theta}\right)\vec{k} \quad (4\text{-}31)$$

圖 4-40 對於在 $r\theta$- 平面的二維流動，渦度向量總是指向 z (或 $-z$) 方向。在這張圖中，旗幟形狀的流體質點，當其在 $r\theta$- 平面移動時，以順時鐘旋轉；它的渦度如圖示，指向 $-z$- 方向。

其中 $\vec{k}$ 取代 $\vec{e}_z$ 被用來當作 z- 方向的單位向量。注意若是在 $r\theta$- 平面的二維流動，渦度向量必須指向 z- 或 $-z$- 方向 (圖 4-40)。

兩種圓周流動的比較

不是有圓形流線的所有流動都是旋轉的。為了說明這一點，我們考慮，兩個不可壓縮的、穩定的二維流動，兩者都有在 $r\theta$- 平面的圓形流線：

流動 A ── 固體式轉動： $\quad u_r = 0 \quad$ 與 $\quad u_\theta = \omega r \quad (4\text{-}32)$

流動 B ── 線渦旋： $\quad u_r = 0 \quad$ 與 $\quad u_\theta = \dfrac{K}{r} \quad (4\text{-}33)$

其中 ω 與 K 是常數。[警覺的讀者會注意到在式 (4-33) 的 u_θ 在 $r=0$ 時會是無窮大，當然這在物理上是不可能的；我們忽略靠近原點的區域來避免這個問題。] 因為速度的徑向分量在兩種例子中均為零，流線是繞原點的圓形。兩種流動的速度外形與它們的流線都畫在圖 4-41 中。我們現在對這些流動計算並比較其渦度場，使用式 (4-31)：

圖 4-41 流線和速度形狀：(a) 流動 A，固體式轉動，(b) 流動 B，線渦旋。流動 A 是旋轉的，但除了原點以外，流動 B 到處都是不旋轉的。

流動 A — 固體式轉動：$\vec{\zeta} = \frac{1}{r}\left(\frac{\partial(\omega r^2)}{\partial r} - 0\right)\vec{k} = 2\omega\vec{k}$ (4-34)

流動 B — 線渦旋：$\vec{\zeta} = \frac{1}{r}\left(\frac{\partial(K)}{\partial r} - 0\right)\vec{k} = 0$ (4-35)

不令人驚訝，固體式轉動的渦度不是零。事實上，它是一個常數，大小為角速度的兩倍且與角速度同向。[這與式 (4-27) 吻合。] 流動 A 是旋轉的。物理上，這表示每一個流體質點當其繞原點移動時都是旋轉的 (圖 4-41a)。相對的，線渦旋的渦度到處均為零 (除了正在原點上，這裡是數學上的奇異點)。流動 B 是不旋轉的。物理上，當流體質點繞原點移動時，它們並不旋轉 (圖 4-41b)。

一個簡單的比較是流動 A 可以比作旋轉木馬或旋轉盤，流動 B 比作摩天輪。當孩童在旋轉盤上轉動時，他們也和他們騎乘的物體以相同的角速度轉動。這與旋轉流相似。相對的，在摩天輪上的孩童當他們作圓周運動時，一直都是維持頭上腳下的姿勢。這與不旋轉流相似。

例題 4-9　決定一個線形沉流的旋轉度

線形沉流 (line sink) 是一個簡單的二維速度場，常常用來模擬流體被一條沿 z- 軸的線吸入。假設沿著 z- 軸每單位長度的體積流率 $\dot{V}/L$ 為已知，其中 $\dot{V}$ 是一個負值的量。在二維的 $r\theta$- 平面上，

線形沉流：$u_r = \frac{\dot{V}}{2\pi L}\frac{1}{r}$　與　$u_\theta = 0$ (1)

畫出這個流場的幾條流線並計算渦度。這個流動是旋轉的還是不旋轉的呢？

解答：要畫出已知流場的流線並決定此流場的旋轉度。
解析：因為只有徑向流動，沒有切向流動，我們立刻知道流線必定是指向原點的直線。一些流線被畫在圖 4-42 中。渦度由式 (4-31) 計算：

$$\vec{\zeta} = \frac{1}{r}\left(\frac{\partial(ru_\theta)}{\partial r} - \frac{\partial}{\partial\theta}u_r\right)\vec{k}$$
$$= \frac{1}{r}\left(0 - \frac{\partial}{\partial\theta}\left(\frac{\dot{V}}{2\pi L}\frac{1}{r}\right)\right)\vec{k} = 0$$ (2)

圖 4-42 線形沉流中在 $r\theta$- 平面的流線。

因為渦度向量到處都是零，這個流動是不旋轉的。
討論：許多實際的流場牽涉到吸入，例如流進入口與排氣罩，可以假設是不旋轉流來作很正確的近似 (Heinsohn and Cimbala, 2003)。

4-6 雷諾輸運定理

在熱力學與固體力學中，我們常會討論到系統 (也稱為封閉系統)，定義為具有固定組成的一定量物質。在流體力學中，用一個控制體積 (也稱為開放系統) 來討論更為平常，其中控制體積定義為在空間中一個被選定供研究的區域。系統的大小和形狀在過程中可以改變，但是質量不會穿過其邊界。相反的，控制體積允許質量流進或流出其稱為控制面 (control surface) 的邊界。控制體積在一個過程中可以移動和變形，但許多真實世界中的應用，牽涉到的都是固定的、不會變形的控制體積。

圖 4-43 利用除臭劑從一個噴霧罐噴出的例子同時來說明系統和控制體積兩者。在分析噴霧過程時，供我們分析的一個自然選擇不是移動的、變形的流體 (系統) 就是罐的內表面所圍成的體積 (控制體積)。在除臭劑被噴出前，這兩個選擇是相同的。當罐的內容物有一些被噴出時，系統分析法將被噴出的質量視為系統的一部分並且追蹤它 (實在是一件困難的任務)；因此系統的質量維持為常數。觀念上，這就相當於把一個消氣的氣球接到罐的噴嘴上並讓噴氣來膨脹氣球。氣球的內表面現在變成系統邊界的一部分。然而，控制體積的分析法，對於已經逃出噴霧罐的除臭劑一點也不關心 (除了正在出口處的性質)，因此控制體積內的質量在過程中減少了，而其體積維持是常數。因此，系統分析法把噴氣過程視為系統體積的膨脹，而控制體積分析法把它視為流體從一個固定的控制體積的控制面排氣的過程。

大多數流體力學的原理採用自固體力學。在固體力學中，討論外延性質對時間的變化率的物理定理是對系統來表示的。在流體力學中，用控制體積來作分析更為方便，因此有需要找出在控制體積的變化與在系統的變化之間的關係。這個系統與控制體積的外延性質對時間變化率之間的關係式被表示成雷諾輸運定理 (Reynolds transport theorem, RTT)，提供系統與控制體積分析方法之間的連結 (圖 4-44)。RTT 是依英國工程師歐斯邦‧雷諾 (1842-1912) 而命名的，他對提倡 RTT 在流體力學中的應用貢獻良多。

雷諾輸運定理可以從考慮一個具有任意形狀及任意相互作

圖 4-43 兩種分析從一個噴霧罐噴出除臭劑的方法：(a) 我們跟隨流體移動與變形。這是系統分析法 — 沒有質量穿越邊界，系統的總質量維持固定。(b) 我們考慮噴霧罐內的固定體積。這是控制體積分析法 — 質量穿越邊界。

圖 4-44 雷諾輸運定理 RTT 提供系統分析法與控制體積分析法之間的連結。

用的系統來推導，但是推導過程相當複雜。為了幫助你理解這個定理的基本意義，我們首先用一個簡單的幾何形狀以直接的方式來推導，然後再將結果一般化。

考慮流動從左向右經過一個流場的擴張部分，如圖 4-45 所示。被考慮的流體其上面邊界與下面邊界是這個流動的流線，且假設通過這兩條流線間的任何截面之流動都是均勻的。我們選擇在流場的截面 (1) 與 (2) 之間的控制體積為固定。截面 (1) 與 (2) 都和流動方向垂直。在某個開始時間 t，系統與控制體積重合，因此系統與控制體積是一樣的 (在圖 4-45 的灰色陰影區域)。在時間區間 Δt，系統在流動方向移動，在截面 (1) 以均速 V_1，在截面 (2) 以均速 V_2。較晚的時間的系統以斜線區域來表示。在這個運動中，沒有被系統覆蓋的區域記為區段 I (CV 的一部分)，而系統所覆蓋的新區域記為區段 II (不是 CV 的一部分)。因此在時間 $t + \Delta t$，系統包含同樣的流體，但佔據的區域為 CV − I + II。控制體積在空間中固定，因此在所有的時間都保持在標記為 CV 的陰影區域。

令 B 代表任何**外延性質** (extensive property) (例如質量、能量與動量)，並令 $b = B/m$ 代表對應的**內延性質** (intensive property)。注意外延性質是可加的，系統在時間 t 與 $t + \Delta t$ 的外延性質表示為

$$B_{\text{sys}, t} = B_{\text{CV}, t} \text{ (系統與 CV 在時間 } t \text{ 重合)}$$

$$B_{\text{sys}, t+\Delta t} = B_{\text{CV}, t+\Delta t} - B_{\text{I}, t+\Delta t} + B_{\text{II}, t+\Delta t}$$

將第一個方程式從第二個方程式減去並除以 Δt，得到

$$\frac{B_{\text{sys}, t+\Delta t} - B_{\text{sys}, t}}{\Delta t} = \frac{B_{\text{CV}, t+\Delta t} - B_{\text{CV}, t}}{\Delta t} - \frac{B_{\text{I}, t+\Delta t}}{\Delta t} + \frac{B_{\text{II}, t+\Delta t}}{\Delta t}$$

取 $\Delta t \to 0$ 的極限，並使用導數的定義，我們得到

$$\frac{dB_{\text{sys}}}{dt} = \frac{dB_{\text{CV}}}{dt} - \dot{B}_{\text{in}} + \dot{B}_{\text{out}} \qquad (4\text{-}36)$$

或

$$\frac{dB_{\text{sys}}}{dt} = \frac{dB_{\text{CV}}}{dt} - b_1 \rho_1 V_1 A_1 + b_2 \rho_2 V_2 A_2$$

圖 4-45 在一個流場的擴張區域的一個移動的系統 (斜線區) 與一個固定的控制體積 (陰影區)，時間從 t 到 $t + \Delta t$。上邊界與下邊界是流動的流線。

因為

$$B_{\text{I}, t+\Delta t} = b_1 m_{\text{I}, t+\Delta t} = b_1 \rho_1 V_{\text{I}, t+\Delta t} = b_1 \rho_1 V_1 \Delta t\, A_1$$
$$B_{\text{II}, t+\Delta t} = b_2 m_{\text{II}, t+\Delta t} = b_2 \rho_2 V_{\text{II}, t+\Delta t} = b_2 \rho_2 V_2 \Delta t\, A_2$$

並且

$$\dot{B}_{\text{in}} = \dot{B}_{\text{I}} = \lim_{\Delta t \to 0} \frac{B_{\text{I}, t+\Delta t}}{\Delta t} = \lim_{\Delta t \to 0} \frac{b_1 \rho_1 V_1 \Delta t\, A_1}{\Delta t} = b_1 \rho_1 V_1 A_1$$

$$\dot{B}_{\text{out}} = \dot{B}_{\text{II}} = \lim_{\Delta t \to 0} \frac{B_{\text{II}, t+\Delta t}}{\Delta t} = \lim_{\Delta t \to 0} \frac{b_2 \rho_2 V_2 \Delta t\, A_2}{\Delta t} = b_2 \rho_2 V_2 A_2$$

其中 A_1 與 A_2 是在位置 1 與 2 的截面積。式 (4-36) 說明系統性質 B 的時間變率等於控制體積 B 的變化率，加上由於質量穿越控制面而把 B 帶出控制體積的淨流出通量。這是我們想要的關係式，因為它把系統性質的變化與控制體積性質的變化關係連結起來。注意式 (4-36) 可應用在時間的任何瞬間。因為它假設在那個特定時刻，系統與控制體積佔有同樣的空間。

此例中，性質 B 的流入通量 $\dot{B}_{\text{in}}$ 與流出通量 $\dot{B}_{\text{out}}$ 是容易決定的，因為只有一個入口與一個出口，並且在截面 (1) 與 (2) 的速度幾乎就是垂直於表面 (1) 與 (2)。然而，一般我們可能有數個入口埠與出口埠，並且速度在出入口的地方，可能不垂直於控制面。再者，速度有可能不是均勻的。為了一般化這個過程，我們考慮在控制面上的一個微表面積 dA 並將其單位向外法向量記為 $\vec{n}$。經過 dA 的質量流率是 $\rho b \vec{V} \cdot \vec{n}\, dA$，因為點積 $\vec{V} \cdot \vec{n}$ 得出速度的垂直分量。然後整個控制面的淨流出率可以用積分來決定 (圖 4-46)，成為

$$\dot{B}_{\text{net}} = \dot{B}_{\text{out}} - \dot{B}_{\text{in}} = \int_{\text{CS}} \rho b \vec{V} \cdot \vec{n}\, dA \qquad \text{(若是負值，則為流入率)} \qquad (4\text{-}37)$$

圖 4-46　對整個控制面的積分 $\int_{\text{cs}} b\rho \vec{V} \cdot \vec{n}\, dA$ 得到每單位時間性質 B 流出控制體積的淨量 (若流入控制體積，則為負值)。

$\dot{B}_{\text{net}} = \dot{B}_{\text{out}} - \dot{B}_{\text{in}} = \int_{\text{CS}} \rho b \vec{V} \cdot \vec{n}\, dA$

這個關係式的一個重點是其自動將流入從流出減掉，如以下所解釋的。在控制面上的一點，其速度向量與單位向外法向量的點積是 $\vec{V} \cdot \vec{n} = |\vec{V}||\vec{n}|\cos\theta = |\vec{V}|\cos\theta$，其中 θ 是速度向量與法向量的夾角，如圖 4-47 所示。若 $\theta < 90°$，$\cos\theta > 0$，使得當質量從控制體積流出時 $\vec{V} \cdot \vec{n} > 0$。若 $\theta > 90°$，$\cos\theta < 0$，使得當質量從控制體積流入時 $\vec{V} \cdot \vec{n} < 0$。因此微分量 $\rho b \vec{V} \cdot \vec{n}\, dA$ 對於質量從控制體積流出為正，對於質量流入控制體積為負，並且其對

$\vec{V} \cdot \vec{n} = |\vec{V}||\vec{n}|\cos\theta = V\cos\theta$
若 $\theta < 90°$，則 $\cos\theta > 0$ (流出)
若 $\theta > 90°$，則 $\cos\theta < 0$ (流入)
若 $\theta = 90°$，則 $\cos\theta = 0$ (沒有出入)

圖 4-47　質量穿越控制面上的微分面積的流出與流入。

第 4 章　流體運動學　**141**

整個控制體積的積分得出性質 B 由質量帶出控制體積的淨流出率。

一般來說，控制體積內的性質有可能隨位置而變。在這種情況下，控制體積內性質 B 的總量必須由積分來決定：

$$B_{CV} = \int_{CV} \rho b \, dV \qquad (4\text{-}38)$$

在式 (4-36) 中，dB_{CV}/dt 這一項等於 $\dfrac{d}{dt}\int_{CV} \rho b \, dV$，代表在控制體積內的性質 B 的含量對時間的變化率。當 dB_{CV}/dt 為正值時顯示 B 的含量在增加，而負值則顯示含量在減少。將式 (4-37) 與 (4-38) 代入式 (4-36)，就得到一個給固定控制體積的雷諾輸運定理，又稱為系統到控制體積的轉換：

RTT，固定 CV：
$$\dfrac{dB_{sys}}{dt} = \dfrac{d}{dt}\int_{CV} \rho b \, dV + \int_{CS} \rho b \vec{V}\cdot\vec{n}\, dA \qquad (4\text{-}39)$$

因為控制體積不隨時間移動或變形，在右邊的時間導數可以被移到積分裡面，因為積分的區域不隨時間而變。(換言之，不管我們先積分或先微分都沒有關係。) 但是在此情況時，時間的導數必須用偏微分 $(\partial/\partial t)$ 來表示，因為密度與性質 b 不只相依於時間，在控制體積內也相依於位置。因此固定控制體積的雷諾輸運定理的另一種形式是

RTT 另式，固定 CV：
$$\dfrac{dB_{sys}}{dt} = \int_{CV} \dfrac{\partial}{\partial t}(\rho b)\, dV + \int_{CS} \rho b \vec{V}\cdot\vec{n}\, dA \qquad (4\text{-}40)$$

事實上，式 (4-40) 對於移動及 (或) 變形的最一般情況的控制體積也是成立的，只要速度向量 $\vec{V}$ 是絕對速度即可 (即相對於一個固定的參考座標)。

以下我們考慮 RTT 的另一種替代形式。式 (4-39) 是為一個固定的控制體積而推導出來的。然而，許多實際的系統，例如透平機及螺旋槳的葉片，牽涉到不固定的控制體積。幸運的是，式 (4-39) 對於移動及 (或) 變形的控制體積也是適用的，只要在最後一項的流體絕對速度 $\vec{V}$ 用相對速度 $\vec{V}_r$ 來取代，

相對速度：
$$\vec{V}_r = \vec{V} - \vec{V}_{CS} \qquad (4\text{-}41)$$

其中 $\vec{V}_{CS}$ 是控制面的局部速度 (圖 4-48)。雷諾輸運定理的最一般的形式因此是

圖 4-48 穿過一個控制面的相對速度，將流體的絕對速度與負的控制面局部速度作向量加法而得到的。

RTT，非固定 CV： $$\frac{dB_{sys}}{dt} = \frac{d}{dt}\int_{CV} \rho b \, dV + \int_{CS} \rho b \vec{V_r} \cdot \vec{n} \, dA \qquad (4\text{-}42)$$

注意，對一個隨時間移動及 (或) 變形的控制體積，時間導數是在式 (4-42) 的積分之後實施的。作為一個移動控制體積的簡單例子，考慮一輛玩具汽車以等絕對速度 $\vec{V}_{car} = 10$ km/h 向右移動。一個高速水流噴束 (絕對速度 = $\vec{V}_{jet} = 25$ km/h 向右) 沖擊汽車尾部並推動它。如果我們圍繞汽車畫一個控制體積，相對速度為 $\vec{V_r} = 25 - 10 = 15$ km/h 向右。這是一個與控制體積一起移動 (即與車一起移動) 的觀察者所觀察到流體穿過控制面的速度 (圖4-49)。換言之，$\vec{V_r}$ 是相對於與控制體積一起移動的座標系統的流體速度。

在穩定流動時，控制體積內性質 B 的含量對時間維持是個常數，因此式 (4-42) 中的時間導數變成零。雷諾輸運定理化簡成

圖 4-49 雷諾輸運定理應用至一個等速度移動的控制體積。

RTT，穩定流： $$\frac{dB_{sys}}{dt} = \int_{CS} \rho b \vec{V_r} \cdot \vec{n} \, dA \qquad (4\text{-}43)$$

注意，不像控制體積，系統的性質 B 的含量在一個穩定流過程仍有可能隨時間而改變。但在這種情況時變化量必須等於因質量穿越控制面所輸運的性質的淨量 (對流效應，不是非穩定效應)。

在大多數實際工程上的 RTT 應用，流體穿越控制體積的邊界是經由一些固定數量的出入口 (圖 4-50)。在這些情況中，讓控制面直接切過每個入口與出口，將式 (4-42) 中對控制面的積分用每個入口與出口的適當的代數表示式 (基於在邊界上的流體性質的平均值) 來取代。我們定義 ρ_{avg}、b_{avg} 與 $V_{r,avg}$ 分別為 ρ、b 與 V_r 在出口或入口截面積上的平均值 (即 $b_{avg} = \frac{1}{A}\int_A b \, dA$)。在 RTT 式 (4-42) 中的表面積分項，當被應用在一個截面積為 A 的入口或出口時，可以被近似為直接把性質 b 提出表面積分項並將其用平均值取代。這樣會得到

圖 4-50 一個控制體積的例子，其中有一個定義良好的入口 (1) 與兩個定義良好的出口 (2 和 3)。在這樣的例子中，在 RTT 中對控制面的積分項可以很方便的用在每個入口與出口的流體的平均性質來表示。

$$\int_A \rho b \vec{V_r} \cdot \vec{n} \, dA \cong b_{avg} \int_A \rho \vec{V_r} \cdot \vec{n} \, dA = b_{avg} \dot{m}_r$$

其中 $\dot{m}_r$ 是相對於 (移動的) 控制面穿越入口或出口的質量流率。在這個方程式中當性質 b 在截面積 A 上是均勻時，此近似就是正確的。式 (4-42) 因此變成

$$\frac{dB_{sys}}{dt} = \frac{d}{dt}\int_{CV} \rho b \, dV + \sum_{out}\underbrace{\dot{m}_r b_{avg}}_{\text{對每個出口}} - \sum_{in}\underbrace{\dot{m}_r b_{avg}}_{\text{對每個入口}} \qquad (4\text{-}44)$$

在一些應用中，我們可能會希望將式 (4-44) 改寫成用體積 (而不是質量) 流率來表示。在這樣的例子中，我們作進一步的假設，即 $\dot{m}_r \approx \rho_{avg}\dot{V}_r = \rho_{avg}V_{r,\,avg}A$。這個假設當流體密度 ρ 在 A 上是均勻時即為正確的。式 (4-44) 因此化簡成

對定義明確的入口與出口的近似 RTT：

$$\frac{dB_{sys}}{dt} = \frac{d}{dt}\int_{CV} \rho b \, dV + \sum_{out}\underbrace{\rho_{avg}b_{avg}V_{r,\,avg}A}_{\text{對每個出口}} - \sum_{in}\underbrace{\rho_{avg}b_{avg}V_{r,\,avg}A}_{\text{對每個入口}} \qquad (4\text{-}45)$$

注意，這些近似很大的簡化了分析，但有可能不會總是正確的，尤其當在入口或出口的速度分佈並不是很均勻的情況時 (例如：管流；圖 4-50)。特別是，當性質 b 含有一個速度項 (例如當應用 RTT 在線性動量方程式時，$b = \vec{V}$)，從而使式 (4-45) 的近似導致誤差。幸運的是，我們可以藉由在式 (4-45) 中導入修正因子來除去誤差，如第 5、6 章所討論的。

隨質點導數與 RTT 的關係

你可能已經注意到在 4-1 節中討論的隨質點導數與這裡討論的雷諾輸運定理之間的相似性或類比性。事實上兩種分析都代表從基本的拉格朗日觀念轉換到歐拉對那個觀念的解釋方法。雖然雷諾輸運定理討論的是有限大小的控制體積而隨質點導數討論的是微小的流體質點，同樣的基本物理解釋應用到兩者 (圖 4-51)。事實上雷諾輸運定理可以被想成是隨質點導數的積分對等形式。在任一種情況中，跟隨著一個特定的流體部分的某個性質的總變化率由兩個部分組成：有一個局部的或不穩定部分考慮了流場對時間的改變 [比較在式 (4-12) 與式 (4-40) 右邊的第一項]。同時也有一個遷移的部分考慮了流體從流場的一個區域到另一個區域的移動 [比較在式 (4-12) 與式 (4-40) 的第二項]。

圖 4-51 給有限體積 (積分分析) 的雷諾輸運定理類似給微小體積 (微分分析) 的隨質點導數。在此兩種情況中，我們從拉格朗日或系統的觀點轉換成歐拉或控制體積觀點。

正如隨質點導數可以應用到任何流場性質，純量或向量，雷諾輸運定理也可應用到任何純量或向量性質。在第 5、6 章，我們應用雷諾輸運定理在質量、能量、動量和角動量的守恆定理上，藉由分別選擇參數 B 為質量、能量、動量和角動量。以這種方式，我們可以輕易的把系統的基本守恆定理 (拉格朗日觀點) 轉換成

在控制體積的分析 (歐拉觀念) 上成立且有用的形式。

總結

流體運動學關心的是描述流體的運動，而不需要分析對這些運動負責的力量。流體運動的基本描述法有兩種 —— 拉格朗日與歐拉法。在拉格朗日描述法中，我們跟隨個別的流體質點或流體質點的集合；而在歐拉描述法中，我們定義一個流體可以進出的控制體積。我們把運動方程式從拉格朗日轉換到歐拉描述法中，對於微小的流體質點是藉由隨質點導數，而對於有限體積的系統則是藉由雷諾輸運定理。對於某外延性質 B 或其對應的內延性質 b，

隨質點導數：
$$\frac{Db}{Dt} = \frac{\partial b}{\partial t} + (\vec{V} \cdot \vec{\nabla})b$$

一般 RTT，非固定 CV：
$$\frac{dB_{\text{sys}}}{dt} = \int_{\text{CV}} \frac{\partial}{\partial t}(\rho b)\, dV + \int_{\text{CS}} \rho b \vec{V} \cdot \vec{n}\, dA$$

在此兩方程式中，跟隨一個流體質點或跟隨一個系統的性質的總變化由兩部分組成：一個局部的 (不穩定) 部分與一個遷移的 (移動) 部分。

有各種方法來可視化與分析流場 —— 流線、煙線、路徑線、時間線、表面攝影、陰影照相術、脊來侖紋線照相、外形圖、向量圖與等高線圖。在本章中，我們定義這些方法並提供範例。在一般的非穩定流場中，流線、煙線與路徑線是不同的，但在穩定流中，流線、煙線與路徑線是重合一致的。

為了完全描述流體流動的運動學，需要四種基本的運動變化率 (變形率)：速度 (平移變化率)、角速度 (旋轉率)、線性應變率與剪應變率。渦度是流體流動的一個性質，用來指示流體質點的旋轉度。

渦度向量：
$$\vec{\zeta} = \vec{\nabla} \times \vec{V} = \text{curl}(\vec{V}) = 2\vec{\omega}$$

如果流場的一個區域的渦度為零，則此區域是無旋。

本章所學到的觀念在本書的其它部分都會重複的被使用。在第 5、6 章中我們用 RTT 把守恆定理從封閉系統的轉換成控制體積的，又在第 9 章中應用來導出流體運動的微分方程式。最後，我們會使用各種形式的流場可視化與數據圖來描述本書中幾乎每一章中範例流場的運動學。

應用聚焦燈 —— 流子致動器

客座作者：Ganesh Raman，伊利諾理工學院

流子致動器 (fluidic actuators) 是一種利用流體邏輯線路，可以在噴束與剪流層中產生振盪速度或壓力擾動的裝置，藉此用來延遲剝離、增強混合與壓制噪音。流子致動器在剪流控制的應用上是非常有用的，其理由很多：它們沒有可動件；它們可以產生頻率、振幅及相位都可控制的擾動；它們可以在嚴苛的熱環境下操作且不受電磁波的干擾；並且它們很容易整合進入功能性裝

置。雖然流子技術已經存在許多年，但近來在微型化與微製造的進展，已經使它們成為實際用途的非常具有吸引力的候選者。流子致動器使用在裝置內的微小通道中所發生的貼壁及逆流效應來製造出能自我維持的振盪流。

流子推力轉向對於未來的航空器設計非常重要，因為其可改進操控性而避免了在靠近噴嘴出口的額外表面的複雜性。在相關實驗中已有利用粒子成像測速法 (PIV) 來記述主要噴束改變的特徵。一個簡要的解說如下：在這項技術中，追蹤粒子被加入流場中並用一個薄雷射光頁的閃光照明，閃光用來定住運動粒子的瞬間位置。使用一個數位照相機來記錄在兩個時間瞬間被粒子散射的雷射光。利用一個空間的交互對比，就可得到局部位移向量。結果顯示將多重流子次元件整合進入航空器的元件中來增進性能是具有很大潛力的。

參考文獻

Raman, G., Packiarajan, S., Papadopoulos, G., Weissman, C., and Raghu, S., "Jet Thrust Vectoring Using a Miniature Fluidic Oscillator," ASME FEDSM 2001-18057, 2001.

Raman, G., Raghu, S., and Bencic, T. J., "Cavity Resonance Suppression Using Miniature Fluidic Oscillators," AIAA Paper 99-1900, 1999.

參考資料和建議讀物

1. R. J. Adrian. "Particle-Imaging Technique for Experimental Fluid Mechanics," *Annual Reviews in Fluid Mechanics*, 23, pp. 261-304, 1991.
2. J. M. Cimbala, H. Nagib, and A. Roshko. "Large Structure in the Far Wakes of Two-Dimensional Bluff Bodies," *Journal of Fluid Mechanics*, 190, pp. 265-298, 1988.
3. R. J. Heinsohn and J. M. Cimbala. *Indoor Air Quality Engineering*. New York: Marcel-Dekker, 2003.
4. P. K. Kundu and I. M. Cohen *Fluid Mechanics*. Ed. 5, London, England: Elsevier Inc. 2011.
5. W. Merzkirch. *Flow Visualization*, 2nd ed. Orlando, FL: Academic Press, 1987.
6. G. S. Settles. *Schlieren and Shadowgraph Techniques: Visualizing Phenomena in Transparent Media*. Heidelberg: Springer-Verlag, 2001.
7. M. Van Dyke. *An Album of Fluid Motion*. Stanford, CA: The Parabolic Press, 1982.
8. F. M. White. *Viscous Fluid Flow*, 3rd ed. New York: McGraw-Hill, 2005.

習題

有 "C" 題目是觀念題，學生應儘量作答。

介紹性問題

4-1C 簡單討論一下導數運算子 d 與 ∂ 的區別。如果導數 $\partial u/\partial x$ 出現在一個方程式中，關於變數 u，這暗示什麼呢？

4-2 考慮以下的穩定二維速度場：

$$\vec{V} = (u, v)$$
$$= (a^2 - (b - cx)^2)\vec{i} + (-2cby + 2c^2xy)\vec{j}$$

是否有一個停滯點在此流場中？如果是，位置在哪裡呢？

4-3 考慮如下的穩定二維速度場：

$$\vec{V} = (u, v) = (0.66 + 2.1x)\vec{i} + (-2.7 - 2.1y)\vec{j}$$

是否有一個停滯點在此流場中？如果是，位置在哪裡呢？(Answer: 是；$x = -0.314$, $y = -1.29$)

拉格朗日與歐拉描述

4-4C 流體流動的拉格朗日分析方法與系統或控制體積的分析方法，哪個較為相似？解釋之。

4-5C 靜置於流場中的一個探針用來量測流場中一個固定位置的壓力與溫度跟時間的函數關係 (圖 P4-5C)。這是一個拉格朗日或是歐拉量測呢？解釋之。

圖 P4-5C

4-6C 定義一個在歐拉參考座標的穩定流場。在這樣的穩定流場中，一個流體質點是否可能體驗到一個非零加速度？

4-7C 一個氣象氣球被氣象學家釋放進入大氣層中。當氣球達到一個中性浮力的高度時，就開始傳遞關於氣象情況的訊息給地面上的監控站 (圖 P4-7C)。這是一個拉格朗日或歐拉量測呢？解釋之。

圖 P4-7C

4-8C 流體流動的歐拉分析方法與系統或控制體積的分析方法，哪個較為相似呢？解釋之。

4-9 一個穩定、不可壓縮的二維速度場，其在 xy- 平面的分量方程式被表示如下：

$$u = 0.205 + 0.97x + 0.851y$$
$$v = -0.509 + 0.953x - 0.97y$$

計算加速度場 (求出加速度分量 a_x 與 a_y 的表示式)，並計算在點 $(x, y) = (2, 1.5)$ 的加速度。

4-10 考慮空氣穩定的流過一個風洞的擴散器部分 (圖 P4-10)。沿著擴散器的中心線，空氣的速率從 $u_{entrance}$ 減小至 u_{exit}，如圖所示。量測顯示中心線的空氣速率在經過擴散器時呈現拋物線式遞減。根據這裡所給的參數，寫出一個中心線速率 $u(x)$ 的方程式，從 $x = 0$ 到 $x = L$。

圖 P4-10

4-11 一個穩定、不可壓縮的二維 (在 xy- 平面) 的速度場被給定如下：

$$\vec{V} = (0.523 - 1.88x + 3.94y)\vec{i} + (-2.44 + 1.26x + 1.88y)\vec{j}$$

試計算在點 $(x, y) = (-1.55, 2.07)$ 的加速度。

流動型態與流動可視化

4-12C 什麼是路徑線的定義？路徑線指示什麼？

4-13C 什麼是流線的定義？流線指示什麼？

4-14C 考慮一個熱交換器管陣列的截面圖 (如圖 P4-14C 所示)。對每一種想要的資訊，選擇哪一種流動可視化圖 (向量圖或等高線圖) 會是最適當的？解釋為什麼。
(a) 流體速率最大的位置要被可視化。
(b) 位於管子後面的流動分離要被可視化。
(c) 整個流動平面的溫度場要被可視化。
(d) 垂直流動平面的渦度分量要被可視化。

圖 P4-14C

4-15 一個穩定、不可壓縮的二維速度場給定如下：

$$\vec{V} = (u, v) = (1 + 2.5x + y)\vec{i} + (-0.5 - 3x - 2.5y)\vec{j}$$

其中 x- 與 y- 座標用 m，而速度用 m/s。
(a) 此流場中是否有任何停滯點？如有，則其位置在哪裡？
(b) 畫出在第一象限從 $x = 0$ 到 4 m 與 $y = 0$ 到 4 m 的一些位置上的速度向量，並定性的描述一下流場。

4-16 在 $r\theta$- 平面的固體式轉動的速度場 (圖 P4-16) 被給定如下：

$$u_r = 0 \qquad u_\theta = \omega r$$

其中 ω 是角速度的大小 ($\vec{\omega}$ 指向 z- 方向)。若 $\omega = 1.5$ s^{-1}，試畫出一個速度大小 (速率) 的等高線圖。特別畫出等速率 $V = 0.5$、1.0、1.5、2.0 與 2.5 m/s 的等高線。要記得在你的圖上標示出這些速率。

圖 P4-16

4-17 在 $r\theta$- 平面的線性源流 (圖 P4-17) 的速度場被給定如下：

$$u_r = \frac{m}{2\pi r} \qquad u_\theta = 0$$

其中 m 是線性源流的強度。若 $m/(2\pi) = 1.5$ m^2/s，試畫出一個速度大小 (速率) 的等高線圖。特別畫出速率 $V = 0.5$、1.0、1.5、2.0 與 2.5 m/s 的等高線。要記得在你的圖上標示出這些速率。

圖 P4-17

流體元素的運動與變形：渦度與旋轉度

4-18C 說出並簡潔的描述流體質點的四種基本運動或變形的形式。

4-19 一個穩定的二維速度場在兩個空間方向 (x 與 y) 都是線性的，

$$\vec{V} = (u, v)$$
$$= (U + a_1 x + b_1 y)\vec{i} + (V + a_2 x + b_2 y)\vec{j}$$

其中 U、V 與所有係數都是常數，且假設因次都是適當定義的。其係數間必須存在什麼關係才能確保流場是不可壓縮的？
(Answer: $a_1 + b_2 = 0$)

4-20　在習題 4-19 的速度場，計算其在 xy- 平面的剪應變率。

4-21　在習題 4-19 的速度場中，試計算渦度向量。此渦度向量指向哪個方向呢？
(Answer: $(a_2 - b_1)\vec{k}$，在 z (或 $-z$) 方向)

4-22　一個邊長為 dx 與 dy 的二維流體元素在微分時間區間 $dt = t_2 - t_1$ 的移動與變形如圖 P4-22 所示。開始時，在 P 點的 x- 與 y- 方向的速度分量分別是 u 與 v。證明在 xy- 平面上，繞 P 點的旋轉率 (角速度) 的大小是
$$\omega_z = \frac{1}{2}\left(\frac{\partial v}{\partial x} - \frac{\partial u}{\partial y}\right)$$

圖 P4-22

4-23　一個邊長為 dx 與 dy 的二維流體元素在微分時間區間 $dt = t_2 - t_1$ 的移動與變形如圖 P4-22 所示。開始時，在 P 點的 x- 與 y-方向速度分別是 u 與 v。證明在 xy- 平面的 P 點上的剪應變率的大小是
$$\varepsilon_{xy} = \frac{1}{2}\left(\frac{\partial u}{\partial y} + \frac{\partial v}{\partial x}\right)$$

4-24　一個圓柱形水桶繞其垂直軸以角速率 $\dot{n} = 175$ rpm 在逆時鐘方向作固體式旋轉 (圖 P4-24)。試求桶內流體質點的渦度。
(Answer: $36.7\vec{k}$ rad/s)

圖 P4-24

4-25　一個半徑 $r_{rim} = 0.354$ m 的桶子繞其垂直軸旋轉 (圖 P4-24)。此桶的一部分裝油。桶邊的速率是 3.61 m/s，在逆時鐘方向 (從上往下看)，且桶旋轉的時間夠久而達到固體式旋轉狀態。對桶內的任一個流體質點，試求渦度在 z- 方向的分量的大小。(Answer: 20.4 rad/s)

4-26　考慮一個二維的可壓縮流場，其中一個開始時為正方形的流體質點隨流移動並變形。流體質點的邊長在時間 t 時為 a，並且平行於 x- 與 y- 軸，如圖 P4-26 所示。在某一個稍後的時間，此流體質點仍然平行於 x- 與 y- 軸，但已經變形成為矩形，其水平邊長為 $1.08a$，垂直邊長為 $0.903a$。(因為是二維流動，此質點在 z-方向的邊長不變。) 試問此流體質點的密

第 4 章 流體運動學 149

度增加或減少了多少百分比？

圖 P4-26

4-27 考慮完全發展的克維特流（Couette flow），在兩塊距離為 h 的無窮大平行板之間的流動，上平板移動而下平板固定如圖 P4-27 所示。此流動是穩定的、不可壓縮的，且在 xy- 平面是二維的。速度場被給定如下：

$$\vec{V} = (u, v) = V\frac{y}{h}\vec{i} + 0\vec{j}$$

此流動是旋轉的或無旋的？如果是旋轉的，計算在 z- 方向的渦度分量。這個流場中的流體質點是順時鐘或逆時鐘旋轉呢？(Answer: 是，$-V/h$，順時鐘)

圖 P4-27

4-28 一個穩定的二維速度場給定如下：

$$\vec{V} = (u, v)$$
$$= (2.85 + 1.26x - 0.896y)\vec{i}$$
$$+ (3.45x + cx - 1.26y)\vec{j}$$

試計算常數 c 來使流場是無旋的。

4-29 一個穩定的三維速度場給定如下：

$$\vec{V} = (0.657 + 1.73x + 0.948y + az)\vec{i}$$
$$+ (2.61 + cx + 1.91y + bz)\vec{j}$$
$$+ (-2.73x - 3.66y - 3.64z)\vec{k}$$

試計算常數 a、b 與 c 來使流場是無旋的。

雷諾輸運定理

4-30C 簡潔的說明雷諾輸運定理 (RTT) 的目的。以「字語方程式」的方式寫出給外延性質 B 的 RTT，用你自己的字語解釋每一項。

4-31 考慮雷諾輸運定理 (RTT) 的一般式：

$$\frac{dB_{sys}}{dt} = \frac{d}{dt}\int_{CV}\rho b\, dV + \int_{CS}\rho b\vec{V}_r\cdot\vec{n}\, dA$$

其中 $\vec{V}_r$ 是流體相對於控制面的速度。令 B_{sys} 為一個流體質點組成的封閉系統的質量。我們知道對於一個系統，$dm/dt = 0$，因為根據定義沒有質量可以流進或流出系統。利用給定的方程式導出一個控制體積的質量守恆方程式。

4-32 考慮如習題 4-31 所提及的雷諾輸運定理的一般形式。令 B_{sys} 為一個由流體質點組成的封閉系統的角動量 $\vec{H} = \vec{r}\times m\vec{V}$，其中 $\vec{r}$ 是力矩臂。我們知道對一個系統，角動量守恆是

$$\sum\vec{M} = \frac{d}{dt}\vec{H}_{sys}$$

其中 $\sum\vec{M}$ 是作用在系統的淨力矩。使用 RTT 與上面的方程式來導出一個控制體積的角動量守恆方程式。

複習題

4-33 考慮在 xy- 平面的一個穩定的二維流場，其速度的 x- 分量為

$$u = a + b(x - c)^2$$

其中 a、b、c 是具有適當因次的常數。若流場是不可壓縮的，則速度的 y- 分量的形式是什麼呢？換言之，導出一個 v 的表示式，表示成 x、y 與已知方程式中的常數的函數，使得流動是不可壓縮的。

(Answer: $-2b(x-c)y + f(x)$)

4-34 考慮完全發展的二維普修爾流 (Poiseuille flow)，兩塊距離為 h，互相平行的無限大平板之間的流動，上下平板都是靜止的，一個強制的壓力梯度 dP/dx 驅動流體，如圖 P4-34 所示。(dP/dx 是常數且為負值。) 流動是穩定、不可壓縮的，且是在 xy- 平面的二維流動。速度的分量如下：

$$u = \frac{1}{2\mu}\frac{dP}{dx}(y^2 - hy) \quad v = 0$$

其中 μ 是流體的黏度。此流動是旋轉的或無旋的呢？若其為旋轉的，試計算在 z-方向的渦度分量。在此流場中的流體質點是順時鐘或逆時鐘旋轉呢？

圖 P4-34

4-35 考慮習題 4-34 的二維普修爾流。平板之間的流體是 40°C 的水。設間隙高度 $h = 1.6$ mm 且壓力梯度 $dP/dx = -230$ N/m³。計算並畫出 7 條煙線。染料由染料耙在 $x = 0$ 與 $y = 0.2, 0.4, 0.6, 0.8, 1.0, 1.2$ 及 1.4 mm 的位置注入 (圖 P4-35)。染料注入的時間從 $t = 0$ 至 $t = 10$ s，要畫出在 $t = 10$ s 時的煙線。

圖 P4-35

4-36 已知一個流動的流場為 $\vec{V} = k(x^2 - y^2)\vec{i} - 2kxy\vec{j}$，其中 k 是常數。如果一條流線的曲率是 $R = [1 + y'^2]^{3/2}/|y''|$，試求流經 $x = 1$、$y = 2$ 的質點的法線加速度 (垂直流線)。

4-37 考慮一個完全發展的軸對稱普修爾流。在一根半徑為 R (直徑 $D = 2R$) 的圓管中，由強制壓力梯度 dP/dx 驅動的流動，如圖 P4-37 所示。(dP/dx 是常數且為負值。) 這個流動是穩定的、不可壓縮的，且對稱於 x- 軸。其速度分量如下給定：

$$u = \frac{1}{4\mu}\frac{dP}{dx}(r^2 - R^2) \quad u_r = 0 \quad u_\theta = 0$$

其中 μ 是流體的黏度。這個流動是旋轉的還是無旋的呢？如果是旋轉的，計算在 θ- 方向的渦度分量並討論旋轉的方向。

圖 P4-37

4-38 在一個位於 xy- 平面的穩定二維流場中，其速度的 x- 分量是

$$u = ax + by + cx^2 - dxy$$

其中 a、b、c 與 d 是具有適當因次的常數。如果流場是不可壓縮的，試導出速度分量 v 的一般表示式。

基礎工程學 (FE) 試題

4-39 水在一條 3 cm 直徑的園藝水管中以 30 L/min 流動。一個長 20 cm 的噴嘴與水管連接來使直徑減小至 1.2 cm。沿噴嘴中心線流下的流體質點的加速度大小是
(a) 9.81 m/s² (b) 14.5 m/s²
(c) 25.4 m/s² (d) 39.1 m/s²
(e) 47.6 m/s²

4-40 一個穩定、不可壓縮的二維速度場如下給定：

$$\vec{V} = (u, v) = (2.5 - 1.6x)\vec{i} + (0.7 + 1.6y)\vec{j}$$

其中 x- 與 y- 座標單位為 m，速度單位為 m/s。隨質點加速度的 x- 與 y- 分量 a_x 與 a_y 在點 (x = 1 m, y = 1 m) 上分別是 (單位 m/s²)
(a) −1.44, 3.68 (b) −1.6, 1.5
(c) 3.1, −1.32 (d) 2.56, −4
(e) −0.8, 1.6

4-41 一個穩定、不可壓縮的二維速度場如下給定：

$$\vec{V} = (u, v) = (0.65 + 1.7x)\vec{i} + (1.3 - 1.7y)\vec{j}$$

其中 x- 與 y- 座標單位為 m，速度單位為 m/s。加速度向量的 x- 與 y- 分量 a_x 與 a_y 在點 (x = 0 m, y = 0 m) 分別是 (單位 m/s²)
(a) 0.37, −1.85 (b) −1.7, 1.7
(c) 1.105, −2.21 (d) 1.7, −1.7
(e) 0.65, 1.3

4-42 由一個流體質點在某一段時間區間內所實際經過的路徑稱為
(a) 路徑線 (b) 流線管
(c) 流線 (d) 煙線
(e) 時間線

4-43 一條線上的每一點都與瞬間的局部速度向量相切，此線稱為
(a) 路徑線 (b) 流線管
(c) 流線 (d) 煙線
(e) 時間線

4-44 CFD 代表
(a) 可壓縮流體力學
(b) 可壓縮流體範圍
(c) 圓周流體力學
(d) 對流流體力學
(e) 計算流體力學

4-45 一個穩定、不可壓縮的二維速度場如下給定：

$$\vec{V} = (u, v) = (2.5 - 1.6x)\vec{i} + (0.7 + 1.6y)\vec{j}$$

其中 x- 與 y- 座標的單位為 m，速度的單位為 m/s。在 x- 方向的線性應變率是 (單位 s⁻¹)
(a) −1.6 (b) 0.8 (c) 1.6
(d) 2.5 (e) −0.875

4-46 一個穩定、不可壓縮的二維速度場如下給定：

$$\vec{V} = (u, v) = (2.5 - 1.6x)\vec{i} + (0.7 + 0.8y)\vec{j}$$

其中 x- 與 y- 座標的單位為 m，速度的單位為 m/s。體積應變率是 (單位 s⁻¹)
(a) 0 (b) 3.2 (c) −0.8
(d) 0.8 (e) −1.6

4-47 一個流體質點的角速度是 20 rad/s。這個流體質點的渦度是
(a) 20 rad/s (b) 40 rad/s (c) 80 rad/s
(d) 10 rad/s (e) 5 rad/s

4-48 一個穩定、不可壓縮的二維速度場如下給定：

$$\vec{V} = (u, v) = (2xy + 1)\vec{i} + (-y^2 - 0.6)\vec{j}$$

其中 x- 與 y- 座標的單位為 m，速度的單位為 m/s。此流場的角速度是
(a) 0 (b) $-2y\vec{k}$ (c) $2y\vec{k}$
(d) $-2x\vec{k}$ (e) $-x\vec{k}$

伯努利與能量方程式

Chapter 5

學習目標

讀完本章後，你將能夠

- 應用質量守恆方程式來平衡一個流動系統的流進與流出流率。
- 認出機械能的各種形式，及使用能量轉換效率。
- 瞭解伯努利定理的使用與限制，並且應用它來求解一些流體流動的問題。
- 使用以水頭表示的能量方程式，並用其來決定透平機的功率輸出與需求的泵功率。

本章討論流體力學中經常會使用到的三個方程式：質量、伯努利與能量方程式。質量方程式是質量守恆定理的表示式。伯努利方程式關心的是動能、位能以及流能的守恆與它們之間的轉換，適用於流動淨黏滯效應可以忽略的區域及其它限制條件適用的場合。能量方程式是能量守恆定理的敘述。在流體力學中，適切的作法是將機械能與熱能分開，並將機械能由於摩擦作用轉換成熱能的效應當成機械能損失，因此能量方程式變成機械能平衡。

在本章的開始，我們先概述守恆定理與質量守恆關係式。接著討論機械能的各種形式與機械工作裝置的效率，例如泵與透平機。然後對沿著流線移動的流體元素應用牛頓第二定律來導出伯努利方程式，並且展示其在各種應用的使用。我們繼續推導適合在流體力學中使用的能量方程式，並且導入水頭損失的觀念。最後，我們將能量方程式應用在各種工程系統上。

5-1　簡介

你已經熟悉許多守恆定理 (conservation laws)，例如質量守恆定理、能量守恆定理與動量守恆定理。歷史上，守恆定理首先被應用到一個固定量的物質，稱為封閉系統或簡稱為系統，然後再擴展應用到空間的一個區域，稱為控制體積。守恆方程式也稱為平衡方程式，因為任何守恆量在一個過程中必須平衡。我們現在對質量與能量守恆，以及線性動量方程式作一個簡潔的說明。

質量守恆

一個封閉系統經歷一個改變的質量守恆關係式被表示為 m_{sys} = 常數，或 $dm_{sys}/dt = 0$，即系統的質量在一個過程中維持為一個常數。對一個控制體積 (CV)，質量守恆以變化率的形式來表示：

質量守恆：
$$\dot{m}_{in} - \dot{m}_{out} = \frac{dm_{CV}}{dt} \tag{5-1}$$

其中 $\dot{m}_{in}$ 與 $\dot{m}_{out}$ 分別表示流進與流出控制體積的質量流率，而 dm_{CV}/dt 代表在控制體積邊界內的質量的變化率。在流體力學中，一個微分控制體積的質量守恆關係式通常被稱為連續方程式 (continuity equation)。質量守恆在 5-2 節中討論。

線性動量方程式

物體的質量 m 與速度 $\vec{V}$ 的乘積稱為這個物體的線性動量或簡稱動量，$m\vec{V}$。根據牛頓第二定律，物體的加速度正比於其所受的淨力，而反比於其質量，即此物體的動量的改變率等於作用在此物體上的淨力。因此系統的動量只有當作用於其上的淨力為零時才維持是個常數，從而這個系統的動量是守恆的。此稱為動量守恆定理。在流體力學中，牛頓第二定律常被稱為線性動量方程式，將在第 6 章中與角動量方程式一起討論。

能量守恆

能量可以從一個封閉的系統以熱或功的形式傳遞，而能量守恆定理要求在一個過程中傳進或傳出系統的淨能量等於系統內含能量的變化。控制體積的能量傳遞還包含經由質量流動所傳遞的能量，因此能量守恆定理，也稱為能量守恆，被表示為

能量守恆：
$$\dot{E}_{in} - \dot{E}_{out} = \frac{dE_{CV}}{dt} \tag{5-2}$$

其中 $\dot{E}_{in}$ 與 $\dot{E}_{out}$ 分別是傳進與傳出控制體積的能量傳遞率，而 dE_{CV}/dt 則是在控制體積內部的總能量變化率。在流體力學中，我們經常限制於僅考慮能量的機械能形式。能量守恆將在 5-6 節中討論。

5-2 質量守恆

質量守恆定理是自然界中最基本的定理中的一個。我們都熟悉這個定理，且其並不難瞭解。一個人並不需要是火箭科學家也能知道油醋醬是如何由 100 g 的油和 25 g 的醋混合調製而成。即使化學方程式也是根據質量守恆定理來平衡的。當 16 kg 的氧與 2 kg 的氫反應時，就生成 18 kg 的水 (圖 5-1)。在一個電解過程，水被分解，恢復成 2 kg 的氫與 16 kg 的氧。

圖 5-1 即使在化學反應中，質量也是守恆的。

技術上，質量並不是完全守恆的。事實上，質量 m 與能量 E 可以相互轉換，根據的是愛因斯坦 (1879-1955) 所提出的著名公式：

$$E = mc^2 \tag{5-3}$$

其中 c 是真空中的光速，即 $c = 2.9979 \times 10^8$ m/s。這個方程式指出質量與能量之間有一種等價關係。所有的物理與化學系統都呈現與它們的環境之間的能量交互作用，但是牽涉到的能量的等價質量相對於系統的總質量是一個極小的量。例如，在 1 大氣壓下，從氧與氫生成 1 kg 的液態水會釋放出 15.8 MJ 的能量，與此等價的質量僅是 1.76×10^{-10} kg。然而在核能反應中，交互作用能量的等價質量，在牽涉到的總質量中所佔的比例就很顯著。因此，在大多數工程分析中，我們將質量與能量兩者都當成守恆量。

對於封閉系統，質量守恆定理要求在一個過程中，系統的質量維持是個常數。然而，對於控制體積，質量可以穿過邊界，因此我們必須追蹤進入與離開控制體積的質量。

質量與體積流率

每單位時間流過一個截面的質量的量稱為質量流率 (mass flow rate)，記為 $\dot{m}$。符號上面的小點被用來指示對時間的變化率。

流體可以從控制體積流進或流出，通常經過管道。流體流過一根管子的截面積上的一個小面積元素 dA_c 微分質量流率正比於 dA_c 本身、流體的密度 ρ 與垂直於 dA_c 的速度分量，我們將其表示為 V_n，因此可以表示為 (圖 5-2)

圖 5-2 一個表面的正向速度 V_n 是速度垂直於此面的分量。

$$\delta \dot{m} = \rho V_n dA_c \tag{5-4}$$

通過一個管道的整個截面的質量流率可以經由積分來獲得

$$\dot{m} = \int_{A_c} \delta \dot{m} = \int_{A_c} \rho V_n dA_c \quad \text{(kg/s)} \tag{5-5}$$

雖然式 (5-5) 總是成立的 (事實上它是正確的)，但由於需要作積分，對於工程分析它並不總是實用的。取而代之，我們喜歡將質量流率用跨過管子整個截面的平均值來表示。在一個一般的可壓縮流中，ρ 與 V_n 兩者在跨越管子時都會改變。然而在許多實際的應用中，密度在一個管子的一個截面上幾乎是均勻的，因此我們可以將 ρ 從式 (5-5) 的積分中取出。但是速度在一個管子的截面上從來就不是均勻的，這是在壁面上的無滑動條件所造成的，即速度會從在壁面上的零值變化到靠近中心線的最大值。我們定義平均速度 V_{avg} 為 V_n 在橫跨整個管子截面的平均值 (圖 5-3)，

圖 5-3 平均速度 V_{avg} 定義為在一個截面的平均速率。

平均速度：
$$V_{avg} = \frac{1}{A_c} \int_{A_c} V_n dA_c \tag{5-6}$$

其中 A_c 是與流動方向垂直的截面的面積。注意若在整個截面上的速率都是 V_{avg}，則質量流率會與用實際速度形狀作積分所得的結果是一樣的。因此對於不可壓縮流，或可壓縮流但其密度在跨過截面 A_c 的方向可視為均勻的情況，式 (5-5) 變成

$$\dot{m} = \rho V_{avg} A_c \quad \text{(kg/s)} \tag{5-7}$$

對於可壓縮流，我們可以將 ρ 視為整個截面上的平均密度，因此式 (5-7) 可以用來當作合理的近似式。為簡單計算，我們將去掉平均速度的下標。除非另有提及，V 就代表在流動方向的平均速度。再者 A_c 代表與流動方向垂直的截面積。

每單位時間流過一個截面的流體體積稱為體積流率 (volume flow rate) $\dot{V}$ (圖 5-4)，表示為

$$\dot{V} = \int_{A_c} V_n dA_c = V_{avg} A_c = V A_c \quad \text{(m}^3\text{/s)} \tag{5-8}$$

式 (5-8) 的早期形式由義大利僧侶卡斯特里 (1577-1644) 在 1628 年發表。注意在許多流體力學的教科書中，體積流率是用 Q 而不是 $\dot{V}$ 來表示。我們使用 $\dot{V}$ 是為了避免與熱傳符號混淆。

質量與體積流率之間的相關式為

圖 5-4 體積流率是每單位時間內流體流過一個截面的體積。

$$\dot{m} = \rho \dot{V} = \frac{\dot{V}}{v} \tag{5-9}$$

其中 v 是比容。這個關係式與 $m = \rho V = V/v$ 相似，此為在一個容器內流體的質量與體積的相關式。

質量守恆定理

一個控制體積的質量守恆定理 (conservation of mass principle) 可以表示為：在一個時間區間 Δt 內，傳入或傳出一個控制體積的淨質量傳遞等於控制體積內部的總質量的淨改變量 (增加或減少)。也就是

$$\begin{pmatrix} \text{在 } \Delta t \text{ 時間內進入} \\ \text{CV 的總質量} \end{pmatrix} - \begin{pmatrix} \text{在 } \Delta t \text{ 時間內離開} \\ \text{CV 的總質量} \end{pmatrix} = \begin{pmatrix} \text{在 } \Delta t \text{ 時間內 CV 內部} \\ \text{的質量淨改變量} \end{pmatrix}$$

或

$$m_{\text{in}} - m_{\text{out}} = \Delta m_{\text{CV}} \quad \text{(kg)} \tag{5-10}$$

其中 $\Delta m_{\text{CV}} = m_{\text{final}} - m_{\text{initial}}$ 是在這個過程中控制體積的質量改變 (圖 5-5)。它也可以用變化率的形式來表示：

$$\dot{m}_{\text{in}} - \dot{m}_{\text{out}} = dm_{\text{CV}}/dt \quad \text{(kg/s)} \tag{5-11}$$

其中 $\dot{m}_{\text{in}}$ 與 $\dot{m}_{\text{out}}$ 是進入與離開控制體積的總質量流率，而 dm_{CV}/dt 是控制體積內部的質量變化率。式 (5-10) 與 (5-11) 經常被稱為質量平衡 (mass balance)，並且對於任何控制體積經歷任何過程都是適用的。

圖 5-5 一個普通浴缸的質量守恆。

考慮一個任意形狀的控制體積，如圖 5-6 所示。在控制體積內部的一個微分體積 dV 的質量是 $dm = \rho \, dV$。此控制體積在任何瞬間 t 的質量可經由積分來決定，

在 CV 內的總質量： $$m_{\text{CV}} = \int_{\text{CV}} \rho \, dV \tag{5-12}$$

這個控制體積內部質量的時間變化率被表示為

在 CV 內的質量的變化率： $$\frac{dm_{\text{CV}}}{dt} = \frac{d}{dt}\int_{\text{CV}} \rho \, dV \tag{5-13}$$

圖 5-6 微分控制體積 dV 與微分控制表面 dA，使用在質量守恆關係式的推導。

對於沒有質量穿越控制面的特殊情況 (即控制體積是一個封閉系統)，質量守恆定理簡化成 $dm_{\text{CV}}/dt = 0$。不管控制體積是固定的、移動的或變形的，此關係式都是成立的。

現在考慮質量經由一個固定的控制體積的控制面上的一個微分面積 dA 流進或流出這個控制體積。設 $\vec{n}$ 為 dA 上面垂直於 dA 的向外單位向量，而 $\vec{V}$ 則為在 dA 上相對一個固定的座標系的流體速度，如圖 5-6 所示。一般而言，速度會與 dA 的垂直方向成一個夾角 θ 而穿越 dA，質量流率正比於速度的垂直分量 $V_n = V\cos\theta$，範圍從 $\theta = 0$ 時的最大向外流動 (流動垂直於 dA，向外) 到 $\theta = 90°$ 時的零進出 (流動與 dA 相切)，再到 $\theta = 180°$ 時的最大向內流動 (流動垂直於 dA，向內)。使用兩個向量的點積的觀念，則速度的垂直分量的大小是

速度的垂直分量：
$$V_n = V\cos\theta = \vec{V}\cdot\vec{n} \tag{5-14}$$

穿過 dA 的質量流率正比於流體密度 ρ、垂直速度 V_n 與流動面積 dA，其表示式為

微分質量流率：
$$\delta\dot{m} = \rho V_n\, dA = \rho(V\cos\theta)\, dA = \rho(\vec{V}\cdot\vec{n})\, dA \tag{5-15}$$

經過整個控制面流進或流出控制體積的淨質量流率，可藉由將 $\delta\dot{m}$ 對整個控制面積分而求得

淨質量流率：
$$\dot{m}_{\text{net}} = \int_{CS}\delta\dot{m} = \int_{CS}\rho V_n\, dA = \int_{CS}\rho(\vec{V}\cdot\vec{n})\, dA \tag{5-16}$$

注意 $V_n = \vec{V}\cdot\vec{n} = V\cos\theta$ 對 $\theta < 90°$ (外流) 是正值，而對 $\theta > 90°$ (內流) 是負值。因此流動的方向自動被考慮到了，並且式 (5-16) 的面積分直接就得到淨質量流率。若 $\dot{m}_{\text{net}}$ 為正值，表示有淨質量外流，而 $\dot{m}_{\text{net}}$ 為負值則表示淨質量內流。

將式 (5-11) 重新整理成 $dm_{CV}/dt + \dot{m}_{\text{out}} - \dot{m}_{\text{in}} = 0$，則一個固定的控制體積的質量守恆關係式可以被表示成

質量守恆的一般式：
$$\frac{d}{dt}\int_{CV}\rho\, dV + \int_{CS}\rho(\vec{V}\cdot\vec{n})\, dA = 0 \tag{5-17}$$

其敘述為控制體積內的質量的時間變化率加上經過控制面的淨質量流率等於零。

控制體積的質量守恆的一般式也可以使用雷諾輸運定理 (RTT)，藉由取性質 B 為質量 m (第 4 章) 來導出。因此我們有 $b = 1$，因為將質量除以質量得到每單位質量的性質為 1。再者，因為封閉系統的質量是常數，其時間導數為零，即 $dm_{\text{sys}}/dt = 0$。因此雷諾輸運定理馬上簡化成式 (5-17)，如圖 5-7 所示，這就說明了雷諾輸運定理真的是一個非常有力的工具。

將式 (5-17) 的面積分拆成兩部分：其中一個是外流的部分

圖 5-7 在雷諾輸運定理中，用 m 取代 B，用 1 取代 b ($b = B/m = m/m = 1$)，即可獲得質量守恆定理。

(正值)；另一個是內流的部分 (負值)，則質量守恆的一般式可以表示成

$$\frac{d}{dt}\int_{CV} \rho\, dV + \sum_{\text{out}} \rho|V_n|A - \sum_{\text{in}} \rho|V_n|A = 0 \qquad (5\text{-}18)$$

其中 A 代表入口或出口的面積，而使用加總符號是要強調所有的入口或出口都被考慮。使用質量流率的定義，式 (5-18) 也可被表示成

$$\frac{d}{dt}\int_{CV} \rho\, dV = \sum_{\text{in}} \dot{m} - \sum_{\text{out}} \dot{m} \quad \text{或} \quad \frac{dm_{CV}}{dt} = \sum_{\text{in}} \dot{m} - \sum_{\text{out}} \dot{m} \qquad (5\text{-}19)$$

當求解一個問題時，控制體積的選擇有很大的自由度。可供選擇的控制體積很多，但有些使用起來較為方便。控制體積不應該導入任何不必要的複雜度。聰明的選擇控制體積可以使一個似乎很複雜的問題的求解變得很簡單。選擇控制體積的一個簡單法則就是儘量使控制面在所有流體進出的地方都與流動方向垂直。這樣做使點積 $\vec{V}\cdot\vec{n}$ 很簡單的變成是速度的大小，而積分 $\int_A \rho(\vec{V}\cdot\vec{n})\, dA$ 很簡單的成為 ρVA (圖 5-8)。

(a) 控制面與流動方向有一個夾角

(b) 控制面與流動方向垂直

圖 5-8 控制面的選擇應該使其在流體穿過控制面的所有地方都與流動方向垂直來避免複雜性，雖然結果都是一樣的。

移動或變形的控制體積

式 (5-17) 與 (5-19) 也適用於移動的控制體積，只要絕對速度 $\vec{V}$ 以相對速度 $\vec{V}_r$ [這是相對於控制面的速度 (第 4 章)] 來取代。在控制體積移動但不變形的情況下，相對速度是與控制體積一起移動的人所觀察到的流體速度，表示為 $\vec{V}_r = \vec{V} - \vec{V}_{CS}$，其中 $\vec{V}$ 是流體速度而 $\vec{V}_{CS}$ 是控制面的速度，兩者都是相對於外面的一個固定點。注意這裡的減法是向量減法。

一些實際的習題 (例如針筒內經由栓塞的強制移動使得藥劑經過針頭射出) 牽涉到變形的控制體積。已經導出的質量守恆關係式仍然可以使用在這種變形的控制體積上，只要流體穿越控制面的變形部分的速度表示成相對於控制面 (即流體的速度應該表示成相對於一個固定在控制面的移動部分的參考座標)。在此情況下，控制面上任意點上的相對速度仍然被表示成 $\vec{V}_r = \vec{V} - \vec{V}_{CS}$，其中 $\vec{V}_{CS}$ 是控制面在那一點相對於控制體積外面一個固定點的局部速度。

穩定流過程的質量守恆

在穩定流過程中，控制體積內部的總質量不會隨時間而變 (m_{CV} = 常數)。質量守恆定理要求進入控制體積的總質量等於離開的總質量。例如在穩定操作的一條圍

藝水管，每單位時間進入噴嘴的水量與每單位時間離開的水量是相等的。

當研究穩定流過程時，我們有興趣的並不是在一個時間區間，從控制體積進出的質量大小；相反的，我們有興趣的是每單位時間流動的質量大小，即質量流率 $\dot{m}$。對於一個具有多入口與多出口的穩定流系統的質量守恆定理，其變化率的表示式為 (圖 5-9)：

圖 5-9 具有兩出口、一入口的穩定流系統的質量守恆原理。

穩定流： $$\sum_{in} \dot{m} = \sum_{out} \dot{m} \quad (kg/s) \tag{5-20}$$

其敘述為進入控制體積的總質量流率等於離開的總質量流率。

許多工程裝置，例如噴嘴、擴散器、透平機、壓縮機與泵僅包含單一流束 (僅一個入口與一個出口)。在這些情況下，我們通常用下標 1 代表入口狀態，用下標 2 代表出口狀態，並且省去加總符號。因此對於單一流束的穩定流系統，式 (5-20) 化簡成

穩定流 (單一流束)： $$\dot{m}_1 = \dot{m}_2 \rightarrow \rho_1 V_1 A_1 = \rho_2 V_2 A_2 \tag{5-21}$$

特殊情況：不可壓縮流

當流體是不可壓縮時，液體通常可視為是此情況，質量守恆關係式可進一步簡化。將密度從一般的穩定流關係式的兩邊消去可得到

穩定、不可壓縮流： $$\sum_{in} \dot{V} = \sum_{out} \dot{V} \quad (m^3/s) \tag{5-22}$$

對於單一流束的穩定流系統，式 (5-22) 變成

穩定、不可壓縮流 (單一流束)： $\dot{V}_1 = \dot{V}_2 \rightarrow V_1 A_1 = V_2 A_2$ (5-23)

應該隨時記住，沒有「體積守恆」定理這回事。因此進出一個穩定流裝置的體積流率可能會不一樣。一個空氣壓縮機出口的體積流率比其入口的少很多，雖然通過這個壓縮機的質量流率是個常數 (圖 5-10)。這是由於壓縮機出口的密度較高的緣故。然而，對於液體的穩定流，體積流率就幾乎是常數，因為液體本質上就是不可壓縮的 (等密度) 物質。通過園藝水管的噴嘴的水流就是後面情況的一個例子。

圖 5-10 在一個穩定流過程中，雖然質量流率是守恆的，但體積流率則未必是守恆的。

質量守恆定理要求在一個過程中，每一分的質量都要考慮

到。如果你能夠平衡你的支票簿 (藉由追蹤存款與提款，或是藉由遵守「金錢守恆」)，在應用質量守恆定理到工程系統上應該沒有困難。

例題 5-1　水流過一個園藝水管噴嘴

一條附有噴嘴的園藝水管被用來填充一個 40 L 的水桶。水管的內直徑是 2 cm，在噴嘴的出口縮減為 0.8 cm。如果需要 50 s 來將水桶裝滿水，試求 (a) 水流經水管的體積與質量流率，(b) 在噴嘴出口的平均水流速度。

解答： 一條園藝水管被用來將水桶注滿。要決定水在出口的體積與質量流率與出口的速度。
假設： 1. 水幾乎是不可壓縮物質。 2. 流經水管的水流是穩定的。 3. 沒有因為濺出而浪費的水。
性質： 我們取水的密度為 1000 kg/m³ = 1 kg/L。
分析： (a) 注意在 50 s 內，40 L 的水被排出，水的體積與質量流率是

$$\dot{V} = \frac{V}{\Delta t} = \frac{40 \text{ L}}{50 \text{ s}} = 0.800 \text{ L/s}$$

$$\dot{m} = \rho\dot{V} = (1 \text{ kg/L})(0.800 \text{ L/s}) = 0.800 \text{ kg/s}$$

(b) 噴嘴出口的截面積為

$$A_e = \pi r_e^2 = \pi(0.4 \text{ cm})^2 = 0.5027 \text{ cm}^2 = 0.5027 \times 10^{-4} \text{ m}^2$$

流過水管與噴嘴的體積流率是常數。因此水在噴嘴出口的平均速度變成

$$V_e = \frac{\dot{V}}{A_e} = \frac{0.800 \text{ L/s}}{0.5027 \times 10^{-4} \text{ m}^2}\left(\frac{1 \text{ m}^3}{1000 \text{ L}}\right) = 15.9 \text{ m/s}$$

討論： 可以證明在水管中水的平均速度是 2.5 m/s，因此噴嘴增加水速超過 6 倍。

例題 5-2　水從一個桶子排出

一個 1.2 m 高、0.9 m 直徑的圓柱形水桶，其頂端對大氣開放並在開始時充滿水。現在接近桶底的止水栓被拔開了，一個水流噴束以 1.3 cm 的直徑流出 (圖 5-11)。噴束的平均速度可以近似為 $V = \sqrt{2gh}$，其中 h 是從開口中心量起的桶內水高 (這是一個變數)，而 g 是重力加速度。試求需要多久才能使桶內的水深掉至 0.6 m。

解答： 靠近水桶底部的止水栓被拔出。要求出桶內的水流出一半所需要的時間。
假設： 1. 水幾乎是不可壓縮物質。 2. 桶底與開口中心的距離比起水的總高度是可以忽略的。 3. 重力加速度是 9.81 m/s²。
分析： 我們取水所佔的體積為控制體積。在此情況下，控制體積的大小隨著水面降低而減小，因此

圖 5-11 例題 5-2 的示意圖。

這是一個可變的控制體積。(我們也可以取一個固定的控制體積，由木桶的內部體積所構成，並忽略取代水被排出空間的空氣。) 顯然這是一個不穩定流問題，因為在控制體積內部的性質 (例如質量的大小) 會隨時間而變。

經歷任何過程的控制體積的質量守恆的關係式用變化率的表示形式為

$$\dot{m}_{in} - \dot{m}_{out} = \frac{dm_{CV}}{dt} \quad (1)$$

在此過程中沒有質量進入控制體積 ($\dot{m}_{in} = 0$)，而排出水的質量流率是

$$\dot{m}_{out} = (\rho V A)_{out} = \rho \sqrt{2gh} A_{jet} \quad (2)$$

其中 $A_{jet} = \pi D_{jet}^2/4$ 是噴束的截面積，這是一個常數。注意水的密度是一個常數，而在任意時間，桶內水的質量為

$$m_{CV} = \rho V = \rho A_{tank} h \quad (3)$$

其中 $A_{tank} = \pi D_{tank}^2/4$ 是圓柱形水桶的底面積。將式 (2) 和 (3) 代入質量守恆關係式 (1) 得

$$-\rho \sqrt{2gh} A_{jet} = \frac{d(\rho A_{tank} h)}{dt}$$

$$\rightarrow -\rho \sqrt{2gh} (\pi D_{jet}^2/4) = \frac{\rho(\pi D_{tank}^2/4) dh}{dt}$$

消去密度與其它共同項並分離變數，得

$$dt = -\frac{D_{tank}^2}{D_{jet}^2} \frac{dh}{\sqrt{2gh}}$$

積分，從 $t = 0$、$h = h_0$ 到 $t = t$、$h = h_2$，得

$$\int_0^t dt = -\frac{D_{tank}^2}{D_{jet}^2 \sqrt{2g}} \int_{h_0}^{h_2} \frac{dh}{\sqrt{h}} \rightarrow t = \frac{\sqrt{h_0} - \sqrt{h_2}}{\sqrt{g/2}} \left(\frac{D_{tank}}{D_{jet}}\right)^2$$

代入值，求出排水的時間為

$$t = \frac{\sqrt{1.2 \text{ m}} - \sqrt{0.6 \text{ m}}}{\sqrt{9.81/2 \text{ m/s}^2}} \left(\frac{0.9 \text{ m}}{0.013 \text{ m}}\right)^2 = 694 \text{ s} = \mathbf{11.6 \text{ min}}$$

因此，出水口的止水栓被拔出後，需要 11.6 min 來排出桶內一半的水量。

討論：若 $h_2 = 0$，使用同樣的關係式得 $t = 39.5$ min，這是排空桶內所有水量的時間。因此，排空後面一半的水量所需時間大於排空前面一半的水量所需的時間。這是因為排水速度會隨液面高度減小的原因。

5-3　機械能和效率

　　許多流體系統被設計以指定的流率、速度及高度差從一個地點輸運流體到另一個地點，並且在過程中此系統可以在一個透平機中產生機械功，或在一個泵或風扇中消耗機械功。這些系統中沒有核能、化學能或熱能轉換為機械能。同時也不含有任何顯著的熱傳量，並且基本上是在常溫下操作。這些系統的分析，可以簡單的只考慮機械能及摩擦效應造成的機械能損失 (此損失轉換成熱能，並且通常不能再有任何用途)。

　　機械能 (mechanical energy) 定義為能量可以經由一個理想的機械裝置，例如理想透平機，完全而直接的轉換成機械功的一種能量形式。動能和位能是最常見的機械能形式。然而，熱能不是機械能，因為其不能直接而完全的轉換成功 (熱力學第二定理)。

　　泵藉由提升壓力將機械能傳遞給流體，而透平機則藉由降低壓力將機械能從流體抽出。因此，流動流體的壓力也與其機械能有關。事實上，壓力的單位 Pa 相當於 $Pa = N/m^2 = N \cdot m/m^3 = J/m^3$，其為每單位體積的能量，而乘積 Pv 或 P/ρ 的單位 J/kg，是每單位質量的能量。注意壓力本身並不是一種能量形式。但是作用在一個流體的壓力，經過一段距離就產生功，稱為流功，其每單位質量的大小為 P/ρ。流功用流體的性質來表示，可以方便的將其視為流動流體所具有能量的一部分，稱為**流能** (flow energy)。因此，流動流體的每單位質量的機械能可以表示為

$$e_{\text{mech}} = \frac{P}{\rho} + \frac{V^2}{2} + gz$$

其中 P/ρ 是流能，$V^2/2$ 是動能，gz 是位能，都是每單位質量的流體所具有的各種能量，則流體在不可壓縮流動中的機械能改變成為

$$\Delta e_{\text{mech}} = \frac{P_2 - P_1}{\rho} + \frac{V_2^2 - V_1^2}{2} + g(z_2 - z_1) \quad \text{(kJ/kg)} \quad (5\text{-}24)$$

因此流動的流體若其壓力、密度、速度與高度都維持是常數，則其機械能不會改變。若沒有任何不可逆損失時，機械能的改變代表對流體所作的機械功 (若 $\Delta e_{\text{mech}} > 0$) 或從流體抽出機械功 (若 $\Delta e_{\text{mech}} < 0$)。例如，由一個透平機所生產的最大 (理想) 功率為 $\dot{W}_{\text{max}} = \dot{m}\Delta e_{\text{mech}}$，如圖 5-12 所示。

$\dot{W}_{\text{max}} = \dot{m}\Delta e_{\text{mech}} = \dot{m}g(z_1 - z_4) = \dot{m}gh$
因為 $P_1 \approx P_4 = P_{\text{atm}}$ 與 $V_1 = V_4 \approx 0$
(a)

$\dot{W}_{\text{max}} = \dot{m}\Delta e_{\text{mech}} = \dot{m}\dfrac{P_2 - P_3}{\rho} = \dot{m}\dfrac{\Delta P}{\rho}$
因為 $V_2 \approx V_3$ 與 $z_2 \approx z_3$
(b)

圖 5-12 機械能可以由一個理想透平機與一個理想發電機的耦合來作說明。在沒有不可逆損失時，最大生產的功率正比於 (a) 從上游到下游水體的水面高度差異，或 (b) (近視圖) 從透平機的上游到下游的水壓下降量。

圖 5-13 水在容器底部的可用機械能等於在任何深度的可用機械能，包括在容器的自由表面。

$P_{\text{gage}} = 0$
$\text{pe} = gh$
$\dot{W}_{\max} = \dot{m}gh$
$P_{\text{gage}} = \rho gh$
$\text{pe} = 0$

圖 5-14 風扇的機械效率是空氣機械能的增加率與機械功率輸入的比值。

風扇
50.0 W
$\dot{m} = 0.506$ kg/s
$V_1 \approx 0$, $V_2 = 12.1$ m/s
$z_1 = z_2$
$P_1 \approx P_{\text{atm}}$ and $P_2 \approx P_{\text{atm}}$

$$\eta_{\text{mech, fan}} = \frac{\Delta \dot{E}_{\text{mech, fluid}}}{\dot{W}_{\text{shaft, in}}} = \frac{\dot{m}V_2^2/2}{\dot{W}_{\text{shaft, in}}}$$
$$= \frac{(0.506 \text{ kg/s})(12.1 \text{ m/s})^2/2}{50.0 \text{ W}}$$
$$= 0.741$$

考慮一個高度為 h，充滿水的容器，如圖 5-13 所示，其參考高度選擇在底部平面。在自由表面的 A 點的錶壓力和每單位質量的位能分別是 $P_{\text{gage},A} = 0$ 和 $\text{pe}_A = gh$，而在容器底部平面的 B 點分別是 $P_{\text{gage},B} = \rho gh$ 和 $\text{pe}_B = 0$。一個位於底部高度的理想透平機不管接受的水 (或其它等密度的流體) 是從容器的頂部或底部，其所生產的每單位質量的功 $w_{\text{turbine}} = gh$ 都是一樣。注意我們假設水經過從容器到透平機的水管是理想流動 (沒有不可逆損失)，且在透平機出口的動能為可忽略。因此水的總可用機械能在底部與在頂部是相等的。

機械能的轉換通常是經由轉軸來完成的，因此機械功常被稱為軸功 (shaft work)。泵或風扇接受軸功 (通常從一個電動馬達) 並且將其以機械能傳遞給流體 (減掉摩擦損失)。相反的，透平機將流體的機械能轉換成軸功。由於不可逆性，例如摩擦，機械能無法從一種形式完全轉換成另一種形式，因此一個裝置或過程的機械效率就被定義為

$$\eta_{\text{mech}} = \frac{\text{機械能輸出}}{\text{機械能輸入}} = \frac{E_{\text{mech, out}}}{E_{\text{mech, in}}} = 1 - \frac{E_{\text{mech, loss}}}{E_{\text{mech, in}}} \quad (5\text{-}25)$$

低於 100% 的轉換效率表示轉換不是完美的，有些損失在轉換中發生了。一個 74% 的機械效率表示 26% 的機械能輸入，由於摩擦生熱的結果被轉換成熱能 (圖 5-14)，這在流體溫度的些微升溫就可自我說明了。

在流體系統中，我們經常有興趣於增加一個流體的壓力、速度及 (或) 高度。這可藉由泵、風扇或壓縮機 (這些我們將通稱為泵) 供給機械能給流體來達成。若我們的興趣在於相反的過程，則可藉由透平機來從流體中抽取機械能，並產生轉軸形式的機械功率來驅動一個發電機或任何其它旋轉裝置。

提供流體或從流體輸出機械能的轉換過程的完美程度被表示成泵效率與透平機效率。用變化率的形式來表示，它們的定義對泵為

$$\eta_{\text{pump}} = \frac{\text{流體增加的機械功率}}{\text{輸入的機械功率}} = \frac{\Delta \dot{E}_{\text{mech, fluid}}}{\dot{W}_{\text{shaft, in}}} = \frac{\Delta \dot{W}_{\text{pump}, u}}{\dot{W}_{\text{pump}}} \quad (5\text{-}26)$$

其中 $\Delta \dot{E}_{\text{mech, fluid}} = \dot{E}_{\text{mech, out}} - \dot{E}_{\text{mech, in}}$ 是流體機械能的增加率，是等於提供給流體的可用泵馬力 $\dot{W}_{\text{pump}, u}$，而對透平機為

$$\eta_{\text{turbine}} = \frac{\text{輸出的機械功率}}{\text{流體減少的機械功率}} = \frac{\dot{W}_{\text{shaft, out}}}{\cdot\Delta \dot{E}_{\text{mech, fluid}}\cdot} = \frac{\dot{W}_{\text{turbine}}}{\dot{W}_{\text{turbine}, u}} \quad (5\text{-}27)$$

其中 $|\Delta \dot{E}_{\text{mech, fluid}}| = \dot{E}_{\text{mech, in}} - \dot{E}_{\text{mech, out}}$ 是流體機械能的減少率，是透平機從流體所抽取的機械功率 $\dot{W}_{\text{turbine, }e}$，我們使用絕對值符號來避免效率成為負值。泵或透平機效率若為 100% 就表示在軸功與流體機械能之間有完美的轉換，當摩擦效應被極小化時，可以逼近這個值 (但永遠無法達到)。

機械效率永遠不可與馬達效率及發電機效率混淆，這些被定義為

馬達：
$$\eta_{\text{motor}} = \frac{\text{輸出的機械功率}}{\text{輸入的電功率}} = \frac{\dot{W}_{\text{shaft, out}}}{\dot{W}_{\text{elect, in}}} \quad (5\text{-}28)$$

與

發電機：
$$\eta_{\text{generator}} = \frac{\text{輸出的電功率}}{\text{輸入的機械功率}} = \frac{\dot{W}_{\text{elect, out}}}{\dot{W}_{\text{shaft, in}}} \quad (5\text{-}29)$$

泵經常與其馬達封裝在一起，而透平機則與其發電機一起。因此我們經常有興趣於泵–馬達與透平機–發電機結合的整合的或總效率 (圖 5-15)，其定義為

$$\eta_{\text{pump-motor}} = \eta_{\text{pump}} \eta_{\text{motor}} = \frac{\dot{W}_{\text{pump, }u}}{\dot{W}_{\text{elect, in}}} = \frac{\Delta \dot{E}_{\text{mech, fluid}}}{\dot{W}_{\text{elect, in}}} \quad (5\text{-}30)$$

與

$$\eta_{\text{turbine-gen}} = \eta_{\text{turbine}} \eta_{\text{generator}} = \frac{\dot{W}_{\text{elect, out}}}{\dot{W}_{\text{turbine, }e}} = \frac{\dot{W}_{\text{elect, out}}}{|\Delta \dot{E}_{\text{mech, fluid}}|} \quad (5\text{-}31)$$

圖 5-15 透平機–發電機的總效率是透平機效率與發電機效率的乘積，代表流體的機械功率轉換成電功率的比率。

所有剛定義的效率範圍都在 0% 到 100% 之間。下限 0% 對應的是所有機械能或電能輸入都轉換成熱能，在此情況下，裝置的功能就像是一個電阻發熱器。上限 100% 對應的是完美的轉換，沒有摩擦或其它不可逆性，因此沒有機械能或電能轉換成熱能 (沒有損失)。

例題 5-3　水力透平機–發電機的性能

藉由裝設一個透平機–發電機組合要利用一個大湖的水來發電。水壩上游與下游的水面高度差是 50 m (圖 5-16)。水的供給率是 5000 kg/s。如果量測到的電功率輸出是 1862 kW，而發電機效率是 95%，試求 (a) 透平機–發電機組合的總效率，(b) 透平機的機械效率，與 (c) 由透平機提供給發電機的軸功率。

解答：一個透平機–發電機組合要從湖水來生產電力。決定總效率、透平機效率與軸功率。

圖 5-16 例題 5-3 的示意圖。

假設：**1.** 湖面與排水場所的水面高度維持是常數。**2.** 水管中的不可逆損失可以忽略。
性質：取水的密度為 $\rho = 1000$ kg/m^3。
分析：(a) 我們從湖的自由表面的入口 (1) 到下游排水場所的自由表面的出口 (2) 進行分析。在兩個自由表面的壓力都是大氣壓力而速度都是小到可以忽略。水的每單位質量的機械能的變化為

$$e_{\text{mech, in}} - e_{\text{mech, out}} = \underbrace{\frac{P_{\text{in}} - P_{\text{out}}}{\rho}}_{0} + \underbrace{\frac{V_{\text{in}}^2 - V_{\text{out}}^2}{2}}_{0} + g(z_{\text{in}} - z_{\text{out}})$$

$$= gh$$

$$= (9.81 \text{ m/s}^2)(50 \text{ m})\left(\frac{1 \text{ kJ/kg}}{1000 \text{ m}^2/\text{s}^2}\right) = 0.491 \frac{\text{kJ}}{\text{kg}}$$

因此流體提供給透平機的機械能的變化率與總效率成為

$$|\Delta \dot{E}_{\text{mech, fluid}}| = \dot{m}(e_{\text{mech, in}} - e_{\text{mech, out}}) = (5000 \text{ kg/s})(0.491 \text{ kJ/kg}) = 2455 \text{ kW}$$

$$\eta_{\text{overall}} = \eta_{\text{turbine-gen}} = \frac{\dot{W}_{\text{elect, out}}}{|\Delta \dot{E}_{\text{mech, fluid}}|} = \frac{1862 \text{ kW}}{2455 \text{ kW}} = \mathbf{0.760}$$

(b) 知道總效率和發電機效率，透平機的機械效率可以如下決定：

$$\eta_{\text{turbine-gen}} = \eta_{\text{turbine}} \eta_{\text{generator}} \rightarrow \eta_{\text{turbine}} = \frac{\eta_{\text{turbine-gen}}}{\eta_{\text{generator}}} = \frac{0.76}{0.95} = \mathbf{0.800}$$

(c) 軸功率輸出可以從機械效率的定義求出，

$$\dot{W}_{\text{shaft, out}} = \eta_{\text{turbine}} |\Delta \dot{E}_{\text{mech, fluid}}| = (0.800)(2455 \text{ kW}) = 1964 \text{ kW} \approx \mathbf{1960 \text{ kW}}$$

討論：注意湖提供 2455 kW 的機械功率給透平機，其中的 1964 kW 經透平機轉換為軸功來驅動發電機，發電機則產生 1862 kW 的電功率。每一個零件都有不可逆損失。但是在水管中的不可逆損失在此是被忽略的；在第 8 章中你將學習如何將其列入考慮。

5-4 伯努利方程式

伯努利方程式 (Bernoulli equation) 是一個壓力、速度與高度之間的近似關係式，並且在穩定、不可壓縮且摩擦力可忽略的流動區域是有效的 (圖 5-17)。雖然形成簡單，但它已經證明在流體力學中是一個非常有力的工具。在本節中我們應用線性動量守恆定理來導出伯努利方程式，並且說明其有用性及限制。

推導伯努利方程式的關鍵近似方法是假設黏滯效應相對於慣性，重力與高度效應是可以忽略的。因為所有流體都有黏度

圖 5-17 伯努利方程式是一個近似方程式，僅適用於流場的無黏性區域，亦即淨黏性力與慣性力、重力或壓力比較時小到可以忽略的區域。這樣的區域發生在邊界層與尾流的外面。

(沒有「無黏性流體」這種東西)，這個近似法不能對整個流場都成立。換言之，不管流體的黏度是多麼小，我們不能對一個流場的所有地方都應用伯努利方程式。然而，事實上這個近似在許多實際流動的某些區域是合理的。我們稱這些區域為流動的無黏性區域，並且強調這些區域並不是流體本身無黏性或無摩擦，而是這些區域的黏性力或摩擦力與作用在流體質點的其它力量比較時甚小而可以忽略。

在使用伯努利方程式時必須很小心，因為它是僅適用於流場的無黏性區域的一個近似。通常在非常靠近固體壁 (邊界層) 與直接在物體的下游 (尾流) 的區域，黏性效應總是重要的。因此伯努利近似通常僅適用於邊界層與尾流之外的流動區域，這些區域的流體運動是由壓力與重力的聯合效應所主宰的。

流體質點的加速度

流體質點的運動及其路徑可以藉由將速度向量表示成時間與空間座標的函數與其開始位置來描述。若流動是穩定的 (在一個指定位置不會隨時間改變)，所有通過相同一點的質點都遵循相同的路徑 (這是流線)，並且速度向量在每一點都會與路徑相切。

在描述一個質點的運動時，使用沿著一條流線的距離 s 及沿著流線各點的曲率半徑通常是很方便的。質點的速率與距離的相關式是 $V = ds/dt$，其在沿流線時可能會改變。在二維的流動中，加速度可以分解成兩個分量：沿流線方向的流線加速度 a_s 與垂直流線方向的垂直加速度 a_n，其可表示為 $a_n = V^2/R$。注意流線加速度是由於沿流線的速率改變，而垂直加速度是由於方向的改變。對於沿直線路徑運動的流體質點，$a_n = 0$，因為曲率半徑是無限大，而沒有方向的改變。伯努利方程式是沿著一條流線上的力量平衡的結果。

有人可能傾向於認為在穩定流中的加速度為零，因為加速度是速度對時間的變化率，而在穩定流中沒有隨時間的速度改變。一個園藝水管的噴嘴告訴我們這個認知是錯誤的。即使在質量流率為常數的穩定流情況下，水經過噴嘴還是會加速的 (圖 5-18，就如在第 4 章曾討論過的)。穩定僅是表示在一個固定的位置不隨時間改變，但是一個量的值從一個位置到另一個位置還是可能改變的。在噴嘴的情況，水的速度在一個固定點維持不變，但是從入口到出口，它還是會改變的 (水沿噴嘴加速)。

圖 5-18 在穩定流中，流體在一個固定點可能沒有加速，但有可能在空間加速。

數學上，此情況可以表示如下：我們取一個流體質點的速度為 s 與 t 的函數。對 $V(s, t)$ 作全微分，並且兩邊都除以 dt 得

$$dV = \frac{\partial V}{\partial s}ds + \frac{\partial V}{\partial t}dt \quad \text{與} \quad \frac{dV}{dt} = \frac{\partial V}{\partial s}\frac{ds}{dt} + \frac{\partial V}{\partial t} \tag{5-32}$$

在穩定流中 $\partial V/\partial t = 0$，因此 $V = V(s)$，而沿著 s- 方向的加速度變成

$$a_s = \frac{dV}{dt} = \frac{\partial V}{\partial s}\frac{ds}{dt} = \frac{\partial V}{\partial s}V = V\frac{dV}{ds} \quad (5\text{-}33)$$

其中 $V = ds/dt$，如果我們跟隨流體質點沿著流線移動。因此，穩定流中的加速度是由於速度隨位置改變造成的。

伯努利方程式的推導

考慮流場中的一個流體質點在穩定流狀態的運動。對一個沿著流線移動的質點，應用牛頓第二定律 (在流體力學中稱為線性動量方程式) 在 s- 方向得

$$\sum F_s = m a_s \quad (5\text{-}34)$$

在摩擦力可以忽略的流動區域，沒有泵或透平機，且沒有沿流線的熱傳，作用在 s- 方向比較顯著的力是壓力 (作用在兩邊) 及質點的重量在 s- 方向的分量 (圖 5-19)。因此，式 (5-34) 變成

$$P\,dA - (P + dP)\,dA - W\sin\theta = mV\frac{dV}{ds} \quad (5\text{-}35)$$

其中 θ 是流線的法線與在那點上垂直的 z- 軸的夾角，$m = \rho V = \rho\,dA\,ds$ 是質量，$W = mg = \rho g\,dA\,ds$ 是流體質點的重量，且 $\sin\theta = dz/ds$。代入後得

$$-dP\,dA - \rho g\,dA\,ds\frac{dz}{ds} = \rho\,dA\,ds\,V\frac{dV}{ds} \quad (5\text{-}36)$$

圖 5-19 作用在沿流線運動的流體質點上的力。

從每一項消去 dA 並化簡

$$-dp - \rho g\,dz = \rho V\,dV \quad (5\text{-}37)$$

注意 $V\,dV = \tfrac{1}{2}d(V^2)$ 並將每一項除以 ρ 得

$$\frac{dP}{\rho} + \frac{1}{2}d(V^2) + g\,dz = 0 \quad (5\text{-}38)$$

積分後得

穩定流： $\quad\displaystyle\int\frac{dP}{\rho} + \frac{V^2}{2} + gz = 常數 (沿著一條流線) \quad (5\text{-}39)$

在不可壓縮流的情況，積分後得

穩定、不可壓縮流：$\quad \dfrac{P}{\rho} + \dfrac{V^2}{2} + gz =$ 常數 (沿著一條流線) $\qquad$ (5-40)

這就是有名的伯努利方程式 (圖 5-20)，在流體力學中通常被使用在流場的無黏性區域中，沿著一條流線的穩定的不可壓縮流動上。伯努利方程式首先出現在瑞士數學家丹尼爾・伯努利 (1700-1782) 在 1738 年寫的一本教科書中，是以文字形式敘述的，當時他正在俄國的聖彼得堡工作。其後由他的同事李奧納多・歐拉 (1707-1783) 在 1755 年以方程式的形式推導出來。

在式 (5-40) 中的常數的值可以用流線上已知壓力、密度、速度及高度的任何一點上的值來求出。伯努利方程式也可以用同一條流線上任意兩點間的關係來寫出

圖 5-20 不可壓縮的伯努利方程式是假設不可壓縮而導出的，因此不能被用在有顯著壓縮效應的流動中。

穩定、不可壓縮流：$\quad \dfrac{P_1}{\rho} + \dfrac{V_1^2}{2} + gz_1 = \dfrac{P_2}{\rho} + \dfrac{V_2^2}{2} + gz_2 \qquad$ (5-41)

我們認出 $V^2/2$ 是動能，gz 是位能，而 P/ρ 是流能，都是每單位質量的值。因此伯努利方程式可以被當成機械能平衡的一個表示式，可以如下敘述 (圖 5-21)：

> 當壓縮與黏性效應可以忽略時，穩定流場中沿著一條流線的流體質點的動能、位能與流能的總和是常數。

換言之，在這樣的流動中，沒有機械能的消耗，因為沒有摩擦會將機械能轉換成顯熱的能量 (內能)。

雖然在其推導時，使用了高度限制的近似方法，但是伯努利方程式卻經常在實際情況中被使用，因為許多實際的流體流動問題用其來分析可得到相當合理的正確性。因為在許多具有實際工程興趣的流體問題中，流動是穩定的 (或至少平均是穩定的)，壓縮性的影響很小，並且在流場中的某些有興趣的區域，淨摩擦力是可忽略的。

圖 5-21 伯努利方程式的敘述是：在穩定流中，沿著流線流動的一個流體質點，其動能、位能與流能 (都是每單位質量) 的總和是常數。

跨過流線的力平衡

以下留作練習：證明在垂直流線的 n 方向的力平衡可以導出給穩定的不可壓縮流在橫跨流線方向可以適用的關係式：

$$\dfrac{P}{\rho} + \int \dfrac{V^2}{R} dn + gz = 常數 \quad (垂直流線方向) \qquad (5-42)$$

其中 R 是流線的局部曲率半徑。對於沿一條彎曲流線的流動 (圖 5-22a)，壓力朝曲率中心遞減，使得流體質點由於壓力梯度的作用體驗到一個對應的向心力與向心加速度。

若流體沿著一條直線運動，$R \to \infty$，使得式 (5-42) 簡化為 $P/\rho + gz =$ 常數或 $P = -\rho gz +$ 常數，這是在一個靜止流體中，液體靜壓力隨垂直距離改變的表示式。因此，在一個流場的無黏性區域中，沿一條直線運動的穩定不可壓縮流，其壓力隨高度的變化是與在靜止流體中的變化一樣的 (圖 5-22b)。

圖 5-22 (a) 當流線是彎曲的，壓力朝曲率中心遞減；(b) 沿直線運動的穩定，不可壓縮流，其壓力隨高度的變化與在靜止流體中是一樣的。

靜壓、動壓與停滯壓

在伯努利方程式中，流體質點沿著流線的流能、動能與位能的總和是常數。因此，在流動中流體的動能與位能可被轉換成流能 (逆向轉換亦同)，造成壓力的改變。這種現象可以藉由將伯努利方程式乘以密度更容易看出來，

$$P + \rho \frac{V^2}{2} + \rho gz = 常數 \quad (沿著一條流線) \tag{5-43}$$

這個方程式的每一項都有壓力的單位，因此每一項都代表某種壓力：

- P 是靜壓 (static pressure) (它沒有包含任何動力效應)；代表流體的真正的熱力學壓力。此壓力與在熱力學及性質表中使用的壓力是相同的。
- $\rho V^2/2$ 是動壓 (dynamic pressure)；代表當流體的運動被等熵的引導至靜止時所造成的壓力上升。
- ρgz 是液靜壓 (hydrostatic pressure)；這不是真實意義上的壓力，因為其值相依於所選擇的參考高度；它考慮到高度的影響，亦即流體重量對壓力的影響 (要注意符號 —— 不像液靜壓 ρgh 會隨流體深度而增加，這裡的液靜壓項 ρgz 會隨流體深度而遞減)。

靜壓、動壓與液靜壓的總和稱為總壓 (total pressure)，因此伯努利方程式可以敘述為沿著流線的總壓是常數。

靜壓與動壓的加總稱為停滯壓 (stagnation pressure)，並表示為

$$P_{\text{stag}} = P + \rho \frac{V^2}{2} \quad (\text{kPa}) \tag{5-44}$$

停滯壓代表著當流體被等熵的引導至完全靜止的那一點的壓力。靜壓、動壓與停滯壓顯示於圖 5-23。當一個特定點的靜壓及停滯壓被量測到時，此位置的流體速度

可以用下式計算：

$$V = \sqrt{\frac{2(P_\text{stag} - P)}{\rho}} \qquad (5\text{-}45)$$

式 (5-45) 在量測流體速度時非常有用，就如圖 5-23 所示，將靜壓孔與皮托管結合在一起就可以了。靜壓孔很簡單，就是在壁面上鑽一個小孔，並使孔所在的平面平行於流動方向即可。它量測的是靜壓。皮托管 (Pitot tube) 是一根小管，其開口正對著流動方向，可以用來感測流動流體的完全衝擊壓力。它量測的是停滯壓。當流動液體的靜壓及停滯壓都大於大氣壓力時，一根垂直的透明管，稱為液壓計 (piezometer tube 或 piezometer)，可以被連接到靜壓孔或皮托管，如圖 5-23 所示。液壓計的液柱中的液體上升高度 (水頭) 正比於量測壓力。如果被量測的壓力低於大氣壓力，或是量測的是氣體中的壓力，液壓計就無法工作。然而，靜壓孔與皮托管仍可被使用，它們必須被連接到某些其它種類的壓力量測裝置，例如 U 形管壓力計或一個壓力轉換器 (第 3 章)。有時候，將靜壓孔整合到皮托管上是很方便的。結果就是一根**皮托靜壓管** (Pitot-static probe 或 Pitot-Darcy probe)。一根連接到壓力轉換器或液壓計的皮托靜壓管可以直接量測動壓 (因此可以推論出流體速度)。

圖 5-23 利用液壓計量測靜壓、動壓與停滯壓。

當在管壁鑽孔來量測靜壓時，必須小心確保孔的開口要與管壁一般平整，在孔之前或之後都不能有凸出物 (圖 5-24)，否則讀值會包含一些動態效應，因此量測會有誤差。

當一個靜止的物體浸在一個流動的流體中時，趨近物體鼻部的流體在鼻部會靜止 [**停滯點** (stagnation point)]。從上游遠處一直延伸到停滯點的流線稱為停滯流線 (stagnation streamline)。在 xy- 平面的二維流動，停滯點其實是一條平行於 z- 軸的線，而停滯流線事實上是一個面，此面將從物體上面流過的流體與從物體下面流過的流體隔開。在不可壓縮流中，流體從其自由流速度等熵的被減速，一直到在停滯點速度為零，因此在停滯點的壓力是停滯壓力。

圖 5-24 靜壓孔的不小心鑽孔可能會造成在讀取靜壓頭的誤差。

使用伯努利方程式的限制

伯努利方程式 [式 (5-40)] 是流體力學中最常被使用和誤用的方程式。它的廣泛性、簡單性與容易使用使其在分析上是非常有價值的工具，但是同樣的特質也使其容易被誤用，因此瞭解其應用上的限制並遵守其使用上的極限是很重要的，說明如下：

1. **穩定流** 伯努利方程式的第一個限制就是適用於穩定流。因此在暫態的起動與停機的期間，或在改變流動狀態的期間不應該被使用。注意有一個伯努利方程式的不穩定形式，其討論超出這本教科書的範圍 (參考 Panton, 2005)。

2. **忽略黏性效應** 每個流動都包含一些摩擦，不管是多小，而摩擦效應有些可以忽略，有些就不可以被忽略。其情況由於能夠被容許的誤差大小而變得更複雜。對於長度短但具有大截面的流動段，摩擦效應可以忽略，特別是在低流速情況。但許多情況下，摩擦效應通常是顯著的情況，如在長而窄的通道中，在一個物體下游的尾流區域，以及在擴張的流動區段，如擴散器，因為在這樣的幾何形狀，流體從壁面分離的可能性大增。摩擦效應在靠近固體表面時也是顯著的。因此伯努利方程式通常適用於流動中心區域的流線上，而不適用於接近表面的流線上 (圖 5-25)。

   干擾流動的流線結構的元件，會導致可觀的混合及逆流，例如管子的尖銳入口或在流動段中部分關閉的閥都能使伯努利方程式變成不適用。

3. **無軸功** 伯努利方程式是對沿著流線運動的流體質點作力的平衡推導出來的。因此伯努利方程式對於包含泵、透平機、風扇或任何其它機器或葉輪的流動是不適用的，因為這些裝置打斷了流線並且進行與流體的能量交互作用。當考慮的流動段包含任何這樣的裝置，應該使用能量方程式來代替，以將軸功的輸入或輸出列入考慮。然而，伯努利方程式仍可被使用在機械之前或之後的流動區段 (當然要假設其它的使用限制都是滿足的)。在這些情況下，伯努利常數從裝置的上游到下游會改變。

圖 5-25 摩擦效應、熱傳以及干擾流動的流線結構的元件會使得伯努利方程式無效，其不應該被使用在顯示於此的任何一個情況中。

4. **不可壓縮流** 在推導伯努利方程式時的一個假設是 ρ = 常數，因此流動是不可壓縮的。這個條件對液體與馬赫數小於 0.3 的氣體是滿足的，因為氣體的壓縮效應與密度變化在如此低的速度是可忽略的。注意伯努利方程式有一個可壓縮的形式 [式 (5-39)]。

5. **可忽略的熱傳** 氣體的密度反比於溫度，因此伯努利方程式不應該被用於包含顯著溫度變化的流動區段，例如加熱或冷卻區段。

6. **沿著一條流線的流動** 嚴格來說，伯努利方程式 $P/\rho + V^2/2 + gz = C$ 是沿著一條流線適用的，常數 C 的值一般對不同的流線有不同的值。然而，當一個流動區域是無旋的，也就是說流場沒有渦度，常數 C 的值在所有流線上就都一樣，伯努利方程式變成在跨越流線方向也是可用的 (圖 5-26)。因此對無旋的流動，我們就不需要考慮流線，可以在流場的無旋區域中任意兩點之間使用伯努利方程式。

為了簡單的緣故，我們在推導伯努利方程式時僅考慮到在 xy- 平面的二維流動，但只要是應用到沿著相同的一條流線的流動，此方程式對於一般的三維流動也是成立的。我們應該隨時謹記推導伯努利方程式的假設，並且在使用方程式之前，要確定這些假定是成立的。

圖 5-26 當流體是無旋時，伯努利方程式可以應用在流場中的任意兩點之間 (不需要在同一條流線上)。

$$\frac{P_1}{\rho} + \frac{V_1^2}{2} + gz_1 = \frac{P_2}{\rho} + \frac{V_2^2}{2} + gz_2$$

水力坡線 (HGL) 與能量坡線 (EGL)

通常將機械能的大小在圖形上用高度來代表是很方便的，如此可以視覺化伯努利方程式的各個項。這可藉由將伯努利方程式的每一項都除以 g 來達成。

$$\frac{P}{\rho g} + \frac{V^2}{2g} + z = H = 常數 \quad (沿著一條流線) \tag{5-46}$$

這個方程式的每一項都有長度的因次，並且代表流動流體的某種「水頭」，如下說明：

- $P/\rho g$ 是壓力頭 (pressure head)：代表可以產生靜壓 p 的液柱高度。
- $V^2/2g$ 是速度頭 (velocity head)：代表流體在無摩擦的自由落下時可以達到速度 V 的高度。
- z 是高度頭 (elevation head)：代表流體的位能。

同時，H 是流動的總水頭 (total head)。因此伯努利方程式可以用水頭來表示成為：在一個穩定流中，當壓縮性與摩擦效應可以忽略時，沿著一條流線的壓力頭、速度頭與高度頭的總和是常數 (圖 5-27)。

如果一根液壓計 (用來量測靜壓) 被連接到一根加壓的管子，如圖 5-28 所示，液體會上升至管中心以上 $P/\rho g$ 的高度。藉由在沿管子的幾個不同位置如此做，並畫一條線經過這些液壓計中的液體高度，即可得水力坡線 (HGL)。高於管中心的垂直高度是管內壓力的一個量度。

圖 5-27 伯努利方程式的另一種形式可以用水頭表示為：沿著一條流線的壓力頭、速度頭與高度頭的總和是常數。

圖 5-28 一個貯水池經由一根有擴散器的水平管的自由排水的水力坡線 (HGL) 與能量坡線 (EGL)。

同樣的，一根皮托管 (量測靜壓 + 動壓) 被裝到管中，液體上升至高於管中心 $P/\rho g + V^2/2g$ 的高度，或高於 HGL 以上 $V^2/2g$ 的距離。藉由在沿管子幾個不同位置如此做，並畫一條線經過這些皮托管中的液體高度，即可得能量坡線 (EGL)。

注意流體也有高度頭 z (除非管的中心線取為參考高度)，HGL 與 EGL 被定義如下：代表靜壓頭與高度頭總和的線稱為**水力坡線** (hydraulic grade line)。代表流體總水頭 $P/\rho g + V^2/2g + z$ 的線稱為**能量坡線** (energy grade line)。在 EGL 與 HGL 之間的差異等於速度頭，$V^2/2g$。關於 HGL 與 EGL，我們注意到以下幾點：

- 對於靜止的物體，例如貯水池或湖泊，EGL 與 HGL 與液體的自由表面一致。在這些情況的自由表面的高度同時代表 EGL 及 HGL，因為速度為零且靜 (錶) 壓為零。
- EGL 高於 HGL 的距離總是 $V^2/2g$。當速度遞減時，此兩種曲線相互逼近，而當速度遞增時，它們會相互分離；當速度增加時，HGL 的高度減小，反向也是。
- 在一個理想的伯努利型流動，EGL 是水平的，其高度維持不變。當流動速度是常數時，HGL 的高度也維持不變 (圖 5-29)。
- 對於明渠流，HGL 與液體的自由表面一致，而 EGL 在自由表面距離 $V^2/2g$ 的高處。
- 在管子出口，壓力水頭為零 (大氣壓力)，因此 HGL 與管子出口一致 (圖 5-28 的位置 3)。
- 由於摩擦效應造成的機械能損失 (轉換成熱能) 會造成 EGL 與 HGL 在流動的方向往下游傾斜向下。傾斜度是管內水頭損失的一個量度 (在第 8 章中詳細討論)。產生顯著摩擦效應的零件，例如閥，會造成在那個位置的 EGL 與 HGL 兩者都急速下降。
- 當機械能加入流體時 (例如，藉由泵)，EGL 與 HGL 會有陡峭的躍升。同樣的，當機械能被抽出流體時 (例如，藉由透平機)，EGL 及 HGL 會有陡峭的下降，如圖 5-30 所示。
- 在 HGL 與流體相交的位置，流體的錶壓力為零。在流體區段高於 HGL 的地方，壓力為負值，在區段低於 HGL 的地方，壓力為正值 (圖 5-31)。因此正確的將 HGL 重疊畫在管路系統上可用來決定管中錶壓力為負值的區域 (低於大氣壓力)。

圖 5-29 在一個理想的伯努利型流動，EGL 是水平的，其高度維持不變。但當流速沿著流動會改變時，HGL 的高度就不會如這樣的維持不變。

圖 5-30 當機械能經由泵加入流體中時，EGL 與 HGL 會有陡升，而當機械能經由透平機從流體中抽出時，會有陡降。

圖 5-31 在 HGL 與流體相交的位置，流體的錶壓力為零。而在流體區段高於 HGL 的位置，錶壓力為負值 (真空)。

第 5 章　伯努利與能量方程式　**175**

最後一項說明可以讓我們避免壓力下降至低於流體的蒸氣壓的情況 (此情況會造成空蝕，如第 2 章中討論過的)。在安置液體泵時為了確保吸入端壓力不會掉得太低，正確的考量是必須的，特別是在溫度較高的區域，因其蒸氣壓較在低溫區域者更高之故。

現在我們更仔細的檢視圖 5-28。在點 0 (液體表面)，EGL 與 HGL 和液面等高，因為其處沒有流動。當液體加速進入管中時，HGL 快速降低；然而，在有導圓角的管入口處 EGL 的降低就比較緩慢。沿著流動方向，EGL 持續在降低，這是肇因於摩擦及其它流動的不可逆損失。在流動方向，EGL 不可能升高，除非能量補充至流體之中。在流動方向，HGL 可能升高，也可能下降，但不可能超越 EGL。在擴散器段，由於速度減小，HGL 上升，且靜壓回復一些；然而總壓不會回復且 EGL 在經過擴散器時降低。在點 1，EGL 與 HGL 的差異為 $V_1^2/2g$，在點 2，則為 $V_2^2/2g$。因為 $V_1 > V_2$，兩種坡度線的差異在點 1 比在點 2 者為大。兩種坡度線下降的斜率，在管的小直徑區段比較大，因為其處的摩擦水頭損失較大。最後，HGL 在出口減小至液面因為其處的壓力為大氣壓力。然而 EGL 仍高於 HGL，高出的量為 $V_2^2/2g$，因為在出口 $V_3 = V_2$。

伯努利方程式的應用

我們已經討論過伯努利方程式的基本觀念，現在藉由例題來說明其在廣泛應用問題中的使用。

例題 5-4　水在空氣中的噴濺

水在一根園藝管子中流動 (圖 5-32)。一個孩童用他的大拇指遮住水管出口的大部分，造成水以高速的細噴束射出。在其大拇指正上游的水管中壓力為 400 kPa。如果抓著水管向上，噴速可能達到的最大高度為何？

解答：從接到主要供水處的水管，水被噴射進入空氣中。要決定水流噴束可以達到的最大高度。

假設：**1.** 流出到空氣中的水流是穩定、不可壓縮且無旋的 (因此伯努利方程式可用)。**2.** 表面張力效應可以忽略。**3.** 水與空氣間的摩擦可以忽略。**4.** 在水管出口由於急速收縮所造成的不可逆性不予考慮。

性質：我們取水的密度為 1000 kg/m³。

分析：這個問題牽涉到流能、動能與位能之間的轉換，沒有任何泵、透平機，也有沒摩擦損失大的耗能零件，因此適合使用伯努利方程式來作分析。在前述假設條件下，噴水高度會是最大值。

圖 5-32　例題 5-4 的示意圖。插圖顯示的是水管出口區域的放大圖。

管中的水速相對的較低 ($V_1^2 \ll V_j^2$，因此相較於 V_j，$V_1 \cong 0$)。我們取恰位於水管出口的高度當參考平面 ($z_1 = 0$)。在噴水軌跡的頂部 $V_2 = 0$ 且為大氣壓力。因此沿著流線從 1 到 2，伯努利方程式化簡為

$$\frac{P_1}{\rho g} + \cancelto{\approx 0}{\frac{V_1^2}{2g}} + \cancelto{0}{z_1} = \frac{P_2}{\rho g} + \cancelto{0}{\frac{V_2^2}{2g}} + z_2 \rightarrow \frac{P_1}{\rho g} = \frac{P_{atm}}{\rho g} + z_2$$

解出 z_2 並代入數值，

$$z_2 = \frac{P_1 - P_{atm}}{\rho g} = \frac{P_{1,\text{gage}}}{\rho g} = \frac{400 \text{ kPa}}{(1000 \text{ kg/m}^3)(9.81 \text{ m/s}^2)} \left(\frac{1000 \text{ N/m}^2}{1 \text{ kPa}}\right)\left(\frac{1 \text{ kg·m/s}^2}{1 \text{ N}}\right)$$
$$= 40.8 \text{ m}$$

因此，此例中噴水高度可高達 40.8 m 的空中。

討論：由伯努利方程式得到的結果代表的是上限，因此解釋時應該小心。它告訴我們噴水不可能高於 40.8 m，而且極有可能高度會遠低於 40.8 m，因為我們忽略了不可逆損失。

例題 5-5　大型水槽的排水

一個開口的大型水槽，其注水高度從排水口往上算為 5 m (圖 5-33)。現在打開接近槽底的排水口，讓水從圓滑的排水口流出。試求在排水口的最大水流速度。

解答：打開接近水槽底部的排水口。要決定從水槽流出的最大水流速度。

假設：1. 流動是不可壓縮且無旋的 (除非非常接近壁面)。
2. 排水夠慢，因此水流可以近似為穩定的 (事實上水槽開始排水後可視為近似穩定的)。
3. 排水口區域的不可逆損失可以忽略。

分析：這個問題牽涉到流能、動能與位能之間的轉換，沒有任何泵、透平機，也沒有摩擦損失大的耗能零件，因此適合使用伯努利方程式。我們取點 1 位於水的自由表面使得 $P_1 = P_{atm}$ (開口至大氣)，$V_1^2 \ll V_2^2$，因此與 V_2 比較，$V_1 \cong 0$ (相較於排水口，水槽很大)，$z_1 = 5$ m，$z_2 = 0$ (我們取參考平面在排水口的中心)。同時，$P_2 = P_{atm}$ (排出至大氣)。沿著流線從 1 到 2，伯努利方程式化簡成

$$\cancel{\frac{P_1}{\rho g}} + \cancelto{\approx 0}{\frac{V_1^2}{2g}} + z_1 = \cancel{\frac{P_2}{\rho g}} + \frac{V_2^2}{2g} + \cancelto{0}{z_2} \rightarrow z_1 = \frac{V_2^2}{2g}$$

解出 V_2 並代入數值，

$$V_2 = \sqrt{2gz_1} = \sqrt{2(9.81 \text{ m/s}^2)(5 \text{ m})}$$
$$= 9.9 \text{ m/s}$$

圖 5-33　例題 5-5 的示意圖。

關係式 $V = \sqrt{2gz}$ 稱為**托里切利方程式**。

因此，水離開水槽的起始最大速度是 9.9 m/s。這跟一個固體在沒有空氣阻力下，從高度 5 m 處掉落的速度是一樣的。(如果排水口是在水槽底部而不是在旁邊，速度會是多少呢？)

討論：如果出口銳利而不是圓滑的，流動就會受到擾動，使得平均出口速度小於 9.9 m/s。使用伯努利方程式在有突然擴大或收縮的地方要很小心，因為在這些情況中摩擦與流動擾動有可能不可忽略。從質量守恆可得，$(V_1/V_2)^2 = (D_2/D_1)^4$。因此，如果 $D_2/D_1 = 0.1$，那麼 $(V_1/V_2)^2 = 0.0001$，則我們的近似 $V_1^2 \ll V_2^2$ 證明是成立的。

例題 5-6　從油箱中虹吸出汽油

在一次海灘旅行中 ($P_{atm} = 1$ atm $= 101.3$ kPa)，一輛汽車的汽油用完了，因此必須從一位好心人的車中虹吸出汽油 (圖 5-34)。虹吸管是一條小直徑的管子，為了開始虹吸作用，必須將虹吸管的一端插入裝滿油的油箱，經由吸取將管充滿汽油，再把管的另一端放入一個低於油箱高度的油罐中，在點 1 (油箱內油的自由表面) 與點 2 (管的出口) 之間的壓力差造成汽油從高處往低處流動。此例中點 2 比點 1 低 0.75 m，而點 3 比點 1 高 2 m。虹吸管的直徑是 5 mm，並且忽略管中的摩擦損失。試求 (a) 從油箱抽取 4 L 汽油到油罐需要的最短時間，(b) 在點 3 的壓力。汽油的密度是 750 kg/m³。

解答：要從油箱中虹吸出汽油。決定從油箱抽取 4 L 汽油的最短時間及系統中最高點的壓力。

圖 5-34　例題 5-6 的示意圖。

假設：**1.** 流動是穩定、不可壓縮的。**2.** 即使因為摩擦損失，伯努利方程式並不適用於管內的流動，但我們仍將應用伯努利方程式來獲得最佳理想狀況下的估計值。**3.** 在虹吸期間，與 z_1 和 z_2 的高度差相比，油箱內汽油表面高度的變化是可以忽略的。

性質：已知汽油的密度是 750 kg/m³。

分析：(a) 我們取點 1 位於油箱內的自由表面上使得 $P_1 = P_{atm}$ (開放到大氣)，$V_1 \cong 0$ (油箱相對於油管是很大的)，且 $z_2 = 0$ (點 2 被取為參考平面)。而 $P_2 = P_{atm}$ (汽油被排出至大氣中)。因此伯努利方程式化簡為

$$\cancel{\frac{P_1}{\rho g}} + \underset{\approx 0}{\cancel{\frac{V_1^2}{2g}}} + z_1 = \cancel{\frac{P_2}{\rho g}} + \frac{V_2^2}{2g} + \underset{0}{\cancel{z_2}} \quad \rightarrow \quad z_1 = \frac{V_2^2}{2g}$$

解出 V_2 並代入數值，

$$V_2 = \sqrt{2gz_1} = \sqrt{2(9.81 \text{ m/s}^2)(0.75 \text{ m})} = 3.84 \text{ m/s}$$

管的截面積與汽油流率是

$$A = \pi D^2/4 = \pi(5 \times 10^{-3} \text{ m})^2/4 = 1.96 \times 10^{-5} \text{ m}^2$$
$$\dot{V} = V_2 A = (3.84 \text{ m/s})(1.96 \times 10^{-5} \text{ m}^2) = 7.53 \times 10^{-5} \text{ m}^3/\text{s} = 0.0753 \text{ L/s}$$

虹吸 4 L 汽油所需要的時間變成

$$\Delta t = \frac{V}{\dot{V}} = \frac{4 \text{ L}}{0.0753 \text{ L/s}} = 53.1 \text{ s}$$

(b) 點 3 的壓力可以經由寫出沿著流線，在點 2 與點 3 之間的伯努利方程式來決定。注意 $V_2 = V_3$ (質量守恆)，$z_2 = 0$，且 $P_2 = P_{atm}$，

$$\frac{P_2}{\rho g} + \cancel{\frac{V_2^2}{2g}} + \cancel{z_2}^0 = \frac{P_3}{\rho g} + \cancel{\frac{V_3^2}{2g}} + z_3 \quad \rightarrow \quad \frac{P_{atm}}{\rho g} = \frac{P_3}{\rho g} + z_3$$

解出 P_3 並代入數值，

$$\begin{aligned}P_3 &= P_{atm} - \rho g z_3 \\ &= 101.3 \text{ kPa} - (750 \text{ kg/m}^3)(9.81 \text{ m/s}^2)(2.75 \text{ m})\left(\frac{1 \text{ N}}{1 \text{ kg·m/s}^2}\right)\left(\frac{1 \text{ kPa}}{1000 \text{ N/m}^2}\right) \\ &= 81.1 \text{ kPa}\end{aligned}$$

討論：虹吸時間是經由忽略摩擦效應來決定的，因此是需要的最短時間。事實上，所需時間會長於 53.1 s，原因在汽油與管壁的摩擦與其它不可逆損失，如在第 8 章中之討論。在點 3 的壓力低於大氣壓力。如果點 1 與點 3 間的高度差太大，點 3 的壓力有可能低於汽油溫度所對應的蒸氣壓，使得一些汽油有可能蒸發 (空蝕)。蒸氣在管頂端可能形成氣室而中斷汽油的流動。

例題 5-7 用皮托管量測速度

一根液壓計與一根皮托管被裝在一根水平的水管上，如圖 5-35 所示，用來量測靜壓與停滯壓 (靜壓＋動壓)。根據顯示的水柱高度，試求水管中心的速度。

解答：量測一根水平管的靜壓與停滯壓。要決定管中心的速度。
假設：**1.** 流動是穩定、不可壓縮的。**2.** 點 1 與點 2 足夠接近使得兩點間的不可逆損失可以忽略，因此可以使用伯努利方程式。
分析：取管中心沿著一條流線的點 1 和點 2，點 1 恰好位於液壓計下方而點 2 在皮托管的尖端。這是流線直而平行的穩定流，在點 1 與點 2 的錶壓力可以表示為

$$P_1 = \rho g(h_1 + h_2)$$
$$P_2 = \rho g(h_1 + h_2 + h_3)$$

圖 5-35 例題 5-7 的示意圖。

注意 $z_1 = z_2$，點 2 是停滯點，因此 $V_2 = 0$，在點 1 與點 2 之間應用伯努利方程式得

第 5 章 伯努利與能量方程式

$$\frac{P_1}{\rho g} + \frac{V_1^2}{2g} + \cancel{z_1} = \frac{P_2}{\rho g} + \cancel{\frac{V_2^2}{2g}}^{0} + \cancel{z_2} \quad \rightarrow \quad \frac{V_1^2}{2g} = \frac{P_2 - P_1}{\rho g}$$

代入 P_1 與 P_2 的表示式得

$$\frac{V_1^2}{2g} = \frac{P_2 - P_1}{\rho g} = \frac{\rho g(h_1 + h_2 + h_3) - \rho g(h_1 + h_2)}{\rho g} = h_3$$

解出 V_1 並代入數值，

$$V_1 = \sqrt{2gh_3} = \sqrt{2(9.81 \text{ m/s}^2)(0.12 \text{ m})} = \mathbf{1.53 \text{ m/s}}$$

討論：注意為了決定流速，我們要做的就是量測皮托管高於液壓計的液柱高度。

例題 5-8　由於颶風造成的海面上升

颶風是由於低氣壓在海面上形成的一種熱帶性風暴。當颶風接近陸地時，極度的海面隆起 (很高的浪潮) 會伴隨颶風。一個 5 級颶風的特徵是風速超過 250 km/h，雖然在中心「眼」的風速很低。

　　圖 5-36 顯示在海面隆起上方盤旋的颶風。距離颶風眼 320 km 處的大氣壓力是 762 mmHg (在點 1，比較平靜的海面處)，風力平靜。在風暴中心眼的大氣壓力是 560 mmHg。試估計海面隆起 (a) 在颶風眼的點 3，及 (b) 在風速為 250 km/h 的點 2。取海水與水銀的密度分別是 1025 kg/m³ 與 13,600 kg/m³，且在正常海平面溫度與壓力下的空氣密度是 1.2 kg/m³。

解答：一個颶風在海面上移動。要決定在颶風眼與颶風活躍區域的海面隆起的高度。

圖 5-36 例題 5-8 的示意圖。垂直方向的尺度被大幅度誇張了。

假設：1. 在颶風內部的空氣流是穩定，不可壓縮且無旋的 (因此伯努利方程式適用)。(對於極度的紊流，這當然是有問題的假設，但這將在討論中驗證。) 2. 水被吸入空氣中的效應被忽略。

性質：在正常條件下的空氣、海水與水銀的密度分別是 1.2 kg/m³、1025 kg/m³ 與 13,600 kg/m³。

分析：(a) 水面上減小的大氣壓造成水面的上升。因此，點 2 相對於點 1 減小的壓力造成海水在點 2 上升。此敘述在點 3 也是成立的，其處的空氣速度是可以忽略的。用水銀柱表示的壓力差可以用海水的液柱表示為

$$\Delta P = (\rho g h)_{\text{Hg}} = (\rho g h)_{\text{sw}} \rightarrow h_{\text{sw}} = \frac{\rho_{\text{Hg}}}{\rho_{\text{sw}}} h_{\text{Hg}}$$

因此點 1 與點 3 之間的壓力差用海水高度差表示變成

$$h_3 = \frac{\rho_{\text{Hg}}}{\rho_{\text{sw}}} h_{\text{Hg}} = \left(\frac{13,600 \text{ kg/m}^3}{1025 \text{ kg/m}^3}\right)[(762 - 560) \text{ mmHg}]\left(\frac{1 \text{ m}}{1000 \text{ mm}}\right)$$

$$= \mathbf{2.68 \text{ m}}$$

這相當於在颶風眼中颶風造成的浪潮高度，因為其處風速是可忽略的，從而沒有動效應。

(b) 為了決定在點 2 由於風的速度所造成的額外海水上升，寫出在點 A 與點 B 之間的伯努利方程式，此兩點分別位於點 2 與點 3 的上方。注意 $V_B \cong 0$ (颶風眼區域相對是很平靜的) 且 $z_A = z_B$ (兩點位於相同的水平線上)，伯努利方程式化簡成

$$\frac{P_A}{\rho g} + \frac{V_A^2}{2g} + \cancel{z_A} = \frac{P_B}{\rho g} + \cancel{\frac{V_B^2}{2g}}^{0} + \cancel{z_B} \rightarrow \frac{P_B - P_A}{\rho g} = \frac{V_A^2}{2g}$$

代入數值，

$$\frac{P_B - P_A}{\rho g} = \frac{V_A^2}{2g}$$

$$= \frac{(250 \text{ km/h})^2}{2(9.81 \text{ m/s}^2)} \left(\frac{1 \text{ m/s}}{3.6 \text{ km/h}}\right)^2 = 246 \text{ m}$$

其中 ρ 是颶風中空氣的密度。注意理想氣體在等溫下的密度正比於絕對壓力，並且在正常大氣壓力 101 kPa $\cong$ 762 mmHg 下的空氣密度是 1.2 kg/m^3，因此颶風中的空氣密度是

$$\rho_{\text{air}} = \frac{P_{\text{air}}}{P_{\text{atm air}}} \rho_{\text{atm air}}$$

$$= \left(\frac{560 \text{ mmHg}}{762 \text{ mmHg}}\right)(1.2 \text{ kg/m}^3) = 0.882 \text{ kg/m}^3$$

利用在 (a) 小題所得到的關係式，相當於 246 m 空氣柱高度的海水柱高度可以被決定為

$$h_{\text{dynamic}} = \frac{\rho_{\text{air}}}{\rho_{\text{sw}}} h_{\text{air}}$$

$$= \left(\frac{0.882 \text{ kg/m}^3}{1025 \text{ kg/m}^3}\right)(246 \text{ m}) = 0.21 \text{ m}$$

因此，點 2 的壓力相較於點 3 的壓力低了 0.21 m 的海水柱，這造成海水額外上升了 0.21 m。因此點 2 的總風暴浪潮高度為

$$h_2 = h_3 + h_{\text{dynamic}}$$
$$= 2.61 + 0.21 = \mathbf{2.89 \text{ m}}$$

討論：這個問題牽涉到極度的紊流與流線的強力破壞，因此在 (b) 小題中伯努利方程式的可用性是有問題的。再者，颶風眼區域的流動並不是無旋的，因此伯努利常數在不同的流線上是不一樣的。伯努利分析可以被當成一個極限的理想情況，顯示出由於高速的風所造成的海水上升不可能超過 0.21 m。

　　颶風的風力能量不是造成海岸地區損害的唯一原因。由於大量浪潮所造成的海水氾濫與侵蝕也是同樣嚴重，再加上還有風暴紊流與能量所造成的巨浪都是損害原因。

5-5 能量方程式的一般式

自然界中最基本的定理之一是**熱力學第一定理** (first law of thermodynamics)，也稱為**能量守恆定理** (conservation of energy principle)，其提供一個良好的基礎來研究能量的各種形式之間的關係與能量的交互作用。其敘述為在一個過程中，能量不能被創造也不能被消滅；能量只能變換形式。因此在一個過程中的每一份能量都必須被考慮到。

例如，當一塊岩石從山崖落下時，速度會遞增，因為其位能會轉換成動能 (圖 5-37)。實驗數據顯示，當空氣阻力可忽略時，位能的減少等於動能的增加，因此遵守了能量守恆定理。一個系統儲能的變化量等於能量輸入與能量輸出的差值，因此任何系統的能量守恆定理可以簡單地表示為 $E_{in} - E_{out} = \Delta E$。

圖 5-37 在一個過程中，能量不能被創造，也不能被毀滅，能量只能改變形式。

任何量的傳遞 (例如質量、動量與能量) 是當這個量穿過邊界時在邊界上被認出的。一個量如果從外向內穿過邊界就稱為**進入系統** (或控制體積)，但如果其為逆向移動，則稱為**離開系統**。一個量如果只是從系統內部的一個位置移動到另一個位置，在分析中就不被當成一個傳遞的量，因為其不進入或離開系統。因此在進行一項工程分析前，指定系統並清楚的界定其邊界是很重要的。

封閉系統 (有固定相同的質量) 的儲能可以由兩種機制改變：熱傳遞 Q 與功傳遞 W。因此封閉系統的能量守恆可以用變化率的形式表示為 (圖 5-38)：

圖 5-38 在一個過程中，系統能量的改變等於系統與其環境之間熱與功的淨傳遞。

$$\dot{Q}_{net\,in} + \dot{W}_{net\,in} = \frac{dE_{sys}}{dt} \quad \text{或} \quad \dot{Q}_{net\,in} + \dot{W}_{net\,in} = \frac{d}{dt}\int_{sys} \rho e \, dV \qquad (5\text{-}47)$$

其中上方小圓點代表對時間的變化率，而 $\dot{Q}_{net\,in} = \dot{Q}_{in} - \dot{Q}_{out}$ 是進入系統的淨熱傳率 (若傳出系統則為負值)，$\dot{W}_{net\,in} = \dot{W}_{in} - \dot{W}_{out}$ 是以任何形式進入系統的淨功率 (若為功率輸出則為負值)，dE_{sys}/dt 是系統內部總能的變化率。對於簡單可壓縮系統，總能包括內能、動能與位能，以單位質量為基礎時，可以表示為 (參考第 2 章)：

$$e = u + ke + pe = u + \frac{V^2}{2} + gz \qquad (5\text{-}48)$$

注意總能是性質，其值僅隨系統的狀態而改變。

熱的能量傳遞，Q

在日常生活中，我們常將內能的顯式與隱式稱為熱，並且談論著物體的熱含量。科學上，這些能量形式的更正確名稱是熱能。對於單相物質，固定質量的熱能改變會造成溫度的改變，因此溫度是熱能的良好代表。熱能會自然地向低溫移動。由於溫度差造成熱能從一個系統傳遞到另一個系統稱為熱傳 (heat transfer)。例如，一罐飲料在一個溫暖室內變溫暖的過程是由於熱傳 (圖 5-39)。熱傳的時間變化率稱為熱傳率 (heat transfer rate)，並且用 $\dot{Q}$ 表示。

圖 5-39 溫差是熱傳的驅動力。溫差越大，熱傳率也越大。

熱傳的方向總是從高溫物體傳向低溫物體。一旦等溫建立起來，熱傳就會終止。兩個系統 (或一個系統與其環境) 如果為等溫，則相互之間不會有淨熱傳。

一個沒有熱傳的過程稱為絕熱過程 (adiabatic process)。一個過程有兩種方式變成是絕熱的：一種是系統絕熱良好使得只有可被忽視的熱傳可以傳過系統的邊界；另一種就是系統與其環境為等溫，使得沒有驅動力 (溫度差) 來造成淨熱傳。絕熱過程不可與等溫過程混淆。在一個絕熱過程中，雖然沒有淨熱傳，但系統的儲能與溫度仍然可以被其它方法 (例如功的傳遞) 所改變。

功的能量傳遞，W

能量的交互作用如果與力量作用一段距離有關就是功 (work)。一個上升的活塞、一根旋轉軸及一根穿過系統邊界的電線都與功的交互作用有關。作功的時間變化率稱為功率 (power) 並以 $\dot{W}$ 來表示。汽車引擎、火力、蒸氣與氣體透平機生產功率 ($\dot{W}_{shaft, in} < 0$)；壓縮機、泵、風扇與混合器消耗功率 ($\dot{W}_{shaft, in} > 0$)。

耗功裝置傳遞能量給流體，因此增加流體的能量。例如房間內的風扇攪動空氣，因此增加它的動能。風扇消耗的電能首先由其馬達轉換成機械能，從而帶動風扇轉軸轉動。此機械能再傳給空氣，可由空氣速度增加得到證明。此傳給空氣的能量與溫度差無關，因此不是熱傳，而是功。風扇排送的空氣最後總會停止而喪失其機械能，這是因為不同速度的空氣粒子間摩擦導致的結果。但這不是真實意涵的「損失」，這只是機械能轉換成等量的熱能 (其價值非常有限，因此才叫損失)，符合能量守恆定理。如果風扇在一個密閉室內運作一段很長的時間，我們就能由空氣溫度的上升感受到熱能的增加。

一個系統可能包含許多不同形式的功，因此總功可以表示成

$$W_{total} = W_{shaft} + W_{pressure} + W_{viscous} + W_{other} \tag{5-49}$$

其中 W_{shaft} 是由轉動軸傳遞的功，$W_{pressure}$ 是由壓力在控制面上所作的功，$W_{viscous}$ 是由黏滯力的正向與切向分量在控制面上所作的功，而 W_{other} 是由其它力 (例如電力、磁力及表面張力等) 所作的功，對於簡單可壓縮系統此功不重要，因此在本書中不予考慮。我們也不考慮 $W_{viscous}$，因為移動壁面 (例如風扇葉片或透平機流道) 通常位於控制體積內部而不是控制面的一部分。但必須謹記於心的是當葉片掃過流體時，剪力所作的功在輪機的更精細分析中就必須予以考慮。

軸功

許多流動系統，例如泵、透平機、風扇或壓縮機等機械，都有軸穿過控制面，與所有這些裝置有關的功的傳遞就被稱為軸功 W_{shaft}。經由轉動軸傳遞的功率正比於軸扭力 T_{shaft}，而被表示為

$$\dot{W}_{shaft} = \omega T_{shaft} = 2\pi \dot{n} T_{shaft} \tag{5-50}$$

其中 ω 是軸的角速度，單位 rad/s，而 $\dot{n}$ 是軸每單位時間的轉動圈數，通常用 rev/min 或 rpm 來表示。

壓力所作的功

考慮一個汽缸–活塞裝置 (圖 5-40a) 內的氣體受到壓縮。當活塞在壓力 PA 的影響下向下移動一個微分距離 ds，其中 A 是活塞的截面積，作用在系統的邊界功是 $\delta W_{boundary} = PA\,ds$。這個關係式的兩邊除以微分時間間隔 dt 可以得到邊界功的時間變化率 (即功率)。

$$\delta \dot{W}_{pressure} = \delta \dot{W}_{boundary} = PA\,V_{piston}$$

其中 $V_{piston} = ds/dt$ 是活塞的速率，這是位於活塞面的移動表面的速率。

現在考慮一個有任意形狀的流體團塊 (一個系統)，隨流體運動並且在壓力影響下可任意變形，如圖 5-40b 所示。壓力總是向內作用且垂直於表面，且壓力作用在微分面 dA 的力是 PdA。再一次注意功是力乘以距離，而每單位時間移動的距離是速度，因此壓力作用在系統的這個微分單元的功率為

$$\delta \dot{W}_{pressure} = -P\,dA\,V_n = -P\,dA(\vec{V}\cdot\vec{n}) \tag{5-51}$$

因為速度經過微分面積 dA 的垂直分量是 $V_n = V\cos\theta = \vec{V}\cdot\vec{n}$。注意 $\vec{n}$ 是 dA 向外的垂直單位向量，因此 $\vec{V}\cdot\vec{n}$ 對膨脹為正，而對壓縮為負。在式 (5-51) 的負號確保壓力功當作用在系統上時

圖 5-40 壓力作用在 (a) 一個汽缸–活塞裝置系統的移動邊界上，及 (b) 一個任意形狀的系統的微分表面上。

為正,而當系統對外作功時為負,這與我們的符號規則是一致的。壓力的總作功率可以經由把 $\delta \dot{W}_{\text{pressure}}$ 對整個表面 A 積分來獲得

$$\dot{W}_{\text{pressure, net in}} = -\int_A P(\vec{V}\cdot\vec{n})dA = -\int_A \frac{P}{\rho}\rho(\vec{V}\cdot\vec{n})dA \tag{5-52}$$

根據這些討論,淨功率傳遞可以表示為

$$\dot{W}_{\text{net in}} = \dot{W}_{\text{shaft, net in}} + \dot{W}_{\text{pressure, net in}} = \dot{W}_{\text{shaft, net in}} - \int_A P(\vec{V}\cdot\vec{n})dA \tag{5-53}$$

因此封閉系統的能量守恆關係式的變化率形式為

$$\dot{Q}_{\text{net in}} + \dot{W}_{\text{shaft, net in}} + \dot{W}_{\text{pressure, net in}} = \frac{dE_{\text{sys}}}{dt} \tag{5-54}$$

為了得到一個控制體積的能量守恆關係式,我們應用雷諾輸運定理,用總能量 E 取代 B,用每單位質量的總能 e 取代 b,其中 $e = u + \text{ke} + \text{pe} = u + V^2/2 + gz$(圖 5-41)。這會得到

$$\frac{dE_{\text{sys}}}{dt} = \frac{d}{dt}\int_{CV} e\rho\, dV + \int_{CS} e\rho(\vec{V}_r\cdot\vec{n})A \tag{5-55}$$

將式 (5-54) 的左邊代入式 (5-55),能量方程式的一般式,可以適用於固定的或移動的或變形的控制體積,變成是

$$\dot{Q}_{\text{net in}} + \dot{W}_{\text{shaft, net in}} + \dot{W}_{\text{pressure, net in}} = \frac{d}{dt}\int_{CV} e\rho\, dV + \int_{CS} e\rho(\vec{V}_r\cdot\vec{n})dA \tag{5-56}$$

圖 5-41 能量守恆方程式的獲得可以經由把雷諾輸運定理中的 B 用能量 E 及 b 用 e 取代而實現。

可以用文字表示為

$$\begin{pmatrix} \text{由熱與功傳遞所} \\ \text{帶入 CV 的淨能} \\ \text{量傳遞率} \end{pmatrix} = \begin{pmatrix} \text{CV 的內含能量} \\ \text{的時間變化率} \end{pmatrix} + \begin{pmatrix} \text{由質量流動通過控} \\ \text{制面帶出 CV 的淨} \\ \text{能量流動率} \end{pmatrix}$$

這裡 $\vec{V}_r = \vec{V} - \vec{V}_{CS}$ 是相對於控制面的流體速度,而乘積 $\rho(\vec{V}_r\cdot\vec{n})dA$ 代表通過面積元素 dA 進入或離開控制體積的質量流率。再次注意 dA 的向外垂直單位向量 $\vec{n}$,所以內積 $\vec{V}_r\cdot\vec{n}$ 與質量流率對向外流為正,對向內流為負。

將壓力作功的面積分式 (5-52) 代入式 (5-56),並且與右邊的面積分結合可得

$$\dot{Q}_{\text{net in}} + \dot{W}_{\text{shaft, net in}} = \frac{d}{dt}\int_{\text{CV}} e\rho\, dV + \int_{\text{CS}} \left(\frac{P}{\rho} + e\right)\rho(\vec{V}_r \cdot \vec{n})\, dA \qquad (5\text{-}57)$$

這是能量方程式的一個很方便的形式，因為壓力功與穿過控制面的流體能量結合在一起，使得我們不需要再處理壓力作功。

此處 $P/\rho = Pv = w_{\text{flow}}$ 這一項是**流功** (flow work)，這是將每單位質量的流體推進或推出控制體積所作的功。注意在一個固體面上的流體速度等於固體面的速度，因為必須滿足無滑動邊界條件。結果是在控制面與無移動壁面重合的部分上的壓力功為零。因此，對於固定的控制體積，壓力功僅存在於流體進入或離開控制體積的地方，即入口與出口。

對於固定的控制體積 (控制體積沒有移動或變形)，$\vec{V}_r = \vec{V}$，能量式 (5-57) 變成

固定的 CV：

$$\dot{Q}_{\text{net in}} + \dot{W}_{\text{shaft, net in}} = \frac{d}{dt}\int_{\text{CV}} e\rho\, dV + \int_{\text{CS}} \left(\frac{P}{\rho} + e\right)\rho(\vec{V}\cdot\vec{n})\, dA \qquad (5\text{-}58)$$

這個方程式由於有積分項，在求解實際工程問題時不是很方便，因此最好是用經過入口與出口的平均速度與質量流率來將其改寫。如果 $P/\rho + e$ 在入口與出口幾乎是均勻的，我們就可將其取到積分外面，同時注意 $\dot{m} = \int_{A_c} \rho(\vec{V}\cdot\vec{n})\, dA_c$ 是經過入口或出口的質量流率，因此經過入口或出口的能量入流率或外流率可以近似為 $\dot{m}(P/\rho + e)$。能量方程式變成 (圖 5-42)：

圖 5-42 在一個典型的工程問題中，控制體積可能包含很多入口和出口；在每一個入口，能量流入；在每一個出口，能量流出。能量同時也經由淨熱傳和淨軸功進入系統。

$$\dot{Q}_{\text{net in}} + \dot{W}_{\text{shaft, net in}} = \frac{d}{dt}\int_{\text{CV}} e\rho\, dV + \sum_{\text{out}} \dot{m}\left(\frac{P}{\rho} + e\right) - \sum_{\text{in}} \dot{m}\left(\frac{P}{\rho} + e\right) \qquad (5\text{-}59)$$

其中 $e = u + V^2/2 + gz$ [式 (5-48)] 是每單位質量的總能，對控制體積與流束皆是。因此有

$$\dot{Q}_{\text{net in}} + \dot{W}_{\text{shaft, net in}} = \frac{d}{dt}\int_{\text{CV}} e\rho\, dV + \sum_{\text{out}} \dot{m}\left(\frac{P}{\rho} + u + \frac{V^2}{2} + gz\right) - \sum_{\text{in}} \dot{m}\left(\frac{P}{\rho} + u + \frac{V^2}{2} + gz\right) \qquad (5\text{-}60)$$

或是

$$\dot{Q}_{\text{net in}} + \dot{W}_{\text{shaft, net in}} = \frac{d}{dt}\int_{\text{CV}} e\rho\, dV + \sum_{\text{out}} \dot{m}\left(h + \frac{V^2}{2} + gz\right) - \sum_{\text{in}} \dot{m}\left(h + \frac{V^2}{2} + gz\right) \qquad (5\text{-}61)$$

其中我們用到比焓的定義 $h = u + P\nu = u + P/\rho$。最後兩個方程式是能量方程式很通用的一般表示式，但是其使用仍然限制在固定的控制體積，入口與出口是均勻流動，以及黏滯力和其它效應的作用是可忽略的情況。同時下標 "net in" 代表「淨輸入」，因此任何熱與功的傳遞如果是傳入系統則為正，而傳出系統則為負。

5-6 穩定流的能量分析

對於穩定流，控制體積儲能的時間變化率為零，式 (5-61) 簡化成

$$\dot{Q}_{\text{net in}} + \dot{W}_{\text{shaft, net in}} = \sum_{\text{out}} \dot{m}\left(h + \frac{V^2}{2} + gz\right) - \sum_{\text{in}} \dot{m}\left(h + \frac{V^2}{2} + gz\right) \quad (5\text{-}62)$$

其敘述為在一個穩定流過程，經由熱與功的傳遞輸入控制體積的淨能量傳遞率等於由質量流率流出的能量流率減去流入的能量流率。

許多實際的問題僅有一個入口與一個出口 (圖 5-43)。這種單一流束裝置 (single-stream device) 的質量流率在入口與出口是一樣的，式 (5-62) 簡化為

$$\dot{Q}_{\text{net in}} + \dot{W}_{\text{shaft, net in}} = \dot{m}\left(h_2 - h_1 + \frac{V_2^2 - V_1^2}{2} + g(z_2 - z_1)\right) \quad (5\text{-}63)$$

其中下標 1 與 2 分別指入口與出口。穩定流以每單位質量為基礎的能量方程式可以將式 (5-63) 除以質量流率 $\dot{m}$ 而求得

$$q_{\text{net in}} + w_{\text{shaft, net in}} = h_2 - h_1 + \frac{V_2^2 - V_1^2}{2} + g(z_2 - z_1) \quad (5\text{-}64)$$

圖 5-43 一個只有一個入口與一個出口與能量交互作用的控制體積。

其中 $q_{\text{net in}} = \dot{Q}_{\text{net in}}/\dot{m}$ 是傳給每單位質量流體的淨熱傳，而 $w_{\text{shaft, net in}} = \dot{W}_{\text{shaft, net in}}/\dot{m}$ 是傳給每單位質量流體的淨軸功。使用焓的定義 $h = u + P/\rho$ 並重新整理，穩定流的能量方程式也可表示為

$$w_{\text{shaft, net in}} + \frac{P_1}{\rho_1} + \frac{V_1^2}{2} + gz_1 = \frac{P_2}{\rho_2} + \frac{V_2^2}{2} + gz_2 + (u_2 - u_1 - q_{\text{net in}}) \quad (5\text{-}65)$$

其中 u 是內能，P/ρ 是流能，$V^2/2$ 是動能，而 gz 是位能，都是以每單位質量為基礎。這些關係式對可壓縮流與不可壓縮流都是成立的。

式 (5-65) 的左邊代表的是輸入的機械能，而右邊的前三項代表的是輸出的機械能。如果流動是理想的，沒有例如摩擦的不可逆性，總機械能是守恆的，則在右邊

括號內的項 $(u_2 - u_1 - q_{net\,in})$ 必須等於零。亦即

理想流動 (沒有機械能損失)： $\qquad q_{net\,in} = u_2 - u_1 \qquad$ (5-66)

任何 $u_2 - u_1$ 超過 $q_{net\,in}$ 的增加是由於不可逆性將機械能轉換成熱能，因此 $u_2 - u_1 - q_{net\,in}$ 代表的是每單位質量的機械能損失 (圖 5-44)。亦即，

真實流動 (有機械能損失)： $\qquad e_{mech,\,loss} = u_2 - u_1 - q_{net\,in} \qquad$ (5-67)

對於單相流體 (氣體或液體)，$u_2 - u_1 = c_v(T_2 - T_1)$，其中 c_v 是等容比熱。

以單位質量為基礎的穩定流能量方程式可以很方便的寫成**機械能** (mechanical energy) 平衡的形式

$$e_{mech,\,in} = e_{mech,\,out} + e_{mech,\,loss} \qquad (5\text{-}68)$$

或

$$w_{shaft,\,net\,in} + \frac{P_1}{\rho_1} + \frac{V_1^2}{2} + gz_1 = \frac{P_2}{\rho_2} + \frac{V_2^2}{2} + gz_2 + e_{mech,\,loss} \qquad (5\text{-}69)$$

注意 $w_{shaft,\,net\,in} = w_{pump} - w_{turbin}$，機械能平衡方程式可以更清楚的寫成

$$\frac{P_1}{\rho_1} + \frac{V_1^2}{2} + gz_1 + w_{pump} = \frac{P_2}{\rho_2} + \frac{V_2^2}{2} + gz_2 + w_{turbine} + e_{mech,\,loss} \qquad (5\text{-}70)$$

其中 w_{pump} 是機械的輸入 (由於泵、風扇、壓縮機等的存在)，而 $w_{turbine}$ 是機械能輸出 (由於透平機)。當流動是不可壓縮時，P 用絕對壓力或錶壓力均可，因 P_{atm}/ρ 出現在兩邊而可以相互消去。

將式 (5-70) 乘以質量流率可得

$$\dot{m}\left(\frac{P_1}{\rho_1} + \frac{V_1^2}{2} + gz_1\right) + \dot{W}_{pump} = \dot{m}\left(\frac{P_2}{\rho_2} + \frac{V_2^2}{2} + gz_2\right) + \dot{W}_{turbine} + \dot{E}_{mech,\,loss} \qquad (5\text{-}71)$$

其中 $\dot{W}_{pump}$ 是經由泵的軸功輸入，$\dot{W}_{turnine}$ 是經由透平機的軸功輸出，而 $\dot{E}_{mech,\,loss}$ 是總機械能損失，包括泵和透平機的損失加上在管路系統的摩擦損失，亦即

$$\dot{E}_{mech,\,loss} = \dot{E}_{mech\,loss,\,pump} + \dot{E}_{mech\,loss,\,turbine} + \dot{E}_{mech\,loss,\,piping}$$

習慣上，泵與透平機的不可逆損失與管路系統的零件的不可逆損失是分開處

圖 5-44 流體流動系統損失的機械能導致流體內能的增加，從而增加了流體的溫度。

理的。能量方程式的最通用的形式是把式 (5-71) 中的每一項都除以 $\dot{m}g$ 來用水頭表示。結果是

$$\frac{P_1}{\rho_1 g} + \frac{V_1^2}{2g} + z_1 + h_{\text{pump}, u} = \frac{P_2}{\rho_2 g} + \frac{V_2^2}{2g} + z_2 + h_{\text{turbine}, e} + h_L \tag{5-72}$$

其中

- $h_{\text{pump}, u} = \dfrac{w_{\text{pump}, u}}{g} = \dfrac{\dot{W}_{\text{pump}, u}}{\dot{m}g} = \dfrac{\eta_{\text{pump}} \dot{W}_{\text{pump}}}{\dot{m}g}$ 是由泵輸入給流體的有用水頭。由於泵的不可逆損失，$h_{\text{pump}, u}$ 小於 $\dot{W}_{\text{pump}}/\dot{m}g$，其比值是 η_{pump}。

- $h_{\text{turbine}, e} = \dfrac{w_{\text{turbine}, e}}{g} = \dfrac{\dot{W}_{\text{turbine}, e}}{\dot{m}g} = \dfrac{\dot{W}_{\text{turbine}}}{\eta_{\text{turbine}} \dot{m}g}$ 是透平機由流體中所抽取的水頭，$h_{\text{turbine}, e}$ 大於 $\dot{W}_{\text{turbine}}/\dot{m}g$，其比值為 η_{turbine}。

- $h_L = \dfrac{e_{\text{mech loss, piping}}}{g} = \dfrac{\dot{E}_{\text{mech loss, piping}}}{\dot{m}g}$ 是在點 1 與點 2 之間的不可逆水頭損失，是管路系統中除了泵與透平機以外的其它零件所造成的。

注意水頭損失 h_L 代表在管路中流體流動的摩擦損失，不包括泵或透平機中由於裝置的無效率所產生的損失 —— 這些損失已經由 η_{pump} 與 η_{turbine} 加以考慮了。式 (5-72) 在示意圖 5-45 中作了說明。

如果管路系統中沒有泵、風扇或壓縮機，則泵水頭為零，而如果沒有透平機，則透平機水頭為零。

圖 5-45 一個含有泵及透平機的流體流動系統的機械能流程圖，垂直寬度代表每個能量項的大小，用等效流體柱高度表示，亦即對應式 (5-72) 中的每一項的水頭。

特例：沒有機械功裝置與摩擦力可忽略的不可壓縮流

當管路的摩擦可以忽略時，消耗機械能轉換成熱能的效應就可忽略，因此 $h_L = e_{\text{meth, loss, piping}}/g \cong 0$，就如稍後在例題 5-9 所展示的。再者，當沒有例如風扇、泵或透平機等機械功裝置時，$h_{\text{pump}, u} = h_{\text{turbine}, e} = 0$。因此式 (5-72) 簡化成

$$\frac{P_1}{\rho g} + \frac{V_1^2}{2g} + z_1 = \frac{P_2}{\rho g} + \frac{V_2^2}{2g} + z_2 \quad \text{或} \quad \frac{P}{\rho g} + \frac{V^2}{2g} + z = \text{常數} \tag{5-73}$$

這是稍早應用牛頓第二運動定律所導出的伯努利方程式 (Bernoulli equation)，因此伯努利方程式可以視為是能量方程式的一個退化的形式。

動能修正因子，α

平均流速 V_{avg} 的定義使得關係式 $\rho V_{\text{avg}} A$ 就是實際的質量流率，因此沒有質量流率修正因子這種東西。然而，就如 Gaspard Coriolis (1792-1843) 所證明的，從 $V^2/2$ 所得到的流體的動能與實際的流體動能並不一樣，因為加總的平方與其成分的平方的加總並不相同 (圖 5-46)。這個誤差可以經由把能量方程式的動能項 $V^2/2$ 用 $\alpha V_{\text{avg}}^2 /2$ 取代來作修正，其中 α 是動能修正因子 (kinetic energy correction factor)。使用速度隨徑向距離變化的方程式，可以證明對於圓管中完全發展的層流修正因子為 2.0，而對於圓管中完全發展的紊流，其值的範圍是 1.04 到 1.11。

在基本分析中，動能修正因子經常被忽略 (即 α 被設定為 1)，因為 (1) 多數在實際中碰到的流動為紊流，其修正因子接近 1，(2) 在能量方程式中動能項相對於其它項通常相當小，即使得將其乘以一個小於 2.0 的因子並不會造成多少差異。當流體的速度及動能變大時，流動變成紊流，此時一個為 1 的修正因子甚為合適。然而，必須記住你可能遭遇的一些情況，在其中這些因子是會有影響的，特別是在流動為層流的情況。因此建議你在分析流體流動的問題時，總是要有動能修正因子。當動能修正因子被考慮時，穩定的不可壓縮流的能量式 [式 (5-71) 及 (5-72)] 變成

$$\dot{m}\left(\frac{P_1}{\rho} + \alpha_1 \frac{V_1^2}{2} + gz_1\right) + \dot{W}_{\text{pump}} = \dot{m}\left(\frac{P_2}{\rho} + \alpha_2 \frac{V_2^2}{2} + gz_2\right) + \dot{W}_{\text{turbine}} + \dot{E}_{\text{mech, loss}} \tag{5-74}$$

$$\boxed{\frac{P_1}{\rho g} + \alpha_1 \frac{V_1^2}{2g} + z_1 + h_{\text{pump}, u} = \frac{P_2}{\rho g} + \alpha_2 \frac{V_2^2}{2g} + z_2 + h_{\text{turbine}, e} + h_L} \tag{5-75}$$

$\dot{m} = \rho V_{\text{avg}} A, \quad \rho = \text{常數}$

$\dot{\text{KE}}_{\text{act}} = \int \text{ke}\delta \dot{m} = \int_A \frac{1}{2} [V(r)]^2 [\rho V(r) \, dA]$

$= \frac{1}{2} \rho \int_A [V(r)]^3 \, dA$

$\dot{\text{KE}}_{\text{avg}} = \frac{1}{2} \dot{m} V_{\text{avg}}^2 = \frac{1}{2} \rho A V_{\text{avg}}^3$

$\alpha = \frac{\dot{\text{KE}}_{\text{act}}}{\dot{\text{KE}}_{\text{avg}}} = \frac{1}{A} \int_A \left(\frac{V(r)}{V_{\text{avg}}}\right)^3 dA$

圖 5-46 動能修正因子的決定，使用了在一個截面的真實速度分佈 $V(r)$ 與平均速度 V_{avg}。

如果在入口或出口的流動是在管中的完全發展紊流，我們建議使用 $\alpha = 1.05$ 來當作修正因子的一個合理估計值。這會導致水頭損失的一個較保守的估計值，而在方程式中包含 α 並不需要多少額外的計算。

例題 5-9　摩擦對流體溫度與水頭損失的影響

在一個絕熱的流動段中，流體在作穩定的不可壓縮流動，試證明 (a) 當忽略摩擦時，溫度維持為常數而且沒有水頭損失，(b) 當考慮摩擦效應時，溫度會上升而且會有一些水頭損失。同時討論在這些流動中，溫度是否有可能會下降 (圖 5-47)。

圖 5-47　例題 5-9 的示意圖。

解答：考慮流過一個絕熱段的穩定、不可壓縮流。要決定摩擦對於溫度與水頭損失的影響。

假設：**1.** 流動是穩定、不可壓縮的。**2.** 流動段是絕熱的，因此沒有熱傳，$q_{\text{net in}} = 0$。

分析：在不可壓縮流中，流動的密度維持為常數，且熵的變化為

$$\Delta s = c_v \ln \frac{T_2}{T_1}$$

這個關係式是流體流過一個絕熱段，從入口的狀態 1 到出口的狀態 2，其每單位質量的熵的改變量。熵的改變由兩個效應產生：(1) 熱傳，(2) 不可逆性。因此，當沒有熱傳時，熵的改變僅由不可逆性造成，其影響總是會使熵增加。

(a) 流體在一個絕熱段 ($q_{\text{net in}} = 0$) 且過程中沒有摩擦與旋轉等不可逆性時，熵的變化為零，因此對於可逆的流動，我們會有

溫度變化：
$$\Delta s = c_v \ln \frac{T_2}{T_1} = 0 \quad \rightarrow \quad T_2 = T_1$$

機械能損失：
$$e_{\text{mech loss, piping}} = u_2 - u_1 - q_{\text{net in}} = c_v(T_2 - T_1) - q_{\text{net in}} = 0$$

水頭損失：
$$h_L = \rho_{\text{mech loss, piping}} / g = 0$$

因此我們的結論是當熱傳與摩擦效應可以忽略時，(1) 流體的溫度維持為常數，(2) 沒有機械能轉換成熱能，(3) 沒有不可逆的水頭損失。

(b) 當例如摩擦的不可逆性被考慮時，熵的改變是正的，因此我們有：

溫度變化：
$$\Delta s = c_v \ln \frac{T_2}{T_1} > 0 \rightarrow T_2 > T_1$$

機械能損失：
$$e_{\text{mech loss, piping}} = u_2 - u_1 - q_{\text{net in}} = c_v(T_2 - T_1) > 0$$

水頭損失：
$$h_L = \rho_{\text{mech loss, piping}} / g > 0$$

因此我們的結論是當流動是絕熱且不可逆時，(1) 流體的溫度會升高，(2) 有一些機械能會轉換成熱能，及 (3) 一些不可逆的水頭損失會發生。

討論：在一個穩定、不可壓縮的絕熱流中，流體的溫度不可能下降，因為這樣會使一個絕熱系統的熵下降，而這樣會違反熱力學第二定律。

例題 5-10 ▶ 泵的泵馬力與摩擦生熱

一個供水系統的泵由一個效率 90% 的 15 kW 電動馬達提供電力（圖 5-48）。水流經泵的流動率是 50 L/s。入口管與出口管的直徑相同，而且跨過泵的高度差可以忽略。如果量測到泵的入口與出口的絕對壓力分別是 100 kPa 與 300 kPa，試求 (a) 泵的機械效率，及 (b) 當流體流過泵時由於機械的沒有效率所造成的水溫上升。

解答：已經量測了跨過泵的壓力。要決定泵的機械效率與水溫上升。

假設：1. 流動是穩定、不可壓縮的。2. 泵由一個外界的馬達驅動，因此馬達產生的熱消散到大氣中。3. 泵的入口與出口的高度差是可忽略的，$z_1 \cong z_2$。4. 泵的入口與出口的直徑相同，因此入口與出口的速度相同，$V_1 = V_2$。5. 動能修正因子相等，$\alpha_1 = \alpha_2$。

性質：我們取水的密度為 1 kg/L = 1000 kg/m³ 且其比熱為 4.18 kJ/kg·°C。

圖 5-48 例題 5-10 的示意圖。

分析：(a) 水經過泵的質量流率是

$$\dot{m} = \rho \dot{V} = (1 \text{ kg/L})(50 \text{ L/s}) = 50 \text{ kg/s}$$

馬達消耗 15 kW 的功率而其效率是 90%。因此其傳輸給泵的機械（軸）功率為

$$\dot{W}_{\text{pump, shaft}} = \eta_{\text{motor}} \dot{W}_{\text{electric}} = (0.90)(15 \text{ kW}) = 13.5 \text{ kW}$$

要決定泵的機械效率，我們必須知道當流體流過泵時，其機械能的增加量，

$$\Delta \dot{E}_{\text{mech, fluid}} = \dot{E}_{\text{mech, out}} - \dot{E}_{\text{mech, in}} = \dot{m}\left(\frac{P_2}{\rho} + \alpha_2 \frac{V_2^2}{2} + gz_2\right) - \dot{m}\left(\frac{P_1}{\rho} + \alpha_1 \frac{V_1^2}{2} + gz_1\right)$$

將其簡化並代入已知值，

$$\Delta \dot{E}_{\text{mech, fluid}} = \dot{m}\left(\frac{P_2 - P_1}{\rho}\right) = (50 \text{ kg/s})\left(\frac{(300 - 100) \text{ kPa}}{1000 \text{ kg/m}^3}\right)\left(\frac{1 \text{ kJ}}{1 \text{ kPa} \cdot \text{m}^3}\right) = 10.0 \text{ kW}$$

因此泵的機械效率成為

$$\eta_{\text{pump}} = \frac{\dot{W}_{\text{pump}, u}}{\dot{W}_{\text{pump, shaft}}} = \frac{\Delta \dot{E}_{\text{mech, fluid}}}{\dot{W}_{\text{pump, shaft}}} = \frac{10.0 \text{ kW}}{13.5 \text{ kW}} = \mathbf{0.741} \quad 或 \quad \mathbf{74.1\%}$$

(b) 由泵所供給的 13.5 kW 的機械功率之中，只有 10.0 kW 是以機械能傳給流體的。剩下的 3.5 kW 由於摩擦效應轉換成熱能，因此這是"損失"的機械能，其影響是對流體的加熱作用，

$$\dot{E}_{\text{mech, loss}} = \dot{W}_{\text{pump,shaft}} - \Delta\dot{E}_{\text{mech, fluid}} = 13.5 - 10.0 = 3.5 \text{ kW}$$

由於這種機械的沒有效率性所造成的水溫上升可以從熱能平衡來決定，$\dot{E}_{\text{mech, loss}} = \dot{m}(u_2 - u_1) = \dot{m}c\Delta T$。解出 ΔT，

$$\Delta T = \frac{\dot{E}_{\text{mech, loss}}}{\dot{m}c} = \frac{3.5 \text{ kW}}{(50 \text{ kg/s})(4.18 \text{ kJ/kg·°C})} = \mathbf{0.017°C}$$

因此當水流過泵時，由於機械的沒有效率性會使其體驗到 0.017°C 的溫升，這是非常小的量。

討論：在實際應用中，水溫的上升可能會更小，因為部分產生的熱會傳給泵的外殼，再從殼傳給周圍的空氣。如果整個泵與馬達的組合浸入水中，那麼由於馬達的沒有效率性所產生的 1.5 kW 熱能也會傳給周圍的水。

例題 5-11　水壩的水力發電

在一個水力發電廠中，$100 \text{ m}^3/\text{s}$ 的水從高度 120 m 流向一個透平機來發電 (圖 5-49)。管路系統中從點 1 到點 2 (透平機單元除外) 的總不可逆水頭損失是 35 m。如果透平機-發電機的總效率為 80%，試估算電功率的輸出。

解答：已知可用的水頭、流率、水頭損失與透平機-發電機的效率。要決定電功率的輸出。

假設：1. 流動是穩定、不可壓縮。**2.** 水庫與排水場所的水位高度維持為常數。

性質：我們取水的密度為 1000 kg/m^3。

解析 經過透平機的水的質量流率是

圖 5-49　例題 5-11 的示意圖。

$$\dot{m} = \rho\dot{V} = (1000 \text{ kg/m}^3)(100 \text{ m}^3/\text{s}) = 10^5 \text{ kg/s}$$

我們取點 2 當作參考平面，即 $z_2 = 0$。同時，點 1 與點 2 都對開放大氣 ($P_1 = P_2 = P_{\text{atm}}$)，而且兩點的流速都可忽略 ($V_1 = V_2 = 0$)。因此穩定、不可壓縮流的能量方程式化簡為

$$\cancel{\frac{P_1}{\rho g}} + \alpha_1 \cancel{\frac{V_1^2}{2g}} + z_1 + \cancel{h_{\text{pump},u}}^{0} = \cancel{\frac{P_2}{\rho g}} + \alpha_2 \cancel{\frac{V_2^2}{2g}} + \cancel{z_2}^{0} + h_{\text{turbine},e} + h_L$$

或

$$h_{\text{turbine},e} = z_1 - h_L$$

代入，透平機的輸出水頭與對應的透平機功率為

$$h_{\text{turbine},e} = z_1 - h_L = 120 - 35 = 85 \text{ m}$$

$$\dot{W}_{\text{turbine},e} = \dot{m}gh_{\text{turbine},e} = (10^5 \text{ kg/s})(9.81 \text{ m/s}^2)(85 \text{ m})\left(\frac{1 \text{ kJ/kg}}{1000 \text{ m}^2/\text{s}^2}\right) = 83{,}400 \text{ kW}$$

因此，一個完美的透平機-發電機從這個資源可以生產 83,400 kW 的電力。實際單位所生產的電力則為

$$\dot{W}_{\text{electric}} = \eta_{\text{turbine-gen}} \dot{W}_{\text{turbine},\,e} = (0.80)(83.4 \text{ MW}) = \mathbf{66.7 \text{ MW}}$$

討論：注意透平機-發電機單元的效率每增加 1 個百分點，其生產的電力就幾乎增加 1 MW。在第 8 章你將學習如何決定 h_L。

例題 5-12 ▶ 氣冷式電腦的風扇選擇

要選擇一個風扇來冷卻電腦，其機殼尺寸為 12 cm × 40 cm × 40 cm (圖 5-50)。機殼內部一半的空間估計會充滿零件，其它一半被空氣充滿。機殼背部有一個 5 cm 直徑的孔洞，可以用來安裝風扇，以便每秒鐘替換機殼內部的空氣一次。市場上有小型的低功率風扇-馬達組合單元可供選用，其效率估計為 30%。試求 (a) 要購買的風扇-馬達單元的瓦特數，與 (b) 跨過風扇的壓力差。取空氣的密度為 1.20 kg/m³。

圖 5-50 例題 5-12 的示意圖。

解答：一個風扇被用來冷卻電腦機殼，每秒必須代換內部的空氣一次。要決定風扇的功率與跨過風扇的壓力差。

假設：1. 流動是穩定、不可壓縮的。2. 除了風扇-馬達單元以外的其它沒有效率性所產生的損失可以忽略。3. 在風扇出口的流動相當均勻，除了靠近中心的區域 (由於在風扇馬達的尾流端)，且在出口的動能修正因子為 1.10。

性質：已知空氣的密度是 1.20 kg/m³。

分析：(a) 注意機殼內一半的空間被零件佔有，因此空氣的體積是

$$V = (\text{空間比例}) (\text{機殼內總體積})$$
$$= 0.5(12 \text{ cm} \times 40 \text{ cm} \times 40 \text{ cm}) = 9600 \text{ cm}^3$$

空氣流過機殼的體積與質量流率為

$$\dot{V} = \frac{V}{\Delta t} = \frac{9600 \text{ cm}^3}{1 \text{s}} = 9600 \text{ cm}^3/\text{s} = 9.6 \times 10^{-3} \text{ m}^3/\text{s}$$

$$\dot{m} = \rho \dot{V} = (1.20 \text{ kg/m}^3)(9.6 \times 10^{-3} \text{ m}^3/\text{s}) = 0.0115 \text{ kg/s}$$

機殼上開口的截面積與通過出口的空氣平均速度為

$$A = \frac{\pi D^2}{4} = \frac{\pi (0.05 \text{ m})^2}{4} = 1.96 \times 10^{-3} \text{ m}^2$$

$$V = \frac{\dot{V}}{A} = \frac{9.6 \times 10^{-3} \text{ m}^3/\text{s}}{1.96 \times 10^{-3} \text{ m}^2} = 4.90 \text{ m/s}$$

我們圍繞風扇畫的控制體積，其入口與出口都是在大氣壓力 ($P_1 = P_2 = P_{\text{atm}}$)，如圖 5-50 所示，入口

很大，並且遠離風扇使得在入口的流速是可忽略的 ($V_1 \cong 0$)。注意 $z_1 = z_2$ 且流動中的摩擦損失被忽略，風扇的機械損失是唯一被考慮的機械損失，因此能量方程式 (5-74) 可以化簡為

$$\dot{m}\left(\cancel{\frac{P_1}{\rho}} + \alpha_1 \cancel{\frac{V_1^2}{2}}^{0} + g\cancel{z_1}\right) + \dot{W}_{\text{fan}} = \dot{m}\left(\cancel{\frac{P_2}{\rho}} + \alpha_2 \frac{V_2^2}{2} + g\cancel{z_2}\right) + \cancel{\dot{W}_{\text{turbine}}}^{0} + \dot{E}_{\text{mech loss, fan}}$$

解出 $\dot{W}_{\text{fan}} - \dot{E}_{\text{mech loss, fan}} = \dot{W}_{\text{fan}, u}$，並代入數值，

$$\dot{W}_{\text{fan}, u} = \dot{m}\alpha_2 \frac{V_2^2}{2} = (0.0115 \text{ kg/s})(1.10)\frac{(4.90 \text{ m/s})^2}{2}\left(\frac{1 \text{ N}}{1\text{kg·m/s}^2}\right) = 0.152 \text{ W}$$

需要輸入風扇的電功率可以如下決定：

$$\dot{W}_{\text{elect}} = \frac{\dot{W}_{\text{fan}, u}}{\eta_{\text{fan}-\text{motor}}} = \frac{0.152 \text{ W}}{0.3} = \mathbf{0.506 \text{ W}}$$

因此額定功率約半瓦特的風扇–馬達單元可以適用於這個任務。

(b) 為了決定跨過風扇單元的壓力差，我們取點 3 與點 4 位於風扇的兩側，在同一條水面線上。這一次 $z_3 = z_4$ 且 $V_3 = V_4$，因為風扇有窄的截面積，能量方程式化簡為

$$\dot{m}\frac{P_3}{\rho} + \dot{W}_{\text{fan}} = \dot{m}\frac{P_4}{\rho} + \dot{E}_{\text{mech loss, fan}} \quad \rightarrow \quad \dot{W}_{\text{fan}, u} = \dot{m}\frac{P_4 - P_3}{\rho}$$

解出 $P_4 - P_3$ 並代入數值，

$$P_4 - P_3 = \frac{\rho \dot{W}_{\text{fan}, u}}{\dot{m}} = \frac{(1.2 \text{ kg/m}^3)(0.152 \text{ W})}{0.0115 \text{ kg/s}}\left(\frac{1\text{Pa·m}^3}{1 \text{ Ws}}\right) = \mathbf{15.8 \text{ Pa}}$$

因此跨過風扇的壓力差為 15.8 Pa。

討論： 給定的風扇–馬達單元的效率是 30%，表示這個單元消耗的電功率 $\dot{W}_{\text{electric}}$ 的 30% 被轉換成有用的機械能，而其餘的 (70%) 能量「損失」並轉換成熱能。再者，實際的系統為了克服機殼內的摩擦損失，會需要一個更有力的風扇。注意如果我們忽略出口的動能修正因子，需要的電功率與壓力上升會比本例中的值低 10% (分別是 0.460 W 與 14.4 Pa)。

例題 5-13　從湖中泵水到水池

軸功 5 kW，效率 72% 的沉水泵被用來將水從一個湖中，經過一根等直徑的水管，泵送到一個水池中 (圖 5-51)。水池的自由表面高於湖的自由表面 25 m。如果管路系統的不可逆水頭損失是 4 m，試求水的排放率與跨過泵的壓力差。

解答： 水從湖中被泵送到一個已知高度的水池。對於已知的水頭損失，要決定流率與跨過泵的壓力差。

假設：1. 流動是穩定、不可壓縮的。**2.** 湖和水池都足夠大使得其

圖 5-51　例題 5-13 的示意圖。

液面高度維持為固定。

性質：我們取水的密度為 1 kg/L = 1000 kg/m³。

分析：泵輸出 5 kW 的軸功率，而其效率為 72%，因此其施予水的有效機械功率為

$$\dot{W}_{\text{pump},u} = \eta_{\text{pump}} \dot{W}_{\text{shaft}} = (0.72)(5 \text{ kW}) = 3.6 \text{ kW}$$

我們取湖的自由表面為點 1，並且取其為參考平面 ($z_1 = 0$)，而點 2 則位於水池的自由表面上。點 1 與點 2 兩者都對大氣開放 ($P_1 = P_2 = P_{\text{atm}}$)，而且其速度都是可忽略的 ($V_1 \cong V_2 \cong 0$)。因此，流過兩個表面之間的控制體積 (包括泵) 的穩定、不可壓縮流的能量方程式可以表示為

$$\dot{m}\left(\frac{P_1}{\rho} + \alpha_1 \frac{V_1^2}{2} + gz_1\right) + \dot{W}_{\text{pump},u} = \dot{m}\left(\frac{P_2}{\rho} + \alpha_2 \frac{V_2^2}{2} + gz_2\right) + \dot{W}_{\text{turbine},e} + \dot{E}_{\text{mech loss, piping}}$$

在敘述過的假設之下，能量方程式簡化成

$$\dot{W}_{\text{pump},u} = \dot{m}gz_2 + \dot{E}_{\text{mech loss, piping}}$$

注意 $\dot{E}_{\text{mech loss,piping}} = \dot{m}gh_L$，水的質量與體積流率成為

$$\dot{m} = \frac{\dot{W}_{\text{pump},u}}{gz_2 + gh_L} = \frac{\dot{W}_{\text{pump},u}}{g(z_2 + h_L)} = \frac{3.6 \text{ kJ/s}}{(9.81 \text{m/s}^2)(25 + 4 \text{ m})}\left(\frac{1000 \text{ m}^2/\text{s}^2}{1 \text{ kJ}}\right) = 12.7 \text{ kg/s}$$

$$\dot{V} = \frac{\dot{m}}{\rho} = \frac{12.7 \text{ kg/s}}{1000 \text{ kg/m}^3} = 12.7 \times 10^{-3} \text{ m}^3/\text{s} = 12.7 \text{ L/s}$$

我們現在取泵為控制體積。假設跨過泵的高度差與動能改變可以忽略，這個控制體積的能量方程式成為

$$\Delta P = P_{\text{out}} - P_{\text{in}} = \frac{\dot{W}_{\text{pump},u}}{\dot{V}} = \frac{3.6 \text{ kJ/s}}{12.7 \times 10^{-3} \text{ m}^3/\text{s}}\left(\frac{1 \text{ kN·m}}{1 \text{ kJ}}\right)\left(\frac{1 \text{ kPa}}{1 \text{ kN/m}^2}\right)$$

$$= \textbf{283 kPa}$$

討論：可以證明若是沒有水頭損失 ($h_L = 0$)，水的流率將為 14.7 L/s，增加了 16%。因此，管路中的摩擦損失應該儘量被減小，否則常會降低流率。

總結

本章討論到質量、伯努利及能量方程式與它們的應用。每單位時間流過一個截面的質量大小稱為質量流率，其表示式為

$$\dot{m} = \rho V A_c = \rho \dot{V}$$

其中 ρ 是流體的密度，V 是平均速度，$\dot{V}$ 是體積流率，而 A_c 是垂直於流動方向的截面積。控制體

積的質量守恆關係式為

$$\frac{d}{dt}\int_{CV} \rho \, dV + \int_{CS} \rho(\vec{V}\cdot\vec{n}) \, dA = 0$$

其敘述為控制體積內質量的時間變化率加上從控制面所淨流出的質量流率等於零。

更簡單的表示式為

$$\frac{dm_{CV}}{dt} = \sum_{in} \dot{m} - \sum_{out} \dot{m}$$

對於穩定流裝置，質量守恆定理被表示為

穩定流：
$$\sum_{in} \dot{m} = \sum_{out} \dot{m}$$

穩定流(單一流束)：
$$\dot{m}_1 = \dot{m}_2 \rightarrow \rho_1 V_1 A_1 = \rho_2 V_2 A_2$$

穩定、不可壓縮流：
$$\sum_{in} \dot{V} = \sum_{out} \dot{V}$$

穩定、不可壓縮流(單一流速)：
$$\dot{V}_1 = \dot{V}_2 \rightarrow V_1 A_1 = V_2 A_2$$

機械能是與流體的速度、高度與壓力有關的能量形式，藉由一個理想的機械裝置，可以被完全且直接的轉換成機械功。各種實際裝置的效率定義如下：

$$\eta_{pump} = \frac{\Delta \dot{E}_{mech, fluid}}{\dot{W}_{shaft, in}} = \frac{\dot{W}_{pump, u}}{\dot{W}_{pump}}$$

$$\eta_{turbine} = \frac{\dot{W}_{shaft, out}}{|\Delta \dot{E}_{mech, fluid}|} = \frac{\dot{W}_{turbine}}{\dot{W}_{turbine, e}}$$

$$\eta_{motor} = \frac{機械功率輸出}{電功率輸入} = \frac{\dot{W}_{shaft, out}}{\dot{W}_{elect, in}}$$

$$\eta_{generator} = \frac{電功率輸出}{機械功率輸入} = \frac{\dot{W}_{elect, out}}{\dot{W}_{shaft, in}}$$

$$\eta_{pump\text{-}motor} = \eta_{pump}\eta_{motor} = \frac{\Delta \dot{E}_{mech, fluid}}{\dot{W}_{elect, in}} = \frac{\dot{W}_{pump, u}}{\dot{W}_{elect, in}}$$

$$\eta_{turbine\text{–}gen} = \eta_{turbine}\eta_{generator} = \frac{\dot{W}_{elect, out}}{|\Delta \dot{E}_{mech, fluid}|} = \frac{\dot{W}_{elect, out}}{\dot{W}_{turbine, e}}$$

伯努利方程式在穩定的不可壓縮流中，是壓力、速度與高度之間的關係式，其為沿著一條流線的表示式，並且適用在淨摩擦力可忽略的區域：

$$\frac{P}{\rho} + \frac{V^2}{2} + gz = 常數$$

其也可表示為沿著一條流線上任意兩點間的關係式：

$$\frac{P_1}{\rho} + \frac{V_1^2}{2} + gz_1 = \frac{P_2}{\rho} + \frac{V_2^2}{2} + gz_2$$

伯努利方程式是機械能守恆的一個表示式，可以被敘述為：在穩定流中，當可壓縮性與摩擦效應可以忽略時，沿著一條流線運動的流體質點，其動能、位能與流能的總和是一個常數。將伯努利方程式乘以密度得到

$$P + \rho \frac{V^2}{2} + \rho gz = 常數$$

其中 P 是靜壓，代表流體的實際壓力；$\rho V^2/2$ 是動壓，代表運動中的流體被減速到靜止時的壓力上升；而 ρgz 是液靜壓，代表流體的重量在壓力上的影響。伯努利方程式敘述的是沿著一條流線的總壓是常數。靜壓和動壓的加總稱為停滯壓，代表當流體被以等熵的方式減速到完全靜止時，靜止點的壓力。將伯努利方程式的每一項都除以 g 就可以用「水頭」的形式來表示，

$$\frac{P}{\rho g} + \frac{V^2}{2g} + z = H = 常數$$

其中 $P/\rho g$ 是靜壓水頭，代表可以產生靜壓 P 的流體柱高度；$V^2/2g$ 是速度水頭，代表流體在無摩擦自由落下時，可以達到速度 V 所需要高度；而 z 是高度水頭，代表流體的位能。同時，H 是流動的總水頭。代表靜壓水頭與高度水頭加總的曲線，$P/\rho g + z$ 稱為水力坡線 (HGL)，而代表流體總水頭的曲線，$P/\rho g + V^2/2g + z$，稱為能量坡線 (EGL)。

穩定、不可壓縮流的能量方程式為

$$\frac{P_1}{\rho g} + \alpha_1 \frac{V_1^2}{2g} + z_1 + h_{\text{pump},u} = \frac{P_2}{\rho g} + \alpha_2 \frac{V_2^2}{2g} + z_2 + h_{\text{turbine},e} + h_L$$

其中

$$h_{\text{pump},u} = \frac{w_{\text{pump},u}}{g} = \frac{\dot{W}_{\text{pump},u}}{\dot{m}g} = \frac{\eta_{\text{pump}} \dot{W}_{\text{pump}}}{\dot{m}g}$$

$$h_{\text{turbine},e} = \frac{w_{\text{turbine},e}}{g} = \frac{\dot{W}_{\text{turbine},e}}{\dot{m}g} = \frac{\dot{W}_{\text{turbine}}}{\eta_{\text{turbine}} \dot{m}g}$$

$$h_L = \frac{e_{\text{mech loss, piping}}}{g} = \frac{\dot{E}_{\text{mech loss, piping}}}{\dot{m}g}$$

$$e_{\text{mech, loss}} = u_2 - u_1 - q_{\text{net in}}$$

質量、伯努利與能量方程式是三個最基本的流體力學關係式，它們在後續的章節中有廣泛的應用。在第 6 章，伯努利方程式或能量方程式與質量和動量方程式一起被用來決定作用在流體系

統上的力與力矩。在第 8 章中，質量與能量方程式被用來決定在流體系統中需要的泵功率。在第 11 章中，能量方程式也在某種程度上被用來分析明渠流。

參考資料和建議讀物

1. R. C. Dorf, ed. in chief. *The Engineering Handbook*, 2nd ed. Boca Raton, FL: CRC Press, 2004.
2. R. L. Panton. *Incompressible Flow*, 3rd ed. New York: Wiley, 2005.
3. M. Van Dyke. *An Album of Fluid Motion*. Stanford, CA: The Parabolic Press, 1982.

習題

有 "C" 題目是觀念題，學生應儘量作答。

質量守恆

5-1C 定義質量與體積流率。它們互相間的關係是什麼？

5-2C 流過一個控制體積的流動在什麼時候會是穩定的？

5-3 在夜晚溫度很低的氣候環境中，冷卻一間房子的一個能源有效的方法是在天花板上安裝一個風扇，其可從房間內部抽取空氣再排放到一個空調的閣樓空間。考慮一個內部空氣空間為 720 m³ 的房間。如果房間內的空氣每 20 分鐘要交換一次，試求 (a) 風扇需要的流率，(b) 如果風扇的直徑為 0.5 m，則空氣的平均排放速率是多少？

5-4 一個 0.75 m³ 的堅固氣槽內部裝著密度為 1.18 kg/m³ 的空氣。槽經過一個閥連接到一根高壓的供應線。現在閥被打開，空氣被允許進入槽中直到密度上升到 4.95 kg/m³ 為止。試求進入槽中的空氣質量。
(Answer: 2.83 kg)

5-5 考慮一個完全充滿的水槽，其截面為半圓形，半徑為 R，進入頁面方向的寬度為 b，如圖 P5-5 所示，如果水從水槽被泵出去的流率為 $\dot{V} = Kh^2$，其中 K 是一個正值常數，h 是在時間 t 的水深。試求將水面下降到一個指定高度 h_o 所需的時間，用 R、K 和 h_o 來表示。

圖 P5-5

5-6 一間吸菸室要容納 40 個重度吸菸客。吸菸客每人需要的最小新鮮空氣被設定為 30 L/s (ASHRAE, Standard 62, 1989)。若空氣速度不能超過 8 m/s，試求必須供應到吸菸室的最小新鮮空氣流率，與流道的最小直徑。

圖 P5-6

5-7 空氣穩定的以 2.21 kg/m³，20 m/s 進入噴嘴，而以 0.762 kg/m³，150 m/s 離開。如果入口面積為 60 cm²，試求 (a) 經過噴嘴的質量流率，與 (b) 噴嘴的出口面積。
(Answer: 0.265 kg/s, 23.2 cm²)

5-8 吹風機基本上是一個等直徑的管道，其中安置數層加熱電阻，一個小風扇吸入空氣並強制其通過電阻，將空氣加熱。如果空氣的密度在入口是 1.20 kg/m³，在出口是 1.05 kg/m³，當空氣流過吹風機時，試求其速度增加的百分比。

圖 P5-8

機械能與效率

5-9C 什麼是機械效率？水力透平機的機械效率 100% 的意涵是什麼呢？

5-10C 什麼是機械能？其與熱能的差異是什麼？一個流體束的機械能形式是什麼呢？

5-11 考慮河水流向一個湖，流動的平均速率為 4 m/s，流率為 500 m³/s，其位置高於湖面 70 m。試求每單位質量河水的總機械能與整條河在那個位置的功率生產能力。
(Answer: 347 MW)

圖 P5-11

伯努利方程式

5-12C 什麼是停滯壓？說明它是如何量測的？

5-13C 在推導伯努利方程式時所用到的三個主要假設是什麼呢？

5-14C 什麼是流線方向的加速度？它是如何與垂直加速度區別的？在一個穩定流中流體質點可以加速嗎？

5-15C 解釋虹吸管的工作原理。有人建議用虹吸管將冷水跨過 7 m 高的牆，是否可行？解釋之。

5-16C 在某個應用中，一根虹吸管必須跨越一面高牆，水或比重 0.8 的油是否可能跨過更高的牆？為什麼？

5-17C 一根用油當工作流體的玻璃管壓力計被連接到空氣流道中，如圖 P5-17C 所示。壓力計中的油面會像圖 P5-17C a 或 b 呢？解釋之。如果流動方向相反，你的回答會是怎樣呢？

圖 P5-17C

5-18C 建築物屋頂上的一個水漕的液面高於地面 20 m。一根水管從水槽底部連接到地面。水管終端連接一個噴嘴，其出口垂直向上。噴水的最大高度是多少？什麼因素會減少高度？

5-19 在一個水力發電廠，水流進噴嘴的絕對壓力是 800 kPa，速度很小。如果噴嘴出口開放到大氣壓力 100 kPa。試求水被噴嘴加速，在撞擊透平機葉片之前可能達到的最大速度。

5-20 加熱系統中管道的空氣速度，要用插入管道中平行於流動的皮托靜壓管來量測。如果連接到皮托管兩個出口端的水柱高度差為 2.4 cm，試求 (a) 流速，(b) 在測壓管尖端的壓力上升值。管道中的溫度和壓力分別是 45°C 與 98 kPa。

5-21 一根測壓管與一根皮托管被裝在一根 4 cm 直徑的水平的水管上，量測到的水柱高度對測壓管是 26 cm，對皮托管是 35 cm (都是從水管的上表面量起)。試求管中心的速度。

5-22 一根虹吸管將水從一個大型儲水槽抽送到一個原來是空的低位水桶中。水桶有一個圓滑的孔口，其位置低於儲水槽液面 6 m 使水從水桶流出。虹吸管和孔口直徑都是 5 cm。忽略摩擦損失，試求平衡時水槽內的水位高度。

5-23 一架飛機在高度 12,000 m 飛行。如果飛機的速度為 300 km/h，試求在飛機鼻部停滯點上的錶壓力。如果飛機的速度是 1050 km/h，你將如何求解這個問題？解釋之。

5-24 一個游泳池直徑 8 m，其水面高於地面 3 m。現在要經由打開連接到游泳池底部的一根 3 cm 直徑、25 m 長的水平管來排水。試求經過這個管的最大排水率。同時解釋實際的排水率為什麼比較小。

5-25 手持式自行車打氣筒可以用來當作一個霧化器，藉由強制空氣以高速流過一個小孔並在一個貯液桶與高速的空氣噴束之間置放一根小管子來產生細微的霧滴。已知對一個曝露於大氣中的次音速噴束而言，其橫向壓力幾乎是大氣壓力，同時儲液筒中的液面，也是對大氣壓力開放的。試說明液體如何從管子中吸上來。提示：請仔細閱讀 5-4 節。

圖 P5-25

5-26 某地點的一個城市的供水主幹線中的水壓是 270 kPa (錶)。試決定這個供水主幹線是否可以服務高於其位置 25 m 的鄰近地區。

5-27 水槽內水面高於地面 15 m。一根管子連接到水槽底部，管子另一端的噴嘴垂直向上。水槽的蓋子是氣密的且水面上的空氣壓力是 3 atm (錶)。系統位於海平面高度。試求水束可以上升的最大高度。

(Answer: 46.0 m)

圖 P5-27

5-28 一個流道中的空氣速度要用一根連接到一個差壓計的皮托靜壓管來量測。如果空氣的絕對壓力是 92 kPa，溫度是 20°C 而差壓計的讀值是 1.0 kPa，試求空氣速度。

(Answer: 42.8 m/s)

5-29 在密閉裝滿水的圓筒中有一個合適的活

塞，其上有 4 個小洞，如圖 P5-29 所示。活塞以等速率 4 mm/s 被推向右邊，右邊腔室內的錶壓力維持 50 kPa。忽略摩擦影響，試求需要施加在活塞上的力 F 以維持這個運動。

圖 P5-29

能量方程式

5-30C 什麼是有用的泵水頭？其與輸入泵的功率是如何相關的？

5-31C 什麼是不可逆水頭損失？其與機械能損失是如何相關的？

5-32C 什麼是動能修正因子？其是否是重要的？

5-33C 有人用一條園藝水管對著一個與膝蓋同高的水桶注水。他拿著水管從腰部高度注水。某人建議降低水管的高度使其在膝蓋高度注水，會比較快裝滿水桶。你同意這個建議嗎？解釋之。忽略摩擦的影響。

5-34 一個油泵以 0.1 m³/s 的流率泵送 $\rho = 860$ kg/m³ 的油時會消耗 25 kW 的電功率。管直徑在入口與出口分別是 8 cm 和 12 cm。如果泵的油壓上升經量測到的是 250 kPa 且馬達效率是 90%，試求泵的機械效率。取動能修正因子為 1.05。

圖 P5-34

5-35 水以 0.035 m³/s 的流率在水平管中流動。水平管的直徑經過一個縮管，從 15 cm 縮成 8 cm。如果在縮管之前與之後的中心線壓力被量測為 480 kPa 與 445 kPa，試求縮管的不可逆水頭損失。取動能的修正因子為 1.05。(Answer: 1.18 m)

5-36 一個水力透平機有 50 m 的可用水頭，其流率為 1.30 m³/s。透平機的總透平機–發電機組合效率是 78%。試求透平機的電功率輸出。

5-37 水流以流率 20 L/s 流過一根水平的管子，其直徑維持為 3 cm 的常數。跨過管中的一個閥的壓力降是 2 kPa，如圖 P5-37 所示。試求此閥的不可逆水頭損失，以及為了克服此壓力降所需要的有用泵功率。
(Answer: 0.204 m, 40 W)

圖 P5-37

5-38 一個大型水槽剛開始裝水時，高度高於出口中心線 5 m。出口直徑 10 cm，有尖銳邊緣。槽內水槽開放至大氣，而出口也排水至大氣。如果系統的總不可逆水頭損失為 0.3 m，試求水槽剛開始的排水速度。取出口的動能修正因子為 1.2。

5-39 在一根圓管內的紊流的速度形狀被近似為 $u(r) = u_{max}(1 - r/R)^{1/n}$，其中 $n = 9$。試求這個流動的動能修正因子。(Answer: 1.04)

5-40 要從一個部分充滿的大型水槽供水至屋頂，屋頂高於槽內水面 8 m，供水是經過一根內徑為 2.5 cm 的水管並藉由維持槽內的空氣壓力為 300 kPa (錶) 來達成。如果管路的水頭損失為 2 m，試求供水至屋頂的排水率。

5-41 白天對於電力的需求通常遠高於夜晚，因此電力公司通常以晚上較低的電價來鼓勵顧客使用可用的發電容量，且避免僅為了應付尖峰的短暫時段需求而興建昂貴的新電廠。電力公司也願意在白天以較高的價錢向私人公司購電。

假設有一家電力公司其夜晚的電價為 $0.06/kWh，而白天電價則為 $0.13/kWh。為了取得這個機會的好處，一個企業家考慮興建一個高於湖面 50 m 的水庫，晚上利用便宜的電力將水從湖泵送到水庫，白天則讓水從水庫流回湖中，使泵-馬達在回流時變成透平機-發電機運作來生產電力。前置分析顯示任一個方向都有 2 m³/s 的水流率，且管路系統的不可逆水頭損失是 4 m。預期的泵-馬達單元與透平機-發電機單位的組合效率都是 75%。假設在一個標準天內，系統的運作不管是以泵模式或透平機模式都是各 10 h，試求每一年這個泵-透平機系統的可能收入是多少。

圖 P5-41

5-42 一艘消防船為了滅火以流率為 0.04 m³/s 經由一根 10 cm 直徑的管子抽取密度 1030 kg/m³ 的海水並且經由一個出口直徑為 5 cm 的噴嘴排水。系統的總不可逆水頭損失為 3 m，且噴嘴的位置高於海平面 3 m。假設泵效率為 70%，試求泵所需要的軸功率輸入與排水速度。(Answer: 39.2 kW, 20.4 m/s)

圖 P5-42

複習題

5-43 空氣流過一個入口對出口面積比值為 2:1 的噴嘴，入口的密度 2.50 kg/m³，速度 120 m/s，出口的速度 330 m/s。試求在出口的空氣密度。(Answer: 1.82 kg/m³)

5-44 空氣以 120 L/s 的流率流過一根管子。管子包含兩段直徑分別是 22 cm 與 10 cm，其間有一個平滑的收縮段連接兩者。兩個管段間的壓力差用一個水壓計量測。忽略摩擦影響，試求這兩個管段間的水柱高度差。取空氣的密度為 1.20 kg/m³。(Answer: 1.37 cm)

圖 P5-44

5-45 一個很大的槽內裝 102 kPa 的空氣，其所在地點的大氣壓力 100 kPa，溫度 20°C。現在一個 2 cm 直徑的小孔被打開，試求經過這個小孔的空氣最大流率。如果空氣是經過一根 2 m 長、4 cm 直徑的管子及 2 cm 直徑的噴嘴來排氣，則你的答案會是什麼？如果儲槽內的壓力為 300 kPa，你會用相同的方法來解題嗎？

圖 P5-45

5-46 水以 0.011 m³/s 的流率在一根水平管中流動。管的直徑由一個擴張段從 6 cm 增加到 11 cm。如果經過擴張段的水頭損失為 0.65 m 且在入口與出口的動能修正因子都是 1.05，試求壓力變化。

5-47 地下水被泵送到一個水池，其截面積為 3 m×4 m，同時水經由一個 5 cm 直徑的孔口以等平均速度 5 m/s 排出。如果水池內的水面以 1.5 cm/min 的速率上升，試求對水池的供水率，以 m³/s 表示。

5-48 一個 $D_0 = 8$ m 直徑的水槽，剛開始裝滿水的水面高於其底部的一個 $D = 8$ cm 直徑的閥的中心線 2 m。水槽的表面對大氣是開放的，並且水槽經由一根接到閥的 $L = 80$ m 長的水管排水。已知水管的摩擦因子 $f = 0.015$，並且排水速度被表示為 $V = \sqrt{\dfrac{2gz}{1.5 + fL/D}}$，其中 z 是高於閥中心的水面高度。試求 (a) 槽的起始排水速度，與 (b) 排空水槽所需的時間。當水面降低至閥中心位置，水槽可以被當成已經排空。

5-49 圓柱形水槽，在其底部有一個閥，如圖 P5-49。水槽上方的空氣處在當地大氣壓力 100 kPa。完全打開水閥是否有可能完全排空水槽？如果不能，試求當水停止從完全打開的閥流出時，水槽內的水面高度。假設在排水過程中，圓形槽內的空氣溫度維持為常數。

圖 P5-49

5-50 一個風洞利用位在其出口附近的一個大風扇吸入在 20°C，101.3 kPa 的大氣空氣。如果風洞中的空氣速度是 80 m/s，試求風洞中的壓力。

圖 P5-50

基礎工程學 (FE) 試題

5-51 空氣在 100 kPa，20°C 流過一根 12 cm 直徑的管子，流率為 9.5 kg/min。管中的空氣速度是
(a) 1.4 m/s   (b) 6.0 m/s
(c) 9.5 m/s   (d) 11.8 m/s
(e) 14.0 m/s

5-52 水進入一根 4 cm 直徑的管子，速度 1 m/s。管子直徑在出口收縮為 3 cm。出口的水流速度是
(a) 1.78 m/s   (b) 1.25 m/s   (c) 1 m/s
(d) 0.75 m/s   (e) 0.50 m/s

5-53 一個 75 m 高的水體，其表面對大氣開放，可供利用。在水體的底部水以 200 L/s 的流率流過一個透平機。跨過透平機的壓力差是
(a) 736 kPa   (b) 0.736 kPa   (c) 1.47 kPa
(d) 1470 kPa   (e) 368 kPa

5-54 一個水力透平機被用來利用水壩內的水來產生功率。水壩的上游與下游的自由表面的高度差為 120 m。水以流率 150 kg/s 供給透平機。如果透平機的軸功率輸出是 155 kW，透平機的效率是
(a) 0.77   (b) 0.80   (c) 0.82
(d) 0.85   (e) 0.88

5-55 一個水力透平機–發電機單元的效率為 85%。若發電機的效率為 96%，則透平機的效率為
(a) 0.816   (b) 0.850   (c) 0.862
(d) 0.885   (e) 0.960

5-56 考慮一個流體在一根水平管中的不可壓縮的無摩擦流動。在一個指定點所量測到的壓力與速度為 150 kPa 與 1.25 m/s。流體的密度為 700 kg/m^3。如果在另一點的壓力為 140 kPa，則該點的流體速度為
(a) 1.26 m/s   (b) 1.34 m/s   (c) 3.75 m/s
(d) 5.49 m/s   (e) 7.30 m/s

5-57 考慮一個管路系統中的水流。在一個指定點 (點 1) 的壓力、速度與高度是 150 kPa、1.8 m/s 與 14 m。在點 2 的壓力與速度是 165 kPa 與 2.4 m/s。忽略摩擦效應，點 2 的高度是
(a) 12.4 m   (b) 9.3 m   (c) 14.2 m
(d) 10.3 m   (e) 7.6 m

5-58 流體在一個管中的靜壓與停滯壓用液壓管與皮托管來量測。液壓管和皮托管中量測到的液柱高度分別是 2.2 m 和 2.0 m。如果流體的密度是 5000 kg/m^3，則管中流體的速度是
(a) 0.92 m/s   (b) 1.43 m/s   (c) 1.65 m/s
(d) 1.98 m/s   (e) 2.39 m/s

5-59 水在 120 kPa (錶) 以速度 1.15 m/s 流過一根水平管。管在出口轉了 90° 角，並且在管的出口水垂直噴向空氣中。水流噴束可以上升的最大高度是
(a) 6.9 m   (b) 7.8 m   (c) 9.4 m
(d) 11.5 m   (e) 12.3 m

5-60 水在 80 kPa (錶) 以 1.7 m/s 流進一根水平管。管在出口轉了 90° 角，並且在管的出口水垂直噴向空氣中。取修正因子為 1。如果在管的入口與出口之間的不可逆水頭損失是 3 m，水流噴束上升的高度是
(a) 3.4 m   (b) 5.3 m   (c) 8.2 m
(d) 10.5 m   (e) 12.3 m

5-61 水在 350 kPa 以流率 1 kg/s 進入一個泵。離開泵的水進入一個透平機，在其間壓力被降低並產生電力。泵的軸功率輸入是 1 kW，而透平機的軸功率輸出是 1 kW。泵和透平機的效率都是 90%。如果水的高度和速度在整個流動中都維持為常數且不可逆水頭損失是 1 m，則透平機出口的水壓是
(a) 350 kPa   (b) 100 kPa   (c) 173 kPa
(d) 218 kPa   (e) 129 kPa

5-62 效率 90% 的透平機的軸功率輸出是 500

kW。如果通過透平機的水流率是 575 kg/s，則透平機從流體抽取的水頭是
(a) 48.7 m (b) 57.5 m (c) 147 m
(d) 139 m (e) 98.5 m

設計與小論文題

5-63 你的公司要建立一個實驗來測量一個流道中的空氣流率，你的任務是提出適當的量測儀器。研究用來量測空氣流率的可用技術和裝置，討論每種技術的優缺點，並且做出建議。

5-64 使用一個手持型自行車打氣筒來產生空氣噴束，一個汽水罐當作貯水器，並結合一根吸管來設計並製造一個霧化器。探討各種參數，例如管長、出口小孔的直徑與泵送速度對於性能的影響。

5-65 風機所生產的功率正比於風速的 3 次方。受到流體在一個噴嘴中加速的啟發，某人提議安裝一個收縮外殼來從比較大的面積獲得風能，並在風撞擊風機葉片前將其加速，如圖 P5-65 所示。評估這個提議的改變在設計新風機時是否值得加以考慮。

圖 P5-65

Chapter 6 流動系統的動量分析

學習目標

讀完本章後，你將能夠

- 識別作用在一個控制體積上的各種不同的力與力矩。
- 用控制體積分析來決定與流體流動有關的力。
- 用控制體積分析來決定流體流動造成的力矩與傳遞的扭力。

當處理工程問題時，最好能夠以最低的成本卻能夠快速而正確的獲得解答。大多數工程問題，包括那些與流體流動有關的，都可採用三個方法中的一種來分析：微分、實驗與控制體積。在微分方法中，問題可以很正確的用微分量來推導，但是產生的微分方程式的求解卻是困難的，通常需要使用數值方法與電腦軟體。實驗方法配合因次分析有高度的準確性，但通常很耗時間，費用也高。本章所介紹的有限體積法相當快速並簡單，所給的答案對於大多數工程目標而言也足夠準確。因此儘管需要一些近似，但用紙筆就能進行的基本控制體積分析，對於工程師是一種不可缺少的工具。

在第 5 章中已經介紹了流體流動系統的質量與能量的控制體積分析。本章我們要介紹流體流動問題的有限控制體積動量分析。首先將對牛頓定律與線性和角動量守恆關係式作一個概述。然後使用雷諾輸運定理，發展出給控制體積的線性動量和角動量方程式，並且使用它們來決定與流體流動有關的力和扭力。

6-1 牛頓定律

牛頓定律是物體的運動與作用於其上的力量之間的關係式。牛頓第一定律的敘述是當作用在一個物體上的淨力為零時，原來靜止的物體維持靜止，原來運動的物體則沿著直線作等速度運動。因此，物體傾向於維持其慣性狀態。牛頓第二定律的敘述是一個物體的加速度正比於作用於其上的淨力而反比於其質量。牛頓第三定律的敘述是當一個物體施力於第二個物體時，第二個物體也會施加大小相同方向相反的力在第一個物體上。因此，反作用力的方向相依於取來作為系統的物體。

對一個質量為 m 的剛體，牛頓第二定律表示為

牛頓第二定律：
$$\vec{F} = m\vec{a} = m\frac{d\vec{V}}{dt} = \frac{d(m\vec{V})}{dt} \tag{6-1}$$

其中 $\vec{F}$ 是作用在物體的淨力，而 $\vec{a}$ 是物體在 $\vec{F}$ 的影響下的加速度。

一個物體的質量和速度的乘積稱為這個物體的線性動量或簡稱為動量。因此，在式 (6-1) 中表示的牛頓第二定律也可以被敘述為一個物體的動量改變率等於作用在這個物體的淨力 (圖 6-1)。這個敘述比較適合在流體力學中使用，即研究因為流體的速度改變而產生力量的場合。因此在流體力學中，牛頓第二定律通常被稱為線性動量方程式。

一個系統的動量只有當作用於其上的淨力為零時才維持為常數，因此這種系統的動量是守恆的。這也以動量守恆定理知名。這個定理已經證明在研究碰撞時是很有用的工具。例如球與球之間、球與球拍、球棒或球棍之間；還有在原子之間、在次原子與粒子之間；又如發生在火箭、飛彈和槍砲中的爆炸等。然而在流體力學中，作用在一個系統的淨力通常不為零，因此我們比較喜歡用線性動量方程式而不是動量守恆定理。

圖 6-1 牛頓第二定律也被表示為一個物體動量的變化率等於作用於其上的淨力。

注意力量、加速度、速度與動量都是向量，因此它們都有大小，也有方向。再者動量是速度與質量的乘積，因此動量的方向就是速度的方向。任何向量方程式對一個指定的方向，可以用其大小寫成純量形式的方程式。例如，在 x- 方向，$F_x = ma_x = d(mV_x)/dt$。

牛頓第二定律在一個旋轉的剛體的對應定理可以被表示 $\vec{M} = I\vec{\alpha}$，其中 $\vec{M}$ 是作用在物體的淨力矩或靜扭力，I 是物體對應於旋轉軸的慣性矩，而 $\vec{\alpha}$ 是角加速度。它也可以用角動量的變化率 $d\vec{H}/dt$ 來表示為

角動量方程式：$\qquad \vec{M} = I\vec{\alpha} = I\,\dfrac{d\vec{\omega}}{dt} = \dfrac{d(I\vec{\omega})}{dt} = \dfrac{d\vec{H}}{dt}$ (6-2)

其中 $\vec{\omega}$ 是角速度。對一個繞著固定的 x 軸旋轉的剛體，角動量方程式可以用純量的形成寫成

x 軸的角動量：$\qquad M_x = I_x\,\dfrac{d\omega_x}{dt} = \dfrac{dH_x}{dt}$ (6-3)

角動量方程式可以被敘述為一個物體的角動量的變化率等於作用於其上的淨扭力 (圖 6-2)。

當作用於旋轉物體上的淨扭力為零時，其總角動量維持常數，因此這種系統的角動量是守恆的。這就是所謂的角動量守恆定理，並且被表示為 $I\omega$ = 常數。許多有趣的現象可以很輕易地借助於角動量守恆定理來解釋，例如溜冰者將雙臂往身體收縮時可以轉得更快、潛水者從跳台跳起後收縮身體也可以轉得更快 (在此兩例中，當身體較外的部分縮向旋轉軸時，慣性矩 I 減小，因此角速度 ω 增加)。

圖 6-2 一個物體的角動量的變化率等於作用於其上的淨扭力。

6-2 選擇一個控制體積

我們現在簡單的討論一下如何明智地選擇控制體積。控制體積可以是空間中流體流過的任何區域，圍繞它的控制面在流動中可以是固定的、移動的，或甚至是變形的。基本守恆定理的應用是對物理量記帳的一種系統化的步驟，因此在作分析時，謹慎的定義控制體積的邊界非常重要。同時，任何量進入或離開一個控制體積的流率相依於流體相對於控制面的流速，因此知道流動中的控制體積是靜止或移動是很重要的。

許多流動系統牽涉到靜止的硬體很穩固地固定在一個靜止表面上，這種系統最好使用固定的控制體積來作分析。例如，在決定作用於被抓住管子的噴嘴上的反作用力時，控制體積的自然選擇是其垂直於噴嘴的出口平面，並且經過三角架的底部平面 (圖 6-3a)，這是一個固定的控制體積，相對於地面上一個固定點的水流速度與相對於出口平面的水流速度是一樣的。

當分析的流動系統會移動或變形時，允許控制體積移動或變形通常是比較方便的。例如，在決定一架以等速度巡航的飛機的噴射引擎所產生的推力時，控制體積的聰明選擇是其圍住整架飛機，並且切過噴嘴的出口平面 (圖 6-3b)。此例中的控制體積以速度 $\vec{V}_{CV}$ 移動，這與飛機相對於地面的巡航速度是一樣的。當決定噴出氣體離開噴嘴的流率時，合適的速度是使用排氣相對於噴嘴出口平面的速度，亦即，

相對速度 $\vec{V}_r$。因為整個控制體積以 $\vec{V}_{CV}$ 移動，相對速度變成 $\vec{V}_r = \vec{V} - \vec{V}_{CV}$，其中 $\vec{V}$ 是排氣的絕對速度，即相對於地面上一個固定點的速度。注意 $\vec{V}_r$ 是流體相對於一個與控制體積一起移動的座標系統的相對速度。這是一個向量方程式且相反方向的速度有相反的正負號。例如，飛機若是向左以 500 km/h 巡航，並且排氣速度相對於地面是向右 800 km/h，則相對於噴嘴出口的排氣速度是

$$\vec{V}_r = \vec{V} - \vec{V}_{CV} = 800\vec{i} - (-500\vec{i}) = 1300\vec{i} \text{ km/h}$$

也就是排氣相對於噴嘴出口是以 1300 km/h 向右離開噴嘴 (在與飛機相反的方向)；這是評估排氣穿過控制面的外流率所應該使用的速度 (圖 6-3b)。注意如果相對速度的大小等於飛機速度時，對一個在地面上的觀察者而言，排氣會像是不動的。

當分析一個往復式內燃機的廢氣排氣時，控制體積的聰明選擇是取介於活塞上表面與汽缸頭之間的空間 (圖 6-3c)。這是一個變形的控制體積，因為其控制面的一部分相對於其它部分會移動。在一個控制表面的變形部分上面的入口或出口 (在圖 6-3c 中沒有這種入口或出口) 上的相對速度是由 $\vec{V}_r = \vec{V} - \vec{V}_{CS}$ 給定，其中 $\vec{V}$ 是絕對流體速度，$\vec{V}_{CS}$ 是控制面速度，兩者都是相對於在控制體積外面的一個固定點。注意，對於移動但不變形的控制體積 $\vec{V}_{CS} = \vec{V}_{CV}$，而對於一個固定的控制體積 $\vec{V}_{CS} = \vec{V}_{CV} = 0$。

圖 6-3 (a) 固定的，(b) 移動的，(c) 變形的控制體積的例子。

6-3 作用在一個控制體積上的力

作用在一個控制體積上的力，包括**物體力** (body force)，其為作用在控制體積的整個物體上的力 (例如重力、電力與磁力)，與**表面力** (surface force)，其為作用在控制面上的力 (例如壓力、黏滯力與在接觸點上的反作用力)。在分析時，只有外部力被考慮。內部力 (例如在流體與流動部分的內表面之間的壓力) 在一個控制體積分析中不被考慮，除非藉由將控制面通過這些面而將它們曝露出來。

在控制體積分析中，一個特定時刻作用在控制體積上的所有力的總和 $\Sigma \vec{F}$ 可表示為

作用在控制體積的總力： $$\sum \vec{F} = \sum \vec{F}_{body} + \sum \vec{F}_{surface} \tag{6-4}$$

物體力作用在控制體積的每一個體積部分上。作用在控制體積內流體的一個微分體積元素 d∀ 上的物體力示於圖 6-4。為了得到作用在整個控制體積上的淨物體力，我們必須作體積分。表面力作用在控制面的每一個部分上。控制面上的一個微分面積元素 dA 及其向外的單位法向量 $\vec{n}$ 示於圖 6-4，一起顯示的是作用於其上的表面力。為了得到作用在整個控制面上的淨表面力，我們必須作面積分。如圖所示，表面力作用的方向與面的單位向外法向量是互相獨立的。

最常見的物體力是重力 (gravity)，其對控制體積的每一個微分元素都會施加向下的力。其它物體力，例如電力與磁力，在某些分析中可能是重要的，我們在這裡將只考慮重力。

作用在一個小流體元素 (如圖 6-5 所示) 的微分物體力 $d\vec{F}_{body} = d\vec{F}_{gravity}$ 將只是其重量，

圖 6-4 作用在一個控制體積上的力包括物體力與表面力；物體力顯示於微分的體積元素上，而表面力顯示於微分的面積元素上。

作用在一個流體元素的重力： $\qquad d\vec{F}_{gravity} = \rho \vec{g}\, d\forall \qquad$ (6-5)

其中 ρ 是元素的平均密度，$\vec{g}$ 是重力加速度向量。在地球的海平面高度，重力常數 g 等於 9.807 m/s^2。因為重力是唯一被考慮的物體力，對式 (6-5) 積分得到

作用在控制體積的總物體力： $\quad \sum \vec{F}_{body} = \int_{CV} \rho \vec{g}\, d\forall = m_{CV}\vec{g} \quad$ (6-6)

圖 6-5 作用在流體的一個微分體積元素上的重力等於其重量；座標軸的指向是使重力向量向下作用在負 z- 方向。

表面力分析起來就不是那麼簡單，因為其包括垂直與切線分量。再者，雖然作用在一個表面上的物理力與座標軸的方向無關，但用其座標分量來描述這個力卻會隨座標軸方向而改變 (圖 6-6)。加上我們很少能夠幸運到所有的控制面都能與座標軸對齊。雖然我們不打算太過於陷入張量代數之中，但是為了正確的描述作用在流場中一點的表面應力，也不得不定義一個稱為**應力張量** (stress tensor) σ_{ij} 的**二階張量** (second-order tensor)，

卡氏座標的應力張量： $\qquad \sigma_{ij} = \begin{pmatrix} \sigma_{xx} & \sigma_{xy} & \sigma_{xz} \\ \sigma_{yx} & \sigma_{yy} & \sigma_{yz} \\ \sigma_{zx} & \sigma_{zy} & \sigma_{zz} \end{pmatrix} \qquad$ (6-7)

應力張量的對角分量 σ_{xx}、σ_{yy} 與 σ_{zz} 稱為**正向應力** (normal stress)；它們包括壓力 (總是垂直向內作用) 與黏滯應力。黏滯應力在第 9 章會有詳細討論。非對角線分量 σ_{xy}、σ_{zx} 等，稱為**剪應力** (shear stress)；因為壓力僅能垂直作用在表面上，剪應力全

部都是由黏滯應力組成。

當表面與任何座標軸都不平行時,座標軸旋轉與張量的數學法則可以用來計算作用在這個面的應力的垂直與切線分量。另外,在用張量工作時,使用張量符號是很方便的,但通常其保留給研究使用。(張量的更深入分析與張量符號可以參考 Kundu and Cohen, 2011。)

在式 (6-7) 中,σ_{ij} 是在一個與 i- 方向垂直的表面上,作用方向在 j- 方向的應力 (每單位面積的力)。注意 i 與 j 只是張量的下標,與單位向量 $\vec{i}$ 與 $\vec{j}$ 是不同的。例如,σ_{xy} 被定義為正的情況是此應力作用在 y- 方向,其作用面的向外垂直線是在 x- 方向。這個應力張量的分量,與其它 8 個分量,對一個與卡氏座標軸對齊的微分流體元素,示於圖 6-7。所有圖 6-7 上的分量都被顯示在依其定義的正向面上 (右、上與前) 與正向作用方向上。在流體元素的相反面上 (未顯示出來) 的正向應力正好作用在相反方向上。

一個二階張量與一個向量的點積產生第二個向量,這種運算通常稱為張量與向量的收縮積 (contracted product) 或內積 (inner product)。在我們的情況中,應力張量 σ_{ij} 與一個微分表面元素的向外垂直單位向量 $\vec{n}$ 的內積結果,產生一個向量,其大小是作用在這個表面元素上每單位面積的力,而其方向則為表面力的方向。數學上我們寫成

作用在一個微分表面元素上的表面力: $d\vec{F}_{\text{surface}} = \sigma_{ij} \cdot \vec{n} \, dA$ (6-8)

最後,我們將式 (6-8) 對整個控制面作積分,

作用在控制面的總表面力: $\sum \vec{F}_{\text{surface}} = \int_{CS} \sigma_{ij} \cdot \vec{n} \, dA$ (6-9)

將式 (6-6) 與 (6-9) 代入式 (6-4) 得到

$$\sum \vec{F} = \sum \vec{F}_{\text{body}} + \sum \vec{F}_{\text{surface}} = \int_{CV} \rho \vec{g} \, dV + \int_{CS} \sigma_{ij} \cdot \vec{n} \, dA \quad (6\text{-}10)$$

這個方程式在推導線性動量守恆方程式的微分形式時會非常有用,如在第 9 章中所討論的。然而,在實際的控制體積分析中,我們很少需要用到式 (6-10),因為

圖 6-6 當座標軸從 (*a*) 旋轉到 (*b*) 時,表面力的分量改變了,即使力本身維持不變;這裡僅顯示二維的情況。

圖 6-7 在右、上與前表面上的卡氏座標上的應力張量的分量。

其包含很麻煩的面積分。

仔細地選擇控制體積使我們可以將作用在控制體積上的總力 $\sum \vec{F}$ 寫成更容易得到的量，像重量、壓力、反作用力等的加總。我們推薦下式給控制體積分析：

總力：
$$\underbrace{\sum \vec{F}}_{\text{總力}} = \underbrace{\sum \vec{F}_{\text{gravity}}}_{\text{物體力}} + \underbrace{\sum \vec{F}_{\text{pressure}} + \sum \vec{F}_{\text{viscous}} + \sum \vec{F}_{\text{other}}}_{\text{表面力}} \qquad (6\text{-}11)$$

在式 (6-11) 右邊的第一項是物體力重量，因為重力是我們唯一考慮的物體力。其它三項組合成淨表面力；它們是作用在控制面的壓力、黏滯力與「其它」力。$\sum \vec{F}_{\text{other}}$ 由需要來令流體轉向的反作用力所組成；這些力作用在控制面切過的螺栓、纜線、支柱或牆上。我們選擇控制體積應該讓不在興趣內的力維持在內部，讓它們不會使分析複雜化。一個選擇良好的控制體積僅曝露需要決定的力 (例如反作用力) 與最小量的其它力。

在應用牛頓運動定律時，一個通常的簡化是減去大氣壓力而用錶壓力來作分析。這是因為大氣壓力作用在所有方向，其影響在每一個方向互相抵消 (圖 6-8)。這表示我們可以忽略在出口處 (流體以次音速排放至大氣壓力) 的壓力，因為在這樣的情況中，排放壓力非常接近大氣壓力。

作為如何聰明選擇控制體積的例子，考慮對水穩定流過一個有著部分關閉的閘閥的水龍頭所作的控制體積分析 (圖 6-9)。想要計算凸緣上的淨力以確定凸緣螺栓是否夠強，有很多種控制體積的可能選擇。有一些工程師會限制它們的控制體積在流體本身，如圖 6-9 所示的 CV A (管內虛線所圍的控制體積)。在這控制體積中，有沿著控制面改變的壓力，有沿著管壁與閥內位置而改變的黏滯力，也有物體力，亦即在控制體積內水的重量。幸運的是，為了計算在凸緣上的力，我們並不需要沿著整個控制面作壓力與黏滯力的積分。取代的是，我們可以將未知的壓力與黏滯力併在一起成為一個反作用力，代表壁面作用在水上的淨力。這個力加上水與水龍頭的重量即等於作用在凸緣的淨力。(當然我們必須很小心的處理符號。)

圖 6-8 大氣壓力作用在所有的方向，在作力平衡分析時可將其忽略，因為其效應在每個方向互相抵消了。

圖 6-9 經過一個水龍頭組合的截面，說明聰明選擇控制體積的重要性；CV B 比 CV A 較容易用來作分析。

當選擇一個控制體積時，我們並不被限制在流體本身。通常更方便的作法是令控制面切過固體物體，例如壁面、支柱或螺栓，如示於圖 6-9 的 CV B (顏色虛線所圍的控制體積)。一個控制體積甚至可能圍繞整個物件，就如展示在這裡的。控制體積 B 是一個聰明的選擇，因為我們並不關心流動的任何細節或甚至於控制體積內的幾何形狀。對 CV B 的情況，我們指定一個淨反作用力作用在控制面切過凸緣螺栓的部分。然後，我們僅需要知道的其它事情是在凸緣的水的錶壓力 (即在控制體積的入口) 與水和水龍頭組合的重量。沿著控制面其它部分的壓力是大氣壓力 (零錶壓) 並互相抵消。

6-4 線性動量方程式

對一個質量為 m 的系統，受到淨力 $\Sigma \vec{F}$ 的作用，牛頓第二定律表示為

$$\sum \vec{F} = m\vec{a} = m\frac{d\vec{V}}{dt} = \frac{d}{dt}(m\vec{V}) \tag{6-12}$$

其中 $m\vec{V}$ 是系統的**線性動量** (linear momentum)。注意在系統中，密度與速度兩者都可能有點到點的變化。牛頓第二定律可以更一般的表示為

$$\sum \vec{F} = \frac{d}{dt}\int_{sys} \rho \vec{V}\, dV \tag{6-13}$$

其中 $\rho \vec{V}\, dV$ 是一個微分元素 dV 的動量，其質量為 $\delta m = \rho dV$。因此牛頓第二定律可以被敘述為作用在一個系統的所有外力的總和等於此系統的線性動量的時間變化率。這個敘述適用於任何靜止或等速度移動的座標系統，稱為慣性座標系統或慣性參考座標。加速的系統，例如飛機起飛時，最好用固定在飛機上的非慣性 (或加速) 座標系統來作分析。注意式 (6-13) 是一個向量關係式，因此 $\vec{F}$ 和 $\vec{V}$ 有大小也有方向。

式 (6-13) 是給有固定質量的固體或流體使用的，在流體力學中的用處有限，因為大多數的流動系統使用控制體積來作分析的。在 4-6 節中推導的雷諾輸運定理提供必需的工具來將系統的方程式轉換成控制體積的方程式。令 $b = \vec{V}$，從而 $B = m\vec{V}$，則線性動量的雷諾輸運定理可以表示成 (圖 6-10)：

$$\frac{d(m\vec{V})_{sys}}{dt} = \frac{d}{dt}\int_{CV} \rho \vec{V}\, dV + \int_{CS} \rho \vec{V}(\vec{V_r}\cdot\vec{n})\, dA \tag{6-14}$$

從式 (6-12)，這個方程式的左邊等於 $\Sigma \vec{F}$，代入以後可以得到適用於固定的、移動的或變形的控制體積的線性動量方程式的一般式，

一般式： $$\sum \vec{F} = \frac{d}{dt}\int_{CV} \rho \vec{V}\, dV + \int_{CS} \rho \vec{V}(\vec{V_r}\cdot\vec{n})\, dA \tag{6-15}$$

圖 6-10 藉由在雷諾輸運定理中用動量 $m\vec{V}$ 代替 B，用每單位質量的動量 $\vec{V}$ 代替 b 可得到線性動量方程式。

其文字敘述為

$$\begin{pmatrix} \text{作用在 CV} \\ \text{的所有外} \\ \text{力的總和} \end{pmatrix} = \begin{pmatrix} \text{CV 內含的} \\ \text{線性動量的} \\ \text{時間變化率} \end{pmatrix} + \begin{pmatrix} \text{由質量流動所帶} \\ \text{出控制面的線性} \\ \text{動量的淨流動率} \end{pmatrix}$$

此處 $\vec{V}_r = \vec{V} - \vec{V}_{CS}$ 是相對於控制面的流體速度 (用來計算在流體通過控制面的所有位置上的質量流率)，$\vec{V}$ 是從慣性座標所看到的流體速度。乘積 $\rho(\vec{V}_r \cdot \vec{n}) \, dA$ 代表通過面積元素 dA 進入或離開控制體積的質量流率。

對於固定的控制體積 (沒有控制體積的移動或變形)，$\vec{V}_r = \vec{V}$，因此線性動量方程式變成

固定的 CV：
$$\sum \vec{F} = \frac{d}{dt} \int_{CV} \rho \vec{V} \, dV + \int_{CS} \rho \vec{V}(\vec{V} \cdot \vec{n}) \, dA \tag{6-16}$$

注意動量方程式是向量方程式，因此每一項都是向量。同時，為方便使用，這個方程式的分量可以沿著正交的座標方向被分解 (例如在卡氏座標系統的 x、y 與 z)。力的總和 $\sum \vec{F}$ 在許多情況中包含重量、壓力與反作用力 (圖 6-11)。動量方程式通常被用來計算由流體流動所產生的力 (通常作用在系統的支撐物或連接物上)。

特例

本書中大多數的動量問題都是穩定的。穩定流中，控制體積中的動量含量維持為常數，因此控制體積內的線性動量的時間變化率 [式 (6-15) 的第二項] 為零。因此，

穩定流：
$$\sum \vec{F} = \int_{CS} \rho \vec{V}(\vec{V}_r \cdot \vec{n}) \, dA \tag{6-17}$$

對於以等速度移動的非變形控制體積的例子 (一個慣性參考座標)，在式 (6-17) 的第一個 $\vec{V}$ 也可以取相對於移動的控制面的值。

雖然式 (6-16) 對一個固定的控制體積是正確的，但由於積分項在求解實際的工程問題時並不是很方便的。正如我們在質量守恆中所做的，我們以入口與出口的平均速度和質量流率來重寫式 (6-16)。換言之，我們喜歡用代數形式而不是積分形式來重寫此方程式。在許多實際的應用中，流體在一個或更多個入口或出口穿過控制體積的邊界，並且隨身攜帶一些動量進入或離開控制體積。為簡單計，我們取的控制面總是使其在每個入口或出口都是垂直於進入流或離開流的速度 (圖 6-12)。

圖 6-11 在大多數的流動系統中，力的總和 $\sum \vec{F}$ 包括重量、壓力與反作用力。錶壓力在這裡被使用因為大氣壓力作用在控制面的所有邊上而互相抵消了。

穿過入口或出口進入或離開控制體積的質量流率 $\dot{m}$，當密度 ρ 幾乎是常數時是

穿過一個入口或出口的質量流率：

$$\dot{m} = \int_{A_c} \rho(\vec{V}\cdot\vec{n})\, dA_c = \rho V_{avg} A_c \qquad (6\text{-}18)$$

比較式 (6-18) 與式 (6-16)，我們注意到在式 (6-16) 的面積分中多了一個速度。如果在入口或出口的 $\vec{V}$ 是均勻的 ($\vec{V} = \vec{V}_{avg}$)，我們可以直接將其取出積分外面。然後就可以將穿過入口或出口的動量流出率或流入率寫成簡單的代數形式，

穿過一個均勻的入口或出口的動量流率：

$$\int_{A_c} \rho \vec{V}(\vec{V}\cdot\vec{n})\, dA_c = \rho V_{avg} A_c \vec{V}_{avg} = \dot{m}\vec{V}_{avg} \qquad (6\text{-}19)$$

均勻流近似在某些入口與出口是合理的，例如，在一個管子的圓滑入口，在一個風洞測試區的入口的流動，在空氣中的一個幾乎有均勻速率的水流噴束的一個截面 (圖 6-13)。每一個像這樣的入口或出口，式 (6-19) 都可以被直接應用。

動量修正因子，β

不幸的是，在許多實際工程問題中，入口與出口上的速度並不是均勻的。然而，我們仍然可以將式 (6-16) 中的控制面積分轉換成代數形式，但是需要一個無因次的修正因子 β，稱為**動量修正因子** (momentum-flux correction factor)，是由法國科學家 Joseph Boussinesq (1842-1929) 首先提出的。對一個固定的控制體積，式 (6-16) 的代數形式可以寫成

$$\sum \vec{F} = \frac{d}{dt}\int_{CV} \rho \vec{V}\, dV + \sum_{out} \beta \dot{m} \vec{V}_{avg} - \sum_{in} \beta \dot{m} \vec{V}_{avg} \qquad (6\text{-}20)$$

其中對每一個在控制面上的入口與出口都有一個唯一的動量修正因子。注意對於入口與出口為均勻流的情況，$\beta = 1$，如圖 6-13 所示。對於一般的情況，我們定義 β 使得在控制面上截面積為 A_c 的入口或出口的動量通量的積分可以表示成通過此入口或出口的質量流率

第 6 章　流動系統的動量分析　**217**

$\dot{m}$ 與平均速度 $\vec{V}_{avg}$ 的乘積，

穿過一個入口或出口的動量通量：
$$\int_{A_c} \rho \vec{V}(\vec{V}\cdot\vec{n})\, dA_c = \beta \dot{m} \vec{V}_{avg} \tag{6-21}$$

對於入口或出口的密度是均勻的，並且整個入口或出口速度的 $\vec{V}$ 與 $\vec{V}_{avg}$ 有相同方向的情況，我們從式 (6-21) 解出 β，

$$\beta = \frac{\int_{A_c} \rho V(\vec{V}\cdot\vec{n})\, dA_c}{\dot{m} V_{avg}} = \frac{\int_{A_c} \rho V(\vec{V}\cdot\vec{n})\, dA_c}{\rho V_{avg} A_c V_{avg}} \tag{6-22}$$

這裡我們已經用 $\rho V_{avg} A_c$ 代入在分母的 $\dot{m}$。密度互相抵消，並且因為 V_{avg} 是常數，可被拿到積分裡面。若控制面垂直切過入口或出口，$(\vec{V}\cdot\vec{n})\, dA_c = V\, dA_c$，那麼式 (6-22) 可進一步被簡化為

動量修正因子：
$$\beta = \frac{1}{A_c} \int_{A_c} \left(\frac{V}{V_{avg}}\right)^2 dA_c \tag{6-23}$$

可以證明 β 總是大於或等於 1。

例題 6-1 ▶ **管內層流的動量修正因子**

考慮在一根圓管中一段很長的平直段的層流運動。第 8 章中已經證明通過管中一個截面的速度形狀是拋物線形的 (圖6-14)，其軸向速度分量被給定為

$$V = 2V_{avg}\left(1 - \frac{r^2}{R^2}\right) \tag{1}$$

其中 R 是管子內壁的半徑，而 V_{avg} 是平均速度。試計算流過管子一個截面的動量修正因子，在此管流代表在控制體積的出口的流動，如圖 6-14 所示。

解答：對於一個已知的速度分佈，我們要計算動量修正因子。
假設：1. 流動是不可壓縮且穩定的。**2.** 控制體積垂直切過管子，如圖 6-14 所示。
分析：我們將已知的速度形狀 V 代入式 (6-23) 並作積分，注意 $dA_c = 2\pi r\, dr$，

$$\beta = \frac{1}{A_c} \int_{A_c} \left(\frac{V}{V_{avg}}\right)^2 dA_c = \frac{4}{\pi R^2} \int_0^R \left(1 - \frac{r^2}{R^2}\right)^2 2\pi r\, dr \tag{2}$$

圖 6-14 在一根管子的一個截面上的速度形狀，流動是完全發展的層流。

定義一個新積分變數 $y = 1 - r^2/R^2$，因此 $dy = -2r\, dr/R^2$ (再者，$y=1$ 當 $r=0$ 時，且 $y=0$ 當 $r=R$ 時)，並進行積分，則對完全發展的層流，其動量修正因子變成

層流：
$$\beta = -4\int_1^0 y^2\, dy = -4\left[\frac{y^3}{3}\right]_1^0 = \frac{4}{3} \tag{3}$$

討論：對出口，我們已經計算得到 β，但是如果將管子截面考慮成在控制體積的入口，結果也是一樣的。

從例題 6-1，我們看出對於一個管子中的完全發展層流，β 並不是很接近 1，因此忽視 β 極有可能造成明顯的誤差。但是如果對管內完全發展的紊流而不是層流進行如同在例題 6-1 的積分，我們將會發現 β 的範圍介於 1.01 至 1.04。因為這些值很接近 1，很多從業工程師完全忽視動量修正因子。雖然在紊流的計算中忽略 β 對於最後結果的影響甚微小，但將其保留在方程式中會是明智的。如此作法不但增進計算的正確性，並且提醒我們當求解層流控制體積的問題時要包括動量修正因子。

對於紊流，β 在入口與出口的影響甚微，但是對於層流，β 可能是重要的，因此不應該被忽略。在所有動量控制體積問題中，包括 β 是明智之舉。

穩定流

如果流動也是穩定的，式 (6-20) 中的時間導數項會消失，我們會得到

穩定的線性動量方程式：
$$\sum \vec{F} = \sum_{\text{out}} \beta \dot{m} \vec{V} - \sum_{\text{in}} \beta \dot{m} \vec{V} \tag{6-24}$$

其中我們已經將下標 "avg" 從平均速度中去掉。式 (6-24) 的敘述是穩定流中作用在控制體積的淨力等於動量的外流率減去動量的內流率。這個敘述在圖 6-15 中說明，其也可被表示在任意方向上，因為式 (6-24) 是一個向量方程式。

圖 6-15 穩定流中作用在控制體積上的淨力等於動量的外流率與動量的內流率之差。

只有一個入口與出口的穩定流

許多實際的工程問題只有一個入口與一個出口 (圖 6-16)。這種單一流束系統的質量流率維持為常數，式 (6-24) 化簡為

一個入口與一個出口：
$$\sum \vec{F} = \dot{m}\left(\beta_2 \vec{V}_2 - \beta_1 \vec{V}_1\right) \tag{6-25}$$

其中我們採用一般慣例用下標 1 表示入口，下標 2 表示出口，而 $\vec{V}_1$ 與 $\vec{V}_2$ 分別代表入口與出口的平均速度。

圖 6-16 只有一個入口與一個出口的控制體積。

第 6 章 　流動系統的動量分析　**219**

我們再一次強調所有前述的關係式是向量方程式，所有加法與減法都是向量的加法與減法。減去一個向量等同於將向量反向再將其相加 (圖 6-17)。當對某一個座標軸方向 (例如 x- 軸) 寫出動量方程式時，我們使用向量在那個軸方向的投影。例如，式 (6-25) 沿著 x- 軸可以寫成

沿著 x- 軸：
$$\sum F_x = \dot{m}(\beta_2 V_{2,x} - \beta_1 V_{1,x}) \quad (6\text{-}26)$$

其中 ΣF_x 是力的 x 分量的加總，而 $V_{2,x}$ 與 $V_{1,x}$ 分別是流束在出口與入口的速度的 x 分量。力與速度在正 x 方向的分量是正的，而在負 x 方向的分量是負的。通常取未知力的方向在正方向是比較好的作法 (除非問題非常明顯)。若求出的未知力是負值，表示假設的方向是錯的，應該被反向。

圖 6-17 用向量加法決定由於水流的轉向所造成的在支撐上的反作用力。

例題 6-2　抓住一個轉向肘管在定位的力

收縮的肘管被用來使水平管中以 14 kg/s 流動的水流向上轉向 30° 並加速 (圖 6-18)。肘管排水至大氣中，其截面積在入口是 113 cm^2，在出口是 7 cm^2。出口與入口的中心的高度差是 30 cm。肘管與其內水的重量被視為是可忽略的。試求 (a) 在肘管入口中心的錶壓力，(b) 將肘管夾住不動所需要的力。

解答：一根肘管將水向上轉向並排放至大氣中。要決定肘管入口的壓力與將肘管夾住不動所需要的力。

假設：**1.** 流動是穩定的，並且摩擦效應是可忽略的。**2.** 肘管與其內水的重量是可忽略的。**3.** 排水至大氣中，因此出口的錶壓力為零。**4.** 在控制體積的入口與出口的流動都是紊流且是完全發展的，因此在入口與出口，我們取動量修正因子 β 都是 1.03 (作為一個保守的估計)。

性質：我們取水的密度為 1000 kg/m^3。

分析：(a) 我們取肘管為控制體積，並且用 1 代表入口，用 2 代表出口。我們也取 x- 與 z- 軸如圖所示。對這個 1-入口、1-出口的穩定流系統，連續方程式是 $\dot{m}_1 = \dot{m}_2 = \dot{m} = 14$ kg/s。注意 $\dot{m} = \rho AV$，在入口與出口的水流速度為

$$V_1 = \frac{\dot{m}}{\rho A_1} = \frac{14 \text{ kg/s}}{(1000 \text{ kg/m}^3)(0.0113 \text{ m}^2)} = 1.24 \text{ m/s}$$

$$V_2 = \frac{\dot{m}}{\rho A_2} = \frac{14 \text{ kg/s}}{(1000 \text{ kg/m}^3)(7 \times 10^{-4} \text{ m}^2)} = 20.0 \text{ m/s}$$

圖 6-18 例題 6-2 的示意圖。

我們使用伯努利方程式 (第 5 章) 作為第一個近似來計算壓力。在第 8 章我們將學習如何考慮到沿壁面的摩擦損失。取在入口截面的中心當作參考高度 ($z_1 = 0$) 並且注意到 $P_2 = P_\text{atm}$，則對通過肘管中心的一條流線的伯努利方程式可被表示為

$$\frac{P_1}{\rho g} + \frac{V_1^2}{2g} + z_1 = \frac{P_2}{\rho g} + \frac{V_2^2}{2g} + z_2$$

$$P_1 - P_2 = \rho g\left(\frac{V_2^2 - V_1^2}{2g} + z_2 - z_1\right)$$

$$P_1 - P_{\text{atm}} = (1000 \text{ kg/m}^3)(9.81 \text{ m/s}^2)$$

$$\times \left(\frac{(20 \text{ m/s})^2 - (1.24 \text{ m/s})^2}{2(9.81 \text{ m/s}^2)} + 0.3 - 0\right)\left(\frac{1 \text{ kN}}{1000 \text{ kg}\cdot\text{m/s}^2}\right)$$

$$P_{1,\text{ gage}} = 202.2 \text{ kN/m}^2 = \mathbf{202.2 \text{ kPa}} \quad (\text{錶})$$

(b) 穩定流的動量方程式為

$$\sum \vec{F} = \sum_{\text{out}} \beta \dot{m}\vec{V} - \sum_{\text{in}} \beta \dot{m}\vec{V}$$

我們令肘管的夾持力的 x- 與 z- 分量為 F_{Rx} 與 F_{Rz}，並且假設它們在正方向。我們也使用錶壓力，因為大氣壓力作用在整個控制面上。因此沿著 x- 與 z- 軸的動量方程式變成

$$F_{Rx} + P_{1,\text{ gage}}A_1 = \beta \dot{m}V_2 \cos \theta - \beta \dot{m}V_1$$
$$F_{Rz} = \beta \dot{m}V_2 \sin \theta$$

其中我們已經令 $\beta = \beta_1 = \beta_2$。解出 F_{Rx} 與 F_{Rz} 並代入已知數值，

$$F_{Rx} = \beta\dot{m}(V_2 \cos \theta - V_1) - P_{1,\text{ gage}}A_1$$

$$= 1.03(14 \text{ kg/s})[(20 \cos 30° - 1.24) \text{ m/s}]\left(\frac{1 \text{ N}}{1 \text{ kg}\cdot\text{m/s}^2}\right)$$

$$- (202,200 \text{ N/m}^2)(0.0113 \text{ m}^2)$$

$$= 232 - 2285 = \mathbf{-2053 \text{ N}}$$

$$F_{Rz} = \beta\dot{m}V_2 \sin \theta = (1.03)(14 \text{ kg/s})(20 \sin 30° \text{ m/s})\left(\frac{1 \text{ N}}{1 \text{ kg}\cdot\text{m/s}^2}\right) = \mathbf{144 \text{ N}}$$

F_{Rx} 的結果是負的，指出假設的方向是負的，應該被反向。因此 F_{Rx} 作用在負 x- 方向。

討論：沿著肘管的內壁有非零的壓力分佈，但是因為控制體積在肘管外面，這些壓力沒有出現在我們的分析中。肘管與其內水的重量可以被加到垂直力中來增加準確度。$P_{1,\text{ gage}}$ 的真實值會高於計算值，因為在肘管中會有摩擦與其它不可逆損失。

例題 6-3　抓住一個逆向肘管在定位的力

例題 6-2 的轉向肘管被一個逆向肘管取代，使得流體在排出時作了 180° 的 U 形轉向，如圖 6-19 所示。入口與出口中心的高度差仍然是 0.3 m。試求抓住這個肘管在定位的夾持力。

解答：入口與出口的速度與壓力都維持相同，但此情況中在肘管與管子連接處的夾持力的垂直分量為零 ($F_{Rz} = 0$)，因為在垂直方向沒有其它力與動量通量 (我們忽略了肘管與水的重量)。夾持力

圖 6-19　例題 6-3 的示意圖。

的水平分量是由 x- 方向的動量方程式決定的。注意出口速度是負的，因為是在負 x- 方向，我們有

$$F_{Rx} + P_{1,\text{gage}}A_1 = \beta_2 \dot{m}(-V_2) - \beta_1 \dot{m} V_1 = -\beta \dot{m}(V_2 + V_1)$$

解出 F_{Rx} 並代入已知數值，

$$\begin{aligned} F_{Rx} &= -\beta \dot{m}(V_2 + V_1) - P_{1,\text{gage}}A_1 \\ &= -(1.03)(14 \text{ kg/s})[20 + 1.24) \text{ m/s}]\left(\frac{1 \text{ N}}{1 \text{ kg·m/s}^2}\right) - (202{,}200 \text{ N/m}^2)(0.0113 \text{ m}^2) \\ &= -306 - 2285 = -\mathbf{2591 \text{ N}} \end{aligned}$$

因此，在凸緣上的水平力是 2591 N，作用在負 x- 方向 (肘管試圖從管子分離)。這力約相當於 260 kg 質量的重量，因此連接器 (例如螺栓) 必須夠強壯才能抵抗此力。

討論：因為壁面將水轉向的角度比較大，所以在 x- 方向的反作用力比例題 6-2 中的大。如果轉向肘管被一個直噴嘴取代 (就如同消防員所用的) 使得排水是在正 x- 方向，x- 方向的動量方程式變成

$$F_{Rx} + P_{1,\text{gage}}A_1 = \beta \dot{m} V_2 - \beta \dot{m} V_1 \quad \rightarrow \quad F_{Rx} = \beta \dot{m}(V_2 - V_1) - P_{1,\text{gage}}A_1$$

因為 V_1 與 V_2 兩者都是在正 x- 方向。這顯示對速度與力使用正確正負號的重要性 (正方向用正號、負方向用負號)。

例題 6-4　撞擊一個固定平板的水流噴束

水被一個噴嘴加速到平均速度 20 m/s，並且以流率 10 kg/s，速度 20 m/s 撞擊一個垂直平板 (圖 6-20)。撞擊後，水流在平板的平面上向所有方向飛濺。試求為了阻止平板由於水流作用產生水平運動所需要的力。

解答：水流噴束正向撞擊一個垂直的固定平板。要決定抓住平板不動所需要的力。

假設：1. 噴嘴出口的水流是穩定的。**2.** 水飛濺的方向垂直於水流噴束的方向。**3.** 水流噴束曝露在大氣中，因此水流噴束與離開控制體積的飛濺中的水的壓力都是大氣壓力，所以可被忽略，因為大氣壓力作用在整個系統中。**4.** 垂直力與動量通量都不被考慮，因為它們對水平反作用力都沒有影響。**5.** 動量修正因子的影響都被忽略，因此在入口 $\beta \cong 1$。

圖 6-20　例題 6-4 的示意圖。

分析：這個問題我們選擇的控制體積包括整個平板，並且垂直切過水流噴束與支撐桿。對於穩定流的動量方程式成為

$$\sum \vec{F} = \sum_{\text{out}} \beta \dot{m} \vec{V} - \sum_{\text{in}} \beta \dot{m} \vec{V} \tag{1}$$

將此問題的式 (1) 沿著 x- 方向寫出 (不要忘記在負 x- 方向的力與速度為負的)，並且注意 $V_{1,x} = V_1$ 與 $V_{2,x} = 0$，得到

$$-F_R = 0 - \beta \dot{m} V_1$$

代入已知數值

$$F_R = \beta \dot{m} V_1 = (1)(10 \text{ kg/s})(20 \text{ m/s})\left(\frac{1 \text{ N}}{1 \text{ kg·m/s}^2}\right) = \mathbf{200 \text{ N}}$$

因此支撐桿必須在負 x- 方向 (水流噴束的逆向) 施加 200 N 的水平力 (約相當於一個 20 kg 質量的重量) 來夾持平板於定位。相似的情況發生在一架直昇機的下洗氣流。

討論：平板吸收了水流噴束動量的完全撞擊，因為在控制體積出口的 x 方向的動量為零。如果控制體積是取介於水與平板的介面之間，將會有額外 (未知) 的壓力在分析之中。藉由令控制體積切過支撐桿，我們避免必須處理這種額外的複雜性。這是「聰明」選擇控制體積的一個例子。

例題 6-5　風機的功率生產與風負載

一個有 9 m 直徑葉片的風力發電機的切入風速 (產生電力的最小速率) 為 11 km/h，在此速度時能產生 0.4 kW 的電功率 (圖 6-21)。試求 (a) 這個風力發電機組合的效率，(b) 風對風機支撐柱施加的水平力。若風速倍增至 22 km/h，則對電功率的生產與支撐力的影響是多少？假設效率維持不變且空氣的密度是 1.22 kg/m³。

解答：要分析風機的功率生產與風負載。要決定效率與施加在支撐柱的力並且探討風速倍增的影響。

假設：**1.** 風的流量是穩定的，不可壓縮的。**2.** 風力發電機的效率與風速無關。**3.** 摩擦效應可以忽略，沒有動能被轉換成熱能。**4.** 風流過風機的平均速度與風速是相同的 (事實上，它是更小的)。**5.** 風機上游與下游的風流動幾乎是均勻的，因此動量修正因子為 $\beta = \beta_1 = \beta_2 \cong 1$。

性質：已知空氣的密度為 1.22 kg/m³。

圖 6-21　例題 6-5 的示意圖。

分析：(a) 動能是機械能的一種形式，可完全轉換為功。風的功率潛能正比於其動能，即每單位質量為 $V^2/2$，因此一個已知的質量流率的最大功率為 $\dot{m} V^2/2$。

$$V_1 = (11 \text{ km/h})\left(\frac{1 \text{ m/s}}{3.6 \text{ km/h}}\right) = 3.056 \text{ m/s}$$

$$\dot{m} = \rho_1 V_1 A_1 = \rho_1 V_1 \frac{\pi D^2}{4} = (1.22 \text{ kg/m}^3)(3.056 \text{ m/s})\frac{\pi (9 \text{ m})^2}{4} = 237.2 \text{ kg/s}$$

$$\dot{W}_{\max} = \dot{m} \text{ke}_1 = \dot{m} \frac{V_1^2}{2}$$

$$= (237.2 \text{ kg/s})\frac{(3.056 \text{ m/s})^2}{2}\left(\frac{1 \text{ kN}}{1000 \text{ kg·m/s}^2}\right)\left(\frac{1 \text{ kW}}{1 \text{ kN·m/s}}\right)$$

$$= 1.108 \text{ kW}$$

因此，在風速 11 km/h 時，風機的可用功率為 1.108 kW。風力發電機組合的效率為

$$\eta_{\text{wind turbine}} = \frac{\dot{W}_{\text{act}}}{\dot{W}_{\text{max}}} = \frac{0.4 \text{ kW}}{1.108 \text{ kW}} = \mathbf{0.361} \qquad (\text{或 } \mathbf{36.1\%})$$

(b) 假設摩擦效應可忽略，進入風機的動能沒有被轉換成電功率的部分就是離開風機的動能。注意質量流率是常數，因此離開速度可如下決定：

$$\dot{m}\text{ke}_2 = \dot{m}\text{ke}_1(1 - \eta_{\text{wind turbine}}) \rightarrow \dot{m}\frac{V_2^2}{2} = \dot{m}\frac{V_1^2}{2}(1 - \eta_{\text{wind turbine}}) \tag{1}$$

或

$$V_2 = V_1\sqrt{1 - \eta_{\text{wind turbine}}} = (3.056 \text{ m/s})\sqrt{1 - 0.361} = 2.443 \text{ m/s}$$

為了決定作用在支撐柱的力，我們圍繞風機畫一個控制體積使得在入口與出口的風是垂直於控制面的，並且整個控制面是在大氣壓力 (圖 6-21)。穩定流的動量方程式為

$$\sum \vec{F} = \sum_{\text{out}} \beta \dot{m} \vec{V} - \sum_{\text{in}} \beta \dot{m} \vec{V} \tag{2}$$

將式 (2) 沿著 x- 方向寫出，並且注意 $\beta = 1$，$V_{1,x} = V_1$ 與 $V_{2,x} = V_2$，得到

$$F_R = \dot{m}V_2 - \dot{m}V_1 = \dot{m}(V_2 - V_1) \tag{3}$$

將已知數值代入式 (3) 得到

$$F_R = \dot{m}(V_2 - V_1) = (237.2 \text{ kg/s})(2.443 - 3.056 \text{ m/s})\left(\frac{1 \text{ N}}{1 \text{ kg·m/s}^2}\right)$$

$$= -145 \text{ N}$$

負號指出反作用力是負 x- 方向，正如預期。因此風施加在支撐柱的力變成 $F_{\text{mast}} = -F_R = \mathbf{145}$ **N**。生產的功率正比於 V^3，因為質量流率正比於 V 且動能正比於 V^2。因此，風速倍增至 22 km/h 將增加功率生產至 $2^3 = 8$ 倍，即 $0.4 \times 8 = 3.2$ kW。風對支撐的施力正比於 V^2。因此，風速倍增至 22 km/h 將增加施力 $2^2 = 4$ 倍，即 $145 \times 4 = 580$ N。

例題 6-6　作用在凸緣上的淨力

水以 70 L/min 的流率通過一個有凸緣的水龍頭，其閘閥是部分關閉的 (圖 6-22)。管在凸緣位置的內徑是 2 cm，此處量測到的壓力是 90 kPa (錶)。水龍頭組合加上內部水的重量是 57 N。試求在凸緣上的淨力。

解答：考慮水流過一個有凸緣的水龍頭。要計算作用在凸緣上的淨力。
假設：1. 流動是穩定且不可壓縮的。**2.** 在入口與出口的流動是紊流且是完全發展的，因此動量修正因子約為 1.03。**3.** 在水龍頭出口的管子直徑與在凸緣位置的直徑一樣。
性質：水在室溫的密度是 997 kg/m^3。

分析：我們取水龍頭與其附近的環境當作控制體積，並且跟所有作用於其上的力一起示於圖 6-22。這些力包括水的重量與水龍頭組合的重量、在控制體積入口的錶壓力與凸緣作用在控制體積的淨力 $\vec{F}_R$。為了方便，我們使用錶壓力，因為作用在控制面的其它地方的錶壓力為零 (大氣壓力)。注意在控制體積出口的壓力也是大氣壓力，因為我們假設不可壓縮流；因此在出口的錶壓力也是零。

現在應用控制體積的守恆定理。質量守恆定理很明顯，因為只有一個入口與一個出口，即進入控制體積的質量流率等於離開控制體積的質量流率。同時，進入流與離開流的平均速度是相同的，因為內直徑是常數且水是不可壓縮，並且可以被決定如下：

圖 6-22 例題 6-6 的控制體積，所有力都被顯示；為了方便，使用錶壓力。

$$V_2 = V_1 = V = \frac{\dot{V}}{A_c} = \frac{\dot{V}}{\pi D^2/4} = \frac{70 \text{ L/min}}{\pi (0.02 \text{ m})^2/4}\left(\frac{1 \text{ m}^3}{1000 \text{ L}}\right)\left(\frac{1 \text{ min}}{60 \text{ s}}\right) = 3.714 \text{ m/s}$$

同時，

$$\dot{m} = \rho \dot{V} = (997 \text{ kg/m}^3)(70 \text{ L/min})\left(\frac{1 \text{ m}^3}{1000 \text{ L}}\right)\left(\frac{1 \text{ min}}{60 \text{ s}}\right) = 1.163 \text{ kg/s}$$

接著使用穩定流的動量方程式：

$$\sum \vec{F} = \sum_{out} \beta \dot{m} \vec{V} - \sum_{in} \beta \dot{m} \vec{V} \tag{1}$$

令凸緣上的作用力的 x- 與 z- 分量為 F_{Rx} 與 F_{Rz}，並且假設它們是在正方向。速度的 x- 分量的大小在入口是 $+V_1$，在出口是零。速度的 z- 分量在入口是零，在出口是 $-V_2$。同時，水龍頭組合與其內水的重量是作用在負 z- 方向的物體力。在 z- 方向沒有壓力或黏滯力作用在 (聰明) 選擇的控制體積上。

式 (1) 沿著 x- 與 z- 方向的分量變成

$$F_{Rx} + P_{1,\text{gage}} A_1 = 0 - \dot{m}(+V_1)$$
$$F_{Rz} - W_{\text{faucet}} - W_{\text{water}} = \dot{m}(-V_2) - 0$$

解出 F_{Rx} 與 F_{Rz} 並代入已知數值，

$$F_{Rx} = -\dot{m}V_1 - P_{1,\text{gage}} A_1$$

$$= -(1.163 \text{ kg/s})(3.714 \text{ m/s})\left(\frac{1 \text{ N}}{1 \text{ kg·m/s}^2}\right) - (90{,}000 \text{ N/m}^2)\frac{\pi(0.02 \text{ m})^2}{4}$$

$$= -32.6 \text{ N}$$

$$F_{Rz} = -\dot{m}V_2 + W_{\text{faucet}+\text{water}}$$

$$= -(1.163 \text{ kg/s})(3.714 \text{ m/s})\left(\frac{1 \text{ N}}{1 \text{ kg·m/s}^2}\right) + 57 \text{ N} = 52.7 \text{ N}$$

然後凸緣作用在控制體積的淨力可表示成向量形式為

$$\vec{F}_R = F_{Rx}\vec{i} + F_{Rz}\vec{k} = -32.6\vec{i} + 52.7\vec{k} \text{ N}$$

從牛頓第三定律，水龍頭組合作用在凸緣的力等於負的 $\vec{F}_R$，

$$\vec{F}_{\text{faucet on flange}} = -\vec{F}_R = 32.6\vec{i} - 52.7\vec{k} \text{ N}$$

討論：水龍頭組合向右及向下拉，這與我們的直覺吻合。即水施加一個高壓在入口，但出口的壓力是大氣壓力。再者，入口水的 x- 方向動量在轉彎處損失了，造成對管壁一個額外向右的力。水龍頭組合的重量遠大於水的動量的影響，因此我們預期力是向下的。注意用 "faucet on flange" 來作力的下標可以清楚說力的方向。

6-5 轉動與角動量的複習

一個剛體的運動可以考慮成是其質心的平移運動與繞著其質心的轉動的組合。平移運動是用線性動量方程式 (6-1) 來分析的。現在我們討論轉動 —— 一種運動，其中物體的所有點都繞著旋轉軸作圓周運動。轉動是用與角度相關的量來描述的，例如角度 θ、角速度 $\vec{\omega}$ 與角加速度 $\vec{\alpha}$。

物體上一個點的轉動量是用連接此點與轉動軸的一條距離為 r 並垂直於轉動軸的線所掃過的角度 θ 來表示的。角度用 radians (弳度，rad) 來表示，這是一個單位圓上對應於 θ 的弧長。注意，半徑為 r 的圓的周長是 $2\pi r$，在一個剛體上的任意點，轉動一圈所走的角度距離是 2π rad。一個點沿著其圓弧路徑所走的物理長度是 $l = \theta r$，其中 r 是點離轉動軸的垂直距離，θ 是以 rad 表示的角度。注意 1 rad 對應於 $360/(2\pi) \cong 57.3°$。

角速度的大小 ω 是每單位時間所走的角度，而角加速度的大小 α 是角速度的變化率。它們被表示為 (圖 6-23)：

圖 6-23 在一個平面上的角度距離 θ、角速度 ω 與線性速度 V 的關係。

$$\omega = \frac{d\theta}{dt} = \frac{d(l/r)}{dt} = \frac{1}{r}\frac{dl}{dt} = \frac{V}{r} \quad \text{與} \quad \alpha = \frac{d\omega}{dt} = \frac{d^2\theta}{dt^2} = \frac{1}{r}\frac{dV}{dt} = \frac{a_t}{r} \qquad (6\text{-}27)$$

或

$$V = r\omega \quad \text{與} \quad a_t = r\alpha \qquad (6\text{-}28)$$

其中 V 是線性速度，而 a_t 是線性加速度，是在一個與旋轉軸距離為 r 的一個點的切線方向上。注意對於一個旋轉的剛體上的所有點，ω 與 α 都是一樣的，但是 V 與 a_t 則不一樣 (它們正比於 r)。

牛頓第二定律要求必須有一個力作用在切線方向來造成角加速度。旋轉效應的強度，稱為力矩 (moment) 或扭力 (torque)，是正比於力的大小與其離開轉動軸的距離。從轉動軸到力的作用線的垂直距離，稱為力臂 (moment arm)，作用在距離轉動軸的垂直距離為 r 的一個點質量 m 的扭力的大小 M 被表示為

$$M = rF_t = rma_t = mr^2\alpha \tag{6-29}$$

作用在繞著一個軸旋轉的剛體上的總扭力可以將作用在一個微分質量 δm 上的扭力對整個物體作積分而得到

扭力的大小：
$$M = \int_{\text{mass}} r^2\alpha\,\delta m = \left[\int_{\text{mass}} r^2\,\delta m\right]\alpha = I\alpha \tag{6-30}$$

其中 I 是物體相對於轉動軸的慣性矩 (moment of inertia)，這是物體對抗旋轉的慣性的一個量度。關係式 $M = I\alpha$ 是牛頓第二定律的一個對應式，用扭力代替力，慣性矩代替質量，而角加速度代替線性加速度 (圖 6-24)。注意不像質量，一個物體的轉動慣性也相依於這個物體相對於旋轉軸的質量分佈。因此，物體的質量比較靠向其旋轉軸堆積則其對角加速度的阻力就較小，但是若物體的質量比較集中在其外圍就對角加速度有較大的阻力。飛輪是後例的一個良好例證。

一個質量 m，速度 $\vec{V}$ 的物體的線性動量是 $m\vec{V}$，且線性動量的方向與速度的方向是相同的。注意力的力矩等於力與垂直距離的乘積，而動量矩的大小稱為角動量 (angular momentum)。一個點質量相對於一個軸的角動量為 $H = rmV = r^2m\omega$，其中 r 是從旋轉軸到動量向量的作用線的垂直距離 (圖 6-25)。一個轉動剛體的總角動量可以經由積分來決定，

圖 6-24 線性量與角度量之間的相似性。

圖 6-25 一個點質量 m 以角速度 ω 在離開轉動軸的距離為 r 的地方轉動的角動量。

角動量的大小： $H = \int_{\text{mass}} r^2\omega\,\delta m = \left[\int_{\text{mass}} r^2\,\delta m\right]\omega = I\omega \tag{6-31}$

其中 I 是物體相對於轉動軸的慣性矩。上式可更一般性的以向量形式表示為

$$\vec{H} = I\vec{\omega} \tag{6-32}$$

注意角速度 $\vec{\omega}$ 對於剛體內的每一點都是一樣的。

牛頓第二定律 $\vec{F} = m\vec{a}$ 在式 (6-1) 中被表示成線性動量的變化率 $\vec{F} =$

$d(m\vec{V})/dT$。同樣的，一個轉動物體的牛頓第二定律的對應式 $\vec{M} = I\vec{\alpha}$ 在式 (6-2) 中被表示成角動量的變化率，

角動量方程式：
$$\vec{M} = I\vec{\alpha} = I\frac{d\vec{\omega}}{dt} = \frac{d(I\vec{\omega})}{dt} = \frac{d\vec{H}}{dt} \tag{6-33}$$

其中 $\vec{M}$ 是相對於轉動軸作用在物體上的淨扭力。

旋轉機械的角速度通常用 rpm 表示 (每分鐘的旋轉圈數)，並且表示成 $\dot{n}$。注意速度是每單位時間所走的距離且每個旋轉所走的角度距離是 2π，一個旋轉機器的角速度是 $\omega = 2\pi\dot{n}$ rad/min 或

相對於 rpm 的角速度：
$$\omega = 2\pi\dot{n} \text{ (rad/min)} = \frac{2\pi\dot{n}}{60} \text{ (rad/s)} \tag{6-34}$$

考慮一個常數力 F 沿切線方向作用在半徑為 r 以 rpm 等於 $\dot{n}$ 轉動的一根軸的外表面上。注意功 W 是力乘以距離，而功率 $\dot{W}$ 是每單位時間的功，因此是力乘以速度，我們有 $\dot{W}_{shaft} = FV = Fr\omega = M\omega$。因此一根 rpm 為 $\dot{n}$ 的轉動軸在扭力 M 的作用下所傳遞的功率是 (圖 6-26)：

軸功率：
$$\dot{W}_{shaft} = \omega M = 2\pi\dot{n}M \tag{6-35}$$

圖 6-26 角速度，rpm 與經由一根轉軸傳遞的功率之間的關係。

一個質量為 m 的物體在作平移運動時的動能是 $KE = \frac{1}{2}mV^2$。注意 $V = r\omega$，一個質量為 m 的物體在離開轉動軸的距離 r 處轉動的轉動動能是 $KE = \frac{1}{2}mr^2\omega^2$，一個轉動剛體相對於轉軸的總旋轉動能是把一個微分質量 dm 的旋轉動能對整個物體作積分來決定的，

旋轉動能：
$$KE_r = \frac{1}{2}I\omega^2 \tag{6-36}$$

再說一次 I 是物體的慣性矩，而 ω 是角速度。

在旋轉運動中，即使速度的大小維持不變，速度的方向也在改變。速度是向量，因此方向的改變造成速度隨時間的改變，從而有加速度。這稱為向心加速度 (centripetal acceleration)。其大小為

$$a_r = \frac{V^2}{r} = r\omega^2$$

向心加速度指向轉動軸 (與徑向加速度的方向相反)，從而徑向加速度是負的。注意加速度與力成正比，向心加速度是一個指向轉動軸的力作用在物體上的結果，此

力稱為向心力 (centripetal force)，其大小是 $F_r = mV^2/r$。切線與徑向加速度彼此垂直 (因為徑向與切向互相垂直)，而總線性加速度是由其向量和來決定的，$\vec{a} = \vec{a}_t + \vec{a}_r$。一個作等角速度旋轉的物體，唯一的加速度是向心加速度。向心力不會產生扭力，因為其作用線與轉軸相交。

6-6 角動量方程式

在 6-4 節中所討論的線性動量方程式在決定流束的線性動量與合力之間的關係是很有用的。許多工程問題牽涉到流束的線性動量矩，及其所造成的旋轉效應。這些問題最好使用角動量方程式 (angular momentum equation)，也稱為動量矩方程式 (moment of momentum equation) 來作分析。一個流體裝置的重要分類，稱為渦輪機械，包括離心泵、透平機與風扇，是由角動量方程式來分析的。

力 $\vec{F}$ 相對於點 O 的力矩是向量積 (交叉積) (圖 6-27)，

力矩： $$\vec{M} = \vec{r} \times \vec{F} \tag{6-37}$$

其中 $\vec{r}$ 是從點 O 到 $\vec{F}$ 的作用線上的任意點的位置向量。兩個向量的向量積是一個向量，其作用線的方向垂直於包含兩個相乘向量 (在此例中是 $\vec{r}$ 及 $\vec{F}$) 的平面，而其大小為

力矩的大小： $$M = Fr\sin\theta \tag{6-38}$$

其中 θ 是向量 $\vec{r}$ 和 $\vec{F}$ 的作用線之間的夾角。因此相對於點 O 的力矩的大小等於力的大小乘以從點 O 到力的作用線的垂直距離。力矩向量 $\vec{M}$ 的方向是由右手法則決定的：當右手的手指向力試圖造成旋轉的方向彎曲時，大姆指指向力矩向量的方向 (圖 6-28)。注意當力的作用線通過點 O 時，對 O 點產生的力矩為零。

位置向量 $\vec{r}$ 與動量向量 $m\vec{V}$ 的向量積給出動量矩，又稱為角動量，相對於 O 點為

動量矩： $$\vec{H} = \vec{r} \times m\vec{V} \tag{6-39}$$

因此，$\vec{r} \times \vec{V}$ 代表每單位質量的角動量，而一個微分質量 $\delta m = \rho \, dV$ 所具有的角動量是 $d\vec{H} = (\vec{r} \times \vec{V})\rho \, dV$。因此，一個系統的角動量可以經由積分來決定，

動量矩 (系統)：
$$\vec{H}_{\text{sys}} = \int_{\text{sys}} (\vec{r} \times \vec{V}) \rho \, dV \tag{6-40}$$

動量矩的變化率是

動量矩的變化率：
$$\frac{d\vec{H}_{\text{sys}}}{dt} = \frac{d}{dt} \int_{\text{sys}} (\vec{r} \times \vec{V}) \rho \, dV \tag{6-41}$$

一個系統的角動量方程式在式 (6-2) 中被表示為

$$\sum \vec{M} = \frac{d\vec{H}_{\text{sys}}}{dt} \tag{6-42}$$

其中 $\sum \vec{M} = \sum (\vec{r} \times \vec{F})$ 是作用在系統中的淨扭力或力矩，其為所有力的力矩作用在系統上的向量和，而 $d\vec{H}_{\text{sys}}/dt$ 是系統角動量的變化率。式 (6-42) 可被敘述為一個系統的角動量的變化率等於作用在系統上的淨扭力。這個方程式是對一個固定質量的系統與一個慣性參考座標有效的；即一個固定的或沿著一條直線路徑作等速度運動的參考座標。

控制體積的角動量方程式的一般式可以應用一般的雷諾輸運定理來獲得。令 $b = \vec{r} \times \vec{V}$，$B = \vec{H}$，它給出 (圖 6-29)

$$\frac{d\vec{H}_{\text{sys}}}{dt} = \frac{d}{dt} \int_{\text{CV}} (\vec{r} \times \vec{V}) \rho \, dV + \int_{\text{CS}} (\vec{r} \times \vec{V}) \rho (\vec{V}_r \cdot \vec{n}) \, dA \tag{6-43}$$

這個方程式的左邊，根據式 (6-42)，等於 $\sum \vec{M}$。代入後，對一個一般的控制體積 (固定的或移動的，固定形狀的或變形的) 的角動量方程式是

一般式：
$$\sum \vec{M} = \frac{d}{dt} \int_{\text{CV}} (\vec{r} \times \vec{V}) \rho \, dV + \int_{\text{CS}} (\vec{r} \times \vec{V}) \rho (\vec{V}_r \cdot \vec{n}) \, dA \tag{6-44}$$

圖 6-29 角動量方程式可以藉由在雷諾輸運定理中用角動量 $\vec{H}$ 代替 B，用每單位質量的角動量 $\vec{r} \times \vec{V}$ 代替 b 來獲得。

其可用文字敘述為

$$\begin{pmatrix} \text{作用在 CV 上的} \\ \text{所有外力矩的} \\ \text{總和} \end{pmatrix} = \begin{pmatrix} \text{CV 內含的} \\ \text{角動量的} \\ \text{時間變化率} \end{pmatrix} + \begin{pmatrix} \text{由質量流動所} \\ \text{帶出控制面的角} \\ \text{動量的淨流動率} \end{pmatrix}$$

再一次，$\vec{V}_r = \vec{V} - \vec{V}_{\text{CS}}$ 是相對於控制面的流體速度 (用來計算在流體通過控制面的所有位置上的質量流率)，而 $\vec{V}$ 是從一個固定的參考座標所看到的流體速度。乘積 $\rho(\vec{V}_r \cdot \vec{n}) \, dA$ 代表通過 dA 進入或離開控制體積的質量流率，視符號正負而定。

對一個固定的控制體積 (控制體積沒有移動或變形)，$\vec{V}_r = \vec{V}$，角動量方程式變成

固定的 CV：$$\sum \vec{M} = \frac{d}{dt}\int_{CV}(\vec{r}\times\vec{V})\rho\,dV + \int_{CS}(\vec{r}\times\vec{V})\rho(\vec{V}\cdot\vec{n})\,dA \qquad (6\text{-}45)$$

同時，注意作用在控制體積的力，包括物體力 (作用在控制體積的整個物體上，例如重力) 與表面力 (作用在控制面上，例如壓力與在接觸點的反作用力)。淨扭力包括這些力的力矩與作用在控制體積上的扭力。

特例

在穩定流中，控制體積內部的角動量維持為常數，從而控制體積內含的角動量的時間變化率為零。因此

穩定流：$$\sum \vec{M} = \int_{CS}(\vec{r}\times\vec{V})\rho(\vec{V}_r\cdot\vec{n})\,dA \qquad (6\text{-}46)$$

在許多實際的應用中，流體僅在幾個入口與出口穿過控制體積的邊界，將面積分用一個代數表示式取代比較方便，即用流體從控制體積進入或離開的截面積上的平均性質寫出來。在這些情況中，角動量的流率可以表示成離開流束與進入流束的角動量的差。再者，在許多情況下，力臂 $\vec{r}$ 不是沿著入口或出口為常數 (例如在徑向流動的渦輪機械中) 就是相較於進出管路的管徑大很多 (例如在旋轉的草地灑水器中)。在這些情況下，$\vec{r}$ 的平均值被使用在入口或出口的整個截面上。因此，角動量方程式的一個近似形式，用入口與出口的平均性質來表示，變成

$$\sum \vec{M} \cong \frac{d}{dt}\int_{CV}(\vec{r}\times\vec{V})\rho\,dV + \sum_{out}(\vec{r}\times\dot{m}\vec{V}) - \sum_{in}(\vec{r}\times\dot{m}\vec{V}) \qquad (6\text{-}47)$$

你可能會好奇為什麼我們不在式 (6-47) 中導入一個修正因子，就如我們在能量守恆 (第 5 章) 與線性動量守恆 (6-4 節) 中所做的。原因是 $\vec{r}$ 與 $\dot{m}\vec{V}$ 的向量積相依於問題的幾何形狀，從而使這樣的修正因子會隨問題而變。因此，雖然我們可以很容易的為完全發展的管流計算出動能修正因子與動量修正因子來應用到各種問題，但我們不能為角動量如此做。幸運的，在許多具實際工程問題中，使用半徑與速度的平均值所造成的誤差很小，因此式 (6-47) 的近似是合理的。

如果流動是穩定的，式 (6-47) 可以進一步化簡為 (圖 6-30)：

$$\sum \vec{M} = \sum_{out}\vec{r}\times\dot{m}\vec{V} - \sum_{in}\vec{r}\times\dot{m}\vec{V}$$

圖 6-30 在穩定流中作用在控制體積的淨扭力等於離開流與進入流的角動量流率的差。

穩定流： $$\sum \vec{M} = \sum_{\text{out}} (\vec{r} \times \dot{m}\vec{V}) - \sum_{\text{in}} (\vec{r} \times \dot{m}\vec{V}) \tag{6-48}$$

式 (6-48) 的敘述是在穩定流中作用在控制體積的淨扭力等於離開流與進入流的角動量流率的差。這個敘述也可以對任一個指定的方向表示出來。注意在式 (6-48) 中的速度 $\vec{V}$ 是相對於慣性座標系統的速度。

在許多問題中，所有重要的力與動量流都是在相同平面上，因此其所造成的力矩都在相同平面上且相對於相同的軸。對這樣的情況，式 (6-48) 可以用純量形式表示為

$$\sum M = \sum_{\text{out}} r\dot{m}V - \sum_{\text{in}} r\dot{m}V \tag{6-49}$$

其中 r 代表取力矩的點與力或速度的作用線的平均垂直距離，前提是力矩的符號習慣法則被遵守。亦即，所有逆時鐘方向的力矩是正的，而所有順時鐘的方向則是負的。

徑向流裝置

許多旋轉流動裝置 (例如離心泵及風扇) 牽涉到垂直於轉動軸的徑向流動，稱為徑向流裝置。例如在一個離心泵中，流體沿軸向經過葉輪的眼流進裝置，當其流過葉輪葉片間的通道時轉向外流，在渦室中匯集並從切線方向排出，如圖 6-31 所示。軸流式裝置很容易可以用線性動量方程式來作分析。但是徑流式裝置牽涉到流體角動量的大變化，最好借重角動量方程式的幫助來作分析。

圖 6-31 一個典型的離心泵的側視圖與前視圖。

為了分析一個離心泵，我們選擇圍繞葉輪部分的環狀區域當作控制體積，如圖 6-32 所示。注意平均流速，一般而言，不論在葉輪的入口或出口都有垂直與切線分量。再者，當軸以角速度 ω 轉動時，葉片在入口的切線速度為 ωr_1，在出口為 ωr_2。對於穩定不可壓縮流，質量守恆方程式被寫成

$$\dot{V}_1 = \dot{V}_2 = \dot{V} \rightarrow (2\pi r_1 b_1)V_{1,n} = (2\pi r_2 b_2)V_{2,n} \tag{6-50}$$

其中 b_1 與 b_2 分別是在入口 (其處 $r = r_1$) 與在出口 (其處 $r = r_2$) 的流道寬度。(注意實際的圓周截面積稍小於 $2\pi rb$，因為葉片厚

圖 6-32 一個環狀控制體積圍繞著一個離心泵的葉輪部分。

度並不為零。）因此絕對速度的平均垂直分量 $V_{1,n}$ 與 $V_{2,n}$ 可用體積流率 $\dot{V}$ 來表示為

$$V_{1,n} = \frac{\dot{V}}{2\pi r_1 b_1} \quad 與 \quad V_{2,n} = \frac{\dot{V}}{2\pi r_2 b_2} \tag{6-51}$$

垂直速度分量 $V_{1,n}$ 與 $V_{2,n}$ 及作用在內圓周面積與外圓周面積上的壓力都通過軸中心，它們對相對於原點的扭力沒有貢獻。因此只有切線速度分量對扭力有貢獻，對控制體積應用角動量方程式 $\sum M = \sum_{out} r\dot{m}V - \sum_{in} r\dot{m}V$ 可得

歐拉透平機方程式： $\quad T_{shaft} = \dot{m}(r_2 V_{2,t} - r_1 V_{1,t}) \tag{6-52}$

上式稱為歐拉透平機方程式。當絕對速度與徑向的夾角 α_1 與 α_2 為已知時，式 (6-52) 變成

$$T_{shaft} = \dot{m}(r_2 V_2 \sin\alpha_2 - r_1 V_1 \sin\alpha_1) \tag{6-53}$$

當扭力已知時，軸功率可以從 $\dot{W}_{shaft} = \omega T_{shaft} = 2\pi \dot{n} T_{shaft}$ 來決定之，其中 $\omega = 2\pi \dot{n}$ 是葉片的角速度。

例題 6-7 作用在水管基部的彎曲力矩

地下水被泵送經過一根 10 cm 直徑的管子，管包括 2 m 長的垂直段與 1 m 長的水平段，如圖 6-33 所示。水以平均速度 3 m/s 排放至大氣中。管子的水平段在充滿水時是每米長度 12 kg。水管在地面上用混凝土固定。試求作用在水管基部 (A 點) 的彎曲力矩及水平段需要多長才能使在點 A 的力矩為零。

解答：水被泵送經過一個水管段。要決定作用在基部的力矩與使此力矩為零時需要的水平段長度。
假設：**1.** 流動是穩定的。**2.** 水被排放至大氣中，因此出口的錶壓力為零。**3.** 水管直徑遠小於力矩臂，因此在出口我們使用平均半徑與速度。
性質：我們取水的密度為 1000 kg/m³。
分析：我們取整根 L 形管當作控制體積，並用 1 表示入口，用 2 表示出口。我們也取 x- 與 z- 座標如圖示。控制體積與參考座標都是固定的。

對這個 1 入口、1 出口的穩定流系統，質量守恆方程式是 $\dot{m}_1 = \dot{m}_2 = \dot{m}$，且 $V_1 = V_2 = V$，因為 $A_c =$ 常數。質量流率及水管水平段的重量為

$$\dot{m} = \rho A_c V = (1000 \text{ kg/m}^3)[\pi(0.10 \text{ m})^2/4](3 \text{ m/s}) = 23.56 \text{ kg/s}$$

$$W = mg = (12 \text{ kg/m})(1 \text{ m})(9.81 \text{ m/s}^2)\left(\frac{1 \text{ N}}{1 \text{ kg·m/s}^2}\right) = 117.7 \text{ N}$$

為了決定 A 點作用在水管的力矩。我們必須取相對於此點的所有力的力矩與動量流率。這是一個穩

定流問題，且所有力與動量流率都在相同平面上。在此情況下的角動量方程式被表示為

$$\sum M = \sum_{out} r\dot{m}V - \sum_{in} r\dot{m}V$$

其中 r 是平均力矩臂，V 是平均速度，所有逆時鐘方向的力矩是正的，所有順時鐘方向的是負的。

此 L 形水管的自由體圖顯示在圖 6-33。注意所有通過 A 點的力與動量流率的力矩為零，唯一對 A 點產生力矩的是水管水平段的重量 W，而唯一產生力矩的動量流率是出口流束 (兩者皆為負值，因兩個力矩都是順時鐘的)。因此，相對於 A 的角動量方程式變成

$$M_A - r_1 W = -r_2 \dot{m} V_2$$

解出 M_A 並代入數值得到

$$M_A = r_1 W - r_2 \dot{m} V_2$$
$$= (0.5 \text{ m})(118 \text{ N}) - (2 \text{ m})(23.56 \text{ kg/s})(3 \text{ m/s})\left(\frac{1 \text{ N}}{1 \text{ kg·m/s}^2}\right)$$
$$= -82.5 \text{ N·m}$$

負號指出 M_A 的假設方向是錯的，應該被反向，因此一個順時鐘 82.5 N·m 的力矩作用在水管的基部。即，混凝土基部必須在順時鐘方向對水管施加 82.5 N·m 的力矩來反抗出口流束造成的多餘力矩。

水平管的重量是 $w = W/L = 117.7$ N 每 m 長度，因此長度 Lm 的重量是 Lw，力矩臂是 $r_1 = L/2$。令 $M_A = 0$ 並代入數值，會使得作用在水管基部的力矩為零的水平管長度 L 可以被決定如下：

$$0 = r_1 W - r_2 \dot{m} V_2 \rightarrow 0 = (L/2)Lw - r_2 \dot{m} V_2$$
$$0 = (L/2)Lw - r_2 \dot{m} V_2$$

或

$$L = \sqrt{\frac{2r_2 \dot{m} V_2}{w}}$$
$$= \sqrt{\frac{2(2 \text{ m})(23.56 \text{ kg/s})(3 \text{ m/s})}{117.7 \text{ N/m}}}\left(\frac{\text{N}}{\text{kg·m/s}^2}\right) = \mathbf{1.55 \text{ m}}$$

圖 6-33 例題 6-7 的示意圖和自由體圖。

討論：注意水管重量與出口流束對 A 點造成相反的力矩。這個例題顯示當進行動態分析與估計在關鍵截面上存在於水管材料上的應力時考慮流體流束的動量所產生的力矩是很重要的。

例題 6-8 　灑水系統生產的功率

一個有 4 支旋轉臂的大型草地灑水器，藉由連接一個發電機到其旋轉頭上，要被轉換成一個透平機來發電，如圖 6-34 所示。水從底部以流率 20 L/s 沿著轉動軸進入灑水器，再從噴嘴沿著切線方向離開。灑水器在一個平面上以 300 rpm 的速率旋轉。每一個噴束的直徑是 1 cm，且每一個噴嘴的中心到轉動軸的距離是 0.6 m。試估計生產的電功率。

解答：一個 4 旋臂的灑水器被用來生產電力。對一個指定的流率與旋轉速率，要決定生產的電功率。

假設：**1.** 流動是旋轉性穩定的 (即相對於一個與灑水頭一起轉動的參考座標是穩定的)。**2.** 水排放至大氣中，因此在噴嘴出口的錶壓力是零。**3.** 發電機損失及旋轉零件的空氣阻力被忽略。**4.** 噴嘴直徑相對於力矩臂是很小的，因此我們使用在出口的半徑與速度的平均值。

性質：我們取水的密度為 1000 kg/m³ = 1 kg/L。

分析：我們取包圍灑水器旋轉臂的圓盤當作控制體積，這是一個固定的控制體積。

圖 6-34 例題 6-8 的示意圖與自由體圖。

　　這個穩定流系統的質量守恆方程式為 $\dot{m}_1 = \dot{m}_2 = \dot{m}_{total}$。注意四個噴嘴都是一樣的，我們有 $\dot{m}_{nozzle} = \dot{m}_{total}/4$ 或 $\dot{V}_{nozzle} = \dot{V}_{total}/4$，因為水的密度是常數。出口噴束相對於旋轉噴嘴的平均速度是

$$V_{jet,r} = \frac{\dot{V}_{nozzle}}{A_{jet}} = \frac{5 \text{ L/s}}{[\pi(0.01 \text{ m})^2/4]}\left(\frac{1 \text{ m}^3}{1000 \text{ L}}\right) = 63.66 \text{ m/s}$$

噴嘴的角速度與切線速度為

$$\omega = 2\pi\dot{n} = 2\pi(300 \text{ rev/min})\left(\frac{1 \text{ min}}{60 \text{ s}}\right) = 31.42 \text{ rad/s}$$

$$V_{nozzle} = r\omega = (0.6 \text{ m})(31.42 \text{ rad/s}) = 18.85 \text{ m/s}$$

注意當噴嘴中的水被排出時也是以平均速度 18.85 m/s 在相反的方向移動。水流噴束的平均絕對速度 (相對於地面上一個固定位置的速度) 是其相對速度 (相對於噴嘴的噴束速度) 與絕對噴嘴速度的向量和，

$$\vec{V}_{jet} = \vec{V}_{jet,r} + \vec{V}_{nozzle}$$

這三個速度都是在切線方向，並且取噴流的方向為正，則向量方程式可以用其大小寫成純量形式

$$V_{jet} = V_{jet,r} - V_{nozzle} = 63.66 - 18.85 = 44.81 \text{ m/s}$$

注意這是一個旋轉性穩定的問題，且所有力與動量流動都是在相同平面上，則角動量方程式近似為 $\sum M = \sum_{out} r\dot{m}V - \sum_{in} r\dot{m}V$，其中 r 是動量臂，所有逆時鐘的力矩為正，順時鐘的力矩為負。

包圍灑水器旋轉臂的圓盤的自由體圖被示於圖 6-34。注意所有通過轉動軸的力與動量流的力矩為零。離開噴嘴的水流噴束的動量流產生順時鐘的力矩，並且發電機對控制體積的影響也是一個在順時鐘方向的力矩 (兩者皆是負的)。因此，相對於轉動軸的角動量方程式變成

$$-\mathrm{T}_{\text{shaft}} = -4r\dot{m}_{\text{nozzle}}V_{\text{jet}}$$

或

$$\mathrm{T}_{\text{shaft}} = r\dot{m}_{\text{total}}V_{\text{jet}}$$

代入數值，軸所傳遞的扭力是

$$\mathrm{T}_{\text{shaft}} = r\dot{m}_{\text{total}}V_{\text{jet}} = (0.6 \text{ m})(20 \text{ kg/s})(44.81 \text{ m/s})\left(\frac{1 \text{ N}}{1 \text{ kg}\cdot\text{m/s}^2}\right)$$

$$= 537.7 \text{ N}\cdot\text{m}$$

因為 $\dot{m}_{\text{total}} = \rho \dot{V}_{\text{total}} = (1 \text{ kg/L})(20 \text{ L/s}) = 20 \text{ kg/s}$。

生產的 (電) 功率變成

$$\dot{W} = \omega \mathrm{T}_{\text{shaft}} = (31.42 \text{ rad/s})(537.7 \text{ N}\cdot\text{m})\left(\frac{1 \text{ kW}}{1000 \text{ N}\cdot\text{m/s}}\right)$$

$$= \mathbf{16.9 \text{ kW}}$$

因此，這個灑水器透平機有生產 16.9 kW 功率的潛力。

討論：為了比較全面性的考量獲得的結果，我們考慮兩個極限情況。在第一種情況，灑水器黏住了，角速度為零。此情況所產生的扭力為最大值，因為 $V_{\text{nozzle}} = 0$。因此 $V_{\text{jet}} = V_{\text{jet}, r} = 63.66$ m/s，可得到 $\mathrm{T}_{\text{sfaft, max}} = 764$ N·m。生產的電功率為零，因為發電機的轉軸沒有轉動。

在第二種極限情況，灑水器的軸與發電機的聯結被斷開 (使得有用的扭力與生產的電功率皆為零)，轉軸加速到平衡速度。在角動量方程式中令 $\mathrm{T}_{\text{shaft}} = 0$ 得到水流噴束的絕對速度 (相對於地面上一個觀察者的噴束速度) 為零，$V_{\text{jet}} = 0$。因此相對速度 $V_{\text{jet}, r}$ 與絕對速度 V_{nozzle} 大小相等方向相反。噴束的絕對切線速度 (及扭力) 為零，水在重力作用下直接掉落，就像瀑布一樣，不帶有角動量 (相對於轉軸)。此情況下灑水器的角速度為

$$\dot{n} = \frac{\omega}{2\pi} = \frac{V_{\text{nozzle}}}{2\pi r} = \frac{63.66 \text{ m/s}}{2\pi(0.6 \text{ m})}\left(\frac{60 \text{ s}}{1 \text{ min}}\right) = 1013 \text{ rpm}$$

當然，$\mathrm{T}_{\text{shaft}} = 0$ 的情況，只有對一個理想無摩擦的噴嘴是可能的 (即 100% 噴嘴效率，就像一個無負載透平機)，否則會有因為水、軸與周圍空氣所引起的阻抗扭力。

生產的電功率隨角速度的變化關係繪於圖 6-35。注意生產的電功率隨 rpm 的增加而增加，達到一個最大值 (在此例中約在 500 rpm)，然後就逐漸減少。由於發電機的無效率 (第 5 章) 與其它不可逆損失，例如在噴嘴的流體摩擦 (第 8 章)、軸摩擦與空氣動力阻力 (第 10 章)，真實功率會少於此。

圖 6-35 例題 6-8 的透平機的生產功率 (電力) 與角速度的變化關係。

應用聚焦燈 ── 鬼蝠魟游泳

客座作者：Alexander Smiths、Keith Moored 與 Peter Dewey，普林斯頓大學

水生動物使用廣泛種類的機制來推動自己。許多魚類拍打其底部來產生推力，如此一來在每一個拍打週期會釋出兩個渦旋，製造出類似反向馮卡門渦街 (von Kármán vortex street) 的尾流。描述這種渦旋釋放的無因次參數是史特豪數 St (Strouhal number)，St = fA/U_∞，其中 f 是致動頻率，A 是在半翼展尾端運動的峰到峰的拍打幅度，而 U_∞ 是穩定的游泳速度。令人注意的是，大多數的魚類與哺乳動物游泳的範圍都在 $0.2 < St < 0.35$。

鬼蝠魟的推進是由柔軟胸鰭的振動與波動組合來達成的。當蝠魟拍動鰭部時，沿著弦長方向會產生與游動方向相反的移動波。這種波動不是很明顯，因為其波長大於弦長 6 到 10 倍。相似的波動在刺魟也可看到，但較為明顯，因其波長小於弦長。現場觀察指出許多蝠魟的種類是遷移性的，牠們是很有效率的泳者。在實驗室中很難研究，因為牠們是保護類動物，並且是很脆弱的生物。但是藉著使用機械魚或機械裝置，如圖 6-36 所示，來模仿牠們的推進技術還是可以研究牠們的游泳行為的許多面向。這種鰭產生的流場顯示出在其它魚類研究中同樣會看到的釋放渦旋，並且在取時間平均值以後顯示出一個產生推力的高動量噴束，推力與效率都可以被直接量測，結果顯示移動波的波動對蝠魟能夠產生高效率的推進力是很重要的。

圖 6-36 鬼蝠魟的胸鰭機構，顯示出在尾流中的渦旋型態，其游泳範圍是在每個拍打週期會釋於兩個單一渦旋至尾流中。人工胸鰭是由 4 根堅固桿子來驅動的，藉由變化相鄰驅動器之間的相位差，可以產生不同波長的波動。

參考文獻

G. S. Triantafyllou, M. S. Triantafyllou, and M. A. Grosenbaugh. Optimal thrust development in oscillating foils with application to fish propulsion. *J. Fluid. Struct.*, 7:205-224, 1993.

Clark, R.P. and Smits, A.J., Thrust production and wake structure of a batoid-inspired oscillating fin. *Journal of Fluid Mechanics*, 562, 415-429, 2006.

Moored, K. W., Dewey, P. A., Leftwich, M. C., Bart-Smith, H. and Smits, A. J., "Bio-inspired propulsion mechanisms based on lamprey and manta ray locomotion." *The Marine Technology Society Journal*, Vol. 45(4), pp. 110-118, 2011.

Dewey, P. A., Carriou, A. and Smits, A. J. "On the relationship between efficiency and wake structure of a batoid-inspired oscillating fin." *Journal of Fluid Mechanics*, Vol. 691, pp. 245-266, 2011.

總結

本章主要討論有限控制體積的動量守恆。作用在控制體積的力包括物體力，這是作用在控制體積的整個物體的力 (例如重力、電力與磁力) 與表面力，這是作用在控制面上的力 (例如壓力與在接觸點的反作用力)。在一個特定時刻所有作用在控制體積上的力用 $\Sigma \vec{F}$ 來代表，並被表示為

$$\underbrace{\sum \vec{F}}_{\text{總力}} = \underbrace{\sum \vec{F}_{\text{gravity}}}_{\text{物體力}} + \underbrace{\sum \vec{F}_{\text{pressure}} + \sum \vec{F}_{\text{viscous}} + \sum \vec{F}_{\text{other}}}_{\text{表面力}}$$

牛頓第二定律可以被敘述為所有作用在一個系統的外力總和等於此系統的線性動量的時間變化率。在雷諾輸運定理中定 $b = \vec{V}$ 及 $B = m\vec{V}$，並且應用牛頓第二定律可得一個控制體積的線性動量方程式為

$$\sum \vec{F} = \frac{d}{dt} \int_{CV} \rho \vec{V} \, dV + \int_{CS} \rho \vec{V} (\vec{V}_r \cdot \vec{n}) \, dA$$

上式在以下的特殊情況，可被簡化：

穩定流：
$$\sum \vec{F} = \int_{CS} \rho \vec{V} (\vec{V}_r \cdot \vec{n}) \, dA$$

不穩定流(代數形式)：
$$\sum \vec{F} = \frac{d}{dt} \int_{CV} \rho \vec{V} \, dV + \sum_{\text{out}} \beta \dot{m} \vec{V} - \sum_{\text{in}} \beta \dot{m} \vec{V}$$

穩定流(代數形式)：
$$\sum \vec{F} = \sum_{\text{out}} \beta \dot{m} \vec{V} - \sum_{\text{in}} \beta \dot{m} \vec{V}$$

其中 β 是動量修正因子。一個質量 m 是常數的控制體積可以被當作是一個固體 (一個固定質量系統)，帶有淨推力

$$\vec{F}_{\text{thrust}} = m_{CV} \vec{a} = \sum_{\text{in}} \beta \dot{m} \vec{V} - \sum_{\text{out}} \beta \dot{m} \vec{V}$$

作用在此物體上。

牛頓第二定律也可被敘述為一個系統的角動量的變化率等於作用在此系統的淨扭力。利用雷諾輸運定理並令 $b = \vec{r} \times \vec{V}$ 及 $B = \vec{H}$ 可以得到角動量方程式

$$\sum \vec{M} = \frac{d}{dt} \int_{CV} (\vec{r} \times \vec{V}) \rho \, dV + \int_{CS} (\vec{r} \times \vec{V}) \rho (\vec{V}_r \cdot \vec{n}) \, dA$$

上式在以下的特殊情況可被簡化：

穩定流：
$$\sum \vec{M} = \int_{CS} (\vec{r} \times \vec{V}) \rho (\vec{V}_r \cdot \vec{n}) \, dA$$

不穩定流(代數形式)：
$$\sum \vec{M} = \frac{d}{dt} \int_{CV} (\vec{r} \times \vec{V}) \rho \, dV + \sum_{\text{out}} \vec{r} \times \dot{m} \vec{V} - \sum_{\text{in}} \vec{r} \times \dot{m} \vec{V}$$

穩定的均勻流：
$$\sum \vec{M} = \sum_{\text{out}} \vec{r} \times \dot{m} \vec{V} - \sum_{\text{in}} \vec{r} \times \dot{m} \vec{V}$$

給一個方向的純量形式：
$$\sum M = \sum_{\text{out}} r \dot{m} V - \sum_{\text{in}} r \dot{m} V$$

線性動量與角動量方程式在分析渦輪機械時有基本的重要性。

參考資料和建議讀物

1. P. K. Kundu, I. M. Cohen, and D. R. Dowling. *Fluid Mechanics*, ed. 5. San Diego, CA: Academic Press, 2011.

2. Terry Wright, *Fluid Machinery: Performance, Analysis, and Design*, Boca Raton, FL: CRC Press, 1999.

習題

有 "C" 題目是觀念題，學生應儘量作答。

牛頓定律與動量守恆

6-1C 寫出旋轉物體的牛頓第二運動定律。一個有固定質量的旋轉非剛體，如果作用於其上的淨扭力為零，對於其角速度與角動量，你有什麼看法呢？

6-2C 寫出動量守恆定理。一個物體若作用於其上的淨力為零，對於此物體的動量，你有什麼看法呢？

線性動量方程式

6-3C 在對控制體積作動量分析時，表面力是如何出現的？在分析時，我們如何可以最小化出現的表面力的數目？

6-4C 動量修正因子在對流動系統作動量分析時有什麼重要性？它對哪一種流動型態會是顯著的，因此在分析中必須加以考慮：層流、紊流或噴流？

6-5C 在應用動量方程式時，解釋為什麼我們經常可以忽視大氣壓力，並且僅使用錶壓力即可。

6-6C 用動量及空氣流說明一架直昇機如何可以懸空盤旋。

6-7C 在一個已知地點，一架直昇機為了完成一項指定的動作，在夏天或冬天需要更多的能量？解釋之。

6-8C 說明物體力與表面力，並解釋作用在一個控制體積上的淨力是如何決定的。流體的重量是物體力還是表面力？那壓力呢？

6-9C 一個等速度 V 的水平水流噴束從一個靜止的噴嘴噴出並沖擊在一塊垂直平板上，平板所在的小車與軌道無摩擦。當水撞在平板時，由於水的沖力，平板開始移動，平板可以達到的最高速度是什麼？解釋之。

6-10 一個 2.5 cm 直徑的水平水流噴束相對於地面的速度是 $V_j = 40$ m/s，被一個底部直徑 25 cm 的圓錐體轉向了 60°。沿著圓錐面的水流速度從在圓錐表面為零線性變化到在自由表面上的速度等於進入噴束的速度 40 m/s。忽略重力與剪力的效應，試求為了抓住圓錐體不動所需要的水平力。

圖 P6-10

6-11 一個 90° 的肘管在一根水平管上，用來導引水流以流率 40 kg/s 向上流動。整個肘管的直徑都是 10 cm。肘管排水進入大氣中，因此肘管出口的壓力是當地的大氣壓力。肘管的出口與入口的中心之間的高度差是 50 cm。肘管與其內水的重量被當成可以忽略。試求 (a) 肘管入口中心的錶壓力，與 (b) 用來抓住肘管不動所需要的夾持力。入口與出口的動量修正因子都取 1.03。

圖 P6-11

6-12 水平水管上的一根收縮肘管被用來使水流轉向 $\theta = 45°$ 並將其加速。肘管排水進入大氣中。肘管的截面積在入口是 150 cm^2，在出口是 25 cm^2。出口與入口中心的高度差是 40 cm。肘管與其內水的質量是 50 kg。試求抓住肘管不動所需要的夾持力。入口與出口的動量修正因子都取 1.03。

圖 P6-12

6-13 水被一個噴嘴加速到 35 m/s，沖擊在一輛以 10 m/s 的等速度在流動方向水平移動的小車尾部的垂直平面上。水流過固定噴嘴的質量流率是 30 kg/s。撞擊後，水流在尾部平面，沿著平面向四面八方濺出。
(a) 試求小車的剎車必須施力多少才能避免被加速。
(b) 如果此力被用來發電而不是浪費在剎車上，試求理想上可以生產的最大電功率。(Answer: (a) −536 N, (b) 5.36 kW)

圖 P6-13

6-14 一個 2.8 m^3/s 的水流噴束在正 x- 方向以 5.5 m/s 移動。水流撞到一個固定的分流體使一半的水流向上轉向 45°，而另一半則向下轉向，兩道水流最後的平均速度都是 5.5 m/s。忽視重力的影響，試求為了對抗水力需要用來抓住分流體不動所需力的 x- 分量與 z- 分量。

圖 P6-14

6-15 一個水平的 5 cm 直徑水流噴束以速度 18 m/s 沖擊一塊 1000 kg 的垂直平板。平板坐在小車上與軌道無摩擦力並且開始時是靜止的。當噴束撞擊平板時，平板開始在噴束的方向移動。水總是沿著後退平板的平面飛濺。試求 (a) 當噴束剛開始撞擊平板時 (時間 = 0)，平板的加速度，(b) 平板速度達到 9 m/s 時所需要的時間，(c) 水沖擊平板 20 s 以後，平板的速度。為簡單計，當小車移動時假設噴束的速度被增加，使得噴束作用在平板上的衝力維持為常數。

6-16 消防員抓住一條水管終端的噴嘴試圖滅火。如果噴嘴出口的直徑是 8 cm，出水的流率是 12 m^3/min，試求 (a) 出口的平均水流速度，(b) 消防員抓住噴嘴所需要的水平抵抗力。(Answer: (a) 39.8 m/s,

(b) 7958 N)

圖 P6-16

6-17 一架沒有負載的直昇機，質量為 12,000 kg，盤旋在海平面上空正要進行載貨。在無負載的盤旋模式，葉片以 550 rpm 轉動。直昇機上方的水平葉片造成直徑 18 m 範圍的空氣向下流動，其平均速度正比於上方葉片的轉速 (rpm)。一個 14,000 kg 的負載被吊掛上這架直昇機，然後直昇機慢慢上升。試求 (a) 在無負載盤旋時直昇機所產生的空氣向下的體積流率與需要的輸入功率，(b) 當直昇機負載 14,000 kg 並盤旋時，求直昇機葉片的 rpm 與需要的輸入功率。取大氣的空氣密度為 1.18 kg/m³。假設空氣從上方以可被忽略的速度經過一個大面積向葉片流動，並被葉片驅動向下以一個均勻的速度流過一個假想的圓柱其底面為葉片的葉展面積。

圖 P6-17

6-18 水流過一根 10 cm 直徑的水管，流率為 0.1 m³/s。現在將一個 20 cm 直徑的擴散器用螺栓聯結到水管上來降低水速，如圖 P6-18 所示。忽略摩擦效應，試求由於水流作用在螺栓上的力。

圖 P6-18

6-19 商用大型風機的葉片翼展可以大於 100 m，並在設計條件的高點能生產超過 3 MW 的電力。考慮一個有 60 m 翼展的風機承受 30 km/h 的穩定風速。如果風機－發電機組合單元的效率為 32%，試求 (a) 風機所生產的電力，(b) 風在風機支柱施加的水平力。取空氣密度為 1.25 kg/m³，並忽略在支柱上的摩擦效應。

圖 P6-19

6-20 密度 ρ、黏度 μ 的不可壓縮流體流過一個將流動轉向 180° 的彎管。彎管的截面積維持為常數。已知在入口 (1) 與出口 (2) 的平均速度、動量修正因子與錶壓力如圖 P6-20。(a) 用已知變數寫出流體作用在管壁的水平力 F_x 的表示式。(b) 代入以下的數值來驗證你的表示式：$\rho = 998.2$ kg/m³、$\mu = 1.003 \times 10^{-3}$ kg/m·s、$A_1 = A_2 = 0.025$ m²、$\beta_1 = 1.01$、$\beta_2 = 1.03$、$V_1 = 10$ m/s、$P_{1,\text{gage}} = 78.47$ kPa、$P_{2,\text{gage}} = 65.23$ kPa。(Answer: (b) $F_x = 8680$ N 向右)

圖 P6-20

6-21 本題接續習題 6-20，事實顯示面積比 A_2/A_1 夠大時，入口壓力會小於出口壓力！鑑於一定會有摩擦及因為紊流產生的不可逆性，並且沿著管道的軸向壓力必須損失來克服這些不可逆性，解釋為什麼這會是真的呢？

6-22 密度 $\rho = 998.2$ kg/m^3 的水流過一個消防噴嘴——一個可以加速水流的管道。入口直徑是 $d_1 = 0.100$ m，出口直徑是 $d_2 = 0.050$ m。已知在入口 (1) 與出口 (2) 的平均速度、動量修正因子與錶壓力，如圖 P6-22。(a) 用已知變數寫出作用在管壁的水平力 F_x 的表示式，(b) 代入以下的數值來驗證你的表示式：$\beta_1 = 1.03$、$\beta_2 = 1.02$、$V_1 = 4$ m/s、$P_{1,\text{gage}} = 123{,}000$ Pa 與 $P_{2,\text{gage}} = 0$ Pa。(Answer: (b) $F_x = 583$ N 向右)

圖 P6-22

6-23 排水閘，藉由升高或降低一個垂直板來控制渠道的水流率，經常被用在灌溉系統中。由於閘門上下游的水高 y_1 與 y_2，與速度 V_1 及 V_2 的差異，會有一個力作用在閘門上。取閘門的寬度 (進入頁面) 為 w。忽略沿著渠道面的剪應力，並為簡單起見，我們假設在地點 1 與 2 是穩定的均勻流。試推導作用在閘門上的力 F_R，表示成深度 y_1 及 y_2、質量流率 $\dot{m}$、重力常數 g、閘門寬度 w 與水密度 ρ 的函數。

圖 P6-23

角動量方程式

6-24C 對一個穩定的均勻流，寫出給固定的控制體積在某一個指定方向的角動量方程式的純量形式。

6-25C 考慮質量與角速度相同的兩個剛體。你認為此兩物體會有相同的角動量嗎？解釋之。

6-26 一個有兩根相同旋轉臂的大型草地灑水器，其旋轉頭被連接一個發電機，被用來發電。水沿著轉軸以流率 20 L/s 進入灑水器並且從噴嘴沿切線方向離開。灑水器在一個水平面上以 180 rpm 轉動。每個噴束的直徑是 1.3 cm，而轉軸與每個噴嘴中心的垂直距離是 0.6 m。試求最大可能生產的電力。

6-27 一個離心泵的葉輪的內外直徑分別為 13 及 30 cm，在轉速 1200 rpm 的流率為 0.15 m^3/s。葉輪的葉片寬度在入口為 8 cm，在出口為 3.5 cm。如果水是從徑向進入葉輪，而在出口是與徑向呈 60° 夾角流出，試求此泵所需要輸入的最小功率。

6-28 水垂直且穩定的以流率 35 L/s 進入一個灑水器，如圖 P6-28 所示，某兩支旋轉臂不等長且有不相等的排水面積。較小的噴束排水面積為 3 cm²，與轉軸的垂直距離為 50 cm。較大的噴束排水面積為 5 cm²，與轉軸的垂直距離為 35 cm。忽略任何摩擦效應，試求 (a) 灑水器以 rpm 表示的轉速，(b) 為了避免灑水器轉動所需要的扭力。

圖 P6-28

6-29 一個離心鼓風機的葉輪在入口的半徑為 20 cm，葉片寬度為 8.2 cm，在出口的半徑為 45 cm，葉片寬度為 5.6 cm。鼓風機在轉速 700 rpm 時輪送空氣的流率為 0.70 m³/s。假設空氣從徑向進入葉輪，而在出口則與徑向呈 50°C 夾角流出，試求此鼓風機所消耗的最小功率。取空氣的密度為 1.25 kg/m³。

圖 P6-29

6-30 一個有 3 支相同旋轉臂的草地灑水器藉由水流所造成的衝力在一個平面旋轉來對花園澆水。水沿著轉軸以流率 60 L/s 進入灑水器，再從 1.5 cm 直徑的噴嘴沿切線方向離開。在預期的操作速度下，由於摩擦，軸承施了一個阻礙扭力 $T_0 = 50$ N·m。若轉軸與噴嘴中心的垂直距離為 40 cm，試求灑水器轉軸的角速度。

複習題

6-31 水垂直且穩定地以流率 10 L/s 進入示於圖 P6-31 的灑水器。兩個水流噴束的直徑都是 1.2 cm，忽略任何摩擦效應，試求 (a) 灑水器以 rpm 表示的轉速，(b) 為了阻止灑水器轉動所需要的扭力。

圖 P6-31

6-32 一個 6 cm 直徑的水流噴束以 25 m/s 的速度沖擊一塊垂直的靜止平板。水在平板的平面上向所有的方向飛濺。抓住平板來對抗水流需要多少力量？(Answer: 1770 N)

6-33 一個三腳架抓住一個噴嘴，用來導引從水管來的 5 cm 直徑的水流，如圖 P6-33 所示。噴嘴在充滿水時的質量是 10 kg。三腳架額定的抓持力是 1800 N。當三腳架突然壞了，並且放開噴嘴，站在噴嘴後方 60 cm 的一個消防員被噴嘴打到。你被聘僱為一個意外重建人員並在測試三腳架後確定當水流率增加時，三腳架的確在 1800 N 傾倒。在你的最後報告中，必須敘述傾倒時的水流速度、水流率及噴嘴打到消防員的速度。為簡單計，忽略在水管上游的壓力與動量效應。(Answer: 30.3 m/s, 0.0595 m³/s, 14.7 m/s)

圖 P6-33

6-34 一個 60 kg 溜冰者穿著冰鞋 (幾乎沒有摩

擦力) 站在冰上。她抓住一根柔軟水管 (幾乎是無重的) 引導 2 cm 直徑的水流平行於她的溜冰方向水平噴出。在水管出口相對於溜冰者的水流速度是 10 m/s。如果開始時她是站立不動的，試求 (a) 溜冰者的速度與她在 5 s 內滑行的距離，(b) 溜冰者移動 5 m 所需的時間及在那瞬間的速度。(Answer: (a) 2.62 m/s, 6.54 m, (b) 4.4 s, 2.3 m/s)

圖 P6-34

6-35　水流進再流出一根水管的 U 形段，如圖 P6-35 所示。在凸緣 (1)，絕對全壓是 200 kPa，且流進水管的流率是 55 kg/s。在凸緣 (2)，全壓是 150 kPa。在位置 (3)，15 kg/s 的水排放至大氣中，其壓力為 100 kPa。試求在連接水管的兩個凸緣處的總 x- 力與 z- 力。取整根水管內的動量因子皆是 1.03。

圖 P6-35

6-36　一個工程系學生打算使用風扇來做飄浮實驗。她計畫用一個箱形封閉扇來使空氣從風扇的 0.9 m 直徑的葉展區域往下吹。系統重 22 N，並且學生會確保系統不會轉動。藉由增加風扇輸入的功率，增加葉片的轉速與空氣吹出的速度直到能提供足夠的向上力來使得箱形扇能翱翔空中。試求 (a) 能產生 22 N 向上力的空氣吹出速度，(b) 需要的體積流率，(c) 需要提供給氣流的最小機械功率。取空氣密度為 1.25 kg/m³。

圖 P6-36

6-37　一個質量 50 g 的胡桃需要連續施加 200 N 的力 0.002 s 才能將其打開。如果要讓胡桃從高處掉落到一個硬表面上來將其打開，試求需要的最小高度。忽略空氣摩擦阻力。

6-38　一個士兵從一架飛機上跳下，當其速度達到終端速度 V_T 時打開降落傘。降落傘降低其下降速度直到達到著陸速度 V_F。在降落傘打開後，空氣阻力正比於速度的平方 (即 $F = kV^2$)。士兵、降落傘及他的裝備的總質量為 m。證明 $k = mg/V_F^2$，並且推導在士兵打開降落傘後 (在時間 $t = 0$)，其速度的關係式。(Answer: $V = V_F \dfrac{V_T + V_F + (V_T - V_F)e^{-2gt/V_F}}{V_T + V_F - (V_T - V_F)e^{-2gt/V_F}}$)

6-39　被一個噴嘴加速的水進入透平機的葉輪。水從葉輪直徑為 D 的外緣與徑向夾角為 α 的方向進入，其流速 V，質量流率 $\dot{m}$。水從徑向離開葉輪。如果透平機轉軸的角速度為 $\dot{n}$，試證明這個徑向透平機可以生產的最大功率為 $\dot{W}_{shaft} = \pi \dot{n} \dot{m} D V \sin \alpha$。

6-40　水穩定的流過一個分水管如圖 P6-40

所示。$\dot{V}_1 = 0.08$ m^3/s、$\dot{V}_2 = 0.05$ m^3/s、$D_1 = D_2 = 12$ cm、$D_3 = 10$ cm。如果在分水管的入口與出口的壓力讀值為 $P_1 = 100$ kPa、$P_2 = 90$ kPa 與 $P_3 = 80$ kPa，試求抓住此裝置所需要的外力。忽略重量的影響。

圖 P6-40

基礎工程學 (FE) 試題

6-41 當決定一個噴射引擎所產生的推力時，控制體積的聰明選擇是
(a) 固定的控制體積
(b) 移動的控制體積
(c) 變形的控制體積
(d) 移動或變形的控制體積
(e) 以上皆非

6-42 考慮水流過一個水平的、短的園藝水管，流率為 30 kg/min。入口速度是 1.5 m/s，出口速度是 14.5 m/s。忽略水管與水的重量。取入口與出口的動量修正因子都是 1.04，抓住水管不動所需要的夾持力是
(a) 2.8 N (b) 8.6 N
(c) 17.5 N (d) 27.9 N
(e) 43.3 N

6-43 一個水流噴束以流率 5 kg/s，速度 35 km/h 水平的沖擊一塊垂直的平板。假設沖擊後，水流沿垂直方向移動。為了阻止平板在水平方向移動所需要的力是

(a) 15.5 N (b) 26.3 N
(c) 19.7 N (d) 34.2 N
(e) 48.6 N

6-44 考慮水流過一個水平的、短的園藝水管，流率為 80 kg/min。入口的速度是 1.5 m/s，出口的速度是 16.5 m/s。在水排出前，水管作了 90° 的轉彎到垂直方向。忽略水管與水的重量。取入口與出口的動量修正因子都是 1.04，則在水平方向需要用來抓住水管不動的反作用力是
(a) 73.7 N (b) 97.1 N
(c) 99.2 N (d) 122 N
(e) 153 N

6-45 吹在一個風機上的風速經過量測是 6 m/s。葉片展開的直徑是 24 m，並且風機的效率是 29%。空氣的密度是 1.22 kg/m^3。風施加在風機的支撐柱上的水平力是
(a) 2524 N (b) 3127 N
(c) 3475 N (d) 4138 N
(e) 4313 N

6-46 一個透平機的轉軸以 800 rpm 轉動。如果轉軸的扭力是 350 N·m，則軸功率是
(a) 112 kW (b) 176 kW
(c) 293 kW (d) 350 kW
(e) 405 kW

6-47 一根 3 cm 直徑的水平管子附著在一個平面上，並且在水以 6 m/s 的速度排出前作了 90° 的轉彎成為垂直向上。水管的水平段是 5 m 長，垂直段是 4 m 長。忽略管的質量，但考慮管內水的重量，則在壁面的管子底部所受到的彎曲力矩是
(a) 11.9 N·m (b) 46.7 N·m
(c) 127 N·m (d) 104 N·m
(e) 74.8 N·m

6-48 考慮一個離心泵的葉輪，其轉速為 900 rpm，流率為 95 kg/min。葉輪的半徑在入口與出口分別是 7 cm 與 16 cm。假設在入口與出口的流體切線速度等於葉片的轉

動速度，則泵所需要的功率為
(a) 83 W (b) 291 W
(c) 409 W (d) 756 W
(e) 1125 W

設計與小論文題

6-49 拜訪消防局並獲得關於水管流率與排水直徑的資訊。利用此資訊，計算當消防員握住消防水管時所受到的衝力。

Chapter 7 因次分析與模型製作

學習目標

讀完本章後，你將能夠

- 更瞭解因次、單位與方程式的因次齊一性。
- 瞭解因次分析的眾多好處。
- 知道如何使用重複變數的方法來決定無因次變數。
- 瞭解動力相似的觀念與如何使用於製作實驗的模型。

本章中我們首先複習因次與單位的觀念，然後複習因次齊一性的基本原理，以及說明如何將其應用於方程式的無因次化並決定無因次參數群。我們討論模型與原型間的相似性觀念。我們也說明了一個給工程師與科學家的有用的工具，稱為因次分析，其中將因次變數、無因次變數與因次常數組合在一起形成無因次參數，這可以簡化問題需要的獨立參數的數目。我們提出一個漸進的方法來得到這些無因次參數，稱為重複變數法，此法僅基於變數與常數的因次。最後我們應用此技術於幾個實際的問題來說明其用法與限制。

7-1 因次與單位

因次 (dimension) 是物理量的一種量度 (沒有數值)，而單位 (unit) 是指定數值給因次的一種方法。例如長度是一個因次，可用微米 (μm)、呎 (ft)、公分 (cm)、米 (m)、公里 (km) 等單位來量測 (圖 7-1)。有七種主要因次 (primary dimensions) [也稱為基礎因次 (fundamental dimensions) 或基本因次 (basic dimensions)] — 質量、長度、時間、溫度、電流、光量與物質量。

所有非主要因次都可由這七個主要因次的某種組合形成。

例如，力與質量乘以加速度有相同的因次 (根據牛頓第二定律)。因此，用主要因次表示，

力的因次： $$\{\text{力}\} = \left\{ \text{質量} \frac{\text{長度}}{\text{時間}^2} \right\} = \{mL/t^2\} \tag{7-1}$$

其中大括號代表「某量的因次」，而縮寫則取自於表 7-1。你應該注意有些作者喜好用力代替質量來當作一個主要因次 — 我們不採取這種作法。

表 7-1 主要因次與相關的公制 (SI) 與英制單位

因次	符號*	公制單位	英制單位
質量	m	kg (公斤)	lbm (磅質量)
長度	L	m (米)	ft (呎)
時間†	t	s (秒)	s (秒)
溫度	T	K (克耳文)	R (朗肯)
電流	I	A (安培)	A (安培)
光量	C	cd (燭光)	cd (燭光)
物質量	N	mol (莫耳)	mol (莫耳)

圖 7-1 因次是物理量沒有數值的一種量度，而單位則是指定數值給此因次的一個方法。例如長度是因次，而公分則是單位。

* 我們對變數使用斜體，但對因次的符號則不用。

† 注意有些作者用符號 T 給時間的因次，而用 θ 給溫度的因次。我們不遵循此習慣用法來避免時間與溫度的混淆。

例題 7-1 表面張力的主要因次

一位工程師正在研究為何有些昆蟲 (如水黽) 可以在水面上行走。這個問題的一個重要的流體性質是表面張力 (σ_s)，其因次為每單位長度的力。用主要因次寫出表面張力的因次。

解答： 要決定表面張力的主要因次。

分析： 根據式 (7-1)，力有質量乘以加速度的因次，或 $\{mL/t^2\}$。因此，

表面張力的因次： $$\{\sigma_s\} = \left\{ \frac{\text{力}}{\text{長度}} \right\} = \left\{ \frac{m \cdot L/t^2}{L} \right\} = \{m/t^2\} \tag{1}$$

討論： 用主要因次來表示一個變數或常數的因次的好處在討論重複變數方法時，在 7-4 節會變得更明顯。

7-2 因次齊一性

我們都聽過這個舊說法，你不能把蘋果與橘子相加（圖 7-2）。這事實上是一個與方程式有關的更廣泛且更基本的數學定律（因次齊一性定理）的簡化表示式。此定律的敘述為

方程式的每一個相加項都必須有相同的因次。

例如，考慮一個簡單可壓縮封閉系統從一個狀態或時間 (1) 到另一個狀態 (2) 的總能量的變化，如圖 7-3 所示。這個系統的總能量的變化為

系統的總能量變化： $$\Delta E = \Delta U + \Delta KE + \Delta PE \tag{7-2}$$

其中 E 包括三個成分：內能 (U)、動能 (KE) 與位能 (PE)。這些成分也可用系統的質量 (m)、每個狀態下可量測的量與熱力學性質如速度 (V)、高度 (z) 與比內能 (u)，及重力加速度常數 (g) 的組合來表達，

$$\Delta U = m(u_2 - u_1) \qquad \Delta KE = \frac{1}{2}m(V_2^2 - V_1^2) \qquad \Delta PE = mg(z_2 - z_1) \tag{7-3}$$

圖 7-2 你不能把蘋果與橘子相加！

圖 7-3 系統在狀態 1 與狀態 2 的總能量。

證明式 (7-2) 的左邊與式 (7-2) 的右邊三個相加項有相同的因次 —— 能量，是很直接的。使用式 (7-3) 的定義，我們可以寫出每一項的主要因次，

$$\{\Delta E\} = \{能量\} = \{力 \cdot 長度\} \rightarrow \{\Delta E\} = \{mL^2/t^2\}$$

$$\{\Delta U\} = \left\{質量 \frac{能量}{質量}\right\} = \{能量\} \rightarrow \{\Delta U\} = \{mL^2/t^2\}$$

$$\{\Delta KE\} = \left\{質量 \frac{長度^2}{時間^2}\right\} \rightarrow \{\Delta KE\} = \{mL^2/t^2\}$$

$$\{\Delta PE\} = \left\{質量 \frac{長度}{時間^2} 長度\right\} \rightarrow \{\Delta PE\} = \{mL^2/t^2\}$$

如果在分析的某個階段我們發現處於一種情況，即方程式中的兩個相加項有不同的因次，這表示在此分析的某個較早的階段我們出錯了（圖 7-4）。除了因次齊一性，計算也需要每一個相加項的單位都相同才是有效的。例如以上各項的能量單位可

圖 7-4 一個不具有因次齊一性的方程式一定表示其中有錯。

以是 J、N·m 或 kg m²/s²，這些都是相等的。然而，若是這些項的某一項中使用了 kJ 來代替 J，這項與其它項就差了 1000 倍。因此在進行數學計算時為了避免類似的錯誤，寫出所有的單位是明智之舉。

例題 7-2　伯努利方程式的因次齊一性

在流體力學中最著名 (也最常被誤用) 的方程式可能就是伯努利方程式 (圖 7-5)，在第 5 章中有討論。對於無旋的不可壓縮流，伯努利方程式的一個標準形式為

伯努利方程式：
$$P + \frac{1}{2}\rho V^2 + \rho g z = C \quad (1)$$

(a) 證明伯努利方程式的每一個相加項有相同的因次。(b) 常數 C 的因次是什麼？

解答：我們要證明在式 (1) 中的每一個相加項的主要因次都相同，並且我們要決定常數 C 的因次。

分析：(a) 每一項都用主要因次來寫出，

圖 7-5　伯努利方程式是一個因次齊一性方程式的良好例子。所有相加項，包括常數，都有相同的因次，即壓力的因次。用主要因次表示，每一項的因次都是 $\{m/(t^2 L)\}$。

$$\{P\} = \{壓力\} = \left\{\frac{力}{面積}\right\} = \left\{質量 \frac{長度}{時間^2} \frac{1}{長度^2}\right\} = \left\{\frac{m}{t^2 L}\right\}$$

$$\left\{\frac{1}{2}\rho V^2\right\} = \left\{\frac{質量}{體積}\left(\frac{長度}{時間}\right)^2\right\} = \left\{\frac{質量 \times 長度^2}{長度^3 \times 時間^2}\right\} = \left\{\frac{m}{t^2 L}\right\}$$

$$\{\rho g z\} = \left\{\frac{質量}{體積} \frac{長度}{時間^2} 長度\right\} = \left\{\frac{質量 \times 長度^2}{長度^3 \times 時間^2}\right\} = \left\{\frac{m}{t^2 L}\right\}$$

確實，所有相加項都有相同的因次。

(b) 從因次齊一性定律，常數與方程式中其它的相加項必須有相同的因次。因此，

伯努利常數的主要因次：
$$\{C\} = \left\{\frac{m}{t^2 L}\right\}$$

討論：如果這些項當中的任何一項的因次與其它項不同，就指出在這分析中的某個地方做錯了。

7-3　因次分析與相似性

在許多實際的工程問題中，實驗經常是獲得可靠資訊的唯一方法。在許多實驗中，為了節省時間與金錢，測試是對一個幾何縮小的模型來進行的，而不是使用全尺寸的原型。在這些情況中，必須相當的小心來將結果依比例放大。我們在此介紹一個有力的技術，稱為**因次分析** (dimensional analysis)。雖然通常在流體力學中教

授，但因次分析在所有學科中都很有用，特別是需要設計與進行實驗時。你被鼓勵也在其它科目中使用這個有力的工具，不只是流體力學。因次分析的三個主要目的是

- 產生無因次參數 (nondimensional parameters) 來幫助設計實驗(物理的或數值的)，並且報告實驗的結果。
- 獲得比例定律，可以用模型性能來預測原型性能。
- (有時候) 預測參數之間關係的趨勢。

在討論因次分析的技術之前，我們首先解釋因次分析的基本觀念 —— 相似性 (similarity) 原理。模型與原型的完全相似性有三個必要條件。第一個條件是幾何相似 (geometric similarity) —— 模型與原型必須有相同的形狀，但其尺寸必須有等比例常數關係。第二個條件是運動相似 (kinematic similarity)，意指在模型流場中任何一點的速度必須正比於 (以一個等比例常數) 在原型流場中對應點的速度 (圖 7-6)。

明白的說，運動相似時，對應點的速度必須在大小上成比例而且必須指向相同的相對方向。你可以將幾何相似想成長度比例相等，而運動相似則為時間比例相等。幾何相似是運動相似的先決條件。就像幾何比例常數可以小於、等於或大於 1，速度比例常數也是如此。例如在圖 7-6 中，幾何比例常數小於 1 (模型比原型小)，但速度比例則大於 1 (模型附近的速度大於原型附近的速度)。你可以從第 4 章中回憶流線是運動現象；因此當符合運動相似時，模型流場中的流線形狀是與原型流場中的流線形狀成幾何比例的拷貝版。

第三個，同時也是最嚴格的相似性條件是動力相似 (dynamic similarity)。動力相似的達成是模型流場中的所有力與原型流場中的對應力的比例都是一個相同的比例常數 (力比例相等)。就像幾何及運動相似，力的比例常數可以小於、等於或大於 1。例如在圖 7-6 中，力比例常數小於 1，因為作用在模型建築物上的力小於作用於原型上的力。運動相似對於動力相似是一個必要的但不充分的條件，因此模型流場與原型流場兩者可能都達到幾何與運動相似，但卻不是動力相似的。為了達到完全相似，所有三個相似性條件都必須符合。

在一般的流場中，達到模型與原型之間的完全相似性只有當幾何、運動及動力相似性都達到才成立。

我們令大寫希臘字母 Π 代表無因次參數。在一般的因次分析的問題中，有一個 Π 我們稱為相依 Π，給它符號 Π_1。此參數 Π_1 通常是其它幾個 Π 的函數，我們

圖 7-6 運動相似的達成是在所有位置，模型流場的速率正比於在原型流場中對應點的速率，並且都指向相同的方向。

稱這些為獨立 Π。函數關係是

Π 之間的函數關係： $\Pi_1 = f(\Pi_2, \Pi_3, \cdots, \Pi_k)$ (7-4)

其中 k 表示 Π 的總數。

考慮一個實驗中，對一個比例模型作測試來模擬一個原型流場。為了確保模型與原型之間的完全相似，模型的每一個獨立 Π (下標為 m) 必須與原型中對應的獨立 Π (下標為 p) 相同，即，$\Pi_{2,m} = \Pi_{2,p}$, $\Pi_{3,m} = \Pi_{3,p}$, $\cdots$, $\Pi_{k,m} = \Pi_{k,p}$。

為了確保完全相似，模型與原型必須是幾何相似，並且所有獨立 Π 群在模型與原型之間必須是相同的。

在這些情況下，模型的相依 Π ($\Pi_{1,m}$) 就保證也會等於原型的相依 Π ($\Pi_{1,p}$)。數學上，我們寫下一個達到相似性的條件敘述，

若　　$\Pi_{2,m} = \Pi_{2,p}$ 且 $\Pi_{3,m} = \Pi_{3,p}$, $\cdots$ 且 $\Pi_{k,m} = \Pi_{k,p}$

則　　$\Pi_{1,m} = \Pi_{1,p}$ (7-5)

例如考慮一輛新跑車的設計，其空氣動力性能要在風洞中測試。為了省錢，希望用這輛車的一輛較小的幾何相似的模型，而不是一輛全尺寸的原型車來作測試 (圖 7-7)。對作用在一輛汽車的空氣阻力的情況，如果流動被近似為不可壓縮的，結果顯示問題中只有兩個 Π，

$$\Pi_1 = f(\Pi_2) \quad \text{其中} \quad \Pi_1 = \frac{F_D}{\rho V^2 L^2} \quad \text{且} \quad \Pi_2 = \frac{\rho V L}{\mu} \quad (7\text{-}6)$$

圖 7-7　一輛長度 L_p 的原型車與一輛長度 L_m 的模型車之間的幾何相似。

用來產生這些 Π 的步驟將在 7-4 節中討論。在式 (7-6) 中，F_D 是作用在車子上的空氣阻力的大小，ρ 是空氣密度，V 是車速 (或風洞中的風速)，L 是車的長度，而 μ 是空氣的黏度。Π_1 是阻力係數的一個非標準形式，而 Π_2 是雷諾數，Re。你將會發現在流體力學的許多問題中都會牽涉到雷諾數 (圖 7-8)。

圖 7-8　雷諾數 Re 是由密度、特徵速度與特徵長度對黏度的比值形成的。替代的，其為特徵速度與長度對運動黏度 (定義為 $\nu = \mu/\rho$) 的比值。

在所有流動力學中，雷諾數是最著名也最有用的無因次參數。

現在的問題中，只有一個獨立 Π，並且式 (7-5) 保證只要獨立 Π 相等 (雷諾數相等：$\Pi_{2,m} = \Pi_{2,p}$)，則相依 Π 也相等 ($\Pi_{1,m} = \Pi_{1,p}$)。這使工程師可以量測作用在模型車上的空氣阻力，然後用這個值去預測作用在原型車上的空氣阻力。

例題 7-3 模型車與原型車之間的相似性

要預測一輛新跑車在速度 80.0 km/h、空氣溫度 25°C 時的空氣阻力。汽車工程師製作一輛 1/5 比例的汽車模型放在風洞中作測試。時序是冬天且風洞位於一棟未加熱的建築物內部；風洞中的空氣溫度只有約 5°C。工程師必須如何控制風洞中的風速才能達到模型與原型之間的相似性。

解答： 我們要應用相似性的觀念來決定風洞的風速。

假設： 1. 空氣的壓縮性是可忽略的 (這個近似的正確性稍後會討論)。2. 風洞的壁面足夠遠離，所以不會干擾到作用在模型車的空氣阻力。3. 模型與原型是幾何相似的。4. 風洞中有一條移動皮帶來模擬車下面的地面，如圖 7-9。(為了達到在流場中的每一個地方的運動相似，特別是在車下面，移動的皮帶是必要的。)

圖 7-9 一個阻力平衡器是在風洞中用來量測一個物體風阻的裝置。當測試汽車模型時，通常會在風洞的底面加一條移動皮帶來模擬移動的地面 (相對於車上的參考座標)。

性質： 對於在大氣壓力下，溫度 $T = 25°C$ 的空氣，$\rho = 1.184$ kg/m³ 且 $\mu = 1.849 \times 10^{-5}$ kg/m·s。而在 $T = 5°C$ 時，$\rho = 1.129$ kg/m³ 且 $\mu = 1.754 \times 10^{-5}$ kg/m·s。

分析： 因為這個問題只有一個獨立 Π，相似性方程式 (式 7-5) 變成若 $\Pi_{2,m} = \Pi_{2,p}$ 則成立，其中 Π_2 示於式 (7-6)，我們稱其為雷諾數。因此可以寫出

$$\Pi_{2,m} = \text{Re}_m = \frac{\rho_m V_m L_m}{\mu_m}$$

$$= \Pi_{2,p} = \text{Re}_p = \frac{\rho_p V_p L_p}{\mu_p}$$

可以從上式解出模型測試的風洞速度 V_m，

$$V_m = V_p \left(\frac{\mu_m}{\mu_p}\right)\left(\frac{\rho_p}{\rho_m}\right)\left(\frac{L_p}{L_m}\right)$$

$$= (80.0 \text{ km/h})\left(\frac{1.754 \times 10^{-5} \text{ kg/m·s}}{1.849 \times 10^{-5} \text{ kg/m·s}}\right)\left(\frac{1.184 \text{ kg/m}^3}{1.269 \text{ kg/m}^3}\right)(5)$$

$$= \mathbf{354 \text{ km/h}}$$

因此，為了達到相似性，風洞應該以 354 km/h 運作 (至三位有效數字)。注意我們並沒有被給予任何一輛車的實際尺寸，但是 L_p 對 L_m 的比值是已知的，因為原型是其比例模型的五倍大。當因次參數被無因次化時 (如同這裡所作的)，單位系統是無關的。因為分子的單位與分母的單位互相抵消，因此單位轉換是不需要的。

討論： 這個速度相當高 (約 100 m/s)，風洞可能無法在此速度下操作。再者，不可壓縮近似在這樣高的速度下可能是有問題的 (在例題 7-6 中我們會再詳細討論這一點)。

例題 7-4　預測作用在原型車的空氣阻力

此例題是例題 7-3 的後續。假設工程師讓風洞在 354 km/h 下操作來達到模型與原型間的相似性。作用在模型車上的空氣阻力使用阻力平衡器來量測 (圖 7-9)。有一些阻力讀值被記錄下來，並且獲得作用在模型的阻力是 94.3 N。試預測作用在原型的空氣阻力 (在 80 km/h 及 25°C 下)。

解答：由於相似性，模型上的阻力要作放大來預測作用在原型的空氣阻力。

分析：相似性方程式 (式 7-5) 顯示因為 $\Pi_{2,m} = \Pi_{2,p}$，故有 $\Pi_{1,m} = \Pi_{1,p}$，其中此問題的 Π_1 是由式 (7-6) 給定。因此，可以寫出

$$\Pi_{1,m} = \frac{F_{D,m}}{\rho_m V_m^2 L_m^2}$$

$$= \Pi_{1,p} = \frac{F_{D,p}}{\rho_p V_p^2 L_p^2}$$

我們從上式解出作用在原型車上的未知的空氣阻力 $F_{D,p}$，

$$F_{D,p} = F_{D,m} \left(\frac{\rho_p}{\rho_m}\right)\left(\frac{V_p}{V_m}\right)^2\left(\frac{L_p}{L_m}\right)^2$$

$$= (94.3\text{ N})\left(\frac{1.184\text{ kg/m}^3}{1.269\text{ kg/m}^3}\right)\left(\frac{80.0\text{ km/h}}{354\text{ km/h}}\right)^2 (5)^2 = \mathbf{112\text{ N}}$$

圖 7-10　在風洞中的空氣與流過原型車的空氣有相同的性質 ($\rho_m = \rho_p$、$\mu_m = \mu_p$) 的特殊情況下，並且處於相似性條件下 ($V_m = V_p L_p/L_m$)，作用在原型車上的空氣阻力等於作用在模型車上的阻力。如果兩種流體沒有相同的性質，則兩個阻力不必然相等，即使在動力相似的條件下。

討論：藉由將因次參數安排成無因次比值，單位就美妙的抵消了。因為速度與長度兩者在 Π_1 的方程式中都是平方的，在風洞中的高速度幾乎補償了模型的小尺寸，使得在模型的阻力幾乎與在原型上的相同。事實上，若是風洞中空氣的密度與黏度與流過原型的空氣是一樣的，此兩阻力也將會是一樣的 (圖 7-10)。

　　　使用因次分析與相似性來輔助實驗分析的功能可以用因次參數 (密度、速度等) 的真實值是無關緊要的事實來作進一步的說明。只要彼此間相關的獨立 Π 群被設定為相等，就達到相似性 —— 即使使用不同的流體。這解釋了為什麼汽車與飛機的性能可以在水洞中模擬。假設在例題 7-3 與 7-4 的工程師使用水洞代替風洞來測試他們的 1/5 比例模型。使用水在室溫下 (假設 20°C) 的性質，為了達成相似性所需要的水洞速度可以很容易的計算為

$$V_m = V_p\left(\frac{\mu_m}{\mu_p}\right)\left(\frac{\rho_p}{\rho_m}\right)\left(\frac{L_p}{L_m}\right)$$

$$= (80.0 \text{ km/h})\left(\frac{1.002 \times 10^{-3} \text{ kg/m·s}}{1.849 \times 10^{-5} \text{ kg/m·s}}\right)\left(\frac{1.184 \text{ kg/m}^3}{998.0 \text{ kg/m}^3}\right)(5) = 25.7 \text{ km/h}$$

正如所見，使用水洞的一個優點是使用相同尺寸的模型時，需要的速度遠低於風洞中需要的速度。

7-4 重複變數法與白金漢 π- 定理

我們已經看到因次分析的有用性及功能的幾個例題。現在我們準備要學習如何來產生無因次參數，即這些 Π 群。為這個目的已經發展出一些方法，但是最受歡迎 (也最簡單) 的方法是重複變數法 (method of repeating variables)，是由愛德加·白金漢 (1867-1940) 推廣的。此法首先由俄國科學家 Dimitri Riabouchinsky (1882-1962) 在 1911 年發表。我們可以將此法想成獲得無因次參數的逐步的步驟或菜單。總共有 6 個步驟，在表 7-2 中詳細的列出。這些步驟，我們在一些例題中會有更詳細的說明。

跟大多數新的步驟一樣，學習最好的方法是藉由例題和練習。作為第一個簡單的例題，考慮一個球在真空中掉落，假設我們知道的就只是球的高度 z 必須是時

表 7-2 構成重複變數法的六個步驟的詳細說明*

步驟 1	列出參數 (因次變數、無因次變數與因次常數) 並計數。令 n 為問題中參數 (包括相依變數) 的總數。要確認任何列出的獨立參數確實與其它者是獨立的，亦即不能用其它參數來表示。(例如，不能同時包括半徑 r 與面積 $A = \pi r^2$，因為 r 與 A 不是互為獨立的。)
步驟 2	列出 n 個參數的每一個的主要因次。
步驟 3	猜測減數 j。當作初始猜測，令 j 等於足以代表問題的主要因次的數目。預期的 Π 數目 (k) 等於 n 減 j，這是依據白金漢 π- 定理 (Buckingham Pi theorem)，
	白金漢 π- 定理： $\qquad\qquad k = n - j \qquad\qquad$ (7-7)
	如果在這個步驟或任何後續步驟中，分析做不下去，檢查在步驟 1 你是否已經包括足夠的參數。否則，回去將 j 值減 1 並試著重做。
步驟 4	選擇 j 個重複變數 (repeating parameters)，可以被用來建立每個 Π。因為重複變數有可能出現在每個 Π 中，必須聰明的選擇 (表 7-3)。
步驟 5	一次選擇一個剩下來的參數與 j 個重複變數組合建構一個 Π，強迫產生的每個 Π 都是無因次的。用這個方法，可以產生所有 k 個 Π 參數。習慣上取第一個 Π，記為 Π_1，作用相依 Π (即列於左邊的那一個)。需要時，可以整理 Π 來獲得比較著名的無因次群 (表 7-5)。
步驟 6	檢查所有 Π 的確是無因次的，寫出最後的函數關係，如式 (7-4) 的形式。

* 當進行因次分析時，這是找出無因次 Π 群的逐步法。

間 t、初始垂直速度 w_0、初始的高度 z_0 與重力常數 g 的函數 (圖 7-11)。因次分析的妙處就在於我們唯一需要知道的就是這些量每一個的主要因次。在介紹重複變數的每個步驟時，我們會用掉落球體當作一個例子來更詳細的說明這個技術的一些微妙之處。

圖 7-11 在真空中一個掉落的球的因次分析的建立。高度 z 是時間 t、初始垂直速率 w_0、初始高度 z_0 與重力常數 g 的函數。

步驟 1

此問題中有 5 個參數 (因次變數與因次常數)；$n = 5$。它們被以函數的形式列出，即將相依變數列出為獨立變數與常數的函數：

列出相關參數： $\qquad z = f(t, w_0, z_0, g) \quad n = 5$

步驟 2

列出每個參數的主要因次在此。我們建議寫出每個因次的指數，因為這對於後續的代數將有幫助。

$$\begin{array}{ccccc} z & t & w_0 & z_0 & g \\ \{L^1\} & \{t^1\} & \{L^1 t^{-1}\} & \{L^1\} & \{L^1 t^{-2}\} \end{array}$$

步驟 3

作為初始猜測，j 被設為 2，即問題中出現的主要因次的數目 (L 和 t)。

減數： $\qquad j = 2$

若此 j 值是正確的，由白金漢 π- 定理預測的 Π 數目為

預期的 Π 數目： $\qquad k = n - j = 5 - 2 = 3$

步驟 4

我們需要選擇兩個重複變數，因為 $j = 2$。這通常是重複變數法最困難 (或至少是最神秘) 的部分，選擇重複參數的一些指導方針在表 7-3 中列出。

依據表 7-3 的指導方針，兩個重複參數最聰明的選擇是 w_0 與 z_0。

重複參數： $\qquad w_0$ 及 z_0

步驟 5

現在將重複參數與剩下的參數一次一個組合來形成所有 Π。第一個 Π 總是相依 Π，此處由相依變數 z 形成。

表 7-3 重複變數法的步驟 4 中選擇重複參數的指導方針*

指導方針	評論及在本問題中的應用
1. 絕不要挑選相依變數。否則，可能會出現在所有的 Π 中，這不是想要的結果。	在此問題中我們不能選 z，必須在剩下的 4 個參數中選擇。因此必須選擇以下參數中的 2 個：t、w_0、z_0 與 g。
2. 選擇的重複參數，必須不能夠形成無因次群，否則就不可能形成其它的 Π。	在現在的問題中，根據此指導方針，任何兩個獨立參數都是有效的。然而，為了說明的目的，假設我們必須選擇 3 個而不是 2 個重複參數。例如我們不能夠選 t、w_0 與 z_0，因為它們本身就可以形成一個 Π (tw_0/z_0)。
3. 選擇的重複參數必須能代表問題中所有的主要因次。	例如假設有 3 個主要因次 (m、L 及 t)，並且只需要選 2 個重複參數。你就不能夠選一個長度、一個時間，因為主因次質量將無法用重複參數來代表。一個適當的選擇可以是密度與時間，因為它們一起將能代表問題中所有 3 個主要因次。
4. 絕不要選已經是無因次的參數，它們本身就已經是 Π 了。	假設角度 θ 是獨立參數中的一個。我們不能選 θ 當作一個重複參數，因為角度是無因次的 (弧度與度都是無因次的)。在此情況下，已知 Π 中的一個，即 θ。
5. 絕不要選兩個參數，其因次相同，或其因次只在指數上有差異。	在此問題中，z 與 z_0 這兩個參數有相同的因次 (長度)。我們不能同時選這兩個參數。(注意相依變數 z 已經被指導方針 1 排除了。) 假設一個參數的因次為長度而另一個參數的因次為體積。在因次分析中，體積僅包含一個主要因次 (長度)，因此其因次與長度並無不同 —— 我們不能同時選這兩個參數。
6. 可能的話，要選擇因次常數，而不是因次變數，這樣就只有 1 個 Π 包含此因次變數。	此問題中，如果我們選 t 當重複參數，它將出現在所有 3 個 Π 中。雖然這不是錯的，卻不是聰明的，因為最終我們希望某個無因次高度是某個無因次時間與其它無因次參數的函數。從初始的 4 個獨立參數中，這會限制我們在 w_0、z_0 與 g 作選擇。
7. 選擇常見的參數，因為它們可能出現在每個 Π 中。	在流體流動的問題中，我們通常選擇長度、速度與質量或密度。選擇比較不常見的參數 (像黏度 μ 或表面張力 σ_s) 是不智的，因為我們通常不希望 μ 與 σ_s 出現在每一個 Π 中。在此問題中，比起 g，選擇 w_0 與 z_0 會是比較明智的。
8. 可能的話，選簡單的而不是複雜的參數。	最好選只有 1 個或 2 個基本因次的參數 (例如，長度、時間、質量或速度)，而不是具有好幾個基本因次的參數 (例如，能量或壓力)。

* 這個指導方針，雖然不是毫無缺點，卻能幫助你以最小的努力選擇重複參數，這通常指引至已經廣泛確立的無因次 Π 群。

相依 Π：
$$\Pi_1 = zw_0^{a_1}z_0^{b_1} \tag{7-8}$$

其中 a_1 及 b_1 是指數常數，其值必須被決定。將步驟 2 中的主要因次應用在式 (7-8) 中並且令每個主要因次的指數皆為零來使 Π_1 為無因次：

Π_1 的因次：
$$\{\Pi_1\} = \{L^0 t^0\} = \{zw_0^{a_1}z_0^{b_1}\} = \{L^1(L^1 t^{-1})^{a_1} L^{b_1}\}$$

乘：指數相加
$x^a x^b x^{2c} = x^{a+b+2c}$

除：指數相減
$\dfrac{x^a}{x^b} \times \dfrac{1}{x^{2c}} = x^{a-b-2c}$

圖 7-12 在做乘法與除法時，數學規則是分別對指數相加與相減。

因為根據定義，主要因次是相互獨立的，令左右兩邊每個主要因次的指數都各別相等來解出指數 a_1 及 b_1（圖 7-12）。

時間： $\{t^0\} = \{t^{-a_1}\}$ $0 = -a_1$ $a_1 = 0$

長度： $\{L^0\} = \{L^1 L^{a_1} L^{b_1}\}$ $0 = 1 + a_1 + b_1$

$b_1 = -1 - a_1$ $b_1 = -1$

式 (7-8) 從而變成

$$\Pi_1 = \frac{z}{z_0} \tag{7-9}$$

用相同的方式，藉由組合重複參數與獨立變數 t 來建立第一個獨立 Π（Π_2）。

第一個獨立 Π： $\Pi_2 = t w_0^{a_2} z_0^{b_2}$

Π_2 的因次： $\{\Pi_2\} = \{L^0 t^0\} = \{t w_0^{a_2} z_0^{b_2}\} = \{t(L^1 t^{-1})^{a_2} L^{b_2}\}$

令指數相等，

時間： $\{t^0\} = \{t^1 t^{-a_2}\}$ $0 = 1 - a_2$ $a_2 = 1$

長度： $\{L^0\} = \{L^{a_2} L^{b_2}\}$ $0 = a_2 + b_2$ $b_2 = -a_2$ $b_2 = -1$

Π_2 從而是

$$\Pi_2 = \frac{w_0 t}{z_0} \tag{7-10}$$

最後結合重複參數與 g，並且強迫此 Π 為無因次來建立第二個獨立 Π（Π_3）。

第二個獨立 Π： $\Pi_3 = g w_0^{a_3} z_0^{b_3}$

Π_3 的因次： $\{\Pi_3\} = \{L^0 t^0\} = \{g w_0^{a_3} z_0^{b_3}\} = \{L^1 t^{-2} (L^1 t^{-1})^{a_3} L^{b_3}\}$

令指數相等，

時間： $\{t^0\} = \{t^{-2} t^{-a_3}\}$ $0 = -2 - a_3$ $a_3 = -2$

長度： $\{L^0\} = \{L^1 L^{a_3} L^{b_3}\}$ $0 = 1 + a_3 + b_3$ $b_3 = -1 - a_3$ $b_3 = 1$

Π_3 從而是

$$\Pi_3 = \frac{gz_0}{w_0^2} \tag{7-11}$$

所有 3 個 Π 都已經被發現了，但此刻仔細檢查它們來看看是否需要任何整理。我們立刻看出 Π_1 與 Π_2 是不需要任何整理，然而我們認出第三個 Π 必須取 $-\frac{1}{2}$ 次方，來使其與一個已經是廣泛著名的無因次參數 (福勞數) 有相同的形式：

Π_3 的修正：
$$\Pi_{3,\,\text{modified}} = \left(\frac{gz_0}{w_0^2}\right)^{-1/2}$$

$$= \frac{w_0}{\sqrt{gz_0}} = \text{Fr} \tag{7-12}$$

這種整理經常是需要的，才能將 Π 轉換成眾所周知的形式。式 (7-11) 中的 Π 並不是錯的，並且式 (7-12) 相對於式 (7-11) 並沒有確定的數學好處。換一種說法，我們喜歡說式 (7-12) 比式 (7-11) 更為大家接受，因為它是一個已被命名、為大家廣泛接受的無因次參數，並且在文獻中普遍被使用。表 7-4 中列出一些指導方針來整理無因次 Π 群，使其變成已經被廣泛接受的無因次參數。

表 7-5 列出的一些被廣泛接受的無因次參數，大多數是以有名的科學家或工程師命名 (參考 P. 262 的歷史聚光燈)。這個列表絕不是完整的。可能的話，你應該整理你的 Π 參數，為的是將其轉換成已經被廣泛接受的無因次參數。

步驟 6

我們應該重複檢查所有的 Π 是否確實都是無因次的。對於現在的問題，你可以自己對此點作檢查。我們終於要寫下這些無因次參數之間的函數關係。結合式 (7-9)、(7-10) 和 (7-12) 成為式 (7-4) 的形式，

Π 之間的關係式：
$$\Pi_1 = f(\Pi_2, \Pi_3) \quad \rightarrow \quad \frac{z}{z_0} = f\left(\frac{w_0 t}{z_0}, \frac{w_0}{\sqrt{gz_0}}\right)$$

重複變數分析正確的預測了無因次參數之間的函數關係。然而，

重複變數法無法預測方程式的正確數學形式。

這是因次分析與重複變數法的基本限制。但是對於一些簡單的問題，方程式的形式可以被預測到一個未知常數之內，如例題 7-5 將要說明。

表 7-4　對從重複變數法所得到的 Π 群作整理的指導方針

指導方針	評論及在本問題中的應用
1. 我們可以施加一個常數 (無因次) 的指數在 Π 上或對 Π 作函數運算。	我們可以施加任何指數 n 在 Π 上 (將其變成 Π^n 而不會改變此 Π 的無因次狀態)。例如在此問題中，我們施加 $-1/2$ 的指數在 Π_3 上。同樣的，我們可以進行函數運算 $\sin(\Pi)$、$\exp(\Pi)$……等而不會改變 Π 的因次。
2. 我們可以把 Π 與一個純常數 (無因次的) 相乘。	有時候無因次因子像 π、1/2、2、4 等可以被包括在 Π 中來取得方便性。這完全沒問題，因這些因子不會影響 Π 的因次。
3. 我們可以把一個 Π 與問題中任何其它 Π 作乘法 (或除法) 形成一個新的 Π 來取代原來 Π 中之一。	我們可以用 $\Pi_3\Pi_1$、Π_3/Π_2 等來代替 Π_3。有時候為了轉換我們的 Π 成為一個常見的 Π，這種操作是必須的。在許多情況中，如果我們選擇不同的重複參數，我們就可以建立常見的 Π 參數。
4. 我們可以對指導方針 1 到 3 作任意的組合。	一般而言，我們可以用某個新 Π [例如 $A\Pi_3{}^B \sin(\Pi_1{}^C)$] 來代替任何一個 Π，其中 A、B 及 C 是純常數。
5. 我們可以把 Π 中的一個因次參數，用有相同因次的其它參數來替換。	例如，Π 中可能包含長度的平方或立方，我們可以分別用已知的面積或體積來替換，目的是使此 Π 符合常用的習慣。

* 這些指導方針在重複變數方法的步驟 5 中非常有用，在此列出來幫助你轉換無因次 Π 群成為標準常見的無因次參數，它們之中的許多個被列在表 7-5 中。

表 7-5　在流體力學與熱傳學中常用的無因次參數或 Π*

名稱	定義	物理意義
阿基米德數	$Ar = \dfrac{\rho_s g L^3}{\mu^2}(\rho_s - \rho)$	$\dfrac{重力}{黏滯力}$
寬長比	$AR = \dfrac{L}{W}$ 或 $\dfrac{L}{D}$	$\dfrac{長度}{寬度}$ 或 $\dfrac{長度}{直徑}$
必歐數	$Bi = \dfrac{hL}{k}$	$\dfrac{表面熱阻}{內部熱阻}$
邦德數	$Bo = \dfrac{g(\rho_f - \rho_v)L^2}{\sigma_s}$	$\dfrac{重力}{表面張力}$
空化數	Ca (有時 σ_c) $= \dfrac{P - P_v}{\rho V^2}$ $\left(有時 \dfrac{2(P - P_v)}{\rho V^2}\right)$	$\dfrac{壓力-蒸氣壓力}{慣性壓力}$
達西摩擦因子	$f = \dfrac{8\tau_w}{\rho V^2}$	$\dfrac{壁面摩擦力}{慣性力}$
阻力係數	$C_D = \dfrac{F_D}{\frac{1}{2}\rho V^2 A}$	$\dfrac{阻力}{動力}$

表 7-5 在流體力學與熱傳學中常用的無因次參數或 Π^* (續)

名稱	定義	物理意義
艾科特數	$Ec = \dfrac{V^2}{c_p T}$	$\dfrac{動能}{焓能}$
歐拉數	$Eu = \dfrac{\Delta P}{\rho V^2}$ (有時 $\dfrac{\Delta P}{\frac{1}{2}\rho V^2}$)	$\dfrac{壓力差}{動壓}$
范寧摩擦因子	$C_f = \dfrac{2\tau_w}{\rho V^2}$	$\dfrac{壁面摩擦力}{慣性力}$
傅立葉數	Fo (有時 τ) $= \dfrac{\alpha t}{L^2}$	$\dfrac{物理時間}{熱擴散時間}$
福勞數	$Fr = \dfrac{V}{\sqrt{gL}}$ (有時 $\dfrac{V^2}{gL}$)	$\dfrac{慣性力}{重力}$
格拉秀夫數	$Gr = \dfrac{g\beta|\Delta|TL^3\rho^2}{\mu^2}$	$\dfrac{浮力}{黏滯力}$
雅各數	$Ja = \dfrac{c_p(T - T_{sat})}{h_{fg}}$	$\dfrac{顯熱}{潛熱}$
努生數	$Kn = \dfrac{\lambda}{L}$	$\dfrac{自由路徑長度}{特徵長度}$
路易士數	$Le = \dfrac{k}{\rho c_p D_{AB}} = \dfrac{\alpha}{D_{AB}}$	$\dfrac{熱擴散}{成分擴散}$
升力係數	$C_L = \dfrac{F_L}{\frac{1}{2}\rho V^2 A}$	$\dfrac{升力}{動力}$
馬赫數	Ma (有時 M) $= \dfrac{V}{c}$	$\dfrac{流速}{音速}$
紐塞數	$Nu = \dfrac{Lh}{k}$	$\dfrac{對流熱傳}{傳導熱傳}$
佩克萊數	$Pe = \dfrac{\rho L V c_p}{k} = \dfrac{LV}{\alpha}$	$\dfrac{體熱傳}{傳導熱傳}$
功率數	$N_P = \dfrac{\dot{W}}{\rho D^5 \omega^3}$	$\dfrac{功率}{旋轉慣性}$
普朗特數	$Pr = \dfrac{\nu}{\alpha} = \dfrac{\mu c_p}{k}$	$\dfrac{黏性擴散}{熱擴散}$
壓力係數	$C_p = \dfrac{P - P_\infty}{\frac{1}{2}\rho V^2}$	$\dfrac{靜壓差}{動壓}$
雷萊數	$Ra = \dfrac{g\beta|\Delta T|L^3\rho^2 c_p}{k\mu}$	$\dfrac{浮力}{黏滯力}$

表 7-5 在流體力學與熱傳學中常用的無因次參數或 Π* (續)

名稱	定義	物理意義
雷諾數	$Re = \dfrac{\rho VL}{\mu} = \dfrac{VL}{\nu}$	$\dfrac{慣性力}{黏滯力}$
瑞查生數	$Ri = \dfrac{L^5 g \Delta\rho}{\rho \dot{V}^2}$	$\dfrac{浮力}{慣性力}$
施密特數	$Sc = \dfrac{\mu}{\rho D_{AB}} = \dfrac{\nu}{D_{AB}}$	$\dfrac{黏性擴散}{成分擴散}$
雪伍德數	$Sh = \dfrac{VL}{D_{AB}}$	$\dfrac{總質量擴散}{成分擴散}$
比熱比	k (有時 γ) $= \dfrac{c_p}{c_V}$	$\dfrac{焓能}{內能}$
史坦頓數	$St = \dfrac{h}{\rho c_p V}$	$\dfrac{熱傳}{熱容量}$
史托克數	Stk (有時 St) $= \dfrac{\rho_p D_p^2 V}{18\mu L}$	$\dfrac{質點鬆弛時間}{特徵流動時間}$
史特豪數	St (有時 S 或 Sr) $= \dfrac{fL}{V}$	$\dfrac{特徵流動時間}{振盪週期}$
韋伯數	$We = \dfrac{\rho V^2 L}{\sigma_s}$	$\dfrac{慣性力}{表面張力}$

* A 是特徵面積，D 是特徵直徑，f 是特徵頻率 (Hz)，L 是特徵長度，t 是特徵時間，T 是特徵 (絕對) 溫度，V 是特徵速度，W 是特徵寬度，$\dot{W}$ 是特徵功率，ω 是特徵角速度 (rad/s)，在這些 Π 中的其它參數與流體性質包括：$c =$ 音速，C_p, $C_v =$ 比熱，$D_p =$ 質點直徑，$D_{AB} =$ 成分擴散係數，$h =$ 對流熱傳係數，$h_{fg} =$ 蒸發潛熱，$k =$ 熱傳導率，$P =$ 壓力，$T_{sat} =$ 飽和溫度，$\dot{V} =$ 體積流率，$\alpha =$ 熱擴散係數，$\beta =$ 熱膨脹係數，$\lambda =$ 平均自由路徑，$\mu =$ 黏度，$\nu =$ 運動黏度，$\rho =$ 流動密度，$\rho_f =$ 液體密度，$\rho_p =$ 質點密度，$\rho_s =$ 固體密度，$\rho_v =$ 蒸氣密度，$\sigma_s =$ 表面張力，$\tau_w =$ 沿壁面的剪應力。

歷史聚光燈 ─ 無因次參數榮耀的名人

客座作者：Glenn Brown，奧克拉荷馬州立大學

　　為了方便，常用的無因次參數都會被命名，同時也可以榮耀對科學與工程學的發展有貢獻的名人。在許多情況中，被命名的人並不是第一個定義此數的人，但通常他／她曾在他／她的工作中使用此數或一個相似的參數。以下列出一些這樣的名人。同時記住，有些無因次數可能有多於一個的命名。

阿基米德 (287-212 BC)，希臘數學家。他定義了浮力。

必歐・尚貝普帝斯特 (1774-1862)，法國數學家。他在熱學、電學及彈力學作出了開創性的工作。他也幫助測量了子午線的弧線作為公制系統發展的一部分。

達西・亨利 P. G. (1803-1853)，法國工程師。他做了廣泛的管流實驗及第一個可量化的過濾測試。

艾科特・恩斯特 R. G. (1904-2004)，德－美工程

師，施密特的學生。他在邊界層熱傳做出了先鋒性的工作。

歐拉·李奧納多 (1707-1783)，瑞士數學家，丹尼爾·伯努利的同事。他導出了流體運動方程式，並且介紹了離心機的觀念。

范寧·約翰 T. (1837-1911)，美國工程師，教科書作者。他在 1877 年發表了魏斯巴哈方程式的修正形式及從達西的數據計算出來阻力表格。

傅立葉·尚 B. J. (1768-1830)，法國數學家。他在熱傳學及其它幾個主題上做了一些開創性的工作。

福勞·威廉 (1810-1879)，英國工程師。他發展船模試驗方法及從模型到原型的波浪阻力與邊界層阻力的轉換法。

格拉秀夫·法朗茲 (1826-1893)，德國工程師及教育家。是出版界出名的多產作家、編輯、校對員與調度員。

雅各·馬克斯 (1879-1955)，德－美物理學家、工程師及教科書作者。他在熱傳學做了開創性的工作。

紐塞·馬丁 (1871-1949)，丹麥物理學家。他幫助開發了氣體動力論。

路易士·華倫 K. (1882-1975)，美國工程師。他研究分餾、淬取及流體床反應。

馬赫·恩斯特 (1838-1916)，奧地利物理學家。他第一個瞭解到運動速度比音速快的物體會激烈的改變流體的性質。他的觀念對 20 世紀的思想有重大的影響。在物理學與哲學上都是，並且影響愛因斯坦發展出相對論。

紐塞·魏漢 (1882-1957)，德國工程師。他是第一個把相似性理論應用到熱傳學的人。

佩克萊·尚 C. E. (1793-1857)，法國教育家、物理學家及工業研究者。

普朗特·路得偉 (1875-1953)，德國工程師及邊界層理論的開發者。他被視為現代流體力學的開創者。

雷萊爵士·約翰 W. 史特魯特 (1842-1919)，英國科學家。他研究動力相似性、空化及氣泡崩潰。

雷諾·歐斯拜 (1842-1912)，英國工程師。他研究管內流動並開發了基於平均速度的黏性流方程式。

瑞查生·路易士 F. (1881-1953)，英國數學家、物理學家及心理學家。他是應用流體力學來模擬大氣紊流的開創者。

施密特·恩斯特 (1892-1975)，德國科學家及熱傳學與質傳學領域的開創者。他是第一個量測在自然對流邊界層內的速度與溫度場的人。

雪伍德·湯馬士，K. (1903-1976)，美國工程師與教育家。他研究質傳及其與流動、化學反應和工業製程操作的相互作用。

史坦頓·湯馬士，E. (1865-1931)，英國工程師，雷諾的學生。他在流體流動的許多領域作出了貢獻。

史托克·喬治，G. (1819-1903)，愛爾蘭科學家。他開發了黏性流的運動與擴散的方程式。

史特豪·文森 (1850-1922)，捷克物理學家。他證明了一條線所發散的振盪頻率與流過線的空氣速度是相關的。

韋伯·莫里茲 (1871-1951)，德國教授。他應用相似性分析到毛細管流之中。

例題 7-5　肥皂泡內的壓力

幾個小孩在玩肥皂泡，這使你對肥皂泡的半徑與肥皂泡內的壓力的關係產生好奇 (圖 7-13)。你推理肥皂泡內的壓力必定高於大氣壓力，且肥皂泡的外膜處於張力中，就像汽球的皮一樣。你也知道表面張力這個性質在此問題中必定是重要的。由於不瞭解其它相關的物理學，你決定使用因次分析來處理這個問題。建立一個壓力差 $\Delta P = P_內 - P_外$、肥皂泡半徑與肥皂膜的表面張力 σ_s 的關係。

解答：要用重複變數法分析肥皂泡內部與外部空氣之間的壓力差。

假設：1. 肥皂泡在空氣中是中性飄浮的，且重力是無關的。
2. 在此問題中無其它變數或常數是重要的。

分析：採用重複變數的逐步分析法。

步驟 1　此問題中有 3 個變數與常數；$n = 3$。它們以函數形式被列出，相依變數列出成為獨立變數與常數的函數：

列出相關參數：　　　　　　$\Delta P = f(R, \sigma_s)$　　$n = 3$

步驟 2　列出每個參數的主要因次。表面張力的因次從例題 7-1 獲得，而壓力的因次從例題 7-2 獲得。

$$\begin{array}{ccc} \Delta P & R & \sigma_s \\ \{m^1 L^{-1} t^{-2}\} & \{L^1\} & \{m^1 t^{-2}\} \end{array}$$

步驟 3　當作初始猜測，j 被設為 3，即此問題中主要因次 (m, L, t) 的數目。

減數 (初始猜測)：　　　　　　$j = 3$

如果 j 的值是正確的，Π 的預期數目是 $k = n - j = 3 - 3 = 0$。但如何可以有零個 Π 呢？顯然有些事不對勁 (圖 7-14)。像這種狀況，我們首先需要回去並確認是否忽略了某個問題中的重要變數或常數。因為我們有信心壓力差應該只是肥皂泡半徑與表面張力的函數，我們將 j 的值減 1。

減數 (第二次猜測)：　　　　　　$j = 2$

如果此 j 值是正確的，$k = n - j = 3 - 2 = 1$。因此我們預期一個 Π，這比零個 Π 在物理上是更可能的。

步驟 4　因為 $j = 2$，我們需要選擇兩個重複變數。遵循表 7-3 的指導方針，我們只能選 R 和 σ_s，因為 ΔP 是相依變數。

步驟 5　結合這兩個重複變數與相依變數 ΔP，形成一個乘積來建立相依 Π。

圖 7-13　肥皂泡內的壓力大於圍繞在其外面的壓力，這是肥皂膜的表面張力造成的。

圖 7-14　如果重複變數法顯示 Π 數為零，我們不是做錯了，就是需要將 j 減 1，再重做。

相依 Π：
$$\Pi_1 = \Delta P R^{a_1} \sigma_s^{b_1} \tag{1}$$

我們將步驟 2 的主要因次代入式 (1) 中，並強迫此 Π 為無因次。

Π_1 的因次：
$$\{\Pi_1\} = \{m^0 L^0 t^0\} = \{\Delta P R^{a_1} \sigma_s^{b_1}\} = \{(m^1 L^{-1} t^{-2}) L^{a_1} (m^1 t^{-2})^{b_1}\}$$
$$= \{\Delta P R^{a_1} \sigma_s^{b_1}\}$$
$$= \{(m^1 L^{-1} t^{-2}) L^{a_1} (m^1 t^{-2})^{b_1}\}$$

令每個主要因次的指數相等來解出 a_1 及 b_2：

時間： $\{t^0\} = \{t^{-2} t^{-2b_1}\}$ $0 = -2 - 2b_1$ $b_1 = -1$

質量： $\{m^0\} = \{m^1 m^{b_1}\}$ $0 = 1 + b_1$ $b_1 = -1$

長度： $\{L^0\} = \{L^{-1} L^{a_1}\}$ $0 = -1 + a_1$ $a_1 = 1$

幸運的，前兩個結果彼此吻合，從而式 (1) 變成

$$\Pi_1 = \frac{\Delta P R}{\sigma_s} \tag{2}$$

表 7-5 中與式 (2) 最相似的無因次參數是韋伯數，定義為動壓 (ρV^2) 乘以長度再除以表面張力。此處無須對 Π_1 作進一步整理。

步驟 6 我們寫下最後的函數關係。現在的情況，只有一個 Π，不是任何變數的函數。唯一的可能是 Π 為一個常數。將式 (2) 代入式 (7-4) 的函數形式中，

Π 之間的關係：
$$\Pi_1 = \frac{\Delta P R}{\sigma_s} = f(無) = 常數 \quad \rightarrow \quad \Delta P = 常數 \frac{\sigma_s}{R} \tag{3}$$

討論：這是一個我們有時候可以用因次分析預測趨勢的例子，即使在對問題的物理瞭解不多的情況下。例如，從結果可以知道如果肥皂泡的半徑倍增，則壓力差減半。相同的，若表面張力的值倍增，ΔP 也增加成 2 倍。因次分析無法預測式 (3) 中的常數；更進一步的分析 (或作一個實驗) 揭露出常數等於 4 (第 2 章)。

例題 7-6 ▶ 機翼上的升力

幾位航空工程師正在設計一架飛機，並且希望預測新機翼設計能產生的升力 (圖 7-15)。機翼的弦長 L_c 是 1.12 m，而其平面形狀面積 A (當攻角為零時從上方下視的面積) 是 10.7 m²。原型靠近地面時，溫度 $T = 25°C$，要在 $V = 52.0$ m/s 時飛行。他們建造一個機翼的 $\frac{1}{10}$ 比例的模型要在一個加壓的風洞中作測試。此風洞可以被加壓至最大 5 atm 的壓力。為了達到動力相似，他們必須在什麼速度與壓力下操作此風洞？

圖 7-15 一個機翼，弦長 L_c，攻角 α，在一個速度 V、密度 ρ、黏度 μ 及音速 c 的自由流中，及作用於其上的升力 F_L。攻角 α 是相對於自由流的方向來量測的。

解答：為了達到動力相似，我們要決定操作風洞的速度與壓力。

假設：**1.** 原型機翼在標準大氣壓力下的空氣中飛行。**2.** 模型與原

型是幾何相似的。

分析：首先，重複變量的逐步法被用來獲得無因次參數。然後讓原型與模型的相依 Π 互相吻合。

步驟 1 此問題中有 7 個參數 (變數及常數)：$n=7$。它們被以函數形式列出，相依變數列出成為獨立參數的函數：

相關參數的列表：
$$F_L = f(V, L_c, \rho, \mu, c, \alpha) \quad n = 7$$

其中 F_L 是機翼上的升力，V 是流速，L_c 是弦長，ρ 是流體密度，μ 是流體黏度，c 是流體中的音速，而 α 是機翼的攻角。

步驟 2 列出每個參數的主要因次；角度 α 是無因次的：

F_L	V	L_c	ρ	μ	c	α
$\{m^1 L^1 t^{-2}\}$	$\{L^1 t^{-1}\}$	$\{L^1\}$	$\{m^1 L^{-3}\}$	$\{m^1 L^{-1} t^{-1}\}$	$\{L^1 t^{-1}\}$	$\{1\}$

步驟 3 作為初始猜測，j 被設為 3，即問題中主要因次 (m、L 及 t) 的數目。

減數：
$$j = 3$$

如果 j 值是正確的，預期的 Π 的數目是 $k = n - j = 7 - 3 = 4$。

步驟 4 因為 $j=3$，我們必須選擇 3 個重複參數，遵循列在表 7-3 的指導方針，不能選相依變數 F_L，也不能選 α，因為其已經是無因次的。我們不能同時選 V 和 c，因為其因次是相同的。讓 μ 出現在每個 Π 中也是不好的。最佳重複變數的選擇不是 V、L_c 及 ρ 就是 c、L_c 及 ρ。當然前者是較佳的選擇，因為音速在表 7-5 的常用無因次參數中只出現在一個參數中，而速度則較為常見並出現在好幾個參數中。

重複參數： V、L_c 及 ρ

步驟 5 產生相依 Π：

$$\Pi_1 = F_L V^{a_1} L_c^{b_1} \rho^{c_1} \quad \rightarrow \quad \{\Pi_1\} = \{(m^1 L^1 t^{-2})(L^1 t^{-1})^{a_1}(L^1)^{b_1}(m^1 L^{-3})^{c_1}\}$$

藉由強制此 Π 為無因次的，可以算出這些指數 (代數沒有顯示)。我們得到 $a_1 = -2$、$b_1 = -2$ 及 $c_1 = -1$。此相依 Π 從而為

$$\Pi_1 = \frac{F_L}{\rho V^2 L_c^2}$$

從表 7-5，常見的無因次參數最接近我們的 Π_1 是升力係數，是用機翼平面形狀面積 A 而不是弦長的平方定義的，並且在分母中有一個 1/2 的因子。因此，可以根據列在表 7-4 中的指導方針來整理此 Π 如下：

修正的 Π_1：
$$\Pi_{1,\text{modified}} = \frac{F_L}{\frac{1}{2}\rho V^2 A} = \text{升力係數} = C_L$$

同樣的，可以產生第一個獨立 Π：

$$\Pi_2 = \mu V^{a_2} L_c^{b_2} \rho^{c_2} \quad \rightarrow \quad \{\Pi_2\} = \{(m^1 L^{-1} t^{-1})(L^1 t^{-1})^{a_2}(L^1)^{b_2}(m^1 L^{-3})^{c_2}\}$$

可以解出 $a_2 = -2$、$b_2 = -2$ 及 $c_2 = -1$，因此

$$\Pi_2 = \frac{\mu}{\rho V L_c}$$

我們認出此 Π 是雷諾數的倒數。因此，在倒轉後，

修正的 Π_2： $\quad\quad\quad \Pi_{2,\text{modified}} = \dfrac{\rho V L_c}{\mu} = $ 雷諾數 $= \text{Re}$

第三個 Π 是由音速形成的，細節留給你自己去進行。結果是

$$\Pi_3 = \frac{V}{c} = \text{馬赫數} = \text{Ma}$$

最後，因為攻角已經是無因次的，本身就是一個 Π 群。不用作代數運算，因此

$$\Pi_4 = \alpha = \text{攻角}$$

步驟 6　我們寫下最後的函數關係：

$$C_L = \frac{F_L}{\frac{1}{2}\rho V^2 A} = f(\text{Re}, \text{Ma}, \alpha) \tag{1}$$

　　為了達到動力相似，式 (7-5) 要求式 (1) 中的所有 3 個獨立無因次參數在模型與原型之間都要吻合。雖然讓攻角吻合很簡單，但要同時讓雷諾數與馬赫數吻合就不那麼簡單。例如，假設風洞以和原型一樣的溫度及壓力操作，則流過模型的空氣的 ρ、μ 和 c 將與流過原型的空氣的 ρ、μ 和 c 一樣。雷諾數相似需要設定風洞的空氣速度是流過原型的 10 倍才能達到（因為模型是 1：10 比例）。但是如此則馬赫數會相差 10 倍。在 25°C，c 大約是 346 m/s，原型飛機機翼上的馬赫數是 $\text{Ma}_p = 52.0/346 = 0.150$ ── 次音速。在需要的風洞速度下，馬赫數 Ma_m 將是 1.50 ── 超音速！這當然是不可以接受的，因為從次音速到超音速的情況，流動的物理會有激烈的改變。另一種極端狀況，如果我們讓馬赫數吻合，那麼模型的雷諾數，將會小了 10 倍。

　　我們該怎麼辦呢？一個通用的法則是如果馬赫數小於 0.3，本例題很幸運的就是，壓縮效應基本上可以忽略。因此並不需要很正好讓馬赫數吻合；而是，只要 Ma_m 維持低於 0.3，近似的動力相似就可以藉由吻合雷諾數來達成。問題現在變成如何在維持低馬赫數時讓 Re 吻合。這就是風洞具有加壓能力的原因。在等溫度下，密度正比於壓力，但黏度及音速與壓力的函數關係就很弱。如果風洞可以被加壓至 100 atm，我們就可用與原型相同的速度作模型測試，但卻達到 Re 與 Ma 兩者都幾乎是完美的吻合。然而在最大風洞壓力為 5 atm 時，需要的風洞速度將是原型的 2 倍，或 104 m/s。風洞模型的馬赫數因此是 $104/346 = 0.301$ ── 根據通用法則大概是在不可壓縮性的極限範圍。總結是，風洞的運轉應該大約是在 100 m/s、5 atm 及 25°C。

討論：這個例題說明了因次分析的一個 (令人挫折) 的極限；亦即，你有可能沒有辦法同時吻合一個模型測試的所有獨立 Π 參數。必須作出妥協，即只有最重要的 Π 參數是吻合的。在流體力學的許多實際問題中，雷諾數對動力相似並不是最緊要的，只要 Re 夠高即可。如果原型的馬赫數遠大於 0.3，我們正確的吻合馬赫數而不是雷諾數會是確保合理結果的明智之舉。再者，如果一種不同的氣體要被用來測試模型，我們也將需要吻合比熱比 (k)，因為可壓縮流的行為是強烈相依於 k 的。我們將在 7-5 節中更詳細的討論這種模型測試問題。

回想在例題 7-3 及 7-4 中流過原型車的空氣速度是 80.0 km/h，而在風洞中的速度是 354 km/h。在 25°C，這相當於原型馬赫數是 $Ma_p = 0.065$，而在 5°C，風洞中的馬赫數是 0.29 — 在不可壓縮極限的邊線上。後見之明是我們應該將音速包括在因次分析中，這將會產生馬赫數作為額外的 Π 參數。另一種維持低馬赫數而吻合雷諾數的方法是使用像水一樣的液體，因為液體即使在相當高速時也幾乎是不可壓縮的。

例題 7-7 ▶ 管內的摩擦力

考慮一個密度 ρ、黏度 μ 的不可壓縮流在一根直徑 D 之圓管的很長水平段中流動。速度形狀畫在圖 7-16 中；V 是橫跨管截面積的平均速度，根據質量守恆，V 沿著管子是個常數。對於非常長的管子，流動最終會變成水力完全發展，意謂速度形狀沿著管子也不會變。由於在流體與管壁間的摩擦力，在管的內壁上存在一個剪應力 τ_w，如圖所示。在完全發展區，剪應力沿著管子也是常數。我們假設沿著管內壁的平均粗糙度的高度 ε 是常數。事實上，沿著管的長度方向唯一不是常數的參數是壓力，其在沿著管子方向必定是 (線性) 遞減的，因為要克服摩擦力將流體 "推" 過管子。試推導剪應力 τ_w 與問題中其它參數之間的一個無因次的關係式。

圖 7-16 管內壁的摩擦。在管壁上的剪應力 τ_w 是平均流體速度 V、平均壁面粗糙度高度 ε、流體密度 ρ、流體黏度 μ 及管內徑 D 的函數。

解答：我們要推導一個剪應力與其它參數之間的無因次關係式。
假設：**1.** 流動是水力完全發展的。**2.** 流體是不可壓縮的。**3.** 問題中沒有其它顯著的參數。
分析：重複參數的逐步法被用來獲得無因次參數。

步驟 1 此問題中有 6 個變數與常數：$n = 6$。它們以函數形式列出，將相依變數當作獨立變數與常數的函數列出來。

列出相關變數： $\quad\quad \tau_w = f(V, \varepsilon, \rho, \mu, D) \quad n = 6$

步驟 2 每個參數的主要因次被列出來。注意剪應力是每單位面積上的力，因此和壓力有相同的因次。

τ_w	V	ε	ρ	μ	D
$\{m^1 L^{-1} t^{-2}\}$	$\{L^1 t^{-1}\}$	$\{L^1\}$	$\{m^1 L^{-3}\}$	$\{m^1 L^{-1} t^{-1}\}$	$\{L^1\}$

步驟 3 當作初始猜測，設 j 等於 3，即問題中主要因次 (m、L 和 t) 的數目：

減數： $$j = 3$$

如果 j 的值是正確的，預期的 Π 的數目是 $k = n - j = 6 - 3 = 3$。

步驟 4 因為 $j = 3$，我們選擇 3 個重複變量。遵循表 7-3 的指導方針，不能選相依變數 τ_w。我們不能同時選 ε 和 D，因它們的因次相同，並且讓 μ 或 ε 出現在所有的 Π 中也不是好主意。因此最好的重複參數的選擇是 V、D 及 ρ。

重複參數： $$V \text{、} D \text{ 及 } \rho$$

步驟 5 產生相依 Π：

$$\Pi_1 = \tau_w V^{a_1} D^{b_1} \rho^{c_1} \quad \rightarrow \quad \{\Pi_1\} = \{(m^1 L^{-1} t^{-2})(L^1 t^{-1})^{a_1}(L^1)^{b_1}(m^1 L^{-3})^{c_1}\}$$

可以解出 $a_1 = -2$、$b_1 = 0$ 及 $c_1 = -1$，因此相依 Π 是

$$\Pi_1 = \frac{\tau_w}{\rho V^2}$$

從表 7-5，與 Π_1 最相似的常見無因次參數是達西摩擦因子，其定義有一個 8 的因子在分子 (圖 7-17)。因此我們根據列在表 7-4 的指導方針來整理此 Π 如下：

修正的 Π_1： $$\Pi_{1,\text{modified}} = \frac{8\tau_w}{\rho V^2} = 達西摩擦因子 = f$$

達西摩擦因子： $f = \dfrac{8\tau_w}{\rho V^2}$

范寧摩擦因子： $C_f = \dfrac{2\tau_w}{\rho V^2}$

相同的，兩個獨立 Π 也可被產生出來，其細節留給你自己去進行：

$$\Pi_2 = \mu V^{a_2} D^{b_2} \rho^{c_2} \quad \rightarrow \quad \Pi_2 = \frac{\rho V D}{\mu} = 雷諾數 = \text{Re}$$

$$\Pi_3 = \varepsilon V^{a_3} D^{b_3} \rho^{c_3} \quad \rightarrow \quad \Pi_3 = \frac{\varepsilon}{D} = 粗糙度比$$

圖 7-17 雖然達西摩擦因子對管流是最一般的，但是你應該注意有另外一個選擇。一個比較沒有那麼一般的摩擦因子，稱為范寧摩擦因子。此兩因子之間的關係是 $f = 4C_f$。

步驟 6 我們寫出最後的函數關係為

$$f = \frac{8\tau_w}{\rho V^2} = f\left(\text{Re}, \frac{\varepsilon}{D}\right) \tag{1}$$

討論：結果同時適用於層流與紊流的完全發展流；然而，事實上第二個獨立 Π (粗糙度比 ε/D) 在層流中不像在紊流中那麼重要。這個例題呈現了在幾何相似與因次分析的一個有趣的連結。即必須吻合 ε/D，因為在此問題中其為一個獨立 Π。另一個觀點是，將粗糙度想成是一個幾何性質，必須吻合 ε/D 來確保兩根管子之間的幾何相似。

為了驗證例題 7-7 中式 (1) 的有效性，我們對兩種物理上不同但動力相似的管流使用**計算流體力學** (computational fluid dynamics, CFD) 來預測速度形狀和壁面剪應力的值。

- 在 300 K 的空氣以平均速度 4.42 m/s 流過一根內直徑 0.305 m，平均粗糙度 0.305 mm 的管子。
- 在 300 K 的水以平均速度 3.09 m/s 流過一根內直徑 0.0300 m，平均粗糙度 0.03 mm 的管子。

這兩根管子顯然是幾何相似的，因為它們都是圓管，並且有相同的粗糙度比 (ε/D = 0.0010，對兩者都是)。我們已經仔細的選擇平均速度與直徑的值來使兩者的流動也是動力相似的。確切的說，另外一個獨立 Π (雷諾數) 在此兩種流動之間也是吻合的。

$$\text{Re}_{\text{air}} = \frac{\rho_{\text{air}} V_{\text{air}} D_{\text{air}}}{\mu_{\text{air}}} = \frac{(1.225 \text{ kg/m}^3)(4.42 \text{ m/s})(0.305 \text{ m})}{1.789 \times 10^{-5} \text{ kg/m·s}} = 9.23 \times 10^4$$

其中流體性質是內建在 CFD 軟體中的，並且

$$\text{Re}_{\text{water}} = \frac{\rho_{\text{water}} V_{\text{water}} D_{\text{water}}}{\mu_{\text{water}}} = \frac{(998.2 \text{ kg/m}^3)(3.09 \text{ m/s})(0.0300 \text{ m})}{0.001003 \text{ kg/m·s}} = 9.22 \times 10^4$$

因此根據式 (7-5)，相依 Π 參數在兩種流動之間也應該是吻合的。我們對此兩種流動的每一個產生一個計算網格，並且使用商用 CFD 軟體來算出速度形狀，再計算出剪應力。兩種管子中靠近遠端的完全發展的、時間平均的紊流速度形狀被拿來比較。雖然兩管有不同的直徑，並且流體的差異非常大，但速度分佈的形狀看起來非常的相似。事實上當我們把正常化的軸向速度當作正常化後的半徑 (r/R) 的函數來作圖，發現兩個速度形狀的圖形彼此是重疊的 (圖 7-18)。

壁面剪應力同樣也是用每一種流動的 CFD 結果來計算，其比較被示於表 7-6。為什麼水管中的壁面剪應力比空氣管中的高出幾個數量級有幾個理由；亦即水比空氣稠密 800 倍，並且比空氣黏 50 倍。再者，剪應力正比於速度梯度，因水管直徑小於空氣管直徑的 1/10，這會導致其有較陡的速度梯度。然而若是表示成無因次的壁面剪應力 f，表 7-6 顯示由於兩種流動之間的動力相似，其結果是相同的，注意雖然報告中的值是到 3 位有效數字，在 CFD 中的紊流模型的可靠度最多只正確到 2 位有效數字。

圖 7-18 由 CFD 所預測的管中完全發展流的正常化的軸向速度形狀；空氣 (符號 ○) 及水 (符號 ×) 的速度形狀被畫在同一張圖上。

表 7-6 由 CFD 所預測的空氣管與水管中的完全發展流的壁面剪應力與無因次的壁面剪應力的比較 *

參數	空氣流	水流
壁面剪應力	$\tau_{w,\text{air}} = 0.0557 \text{ N/m}^2$	$\tau_{w,\text{water}} = 22.2 \text{ N/m}^2$
無因次的壁面剪應力 (達西摩擦因子)	$f_{\text{air}} = \dfrac{8\tau_{w,\text{air}}}{\rho_{\text{air}} V_{\text{air}}^2} = 0.0186$	$f_{\text{water}} = \dfrac{8\tau_{w,\text{water}}}{\rho_{\text{water}} V_{\text{water}}^2} = 0.0186$

* 數據是用 ANSYS-FLUENT 的標準 k-ε 紊流模型加壁函數所獲得的。

7-5 實驗測試、模型製作與不完全相似性

因次分析的一個最有用的應用在於設計物理的或數值的實驗，與報告這些實驗的結果。本節我們將討論這兩種應用，並且指出完全動力相似無法達成的情況。

建構實驗與實驗數據的相關性分析

作為一個通用的例子，考慮一個有 5 個原始參數的問題 (其中一個是相依參數)。一個完整的實驗組合 (稱為全因子測試矩陣) 的執行是 4 個獨立參數的每一個都取數個水平值並對其所有可能的組合進行測試。若 4 個獨立參數的每一個都取 5 個不同水平值則完整的全因子測試將需要做 $5^4 = 625$ 個實驗。雖然實驗設計技術 (部分因子測試矩陣；參考 Montgomery, 2013) 可以明顯地減少測試矩陣的大小，但需要做的實驗數目仍是太多。然而假設問題中有 3 個主要因次，我們可以減少參數的數目從 5 變為 2 ($k = 5 - 3 = 2$ 個無因次群)，並且獨立參數的數目從 4 變為 1。因此對同樣的解析度 (每個獨立參數有 5 個測試水平值)，我們總共將只需要執行 $5^1 = 5$ 個實驗。不必是天才就可以瞭解用 5 個實驗取代 625 個實驗在節省成本上是多麼有效。你可以明白為什麼執行實驗前先進行因次分析有多麼明智。

繼續我們對這個通用例子的討論 (一個 2 個 Π 的問題)，一旦實驗完成後，我們將相依的無因次參數 (Π_1) 畫成獨立的無因次參數 (Π_2) 之間的函數關係，如圖 7-19。然後我們對數據進行迴歸分析 (regression analysis) 來決定這個關係的函數形式。如果我們是幸運的，數據可能是線性相關的。如果不是，我們可以試著在對數–線性或對數–對數座標上面作線性迴歸、作多項式擬合……等，來建立這兩個 Π 之間的近似關係。關於這些曲線擬合技術的細節可以參考 Holman (2001)。

圖 7-19 對一個 2-Π 的問題，我們將相依無因次參數 (Π_1) 畫成獨立無因次參數 (Π_2) 的函數。畫成的圖形可以是 (a) 線性的或 (b) 非線性的。不管哪一種情況，都可用迴歸及曲線擬合技術來決定 Π 之間的關係。

如果此問題中有多於兩個 Π (例如，一個 3-Π 或 4-Π 的問題)，我們需要建立一個測試矩陣來決定這個相依 Π 與這些獨立 Π 之間的關係。在許多情況下，我們發現這些相依 Π 中的一個或多個的影響甚微，並且可以從需要的無因次參數列表中移除。

正如我們已經看到的 (例題 7-5)，因次分析有時候僅產生唯一的 Π。在一個 1-Π 的問題，我們知道原始參數之間的關係的形式是在一個未知的常數之內。這種情況只要做一個實驗就可以決定此常數。

不完全相似性

我們已經展示了幾個例題，在其中經由直接的使用重複變數法就可以用紙筆很輕易的得到無因次 Π 群。事實上，經由充分的練習，你應該很容易就可以得到這些 Π ── 有時候是在腦中速算或在紙上作大略估計。不幸的是，當我們應用因次分析的結果到實驗數據時，事情就相當不一樣。問題是要使所有模型與原型的 Π 都互相吻合通常是不可能的，即使我們小心的達到幾何平衡。這種情況稱為**不完全相似性** (incomplete similarity)。幸運的是，在不完全相似性的一些例子中，我們仍然可以把模型測試的數據外插來獲得合理的全尺寸原型的預測結果。

風洞測試

我們用量測一輛在風洞中的模型聯結車的空氣阻力的問題來說明不完全相似性 (圖 7-20)。假設我們購買了一輛聯結車 (18 輪) 的 1/6 比例模型。此模型車與原型車是幾何相似的，即使像後視鏡、擋泥板等細節都是。模型車的長度是 0.991 m，對應的全比例原型車的長度是 15.9 m。模型車要在一個最大速度為 70 m/s 的風洞中作測試。風洞的測試區高 1.0 m、寬 1.2 m ── 對模型的大小正好適合，不需要擔心壁面干擾或阻擋效應。風洞中的空氣與流過原型車的空氣有相同的溫度與壓力。我們想要模擬流過原型車的速度為 V_p = 96.5 km/h (26.8 m/s) 的流場。

圖 7-20 在一個有配備阻力平衡器及移動皮帶地面的風洞中對模型車的空氣阻力測試。

我們要做的第一件事就是要吻合雷諾數，

$$\text{Re}_m = \frac{\rho_m V_m L_m}{\mu_m} = \text{Re}_p = \frac{\rho_p V_p L_p}{\mu_p}$$

從上式可以求出模型測試所需要的風洞速度 V_m，

$$V_m = V_p \left(\frac{\mu_m}{\mu_p}\right)\left(\frac{\rho_p}{\rho_m}\right)\left(\frac{L_p}{L_m}\right) = (26.8 \text{ m/s})(1)(1)\left(\frac{16}{1}\right) = 429 \text{ m/s}$$

因此，為了吻合模型與原型之間的雷諾數，風洞必須在 429 m/s 下 (至 3 位有效數字) 操作。顯然我們在這裡碰到一個問題，因為此速度是風洞可以達到的最大速度的 6 倍。再者，即使我們可以用這麼快的速度來操作風洞，其流動將會是超音速的，因為在室溫下的空氣中，音速約為 346 m/s。原型車在空氣中移動的馬赫數是 26.8/335 = 0.080，而在風洞中空氣經過模型的馬赫數則為 429/335 = 1.28 (如果風洞可在那麼快的速度下操作)。

很清楚的是，不可能將原型與在風洞設備中的模型的雷諾數作匹配。那我們怎麼辦呢？有幾種選擇：

- 如果我們有一個較大的風洞，就可以用較大的模型作測試。汽車製造商通常在一個相當大的風洞中用 3/8 比例的模型汽車及 1/8 比例的模型卡車和巴士作測試。有些風洞甚至大到可以作全比例的汽車測試。就如你能想像的，越大的風洞及模型，測試的成本就越昂貴。一個有用的經驗法則是阻塞比 (模型迎風面積與測試段截面積之比) 應低於 7.5%。否則風洞壁面對於幾何相似及運動相似皆有不利的影響。
- 我們可以用不同的流體來作模型測試。例如，對於相同的尺寸大小，水洞較風洞可以達到更高的雷諾數，但是其建造與操作費用卻更為昂貴。
- 我們可以對風洞加壓或調整其空氣溫度來提高其最大雷諾數的能力。雖然這些技巧能有幫助，但雷諾數的增加卻是有限的。
- 如果所有其它方法都失敗了，我們可以在最大速度附近作幾個風洞測試，再將我們的結果外插到全比例尺寸的雷諾數。

幸運的是，對許多風洞測試而言，最後一個選項相當可行。雖然在低 Re 值時，阻力係數 C_D 與雷諾數的關係密切，但當 Re 高過某一數值以後，C_D 的變化通常變平了。換言之，對於流過許多物體的流場，特別是像卡車、建築物等 "鈍狀" 物體，流場在高於某個 Re 的臨界值以後，會變成與雷諾數無關 (圖 7-21)，通常是在邊界層及尾流兩者都變成完全紊流以後。

圖 7-21　對許多物體而言，當雷諾數高於某個臨界值以後，阻力係數變平了。這個幸運的情形，稱為雷諾數獨立。它讓我們可以外插至原型的雷諾數，這是在我們的實驗設備可以做到的範圍之外。

例題 7-8　模型卡車的風洞測試

一輛 1/6 比例的聯結卡車的模型 (18 輪) 要在一個風洞中測試，如圖 7-20 所示。模型卡車長 0.991 m，高 0.257 m，寬 0.159 m。測試時，移動的地面皮帶的速度被調整成為總是可以匹配空氣流過測試段的速度。空氣阻力 F_D 是以風洞速度的函數被量測；實驗的結果列在表 7-7 中。將阻力係數 C_D 作為雷諾數 Re 的函數畫圖，其中被用來計算 C_D 的面積是模型卡車的迎風面積 (你從上游看向模型

274 基礎流體力學

所得的截面積)，而用來計算 Re 的長度則為卡車寬度。我們是否有達到動力相似？在風洞測試中，我們是否達到雷諾數獨立？估計原型卡車在高速公路上以 26.8 m/s 前進所受到的空氣阻力。假設風洞內及流過原型車的空氣都是在 25°C 及標準大氣壓力。

解答：我們要對一組風洞測試的結果計算，並畫出 C_D 與 Re 的函數關係，並決定動力相似及雷諾數獨立是否已經達成。最後，我們要估計作用在原型卡車上的空氣阻力。

假設：**1.** 模型卡車與原型卡車是幾何相似的。**2.** 作用在抓住模型卡車支柱上的空氣阻力可以忽略。

性質：對在大氣壓力下及 $T = 25°C$ 的空氣，$\rho = 1.184$ kg/m³，$\mu = 1.849 \times 10^{-5}$ kg/m·s。

分析：我們對列於表 7-7 中的最後一個數據 (即風洞速率最快者) 計算其 C_D 及 Re，

$$C_{D,m} = \frac{F_{D,m}}{\frac{1}{2}\rho_m V_m^2 A_m} = \frac{89.9 \text{ N}}{\frac{1}{2}(1.184 \text{ kg/m}^3)(70 \text{ m/s})^2(0.159 \text{ m})(0.257 \text{ m})}\left(\frac{1 \text{ kg·m/s}^2}{1 \text{ N}}\right)$$

$$= 0.758$$

及

$$\text{Re}_m = \frac{\rho_m V_m W_m}{\mu_m} = \frac{(1.184 \text{ kg/m}^3)(70 \text{ m/s})(0.159 \text{ m})}{1.849 \times 10^{-5} \text{ kg/m·s}} \quad (1)$$

$$= 7.13 \times 10^5$$

對所有在表 7-7 中的數據點，我們重複這樣的計算，並且將 C_D 對應 Re 的圖畫在圖 7-22。

我們是否達到動力相似呢？當然在模型與原型之間，我們有幾何相似性，但是原型卡車的雷諾數是

$$\text{Re}_p = \frac{\rho_p V_p W_p}{\mu_p} = \frac{(1.184 \text{ kg/m}^3)(26.8 \text{ m/s})[16(0.159 \text{ m})]}{1.849 \times 10^{-5} \text{ kg/m·s}} \quad (2)$$

$$= 4.37 \times 10^6$$

其中原型車的寬度被設為模型車的 16 倍。比較式 (1) 和 (2) 顯示出原型車的雷諾數比模型車的大 6 倍以上。因為我們不能匹配此問題的獨立 Π 參數，因此動力相似性並未達成。

我們是否達到雷諾數獨立呢？從圖 7-22，我們看出雷諾數獨立的確已經達成了 —— 在 Re 約大於 5×10^5，C_D 已經變平了，達到約 0.76 的值 (至 2 位有效數字)。

因為已經達到雷諾數獨立，我們可以外插至全比例原型，假設當 Re 增加至全比例原型的值時，C_D 維持為常數。

作用在原型車的空氣阻力的預測值：

表 7-7 風洞數據：作用在模型卡車上的空氣阻力與風洞速率的函數關係

V, m/s	F_D, N
20	12.4
25	19.0
30	22.1
35	29.0
40	34.3
45	39.9
50	47.2
55	55.5
60	66.0
65	77.6
70	89.9

圖 7-22 阻力係數與雷諾數的函數關係。數值是從一輛模型車的風洞數據 (表 7-7) 計算而得到的。

$$F_{D,p} = \tfrac{1}{2}\rho_p V_p^2 A_p C_{D,p}$$
$$= \tfrac{1}{2}(1.184 \text{ kg/m}^3)(26.8 \text{ m/s})^2[16^2(0.159 \text{ m})(0.257 \text{ m})](0.76)\left(\frac{1 \text{ N}}{1 \text{ kg·m/s}^2}\right)$$
$$= 3400 \text{ N}$$

討論：我們以 2 位有效數字給出結果。較多的有效數字是不合理的。就如一般所做的，當我們作外插時必須非常小心，因為不能保證外插的結果是正確的。

有自由表面的流動

對於有自由表面流動的模型測試的情況 (船舶、洪水、河水、渠道、水壩溢洪道、波浪與防波堤的交互作用、土壤侵蝕……等)，增加的複雜度排除了在模型與原型之間達到完全相似性的可能。例如，為了研究洪水而建造了一條模型河流，由於實驗室空間的限制，模型通常比原型小了數百倍。如果模型的垂直尺寸要有正確的比例，則模型河流的深度會太小使得表面張力效應 (由韋伯數控制) 變成是重要的，甚至於會主宰模型的流場，但是在原型流場中，表面張力的效應是可忽略的。再者，雖然真實河流中的流動應該是紊流的，但模型河流中的流動可能是層流的，特別是在模型河流河床的斜率與原型的是幾何相似的情況。為了避免這些問題，研究者通常使用一個扭曲的模型 (distorted model)，其中模型的垂直尺度 (例如河的深度) 相對於模型的水平尺度 (例如河的寬度) 被誇張了。再者，模型河床的斜率通常做得比原型的更陡。這些修正由於缺乏幾何相似性通常導致不完全相似性。有這些情況下，模型測試仍然是有用的，但是其它技巧 (例如故意增加模型表面的粗糙度) 與經驗修正及相關式，通常需要被用到才能正確的依比例放大模型的數據。

許多牽涉到自由表面的實際問題中，因次分析顯示雷諾數與福勞數兩者都是有關係的獨立 Π 群 (圖 7-23)。要同時匹配這兩個無因次參數是很困難的 (通常是不可能的)。對於一個有自由表面的流動，其長度尺度 L、速度尺度 V、運動黏度 ν、模型與原型之間的雷諾數匹配是

$$\text{Re}_p = \frac{V_p L_p}{\nu_p} = \text{Re}_m = \frac{V_m L_m}{\nu_m} \qquad (7\text{-}13)$$

模型與原型之間的福勞數匹配是

$$\text{Fr}_p = \frac{V_p}{\sqrt{gL_p}} = \text{Fr}_m = \frac{V_m}{\sqrt{gL_m}} \qquad (7\text{-}14)$$

圖 7-23 許多流動牽涉到有自由液面的液體，雷諾數與福勞數兩者是有關的無因次參數。因為不總是能夠讓模型與原型的 Re 與 Fr 同時匹配，我們有時候會被迫只能達到不完全的相似性。

為了匹配 Re 及 Fr 兩者，我們同時求解式 (7-13) 及 (7-14) 來得到需要的長度比例因子 L_m/L_p，

$$\frac{L_m}{L_p} = \frac{\nu_m}{\nu_p}\frac{V_p}{V_m} = \left(\frac{V_m}{V_p}\right)^2 \qquad (7\text{-}15)$$

從式 (7-15) 消去比值 V_m/V_p，我們看出

為了同時匹配 Re 與 Fr 所需要的運動黏度之比： $\quad \dfrac{\nu_m}{\nu_p} = \left(\dfrac{L_m}{L_p}\right)^{3/2} \qquad (7\text{-}16)$

因此，為了確保完全相似性 (假設幾何相似性是可達成的，並且沒有之前所討論的不想要的表面張力效應)，我們將需要使用一種液體，其運動黏度滿足式 (7-16)。雖然有時候是可以找到一種適合模型使用的液體，但在大多數的情況，其為不實際或不可能，正如例題 7-9 將說明的。在這些情況時，匹配福勞數比雷諾數更為重要。

例題 7-9　模型水閘與河流

在 1990 年代晚期，美國陸軍工程師設計一個實驗來模擬肯達基水閘和水壩下游的田納西河的流動。由於實驗室空間的限制，他們建立一個比例模型，其長度比例因子是 $L_m/L_p = 1/100$。試建議一個合適用來做這個實驗的液體。

解答：我們要建議一種液體，可以用在一個有水閘、水壩及河流的 1/100 比例的模型實驗之中。
假設：**1.** 模型與原型是幾何相似的。**2.** 模型河流足夠深使得表面張力效應不顯著。
性質：在大氣壓力下，溫度 25°C 的水，原型的運動黏度是 $\nu_p = 1.002 \times 10^{-6}$ m²/s。
分析：從式 (7-16)，

模型液體所需的運動黏度： $\quad \nu_m = \nu_p\left(\dfrac{L_m}{L_p}\right)^{3/2} = (1.002 \times 10^{-6}\,\text{m}^2/\text{s})\left(\dfrac{1}{100}\right)^{3/2}$

$$= 1.00 \times 10^{-9}\,\text{m}^2/\text{s} \qquad (1)$$

因此我們需要找到一種液體，其黏度為 1.00×10^{-9} m²/s。快速地瀏覽一下附錄，沒有發現這樣的液體。熱水較冷水有較低的運動黏度，但是也僅差 3 倍。液態水銀有很小的運動黏度，但其大小約為 10^{-7} m²/s — 仍比滿足式 (1) 的值大了兩個數量級。即使液態水銀適用，其價格也太昂貴且在這種測試中也太危險。我們該怎麼辦呢？重點是在作模型測試時，我們無法同時匹配福勞數與雷諾數。
換言之，在此例中要達到模型與原型中的完全相似性是不可能

圖 7-24 在許多牽涉到自由表面的實驗，我們無法同時匹配福勞數與雷諾數。然而，我們通常可以外插低 Re 模型測試數據來預測高 Re 原型的行為。

的。取而代之的是，我們可以在不完全相似性的條件下做出最好的工作。在這樣的情況中，為了方便性，我們通常會選用水來作測試。

討論：事實顯示在做這一類的實驗時，匹配福勞數比匹配雷諾數更為重要。就如之前對風洞測試所討論過的，在 Re 值過高的時候，可以達到雷諾數獨立。即使我們無法達到雷諾數獨立，也經常可以外插低雷諾數模型的數據來預測全比例雷諾數的行為 (圖 7-24)。使用這種外插的高度信心來自於對許多類似問題的實驗室經驗。

在結束討論實驗與不完全相似性的這一節之前，我們要討論一下在製作好萊塢電影中有關模型船、火車、飛機、建築物、怪物……等之爆破與大火時相似性的重要性。電影製作人應該要非常注意動力相似性，為的是盡量使小比例的火災與爆破場景看起像真的一般。有些低成本的電影其特效很不能令人信服。在多數的情況，這些都是由於在小模型與全比例原型之間欠缺動力相似性之故。如果模型的福勞數或雷諾數與原型的差異太大，特效看起來就不對勁，即使對沒受過訓練的眼睛也是一樣。下次你看一部電影時，請對不完全相似性保持警覺。

應用聚焦燈 —— 果蠅如何飛翔

客座作者：Michael Dickinson，加州理工學院

因次分析的一個有趣的應用是在研究昆蟲如何飛翔。一隻昆蟲 (例如一隻小果蠅) 的小尺寸及翅膀的快速度，使得直接可視化其翅膀所製造的空氣流動及量測其力量非常困難。然而，使用因次分析的原理，用一個較大比例，較慢移動的模型 —— 即一隻機械昆蟲，來研究昆蟲的空氣動力學是可能的。一隻飛翔的果蠅和一隻拍動的機械昆蟲所產生的力量是動力相似，其前提是兩者的雷諾數要一樣。對於一個拍動的翅膀，Re 是由 $2\Phi R L_c \omega/\nu$ 來計算的，其中 Φ 是翅膀行程的角幅度，R 是翅膀長度，L_c 是平均翅膀寬度 (弦長)，ω 是行程的角頻率，而 ν 是周圍流體的運動黏度。一隻果蠅拍動其 2.5 mm 長、0.7 mm 寬的翅膀，在運動黏度為 1.5×10^{-5} m^2/s 的空氣中以 2.8 強度，每秒鐘拍動 200 次。其產生的雷諾數大約為 130。藉著挑選運動黏度為 1.15×10^{-4} m^2/s 的礦物油，能用一隻大 100 倍的機器果蠅，以更慢超過 1000 倍的拍動翅膀來匹配這個雷諾數！如果果蠅不是靜止的，而是在空氣中移動，就必須另外匹配一個無因次參數來確保動力相似，此即減縮頻率，$\sigma = 2\Phi R\omega/V$，這是翅膀頂端的拍動速度 ($2\Phi R\omega$) 相對於身體前進速度 (V) 的比值。為了模擬向前飛行，一組馬達拖動果蠅，以一個適當比例的速度向前經過油槽。

動力比例的果蠅已經幫助證明昆蟲使用各種不同的機制在牠們飛行時來產生力量。在每一個前後的拍動行程，昆蟲的翅膀以高攻角前進，製造出一個顯著的前端渦旋。這個大渦旋的低壓將翅膀往上拉。昆蟲可以藉由在每一次行程結束之前旋轉其翅膀來增強前端渦旋的強度。翅膀改變方向以後，可以藉由很快地飛過上一次行程的尾流來產生力量。

當以機器果蠅來進行實驗觀察時，由於模型有較大的長度尺度及較短的時間尺度，量測及流場可視化都是可行的。而以動力比例的昆蟲模型來做實驗，持續的教導著研究者：昆蟲是如何操縱其翅膀的運動來轉向及移動。

參考文獻

Dickinson, M. H., Lehmann, F.-O., and Sane, S., "Wing rotation and the aerody-namic basis of insect flight," *Science*, 284, p. 1954, 1999.

Dickinson, M. H., "Solving the mystery of insect flight," *Scientific American*, 284, No. 6, pp. 35-41, June 2001.

Fry, S. N., Sayaman, R., and Dickinson, M. H., "The aerodynamics of free-flight maneuvers in *Drosophila*," *Science*, 300, pp. 495-498, 2003.

總結

因次與單位是有區別的：因次是物理量的一個量度 (沒有單位)，相反的單位則是指定一個數值給因次的方法。總共有七個基本因次 —— 不單是在流動力學，而是在所有科學與工程的領域皆是。它們是質量、長度、時間、溫度、電流、光度與物質量。所有其它的因次都可用這七個基本因次組合而形成。

所有的數學方程式都必須是因次齊一的。用來把問題中需要的獨立參數的數目減少的有力工具稱為因次分析。重複變數法是用來發現無因次參數或 Π 的一種逐步的方法，是簡單的基於問題中的變數與常數的因次的方法。重複變數法的六個步驟在此總結如下：

步驟 1 列出問題中所有的 n 個參數 (變數與常數)。

步驟 2 列出每個參數的主要因次。

步驟 3 猜測減數 j，通常等於問題中基本因次的數目。如果分析失敗了，將 j 減 1 再重做。預期的 Π 數目 (k) 等於 n 減 j。

步驟 4 聰明的選擇 j 個重複變數來建立所有 Π。

步驟 5 建立這 k 個 Π，一次一個將剩下的變數或常數與 j 個重複變數作組合，並強迫其乘積是無因次的，再依需要整理這些 Π 以獲得比較著名的無因次參數。

步驟 6 檢查你的工作並寫下最後的函數關係。

若模型與原型的所有無因次群都獲得匹配，就達到動力相似，我們即可基於模型測試來直接預測原型的性能。然而當試圖獲得模型與原型的相似性時，不是總能夠匹配所有的 Π 群。在這些情況下，我們在不完全相似性的條件下進行模型測試，並盡可能地匹配最重要的 Π 群，然後再外插模型測試的結果到原型的條件下。

參考資料和建議讀物

1. D. C. Montgomery. *Design and Analysis of Experiments*, 8th ed. New York: Wiley, 2013.

2. J. P. Holman. *Experimental Methods for Engineers*, 7th ed. New York: McGraw-Hill, 2001.

習題

有 "C" 題目是觀念題，學生應儘量作答。

因次、單位與主要因次

7-1C 什麼是因次與單位之間的區別？各舉三個例子。

7-2 寫出以下在熱力學領域中的每個變數的主要因次，寫出你所有的解題過程：(a) 能量 E；(b) 比能量 $e = E/m$；(c) 功率 W。(Answer: (a) $\{m^1L^2t^{-2}\}$, (b) $\{L^2t^{-2}\}$, (c) $\{m^1L^2t^{-3}\}$)

7-3 力矩 ($\vec{M}$) 是由力臂 ($\vec{r}$) 與施力 ($\vec{F}$) 的向量積形成的，如圖 P7-3 所示。什麼是力矩的主要因次？將其單位用主要的 SI 單位列出。

圖 P7-3

7-4 你可能已經熟悉電路的歐姆定律 (圖 P7-4)，其中 ΔE 是跨過電阻的電壓差或電位勢，I 是通過電阻的電流，而 R 是電阻。什麼是電阻的主要因次？(Answer: $\{m^1L^2t^{-3}I^{-2}\}$)

圖 P7-4

7-5 角動量，又稱為動量矩 ($\vec{H}$)，是流體質點的力臂 ($\vec{r}$) 與線性動量 ($m\vec{V}$) 的向量積形成的，如圖 P7-5 所示。什麼是角動量的主要因次？以主要的 SI 單位和主要的英制單位列出角動量的單位。(Answer: $\{m^1L^2t^{-1}\}$, $kg \cdot m^2/s$, $lbm \cdot ft^2/s$)

圖 P7-5

7-6 熱傳導率 k 是一個材料導熱能力的一個量度 (圖 P7-6)。對經過一個垂直於 x- 方向的表面，在 x- 方向的傳導熱傳，傅立葉熱傳導定律被表示為

$$\dot{Q}_{conduction} = -kA\frac{dT}{dx}$$

其中 $\dot{Q}_{conduction}$ 是熱傳率，而 A 是垂直於熱傳方向的面積。試決定熱傳導率 (k) 的主要因次。從附錄中找出一個 k 的值，並且驗證其 SI 單位與你的結果是一致的。特別的，試寫出 k 的主要 SI 單位。

圖 P7-6

因次齊一性

7-7 在第 4 章，我們定義了質點加速度，即追隨一個流體質點的加速度，

$$\vec{a}(x, y, z, t) = \frac{\partial \vec{V}}{\partial t} + (\vec{V} \cdot \vec{\nabla})\vec{V}$$

(a) 什麼是梯度運算子 $\vec{\nabla}$ 的主要因次？(b) 證明這個方程式中的每一個相加項都有相同的因次。(Answer: (a) $\{L^{-1}\}$, (b) $\{L^1 t^{-2}\}$)

圖 P7-7

7-8 在第 9 章，我們討論質量守恆的微分方程式、連續方程式。在圓柱座標系統，且為穩定流時，

$$\frac{1}{r}\frac{\partial (r u_r)}{\partial r} + \frac{1}{r}\frac{\partial u_\theta}{\partial \theta} + \frac{\partial u_z}{\partial z} = 0$$

寫出此方程式中的每一個相加項的主要因次，並且證明方程式是因次齊一性的。秀出你解題的所有過程。

7-9 流體力學的一個重要應用是研究房間的空調。假設有一個空氣污染的源項 S (每單位時間的質量) 在一個體積 V 的房間內 (圖 P7-9)。例子包括香菸中的一氧化碳，或一個沒有排氣的煤油加熱器，家用清潔產品產生的像氨的氣體，及從開放性容器中揮發性有機化合物 (VOCs) 因揮發釋出的蒸氣等，我們令 c 代表質量濃度 (每單位空氣體積中，污染物的質量)，$\dot{V}$ 是新鮮空氣進入室內的體積流率。如果室內的空氣混合良好使得質量濃度 c 在室內是均勻的，但隨時間而變，則室內的質量濃度為時間的函數的微分方程式為

$$V \frac{dc}{dt} = S - \dot{V}c - c A_s k_w$$

其中 k_w 是吸收係數，且 A_s 是牆壁、地板、家具等會吸收污染物的表面面積。寫出此方程式中前三項的主要因次 (包括在左邊的項)，並且證明這些項是因次齊一的。然後試決定 k_w 的因次。秀出你解題的所有過程。

圖 P7-9

7-10 冷水進入一根管子並被一個外界熱源加熱 (圖 P7-10)。進口與出口的水溫分別是 T_{in} 及 T_{out}。從環境進入管內對水的總熱傳率 $\dot{Q}$ 是

$$\dot{Q} = \dot{m} c_p (T_{out} - T_{in})$$

其中 $\dot{m}$ 是水流過水管的質量流率，而 c_p 是水的比熱。寫出此方程式中每個相加項的主要因次，並且證明此方程式是因次齊一的。秀出你解題的所有過程。

圖 P7-10

因次分析與相似性

7-11C 列出因次分析的三個主要目的。

7-12 一個學生團隊要為一個設計比賽設計一艘

人力潛艇。原型潛艇的總長度為 4.85 m，學生設計師們希望潛艇在完全沉沒於水中時能以 0.440 m/s 移動。水是淡水 (在湖中)，溫度 $T = 15°C$。設計團隊建造一個 1/5 比例的模型在他們大學的風洞中作測試 (圖 P7-12)。一個遮板包圍阻力平衡器的支架使得支架，本身的風阻不會影響量測到的阻力，風洞中空氣的溫度是 25°C，壓力為一個標準大氣壓力。為了達到相似性，他們需要在什麼空氣速度下操作風洞？(Answer: 30.2 m/s)

圖 P7-12

7-13 這是習題 7-12 的後續問題。學生們在風洞中量測作用在潛水艇上面的空氣阻力 (圖 P7-12)。他們很小心地在能確保與原型潛水艇在相似性的條件下來操作風洞。量測到的阻力是 5.70 N。試估計在習題 7-25 所給的條件下，作用在原型潛水艇的阻力。(Answer: 25.5 N)

7-14 有一些風洞加壓的。討論為什麼研究單位要經歷額外的麻煩與更多的成本來加壓風洞。如果風洞中的空氣壓力被增加了 1.8 倍，其它條件相同 (相同速度、相同模型……等)，則雷諾數可被增加幾倍？

無因次參數與重複變數法

7-15 用主要因次證明阿基米德數 (表 7-5) 確實是無因次的。

7-16 用主要因次證明雷萊數 (表 7-5) 確實是無因次的。什麼是由 Ra 與 Gr 的比值所形成的其它著名的無因次參數？(Answer: 普朗特數)

7-17 瑞查生數定義為

$$Ri = \frac{L^5 g \Delta\rho}{\rho \dot{V}^2}$$

米顧爾正在做一個問題，其特徵長度為 L、特徵速度 V、特徵密度差 $\Delta\rho$、特徵 (平均的) 密度 ρ 與重力常數 g。他想要定義一個瑞查生數，但是沒有一個特徵體積流率。利用可供運用的參數幫助米顧爾定義一個特徵體積流率，然後用這些參數來定義一個適當的瑞查生數。

7-18 一個細小的氣懸膠粒子、密度 ρ_p、特徵直徑 D_p，在密度為 ρ 且黏度為 μ 的空氣中落下 (圖 P7-18)。如果粒子足夠小，蠕動流的近似是成立的，且此粒子的終端沉降速度 V 僅相依於 D_p、μ、重力常數 g 與密度差 $(\rho_p - \rho)$。使用因次分析來替 V 推導一個與獨立變數之間的函數關係。說出在你的分析中出現的任何已知的著名無因次參數。

圖 P7-18

7-19 考慮經過一段很長管段的層流，如圖 P7-19。對層流，除非 ε 很大，結果顯示壁粗糙度不是一個有關係的參數。經過管子的體積流率 $\dot{V}$ 是管子直徑 D、流體黏度 μ 與軸向壓力梯度 dP/dx 的函數。如果管直徑被加倍，其它條件相同，則體積流率會增加幾倍？使用因次分析。

圖 P7-19

7-20 珍正在做一個彈簧-質量-阻尼系統，如圖 P7-20 所示。她從動力系統課程上記得阻尼比 ζ 是這種系統的一個無因次性質，並且 ζ 是彈簧常數 k、質量 m 與阻尼係數 c 的函數。不幸的，她不記得 ζ 的方程式的正確形式。然而，她正在修一門流體力學的課程，並且決定應用她剛獲得的有關因次分析的知識來回憶此方程式的形式。用重複變數法幫助珍推導出 ζ 的方程式，要秀出你的所有推導過程。(提示：k 的典型單位是 N/m，c 是 N·s/m。)

圖 P7-20

7-21 邊界層是一層很薄的區域 (通常沿著一個壁面)，在其內黏滯力很顯著，同時流場是旋轉的。考慮一個邊界層沿著一塊細平板成長 (圖 P7-21)。流動是穩定的。在下游任何距離 x 位置的邊界層厚度 δ 是位置 x、自由流速度 V_∞ 與流體的性質 ρ (密度) 及 μ (黏度) 的函數。使用重複變數法來推導 δ 與其它參數的無因次函數關係。秀出你所有的推導過程。

圖 P7-21

7-22 一個直徑 D 的螺旋槳在密度 ρ、黏度 μ 的液體中以角速度 ω 旋轉。需要的扭矩 T 經決定是 D、ω、ρ 及 μ 的函數。使用因次分析，推導一個無因次關係式。辨識在你的結果中出現的任何已知的著名無因次參數。提示：為了一致性 (並且儘可能)，選擇長度、密度和速度 (或角速度) 作為重複變數是聰明的。

7-23 在研究紊流時，紊流黏滯消散率 ε (每單位質量的能量損失率) 已知是一個長度尺度 l 和大尺度紊流渦旋的速度尺度 u' 的函數。使用因次分析 (白金漢 π'" 定理及重複變數法)，並且秀出你所有的推導過程，導出一個 ε 為 l 及 u' 的函數的表示式。

7-24 考慮在一個圓柱形容器中的液體，容器與液體都像剛體一樣在轉動 (固體般轉動)。在液體表面中心與液體表面邊緣的高度差 h 是角度 ω、流體密度 ρ、重力加速度 g 與半徑 R 的函數 (圖 P7-24)。使用因次分析來找出在這些參數之間的無因次關係式。顯示出你的所有推導過程。(Answer: $h/R = f(\text{Fr})$)

圖 P7-24

實驗測試與不完全相似性

7-25C 雖然我們通常認為模型總是小於原型。請描述三種情況，其中最好使用大於原型的模型。

7-26C 重新考慮在 7-5 節討論的模型卡車例子，但風洞的最大速度只有 50 m/s。所取的

7-27C　為了使不可壓縮流的近似為合理，什麼是馬赫數極限的經驗法則？如果經驗法則被違反了，解釋為什麼風洞測試的結果會是不正確的。

7-28　水在 20°C，流過一根長的直管。沿著此管的一段 $L = 1.3$ m 的長度，壓力降與平均速度 V 的函數關係被量測 (表 P7-28)。此管的內徑是 $D = 10.4$ cm。(a) 將數據無因次化，並且畫出歐拉數與雷諾數的函數關係。實驗的操作是否已經到夠高的速度來達到雷諾數獨立？(b) 外插實驗數據來預測平均速度 80 m/s 的壓力降。(Answer: 1,940,000 N/m²)

表 P7-28

V, m/s	ΔP, N/m²
0.5	77.0
1	306
2	1218
4	4865
6	10,920
8	19,440
10	30,340
15	68,330
20	121,400
25	189,800
30	273,200
35	372,100
46	485,300
45	614,900
50	758,700

7-29　在一間大學的大學部的流力實驗室中的一座小型風洞，有一個測試段的截面積是 50 cm×50 cm，而其長度是 1.2 m。其最大速度是 44 m/s。幾個學生想要製造一輛空氣阻力的數據只在風洞速度介於 $V = 20$ 與 50 m/s 之間 — 假設數據與在表 7-7 中在這個速度範圍的一樣。只根據這些數據，研究者是否有信心他們已經達到雷諾數獨立？

18 輪的模型拖車來研究將拖車尾部圓弧化以後對空氣阻力的影響。一輛全尺寸的 (原型) 拖車是 16 m 長、2.5 m 寬及 3.7 m 高。在風洞中的空氣與流過原型車的空氣同樣都是在 25°C 及大氣壓力下。(a) 為了符合遮蔽率的經驗法則的指導方針，他們可以製造的最大的比例模型是什麼？什麼是以英寸表示的模型卡車的尺寸？(b) 這些學生的模型車可以達到的最大雷諾數是什麼？(c) 學生們是否可以達到雷諾數獨立？討論之。

複習題

7-30C　除了表列於表 7-5 中的以外，還有許多已知的著名無因次參數。在網路上作文獻搜尋找出至少三個沒有列在表 7-5 的著名無因次參數。對於每一個提供其定義及其比值的意義，可以依照表 7-5 的形式。如果你的方程式中包含沒有在表 7-5 中列出的變數，記得要加以定義。

7-31C　對每一個敘述，選擇其為是或非，並簡短的討論你的答案。
(a) 運動相似對於動力相似是一個充分且必要條件。
(b) 幾何相似對於動力相似是一個必要條件。
(c) 幾何相似對於運動相似是一個必要條件。
(d) 動力相似對於運動相似是一個必要條件。

7-32　力 F 作用在一根長度 L、慣性矩 I 的懸臂樑的尾端 (圖 P7-32)。此樑材料的彈性模數是 E。當施力以後，樑尾端的位移是 z_d。使用因次分析來導出一個 z_d 與獨立變數的函數關係。說出在你的分析中出現的

圖 P7-32

著名無因次參數的名稱。

7-33 列於表 7-5 中的阿基米德數適用於在一個流體中的懸浮粒子。作一個文獻調查或一個網路調查，並找出阿基米德數的一個替代定義，其是適用於浮力流體的 (例如，浮力射束及浮力煙柱、加熱與空調應用)。提供其定義及其比例的意義，遵循表 7-5 中的形式。如果你的方程式包含任何沒有在表 7-5 中定義的變數，要記得定義這些變數。最後，遍查表 7-5 中的著名無因次參數，並且找出一個與此相似的阿基米德數的替代形式。

7-34 我們經常希望使用著名的無因次參數來工作，但是可以使用的特徵尺度與用來定義此參數的並不匹配。在此情況下，我們基於因次推理 (經常用目視法) 來創造出需要的特徵尺度。例如假設我們有特徵速度 V、特徵面積 A、流體密度 ρ 及流體黏度 μ，並且希望定義一個雷諾數。我們創造一個長度尺度 $L=\sqrt{A}$，並且定義

$$\mathrm{Re} = \frac{\rho V \sqrt{A}}{\mu}$$

用相似的作法，對以下每一種情況定義需要的著名的無因次參數：(a) 定義一個福勞數，已知 $\dot{V}'$ = 每單位深度的體積流率、長度尺度 L 及重力常數 g。(b) 定義一個雷諾數，已知 $\dot{V}'$ = 每單位深度的體積流率及運動黏度 ν。(c) 定義瑞查生數 (參考表 7-5)，已知 $\dot{V}'$ = 每單位深度的體積流率、長度尺度 L、特徵密度差 $\Delta\rho$、特徵密度 ρ 及重力常數 g。

7-35 液體從桶底的一個孔洞流出，如圖 P7-35 所示。考慮孔洞遠小於桶子的情況 ($d \ll D$)。實驗顯示平均噴束的速度 V 幾乎是獨立於 d、D、ρ 或 μ。事實上，在這些參數的一個很大的範圍內，V 僅相依於液面高度 h 及重力加速度 g。如果液面高度加倍，所有其它因素相等，則平均噴束速度增加幾倍？(Answer: $\sqrt{2}$)

圖 P7-35

7-36 比較以下每一個性質在基於質量的主要因次系統 (m, L, t, T, I, C, N) 與在基於力量的主要因次系統 (F, L, t, T, I, C, N) 中的主要因次：(a) 壓力或應力；(b) 力矩或扭矩；(c) 功或能量。基於你的結果，解釋何時及為什麼有些作者偏好使用力代替質量為主要因次。

7-37 什麼是電容 C 的主要因次，其單位是法拉 (farads)？(提示：查一查電容的基本定義。)

7-38 從基本電路學中知道，任何時間經過電容的電流等於電容乘以跨過電容器的壓力改變率，

$$I = C \frac{dE}{dt}$$

寫出此方程式兩邊的主要因次，並且證明此方程式是因次齊一的。秀出你的所有推導過程。

7-39 設計實驗來量測作用在一個消防噴嘴上的水平力，如圖 P7-39 所示。力 F 是速度 V_1、壓力差 $\Delta P = P_1 - P_2$、密度 ρ、黏度 μ、入口面積 A_1、出口面積 A_2 及長度 L 的函數。對 $F = f(V_1, \Delta P, \rho, \mu, A_1, A_2, L)$ 進行因次分析。為了一致，使用 V_1、A_1 與 ρ 作為重複參數並推導一個無因次關係式。辨識出現在你的結果中任何已知的無因次參數。

圖 P7-39

7-40 在例題 7-5 中，以質量為基礎的主要因次系統被用來建立一個肥皂泡內的壓力差 $\Delta P = P_{\text{inside}} - P_{\text{outside}}$ 與肥皂泡半徑 R 及肥皂膜表面張力 σ_s 之間的函數關係 (圖 P7-40)。用重複變數法重做這個因次分析，但是使用力為基礎的主要因次系統。秀出你推導的所有過程。你是否得到相同的結果？

圖 P7-40

7-41 一個在各種應用中用來清潔負載灰塵粒子的空氣的普通裝置是逆流式離心器 (圖 P7-41)。灰塵空氣 (體積流率 $\dot{V}$，密度 ρ) 從離心器旁邊的一個開口以切線方向進入且繞著離心器的圓筒旋轉。灰塵粒子被甩向外面並掉至底端，而乾淨空氣則從上端抽離。被研究的離心器都是幾何相似的；因此，直徑 D 代表唯一的長度尺度，被用來設定整個離心器的幾何。工程師關心的是經過離心器的壓力降 δP。(a) 推導一個經過離心器的壓力降與已知參數之間的無因次關係式，秀出你所有的推導過程。(b) 如果離心器的尺寸被加倍了，其它因素相同，則壓力降會變化多少倍呢？(c) 如果體積流率加倍了，其它因素相同，則壓力降會變化多少倍呢？(Answers: (a) $D^4 \delta P / \rho \dot{V}^2 =$ 常數, (b) 1/16, (c) 4)

圖 P7-41

基礎工程學 (FE) 試題

7-42 運動黏度的主要因次是
(a) $m \cdot L/t^2$ (b) $m/L \cdot t$
(c) L^2/t (d) $L^2/m \cdot t$
(e) $L/m \cdot t^2$

7-43 氣體常數除以萬用氣體常數 R/R_u 的主要因次是
(a) $L^2/t^2 \cdot T$ (b) $m \cdot L/N$
(c) $m/t \cdot N \cdot T$ (d) m/L^3
(e) N/m

7-44 在一個方程式中有四個相加項，它們的單位如下給定，哪一項在此方程式中是不一致的？
(a) J (b) W/m
(c) $kg \cdot m^2/s^2$ (d) $Pa \cdot m^3$
(e) $N \cdot m$

7-45 無因次熱傳係數是對流係數 h ($W/m^2 \cdot K$)、熱傳導率 k ($W/m \cdot K$) 與特徵長度 L 的函數。此無因次參數被表示為
(a) hL/k (b) h/kL
(c) L/hk (d) hk/L
(e) kL/h

7-46 哪一個相似性條件與力尺度的對等有關係？

(a) 幾何的 (b) 運動的
(c) 動力的 (d) 運動的與動力的
(e) 幾何的與運動的

7-47 一輛 1/4 比例的模型車在風洞中被測試。實車的條件是 $V = 45$ km/h 及 $T = 0°C$，而在風洞中的空氣溫度是 $20°C$。為了達到模型與原型之間的相似性，風洞是在 204 km/h 下操作的。

在 1 atm 及 $0°C$ 的空氣性質：$\rho = 1.292$ kg/m^3，$v = 1.338 \times 10^{-5}$ m^2/s。

在 1 atm 及 $20°C$ 的空氣性質：$\rho = 1.204$ kg/m^3，$v = 1.516 \times 10^{-5}$ m^2/s。

如作用在模型車上的平均空氣阻力經量測為 70 N，則作用在原型車的空氣阻力是

(a) 17.5 N (b) 58.5 N
(c) 70 N (d) 93.2 N
(e) 280 N

7-48 一架 1/4 比例的模型飛機在水中被測試。飛機在 $-50°C$ 的空氣中速度為 700 km/h。在測試段的水溫為 $10°C$。為了達到模型與原型間的相似性，測試是在水速為 393 km/h 下進行的。

在 1 atm 及 $-50°C$ 的空氣性質：$\rho = 1.582$ kg/m^3，$\mu = 1.474 \times 10^{-5}$ kg/m·s。

在 1 atm 及 $10°C$ 的水性質：$\rho = 999.7$ kg/m^3，$\mu = 1.307 \times 10^{-3}$ kg/m·s。

如果作用在模型上的平均阻力經過量測為 13,800 N，則在原型上的阻力是

(a) 590 N (b) 862 N
(c) 1109 N (d) 4655 N
(e) 3450 N

7-49 考慮一個不穩定的完全發展克維特流──在兩塊無限大平行板之間的流動。此問題牽涉到以下之參數：速度分量 u，平板間距離 h，垂直距離 y，上平板速度 V，流體密度 ρ，流體黏度 μ 及時間 t。此問題中預期的無因參數 Π 的數目是幾個？

(a) 6 (b) 5
(c) 4 (d) 3
(e) 2

7-50 考慮一個邊界層沿著一塊薄平板發展。此問題包含以下之參數：邊界層厚度 δ，往下游距離 x，自由流速度 V，流體密度 ρ 及流體黏度 μ。相依參數是 δ。如果我們選擇的三個重複變數是 x、ρ 及 V，則相依 Π 是

(a) $\delta x^2/V$ (b) $\delta V^2/x\rho$
(c) $\delta \rho/xV$ (d) $x/\delta V$
(e) δ/x

Chapter 8 內部流

學習目標

讀完本章後,你將能夠

- 對於管流中的層流與紊流及完全發展流的分析有深入的瞭解。
- 對於管路系統中的管流的主要與次要損失能夠作計算,並且決定需要的泵馬力。
- 瞭解各種速度與流量的量測技術,並且學習它們的優點與缺點。

流體流動被分類為外部流與內部流,端視流體是被強迫從一個表面上流過或是在流道中流動而定。本章中我們考慮內部流,其流道被流體完全充滿,並且流動主要是由壓力差所驅動。切勿將其與明渠流互相混淆 (第 11 章),那裡的流道只有部分被流體充滿,因此只有流動的一部分被固體表面圍繞,例如一個灌溉溝渠,並且其流動只是由重力所驅動。

本章將對管流與通道流的內部流作一個一般性的物理描述,包括入口區與完全發展區,接著討論無因次的雷諾數及其物理意義,然後我們對管流中的層流與紊流流動介紹其相關的壓力降相關式。之後討論次要損失與如何決定在真實世界中管路系統的壓力降與需要的泵馬力。最後我們對流動量測裝置作簡潔的回顧。

8-1 介紹

經過管與通道的液體與氣體流動經常被使用在加熱與冷卻應用及流體的配送網路中。在這些應用中的流體通常是被風扇或泵驅動而流過一個流動段。我們特別注意摩擦，因其在流體流過管或通道時是與壓力降及水頭損失直接有關的。壓力降隨後會被用來決定需要的泵馬力。一個典型的管路系統包含各種不同管徑的管，彼此用各種配件或肘管連接來運送流體，用閥來控制流率，並用泵來加壓流體。

你可能已經注意到多數流體，特別是液體，是在圓管中傳遞的。這是因為有著圓形截面的管道可以承受較大的內外壓力差而不會造成顯著的變形。非圓形管道通常使用在建築物的加熱與冷卻應用中，因為其壓力差通常是相當小的，其製造與安裝成本也較低，且其可利用的空間也被限制為必須用非圓形管道 (圖 8-1)。

雖然流體流動的理論已經有了相當好的瞭解，但是理論解只有對少數幾個相當簡單的例子求得，例如在圓管中的完全發展層流。因此對大多數流體流動的問題，我們必須依賴實驗結果與經驗式而不是有封閉形式的解析解。注意實驗結果是在仔細控制的實驗條件下獲得的，並且沒有兩個系統是完全相似的，我們不應該無知的認為所獲得的結果是"正確的"。使用本章中的關係式所計算的摩擦因子有 10% (或更多) 的誤差是很"平常"而不是"例外"。

在管內的流體速度的變化在管壁因無滑動條件為零，而在管中心線則為最大值。在管流中，使用平均速度 V_{avg} 來工作是很方便的，因其在不可壓縮流中當管的截面不變時維持為常數 (圖 8-2)。在加熱與冷卻應用中的平均速度可能會有些微的變化，因為密度會隨溫度而改變。但在實際應用中，我們用某個平均溫度來估算流體的性質，並將其視為常數。使用不變的性質來工作的便利性多少會彌補在正確性的些微損失。

再者，管內流體質點之間的摩擦會造成流體溫度的些微上升，這是因為機械能轉換成熱的顯能的結果。但是由於摩擦加熱所造成的溫升通常很小，而不值得在計算中加以考慮，因此通常被忽略了。例如，當沒有任何熱傳時，流過一根管子的水溫，在入口與出口並沒有偵測到明顯的差異。摩擦在管流中的主要後果是壓力降，任何流體的明顯溫度變化是由於熱傳之故。

圖 8-1 圓管可以承受內外間較大的壓力差而不會造成顯著的變形，但是非圓形管道則不能。

圖 8-2 平均速度 V_{avg} 定義為經過截面的平均速率。對於完全發展的層流，V_{avg} 是最大速度的一半。

在某個流動方向的截面上的平均速度 V_{avg} 的值是從要求滿足質量守恆定理來決定的 (圖 8-2)。亦即

$$\dot{m} = \rho V_{\text{avg}} A_c = \int_{A_c} \rho u(r)\, dA_c \qquad (8\text{-}1)$$

其中 $\dot{m}$ 是質量流率，ρ 是密度，A_c 是截面積，而 $u(r)$ 是速度形狀。在一個半徑為 R 的圓管中的不可壓縮流的平均速度可以被表示為

$$V_{\text{avg}} = \frac{\int_{A_c}\rho u(r)\, dA_c}{\rho A_c} = \frac{\int_0^R \rho u(r) 2\pi r\, dr}{\rho \pi R^2} = \frac{2}{R^2}\int_0^R u(r) r\, dr \qquad (8\text{-}2)$$

因此當我們知道流動率或速度形狀時，平均速度就可以很容易被決定。

8-2 層流與紊流

如果你曾在吸菸者旁邊，可能已經注意到香菸的煙在起始的幾公分內是以平滑的煙柱上升，然後當其繼續上升時會開始隨意的往所有方向抖動。其它煙柱也有相似的行為 (圖 8-3)。同樣的，仔細觀察管內的流動，顯示在低流速時流體的流動呈流線形，但是當速度增加而高於某個臨界值以後，流動變成混亂的，如圖 8-4 所示。第一種情形的流動型態被稱為層流 (laminar)，特徵是平滑的流線與高度有秩序的流動，而第二種情形稱為紊流 (turbulent)，其特徵是速度擾動及高度無序的流動。從層流過渡 (transition) 到紊流並不是突然發生的；而是會發生在一段逐漸改變的區域中，其間流體在變成完全紊流之前，會在層流與紊流之間擺盪。在現實中遇到的大多數流動是紊流。層流現象只發生在高黏滯性的流體，例如油，在細管或窄通道中流動時。

我們可以藉著在玻璃管中注入某種染料來證明層流、過渡流及紊流的存在，就如英國工程師奧斯朋·雷諾 (1842-1912) 在一個世紀以前所作的一樣。我們觀察到在低速時的流動是層流，染料形成一條平直光滑的線 (我們可能會看到由於分子擴散所造成的些微模糊)，而在過渡狀態時，染料會有突發的抖動。

圖 8-3　蠟燭煙柱的層流與紊流的流動型態。

圖 8-4　上色流體被注入流場中的行為。在管中的 (a) 層流及 (b) 紊流。

當流動變成完全紊流以後，染料會急速且作不規則的曲折盤旋。這些曲折盤旋和染料的擴散是主流擾動及相鄰流體層間流體質點快速混合的一種指示。

紊流時由於流體的快速擾動所造成的強烈混合增強流體質點間的動量傳遞，這會增加在管壁上的摩擦力，從而增加需要的泵馬力。當流動變成完全紊流時，摩擦因子會達到最大值。

雷諾數

從層流到紊流的過渡相依於幾何、表面粗糙度、流速、壁溫、流體種類及其它一些因素。在 1880 年代的徹底實驗以後，奧斯朋·雷諾發現流動狀態主要相依於流體中慣性力與黏滯力的比值 (圖 8-5)。這個比值被稱為**雷諾數** (Reynolds number)，並且在圓管中的內部流時被表示為

$$\text{Re} = \frac{慣性力}{黏滯力} = \frac{V_{\text{avg}} D}{\nu} = \frac{\rho V_{\text{avg}} D}{\mu} \tag{8-3}$$

圖 8-5 雷諾數可以視為是作用在流體元素上的慣性力對黏滯力的比值。

其中 V_{avg}＝平均流速 (m/s)，D＝特徵長度 (本例中為直徑，m)，而 $\nu = \mu/\rho$＝流體的運動黏度 (m²/s)。注意雷諾數是一個無因次量 (第 7 章)。同時，運動黏度的單位為 m²/s，可以被視為黏性擴散率或動量擴散率。

在大雷諾數時，慣性力正比於密度及流速的平方，相對於黏滯力較大，因此黏滯力不能夠阻止流體隨機且快速的擾動。然而在雷諾數較小或中等時，黏滯力夠大可以壓制這些擾動而能維持流體"線性對齊"。因此流體在第一種情形是紊流，而在第二種情形則是層流。

流體變成紊流的雷諾數稱為臨界雷諾數，Re_{cr}，臨界雷諾數的值對不同的幾何及流動條件是不同的。對於圓管中的內部流，一般接受的臨界雷諾界的值是 $\text{Re}_{cr} = 2300$。

對於經過非圓形管的流動，雷諾數是基於**水力直徑** (hydraulic diameter) D_h 的。D_h 定義為 (圖 8-6)

水力直徑：
$$D_h = \frac{4A_c}{p} \tag{8-4}$$

其中 A_c 是管的截面積，而 p 是濕邊周長。水力直徑的定義是使其對圓管時會等於一般的直徑 D。

圖 8-6 水力直徑 $D_h = 4A_c/p$ 的定義使其對圓管時會等於一般的直徑。當有一個自由面時，例如在明渠流，濕邊周長只包括與流體有接觸的壁面。

對於層流、過渡流及紊流，當然希望其各有精確對應的雷諾數，但事實上，從層流過渡到紊流也相依於由表面粗糙度、管的振動及上游流動的擾動對流動擾動度的影響。在大多數實際的條件下，圓管中的流動當 Re ≲ 2300 時是層流，當 Re ≳ 4000 是紊流，而介於此兩者之間的是過渡流。亦即

$$\text{Re} \lesssim 2300 \quad \text{層流}$$
$$2300 \lesssim \text{Re} \lesssim 4000 \quad \text{過渡流}$$
$$\text{Re} \gtrsim 4000 \quad \text{紊流}$$

8-3 入口區

考慮一種流體以均勻的速度進入一根圓管。由於無滑動條件，在與管壁接觸的那一層流體的質點會完全停止不動。這層流體經由摩擦作用會造成相鄰層的流體質點也慢下來。為了彌補這種速度降低，中心區域流體的速度必須增加來保持流經管中的質量流率為常數。結果是，沿著管子就發展出來一個速度梯度。

流體的一個區域，其中由於流體的黏度所造成的黏滯剪應力的效應能被感受到的稱為速度邊界層 (velocity boundary layer) 或簡稱為邊界層 (boundary layer)。一個假想的邊界面將管內的流場分隔成兩個區域：一為邊界層區域，其內的黏滯效應與速度變化是顯著的；另一為無旋 (中心) 流區域，其內的摩擦效應可以忽略且速度在徑向方向維持幾乎是常數。

邊界層的厚度隨流動方向而增加直到邊界層到達管中心，從而充滿整個管子，如圖 8-7 所示，然後速度在稍微下游的地方變成完全發展。從管子入口一直到速度形狀完全發展的點的區域稱為水力入口區 (hydrodynamic entrance region)，並且這一區的長度稱為水力入口長度 (hydrodynamic entry length) L_h。在入口區的流動稱為水力發展流 (hydrodynamically developing flow)，因為此區是速度形狀發展的區域。超過入口區，速度形狀完全發展且維持不變的區域稱為水力完全發展區 (hydrodynamically fully developed region)。當正常化溫度形狀也維持不變時，流場

圖 8-7 管內速度邊界層的發展 (在層流中發展的平均速度形狀是拋物線的，如圖中所示，但是在紊流中會更平、更飽滿)。

被稱為**完全發展** (fully developed)。水力完全發展流在管內流體沒有被加熱或冷卻時等於完全發展流，因為流體的溫度在這種情況下基本上到處都是維持常數的。

完全發展區的速度形狀對層流是拋物線形的，而對紊流則是更平 (更飽滿)，這是因為渦旋運動及在徑向更強烈的混合所導致的。當流動是完全發展流時，時間平均的速度形狀維持不變，因此

水力完全發展： $$\frac{\partial u(r,x)}{\partial x} = 0 \quad \rightarrow \quad u = u(r) \tag{8-5}$$

管壁的剪應力 τ_w 與速度形狀在壁面的斜率有關。注意速度形狀在水力完全發展區維持不變，使得壁面剪應力在那個區域也維持是常數 (圖 8-8)。

考慮在一根管子的水力入口區域的流體流動。壁面剪應力在管入口處是最高的，因為其處邊界層的厚度較小，並且逐漸減小至完全發展區的值，如圖 8-9 所示。因此壓力降在管的入口區較高，使入口區的影響是會增加整根管的平均摩擦因子。這種增加對短管會是顯著的，但對長管則是可忽略的。

圖 8-8 在管內的完全發展區，其速度形狀在往下游的方向未改變，因此管壁的剪應力也維持是常數。

入口長度

水力入口長度通常取從管入口一直到壁面剪應力 (或摩擦因子)，達到完全發展區的值接近到 2% 以內的距離。對於層流，無因次的水力入口長度近似地被給定為 [參考 Kays and Craw ford (2004) 及 Shah and Bhatti (1987)]

$$\frac{L_{h,\text{laminar}}}{D} \cong 0.05\text{Re} \tag{8-6}$$

圖 8-9 管流在流動方向的壁面剪應力的變化，從入口區到完全發展區。

對 Re = 20，水力入口長度大約等於直徑，但是會隨速度呈線性增加。在層流的極限情形 Re = 2300，水力入口長度是 115 D。

在紊流時，隨機擾動所造成的強烈混合通常會蓋過分子擴散的影響。紊流的無因次水力入口長度被近似為 [參考 Bhatti and Shah (1987) 及 Zhi-qing (1982)]

$$\frac{L_{h,\text{turbulent}}}{D} = 1.359\text{Re}^{1/4} \tag{8-7}$$

正如預期，入口長度在紊流中較短許多，並且與雷諾數的關係也較弱。在許多有工程興趣的管流中，入口效應在管長超過約 10 個直徑長度以後就變成不重要，因此無因次的水力入口長度被近似為

$$\frac{L_{h,\text{turbulent}}}{D} \approx 10 \tag{8-8}$$

計算在入口區的摩擦水頭損失的精確關係式可以在文獻中找到。然而，實務上所使用的管子通常是入口區長度的數倍以上，使得管中的流動經常被假設為全管都是完全發展的。這種簡單的作法對於長管可以得到合理的結果，但是對於短管有時候會得到不好的結果，因為低估了壁面剪應力及摩擦因子。

8-4 管中的層流

我們在 8-2 節中提到 Re ≤ 2300 的管流是層流，並且若管子夠長 (相對於入口長度) 以至於入口效應可以忽略時，流動是完全發展的。本節中，我們將考慮一根直圓管中的穩定、不可壓縮層流，流體的性質是常數，並且是完全發展流。藉著對一個微分體積元素應用動量平衡，我們得到動量方程式，並且對其求解來獲得速度形狀，然後用它來獲得摩擦因子的關係式。這個分析的一個重要層面是其為黏滯流少數有分析解中的一個。

在完全發展的層流中，每一個流體質點，以等軸向速度沿著一條流線移動，並且速度形狀 u(r) 在流動方向維持不變。沒有在徑向的移動，因此垂直管軸方向的速度分量都是零。沒有加速度，因為流動是穩定且完全發展的。

現在考慮一個圓環狀的微分體積元素，半徑為 r，厚度為 dr，並且長度為 dx，方向與管同軸，如圖 8-10 所示。此體積元素只包括壓力與黏滯力作用，因此壓力與黏滯剪力必須彼此平衡。作用在一個沉浸平面上的壓力是作用在平面形心的壓力與

圖 8-10 一個圓環狀的微分流體元素的自由體圖。其半徑為 r，厚度為 dr，並且長度為 dx，方向與管同軸。流動是在水平直管中的完全發展層流。(為了清楚，流體元素的大小被大大的誇張了。)

平面面積的乘積。此體積元素在流動方向的力平衡給出

$$(2\pi r\, dr\, P)_x - (2\pi r\, dr\, P)_{x+dx} + (2\pi r\, dx\, \tau)_r - (2\pi r\, dx\, \tau)_{r+dr} = 0 \qquad (8\text{-}9)$$

上式指出在水平圓管的完全發展流中，黏滯力與壓力彼此平衡。除以 $2\pi\, drdx$ 並且重新整理，

$$r\frac{P_{x+dx} - P_x}{dx} + \frac{(r\tau)_{r+dr} - (r\tau)_r}{dr} = 0 \qquad (8\text{-}10)$$

當取 dr、$dx \to 0$ 的極限得到

$$r\frac{dP}{dx} + \frac{d(r\tau)}{dr} = 0 \qquad (8\text{-}11)$$

將 $\tau = -\mu(du/dr)$ 代入，除以 r，並且取 $\mu =$ 常數，就得到想要的方程式，

$$\frac{\mu}{r}\frac{d}{dr}\left(r\frac{du}{dr}\right) = \frac{dP}{dx} \qquad (8\text{-}12)$$

在管流中，du/dr 這個量是負的，因此包括負號是為了獲得正值的 τ。(或是 $du/dr = -du/dy$，若我們可定義 $y = R - r$。) 式 (8-12) 的左邊是一個 r 的函數，而右邊是一個 x 的函數。等號必須對任何 r 及 x 的值成立，而一個像 $f(r) = g(x)$ 形式的等式只有在 $f(r)$ 及 $g(x)$ 都等於相同的常數時才能成立，因此我們的結論是 $dP/dx =$ 常數。這也可以藉由對一個半徑 R、厚度 dx 的體積元素 (如在圖 8-11 中的管的一個切塊) 寫出其力的平衡來證明，如此會得到

$$\frac{dP}{dx} = -\frac{2\tau_w}{R} \qquad (8\text{-}13)$$

這裡 τ_w 是常數，因為黏度與速度形狀在完全發展區都是常數。因此，$dP/dx =$ 常數。

式 (8-12) 的求解可以將其重新整理並積分兩次來得出

$$u(r) = \frac{r^2}{4\mu}\left(\frac{dP}{dx}\right) + C_1 \ln r + C_2 \qquad (8\text{-}14)$$

應用邊界條件 $\partial u/\partial r = 0$ 在 $r = 0$ (因為中心線的對稱性) 及 $u = 0$ 在 $r = R$ (管壁上的無滑動條件) 即可得到速度形狀，

力平衡：
$\pi R^2 P - \pi R^2(P + dP) - 2\pi R\, dx\, \tau_w = 0$

化簡：
$\dfrac{dP}{dx} = -\dfrac{2\tau_w}{R}$

圖 8-11 在一根水平管的完全發展層流的一個盤狀流體元素 (半徑 R、長度 dx) 的自由體圖。

$$u(r) = -\frac{R^2}{4\mu}\left(\frac{dP}{dx}\right)\left(1 - \frac{r^2}{R^2}\right) \tag{8-15}$$

因此，管中完全發展層流的速度形狀是拋物線形的，其最大值在中心線，而最小值(零)在管壁。同時，軸向速度 u 對任一個 r 都是正的，因此軸向壓力梯度 dP/dx 必須是負的 (即由於黏滯效應，壓力在流通方向必須遞減 — 需要壓力來將流體推過管子)。

平均速度可以由其定義來決定：將式 (8-15) 代入式 (8-12)，並且進行積分，可以得出

$$V_{\text{avg}} = \frac{2}{R^2}\int_0^R u(r)r\,dr = \frac{-2}{R^2}\int_0^R \frac{R^2}{4\mu}\left(\frac{dP}{dx}\right)\left(1 - \frac{r^2}{R^2}\right)r\,dr = -\frac{R^2}{8\mu}\left(\frac{dP}{dx}\right) \tag{8-16}$$

結合以上兩個方程式，則速度形狀可以重寫為

$$u(r) = 2V_{\text{avg}}\left(1 - \frac{r^2}{R^2}\right) \tag{8-17}$$

這是速度形狀的一個方便的形式，因為 V_{avg} 可以很容易從流率的資訊中求出。

最大速度發生在中心線，並且可以從式 (8-17) 中代入 $r = 0$ 求出來，

$$u_{\max} = 2\,V_{\text{avg}} \tag{8-18}$$

因此，當管流是完全發展的層流時，平均速度是最大速度的一半。

壓力降與水頭損失

在分析管流時，一個有興趣的量是壓力降 ΔP，因其直接與用來維持流動所需要的風扇或泵的功率有關。注意 $dP/dx = $ 常數，我們從壓力是 P_1 的 $x = x_1$ 積分到壓力是 P_2 的 $x = x_1 + L$ 得出

$$\frac{dP}{dx} = \frac{P_2 - P_1}{L} \tag{8-19}$$

將式 (8-19) 代入 V_{avg} 的表示式 (8-16) 中，可將壓力降表示為

層流：
$$\Delta P = P_1 - P_2 = \frac{8\mu LV_{\text{avg}}}{R^2} = \frac{32\mu LV_{\text{avg}}}{D^2} \tag{8-20}$$

符號 Δ 一般是用來表示最後值與起始值之差，就像 $\Delta y = y_2 - y_1$。但在流體的流動中，ΔP 被用來表示壓力降，因此是 $P_1 - P_2$。由黏滯效應所產生的壓力降代表一種

不可逆的壓力損失，因此有時候被稱為**壓損** (pressure loss) ΔP_L 來強調其為一種損失 (就像水頭損失 h_L，我們將會看到其是正比於 ΔP_L 的)。

從式 (8-20) 注意到壓力降正比於流體的黏度 μ，若是無摩擦時壓力降會是零。因此，此例中從 P_1 到 P_2 的壓力降完全是由黏滯效應所造成的，式 (8-20) 代表一個黏度 μ 的流體以平均速度 V_{avg} 流過一根等直徑 D 且長度 L 的管子的壓力損失 ΔP_L。

事實上，可以將所有形式的完全發展的內部流 (層流或紊流、圓管或非圓管、平滑或粗糙表面、水平或傾斜管) 的壓力損失表示為 (圖 8-12)，

壓損：
$$\Delta P_L = f \frac{L}{D} \frac{\rho V_{\text{avg}}^2}{2} \tag{8-21}$$

其中 $\rho V_{\text{avg}}^2/2$ 是動壓，而 f 是達西摩擦因子，

$$f = \frac{8\tau_w}{\rho V_{\text{avg}}^2} \tag{8-22}$$

它也被稱為達西–偉士巴哈摩擦因子 (Darcy-Weisbach friction factor)，以法國人亨利・達西 (Henry Darcy, 1803-1858) 及德國人朱流斯・偉士巴哈 (Julius Weisbach, 1806-1871) 來命名，這兩位工程師對其發展作出重大的貢獻。千萬不要將其與摩擦係數 C_f [friction coefficient，又稱為范寧摩擦因子 (Fanning friction factor)，是以美國工程師約翰・范寧 (John Fanning, 1837-1911) 命名的] 混淆了，C_f 被定義為 $C_f = 2\tau_w/(\rho V_{\text{avg}}^2) = f/4$。

令式 (8-20) 及 (8-21) 彼此相等並解出 f，就得到在一根圓管中的完全發展層流的摩擦因子，

圓管，層流：
$$f = \frac{64\mu}{\rho D V_{\text{avg}}} = \frac{64}{\text{Re}} \tag{8-23}$$

這個方程式指出在層流時，摩擦因子只是雷諾數的函數，而與管壁的粗糙度無關 (當然是在假設粗糙度並不是很極端的情形下)。

在分析管路系統時，壓力損失一般用等效液柱高度來表示，稱為**水頭損失** (head loss) h_L。從流體靜力學中注意到 $\Delta P = \rho g h$，因此 ΔP 的壓力相當於液柱高度 $h = \Delta P/\rho g$。管水頭損失可以將 ΔP_L 除以 ρg 來得到

水頭損失：
$$h_L = \frac{\Delta P_L}{\rho g} = f \frac{L}{D} \frac{V_{\text{avg}}^2}{2g} \tag{8-24}$$

圖 8-12 壓力損失 (及水頭損失) 是流體力學中最常見的關係式之一，它對層流或紊流、圓管或非圓管、平滑面或粗糙表面，都是適用的。

水頭損失代表流體需要由泵提供的額外高度來克服管中的摩擦損失。水頭損失由黏度造成，直接與管壁的剪應力有關。式 (8-21) 及 (8-24) 對圓管及非圓管中的層流及紊流都是適用的，但式 (8-23) 只對圓管中的完全發展層流適用。

一旦知道壓力損失 (或水頭損失)，則克服壓力損失所需要的泵馬力可以如下決定：

$$\dot{W}_{\text{pump}, L} = \dot{V} \Delta P_L = \dot{V} \rho g h_L = \dot{m} g h_L \tag{8-25}$$

其中 $\dot{V}$ 是體積流率，而 $\dot{m}$ 是質量流率。

水平管中層流的平均速度是，從式 (8-20)，

水平管：
$$V_{\text{avg}} = \frac{(P_1 - P_2)R^2}{8\mu L} = \frac{(P_1 - P_2)D^2}{32\mu L} = \frac{\Delta P\, D^2}{32\mu L} \tag{8-26}$$

因此流過一根直徑 D 且長度 L 的水平管中的層流的體積流率變成

$$\dot{V} = V_{\text{avg}} A_c = \frac{(P_1 - P_2)R^2}{8\mu L} \pi R^2 = \frac{(P_1 - P_2)\pi D^4}{128\mu L} = \frac{\Delta P\, \pi D^4}{128\mu L} \tag{8-27}$$

這個方程式被稱為普修爾定律 (Poiseuille's Law)，而這種流動被稱為海根–普修爾流來紀念海根 (G. Hagen, 1797-1884) 及普修爾 (J. Poiseuille, 1799-1869) 在這個題目上的貢獻。從式 (8-27) 可以注意到對一個指定的流率，壓力降，從而使得泵馬力正比於管長及流體黏度，但與管的半徑 (或直徑) 的四次方是成反比的。因此對於一個層流的管路系統需要的泵馬力可以藉由加倍管直徑而減小 16 倍 (圖 8-13)。當然能量成本降低的好處必須與由於使用大直徑的管所增加的建造成本作權衡取捨。

在一根水平管的情形中，壓力降等於壓力損失，但對於傾斜管或有不等截面積的管，則情況就不一樣。這可以用水頭寫出穩定、不可壓縮的一維流動之能量方程式來作說明 (參考第 5 章)，

圖 8-13　在一個層流的管路系統中，需要的泵馬力可以藉由加倍管直徑而減小 16 倍。

$$\frac{P_1}{\rho g} + \alpha_1 \frac{V_1^2}{2g} + z_1 + h_{\text{pump}, u}$$
$$= \frac{P_2}{\rho g} + \alpha_2 \frac{V_2^2}{2g} + z_2 + h_{\text{turbine}, e} + h_L \tag{8-28}$$

其中 $h_{\text{pump}, u}$ 是傳遞給流體的可用泵水頭，$h_{\text{turbine}, e}$ 是從流體中抽取的透平機水頭，h_L 是在位置 1 與 2 之間的不可逆水頭損失，V_1 與 V_2 分別是在位置 1 與 2 的平均速度，而 α_1 與 α_2 是在位置 1 與 2 的動能修正因子 (可以證明對完全發展的層流 $\alpha = 2$，而對完全發展的紊流，$\alpha \approx 1.05$)。式 (8-28) 可以重新整理成

$$P_1 - P_2 = \rho(\alpha_2 V_2^2 - \alpha_1 V_1^2)/2 + \rho g[(z_2 - z_1) + h_{\text{turbine}, e} - h_{\text{pump}, u} + h_L] \quad (8\text{-}29)$$

因此，對於一個已知的流動段壓力降 $\Delta P = P_1 - P_2$ 及與壓力損失 $\Delta P_L = \rho g h_L$ 是相等的，如果 (1) 流動段是水平的，以至於沒有靜水力或重力效應 ($z_1 = z_2$)；(2) 流動段不含有任何作功裝置，例如泵或透平機，因為它們會改變流體壓力 ($h_{\text{pump}, u} = h_{\text{turbine}, e} = 0$)；(3) 流動段的截面積為常數，因此平均速度為常數 ($V_1 = V_2$)；及 (4) 在位置 1 與 2 的速度形狀是相同的 ($\alpha_1 = \alpha_2$)。

層流中重力對速度與流率的影響

重力對於在水平管中的流動沒有影響，但對於上坡或下坡的管子，重力不管對速度或流率都有很顯著的影響。傾斜管的關係式可以用同樣的方式在流動方向作力平衡來求得。此例中唯一多出來的力是流體重量在流動方向的分量，其大小是

$$W_x = W \sin \theta = \rho g V_{\text{element}} \sin \theta = \rho g(2\pi r \, dr \, dx) \sin \theta \quad (8\text{-}30)$$

其中 θ 是水平方向與流動方向的夾角 (圖 8-14)。在式 (8-9) 中的力平衡現在變成

$$(2\pi r \, dr \, P)_x - (2\pi r \, dr \, P)_{x+dx} + (2\pi r \, dx \, \tau)_r \\ - (2\pi r \, dx \, \tau)_{r+dr} - \rho g(2\pi r \, dr \, dx) \sin \theta = 0 \quad (8\text{-}31)$$

圖 8-14 一個圓環狀的流體元素的自由體圖，其半徑 r、厚度 dr，而長度為 dx，方向與完全發展層流的傾斜管是同軸的。

整理後會產生以下的微分方程式：

$$\frac{\mu}{r} \frac{d}{dr}\left(r \frac{du}{dr}\right) = \frac{dP}{dx} + \rho g \sin \theta \quad (8\text{-}32)$$

遵循與之前相同的解題步驟，速度形狀是

$$u(r) = -\frac{R^2}{4\mu}\left(\frac{dP}{dx} + \rho g \sin \theta\right)\left(1 - \frac{r^2}{R^2}\right) \quad (8\text{-}33)$$

從式 (8-33)，流過傾斜管的平均速度與體積流率的關係式分別為

$$V_{\text{avg}} = \frac{(\Delta P - \rho g L \sin \theta)D^2}{32\mu L} \quad 與 \quad \dot{V} = \frac{(\Delta P - \rho g L \sin \theta)\pi D^4}{128\mu L} \tag{8-34}$$

除了 ΔP 被 $\Delta P - \rho g L \sin \theta$ 取代以外，其與水平管中對應的關係式是相同的。只要用 $\Delta P - \rho g L \sin \theta$ 取代 ΔP，則水平管中已經得到的結果也可以被使用在傾斜管中 (圖 8-15)。注意對於上坡流 $\theta > 0$ 且 $\sin \theta > 0$，而對下坡流 $\theta < 0$ 且 $\sin \theta < 0$。

在傾斜管中，壓力差與重力的複合作用驅動流體。重力幫助下坡流但是對抗上坡流。因此在上坡流中要維持一個指定的流率，需要施加更大的壓力差，但是這只有對液體才是重要的，因為氣體的密度一般都很小。在沒有流動的特殊情況下 ($\dot{V} = 0$)，從式 (8-34) 得到 $\Delta P = \rho g L \sin \theta$，這正是我們從流體靜力學中所得到的 (第 3 章)。

非圓形管中的層流

在各種不同截面積的管子中，其完全發展層流的摩擦因子列在表 8-1。這些管子中的雷諾數是基於水力直徑 $D_h = 4A_c/p$ 計算的，其中 A_c 是管的截面積，P 是濕邊周長。

圖 8-15 對流過水平管的完全發展層流所推導出來的關係式也可被用在傾斜管上，但要用 $\Delta P - \rho g L \sin \theta$ 代替 ΔP。

圓管的層流
(完全發展流，在流動方向沒有泵或透平機，並且 $\Delta P = P_1 - P_2$)

水平管：$\dot{V} = \frac{\Delta P \pi D^4}{128\mu L}$

傾斜管：$\dot{V} = \frac{(\Delta P - \rho g L \sin\theta)\pi D^4}{128\mu L}$

上坡流：$\theta > 0$ 且 $\sin \theta > 0$
下坡流：$\theta < 0$ 且 $\sin \theta < 0$

例題 8-1　水平管與傾斜管中的層流

考慮 40°C 的甘油流過一根 70 m 長、4 cm 直徑的水平圓管，流動是完全發展流 (圖 8-16)。如果量測到的中心線速度是 6 m/s，試求速度形狀及經過此 70 m 長的管段的壓力差，及維持這個流動所需要的泵功率。若是可用的泵功率不變，試求管向下傾斜 15° 所增加的流率及管向上傾斜 15° 所減小的流率。泵位於這個管段之外。

解答：在一根水平管中的完全發展流的中心速度被量測。要決定速度形狀、流過管段的壓力差及需要的泵功率。也要研究管段向上傾斜及向下傾斜對流率的影響。

假設：1. 流動是穩定的、層流的、不可壓縮的，並且是完全發展的。2. 在流動方向沒有泵或透平機。3. 沒有閥、肘管或其它會造成局部損失的裝置。

性質：甘油在 40°C 的密度與動態黏度分別為 $\rho = 1252 \text{ kg/m}^3$ 及 $\mu = 0.3073 \text{ kg/m·s}$。

分析：在圓管中的完全發展層流的速度形狀為

$$u(r) = u_{\max}\left(1 - \frac{r^2}{R^2}\right)$$

圖 8-16 例題 8-1 的示意圖。

表 8-1 在各種不同截面積的管子中完全發展層流的摩擦因子
($D_h = 4A_c/p$，且 $\text{Re} = V_{avg} D_h/\nu$)

管形狀	a/b 或 $\theta°$	摩擦因子 f
圓形	—	64.00/Re
矩形	**a/b**	
	1	56.92/Re
	2	62.20/Re
	3	68.36/Re
	4	72.92/Re
	6	78.80/Re
	8	82.32/Re
	∞	96.00/Re
橢圓形	**a/b**	
	1	64.00/Re
	2	67.28/Re
	4	72.96/Re
	8	76.60/Re
	16	78.16/Re
三角形	**θ**	
	10°	50.80/Re
	30°	52.28/Re
	60°	53.32/Re
	90°	52.60/Re
	120°	50.96/Re

代入已知數值，得到速度形狀為

$$u(r) = (6 \text{ m/s})\left(1 - \frac{r^2}{(0.02 \text{ m})^2}\right) = \mathbf{6(1 - 2500r^2)}$$

其中 u 的單位是 m/s，而 r 的單位是 m。平均速度、流率與雷諾數為

$$V = V_{avg} = \frac{u_{max}}{2} = \frac{6 \text{ m/s}}{2} = 3 \text{ m/s}$$

$$\dot{V} = V_{avg} A_c = V(\pi D^2/4) = (3 \text{ m/s})[\pi(0.04 \text{ m})^2/4] = 3.77 \times 10^{-3} \text{ m}^3/\text{s}$$

$$\text{Re} = \frac{\rho V D}{\mu} = \frac{(1252 \text{ kg/m}^3)(3 \text{ m/s})(0.04 \text{ m})}{0.3073 \text{ kg/m·s}} = 488.9$$

Re 的值比 2300 小，因此流動確實是層流。摩擦因子與水頭損失為

$$f = \frac{64}{\text{Re}} = \frac{64}{488.9} = 0.1309$$

$$h_L = f \frac{L}{D} \frac{V^2}{2g} = 0.1309 \frac{(70 \text{ m})}{(0.04 \text{ m})} \frac{(3 \text{ m/s})^2}{2(9.81 \text{ m/s}^2)} = 105.1 \text{ m}$$

穩定、不可壓縮的一維流動的能量平衡由式 (8-28) 給定為

$$\frac{P_1}{\rho g} + \alpha_1 \frac{V_1^2}{2g} + z_1 + h_{\text{pump, u}} = \frac{P_2}{\rho g} + \alpha_2 \frac{V_2^2}{2g} + z_2 + h_{\text{turbine, e}} + h_L$$

對一根等直徑的管子中的完全發展流，在沒有泵與透平機時，上式化簡為

$$\Delta P = P_1 - P_2 = \rho g(z_2 - z_1 + h_L)$$

因此對於水平管的情形，壓力差及需要的有用泵功率變成

$$\Delta P = \rho g(z_2 - z_1 + h_L)$$

$$= (1252 \text{ kg/m}^3)(9.81 \text{ m/s}^2)(0 + 105.1 \text{ m})\left(\frac{1 \text{ kPa}}{1000 \text{ kg/m·s}^2}\right)$$

$$= \mathbf{1291 \text{ kPa}}$$

$$\dot{W}_{\text{pump, u}} = \dot{V}\Delta P = (3.77 \times 10^3 \text{ m}^3/\text{s})(1291 \text{ kPa})\left(\frac{1 \text{ kW}}{\text{kPa·m}^3/\text{s}}\right) = \mathbf{4.87 \text{ kW}}$$

對一根向上傾斜 15° 的管子，高度差及壓力差為

$$\Delta z = z_2 - z_1 = L\sin 15° = (70 \text{ m})\sin 15° = 18.1 \text{ m}$$

$$\Delta P_{\text{upward}} = (1252 \text{ kg/m}^3)(9.81 \text{ m/s}^2)(18.1 \text{ m} + 105.1 \text{ m})\left(\frac{1 \text{ kPa}}{1000 \text{ kg/m·s}^2}\right)$$

$$= 1366 \text{ kPa}$$

因此經過向上傾斜的直管的流率變成

$$\dot{V}_{\text{upward}} = \frac{\dot{W}_{\text{pump, u}}}{\Delta P_{\text{upward}}} = \frac{4.87 \text{ kW}}{1366 \text{ kPa}}\left(\frac{1 \text{ kPa·m}^3/\text{s}}{1 \text{ kW}}\right) = 3.57 \times 10^{-3} \text{ m}^3/\text{s}$$

即流率減少了 5.6%。同樣地也可以證明當管子向下傾斜 15° 時，流率會增加 5.6%。

討論：注意，流動是由泵及重力的複合影響所驅動的。正如預期，重力抵抗上坡流，但加強下坡流，而對水平流無影響。即使在沒有泵所提供的壓力差之下，下坡流也可以發生。對於 $P_1 = P_2$ 的情況 (即無施加的壓力差)，整根管子中的壓力維持為常數，此時流體在重力的影響下可以流過管子，其流率視傾斜角而定，當管子垂直時，會達到最大值。解答管流問題時，計算雷諾數來驗證流動型態 —— 層流或紊流，是個好主意。

8-5 管中的紊流

在實際的工程應用中大多數流動是紊流,因此瞭解紊流如何影響壁面剪應力非常重要。然而,紊流是一個非常複雜的機制,由擾動所主宰,而且雖然研究者在這個領域作了大量的研究,仍然無法完全瞭解紊流,因此我們必須依賴實驗與開發給各種情況使用的經驗或半經驗關係式。

紊流的特徵是極度不規則與快速擾動的流體的旋轉區域,稱為渦旋 (eddies),充滿整個流場。這些擾動對動量與能量的傳遞提供額外的機制。在層流中,流體質點以有秩序的方式沿著路徑線流動,而跨越流線的動量與能量的傳遞則依靠分子擴散。在紊流中迴旋的渦旋傳遞質量、動量及能量到流場的其它區域,其速度遠大於分子的擴散,因此大幅地增強對質量、動量與能量的傳遞。結果是紊流總是會與較高數值的摩擦係數、熱傳係數及質傳係數有關。

即使平均流動是穩定的,紊流中的渦旋運動也會造成速度、溫度、壓力,甚至密度 (在可壓縮流中) 的強烈擾動。圖 8-17 顯示在一個特定位置的瞬時流體速度分量 u 隨著時間的變化,這可以由一個熱線式風速探針或其它儀器量測到。我們觀測到瞬時速度在一個平均值上下跳動,這建議速度可以表示成一個平均值 $\bar{u}$ 與一個擾動成分 u' 的加總,

$$u = \bar{u} + u' \tag{8-35}$$

圖 8-17 紊流中在一個特定位置的速度分量 u 隨時間的擾動。

這也是其它性質的情形,像是 y- 方向的速度分量 v,因此有 $v = \bar{v} + v'$、$P = \bar{P} + P'$ 及 $T = \bar{T} + T'$。一個性質在某個位置的平均值的決定是取其在一個時間區間內的平均值,此區間必須大到使平均值會趨近一個常數。因此,擾動成分的時間平均為零,即 $\bar{u}' = 0$。u' 的大小通常只是 $\bar{u}$ 的幾個百分點,但是渦旋的高頻率 (每秒上千次的大小) 使得它們在傳遞動量、能量及質量上非常有效。在時間平均的穩定紊流中,性質的平均質 (由上橫槓指示) 與時間無關。流體質點的混亂的擾動在壓力降上扮演著重要的角色,因此這些隨機運動在分析時必須與平均速度一起被考慮。

也許在決定剪應力時的第一個想法是採用像在層流中的類似方式,用 $\tau = -\mu \, d\bar{u}/dr$,其中 $\bar{u}(r)$ 是紊流的平均速度形狀。但是實驗研究顯示情況並非如此,而是有效剪應力很大程度地決定於紊流的擾動。因此,方便的作法是將紊流的剪應力視為由兩部分組成:層流的部分,來自流動層之間的摩擦 (表示成 $\tau_{\text{lam}} = -\mu \, d\bar{u}/dr$);與紊流部分,來自流體質點之間及其與流體中物體之間的摩擦 (用 τ_{turb} 表示並且與速度的擾動分量有關)。因此紊流的總剪應力可以表示成

$$\tau_{\text{total}} = \tau_{\text{lam}} + \tau_{\text{turb}} \qquad (8\text{-}36)$$

管中紊流的典型平均速度形狀及其剪應力的層流與紊流分量的相對大小顯示於圖 8-18。注意雖然速度形狀在層流時大約是拋物線形的，但是在紊流中它會變得比較平或"飽滿"，並且在接近管壁時急速下降。飽滿度隨著雷諾數增加而增加使得速度形狀變成幾乎是均勻的，這對管流中完全發展紊流一般採用均勻速度形狀的近似法提供支持。然而，要記住在一根靜止管的壁面上的速度總是為零 (無滑動條件)。

圖 8-18 管中紊流的速度形狀及剪應力隨徑向距離的變化。

紊流剪應力

考慮一根水平管中的紊流，及其內一個流體質點的向上渦旋運動。由於速度擾動分量 v' 的作用，流體質點通過一塊微分面積由速度較低的一層移動到相鄰的速度較高的一層，如圖 8-19 所示。流體質點向上經過 dA 的質量流率是 $\rho v' dA$，其對在 dA 之上的流體層的淨效應是造成平均流速減小，這是因為受到有較低平均流速的流體質點的動量傳遞所造成的。這個動量傳遞造成流體質點的水平速度增加 u'，從而使其在水平方向的動量增加率為 $(\rho v' dA)u'$，這必須等於上面流體層動量的減少率。注意在一個給定方向的力等於那個方向的動量改變率，在 dA 上面的流體層所受到的水平力，由於流體質點通過 dA，等於 $\delta F = (\rho v'dA)(-u') = -\rho u'v'dA$。因此，由於流體質點的渦旋運動所造成的每單位面積的剪力 $\delta F/dA = -\rho u'v'$ 可被視為是紊流的瞬間剪應力。因此，**紊流剪應力** (turbulent shear stress) 可以被表示為

$$\tau_{\text{turb}} = -\rho \overline{u'v'} \qquad (8\text{-}37)$$

圖 8-19 流體質點受到擾動速度 v' 的影響向上經過一個微分面積 dA。

其中 $\overline{u'v'}$ 是擾動速度分量 u' 及 v' 乘積的時間平均值。注意雖然 $\overline{u'} = 0$ 及 $\overline{v'} = 0$ (因此 $\overline{u'}\,\overline{v'} = 0$)，但是 $\overline{u'v'} \neq 0$，並且實驗結果顯示 $\overline{u'v'}$ 通常是一個負量。類似像 $-\rho\overline{u'v'}$ 或 $-\rho\overline{u'^2}$ 的這些項，被稱為**雷諾應力** (Reynolds stress) 或**紊流應力** (turbulent stresses)。

許多用平均速度梯度來模擬雷諾應力的半經驗公式已經被發展出來，而這些模型稱為**紊流模型** (turbulence models)。

流體質點群的隨機的迴旋運動類似於氣體中分子的隨機運動 —— 在移動一段距離以後，彼此互相拉撞並在過程中交換動量，因此紊流中渦旋的動量傳遞相似於分子的動量擴散。在許多較簡單的紊流模型，紊流剪應力被用一種相似的方式表示，就如法國數學家布西內斯克 (Joseph Boussinesq, 1842-1929) 在 1877 年建議的，

$$\tau_{\text{turb}} = -\rho\overline{u'v'} = \mu_t \frac{\partial \overline{u}}{\partial y} \tag{8-38}$$

其中 μ_t 是渦旋黏度 (eddy viscosity) 或紊流黏度 (turbulent viscosity)，其考慮渦旋的動量傳遞。因此，總剪力可以被方便的表示為

$$\tau_{\text{total}} = (\mu + \mu_t)\frac{\partial u}{\partial y} = \rho(\nu + \nu_t)\frac{\partial u}{\partial y} \tag{8-39}$$

其中 $\nu_t = \mu_t/\rho$ 是運動渦旋黏度 (kinematic eddy viscosity) 或運動紊流黏度 (kinematic turbulent viscosity) (也稱為渦旋動量擴散係數)。渦旋黏度的觀念很吸引人，但是除非其值可以被決定，否則是沒有實際用處的。在 1900 年代早期，德國工程師普朗特 (L. Prandtl) 介紹混合長度 (mixing length) l_m 的觀念，其與主要負責混合渦旋的平均大小有關，並且將紊流剪應力表示為

$$\tau_{\text{turb}} = \mu_t \frac{\partial \overline{u}}{\partial y} = \rho l_m^2 \left(\frac{\partial \overline{u}}{\partial y}\right)^2 \tag{8-40}$$

但是這個觀念的用處也是有限的，因為 l_m 對一個流動並不是常數 (例如在壁面附近，l_m 幾乎是正比於離壁面的距離)，而且其決定並不容易。

渦旋運動及渦旋擴散係數在紊流邊界層的中心區域遠大於它們的分子的對應量。渦旋運動在靠近壁面附近失去其強度並在壁面上消失，其原因在於無滑動條件 (u' 與 v' 在壁面上為零)。速度形狀在紊流邊界層的中心區域變化非常緩慢，但在很靠近壁面的薄層內變化非常陡。因此毫無意外，壁面剪應力的值在紊流中遠大於其在層流中的值 (圖 8-20)。

注意分子的動量擴散係數 ν (μ 也是一樣) 是流體的性質，其值列於流力手冊中。然而，渦旋擴散係數 ν_t (μ_t 也是一樣) 不是一個流體性質，其值相依於流動條件。渦旋擴散係數朝向壁面遞減，在壁面上變成零。其值從在壁面的零到在中心區域為分子擴散係數的數千倍。

紊流速度形狀

不像層流，紊流的速度形狀的表示式同時基於實驗與分析，因此其本質是半經驗式，帶有從實驗數據所決定的常數。考慮在管中的完全發展紊流，並令 u 代表在軸向的時間平均速

圖 8-20 在壁面上的速度梯度，及對應的壁面剪應力，在紊流中的值遠大於在層流中的值，即使在相同的自由流速度下，紊流邊界層的厚度遠大於層流邊界層的厚度。

度 (因此將頂上橫槓從 $\bar{u}$ 中去掉來使其化簡)。

完全發展的層流與紊流的典型速度形狀被示於圖 8-21。注意層流的速度形狀是拋物線形的，但在紊流中則較為飽滿，且在靠近管壁處陡急下降。沿著壁面的紊流可以被考慮成由四個區域組成，其特徵視離壁面距離而定 (圖 8-21)。緊鄰壁面的一個細薄層，由黏滯效應主宰的區域是黏滯 (或層流，或線性，或壁面) 次層。此層中的速度形狀非常接近線性的，並且其流動是流線式的。與黏滯次層相鄰的是緩衝層 (buffer layer)，其內紊流效應逐漸變成顯著，但是流動仍是受黏滯效應主宰。在緩衝層外面是重疊 (或過渡) 層，也稱為慣性次層，其內紊流效應變得更顯著，但仍不是主宰的。再其上則是外 (或紊流) 層，在流場的其餘部分，其紊流效應已經勝於分子擴散效應。

每一個區域的流動特性都相當不同，因此要提出一個適用於整個流場的速度形狀的解析式，就如我們在層流中所作的，是非常困難的。在紊流情況下，最好的作法是用因次分析法來辨識出關鍵變數及其函數形式，然後用實驗數據來決定任何常數的數值。

黏滯次層的厚度非常小 (一般遠小於管直徑的 1/100)，但是鄰近壁面的這一細層在流動特性上扮演著關鍵性的角色，因為其速度梯度很大。壁面阻滯任何渦旋的運動，使得此層的流動基本上是層流的，剪應力由層流剪應力構成，與流體黏度是成正比。考慮跨過有時候比一根頭髮還細的細層，流體速度從零變化到幾乎等於中心區域的值 (幾乎像階梯函數般的變化)，我們預期此層中的速度形狀幾乎是線性的，並且實驗也證實如此。因此在黏滯次層的速度梯度維持幾乎是 $du/dy = u/y$ 的常數，並且壁面剪應力可以被表示為

$$\tau_w = \mu \frac{u}{y} = \rho \nu \frac{u}{y} \quad \text{或} \quad \frac{\tau_w}{\rho} = \frac{\nu u}{y} \tag{8-41}$$

其中 y 是離壁面的距離 (注意，對圓管 $y = R - r$)。τ_w/ρ 這個量在分析紊流的速度形狀時經常會碰到，其平方根有速度的因次，因此將其視為一個假想的速度，稱為摩擦速度 (friction velocity)，表示為 $u_* = \sqrt{\tau_w/\rho}$。將其代入式 (8-41)，黏滯次層的速度形狀可以用無因次的形式表示為

黏滯次層：
$$\frac{u}{u_*} = \frac{y u_*}{\nu} \tag{8-42}$$

此方程式以壁面定律 (law of the wall) 知名，而且發現對於光滑平面在 $0 \leq y u_*/\nu \leq 5$ 間，

圖 8-21 完全發展管流的速度形狀在層流中是拋物線形的，但在紊流中則較飽滿。注意 $u(r)$ 在穩流的情況中是在軸向的時間平均的速度分量 (u 頂上的橫槓被去掉來將其簡化)。

此式與實驗結果相符。因此黏滯次層的厚度大約是

黏滯次層的厚度：
$$y = \delta_{\text{sublayer}} = \frac{5\nu}{u_*} = \frac{25\nu}{u_\delta} \tag{8-43}$$

其中 u_δ 是在黏滯次層外邊的流動速度 (其處 $u_\delta \approx 5u_*$)，其與管中的平均速度密切相關。因此我們的結論是黏滯次層的厚度正比於運動黏度並且與平均流速成反比。換言之，當速度 (從而使雷諾數) 增加時，黏滯次層受到壓制而變細。結果使得在雷諾數很大時，速度形狀變成幾乎是平的，從而使速度分佈變成更均勻。

ν/u_* 這個量有長度的因次，並且被稱為黏滯長度 (viscous length)，常被用來無因次化離壁面的距離 y。在邊界層分析中，用無因次距離及無因次速度來工作是很方便的，其定義為

無因次變數：
$$y^+ = \frac{yu_*}{\nu} \quad \text{及} \quad u^+ = \frac{u}{u_*} \tag{8-44}$$

因此壁面定律 [式 (8-42)] 變成

正常化後的壁面定律：
$$u^+ = y^+ \tag{8-45}$$

注意摩擦速度 u_* 被用來同時無因次化 y 與 u，而 y^+ 類似雷諾數的表示法。

在重疊層，觀測到的速度的實驗數據若是將其相對於離開壁面距離的對數值作圖會排列成一直線。因次分析顯示並經過實驗證實，重疊層的速度正比於距離的對數值，其速度形狀可以被表示為

對數定律：
$$\frac{u}{u_*} = \frac{1}{\kappa} \ln \frac{yu_*}{\nu} + B \tag{8-46}$$

其中 κ 與 B 是常數，其值經由實驗決定分別為 0.40 與 5.0。式 (8-46) 被稱為對數定律 (logarithmic law)。將常數值代入，速度形狀經決定為

重疊層：
$$\frac{u}{u_*} = 2.5 \ln \frac{yu_*}{\nu} + 5.0 \quad \text{或} \quad u^+ = 2.5 \ln y^+ + 5.0 \tag{8-47}$$

事實顯示式 (8-47) 的對數定律能夠很令人滿意地代表整個流動區域的實驗數據，除了非常靠近壁面及管中心的區域之外，如圖 8-22 所示，因此其被視為管內或流過表面的紊流的萬用速度形狀。注意此圖顯示對數定律的速度形狀對 $y^+ > 30$ 相當正確，但是在緩衝層，即 $5 < y^+ < 30$，兩種速度形狀都不正確。再

圖 8-22 管中完全發展紊流的實驗數據與壁面定律及對數定律的速度形狀的比較。

者，圖中顯示的黏滯次層看起來較實際大很多，這是因為對離開壁面的距離是用對數尺度來表示之故。

管流的外紊流層的一個良好的近似可以從式 (8-46) 獲得，但是常數 B 的值是要求最大速度要發生在管中心處，即 $r = 0$。從式 (8-46) 中，令 $y = R - r = R$ 及 $u = u_{max}$，來解出 B，並將其代回式 (8-46) 中，與 $\kappa = 0.4$ 一起，可以得出

外紊流層：
$$\frac{u_{max} - u}{u_*} = 2.5 \ln \frac{R}{R - r} \qquad (8\text{-}48)$$

速度與中心線速度的偏移值 $u_{max} - u$ 被稱為速度折減 (velocity defect)，而式 (8-48) 被稱為速度折減定律 (velocity-defect law)。這個關係式顯示管流中心區域的紊流的正常化後的速度形狀相依於離開中心線的距離而與流體的黏度無關。這並不意外，因為此區是渦旋運動主宰的，而流體黏度的影響是可忽略的。

管中紊流的速度形狀還存在著許多經驗式。其中最簡單、最著名的是冪定律速度形狀 (power-law velocity profile)，表示為

冪定律速度形狀：
$$\frac{u}{u_{max}} = \left(\frac{y}{R}\right)^{1/n} \quad \text{或} \quad \frac{u}{u_{max}} = \left(1 - \frac{r}{R}\right)^{1/n} \qquad (8\text{-}49)$$

其中指數 n 是個常數，其值依雷諾數而定，雷諾數越大，n 值越大。對許多實際流動而言，$n = 7$ 是個通用的近似值，因此稱為 1/7 冪定律速度形狀。

各種冪定律速度形狀，其中 $n = 6$、8 及 10，與完全發展層流的速度形狀放在一起顯示在圖 8-23 之中互相比較。注意紊流的速度形狀較層流的更為飽滿，並且當 n (從而是雷諾數) 增加時，速度形狀變得更平。同時注意，冪定律速度形狀不能被用來計算壁面剪應力，因其在壁面上的速度梯度是無限大，同時其也不能給出在中心線的零斜率。但是這些有矛盾的區域僅佔整個流場的一小部分，因此冪定律速度形狀對管中的紊流給出高度正確的結果。

儘管黏滯次層的厚度很小 (通常遠小於管直徑的 1%)，但是此層中流動的特性卻非常重要，因為其為管中其它部分的流動作了準備。任何壁面上的不規則或粗糙度都會干擾此層而影響流動。因此不像層流，紊流中的摩擦因子是壁面粗糙度的強烈函數。

必須注意粗糙度是一個相對觀念，只有當其高度 ϵ 與黏滯次層的厚度 (為雷諾數的函數) 相當時才是重要的。所有材質在具有足夠放大倍率的顯微鏡下都是"粗糙的"。在流體力學中，當粗糙度的高度突出黏滯次層外面時就被視為是粗糙的。

圖 8-23 管中完全發展紊流在不同指數時的冪定律速度形狀，及其與層流速度形狀的比較。

一個表面若是其粗糙度元素完全被黏滯次層淹沒時，稱為是水力平滑的。玻璃及塑膠表面通常被視為是水力平滑的。

穆迪圖與科爾布魯克方程式

管中完全發展的紊流的摩擦因子相依於雷諾數及相對粗糙度 (relative roughness) ϵ/D，這是粗糙度的平均高度與管直徑的比值。這個相依性的函數形式無法從理論分析中獲得，並且現有可用的結果都是從使用人造粗糙度表面的辛苦實驗中得到的 (通常是將已知大小的沙粒膠黏在管的內壁表面之上而形成的)。大多數這樣的實驗是普朗特的學生尼克拉得斯 (J. Nikuradse) 在 1933 年所進行的，並且由其它人的工作接續。摩擦因子是從流率與壓力降的量測經計算而得到的。

實驗結果被用表、圖及對實驗數據作曲線擬合所得的函數形式來呈現。在 1939 年，科爾布魯克 (Cyril F. Colebrook, 1910-1997) 整合平滑管及粗糙管中的過渡流與紊流的可用數據，得到以下的隱式關係式 (圖 8-24)，稱為科爾布魯克方程式 (Colebrook equation)：

$$\frac{1}{\sqrt{f}} = -2.0 \log\left(\frac{\varepsilon/D}{3.7} + \frac{2.51}{\text{Re}\sqrt{f}}\right) \quad (紊流) \qquad (8\text{-}50)$$

因為 f 出現在方程式兩邊，科爾布魯克方程式對 f 是隱性的，即 f 要用疊代法求解。

圖 8-24 科爾布魯克方程式。

注意到式 (8-50) 中的對數是以 10 為基底的，而不是自然對數。在 1942 年，美國工程師勞斯 (Hunter Rouse, 1906-1996) 驗證科爾布魯克方程式，並且製作了一個 f 作為 Re 及 Re$\sqrt{f}$ 的函數圖形。他同時也發表層流的關係式及一個商業用管粗糙度的表。兩年以後，穆迪 (Lewis, F. Moody, 1880-1953) 重繪勞斯的圖成為今日通用的形式。這個著名的**穆迪圖** (Moody chart) 在附錄中被列為圖 A-12。他將管流的達西摩擦因子在一個廣泛的範圍內表示成雷諾數與 ϵ/D 的函數。這可能是工程上最被廣泛使用的圖形之一。雖然其是從圓管中發展出來的，但也可以被使用在非圓管中，只要用水力直徑替代直徑即可。

商業用管與實驗用管不同之處在於其粗糙度並不是均勻的且很難給予一個精確的描述。某些商業用管的等效粗糙度的值被列出在表 8-2 及穆迪圖中。但必須記住的是這些值是新管的，而管的相對粗糙度在使用後會因為腐蝕、結垢及沉澱物而增加。結果可能會使摩擦因子增加 5 至 10 倍。在設計管路系統時，實際的操作條件必須加以考慮。同時，穆迪圖及其對等

表 8-2 新的商業用管的等效粗糙度值*

材質	粗糙度，ε ft	mm
玻璃、塑膠	0 (滑的)	
混凝土	0.003-0.03	0.9-9
木頭	0.0016	0.5
橡膠，光滑的	0.000033	0.01
銅管或黃銅管	0.000005	0.0015
鑄鐵	0.00085	0.26
電鍊鐵	0.0005	0.15
精鍊鐵	0.00015	0.046
不鏽鋼	0.000007	0.002
商用鋼	0.00015	0.045

*這些值的不確定性可以大到 ±60%。

的科爾布魯克方程式牽涉到許多不確定性 (粗糙度大小、實驗誤差、曲線擬合……等)，因此得到的結果不應該被當作是"正確的"。它們在整個圖形的範圍內通常被認為正確度在 ±15% 之間。

科爾布魯克方程式對 f 是隱式的，決定摩擦因子時需要用到疊代。一個 f 的近似的顯式關係式由哈蘭德 (S. E. Haaland) 在 1983 年提出，

$$\frac{1}{\sqrt{f}} \cong -1.8 \log \left[\frac{6.9}{\text{Re}} + \left(\frac{\varepsilon/D}{3.7} \right)^{1.11} \right] \quad (8\text{-}51)$$

從這個關係式得到的結果與從科爾布魯克方程式得到的差異在 2% 以內。如果希望得到更正確的結果，式 (8-51) 可以被用來在牛頓疊代法中當作一個很好的初次猜測值，並用一個可程式計算器或一個試算表來從式 (8-50) 中解出 f。

我們從穆迪圖中作出以下的觀察：

- 對於層流，摩擦因子隨雷諾數增加而減小，並且與表面粗糙度無關。
- 摩擦因子對於平滑管是最小值 (但由於無滑動條件，其值仍不是零)，並且隨粗糙度增加 (圖 8-25)。科爾布魯克方程式對平滑管 ($\epsilon = 0$) 簡化成普朗特方程式，表示為 $1/\sqrt{f} = 2.0 \log(\text{Re}\sqrt{f}) - 0.8$。
- 從層流到紊流的過渡區 (2300 < Re < 4000) 在穆迪圖中以陰影區域表示 (圖 8-26 及 A-12)。此區域中的流動可能是層流或紊流，依流場中的擾動而定，或者可能在層流與紊流間交替互換，使得摩擦因子的值也在層流與紊流的值之間交替互換。此區域間的數據最不可靠，在小的相對粗糙度下，摩擦因子在過渡區內漸增並趨近平滑管的值，

相對粗糙度, ε/D	摩擦因子, f
0.0*	0.0119
0.00001	0.0119
0.0001	0.0134
0.0005	0.0172
0.001	0.0199
0.005	0.0305
0.01	0.0380
0.05	0.0716

* 平滑表面。所有值的雷諾數都是 Re = 10⁶ 並且從科爾布魯克方程式計算得來。

圖 8-25　摩擦因子對平滑管最小，並隨粗糙度增加。

圖 8-26　在很大雷諾數時，穆迪圖上的摩擦因子幾乎是水平的，因此摩擦因子與雷諾數無關。參考圖 A-12 全頁面的穆迪圖。

- 在很大雷諾數時 (穆迪圖中虛線的右邊)，每一個相對粗糙度的摩擦因子幾乎是水平的，因此摩擦因子與雷諾數無關 (圖 8-26)。那個區域的流動稱為完全粗糙紊流，或簡稱完全粗糙流，因為黏滯次層的厚度隨雷諾數增加而變小，由於變得太小使其相對於表面粗糙度的高度小到可以被忽略的程度。此情況下的黏滯效應主要是在主流中由突出的粗糙度元素造成的，而黏滯次層的貢獻可以被忽略。在完全粗糙區 (Re→∞)，科爾布魯克方程式化簡成馮卡門方程式，表示為 $1/\sqrt{f} = -2.0 \log[(\varepsilon/D)/3.7]$，其對 f 是顯式的。有些作者稱呼此區為完全紊流區，但這是誤導的，因為圖 8-26 中虛線的左邊也是完全紊流的。

表 8-3 分類 40 號鋼管的標準尺寸

公稱尺寸, in	真實內部直徑, in
$\frac{1}{8}$	0.269
$\frac{1}{4}$	0.364
$\frac{3}{8}$	0.493
$\frac{1}{2}$	0.622
$\frac{3}{4}$	0.824
1	1.049
$1\frac{1}{2}$	1.610
2	20.67
$2\frac{1}{2}$	2.469
3	3.068
5	5.047
10	10.02

在作計算時，我們必須確定使用的是管的真正內直徑，因為其與公稱直徑可能是不同的。例如一根公稱直徑為 1 英寸的鋼管，其內部直徑是 1.049 英寸 (表 8-3)。

流體流動問題的分類

在使用穆迪圖 (或科爾布魯克方程式) 設計及分析管路系統時，我們通常遇到三種型態的問題 (假設流體與管粗糙度已經被指定) (圖 8-27)：

1. 決定壓力降 (或水頭損失)，當管長與直徑已經對一個指定流率 (或速度) 被給定時。
2. 決定流率，當管長與直徑已經對一個指定壓力降 (或水頭損失) 被給定時。
3. 決定管直徑，當管長與流率已經對一個指定壓降 (或水頭損失) 被給定時。

題型	已知	求解
1	$L, D, \dot{V}$	ΔP (or h_L)
2	$L, D, \Delta P$	$\dot{V}$
3	$L, \Delta P, \dot{V}$	D

圖 8-27 管流中遇到的三類題型。

第一型的問題很直接，可以直接使用穆迪圖來解出。第二型與第三型的問題經常在作工程設計時遇到 (例如選擇管徑來最小化建造與泵功率的成本)，但是在這類問題中使用穆迪圖需要使用疊代方法 —— 建議使用一個方程式求解器 (如 EES)。

在第二型的問題中，直徑已知但流率未知。這種情況下摩擦因子的一個良好猜測是對已知的粗糙度從完全紊流區域去獲得。這對大雷諾數時為真，在實際流動中常是如此。一旦得到流率，摩擦因子可以使用穆迪圖或科爾布魯克方程式來作修正，其後重複步驟直到解收斂為止。(一般只需要少數幾次疊代，就可以收斂到三至四個數字的精確性。)

在第三型的問題中，直徑是未知數，因此雷諾數與相對粗糙度無法計算。我們可以假設一個直徑來開始計算。由此假設直徑所算出來的壓力降與指定的壓力降作比較，並且用另一個管直徑作計算，如此重複疊代直到收斂為止。

為了避免在水頭損失、流率與直徑計算時的冗長疊代計算，史萬迷與簡 (Swamee and Jain, 1976) 建議以下的顯式關係式，其可正確到穆迪圖的 2% 內：

$$h_L = 1.07 \frac{\dot{V}^2 L}{gD^5} \left\{ \ln\left[\frac{\varepsilon}{3.7D} + 4.62\left(\frac{\nu D}{\dot{V}}\right)^{0.9} \right] \right\}^{-2} \quad \begin{array}{l} 10^{-6} < \varepsilon/D < 10^{-2} \\ 3000 < \text{Re} < 3 \times 10^8 \end{array} \quad (8\text{-}52)$$

$$\dot{V} = -0.965 \left(\frac{gD^5 h_L}{L}\right)^{0.5} \ln\left[\frac{\varepsilon}{3.7D} + \left(\frac{3.17\nu^2 L}{gD^3 h_L}\right)^{0.5} \right] \quad \text{Re} > 2000 \quad (8\text{-}53)$$

$$D = 0.66 \left[\varepsilon^{1.25}\left(\frac{L\dot{V}^2}{gh_L}\right)^{4.75} + \nu\dot{V}^{9.4}\left(\frac{L}{gh_L}\right)^{5.2} \right]^{0.04} \quad \begin{array}{l} 10^{-6} < \varepsilon/D < 10^{-2} \\ 5000 < \text{Re} < 3 \times 10^8 \end{array} \quad (8\text{-}54)$$

注意所有量都是有因次的，並且其單位化為希望的單位 (例如，在最後的關係式中為 m 或 ft)，只要協調的單位被使用即可。注意穆迪圖正確到實驗數據的 15% 以內，因此使用這些近似的關係式來設計管路系統時，我們不需要有任何的保留。

例題 8-2　決定水管中的水頭損失

溫度 15°C 的水 ($\rho = 999$ kg/m^3 且 $\mu = 1.138 \times 10^{-3}$ kg/m·s) 以流率 6 L/s 穩定地流過 5 cm 直徑、由不鏽鋼製造的水平管 (圖 8-28)。試求流過此管的一段 60 m 長的管段的壓力降、水頭損失及需要輸入的泵功率。

圖 8-28 例題 8-2 的示意圖。

解答：已知經過一根指定水管的流率。要決定壓力降、水頭損失及需要的泵功率。

假設：**1.** 流動是穩定且不可壓縮的。**2.** 入口效應可以忽略，因此流動是完全發展的。**3.** 此管不含有像彎管閥、連接段等零件。**4.** 管段不含有功的裝置，像泵或透平機。

性質：已知水的密度與動力黏度為 $\rho = 999$ kg/m^3，且 $\mu = 1.138 \times 10^{-3}$ kg/m·s。

分析：這是第一型的問題，因為流率、管長及管直徑都是已知。首先計算平均速度與雷諾數來決定流動型態：

$$V = \frac{\dot{V}}{A_c} = \frac{\dot{V}}{\pi D^2/4} = \frac{0.006 \text{ m}^3}{\pi (0.05 \text{ m})^2/4} = 3.06 \text{ m/s}$$

$$\text{Re} = \frac{\rho V D}{\mu} = \frac{(999 \text{ kg/m}^3)(3.06 \text{ m/s})(0.05 \text{ m})}{1.138 \times 10^{-3} \text{ kg/m·s}} = 134{,}300$$

因為 Re 大於 4000，流動是紊流。管的相對粗糙度可以使用表 8-2 來作估算：

$$\varepsilon/D = \frac{0.002 \text{ mm}}{50 \text{ mm}} = 0.000040$$

與這個相對粗糙度與雷諾數對應的摩擦因子可以用穆迪圖來決定。為了避免讀圖誤差，我們用穆迪圖所依據的科爾布魯克方程式來決定 f：

$$\frac{1}{\sqrt{f}} = -2.0 \log\left(\frac{\varepsilon/D}{3.7} + \frac{2.51}{\text{Re}\sqrt{f}}\right) \rightarrow \frac{1}{\sqrt{f}} = -2.0 \log\left(\frac{0.000040}{3.7} + \frac{2.51}{134{,}300\sqrt{f}}\right)$$

使用方程式求解器或用疊代法，摩擦因子被決定為 $f = 0.0172$。壓力降 (此例中等於壓力損失)、水頭損失及需要輸入的功率變成

$$\Delta P = \Delta P_L = f\frac{L}{D}\frac{\rho V^2}{2} = 0.0172\frac{60\text{ m}}{0.05\text{ m}}\frac{(999\text{ kg/m}^3)(3.06\text{ m/s})^2}{2}\left(\frac{1\text{ N}}{1\text{ kg}\cdot\text{m/s}^2}\right)$$
$$= 96{,}540\text{ N/m}^2 = 96.5\text{ kPa}$$

$$h_L = \frac{\Delta P_L}{\rho g} = f\frac{L}{D}\frac{V^2}{2g} = 0.0172\frac{60\text{ m}}{0.05\text{ m}}\frac{(3.06\text{ m/s})^2}{2(9.81\text{ m/s}^2)} = 9.85\text{ m}$$

$$\dot{W}_{\text{pump}} = \dot{V}\Delta P = (0.006\text{ m}^3/\text{s})(96{,}540\text{ N/m}^2)\left(\frac{1\text{ W}}{1\text{ N}\cdot\text{m/s}}\right) = 579\text{ W}$$

因此，需要輸入 579 W 的功率來克服管內的摩擦損失。

討論： 一般的作法是將最後的答案寫到三位有效數字，即使我們知道結果最多只有兩位有效數字，這是因為科爾布魯克方程式有其固有的不正確性，如之前討論過的。摩擦因子也可以比較容易地使用哈蘭德關係式 [式 (8-51)] 來決定。它將給出 $f = 0.0170$，其值相當接近 0.0172。同時此例中對應於 $\varepsilon = 0$ 的摩擦因子是 0.0169，這指出對於此不鏽鋼管，將其近似為平滑管誤差是很小的。

例題 8-3　決定一個空氣管道的直徑

在 1 atm，35°C 的加熱空氣，其流率為 0.3 m³/s，要用一根 150 m 長的圓形塑膠管來輸送 (圖 8-29)。如果此管中的水頭損失不能超過 20 m，試求管道的最小直徑。

解答： 已知在一個空氣管道的流率與水頭損失，要決定管道的直徑。

圖 8-29 例題 8-3 的示意圖。

假設：1. 流動是穩定且不可壓縮的。**2.** 入口效應可以忽略，因此流動是完全發展的。**3.** 管道沒有包含像彎管、閥及連接器等零件。**4.** 空氣是理想氣體。**5.** 管道是平滑的，因其是由塑膠製成的。**6.** 流動是紊流 (要被證明)。

性質： 空氣在 35°C 的密度、動力黏度及運動黏度是 $\rho = 1.145$ kg/m³、$\mu = 1.895 \times 10^{-5}$ kg/m·s 及 $\nu = 1.655 \times 10^{-5}$ m²/s。

分析： 這個問題屬於第三型，因為其在指定流率與水頭損失下要決定直徑。我們可用三種不同的作法來求解這個問題：(1) 用疊代法，假設一個管直徑，計算水頭損失，將結果與指定的水頭損失比較，重作計算直到計算水頭損失與指定值吻合為止；(2) 寫出所有相關的方程式 (將直徑留下來當成未知數)，再用一個方程式求解器來求解這些聯立方程式；及 (3) 使用第三個史萬迷–簡計算式。我們將示範後兩種作法的使用。

平均速度、雷諾數、摩擦因子及水頭損失的關係式被表示為 (D 用 m，V 用 m/s，而 Re 及 f 是無因次的)

$$V = \frac{\dot{V}}{A_c} = \frac{\dot{V}}{\pi D^2/4} = \frac{0.35 \text{ m}^3/\text{s}}{\pi D^2/4}$$

$$\text{Re} = \frac{VD}{\nu} = \frac{VD}{1.655 \times 10^{-5} \text{ m}^2/\text{s}}$$

$$\frac{1}{\sqrt{f}} = -2.0 \log\left(\frac{\varepsilon/D}{3.7} + \frac{2.51}{\text{Re}\sqrt{f}}\right) = -2.0 \log\left(\frac{2.51}{\text{Re}\sqrt{f}}\right)$$

$$h_L = f \frac{L}{D} \frac{V^2}{2g} \quad \rightarrow \quad 20 \text{ m} = f \frac{150 \text{ m}}{D} \frac{V^2}{2(9.81 \text{ m/s}^2)}$$

粗糙度對塑膠管近似為零 (表 8-2)。因此，有四個方程式，要求解四個未知數。用一個像 EES 的求解器來解它們，得到

$$D = 0.267 \text{ m} \cdot f = 0.0180 \cdot V = 6.24 \text{ m/s} \text{ 及 } \text{Re} = 100{,}800$$

因此若水頭損失不能超過 20 m，流道的直徑應該大於 26.7 cm。注意 Re > 4000，因此紊流的假設是成立的。

直徑也可以直接從第三個史萬迷－簡計算式求得

$$D = 0.66\left[\varepsilon^{1.25}\left(\frac{L\dot{V}^2}{gh_L}\right)^{4.75} + \nu \dot{V}^{9.4}\left(\frac{L}{gh_L}\right)^{5.2}\right]^{0.04}$$

$$= 0.66\left[0 + (1.655 \times 10^{-5} \text{ m}^2/\text{s})(0.35 \text{ m}^3/\text{s})^{9.4}\left(\frac{150 \text{ m}}{(9.81 \text{ m/s}^2)(20 \text{ m})}\right)^{5.2}\right]^{0.04}$$

$$= \mathbf{0.271 \text{ m}}$$

討論：注意這兩個結果的差異小於 2%。因此，簡單的史萬迷－簡關係可以比較放心的被使用。最後，第一個作法 (疊代) 需要 D 的一個起始猜測值。如果我們用史萬迷－簡的結果當作我們的起始猜測值，直徑將很快收斂至 $D = 0.267$ m。

例題 8-4　決定空氣在流道中的流率

重新考慮例題 8-3。現在將流道長度加倍但維持其直徑為常數。如果總水頭損失要維持為常數，試決定經過此流道的流率下降多少？

解答：已知一個空氣流道的直徑和水頭損失。要決定流率下降多少。

分析：這是第二型的問題，因為它是在已知管直徑和水頭損失下要決定流率。求解會包含疊代過程，因為流率 (從而使流速) 是未知的。

平均速度、雷諾數、摩擦因子及水頭損失的關係式被表示為 (D 用 m，V 用 m/s，而 Re 和 f 是無因次的)

$$V = \frac{\dot{V}}{A_c} = \frac{\dot{V}}{\pi D^2/4} \quad \rightarrow \quad V = \frac{\dot{V}}{\pi (0.267 \text{ m})^2/4}$$

$$\text{Re} = \frac{VD}{\nu} \quad \rightarrow \quad \text{Re} = \frac{V(0.267 \text{ m})}{1.655 \times 10^{-5} \text{ m}^2/\text{s}}$$

$$\frac{1}{\sqrt{f}} = -2.0 \log\left(\frac{\varepsilon/D}{3.7} + \frac{2.51}{\text{Re}\sqrt{f}}\right) \quad \rightarrow \quad \frac{1}{\sqrt{f}} = -2.0 \log\left(\frac{2.51}{\text{Re}\sqrt{f}}\right)$$

$$h_L = f \frac{L}{D} \frac{V^2}{2g} \quad \rightarrow \quad 20 \text{ m} = f \frac{300 \text{ m}}{0.267 \text{ m}} \frac{V^2}{2(9.81 \text{ m/s}^2)}$$

這是四個方程式解四個未知數的問題，用像 EES 一樣的求解器 (圖 8-30) 求解，得出

$$\dot{V} = 0.24 \text{ m}^3/\text{s} \text{、} f = 0.0195 \text{、} V = 4.23 \text{ m/s} \text{ 與 Re} = 68,300$$

因此流率的下降為

$$\dot{V}_{\text{drop}} = \dot{V}_{\text{old}} - \dot{V}_{\text{new}} = 0.35 - 0.24 = \mathbf{0.11 \text{ m}^3/\text{s}} \quad \text{（下降了 31\%）}$$

因此，對一個指定的水頭損失 (或可用的水頭，或風扇泵功率)，當流道長度加倍以後，流率下降了 31%，從 0.35 m³/s 下降至 0.24 m³/s。

圖 8-30 例題 8-4 的 EES 的解答。

另解：如果沒有電腦可用 (就像在考試時一樣)，另一個作法就是建立一個人工疊代迴圈。我們發現收斂最好的方法是先猜摩擦因子 f，再求解速度 V。V 作為 f 的函數的方程式是

流過管子的平均速度：
$$V = \sqrt{\frac{2gh_L}{fL/D}}$$

一旦算出 V，就能算出雷諾數，再用穆迪圖或科爾布魯克方程式即可得到修正的摩擦因子。我們用這個修正的 f 值重作計算，直到收斂為止。我們先猜 $f = 0.04$ 來作說明：

疊代	f(猜測)	V，m/s	Re	修正的 f
1	0.04	2.955	4.724×10^4	0.0212
2	0.0212	4.059	6.489×10^4	0.01973
3	0.01973	4.207	6.727×10^4	0.01957
4	0.01957	4.224	6.754×10^4	0.01956
5	0.01956	4.225	6.756×10^4	0.01956

注意只用三次疊代就收斂至三個數字，用四次疊代就收斂至四個數字。最後的結果與使用 EES 得到的一樣，但不需要電腦。

討論：新的流率也可以直接使用史萬迷–簡的第二個計算式來求得

$$\dot{V} = -0.965\left(\frac{gD^5 h_L}{L}\right)^{0.5} \ln\left[\frac{\varepsilon}{3.7D} + \left(\frac{3.17\nu^2 L}{gD^3 h_L}\right)^{0.5}\right]$$

$$= -0.965\left(\frac{(9.81 \text{ m/s}^2)(0.267 \text{ m})^5(20 \text{ m})}{300 \text{ m}}\right)^{0.5}$$

$$\times \ln\left[0 + \left(\frac{3.17(1.655 \times 10^{-5} \text{ m}^2/\text{s})^2(300 \text{ m})}{(9.81 \text{ m/s}^2)(0.267 \text{ m})^3(20 \text{ m})}\right)^{0.5}\right]$$

$$= 0.24 \text{ m}^3/\text{s}$$

注意從史萬迷–簡計算式得到的結果與使用 EES (用到科爾布魯克方程式) 或使用人工疊代技術所得的結果是相同的 (至兩個有效數字)。因此，簡單的史萬迷–簡關係式可以被很有信心的使用。

8-6 次要損失

在一個典型的管路系統中，流體除了流過管路的直管段以外，還會流過各種配件、閥、彎管、肘管、T 形管、入口、出口、擴管與縮管。這些配件干擾了流體的平順流動，並且造成額外的損失，因為它們會造成流體的分離與混合之故。在一個管子很長的典型系統中，這些損失比起直管段中的水頭損失 [主要損失 (major losses)] 是較為次要的，因此稱為次要損失 (minor losses)。雖然一般說來這是真的，但在某些情況下，次要損失可能大於主要損失。例如一個系統若在一段很短的距離中有許多彎管和閥就是這種情形。一個幾乎完全打開的閥所導入的水頭損失可能是可以忽略的。但是一個部分打開的閥在系統中有可能造成最大的水頭損失，這可以由流率的下降得到證明。流經過閥與配件的流動是非常複雜的，理論分析通常是不可能的。因此次要損失都是實驗決定的，通常由零件的製造商來做。

次要損失通常是用損失係數 (loss coefficient) K_L 或阻力係數 (resistance coefficient) 來表示的，定義為 (圖 8-31)

損失係數：
$$K_L = \frac{h_L}{V^2/(2g)} \qquad (8\text{-}55)$$

其中 h_L 是在管路系統中由於插入零件所造成額外的不可逆水頭損失，並且定義為 $h_L = \Delta P_L/\rho g$。例如，想像用一段從位置 1 到位置 2 的直管來替換圖 8-31 中的閥，ΔP_L 定義為從 1 到 2 有閥的情形下的壓力降，$(P_1 - P_2)_\text{valve}$，減掉從 1 到 2 是想像的直管而沒有閥的情形下的壓力降，$(P_1 - P_2)_\text{pipe}$，條件是在相同的流

有閥的管截面：

$(P_1 - P_2)_\text{valve}$

沒有閥的管截面：

$(P_1 - P_2)_\text{pipe}$

$\Delta P_L = (P_1 - P_2)_\text{valve} - (P_1 - P_2)_\text{pipe}$

圖 8-31 一根管子的等直徑的管段帶有一個次要損失零件時，零件的損失係數 (例如圖中所示的閘閥) 的決定是量測其所造成的額外的水頭損失，並且將其除以在管內的動壓而得到。

率下。雖然不可逆的水頭損失主要是發生在閥的附近，但是其一小部分會發生在閥的下游，原因是閥會造成旋轉的紊流渦旋並被帶向下游。這些渦旋會"浪費"機械能，因為它們最終會以熱的形式耗散，而在管的下游處流動最後會回復至完全發展的情況。當量測某些次要損失零件的次要損失時，例如肘管，位置 2 必須在足夠下游的位置 (管徑的 10 倍以上)，為的是要完全考慮這些消散渦旋所造成的額外的不可逆損失。

當這些零件下游的管直徑改變時，決定次要損失就變得更複雜。然而在所有的情況中，它都是基於機械能的額外的不可逆損失，這個損失在次要損失零件不在那裡時是不存在的。為簡單起見，你可以把次要損失想像成只發生在次要損失零件的局部附近，但必須記住零件對流動的影響往下游延伸了好幾個直徑之遠。順便一提，這也是多數流量計的製造商建議要將他們的流量計裝設在任何肘管或閥的下游至少 10 至 20 倍直徑遠的下游的原因 —— 這會讓肘管或閥所造成的旋轉紊流渦旋大部分都消失了，並且使流體在進入流量計之前已經變成完全發展流了。(多數流量的校正都是在流量計入口為完全發展流的條件下做的，因此在實際應用時，若入口也是在相同的條件時就能給出最佳的正確性。)

當入口直徑等於出口直徑時，一個零件的損失係數可以量測跨過零件的壓力損失，並將其除以動壓來決定之，$K_L = \Delta P_L/(\frac{1}{2}\rho V^2)$。當一個零件的損失係數可用時，那個零件的水頭損失，就可以如下決定：

次要損失： $$h_L = K_L \frac{V^2}{2g} \tag{8-56}$$

一般而言，損失係數相依於零件的幾何與雷諾數，就如同摩擦因子。然而，一般會假設其獨立於雷諾數。這是一個合理的近似，因為多數實際的流動都有很大的雷諾數，而在大雷諾數時，損失係數 (包括摩擦因子) 傾向於獨立於雷諾數。

次要損失有時也用等效長度 (equivalent length) L_{equiv} 來表示，定義為 (圖 8-32)

等效長度： $$h_L = K_L \frac{V^2}{2g} = f \frac{L_{equiv}}{D} \frac{V^2}{2g} \rightarrow L_{equiv} = \frac{D}{f} K_L \tag{8-57}$$

其中 f 是摩擦因子，而 D 是包含此次要零件的管的直徑。由零件所造成的水頭損失與由於一個長度為 L_{equiv} 的管段所造成的水頭損失是等效的。因此，一個次要零件對水頭損失的貢獻就用在原來管長之上再加上 L_{equiv} 的長度來予以考量。

圖 8-32 一個零件所造成的水頭損失 (就如圖中所示的角閥) 與一個長度等於等效長度的管段所造成的水頭損失是等效的。

兩種作法在實務上都會用到，但是使用損失係數比較常見。因此本書中也採用此種作法。一旦所有的損失係數都有了，管路系統的總水頭損失就可決定如下：

總水頭損失 (一般式)：
$$h_{L,\,\text{total}} = h_{L,\,\text{major}} + h_{L,\,\text{minor}}$$
$$= \sum_i f_i \frac{L_i}{D_i} \frac{V_i^2}{2g} + \sum_j K_{L,j} \frac{V_j^2}{2g} \quad (8\text{-}58)$$

其中 i 代表每一個等直徑的管段，而 j 代表每一個會造成次要損失的零件。如果整個被分析的管路系統只有一個常數直徑，式 (8-58) 就化簡為

總水頭損失 (D = 常數)：
$$h_{L,\,\text{total}} = \left(f\frac{L}{D} + \sum K_L\right)\frac{V^2}{2g} \quad (8\text{-}59)$$

其中 V 是經過整個系統的平均流速 (注意 V = 常數，因為 D = 常數)。

入口、出口、彎管、急劇的與漸近的面積改變及閥等的代表性的損失係數 K_L 在表 8-4 中被列出來。這些值具有可觀的不準度，因為損失係數一般隨管直徑、表面粗糙度、雷諾數及設計的細節而改變。兩個不同的製造商所提供的幾乎相同的兩個閥的損失係數可能有 2 倍或以上的差異。因此在管路系統的最後的設計階段，應該參考特定製造商的數據，而不是依賴手冊上的數值。

管入口的水頭損失是幾何形狀的強烈函數。對非常圓滑的入口其值幾乎是可忽略的 ($K_L = 0.03$ 對 $r/D > 0.2$)，但對有尖銳邊緣的入口則會增加到約 0.50 (圖 8-33)。亦即，銳緣入口會造成速度頭的一半損失。這是因為流體不能夠輕易的作 90° 轉彎，特別是高速時。結果，流體在角落處分離了，而流場被收縮使得在管中形成縮流頸 (vena contracta) 的區域 (圖 8-34)。因此一個銳緣入口有使流體收縮的作用。流體因為有效流動面積的減少，而使得縮流頸區域的速度加快。然後當流體充滿管的整個截面積時，速度又減小了。如果壓力遵循伯努利方程式一般的增加，損失就會是可忽略的 (速度頭轉換成壓力頭)。然而減速過程通常不是很理

圖 8-33　一個管的入口的水頭損失對一個非常圓滑的入口幾乎是可忽略的 (對 $r/D > 0.2$，$K_L = 0.03$)，但是對銳緣入口會增加至大約 0.5。

圖 8-34　在銳緣管入口的流動收縮與相關的水頭損失的代表圖形。

表 8-4 各種管零件在紊流中的損失係數 [使用在關係式 $h_L = K_L V^2/(2g)$，其中 V 是包含此管零件的管中的平均速度]*

管入口

內凸緣：$K_L = 0.8$
($t \ll D$ 與 $I = 0.1D$)

銳緣 $K_L = 0.50$

很圓 ($r/D > 0.2$)：$K_L = 0.03$
微圓 ($r/D = 0.1$)：$K_L = 0.12$
(參考圖 8-35)

管出口

內凸緣：$K_L = \alpha$

銳緣：$K_L = \alpha$

導圓：$K_L = \alpha$

注意：動能修正因子，對完全發展層流是 $\alpha = 2$，對完全發展紊流是 $\alpha = 1.05$。

突擴管與突縮管 (基於較小直徑的管的速度)

突擴管：$K_L = \alpha \left(1 - \dfrac{d^2}{D^2}\right)^2$

突縮管：見右圖。

漸擴管與漸縮管 (基於較小直徑的管的速度)

漸擴 ($\theta = 20°$)：
$K_L = 0.30$，$d/D = 0.2$
$K_L = 0.25$，$d/D = 0.4$
$K_L = 0.15$，$d/D = 0.6$
$K_L = 0.10$，$d/D = 0.8$

漸縮：
$K_L = 0.02$，$\theta = 30°$
$K_L = 0.04$，$\theta = 45°$
$K_L = 0.07$，$\theta = 60°$

表 8-4 各種管零件在紊流中的損失係數 [使用在關係式 $h_L = K_L V^2/(2g)$，其中 V 是包含此管零件的管中的平均速度]*(續)

彎管與分叉管

90° 平滑彎管： 凸緣：$K_L = 0.3$ 螺紋：$K_L = 0.9$	90° 斜接管 (無導板)：$K_L = 1.1$	90° 斜接管 (有導板)：$K_L = 0.2$	45° 螺紋肘管： $K_L = 0.4$
180° 回彎管： 凸緣：$K_L = 0.2$ 螺紋：$K_L = 1.5$	T 接管 (分叉流)： 凸緣：$K_L = 1.0$ 螺紋：$K_L = 2.0$	T 接管 (直流)： 凸緣：$K_L = 0.2$ 螺紋：$K_L = 0.9$	螺紋套節： $K_L = 0.08$

閥

球閥，全開：$K_L = 10$
角閥，全開：$K_L = 5$
球形閥，全開：$K_L = 0.05$
擺動止回閥：$K_L = 2$

閘閥，全開：$K_L = 0.2$
$\frac{1}{4}$ 閥：$K_L = 0.3$
$\frac{1}{2}$ 閥：$K_L = 2.1$
$\frac{3}{4}$ 閥：$K_L = 17$

* 這些是損失係數的代表值。實際值強烈相依零件的設計與製造，並且與這些給定值可能差異很大 (特別是閥)。在最後的設計中應該使用製造商的實際值。

想，由強烈混合及紊流渦旋所造成的黏滯損耗將部分動能變成摩擦生熱，這可從流體溫度的輕微上升得到證明。最後的結果是速度減小了，卻沒有得到對應的壓力回升，入口損失就是這種不可逆壓力降的一個量度。

即使只是輕微的導圓入口銳緣，也能造成 K_L 的顯著降低，如圖 8-35 所示。當管凸出進入貯水槽時，損失係數急劇上升 (至約 $K_L = 0.8$)，因為此情形中某些在邊緣的流體必須作 180° 轉向，才能進入管中。

一個沉埋管出口的損失係數，在手冊中列出的值通常是 $K_L = 1$。然而，更精確的說，在管的出口，K_L 等於動能修正因子 α。雖然對完全發展的管中紊流，α 值的確接近 1，但對完全發展的管中層流，其值為 2。為了避免在分析管中層流的可能的錯誤，在一個沉浸管的出口，最好總是令 $K_L = \alpha$。在任何這樣的出口，不管是層流

圖 8-35 在管的入口導圓對損失係數的影響。

Data from ASHRAE Handbook of Fundamentals.

320 基礎流體力學

圖 8-36 在一個沉浸的出口，所有流動的動能在噴流減速並與周圍流體混合時都經由摩擦而"損失"了 (轉變成熱能)。

或紊流，離開管的流體與貯水槽中的流體混合，並在黏度的不可逆作用下失去其動能，至最後靜止下來。這個過程不管出口的形狀是什麼，都是真的 (表 8-4 及圖 8-36)。因此對管出口的銳緣導圓並沒有好處。

管路系統通常會包含突然或漸近的擴張或收縮段來適應流率或性質 (如密度和速度) 的改變。在突然擴張或收縮的情況 (或寬角度擴張)，損失通常會大許多，原因是流動分離。結合質量、動量與能量平衡方程式，可以將一個突然擴張情形的損失係數近似為

$$K_L = \alpha \left(1 - \frac{A_{small}}{A_{large}}\right)^2 \quad \text{(突擴)} \tag{8-60}$$

其中 A_{small} 與 A_{large} 分別是小管與大管的截面積。注意當沒有面積改變時 ($A_{small} = A_{large}$)，$K_L = 0$，而當根管排放至一個貯水槽時 ($A_{large} \gg A_{small}$)，$K_L = \alpha$。對一個突縮管，不存在一個這樣的關係式，此情況的 K_L 值必須從圖或表 (如表 8-4) 來讀出。由於突擴或突縮所造成的損失，可藉由安裝錐狀面積漸變管 (噴嘴或擴張器) 於小管與大管之間來大幅降低。漸擴管與漸縮管的代表例的 K_L 值列於表 8-4。注意在作水頭損失計算時，小管的速度應該被使用為參考速度用在式 (8-56) 中。擴張時的損失通常遠大於縮收時的損失，原因在於流動分離。

管路系統也包含方向改變，而直徑不變，這種流動段稱為彎管或肘管。這些裝置的損失是由於流動分離 (就向一輛車轉彎太快而被甩離路面一樣) 發生在內側而造成旋轉的二次流。轉彎所造成的損失可以被最小化，方法是使用圓弧 (如 90° 肘管) 代替急轉彎 (如斜接管) 來讓流體 "容易" 轉彎 (圖 8-37)。但是使用急轉彎 (從而承受損失係數上的懲罰) 在空間上受到限制的地方可能是必須的。在這些情況下，藉由適當安裝導板來幫助流動，並以一種有序的方式轉彎而避免被甩離路徑，就可最小化損失。一些肘管、斜接管與 T 接管的損失係數列在表 8-4 中。這些係數不包括沿著彎管的摩擦損失。這些損失可以像直管一樣被計算出來 (使用中心線長度當作管長)，並加到其它損失之上。

圖 8-37 轉彎所造成的損失可以藉由使用圓弧代替急轉的方法來使流體 "容易" 轉彎而被最小化。

閥經常被使用在管路系統中來控制流率，方法是簡單的控制水頭損失直到達到希望的流率。對於閥，希望的是當其全開時可以有很小的損失係數，例如球形閥，使其在全負荷操作時所造成的水頭損失為最小。有幾種目前在使用的閥的設計，每

一種都有其優缺點。閘閥像閘門一樣上下滑動，球閥 (圖 8-38) 關閉置於閥中的一個洞，角閥是一個轉了 90° 的球形閥，而止回閥允許流體只在一個方向流動就像在電路中的二極體。表 8-4 列出一些受歡迎設計的代表性損失係數。注意當閥關閉時，損失係數急速上升。同時不同製造商的閥的損失係數差異非常大，因為其幾何形狀是非常複雜的。

圖 8-38 一個部分關閉的球閥有很大的損失係數，原因是不可逆的減速、流動分離及從狹窄閥流道流出的高速流體所造成的混合作用。

例題 8-5　漸擴的水頭損失與壓力上升

一根 6 cm 直徑的水平水管逐漸擴張至一根 9 cm 直徑的水管 (圖 8-39)。擴張段的壁面與軸的角度是 10°。在擴張段之前水的平均速度與壓力分別是 7 m/s 與 150 kPa。試決定擴張段的水頭損失與較大直徑的管子中的壓力。

圖 8-39　例題 8-5 的示意圖。

解答：一根水平的水管漸擴至一根較大直徑的水管。要決定漸擴以後的水頭損失與壓力。

假設：**1.** 流動是穩定且不可壓縮的。**2.** 在位置 1 與 2 的流動是完全發展的紊流，$\alpha_1 = \alpha_2 \cong 1.06$。

性質：我們取水的密度為 $\rho = 1000$ kg/m³。一個總擴張角度 $\theta = 20°$ 且直徑比 $d/D = 6/9$ 的漸擴管的損失係數是 $K_L = 0.133$ (使用表 8-4 作內插求得)。

分析：注意水的密度是常數，水在下游的速度從質量守恆定理可以決定之

$$\dot{m}_1 = \dot{m}_2 \;\;\to\;\; \rho V_1 A_1 = \rho V_2 A_2 \;\;\to\;\; V_2 = \frac{A_1}{A_2} V_1 = \frac{D_1^2}{D_2^2} V_1$$

$$V_2 = \frac{(0.06 \text{ m})^2}{(0.09 \text{ m})^2} (7 \text{ m/s}) = 3.11 \text{ m/s}$$

擴張段的不可逆水頭損失變成

$$h_L = K_L \frac{V_1^2}{2g} = (0.133) \frac{(7 \text{ m/s})^2}{2(9.81 \text{ m/s}^2)} = \mathbf{0.333 \text{ m}}$$

注意 $z_1 = z_2$，並且沒有泵或透平機，擴張段的能量方程式可以用水頭的形式表示為

$$\frac{P_1}{\rho g} + \alpha_1 \frac{V_1^2}{2g} + \cancel{z_1} + \cancel{h_{\text{pump},u}}^{0} = \frac{P_2}{\rho g} + \alpha_2 \frac{V_2^2}{2g} + \cancel{z_2} + \cancel{h_{\text{turbine},e}}^{0} + h_L$$

或

$$\frac{P_1}{\rho g} + \alpha_1 \frac{V_1^2}{2g} = \frac{P_2}{\rho g} + \alpha_2 \frac{V_2^2}{2g} + h_L$$

解出 P_2 並代入數值

$$P_2 = P_1 + \rho\left\{\frac{\alpha_1 V_1^2 - \alpha_2 V_2^2}{2} - gh_L\right\} = (150 \text{ kPa}) + (1000 \text{ kg/m}^3)$$

$$\times \left\{\frac{1.06(7 \text{ m/s})^2 - 1.06(3.11 \text{ m/s})^2}{2} - (9.81 \text{ m/s}^2)(0.333 \text{ m})\right\}$$

$$\times \left(\frac{1 \text{ kN}}{1000 \text{ kg·m/s}^2}\right)\left(\frac{1 \text{ kPa}}{1 \text{ kN/m}^2}\right)$$

$$= \mathbf{168 \text{ kPa}}$$

因此，儘管有水頭 (及壓力) 損失，但擴張後的壓力從 150 增加到 168 kPa。這是因為平均速度在較大的管子中減速時，動壓轉換成靜壓之故。

討論：眾所周知，上游需要有較大的壓力來造成流動，因此儘管會有損失，你可能會驚訝於壓力居然在擴張之後就上升了，這是因為流動是由三種水頭組成總水頭之和所驅動的 (即壓力頭、速度頭及高度頭)。在流動擴張時，上游較高的速度頭被轉換成下游的壓力頭，而此增加勝過不可回收的水頭損失。同時，你可能被誘使去使用伯努利方程式來解這個問題。這個解法忽略水頭損失 (及其有關的壓力損失)，而導致流體在下游得到較高的不正確壓力。

8-7 管網路與泵的選擇

管的串聯與並聯

實務上碰到的大多數管路系統，例如在城市或在商業及住宅建築的輸水系統中，都包含許多並聯和串聯的連接，也包含各種源 (輸送流體到系統) 和負載 (從系統排出流體)。一個管路專案可能牽涉到設計一個新系統或一個既有系統的擴張。這些專案的工程目標就是要設計一個管路系統用設定的壓力以最小的總成本 (初始成本加操作成本加維修成本) 來可靠的輸送指定的流率。一旦系統的佈置圖準備好了，要在維持經費的限制下，決定管直徑與整個系統的壓力，通常都需要對系統重複的求解，直到取得最佳的解決方案。對這種系統的電腦模擬與分析使這項煩人的工作變成簡單的例行公事。

管路系統通常都包含許多管子彼此用串聯或並聯的方式連接，如圖 8-40 及圖 8-41 所示。用串聯連接時，整個系統的流率維持常數，不管系統中個別管子的直徑大小是否一樣。這是質量守恆定理在一個穩定、不可壓縮流動系統中的自然結果。這

圖 8-40 在串聯的管子中，每一根管的流率是相同的，而總水頭損失是每一根管的水頭損失的加總。

圖 8-41 在並聯的管子中，每一根管的水頭損失是相同的，而總流率是每一根管的流率的加總。

種情形的總水頭損失包括次要損失，等於在系統中的每一個個別管子的水頭損失的加總。在擴張或收縮的連接處的損失被考慮為屬於較小直徑的管子，因為擴張和收縮的損失係數的定義是基於小直徑管子的平均速度來定義的。

一根管子先分叉成兩根 (或更多) 平行管子，然後在下游的一個會合點再會合，其總流率是每根管子流率的加總。並聯中的每一根管子的壓力降 (或水頭損失) 必須相同，因為 $\Delta P = P_A - P_B$，每一根管子在連接點的壓力 P_A 與 P_B 都是相同的。一個在連接點 A 與 B 之間有兩根並聯管子 1 與 2 的系統，若次要損失可以忽略，可以表示成

$$h_{L,1} = h_{L,2} \quad \rightarrow \quad f_1 \frac{L_1}{D_1} \frac{V_1^2}{2g} = f_2 \frac{L_2}{D_2} \frac{V_2^2}{2g}$$

這兩根平行管之間的平均速度比及流率比變成

$$\frac{V_1}{V_2} = \left(\frac{f_2}{f_1} \frac{L_2}{L_1} \frac{D_1}{D_2}\right)^{1/2} \quad \text{與} \quad \frac{\dot{V}_1}{\dot{V}_2} = \frac{A_{c,1} V_1}{A_{c,2} V_2} = \frac{D_1^2}{D_2^2} \left(\frac{f_2}{f_1} \frac{L_2}{L_1} \frac{D_1}{D_2}\right)^{1/2}$$

因此，平行管的相對流率是建立在要求每根管子的水頭損失都相同之上。這個結果可以被延伸至有任意數目的管子被並聯的情況。結果對次要損失顯著的管子也是成立的，只要將零件的次要損失的等效長度加到管長上就可以了。注意並聯的每一個分叉管上的流率正比於其直徑的 5/2 次方，但卻是反比於其長度及摩擦因子的平方根。

管網路的分析，不管它們是如何複雜，都基於兩個主要定律：

1. 質量守恆在整個系統中都必須被滿足。也就是要求流進一個連接點的總流量要等於從連接點流出的總流量，對系統中所有的連接點都是。同時，以串聯連接的管子流率都必須相同，不管其直徑如何改變。
2. 兩個連接點之間的壓力降 (或水頭損失)，對在此兩連接點之間的所有路徑都必須相同。這是因為壓力是一個點函數，在一個指定點不可能有兩個值。在實際中，這個定律的使用是要求在一個迴路中 (對所有迴路都是)，其水頭損失的代數和為零。(順時針方向流動的水頭損失取正值，而逆時針方向流動的水頭損失取負值。)

因此管網路的分析與電網路的分析 (科西定律) 非常相似，流率對應電流，而壓力對應電位勢。然而，此處的情況更為複雜，不同於電阻，"流阻" 是高度非線性的函數，因此管網路的分析需要解非線性聯立方程式，這就需要用到像 EES、Mathcad、Matlab 等專門設計來提供給這種應用的商業軟體。

有泵與透平機的管路系統

當一個管路系統包含泵及透平機時，以每單位質量為基礎的穩定流方程式被表示為 (參考 5-6 節)

$$\frac{P_1}{\rho} + \alpha_1 \frac{V_1^2}{2} + gz_1 + w_{\text{pump},u} = \frac{P_2}{\rho} + \alpha_2 \frac{V_2^2}{2} + gz_2 + w_{\text{turbine},e} + gh_L \tag{8-61}$$

或是以水頭來表示為

$$\frac{P_1}{\rho g} + \alpha_1 \frac{V_1^2}{2g} + z_1 + h_{\text{pump},u} = \frac{P_2}{\rho g} + \alpha_2 \frac{V_2^2}{2g} + z_2 + h_{\text{turbine},e} + h_L \tag{8-62}$$

其中 $h_{\text{pump},u} = w_{\text{pump},u}/g$ 是傳輸給流體的有用的泵水頭，$h_{\text{turbine},e} = w_{\text{turbine},e}/g$ 是從流體抽取的透平機水頭，α 是動能修正因子，其值對實務上所遇到的大多數 (紊流) 流動約為 1.05，而 h_L 是管路 1、2 點之間的總水頭損失 (包括次要損失，如果其作用明顯)。如果管路系統中沒有泵或風扇，則泵水頭為零；如果系統中沒有透平機，則透平機水頭為零，而若系統中沒有任何製造機械功或消耗機械功的裝置，則兩者皆為零。

許多實際的管路系統都有一個泵來將流體從一個貯水槽移到另一個。在貯水槽的自由表面上，取點 1 與 2 (圖 8-42)，對能量方程式解答可得到需要的有用的泵水頭，

$$h_{\text{pump},u} = (z_2 - z_1) + h_L \tag{8-63}$$

圖 8-42 當泵將流體從一個貯水槽移到另一個時，需要的有用的泵水頭等於兩個貯水槽的高度差加上水頭損失。

因為對於大型貯水槽其自由表面上的速度是可忽略的並且其壓力是大氣壓力。因此，有用的泵水頭等於兩個貯水槽之間的高度差加上水頭損失。如果水頭損失與 $z_2 - z_1$ 比較可以忽略，有用的泵水頭等於兩個貯水槽之間的高度差。在 $z_1 > z_2$ 的情形 (第一個貯水槽的高度高於第二個)，且沒有泵，流動是由重力驅動的，其流率造成的損失等於高度差。對一個水力發電廠的透平機水頭也可給予相同的討論，只是把式 (8-63) 中的 $h_{\text{pump},u}$ 替換成 $-h_{\text{turbine},e}$。

一旦知道了有用的泵水頭，必須由泵傳輸給流體的機械功率與泵的馬達所消耗的電功率在某一個指定流率下可以被決定如下：

$$\dot{W}_{\text{pump, shaft}} = \frac{\rho \dot{V} g h_{\text{pump},u}}{\eta_{\text{pump}}} \quad 與 \quad \dot{W}_{\text{elect}} = \frac{\rho \dot{V} g h_{\text{pump},u}}{\eta_{\text{pump-motor}}} \tag{8-64}$$

圖 8-43 離心泵的特性曲線、管路系統的系統曲線與操作點。

其中 $\eta_{\text{pump-motor}}$ 是泵–馬達組合的效率，其為泵及馬達效率的乘積。泵–馬達組合的效率定義為泵傳給流體的淨機械能相對於泵的馬達所消耗的電能的比值，其大小一般介於 50% 至 85% 之間。

管路系統的水頭損失隨流率而增加 (通常是二次方)。需要的有用的泵水頭 $h_{\text{pump},u}$ 與流率的函數關係的圖形稱為系統曲線 (system curve) 或需求曲線 (demand curve)。一個泵所產生的水頭也不是一個常數。泵水頭與泵效率兩者都隨流率而變，泵製造商用表或圖的形式提供這一類的變化關係，如圖 8-43 所示。這些實驗決定的 $h_{\text{pump},u}$ 與 $\eta_{\text{pump},u}$ 相對 $\dot{V}$ 的曲線，稱為特性曲線 (characteristic curve) 或供給曲線 (supply curve) 或性能曲線 (performance curve)。注意當需要的水頭減小時，泵的流率增加了。泵水頭曲線與垂直軸的交點一般代表泵所能提供的最大的水頭 [稱為關閉水頭 (shutoff head)]，而其與水平軸的交點則指示泵所能提供的最大流率 [稱為自由輸送流率 (free delivery)]。

泵的效率在某個水頭與流率的組合時為最大值。因此，一個可以提供需要的水頭與流率的泵不見得對那個管路系統是最好的選擇，除非泵的效率在那些條件下足夠高。安裝在一個管路系統中的泵會在系統曲線與特性曲線相交點操作。這個相交反點稱為操作點 (operating point)，如圖 8-43 所示。泵所提供的有用水頭在此點匹配系統在那個流率下所需要的水頭。同時，操作中的泵效率是對應那個流率下的值。

例題 8-6　泵送水流經過兩根並聯管

溫度 20°C 的水從一個貯水槽 ($z_A = 5$ m) 經過兩根 36 m 長的並聯管子被泵送到另一個位置較高 ($z_B = 13$ m) 的貯水槽，如圖 8-44 所示。管子由商用鋼製成，其直徑分別是 4 cm 及 8 cm。水由一個效率 70% 的馬達 — 泵組合泵送，操作時消耗的電功率是 8 kW。次要損失及連接並聯管到兩個貯水槽的連接管的水頭損失可以忽略。試決定兩個貯水槽之間的總流率，及通過並聯管的每一根的流率。

圖示說明：$L_1 = 36$ m, $D_1 = 4$ cm；控制體積邊界；$z_B = 13$ m；$z_A = 5$ m；泵；$D_2 = 8$ cm, $L_2 = 36$ m。

圖 8-44 例題 8-6 中討論的管路系統。

解答： 已知一個有兩根並聯管子的管路系統的輸入泵功率。要決定流率。

假設：1. 流動是穩定的 (因為貯水槽很大) 且不可壓縮的。**2.** 入口效應可以忽略，因此流動是完全發展的。**3.** 貯水槽的高度維持為常數。**4.** 次要損失與除了並聯管以外的管水頭損失是可以忽略的。**5.** 兩根管中的流動都是紊流 (需要被證明)。

性質： 水在 20°C 的密度與動力黏度為 $\rho = 998$ kg/m³ 及 $\mu = 1.002 \times 10^{-3}$ kg/m·s。商用鋼管的粗糙度是 $\epsilon = 0.000045$ m (表 8-2)。

分析： 此問題不能直接求解，因為在管中的速度 (或流率) 是未知數。此處我們通常會使用試誤法。然而，像 EES 之類的方程式求解器如今已經是垂手可得。因此，我們將建立方程式組，再用方程式求解器來求解。由泵所提供給流體的有用水頭可以被決定如下：

$$\dot{W}_{\text{elect}} = \frac{\rho \dot{V} g h_{\text{pump},u}}{\eta_{\text{pump-motor}}} \quad \rightarrow \quad 8000 \text{ W} = \frac{(998 \text{ kg/m}^3) \dot{V} (9.81 \text{ m/s}^2) h_{\text{pump},u}}{0.70} \quad (1)$$

我們選擇在兩個貯水槽的自由表面之上的點 A 與 B。注意：因為貯水槽很大，所以此兩點上的流體都對大氣開放 (因此 $P_A = P_B = P_{\text{atm}}$)，並且此兩點上的流體速度幾乎為零 ($V_A \approx V_B \approx 0$)，這兩點之間的能量方程式可以簡化如下：

$$\cancel{\frac{P_A}{\rho g}} + \cancel{\alpha_A \frac{V_A^2}{2g}}^{0} + z_A + h_{\text{pump},u} = \cancel{\frac{P_B}{\rho g}} + \cancel{\alpha_B \frac{V_B^2}{2g}}^{0} + z_B + h_L$$

或

$$h_{\text{pump},u} = (z_B - z_A) + h_L$$

或

$$h_{\text{pump},u} = (13 \text{ m} - 5 \text{ m}) + h_L \quad (2)$$

其中

$$h_L = h_{L,1} = h_{L,2} \quad (3)(4)$$

我們指定 4 cm 直徑的管子為 1，而 8 cm 直徑的管子為 2。每一根管的平均速度、雷諾數、摩擦因子及水頭損失的方程式為

$$V_1 = \frac{\dot{V}_1}{A_{c,1}} = \frac{\dot{V}_1}{\pi D_1^2/4} \quad \rightarrow \quad V_1 = \frac{\dot{V}_1}{\pi (0.04 \text{ m})^2/4} \tag{5}$$

$$V_2 = \frac{\dot{V}_2}{A_{c,2}} = \frac{\dot{V}_2}{\pi D_2^2/4} \quad \rightarrow \quad V_2 = \frac{\dot{V}_2}{\pi (0.08 \text{ m})^2/4} \tag{6}$$

$$\text{Re}_1 = \frac{\rho V_1 D_1}{\mu} \quad \rightarrow \quad \text{Re}_1 = \frac{(998 \text{ kg/m}^3) V_1 (0.04 \text{ m})}{1.002 \times 10^{-3} \text{ kg/m·s}} \tag{7}$$

$$\text{Re}_2 = \frac{\rho V_2 D_2}{\mu} \quad \rightarrow \quad \text{Re}_2 = \frac{(998 \text{ kg/m}^3) V_2 (0.08 \text{ m})}{1.002 \times 10^{-3} \text{ kg/m·s}} \tag{8}$$

$$\frac{1}{\sqrt{f_1}} = -2.0 \log\left(\frac{\varepsilon/D_1}{3.7} + \frac{2.51}{\text{Re}_1 \sqrt{f_1}}\right)$$
$$\rightarrow \quad \frac{1}{\sqrt{f_1}} = -2.0 \log\left(\frac{0.000045}{3.7 \times 0.04} + \frac{2.51}{\text{Re}_1 \sqrt{f_1}}\right) \tag{9}$$

$$\frac{1}{\sqrt{f_2}} = -2.0 \log\left(\frac{\varepsilon/D_2}{3.7} + \frac{2.51}{\text{Re}_2 \sqrt{f_2}}\right)$$
$$\rightarrow \quad \frac{1}{\sqrt{f_2}} = -2.0 \log\left(\frac{0.000045}{3.7 \times 0.08} + \frac{2.51}{\text{Re}_2 \sqrt{f_2}}\right) \tag{10}$$

$$h_{L,1} = f_1 \frac{L_1}{D_1} \frac{V_1^2}{2g} \quad \rightarrow \quad h_{L,1} = f_1 \frac{36 \text{ m}}{0.04 \text{ m}} \frac{V_1^2}{2(9.81 \text{ m/s}^2)} \tag{11}$$

$$h_{L,2} = f_2 \frac{L_2}{D_2} \frac{V_2^2}{2g} \quad \rightarrow \quad h_{L,2} = f_2 \frac{36 \text{ m}}{0.08 \text{ m}} \frac{V_2^2}{2(9.81 \text{ m/s}^2)} \tag{12}$$

$$\dot{V} = \dot{V}_1 + \dot{V}_2 \tag{13}$$

這是一個 13 個方程式組，有 13 個未知數，使用 EES 求它們的聯立解得到

$$\dot{V} = \mathbf{0.0300 \text{ m}^3/\text{s}}, \quad \dot{V}_1 = \mathbf{0.00415 \text{ m}^3/\text{s}}, \quad \dot{V}_2 = \mathbf{0.0259 \text{ m}^3/\text{s}}$$
$$V_1 = 3.30 \text{ m/s}, \quad V_2 = 5.15 \text{ m/s}, \quad h_L = h_{L,1} = h_{L,2} = 11.1 \text{ m}, \quad h_{\text{pump}} = 19.1 \text{ m}$$
$$\text{Re}_1 = 131{,}600, \quad \text{Re}_2 = 410{,}000, \quad f_1 = 0.0221, \quad f_2 = 0.0182$$

注意對兩根管子皆有 Re > 4000，因此紊流的假設是成立的。

討論：此兩根並聯管有相同的長度與粗糙度，但是第一根管的直徑是第一根管的直徑的一半。但只有 14% 的水流過第一根管。這證明流率與直徑強烈相依。同時，可以證明如果兩個貯水槽的液面等高時 (即 $z_A = z_B$)，流率會增加 20% 從 0.0300 到 0.0361 m³/s。取而代之的是，如果貯水槽如原先給定的，但卻可以忽略不可逆的水頭損失，則流率會變成 0.0715 m³/s (增加了 138%)。

例題 8-7　管內由重力驅動的水流

溫度 10°C 的水從一個大貯水槽流經一個 5 cm 直徑的鑄鐵管路系統而流向一個較小的貯水槽，如圖 8-45 所示。試決定流率為 6 L/s 所需要的高度 z_1。

解答：已知流過連接兩個貯水槽的管路系統的流率。要決定水源的高度。

假設：**1.** 流動是穩定、不可壓縮的。**2.** 貯水槽的高度維持為常數。**3.** 管線內沒有泵或透平機。

性質：溫度 10°C 的水，其密度和動力黏度為 $\rho = 999.7 \text{ kg/m}^3$，$\mu = 1.307 \times 10^{-3} \text{ kg/m·s}$。鑄鐵管的粗糙度是 $\epsilon = 0.00026 \text{ m}$ (表 8-2)。

分析：此管路系統包含 89 m 的管長、一個銳緣入口 ($K_L = 0.5$)、兩個標準法蘭肘管 ($K_L = 0.3$/每一個)、一個全開的閘閥 ($K_L = 0.2$) 及一個沉浸的出口 ($K_L = 1.06$)。我們令 1 與 2 代表兩個貯水槽的自由表面。注意此兩點的流體對大氣開放 ($P_1 = P_2 = P_{atm}$)，並且在此兩點的流體速度幾乎為零 ($V_1 \approx V_2 \approx 0$)。介於此兩點之間的控制體積的能量方程式簡化為

$$\frac{P_1}{\rho g} + \alpha_1 \frac{V_1^2}{2g}\overset{0}{\nearrow} + z_1 = \frac{P_2}{\rho g} + \alpha_2 \frac{V_2^2}{2g}\overset{0}{\nearrow} + z_2 + h_L \quad \rightarrow \quad z_1 = z_2 + h_L$$

其中

$$h_L = h_{L,\text{total}} = h_{L,\text{major}} + h_{L,\text{minor}} = \left(f\frac{L}{D} + \sum K_L\right)\frac{V^2}{2g}$$

因為管路系統的直徑是常數。管內的平均速度與雷諾數為

$$V = \frac{\dot{V}}{A_c} = \frac{\dot{V}}{\pi D^2/4} = \frac{0.006 \text{ m}^3/\text{s}}{\pi (0.05 \text{ m})^2/4} = 3.06 \text{ m/s}$$

$$\text{Re} = \frac{\rho V D}{\mu} = \frac{(999.7 \text{ kg/m}^3)(3.06 \text{ m/s})(0.05 \text{ m})}{1.307 \times 10^{-3} \text{ kg/m·s}} = 117{,}000$$

因為 Re > 4000，流動是紊流。注意 $\epsilon/D = 0.00026/0.05 = 0.0052$，摩擦因子是從科爾布魯克方程式 (或穆迪圖) 決定的，

$$\frac{1}{\sqrt{f}} = -2.0 \log\left(\frac{\epsilon/D}{3.7} + \frac{2.51}{\text{Re}\sqrt{f}}\right) \quad \rightarrow \quad \frac{1}{\sqrt{f}} = -2.0 \log\left(\frac{0.0052}{3.7} + \frac{2.51}{117{,}000\sqrt{f}}\right)$$

圖 8-45 例題 8-7 中討論的管路系統。

解出 $f = 0.0315$。損失係數的加總是

$$\sum K_L = K_{L,\text{entrance}} + 2K_{L,\text{elbow}} + K_{L,\text{valve}} + K_{L,\text{exit}}$$
$$= 0.5 + 2 \times 0.3 + 0.2 + 1.06 = 2.36$$

總水頭損失與水源高度變成

$$h_L = \left(f\frac{L}{D} + \sum K_L\right)\frac{V^2}{2g} = \left(0.0315\frac{89\text{ m}}{0.05\text{ m}} + 2.36\right)\frac{(3.06\text{ m/s})^2}{2(9.81\text{ m/s}^2)} = 27.9\text{ m}$$

$$z_1 = z_2 + h_L = 4 + 27.9 = \mathbf{31.9\text{ m}}$$

因此,第一個貯水槽的自由表面必須高於地面 31.9 m,才能確保兩個貯水槽之間的流率為指定的流率。

討論:注意此例題中 $fL/D = 56.1$,其值約為總次要損失係數的 24 倍。因此若忽略次要損失會導致約 4% 的誤差。可以證明在相同的流率下,如果閥是 3/4 關閉,總水頭損失將為 35.9 m (而不是 27.9 m)。若在兩個貯水槽之間的管路是直的,並且是在地面高度 (這將去除肘管與管的垂直段部分),則水頭損失降為 24.8 m。藉由導圓入口,水頭損失可以進一步降低 (從 24.8 m 減為 24.6 m)。藉由將鑄鐵管用像塑膠做成的平滑管來替換,可以大幅降低水頭損失 (從 27.9 m 降為 16.0 m)。

例題 8-8　馬桶沖水對洗澡蓮蓬頭流率的影響

一棟建築的浴室水管系統由 1.5 cm 直徑的銅管與螺紋接頭所組成,如圖 8-46 所示。(a) 如果此系統進口的錶壓力在洗澡時為 200 kPa,並且馬桶水箱是滿的 (在那個分叉無流動),試決定水通過蓮蓬頭的流率。(b) 試求馬桶沖水對蓮蓬頭流率的影響。蓮蓬頭與水箱的損失係數分別各取為 12 及 14。

解答:已知一間浴室的冷水水管系統。要決定蓮蓬頭的流率與馬桶沖水對流率的影響。

假設:1. 流動是穩定、不可壓縮的。2. 流動是完全發展的紊流。3. 水箱對大氣是開放的。4. 速度頭可以忽略。

性質:水在 20°C 的性質為 $\rho = 998$ kg/m³,$\mu = 1.002 \times 10^{-3}$ kg/m·s,且 $\nu = \mu/\rho = 1.004 \times 10^{-6}$ m²/s。銅管的粗糙度是 $\epsilon = 1.5 \times 10^{-6}$ m。

分析:這是第二型的問題,因為其為在指定管直徑與壓力降下要決定流率的問題。因為流率 (從而使流體的速度) 為未知數,故求解過程中需要作疊代。

圖 8-46　例題 8-8 的示意圖。

(a) 蓮蓬頭本身的管路系統包含 11 m 的管路、一個順流 T 接頭 ($K_L = 0.9$)、兩個標準肘管 ($K_L = 0.9$，每個)、一個全開的球閥 ($K_L = 10$) 及一個蓮蓬頭 ($K_L = 12$)。因此 $\Sigma K_L = 0.9 + 2 \times 0.9 + 10 + 12 = 24.7$。注意蓮蓬頭對大氣開放，且其速度頭可以忽略，在點 1 與 2 之間的控制體積的能量方程式化簡為

$$\frac{P_1}{\rho g} + \alpha_1 \frac{V_1^2}{2g} + z_1 + h_{\text{pump},u} = \frac{P_2}{\rho g} + \alpha_2 \frac{V_2^2}{2g} + z_2 + h_{\text{turbine},e} + h_L$$

$$\rightarrow \quad \frac{P_{1,\text{gage}}}{\rho g} = (z_2 - z_1) + h_L$$

因此，水頭損失是

$$h_L = \frac{200{,}000 \text{ N/m}^2}{(998 \text{ kg/m}^3)(9.81 \text{ m/s}^2)} - 2 \text{ m} = 18.4 \text{ m}$$

同時，

$$h_L = \left(f \frac{L}{D} + \sum K_L\right)\frac{V^2}{2g} \quad \rightarrow \quad 18.4 = \left(f \frac{11 \text{ m}}{0.015 \text{ m}} + 24.7\right)\frac{V^2}{2(9.81 \text{ m/s}^2)}$$

因為水管系統的直徑是常數。管內的平均速度、雷諾數及摩擦因子為

$$V = \frac{\dot{V}}{A_c} = \frac{\dot{V}}{\pi D^2/4} \quad \rightarrow \quad V = \frac{\dot{V}}{\pi (0.015 \text{ m})^2/4}$$

$$\text{Re} = \frac{VD}{\nu} \quad \rightarrow \quad \text{Re} = \frac{V(0.015 \text{ m})}{1.004 \times 10^{-6} \text{ m}^2/\text{s}}$$

$$\frac{1}{\sqrt{f}} = -2.0 \log\left(\frac{\varepsilon/D}{3.7} + \frac{2.51}{\text{Re}\sqrt{f}}\right)$$

$$\rightarrow \quad \frac{1}{\sqrt{f}} = -2.0 \log\left(\frac{1.5 \times 10^{-6} \text{ m}}{3.7(0.015 \text{ m})} + \frac{2.51}{\text{Re}\sqrt{f}}\right)$$

這是有四個未知數的四個聯立方程式組，用一個像 EES 的方程式求解器求解得到

$$\dot{V} = 0.00053 \text{ m}^3/\text{s}, \quad f = 0.0218, \quad V = 2.98 \text{ m/s} \quad 與 \quad \text{Re} = 44{,}550$$

因此，經過蓮蓬頭的流率是 **0.53 L/s**。

(b) 當馬桶沖水時，浮球作動並打開閥門。水箱重新開始裝水，造成在 T 接管之後的平行流動，蓮蓬頭的水頭損失及次要損失在 (a) 中分別被決定為 $h_{L,2} = 18.4$ m 及 $\Sigma K_{L,2} = 24.7$。水箱分叉中相對應的量可用相似的方法決定為

$$h_{L,3} = \frac{200{,}000 \text{ N/m}^2}{(998 \text{ kg/m}^3)(9.81 \text{ m/s}^2)} - 1 \text{ m} = 19.4 \text{ m}$$

$$\sum K_{L,3} = 2 + 10 + 0.9 + 14 = 26.9$$

此例中一些相關的方程式如下：

$$\dot{V}_1 = \dot{V}_2 + \dot{V}_3$$

$$h_{L,2} = f_1 \frac{5\text{ m}}{0.015\text{ m}} \frac{V_1^2}{2(9.81\text{ m/s}^2)} + \left(f_2 \frac{6\text{ m}}{0.015\text{ m}} + 24.7\right) \frac{V_2^2}{2(9.81\text{ m/s}^2)} = 18.4$$

$$h_{L,3} = f_1 \frac{5\text{ m}}{0.015\text{ m}} \frac{V_1^2}{2(9.81\text{ m/s}^2)} + \left(f_3 \frac{1\text{ m}}{0.015\text{ m}} + 26.9\right) \frac{V_3^2}{2(9.81\text{ m/s}^2)} = 19.4$$

$$V_1 = \frac{\dot{V}_1}{\pi(0.015\text{ m})^2/4}, \quad V_2 = \frac{\dot{V}_2}{\pi(0.015\text{ m})^2/4}, \quad V_3 = \frac{\dot{V}_3}{\pi(0.015\text{ m})^2/4}$$

$$\text{Re}_1 = \frac{V_1(0.015\text{ m})}{1.004 \times 10^{-6}\text{ m}^2/\text{s}}, \quad \text{Re}_2 = \frac{V_2(0.015\text{ m})}{1.004 \times 10^{-6}\text{ m}^2/\text{s}}, \quad \text{Re}_3 = \frac{V_3(0.015\text{ m})}{1.004 \times 10^{-6}\text{ m}^2/\text{s}}$$

$$\frac{1}{\sqrt{f_1}} = -2.0 \log\left(\frac{1.5 \times 10^{-6}\text{ m}}{3.7(0.015\text{ m})} + \frac{2.51}{\text{Re}_1 \sqrt{f_1}}\right)$$

$$\frac{1}{\sqrt{f_2}} = -2.0 \log\left(\frac{1.5 \times 10^{-6}\text{ m}}{3.7(0.015\text{ m})} + \frac{2.51}{\text{Re}_2 \sqrt{f_2}}\right)$$

$$\frac{1}{\sqrt{f_3}} = -2.0 \log\left(\frac{1.5 \times 10^{-6}\text{ m}}{3.7(0.015\text{ m})} + \frac{2.51}{\text{Re}_3 \sqrt{f_3}}\right)$$

使用方程式求解此 12 個聯立方程式中的 12 個未知數，求得的流率如下：

$$\dot{V}_1 = 0.00090\text{ m}^3/\text{s}, \quad \dot{V}_2 = 0.00042\text{ m}^3/\text{s} \quad 與 \quad \dot{V}_3 = 0.00048\text{ m}^3/\text{s}$$

因此，馬桶沖水減少流過淋浴的冷水約 21%，從 0.53 L/s 降為 0.42 L/s，造成淋浴的水瞬間變成很熱。

討論：如果有考慮到速度水頭，淋浴的水流率將是 0.43 L/s 而不是 0.42 L/s，因此忽略速度水頭的假設在此例中是合理的。注意在管路系統中的一個洩漏處也會造成同樣的影響，因此在末端的一個不明原因的流率下降可能是系統中有洩漏的一個信號。

8-8 流率與速度量測

流體力學的一個主要應用領域就是決定流體的流率。多年來已經為測量流量開發出許多裝置。流量計的範圍廣闊，因其精密程度、大小、成本、準確度、多樣性、容量、壓力降與操作原理而不同。我們將總結常被用來量測管道內液體和氣體流率的流量計,但將只限於討論不可壓縮流。

有些流量計用一個已知容量的容器,對其連續充填與排空,並計算單位時間內的排空次數來直接量測流率。但是大多數的流量計都是間接地量測流率 —— 它們量測平均速度或與平均速度有關的量,例如壓力和阻力,然後從下式決定體積流率:

$$\dot{V} = V A_c \tag{8-65}$$

其中 A_c 是流動的截面積。因此,量測流率經常是由量測流速來完成的,許多流量計事實上是速度計被用來量測流量的用途。

管中的速度從在壁面上的零值變化到在中心線上的最大值,記住這種變化在作速度量測時是很重要的。例如在層流中,平均速度是中心速度的一半,但在紊流中情況就非如此,因此對幾個局部速度的量測值作加權平均或積分來決定平均速度就是必要的。

流率的量測從極簡單到極精緻都有,例如,經過一條園藝水管的水流率可以很簡單地將水注滿一個已知體積的水桶,再將體積除以注水時間就可以簡單的量測出來 (圖 8-47)。估計一條河川流速的一個粗糙方法是將一個浮標丟進河中,再量測浮標通過已知距離的兩個定點之間的時間即可。而另一種極端是有些流量計使用到聲音在流動流體中的傳遞原理,而有些流量計則用到當流體通過一個磁場時所產生的電動力。本節將討論常被用來量測速度和流率的裝置,從在第 5 章中所介紹的皮托靜壓管開始。

圖 8-47 一個用來量測水通過一根園藝水管的水流率的原始方法 (但是相當準確) 包括收集在一個水桶中的注水量,以及記錄注水時間。

皮托管與皮托靜壓管

皮托管和皮托靜壓管 (Pitot-static probes),以法國工程師皮托 (Henri de Pitot, 1695-1771) 命名,廣泛地被用來作流速量測。皮托管只是一根在靜滯點有測壓孔的管子,可以用來量測停滯壓,而皮托靜壓管則同時有停滯測壓孔與數個周緣測靜壓孔,可以同時量測停滯壓與靜壓 (圖 8-48 與 8-49)。皮托是使用指向上游的管子來量測速度的第一人,而法國工程師達西 (Henry Darcy, 1803-1858) 則開發出我們現今所使用儀器的大部分特徵,包括使用許多小孔,並且將靜壓管放置在相同的組合上,因此皮托靜壓管的一個更適當的稱呼應該是皮托達西管。

皮托靜壓管藉由量測壓差並使用伯努利方程式來量測局部速度。其包括一根與流動方向對齊的細長雙套管,並且與一個差壓計連接。其內管的鼻部對流動完全開放,因此它量測在那個位置的停滯壓 (點 1);而外管的鼻部則是封閉的,但在外管

圖 8-48 (a) 皮托管量測在探針鼻部的停滯壓，(b) 皮托靜壓管同時量測停滯壓與靜壓，從而可以計算出流速。

的側邊則有一些小孔 (點 2)，因此量測的是靜壓。對於速度夠高的不可壓縮流 (所以點 1 與點 2 之間的摩擦效應可以忽略)，伯努利方程式可用，並且被表示為

$$\frac{P_1}{\rho g} + \frac{V_1^2}{2g} + z_1 = \frac{P_2}{\rho g} + \frac{V_2^2}{2g} + z_2 \qquad (8\text{-}66)$$

注意 $z_1 \cong z_2$ 因為皮托靜壓管的靜壓孔被安排在管的周邊且 $V_1 = 0$，因其是在停滯條件下，則流速 $V = V_2$ 變成

皮托公式： $$V = \sqrt{\frac{2(P_1 - P_2)}{\rho}} \qquad (8\text{-}67)$$

此式稱為皮托公式。如果速度量測被安排在其局部速度等於平均速度的位置，則體積流率可以從 $\dot{V} = VA_c$ 決定之。

皮托靜壓管是一個簡單、便宜並且高度可靠的裝置，因為沒有可動件。同時只造成很小的壓力降，並且對流動的擾動並不明顯。然而，重要的是要將其正確的對齊流動方向，以免因為沒有對齊而造成明顯的誤差。同時靜壓與停滯壓的壓差 (即動壓) 正比於流體的密度與流速的平方。其可被用來量測液體與氣體的速度。注意氣體的密度很小，當皮托靜壓管被用來量測氣流的流速時，流速必須夠高才能發展出可以被量測到的動壓。

圖 8-49 使用皮托靜壓管量測流速。(可以用一個液壓計來代替壓差轉換器。)

阻塞型流量計：孔口計、文氏管與噴嘴計

考慮流體在一根直徑 D 的水平管中的穩定不可壓縮流動，並且流動被限制在直徑 d 的面積範圍，如圖 8-50 所示。在限縮位置之前 (點 1) 與限縮位置 (點 2) 之間的質量守恆與伯努利方程式可以被寫成

圖 8-50 流體流過一根管子中的限縮位置。

質量守恆：
$$\dot{V} = A_1 V_1 = A_2 V_2 \quad \rightarrow \quad V_1 = (A_2/A_1)V_2 = (d/D)^2 V_2 \tag{8-68}$$

伯努利方程式 ($z_1 = z_2$)：
$$\frac{P_1}{\rho g} + \frac{V_1^2}{2g} = \frac{P_2}{\rho g} + \frac{V_2^2}{2g} \tag{8-69}$$

結合式 (8-68) 與 (8-69) 並且求解 V_2 得到

阻塞 (沒有損失)：
$$V_2 = \sqrt{\frac{2(P_1 - P_2)}{\rho(1 - \beta^4)}} \tag{8-70}$$

其中 $\beta = d/D$ 是直徑比。一旦知道 V_2，即可從 $\dot{V} = A_2 V_2 = (\pi d^2/4)V_2$ 決定流率。

這個簡單的分析顯示，通過一根管中的流率可以經由限縮流動並量測因為在限縮位置的速度增加所造成的壓力降來決定。注意沿著流動的兩點之間的壓力降可以簡單地用一個差壓轉換器或一個液壓計來量測，顯然簡單的流率量測裝置可以經由阻塞流動來建置。基於這個原理的流量計被稱為**阻塞型流量計** (obstruction flow-meters)，並且廣泛用來量測氣體和液體的流率。

式 (8-70) 中的速度是假設沒有損失所得出的，因此其為在限縮位置可以發生的最大速度。事實上，由於摩擦效應造成的壓力損失是無法避免的，使得實際速度會比較小。同時流束在通過限縮位置後會繼續收縮，使得縮流頸面積小於限縮位置的面積。此兩種損失可以導入一個修正因子稱為排放係數 (discharge coefficient) C_d 來加以考慮，其值 (通常小於 1) 是由實驗決定的。因此，阻塞型流量計的流率可以被表示為

阻塞型流量計：
$$\dot{V} = A_0 C_d \sqrt{\frac{2(P_1 - P_2)}{\rho(1 - \beta^4)}} \tag{8-71}$$

其中 $A_0 = A_2 = \pi d^2/4$ 是喉部或孔口的截面積，且 $\beta = d/D$ 是喉部直徑對管直徑的比值。C_d 的值隨 β 與雷諾數 $\text{Re} = V_1 D/\nu$ 而變，並且對於各種阻塞型流量計的 C_d 值有各種圖表及曲線擬合關係式可供使用。

在許多可用的阻塞型流量計中，最被廣泛使用的是孔口計、流動噴嘴及文氏管 (圖 8-51)。對於標準化的幾何形狀，實驗決定的排放係數的數據被表示成 (Miller, 1997)

孔口計：
$$C_d = 0.5959 + 0.0312\beta^{2.1} - 0.184\beta^8 + \frac{91.71\beta^{2.5}}{\text{Re}^{0.75}} \tag{8-72}$$

(a) 孔口計

(b) 噴嘴計

(c) 文氏管

圖 8-51 常用的阻塞型流量計。

噴嘴計：
$$C_d = 0.9975 - \frac{6.53\beta^{0.5}}{\text{Re}^{0.5}} \tag{8-73}$$

這些關係式成立的範圍是 $0.25 < \beta < 0.75$ 且 $10^4 < \text{Re} < 10^7$。精確的 C_d 值相依於阻塞的特定設計，因此如果可能，應該儘量參考製造商的數據。再者，雷諾數相依於事先並不知道的流速，因此當曲線擬合的 C_d 關係式被使用時，答案通常需要用到疊代過程。對於高雷諾數 ($\text{Re} > 30{,}000$) 的流動，C_d 的值對噴嘴計通常可以取 0.96，對於孔口計可以取 0.61。

歸因於流線形設計，文氏管的排放係數通常很高，對於大多數的流動，其範圍在 0.95 到 0.99 之間 (較高的值是給雷諾數較高者)。在缺乏特定數據時，我們對文氏管取 $C_d = 0.98$。

孔口計的設計最簡單並且佔據最小的空間，因為其僅包含一個中心有洞的平板，但是其設計仍有許多不同的變化 (圖 8-52)。有些孔口計有銳邊，其它則有斜角或導圓。孔口計中突然的流動面積變化造成可觀的旋渦，從而有可觀的水頭損失或永久的壓力損失，如圖 8-53 所示。在噴嘴計中，孔口板被一個噴嘴取代，因此噴嘴中的流動是流線形的。結果消除縮流頸並有較小的水頭損失，然而噴嘴計較孔口計更為昂貴。

文氏管由美國工程師賀許 (Clemens Herschel, 1842-1930) 發明並由他為紀念義大利人文吐利 (Giovanni Venturi, 1746-1822) 而命名，以紀念其在錐形流動段上的開創性工作。這是此一群組中最正確的流量計，也是最昂貴的。其漸變的收縮與擴張避免流動分離與旋轉，並且只承受內壁面些微的摩擦損失。文氏管只有些微的水頭損失，因此對於不能承受較大壓力降的應用就應該被優先考慮使用。

當一個阻塞型壓力計被裝置於一個管路系統時，對流動系統的淨效應就像一個次要損失。流量計的次要損失係數從製造商就可得到，並且在加總系統的次要損失時應該被包括進來。一般而言，孔口計有最大的損失係數，而文氏管則有最小值。注意用來計算流率所量測到的壓力降 $P_1 - P_2$ 與阻塞型流量計所造成的總壓力降並不相同，這是測壓孔放置位置所造成的。

最後，阻塞型流量計也被用來量測可壓縮氣體的流率，但是一個用來考慮壓縮效應的額外修正因子必須被加進式 (8-71) 中。在這種情況時，方程式是以質量流率的形式寫出的，而不是體積流率，而其壓縮修正因子一般是一個經驗的曲線擬方程式 (就像 C_d 的式子)，並且可以從製造商取得。

圖 8-52 一個孔口計及其內建壓力轉換器的示意圖。

圖 8-53 沿著一個有孔口計的流動段由壓力計所量測到的壓力變化；圖中顯示出壓力損失及壓力恢復。

例題 8-9 ▶ 用孔口計量測流率

甲醇在 20°C ($\rho = 788.4$ kg/m³，$\mu = 5.857 \times 10^{-4}$ kg/m·s) 流過一根 4 cm 直徑的管子的流率要用一個 3 cm 直徑的孔口計及跨過孔口計配備一個水銀壓力計的組合來量測，如圖 8-54 所示。如果壓力計的高度差是 11 cm，試決定甲醇流過管子的流率與平均流速。

解答：要用孔口計量測甲醇的流率。已知跨過孔口計的壓力降，要決定流率與平均流速。

假設：**1.** 流動是穩定且不可壓縮的。**2.** 我們對孔口計的排出係數的起始猜值是 $C_d = 0.61$。

性質：已知甲醇的密度與動力黏度分別是 $\rho = 788.4$ kg/m³ 及 $\mu = 5.857 \times 10^{-4}$ kg/m·s。我們取水銀的密度為 13,600 kg/m³。

分析：孔口計的直徑比與喉部面積為

$$\beta = \frac{d}{D} = \frac{3}{4} = 0.75$$

$$A_0 = \frac{\pi d^2}{4} = \frac{\pi (0.03 \text{ m})^2}{4} = 7.069 \times 10^{-4} \text{ m}^2$$

跨過孔口計的壓力降是

$$\Delta P = P_1 - P_2 = (\rho_{\text{Hg}} - \rho_{\text{met}})gh$$

阻塞型流量計的流率關係式變成

$$\dot{V} = A_0 C_d \sqrt{\frac{2(P_1 - P_2)}{\rho(1 - \beta^4)}} = A_0 C_d \sqrt{\frac{2(\rho_{\text{Hg}} - \rho_{\text{met}})gh}{\rho_{\text{met}}(1 - \beta^4)}} = A_0 C_d \sqrt{\frac{2(\rho_{\text{Hg}}/\rho_{\text{met}} - 1)gh}{1 - \beta^4}}$$

代入，流率被決定為

$$\dot{V} = (7.069 \times 10^{-4} \text{ m}^2)(0.61) \sqrt{\frac{2(13,600/788.4 - 1)(9.81 \text{ m/s}^2)(0.11 \text{ m})}{1 - 0.75^4}}$$

$$= 3.09 \times 10^{-3} \text{ m}^3/\text{s}$$

其值相當於 3.09 L/s。管中平均流速的決定可將流率除以管的截面積而得出

$$V = \frac{\dot{V}}{A_c} = \frac{\dot{V}}{\pi D^2/4} = \frac{3.09 \times 10^{-3} \text{ m}^3/\text{s}}{\pi (0.04 \text{ m})^2/4} = 2.46 \text{ m/s}$$

流過此管的雷諾數為

$$\text{Re} = \frac{\rho V D}{\mu} = \frac{(788.4 \text{ kg/m}^3)(2.46 \text{ m/s})(0.04 \text{ m})}{5.857 \times 10^{-4} \text{ kg/m·s}} = 1.32 \times 10^5$$

將 $\beta = 0.75$ 與 $\text{Re} = 1.32 \times 10^5$ 代入孔口計排出係數的關係式中

圖 8-54 在例題 8-9 中考慮的孔口計的示意圖。

$$C_d = 0.5959 + 0.0312\beta^{2.1} - 0.184\beta^8 + \frac{91.71\beta^{2.5}}{Re^{0.75}}$$

得出 C_d = 0.601，其值與起始猜測值 0.61 不同。使用這個修正過的 C_d 值，流率變成 3.04 L/s，與我們原先的結果差 1.6%。經過幾次疊代，最後收斂的流率為 3.04 L/s，而平均流速為 2.42 m/s (至三位有效數字)。

討論：如果此問題使用像 EES 的方程式求解器求解，則可以使用 C_d 的曲線擬合公式 (其式相依於雷諾數)，配合其它方程式來聯立求解，並讓方程式求解器依需要進行疊代解答。

正排量型流量計

當我們為汽車購買汽油時，關切的是充填油箱的期間從加油嘴流出的汽油總量，而不是汽油的流率。同樣的，我們關切的是收費期間我們的家中所使用的水或瓦斯的總量。在這些與其它許多應用中，有興趣的量是在一段時間內從一根管的截面積流過的流體的總質量或總體積，而不是流率的瞬時值，因此正排量型流量計 (positive displacement flowmeters) 特別適合這些應用。排量型流量計有各種形式，它們的根據都是連續地對一個量測腔室作充填與排出。其運作是捕捉一定量的流入流體，將它們挪移至流量計的排出端，並計算這種排出 —— 重填循環的次數來決定排出流體的總量。

以雙螺旋三葉瓣式的正排量型流量計而言，每個葉輪有三個齒輪葉瓣。當液體驅動葉輪旋轉並使一個葉瓣經過一個非侵入式感測器時，就產生一個脈衝輸出信號。每個脈衝代表一個已知體積的液體被捕捉在葉輪的葉瓣之間，而一個電子控制器就可把脈衝轉換成體積單位。葉輪與機殼間的空隙必須小心控制來避免洩漏造成的誤差。這種特殊的流量計可以正確到 0.1%，有很小的壓力降，並且可以用在高或低黏度的液體，溫度可以高到 230°C，壓力大於 7 MPa，而流率則可以高達 50 L/s。

渦輪流量計

我們從經驗知道當一個螺旋槳被置於風中會轉動，且轉速隨風速增加而增加。你可能也看過一個風力機的輪葉在低風速時轉動很慢，但在高風速時卻相當快。這些觀察建議管中的流速可以把一個可自由轉動的葉輪放在管段之中並作適當的校準就可以量測出來。使用這個原理的流體量測裝置稱為渦輪流量計 (turbine flowmeters)。

一個渦輪流量計包含一個圓柱型的流動段，其內裝有一個可自由旋轉的渦輪 (一個葉片式轉子)，在入口的固定葉，用來導直流動，以及一個感應器，每當渦輪的一個特定點通過時都會產生一個脈衝，可以用來決定轉速。渦輪的轉速幾乎正比於流體的流率。渦輪流量計若在預期的流動條件下作了適當的校正，可以在一個廣泛的流動範圍內給出高度正確的結果 (可以正確到 0.25%)。當用來量測液體流動時，渦輪流量計只有很少的葉片 (有時只有兩葉)，但是用在量測氣體流動時葉片較多為的是產生足夠的扭力。渦輪所造成的水頭損失很小。

渦輪流量計從 1940 年代起就被廣泛的使用於流動量測，原因在於其簡單性、低成本及在廣泛的流動條件下有很好的正確性。不管對液體或氣體與各種尺寸的管子中的應用，它們在商業上都是輕易可得的。渦輪流量計也常被用來量測非受限流中的流速，例如風、河流與洋流等。

可變面積流量計 (浮子流量計)

一種簡單、可靠、便宜並容易裝置的流量計，其壓力降夠小，沒有電線連接，可以直接讀取流率且適用於許多液體和氣體的就是可變面積流量計 (variable-area flowmeter)，也稱為浮子流量計 (rotameter 或 floatmeter)。可變面積流量計包括一根由玻璃或塑膠製成的垂直的透明傾斜圓錐管，其內有一個可以自由移動的浮子。當流體流過圓錐管時，管中浮子上升至一個浮子重量，阻力與浮力相互平衡的位置，此時作用在浮子的淨力為零。流率可以從浮子在透明管上所對齊的刻度輕易的決定出來。浮子本身一般不是一個球就是一個鬆匹配的活塞狀圓柱。

我們從經驗知道高風速吹倒樹木、吹壞電線，並且吹走帽子和雨傘。這是因為阻力隨流速增加。作用在浮子的重力與浮力為常數，但是阻力隨流速而變，同時在圓錐管中的流速在流動的方向遞減，因為流動截面積遞增的緣故。在某個流速時，所產生的阻力正好平衡浮子重量與浮力，這個速度發生的位置即為浮子靜定下來的位置。圓錐管的傾斜度可以做成使垂直上升的高度與流率成線性變化。透明管也使流體的流動可以被看見。

可變面積流量計有許多種類，其中重力式流量計必須被垂直安置，流體從下面進入，從上面流出。而彈簧式流量計的阻力是由彈簧力平衡的，因此流量計允許被水平地安置。

可變面積流量計的正確度一般是 ±5%，因此此流量計不適合需要高精度量測的應用。然而，有些製造商聲稱可以作到 1% 的正確度。同時，這種流量計依靠對浮子位置的目視，因此它們不能被用來量測不透明或髒流體的流率，因為這種流體會妨礙目視。最後，玻璃因為容易破裂，在處理有毒流體時會有安全問題。在這種應用時，可變面積流量計應被安置於人員機具交通量最少的位置。

超音波流量計

當石頭被丟入靜水中時，一般可以觀察到其所產生的水波在所有的方向均勻地以同心圓向外傳播。但是當石頭丟入像河流的流水中時，水波在流動方向移動較快 (波速與流速因同方向而相加)，而水波在往上游方向則移動較慢 (波速與流速因逆向而相減)。結果是水波在往下游方向會比較散開，而在往上游方向會比較密集。在上游與下游方向每單位長度的水波數目的差異正比於流速，這建議流速可以藉著比較波在水流向前與向後方向的傳播來量測。超音波流量就是根據這個原理來操作的，使用的是在超音波範圍的聲波 (超出人類聽力範圍，通常在約 1 MHz 的頻率)。

超音波 (或音波) 流量計的操作是藉由用一個換能器產生音波並量測音波在流動流體的傳遞。有兩種形式的超音波流量計：傳遞時間型與都卜勒效應型 (或頻率轉移型) 流量計。傳遞時間型流量計向上游及下游傳遞音波並量測傳遞時間的差異。一個典型的傳遞時間型流量計的示意圖，如圖 8-55 所示。其包含兩個換能器輪流發出與接收超音波：一次在流動的方向；一次則與流動逆向。每一個方向的傳遞時間都可以被正確的量測到，再計算量測時間的差值。管內的平均流速正比於傳遞時間差 Δt，並可從下式決定：

$$V = kL\,\Delta t \tag{8-74}$$

其中 L 是換能器間的距離，而 K 是常數。

圖 8-55 傳遞時間型超音波流量計的操作裝備有兩個換能器。

你可能已經注意到當一輛鳴著喇叭的汽車接近時，喇叭的高頻聲音在汽車通過後會變成比較低頻。這是因為汽車前面的音波被壓縮了，而其後面的音波則散開了。這種頻率的轉移稱為都卜勒效應 (Doppler effect)，而它形成大多數超音波流量計的操作基礎。

都卜勒效應型超音波流量計量測沿著聲音路徑的平均流速。這是藉著在管壁外側夾住一個壓電換能器 (手持式裝置可以將換能器壓在管壁上)。換能器以固定的頻率送出音波，穿過管壁進入流動的液體中。音波經由雜質反射，例如懸浮的固體粒子或伴隨的汽泡，再傳遞給一個接收換能器。反射波的頻率改變正比於流速，並且由一個微處理器藉著比較發射波與反射波的頻率轉移來決定流速 (圖 8-56)。使用量測到的速度並對一個給定的管子與流動條件作適當設計，此流量計也可以用來決定流率與總流量。

圖 8-56 具備一個換能器的都卜勒效應型超音波流量計被壓在管壁上的操作。

超音波流量計是非侵入式裝置，並且超音波換能器發射的信號可以穿過聚氯乙烯 (PVC)、鋼、鐵與玻璃管壁。然而，鍍膜管與水泥管並不適合使用這種量測技術，因為它們會吸收超音波。

電磁式流量計

自從法拉第在 1930 年代的實驗以後，大家都知道當導體在一個磁場移動時，在導體中會產生電動勢，這是磁感應的結果。法拉第定律敘述當任何導體以直角通過一個磁場時，其感應電壓正比於導體的速度。這建議我們可以把固體導體用導電流體代替並以之來決定流速，電磁式流量計即是根據此原理操作的。電磁式流量計從 1950 年代中期就被使用了，它們有各種不同的設計，例如全流式 (full flow type) 與插入式 (insertion type)。

全流式電磁流量計是一個非侵入式裝置包括一個圍繞管子的電磁線圈，以及沿著直徑方向鑽入管子的兩個電極。電極與管內壁對齊，可以和流體接觸但不會干擾流動，因此不會造成水頭損失 (圖 8-57a)。電極連接到一個電壓計。電流通過線圈時會產生一個磁場，而電壓計則可以量測兩個電極之間的電壓差。電壓正比於導電流體的流速，因此根據產生的電壓就可以計算出流速。

插入式電磁流量計的操作原理類似，但是磁場只侷限在伸入流場中的一根桿子尖的一個小流動通道之中，如圖 8-57b 所示。

電磁式流量計很適合用來量測液態金屬的流速，例如用在核反應爐的水銀、鈉與鉀。它們也可用在劣質導體的液體上，例如水，只要其帶有適當數量的帶電粒子。例如血液與海水包含適量的離子，因此電磁式流量計可以用來量測其流率。電磁式流量計也可以用來量測化學物、藥劑、化妝品、腐蝕液體、飲料、肥料及許多漿液和污泥的流率，只要這些物質含有夠高的導電物。電磁式流量計不適用於蒸餾水或去離子水。

圖 8-57 (a) 全流式與 (b) 插入式電磁流量計。
www.flocat.com.

電磁式流量計用不直接的方式量測流速，因此在裝設時必須小心的校正。它們的使用受限於其相對較高的成本、耗電量，以及可以被使用流體的種類。

渦流式流量計

你可能已經注意到當流束 (例如河流) 遭遇像岩石等阻礙物時，流體會分離並繞過岩石。岩石的存在經由所產生的渦旋，一直到下游的一段距離都會被感覺到。

大多數實際遇到的流動是紊流，而一個置於流場中的盤子或短圓柱會洩放出同軸的渦旋 (參考第 4 章)。可以觀察到這些渦旋會週期性的被洩放，而洩放頻率會正比於平均流速。這建議可以在流場中放置一個障礙物，並量測洩放頻率就可以決定流率。根據這個原理的流動量測裝置稱為渦流式流量計 (vortex flowmeter)。在此情況的史特豪數 (Strouhal number)，定義為 St = fd/V，其中 f 是渦旋的洩放頻率，d 是特徵直徑或障礙物的寬度，而 V 是衝擊障礙物的流速，也維持是一個常數，只要流速夠高的話。

一個渦流式流量計包括一個銳緣的扁平體 (支柱)，置於流場中作為渦流產生器，和一個偵測器 (例如一個量測壓力振盪的壓力換能器)，置於下游一段距離後的內壁之上用來量測洩放頻率。偵測器可以是一個超音波、電子或光纖感測器，可以監視渦流型態的變化並傳遞一個脈衝輸出信號 (圖 8-58)。一個微處理器使用此頻率資訊來計算並顯示出流速或流率。渦旋洩放的頻率在一個很廣的雷諾數範圍內是正比於平均流速的，因此渦流式流量在雷諾數從 10^4 到 10^7 之間都能可靠並且正確地操作。

渦流式流量計的優點是沒有可動件，因此可靠、靈活且相當正確 (通常在很廣的流率範圍是 ±1%)，但是會阻礙流動並造成可觀的水頭損失。

圖 8-58 渦流式流量計的示意圖。

加熱式風速計 (熱線式與熱膜式)

加熱式風速計在 1950 年代晚期出現，從那時之後就經常被流力研究單位或實驗室所使用。如其名稱所指示的，加熱式風速計包括一個電加熱感應器，如圖 8-59 所示，並採用熱效應來決定流速。加熱式風速計有極小的感應器，因此可以被用來量測流場中任何一點的瞬時速度而不會對流場造成明顯的干擾。它們每秒可以取得上千次速度量測值，並且有優異的空間及時間解析度，因此可以被用來研究紊流中的擾動的細節。它們可以在一個廣泛的範圍正確地量測在液體或氣體中的速度 — 從每秒幾公分到幾百公尺都可以。

圖 8-59 熱線式探針的零件，包括電加熱感應器及其支柱。

一個加熱式風速計如果其感應元件是一條線則稱為**熱線式風速計** (hot-wire anemometer)，如果其感應器是一片細金屬膜 (厚度小於 0.1 μm)，通常貼在一塊厚度相對較厚，直徑約 50 μm 的陶瓷支撐片上面，則稱為**熱膜式風速計** (hot-film anemometer)。熱線式風速計的特徵是其非常細小的感應線 — 通常直徑是幾微米，而長度為幾毫米。感應器通常是由鉑、鎢或鉑-銥合金製成，而常使用針狀的夾持物附著在探針上。熱線式風速計的細線感應器由於尺寸很小而非常脆弱，如果液體或氣體中有太多污染物或粒子很容易弄壞。這種情況在高速時尤其容易發生。在這些情況時，應該使用比較堅固的熱膜式風速計。但是熱膜式風速計的感應器較

圖 8-60 加熱式風速計系統的示意圖。

大，其頻率響應很顯著地較低，並且也較容易干擾流場，因此在研究紊流的細節時有時候並不適用。

等溫式風速計 (CTA) 是最常被使用的型式，其示意圖如圖 8-60，其操作原理如下：感應器用電加熱至一個特定溫度 (通常約 200°C)。感應器在周圍流動的液體中會趨向於冷卻，但是電子控制元件藉著依需要改變電流 (這是經由改變電壓來達成的) 來維持感應器等溫。流速越高，感應器損失的熱傳率就越大，從而需要施加更大的電壓在感應器兩端來維持其等溫。在流速與電壓之間有一個密切的相關性，藉由量測放大器施加的電壓或經過感應器的電流就可以決定流速。

在操作時感應器被維持等溫，因此其熱能維持為常數。能量守恆定理要求感應器的通電焦耳加熱量 $\dot{W}_{elect} = I^2 R_w = E^2/R_w$ 必須等於從感應器損失的總熱傳率 $\dot{Q}_{total}$，主要由對流熱傳造成，因為熱線支撐物的熱傳導與環境的熱輻射都很小，可以忽略。使用熱對流的適當關係式，能量守恆定理可以被表示為金恩定律 (King's Law)，如

$$E^2 = a + bV^n \tag{8-75}$$

其中 E 是電壓，而常數 a、b 和 c 是針對每一個給定探針校正而得的。一旦測得電壓，這個關係式就直接給出流速。

大多數熱線式感應器的直徑為 5 μm，長度約 1 mm，並且由鎢所製成。線點銲固定在一個探針本體的分叉頭上，並連到風速計的電子線路上。加熱式風速計可以用來同時量測二維或三維的速度分量，經由分別同時使用兩個或三個感應器的探針來達成的 (圖 8-61)。選擇探針時，應該考慮流體的種類與污染程度、量測的速度分量的數目、需要的空間與時間的解析度和量測場所。

圖 8-61 加熱式風速計探針具有單一、兩個及三個感應器可以同時量測 (a) 一維，(b) 二維，(c) 三維的速度分量。

雷射都卜勒測速法

雷射都卜勒測速法 (Laser Doppler velocimetry, LDV)，也稱為雷射測速法 (laser velocimetry, LV)，或雷射都卜勒測風法 (laser Doppler anemometry, LDA)，是一種不會干擾流場，可以在任何需要點量測流速的光學技術。不像加熱式測風法，LDV 沒有插入流場中的探針或線，因此是一種非侵入式方法。像加熱式測風法，可以精細地量測在一個小體積的速度，所以也可以用來研究在局部位置的流場細節，包括紊流擾動，並且不需要侵入就可以在整個流場中移動。

LDV 技術在 1960 年代中期開發出來以後已得到廣泛的接受，因為其在氣體流與液體流中都提供高度的正確性，在空間上提供很高的解析度，並在近幾年，它也具備量測所有三個速度分量的能力。其缺點是相對較高的成本；雷射源與流場的目標位置之間需要足夠的透明度，需要光偵測器，並且需要仔細的調準入射與反射光束來達到正確性。最後一項缺點在使用光纖 LDV 系統的情況時被消除，因為其調準在工廠中就完成了。

LDV 的操作原理是基於朝向目標送出一個高度同調的單色光束 (所有光波有相同相位與相同波長)，收集在目標區域的小質點的反射光，決定反射光中由於都卜勒效應所造成的頻率改變，並且將此頻率轉移對應成為在目標區域中流體的流速。

LDV 系統有許多不同的配置可用。一個用來量測單一速度分量的雙光束 LDV 系統，如圖 8-62 所示。所有 LDV 系統的心臟是一個電射能量源，通常是氦-氖雷射或氬離子雷射，其功率輸出為 10 mW 至 20 W。雷射光較其它光源受到愛好是因為其有高同調性及高對焦性。例如氦氖雷射發射波長為 0.6328 μm 的輻射，在紅-橙色的範圍。雷射光先經過一個稱為分波器 (beam splitter) 的半鍍銀鏡片，分叉成兩個強度一樣的平行光束。其後此兩個光束經過一個收縮透鏡讓光束聚焦在流場中的一點 (目標)。兩個光束相交的區域的小流動體積是速度量測的位置，稱為量測體積或聚焦體積。量測體積像一個橢圓體，一般為直徑 0.1 mm，且長度 0.5 mm。雷射光被通過這個量測體積的粒子散射，並且在某一個特定方向的散射光被一個接收透鏡收集並進入一個光偵測器，其功能為將光波強度的擾動轉換成速度信號的擾

圖 8-62 一個向前散射模式的雙光束 LDV 系統。

動。最後一個信號處理器決定電壓信號的頻率，從而得到流場的流速。

通過量測體積相交的兩個雷射光束的波的示意圖如圖 8-63。這兩個光束的波在量測體積內互相干涉，當它們同相時互相幫助形成亮條紋，而當它們異相時互相抵消形成暗條紋。明暗條紋形成與兩個入射雷射光束的中平面互相平行的線。利用三角學，條紋線之間的距離 (可被視為條紋線的波長) 可以被表示為 $s = \lambda/[2 \sin(\alpha/2)]$，其中 λ 是雷射光的波長，而 α 是兩個雷射光束之間的夾角。當一個粒子以速度 V 通過這些條紋線時，被散射的條紋線的頻率是

$$f = \frac{V}{s} = \frac{2V \sin(\alpha/2)}{\lambda} \tag{8-76}$$

這個基本的關係式顯示流速正比於頻率，被稱為 LDV 方程式。當一個粒子通過量測體積時，反射光由於條紋圖案的作用而忽明忽暗，藉由量測反射光的頻率就可以決定流速。例如，在一根管子截面上的速度形狀，可以從跨過管子的速度映射圖得到 (圖 8-64)。

LDV 方法明顯地相依於散射條紋線的存在，因此流場中必須含有足夠數量的小粒子，稱為種子或種子粒子 (seeding particle)。這些粒子必須夠小才能緊跟著流體流動使得粒子速度等於流速，但也必須夠大 (相對於雷射光的波長) 才能散射適當數量的光線。直徑約 1 μm 的粒子通常可以很好的滿足這個條件。有些流體 (像自來水) 自然就含有適當數量的這些粒子，因此不需要佈種。像空氣之類的氣體通常用煙或由乳膠、油與其它材質形成的粒子來佈種。藉著使用有不同波長的三對雷射束，LDV 系統也可以被用來得到流場中任何一點的三個速度分量。

圖 8-63 一個 LDV 系統的兩個雷射光束交集處由於干涉所造成的條紋 (線代表波峰)。上圖是兩條干涉條紋的放大圖。

圖 8-64 用 LDV 系統得到的管內紊流的時間平均速度形狀。
Courtesy Dantec Dynamics, www.dantecdynamics.com. Used by permission.

粒子成像測速法

粒子成像測速法 (particle image velocimetry, PIV) 是一種雙脈衝雷射技術，用於測量流場中一個平面的瞬時速度分佈，其法為在一個很小的時間區間內用圖形法決定在一個平面的粒子的位移。不像熱線測速法與 LDV 法等方法僅量測一點的速度，PIV 法同時提供在整個截面的速度值，因此是一種全流場技術。PIV 法結合 LDV 法的正確性，同時具有流場可視化的能力，並且提供瞬時的流場圖像。例

如，在一根管的一整個截面的瞬時速度可以用一個單一的 PIV 量測獲得。一個 PIV 系統可以被視為是能對流場中的任何一個希望平面的速度分佈作瞬時照相的照相機。由於其全場化的能力，PIV 也被用來驗證計算流體力學 (CFD) 的程式。

PIV 技術從 1980 年代中期就已經被使用了，近年來由於畫面捕捉器及電荷耦合裝置 (CCD) 照相機技術的進步使其應用與能力更形成長。PIV 系統由於其在次微秒的曝光時間內可以捕捉全流場影像的能力，同時兼具正確性、靈活性與多樣性，已經使其成為非常有價值的工具，可以用來研究超音速流、爆炸、火焰傳播、汽泡成長與崩潰、紊流及不穩定流。

用來量測速度的 PIV 技術包括兩個步驟：可視化與影像處理。第一步是用適當的粒子對流場佈種，目的是追蹤流體的運動。然後用一個雷射光頁的脈衝照亮流場一個細切面，而在那個平面上的粒子的位置是偵測粒子所散射的光在一台與光頁成直角設置的數位照相機上的成相來決定的 (圖 8-65)。在一個很小的時間間隔 Δt [一般是用微秒 (μs)] 之後，粒子被第二個雷射光頁的脈衝照亮，並且記錄其新位置。使用此兩張重疊照片上的資訊，所有粒子的位移 Δs 可以被決定，而在雷射光頁的平面上的每一個粒子的速度大小就用 $\Delta s/\Delta t$ 來決定。粒子的運動方向也可以用這兩個位置來決定，因此平面上速度的兩個分量就可計算出來。PIV 系統內建的演算法可以決定分佈在整個平面上稱為訊問區域的面積元素上的上百點或上千點的速度，並且可以用任何形式把速度場呈現在電腦螢幕上。

PIV 技術依賴粒子所散射的雷射光，因此依需要而要使用粒子 (也稱標示劑) 來對流場佈種，目的是得到正確的反射訊號。種子粒子必須能夠在流場中遵循軌跡線，使其運動可以代表流場，這需要粒子密度等於流體密度，使其成為浮力中性，或是粒子夠小 (一般是微米尺寸) 使其相對於流體的運動不顯著。有各種不同

圖 8-65 用來量測火焰穩定度的 PIV 系統。

的粒子可以用來對氣體流或液體流佈種。高速流必須使用非常小的粒子。碳化矽粒子 (平均直徑 1.5 μm) 對液體流或氣體流都適用；二氧化鈦粒子 (平均直徑 0.2 μm) 一般用在氣體流中，並且適用於高溫的應用；而聚苯乙烯乳膠粒子 (公稱直徑 1.0 μm) 適用於低溫的應用。鍍金屬粒子 (平均直徑 9 μm) 也被用在水流中佈種來作量測，原因在於其高反射率。氣泡與某些液體，像橄欖油或矽利康油，在其被霧化成微米尺寸的小球以後也可被用來作為佈種粒子。

有各種雷射光源，例如氬、銅蒸氣與銣雅鉻，可以被用在 PIV 系統中，依對於脈衝時間長度、功率與脈衝時間間隔的要求而定。銣雅鉻雷射在一個很廣泛的應用範圍內經常在 PIV 系統所使用。一個光束發射系統，例如一個光臂或一個光纖系統被用來產生並發射一個高能量且具有指定厚度的脈衝雷射光頁。

有了 PIV，其它流動性質 (例如渦度與應變率) 也可以被獲得，因此紊流的細節可以被研究。最近在 PIV 技術的進展已經使利用兩台照相機來獲得在流場中的一個截面的三維速度形狀變成是可能的 (圖 8-66)。這是藉由用兩個不同角度的照相機同時記錄目標平面的影像，處理資訊來產生兩個不同的二維速度圖，再結合這兩張圖來產生瞬時的三維的速度場而達成的。

圖 8-66 一個三維的 PIV 系統設置，用來研究一個空氣射束與橫向管流的混合。

應用聚焦燈 —— PIV 應用在心臟流動上

客座作者：Jean Hertzberg[1]、Brett Fenster[2]、Jamey Browning[1] 與 Joyce Schroeder[2]

[1] Department of Mechanical Engineering, University of Colorado, Boulder, CO.
[2] National Jewish Health Center, Denver, CO.

MRI (磁共振照相術) 可以量測血液流過人體心臟的速度場，包括所有 3 個速度分量 (u, v, w)，並在 3-D 空間與時間上都有合理的解析度 (Bock et al., 2010)。圖 8-67 顯示一個正常的志願者的心臟在舒張期的尖峰時刻 (心臟充血週期)，血液從右心房到右心室的流動，黑色箭頭指示出心室的長軸。小箭頭顯示出速度向量場。

在大約 1 秒長的心臟週期中，流動型態快速的變化，並且顯示複雜的幾何。流體的流動用一種微妙的螺旋路徑從右心房進入右心室，如白色流管所示。在心房與心室之間的三尖瓣是一組三片的組織翼片，其在這組數據中是不可見的。這個瓣對流動型態的影響可以從流動在瓣片附近的轉彎看出來。這個流動的細節

圖 8-67 人體心臟流動的 MRI-PIV 量測。
Photo courtesy of Jean Hertzberg.

(包括渦度，第 4 章) 預期可以揭露心臟與肺臟相互作用的物理機制，並且可以改進對肺循環高血壓的病理條件診斷 (Fenster *et. al.*, 2012)。

在右心室充血以後，三尖瓣關閉，心室收縮，並且血液注入通到肺臟的肺動脈，並在那裡吸收氧氣。之後血液流到心臟的左側，其在該處經由左心室的收縮而升壓。含氧的血液隨後注入大動脈並被輸送到身體的各部分。以此方式，心臟就如同兩個正排量型泵在工作著。

因為校正這些數據是困難的，因此驗證數據的一致性很重要。一個有用的測試是驗證一個心臟循環中心室的質量守恆。即計算在舒張期進入心室的血液流量，並且將其與收縮期離開的流量作比較。同樣的，一個循環中心臟右側的淨流量必須匹配心臟左側的淨流量。

參考文獻

Bock J, Frydrychowicz A, Stalder AF, Bley TA, Burkhardt H, Hennig J, and Markl M. 2010. 40 phase contrast MRI at 3 T: Effect of standard and bloodpool contrast agents on SNR, PC-MRA, and blood flow visualization. *Magnetic Resonance in Medicine* 63(2):330-338.

Fenster BE, Schroeder JD, Hertzberg JR, and Chung JH. 2012. 4-Dimensional Cardiac Magnetic Resonance in a Patient With Bicuspid Pulmonic Valve: Characterization of Post-Stenotic Flow. *J Am Coll Cardiol* 59(25):e49.

總結

在內部流中，一根管子完全被流體充滿。層流的特徵是平滑的流線與高度有秩序的流動，而紊流的特徵是不穩定且無序的速度擾動，及高度無序的運動。

雷諾數定義為

$$\text{Re} = \frac{慣性力}{黏滯力} = \frac{V_{avg}D}{\nu} = \frac{\rho V_{avg}D}{\mu}$$

在大多數實際情況下，當 Re < 2300 時，管流中是層流；當 Re > 4000 時是紊流，而在其間則為過渡流。

黏性剪應力在其內可以被感覺到的流動區域稱為速度邊界層。從管子入口到流動變成完全發展流的位置的這一段區域稱為水力入口區，此區的長度稱為水力入口長度 L_h。其可被給定如下：

$$\frac{L_{h,\,laminar}}{D} \cong 0.05\,\text{Re} \quad 與 \quad \frac{L_{h,\,turbulent}}{D} \cong 10$$

在完全發展流區域內的摩擦係數是常數。一根圓管中的完全發展層流的最大速度與平均速度為

$$u_{max} = 2V_{avg} \quad 與 \quad V_{avg} = \frac{\Delta P D^2}{32\mu L}$$

水平管中層流的體積流率與壓力降為

$$\dot{V} = V_{avg}A_c = \frac{\Delta P \pi D^4}{128\mu L} \quad 與 \quad \Delta P = \frac{32\mu L V_{avg}}{D^2}$$

所有內部流的壓力損失與水頭損失 (層流或紊流、圓管或非圓管、平滑面或粗糙表面) 可以表示為

$$\Delta P_L = f \frac{L}{D} \frac{\rho V^2}{2} \quad 與 \quad h_L = \frac{\Delta P_L}{\rho g} = f \frac{L}{D} \frac{V^2}{2g}$$

其中 $\rho V^2/2$ 是動壓，無因次量 f 是摩擦因子。圓管中的完全發展層流其摩擦因子是 $f = 64/\text{Re}$。

對於非圓管，前面關係式中的直徑要用水力直徑 (定義為 $D_h = 4A_c/p$) 來代替，其中 A_c 是管的截面積，而 p 是濕邊周長。

在完全發展的紊流中，摩擦因子相依於雷諾數與相對粗糙度 ε/D。紊流的摩擦因子由科爾布魯克方程式給定，表示為

$$\frac{1}{\sqrt{f}} = -2.0 \log\left(\frac{\varepsilon/D}{3.7} + \frac{2.51}{\text{Re}\sqrt{f}}\right)$$

根據此式畫出的圖稱為穆迪圖。管路系統的設計與分析包括決定水頭損失、流率與管直徑。使用史萬迷-簡公式可以避免這些計算中煩人的疊代過程，其表示式為

$$h_L = 1.07 \frac{\dot{V}^2 L}{gD^5} \left\{ \ln\left[\frac{\varepsilon}{3.7D} + 4.62\left(\frac{\nu D}{\dot{V}}\right)^{0.9}\right]\right\}^{-2}$$

$$10^{-6} < \varepsilon/D < 10^{-2}$$
$$3000 < \text{Re} < 3 \times 10^8$$

$$\dot{V} = -0.965\left(\frac{gD^5 h_L}{L}\right)^{0.5} \ln\left[\frac{\varepsilon}{3.7D} + \left(\frac{3.17\nu^2 L}{gD^3 h_L}\right)^{0.5}\right]$$

$$\text{Re} > 2000$$

$$D = 0.66\left[\varepsilon^{1.25}\left(\frac{L\dot{V}^2}{gh_L}\right)^{4.75} + \nu\dot{V}^{9.4}\left(\frac{L}{gh_L}\right)^{5.2}\right]^{0.04}$$

$$10^{-6} < \varepsilon/D < 10^{-2}$$
$$5000 < \text{Re} < 3 \times 10^8$$

發生在管路零件，例如配件、閥、彎管、肘管、T 形管、入口、出口、擴張與收縮的損失稱為次要損失。次要損失通常使用損失係數 K_L 來表示。一個零件的水頭損失可以用下式決定：

$$h_L = K_L \frac{V^2}{2g}$$

當所有損失係數都知道以後，管路系統的總水頭損失為

$$h_{L,\text{total}} = h_{L,\text{major}} + h_{L,\text{minor}} = \sum_i f_i \frac{L_i}{D_i} \frac{V_i^2}{2g} + \sum_j K_{L,j} \frac{V_j^2}{2g}$$

如果整個管路系統為等直徑時，總水頭損失化簡為

$$h_{L,\text{total}} = \left(f\frac{L}{D} + \sum K_L\right)\frac{V^2}{2g}$$

管路系統的分析基於兩個主要的原理：(1) 整個系統都要滿足質量守恆；且 (2) 兩點之間所有路徑的壓力降都要一樣。當管以串聯方式連接時，通過整個系統的流率維持為常數，不管個別管子的直徑是多大。一根管子若分叉成兩根 (或更多根) 平行管，然後在下游的一個連接點再重新結合成一管時，其總流率等於各別管子流率的加總，但是每個分支的水頭損失都是相同的。

當一個管路系統包含泵或透平機時，穩定流能量方程式可以表示為

$$\frac{P_1}{\rho g} + \alpha_1\frac{V_1^2}{2g} + z_1 + h_{\text{pump},u} = \frac{P_2}{\rho g} + \alpha_2\frac{V_2^2}{2g} + z_2 + h_{\text{turbine},e} + h_L$$

當有用的泵水頭 $h_{\text{pump},u}$ 為已知時，需要由泵提供給流體的機械功率及在一個指定流率下，由泵的馬達所消耗的電功率為

$$\dot{W}_{\text{pump, shaft}} = \frac{\rho \dot{V} g h_{\text{pump},u}}{\eta_{\text{pump}}} \quad \text{與} \quad \dot{W}_{\text{elect}} = \frac{\rho \dot{V} g h_{\text{pump},u}}{\eta_{\text{pump-motor}}}$$

其中 $\eta_{\text{pump-motor}}$ 是泵-馬達組合的效率，其為泵與馬達效率的乘積。

水頭損失相對於流率 $\dot{V}$ 的圖稱為系統曲線。一個泵所產生的水頭不是一個常數，$h_{\text{pump},u}$ 與 η_{pump} 相對於 $\dot{V}$ 的曲線稱為特徵曲線。一個安裝在管路系統上的泵會在操作點上操作，即系統曲線與特徵曲線相交的點。

流體量測技術與裝置可以被歸類成三個主要分類：(1) 體積 (或質量) 流率量測技術與裝置，例如阻塞型流量計、渦輪型流量計、正排量型流量計、浮子流量計與超音波流量計；(2) 點速度量測技術，例如皮托靜壓管、熱線式與 LDV；與 (3) 全場速度量測技術，例如 PIV。

參考資料和建議讀物

1. H. S. Bean (ed.). *Fluid Meters: Their Theory and Applications*, 6th ed. New York: American Society of Mechanical Engineers, 1971.

2. M. S. Bhatti and R. K. Shah. "Turbulent and Transition Flow Convective Heat Transfer in Ducts." *In Handbook of Single-Phase Convective Heat Transfer*, ed. S. Kakaç, R. K. Shah, and W. Aung. New York: Wiley Interscience, 1987.

3. B. T. Cooper, B. N. Roszelle, T. C. Long, S. Deutsch, and K. B. Manning. "The 12 cc Penn State pulsatile pediatric ventricular assist device: fluid dynamics associated with valve selection." *J. of Biomechonicol Engineering*. 130 (2008) pp. 041019.

4. C. F. Colebrook. "Turbulent Flow in Pipes, with Particular Reference to the Transition between the Smooth and Rough Pipe Laws," *Journal of the Institute of Civil Engineers London*. 11 (1939), pp. 133-156.

5. F. Durst, A. Melling, and J. H. Whitelaw. *Principles and Practice of Laser-Doppler Anemometry*, 2nd ed. New York: Academic, 1981.

6. *Fundamentals of Orifice Meter Measurement*.

Houston, TX: Daniel Measurement and Control, 1997.
7. S. E. Haaland. "Simple and Explicit Formulas for the Friction Factor in Turbulent Pipe Flow," *Journal of Fluids Engineering*, March 1983, pp. 89-90.
8. I. E. Idelchik. *Handbook of Hydraulic Resistance*, 3rd ed. Boca Raton, FL: CRC Press, 1993.
9. W. M. Kays, M. E. Crawford, B. Weigand. *Convective Heat and Mass Transfer*, 4th ed. New York: McGraw-Hill, 2004.
10. K. B. Manning, L. H. Herbertson, A. A. Fontaine, and S. S. Deutsch. "A detailed fluid mechanics study of tilting disk mechanical heart valve closure and the implications to blood damage." *J. Biomech. Eng.* 130(4) (2008), pp. 041001-1-4.
11. R. W. Miller. *Flow Measurement Engineering Handbook*, 3rd ed. New York: McGraw-Hill, 1997.
12. L. F. Moody. "Friction Factors for Pipe Flows," *Transactions of the ASME* 66 (1944), pp. 671-684.
13. G. Rosenberg, W. M. Phillips, D. L. Landis, and W. S. Pierce. "Design and evaluation of the Pennsylvania State University mock circulatory system." *ASAIO J.* 4 (1981) pp. 41-49.
14. O. Reynolds. "On the Experimental Investigation of the Circumstances Which Determine Whether the Motion of Water Shall Be Direct or Sinuous, and the Law of Resistance in Parallel Channels." *Philosophical Transactions of the Royal Society of London*, 174 (1883), pp. 935-982.
15. H. Schlichting. *Boundary Layer Theory*, 7th ed. New York: Springer, 2000.
16. R. K. Shah and M. S. Bhatti. "Laminar Convective Heat Transfer in Ducts." In *Handbook of Single-Phase Convective Heat Transfer*, ed. S. Kakaç, R. K. Shah, and W. Aung. New York: Wiley Interscience, 1987.
17. P. L. Skousen. *Valve Handbook*. New York: McGraw-Hill, 1998.
18. P. K. Swamee and A. K. Jain. "Explicit Equations for Pipe-Flow Problems," *Journal of the Hydraulics Division. ASCE* 102, no. HY5 (May 1976), pp. 657-664.
19. G. Vass. "Ultrasonic Flowmeter Basics," *Sensors*, 14, no. 10 (1997).
20. A. J. Wheeler and A. R. Ganji. *Introduction to Engineering Experimentation*. Englewood Cliffs, NJ: Prentice- Hall, 1996.
21. W. Zhi-qing. "Study on Correction Coefficients of Laminar and Turbulent Entrance Region Effects in Round Pipes," *Applied Mathematical Mechanics*, 3 (1982), p. 433.

習題

有"C"題目是觀念題，學生應儘量作答。

層流與紊流

8-1C 考慮在一根圓管中的層流。壁剪應力在靠近入口處或靠近出口處會較高呢？為什麼？若流動是紊流，則你的回答會是什麼？

8-2C 對於管內之流動，水力入口長度是如何定義的？入口長度對層流或紊流，哪個較長？

8-3C 雷諾數的物理意義是什麼？對於 (a) 在一根內徑為 D 的圓管中之流動與 (b) 在一根截面積為 $a \times b$ 的長方形管中之流動雷諾數是如何定義的？

圖 P8-3C

8-4C 證明在一根直徑為 D 的圓管中的雷諾數可以被表示為 $Re = 4\dot{m}/(\pi D \mu)$。

8-5C 在平滑管內一般會認為當雷諾數高於什麼值時，圓管中的流動會變成紊流？

管內的完全發展流

8-6C 有人聲稱圓管中層流的體積流率可以量測在完全發展區的中線速度，將其乘以截面積，再除以 2 來決定之。你同意嗎？請解釋。

8-7C 有人聲稱在一根圓管中心的剪應力在流動是完全發展流時為零。你是否同意這個聲明？請解釋。

8-8C 在完全發展區域的壁剪應力是如何沿流動方向改變的？(a) 在層流中與 (b) 在紊流中。

8-9C 在一根圓管中的完全發展區，速度形狀是否會在流動方向改變？

8-10C 討論完全發展的管流是一維、二維或是三維的。

8-11C 考慮一根圓管中的完全發展層流。當管徑減半而流率與管長維持為常數時，水頭損失會增加成為 (a) 兩倍，(b) 三倍，(c) 四倍，(d) 八倍，或 (e) 十六倍。

8-12C 什麼是紊流黏度係數？是由什麼造成的？

8-13C 考慮一根圓管的完全發展層流，當流率維持在常數時，若加熱使流體的黏度減半時，其水頭損失會如何變化？

8-14C 考慮空氣在一根完美平滑壁面的圓管中的層流流動，你認為在此種流動中的摩擦因子會是零嗎？請解釋。

8-15 已知一個牛頓流體在兩塊很大的平行板之間的完全發展層流的速度形狀為

$$u(y) = \frac{3u_0}{2}\left[1 - \left(\frac{y}{h}\right)^2\right]$$

其中 $2h$ 是兩塊平行板之間的距離，u_0 是在中心面上的速度，而 y 是從中心面算起的垂直座標。若平行板的寬度為 b，試求流過平板之間流率的關係式。

8-16 溫度 10°C 的水（$\rho = 999.7$ kg/m^2、$\mu = 1.307 \times 10^{-3}$ kg/m·s）在一根 0.12 cm 直徑、15 m 長的圓管中穩定地以 0.9 m/s 的平均速度流動。試決定 (a) 壓力降，(b) 水頭損失，與 (c) 需要用來克服此壓力降的泵功率。(Answer：(a) 392 kPa, (b) 40.0 m, (c) 0.399 W)

8-17 在 1 atm，40°C 的熱空氣要在一根 120 m 長的圓形塑膠流道中以流率 0.35 m^3/s 輸送。如果此流道中的水頭損失不能超過 15 m，試求流道的最小直徑。

8-18 一根內半徑 $R = 2$ cm 的圓管在完全發展層流時的速度形狀為 $u(r) = 4(1 - r^2/R^2)$。試求管內的平均速度與最大速度，並求體積流率。

圖 P8-18

8-19 溫度 15°C 的水（$\rho = 999.1$ kg/m^3，$\mu = 1.138 \times 10^{-3}$ kg/m·s）穩定的流過一根 30 m 長、5 cm 直徑的水平不鏽鋼管，流率是 9 L/s。試決定 (a) 壓力降，(b) 水頭損失，與 (c) 需要用來克服此壓力降的泵功率。

圖 P8-19

8-20 考慮流體通過一個具有平滑表面的正方形流道的層流流動。若平均流速被增加成兩倍。試決定此流體的水頭損失改變多少？假設流動狀態不變。

8-21 空氣在 1 atm，35°C 以平均速度 7 m/s 進入一根 10 m 長的矩形管道，其截面為 15 cm × 20 cm，材質為商用鋼。忽略入口效應，試決定為了克服這一段管道的壓力損失所需要的風扇功率。(Answer: 7.00 W)

圖 P8-21

8-22 油 ($\rho = 876$ kg/m^3，$\mu = 0.24$ kg/m·s) 穩定的流過一根 1.5 cm 直徑的管子，並排出至 88 kPa 的大氣。出口前 15 m，量測到的絕對壓力是 135 kPa。試決定油通過此管的流率，若管子是：(a) 水平的，(b) 從水平方位向上傾斜 8°，與 (c) 從水平方位向下傾斜 8°。

圖 P8-22

8-23 水進入一個高度 H、半徑 R 的圓錐體。入口是在圓錐底部的小孔，其截面積為 A_h 且損失係數為 C_d，入口平均速度為 V。試求從圓錐底面算起的水的高度 h 與時間的變化關係。當水從底部進入圓錐體時，空氣從圓錐體的頂部尖端排出。

8-24 密度 850 kg/m^3，運動黏度 0.00062 m^2/s 的油從一個對大氣開放的儲存槽中用一根 8 mm 直徑，40 m 長度的水平管來排放。液面高度在管中心線以上 4 m 處。忽略次要損失，試求油流過管子的流率。

圖 P8-24

8-25 在 40°C 的甘油 ($\rho = 1252$ kg/m^3，$\mu = 0.27$ kg/m·s) 流過一根水平的平滑管，其直徑 4 cm 且平均流速為 3.5 m/s。試決定此管每 10 m 長的壓力降。

8-26 溫度為 -20°C 的液態氨流過一根直徑為 5 mm 的銅管的一段 20 m 長的管段，流率為 0.09 kg/s，試求壓力降、水頭損失及克服管內摩擦損失所需要的泵功率。
(Answer: 1240 kPa, 189 m, 0.167 kW)

次要損失

8-27C 定義管流中次要損失的等效長度，其與次要損失係數是如何相關的？

8-28C 將管出口導圓對損失係數的影響是 (a) 可忽略的，(b) 有一點影響，或 (c) 影響很大。

8-29C 一個管路系統包含有急彎頭，因此會有很大的水頭損失。降低水頭損失的一個方法是用圓彎頭取代急彎頭，還有什麼其它方法呢？

8-30 水要從一個 8 m 高的蓄水槽中抽出，是藉由在其底部平面上鑽一個 2.2 cm 直徑的孔。忽略動能修正因子的影響，試求經過此孔的水流率，如果 (a) 孔的入口是圓角的，及 (b) 孔的入口是銳角的。

管系統與泵的選擇

8-31C 水從一個大的低位儲水槽被泵送到一個高位儲水槽。某人聲稱如果水頭損失可以忽

8-32C 一個人正在用一條園藝水管對一個水桶注水，突然想到裝一個噴嘴在水管上可以增加注水的速度，並且好奇這個增加的速度是否會減少對這個水桶的填充時間。如果一個噴嘴被裝到水管上，則其填充時間會發生什麼變化呢？會增加、減少，還是沒有影響呢？為什麼？

8-33C 一個管路系統包含兩根不同直徑的管子(但是其長度、材質與粗糙度都相同)以串聯方式連接。你如何比較在此兩根管子中的 (a) 流率與 (b) 壓力降？

8-34C 一個管路系統包含兩根相同直徑但不同長度的管子以並聯方式連接。你如何比較在此兩根管子中的壓力降？

8-35 一個 4 m 高的圓柱形水槽截面積為 $A_T = 1.5$ m^2，其內部裝滿等體積的水與密度 SG = 0.75 的油。現在水桶底部一個 1 cm 直徑的孔被打開使水開始流出。如果此孔的排放係數 $C_d = 0.85$，試決定需要多久才能使這個對大氣開放的水桶裡的水完全排光。

8-36 小型農場的需水量要用一個能夠持續的以 4 L/s 的流率供水的水井來滿足。水井內的水面低於地面 20 m，因此水必須先泵送到山上的一個大水槽內，其位置在水井上方 58 m 處。水流是使用 5 cm 內徑的塑膠管輸送的。需要的管長經過量測為 420 m，並且因為使用肘管、導管等造成的總次要損失估計為 12。取泵的效率為 75%，試決定需要購買的泵的額定功率，單位用 kW。在預期的操作條件下，水的密度和黏度分別為 1000 kg/m^3 及 0.00131 kg/m·s。買一個適當的泵來滿足總功率的需足是否是明智的？或者必須特別留意此案例之大的高度水頭？請解釋。
(Answer: 6.0 kW)

8-37 一個直徑 2.4 m 的水槽開始裝水時深度高於一個直徑 10 cm 的銳緣孔口中心 4 m。水槽的水面對大氣開始，並且孔口排水至大氣中。忽略動能修正因子的影響，計算：(a) 水槽的起始排水速度，與 (b) 水槽排空所需時間。孔口的損失係數是否對水槽的排水時間造成顯著的影響？

圖 P8-37

8-38 溫度 20°C 油流過一個垂直的玻璃漏斗。漏斗包含一個 20 cm 高的圓柱形貯液槽及一根 1 cm 直徑、40 cm 高的管子。藉由從一個油桶填油使得漏斗永遠維持是滿的。假設入口效應可以忽略，試求油經過漏斗的流率並計算 "漏斗有效性"，其定義是經過漏斗的實際流率與 "無摩擦" 情況下最大流率的比值。(Answer: 3.83×10^{-6} m^3/s, 1.4%)

圖 P8-38

8-39 大水槽中在 15°C 的水要用兩根串聯的塑膠管來排水。第一根管的長度是 20 m，直徑 10 cm；而第二根管的長度是 35 m，直徑 4 cm。槽內水的高度在渦的中心線之上 18 m。管入口是銳緣，且兩管間的連接處的收縮是很陡然的。忽略動能修正因子的影響，試決定從水槽的排水率。

圖 P8-39

8-40 兩個貯水槽 A 與 B 彼此用一根 40 m 長、2 cm 直徑，有方形入口的鑄鐵管連接。此管也包含一個擺動止回閥及一個全開的閘閥。兩個貯水槽的水面高度相同，但貯水槽 A 有空氣加壓，而貯水槽 B 則是對 88 kPa 的大氣是開放的。如果經過此管的起始流率是 1.2 L/s，試求在貯水槽 A 上面的絕對空氣壓力。取水的溫度為 10°C。(Answer: 733 kPa)

圖 P8-40

8-41 兩條並聯的管有相同的長度與材質。管 A 的直徑是管 B 的 2 倍。假設兩者有相同的摩擦因子，並且忽略次要損失，試決定兩管中流率的比值。

8-42 汽油 ($\rho = 680$ kg/m^3，$v = 4.29 \times 10^{-7}$ m^2/s) 以流率 240 L/s 被傳遞經過 2 km 的距離。管路的表面粗糙度是 0.03 mm，如果管摩擦造成的水頭損失不能超過 10 m，試求最小的管直徑。

8-43 水在 20°C 要從一個水槽 ($z_A = 2$ m) 泵送到另一個位置較高的水槽 ($z_B = 9$ m)。輸送管是兩根並聯的 25 m 長的管子。兩根管的直徑分別是 3 cm 與 5 cm。水利用一個效率 68% 的馬達-泵單元輸送，操作時需要 7 kW 的電功率。次要損失及連接並聯管子到水槽的水頭損失可以忽略。試決定水槽間的總流率及每一條管個別的流率。

圖 P8-43

8-44 圖 P8-44 所示的一個 3 m 高的倒圓錐形容器，起始時裝滿 2 m 高的水。在時間 $t = 0$ 時打開一個水龍頭，以流率 3 L/s 對容器注水。同時打開容器底部一個 4 cm 直徑的水孔，其排水係數為 0.90。試決定容器內水面下降 1 m 所需要的時間。

圖 P8-44

流率與速度量測

8-45C 什麼是雷射都卜勒測速度 (LDV) 與粒子影像測速法 (PIV) 的區別？

8-46C 解釋如何用一個皮托靜壓管來量測流率，針對成本、壓力降、可靠度與正確度來討論其優缺點。

8-47C 正排量型流量計是如何操作的？為什麼它們常被用來量測汽油、水與天然氣。

8-48C 什麼是可變面積式流量計 (浮子式流量計) 的操作原理？針對成本、水頭損失與正確度討論其與他種流量計的比較。

8-49 一根皮托靜壓管裝在一根 2.5 cm 內徑的管子上，裝設位置的局部流速約等於平均流速。管中的油的密度為 $\rho = 860$ kg/m^3 與黏度為 $\mu = 0.0103$ kg/m·s。量測到的壓差是 95.8 kPa。試計算管內的體積流率，用 m^3/s 表示。

8-50 一流動噴嘴，配備一個差壓計被用來量測 10°C 的水 ($\rho = 999.7$ kg/m^3，$\mu = 1.307 \times 10^{-3}$ kg/m·s) 通過一根 3 cm 直徑的水平管的流率。噴嘴出口的直徑是 1.5 cm，且量測到的壓力降是 3 kPa。試求水的體積流率、通過水管的平均速度與水頭損失。

圖 P8-50

8-51 一個孔口板的開口直徑是 4.6 cm，要被用來量測水在 15°C ($\rho = 999.1$ kg/m^3，$\mu = 1.138 \times 10^{-3}$ kg/m·s) 流過一根 10 cm 直徑的水平圓管的質量流率。用一個水銀壓力計來量測跨過孔口板的壓力差。如果壓力計的高度差是 18 cm，試決定水流過圓管的體積流率、平均速度與孔口板造成的水頭損失。

圖 P8-51

8-52 空氣 ($\rho = 1.225$ kg/m^3，$\mu = 1.789 \times 10^{-5}$ kg/m·s) 流過一個風洞，並且使用皮托靜壓管量測風洞速度，在某一個測試中，量測到的停滯壓是 472.6 kPa，而靜壓是 15.43 kPa。計算風洞的速度。

8-53 溫度 −10°C 的液態冷媒 R-134a ($\rho = 1327$ kg/m^3) 的體積流率要用一個進口為 12 cm、喉部 5 cm 的水平文氏計來量測。如果差壓計顯示 44 kPa 的壓力降，試求冷媒的流率。取文氏計的流量係數為 0.98。

8-54 水在 20°C ($\rho = 998$ kg/m^3，$\mu = 1.002 \times 10^{-3}$ kg/m·s) 通過一根 4 cm 直徑的圓管，其流率要使用一個裝備倒轉空氣−水壓力計的 2 cm 直徑的噴嘴計來量測。若壓力計指示的水的高度差為 44 cm，試決定水的體積流率與噴嘴計造成的水頭損失。

圖 P8-54

複習題

8-55 在一根半徑 R 的圓管中的層流，在其一個截面上的速度與溫度形狀為 $u = u_0(1 - r^2/R^2)$ 與 $T(r) = A + Br^2 - Cr^4$，其中 A、B 與 C 是正的常數。試求此截面上整體溫度的表示式。

8-56 在一個殼中，有好幾百根管子的殼式熱交換器是實務上兩種流體間熱交換經常會用到的。在一個主動式太陽能熱水系統中，此種熱交換器被用來在流過殼側及太陽能收集器的抗凍水溶液與流過管側的純水之間傳熱。純水的平均溫度是 60°C 且流率為 15 L/s。熱交換的黃銅管內部直徑是 1 cm 且長度是 1.5 m。忽略入口、出口與集管箱的損失，試決定流過熱交換器管側的單一圓管的壓降及需要的泵功率。經過長時間運轉後，管內壁長出 1 mm 厚的污垢，其等效粗糙高度是 0.4 mm。若輸入相同的泵功率，試決定水流過圓管的流率減小的百分比。

圖 P8-56

8-57 建在河邊的房子夏天要利用河中的冷水來冷卻。一根直徑 20 cm 的不鏽鋼圓管有 15 m 的管段通過河水。空氣通過此圓管的水下管段時流速是 3 m/s，平均溫度是 15°C。若風扇的總效率是 62%，試決定需要用來克服此管段的流動阻力的風扇功率。

圖 P8-57

8-58 溫度 5°C 的水在一根 75 m 長的水平圓管中以完全發展的層流流動，其速度形狀為 $u(r) = 0.24(1 - 6945r^2)$，其中 r 是離開管的中心線的距離，單位為 m。試求 (a) 水通過管的體積流率，(b) 跨過管的壓力降，及 (c) 為了克服此壓力降所需要的有用泵功率。

8-59 20°C 的油穩定地流過一根 5 cm 直徑、40 m 長的圓管。管入口與出口的壓力分別測得為 745 kPa 及 97.0 kPa，並且預期流動是層流的。試決定油通過管的流率，假設完全發展流且管子是 (a) 水平的，(b) 向上傾斜 15°，與 (c) 向下傾斜 15°。同時證明通過管的流動是層流。

8-60 一個高黏度的流體從一個大容器經過一根細小直徑的管子以層流方式排放。忽略入口效應與速度頭，推導一個容器中液體高度隨時間變化的關係式。

圖 P8-60

8-61 一根圓水管有從 $D_1 = 8$ cm 到 $D_2 = 24$ cm 突擴。較小管子中的壓力與平均流速分別是 $P_1 = 135$ kPa 與 10 m/s，並且是紊流。應用連續、動量與能量方程式，並忽略動能與動量修正因子的影響，試證明突擴的損失係數是 $K_L = (1 - D_1^2/D_2^2)^2$，並對所給的案例計算 K_L 及 P_2。

圖 P8-61

8-62 溫度 15°C 的水要使用兩根串聯相接的鑄鐵管及在兩管之間的一個水泵從一個貯水槽中以 18 L/s 的流率來排放。第一根管子長度為 20 m，直徑為 6 cm，而第二根管子的長度為 35 m，直徑為 4 cm。水槽的水面在管子中心線之上 30 m。管之入口為方形的，並且與水泵連接有關的損失可以忽略。忽略動能修正因子的影響，試求需要的泵水頭及要維持指定流率時所需要的最小泵功率。

圖 P8-62

8-63 兩根相同直徑與材質的管子以並聯方式連接。管 A 的長度為管 B 的 5 倍。假設兩管內的流動為完全紊流，即其摩擦因子與雷諾數無關，並且忽略次要損失，試求此兩管中流率的比值。(Answer: 0.447)

8-64 一間紡織工廠對壓縮空氣的需求由一個大型壓縮機提供。此壓縮機從 20°C 且 1 bar (100 kPa) 的大氣狀況下以 0.6 m³/s 抽取空氣，並且在操作時消耗 300 kW 的電功率。空氣被壓縮至錶壓力 8 bar（絕對壓力 900 kPa），並且壓縮空氣經由一條 15 cm 內徑、83 m 長且表面粗糙度為 0.15 mm 的鍍鋅鋼管輸送到生產區域。管內壓縮空氣的平均溫度是 60°C。壓縮空氣管線有 8 個肘管，每個的損失係數都是 0.6。如果壓縮效率為 85%，試決定壓力降與消耗在輸送管線中的功率。(Answer: 1.40 kPa, 0.125 kW)

8-65 遠端位置要安裝一個水龍頭，其與主水管用一根鑄鐵管連接。主水管中流動的水是 20°C、400 kPa（錶）。連接管的入口是銳緣，長度 15 m，中間有三個 90° 的斜接管，沒有導流葉，另有一個全開的球閥及一個全開始損失係數為 5 的角閥。若系統供水的流率是 75 L/min，並忽略管與水龍頭高度差，試決定管路系統的最小直徑。(Answer: 1.92 cm)

圖 P8-65

8-66 在一個水力發電廠中，溫度 26°C 的水經過一條 200 m 長、0.35 m 直徑的鑄鐵管以流率 0.6 m³/s 輸送到一個渦輪機。水庫的自由表面與渦輪機出口的高度差為 140

m，並且渦輪機－發電機的組合效率是 80%。由於有比較大的長度對直徑比，可以忽略次要損失，試求此電廠的電功率輸出。

8-67 要從一個 7 m 高的水槽中抽水，藉由在底部鑽一個很圓的 4 cm 直徑的水孔，其損失可以忽略，並連接一個水平的 90° 彎管，其長度可忽略。取動能修正因子為 1.05，試決定水經過彎管的流率，考慮：(a) 彎管是法蘭連接的平滑彎管，與 (b) 彎管是沒有導板的斜接管。(Answer: (a) 12.7 L/s, (b) 10.0 L/s)

圖 P8-67

8-68 一位老婦人因心臟病發作被緊急送到醫院。急診室醫師通知她需要立刻作冠狀動脈 (包圍心臟的血管) 繞道移植手術，因為一條冠狀動脈有 75% 的堵塞 (由動脈粥樣硬化斑造成)。這個手術使用一個人造的嫁接 (一般由達克龍製成) 引導血液繞過冠狀動脈的阻塞並在另一端重合，如圖 P8-68 所示。冠狀動脈的直徑是 5.0 mm 及長度是 15.0 mm。旁路嫁接的直徑是 4 mm 且長度是 20.0 mm。旁路嫁接內的流率是 0.45 L/min (注意 1 ml = 1 cm³)，血液的密度是 1060 kg/m³ 且動力黏度是 3.5 centipoise。假設達克龍和冠狀動脈有相同的材料性質，並忽略次要損失。假設兩條管子有相同的摩擦因子。在決定冠狀動脈的水頭損失時忽略硬化斑，試計算流過硬化斑與冠狀動脈之間的小間隙的速度。

圖 P8-68

基礎工程學 (FE) 試題

8-69 雷諾數不是下列何者的函數？
(a) 流體速度 (b) 流體密度
(c) 特徵長度 (d) 表面精糙度
(e) 流體黏度

8-70 空氣在 1 atm 及 20°C 流過一個 4 cm 直徑的圓管，若要維持層流的流動，則空氣的最大速度是
(a) 0.872 m/s (b) 1.52 m/s
(c) 2.14 m/s (d) 3.11 m/s
(e) 3.79 m/s

8-71 考慮 15°C 的水以速度 0.4 m/s 在 0.7 cm 直徑管中的層流。若管長是 50 m，則水的壓力降是
(a) 6.8 kPa (b) 8.7 kPa
(c) 11.5 kPa (d) 14.9 kPa
(e) 17.3 kPa

8-72 流體以速度 4.5 m/s 在 25 cm 直徑的圓管中流動。若沿著管子的壓力降是 6400 Pa，為了克服此壓力降需要的泵功率是
(a) 452 W (b) 640 W (c) 923 W
(d) 1235 W (e) 1508 W

8-73 一個給定流動的壓力降經決定為 100 Pa。對相同的流率，若我們減小管降成為一半，則壓力降成為
(a) 25 Pa (b) 50 Pa (c) 200 Pa
(d) 400 Pa (e) 1600 Pa

8-74 空氣在一個 10 cm 直徑的圓管中流動。因為速度快，所以雷諾數很大。管的粗糙度是 0.002 mm。此流動的摩擦因子是
(a) 0.0311 (b) 0.0290 (c) 0.0247

(d) 0.0206　　　(e) 0.0163

8-75 水在 10°C（$\rho = 999.7$ kg/m^3，$\mu = 1.307 \times 10^{-3}$ kg/m·s）要在一根 5 cm 直徑，30 m 長的圓管中輸送。管的粗糙度是 0.22 mm。若此管的壓力降不能超過 19 kPa，則水的最大流率是

(a) 324 L/min　　　(b) 281 L/min
(c) 243 L/min　　　(d) 195 L/min
(e) 168 L/min

8-76 圓管中流體的完全發展層流有一個銳緣的管出口。若流速是 4 m/s，則與次要損失相等的水頭損失是

(a) 0.72 m　　　(b) 1.16 m　　　(c) 1.63 m
(d) 2.0 m　　　(e) 4.0 m

8-77 一個等直徑的管路系統包含多個限流裝置，其總損失係數是 4.4。管的摩擦因子是 0.025 且管的直徑是 7 cm。這些次要損失與多長的管子損失是相等的？

(a) 12.3 m　　　(b) 9.1 m　　　(c) 7.0 m
(d) 4.4 m　　　(e) 2.5 m

8-78 考慮一根管子分叉成兩根並聯的管子，然後在下游重合。兩根並聯的管子有相同長度與摩擦因子，而管的直徑分別是 2 cm 與 4 cm。若其中一根管的流率是 10 L/min，則另一根管的流率是

(a) 10 L/min　　　(b) 3.3 L/min
(c) 100 L/min　　　(d) 40 L/min
(e) 56.6 L/min

8-79 一個泵從一個水槽把水經過一個管路系統以流率 0.15 m^3/min 輸送到另一個水槽。兩個水槽都對大氣開放。兩水槽的高度差是 35 m，且估計的總水頭損失是 4 m。若馬達–泵單元的效率是 65%，輸入到泵的馬達的電功率是

(a) 1664 W　　　(b) 1472 W　　　(c) 1238 W
(d) 983 W　　　(e) 805 W

設計與小論文題

8-80 像電腦的電子箱一般利用風扇冷卻。寫一篇小論文討論電子箱的強制空氣冷卻，以及如何為電子裝置選擇風扇。

8-81 要選擇一個泵給花園中的瀑布使用。水用底部的水池收集，水池的自由表面與供水位置的高度差是 3 m，水的流率最少是 8 L/s。為這項工作選擇適當的馬達–泵單元。找出兩家製造商及其產品的型號與價格，作出選擇並說明為何你選擇那個特定產品。同時估計這個單元年度功率消耗的成本，假設是持續運轉。

流體流動的微分解析

學習目標

讀完本章後，你將能夠

- 瞭解質量守恆的微分方程式與線性動量微分方程式是如何推導與應用的。
- 對一個已知的速度場，計算流線函數與壓力場，並畫出流線。
- 對於簡單流場的運動方程式，得到其解析解。

本章將推導流體運動的微分方程式，亦即，質量守恆 (連續方程式) 與牛頓第二定律 (納維－斯托克斯方程式)。這些方程式適用於流場中的每一點，從而使我們可以解出在流動區域內所在位置上的流動細節。不幸的，大多數在流體力學中碰到的微分方程式的求解都非常困難，經常必須使用計算機的幫助。再者，當這些方程式需要時必須與其它方程式結合，例如狀態方程式、能量方程式及／或成分方程式。我們提供一個求解這個流體運動的微分方程組的漸進步驟，並且對一些簡單的例題得出其解析解。我們也介紹流線函數的觀念；流線函數是常數的曲線在二維的流場中顯示代表的就是流線。

9-1 介紹

在第 5 章中，我們導出質量與能量守恆的控制體積版本，並且在第 6 章中對動量也做了同樣的事情。當我們對流場的整體特徵有興趣時，控制體積的技術是很有用的，例如從控制體積進入或流出的質量流率或作用在物體上的淨力。一個例子是圖 9-1a 中所示的碟形衛星接收器周圍風的流動。環繞碟形衛星接收器的附近取一個矩形的控制體積，如圖所示。如果我們知道了沿著整個控制面上的空氣速度，就可以計算出作用在支架上的淨反作用力，甚至於不需要知道碟形天線幾何形狀的任何細節。事實上，在控制體積的分析中，被像"黑盒子"一般的對待，我們不能獲得流場性質 (例如在控制體積內部每一點上的速度與壓力) 的詳細資訊。

另一方面，微分解析法 (differential analysis) 牽涉到將流體運動的微分方程式應用到被稱為流域 (flow domain) 中的流場裡任意或每一點上。你可以把微分解析技術想像成數百萬個前後左右、上上下下互相在流場上堆疊連接在一起的細小控制體積同時進行的解析。在細小控制體積的數目趨近無窮大的極限，或是每個細小控制體積的大小縮收到一點的極限時，守恆方程式就簡化成對流場中每一點都成立的一組微分方程式。當求解時，這些微分方程式就可以得到整個流域中每一點的速度、密度、壓力……等的細節。例如，在圖 9-1b 中，針對碟形天線周圍空氣流所作的微分解析，可以得到環繞碟形天線的流線形狀與詳細的壓力分佈等。從這些細節中，我們可以作積分來發現流場的整體特徵，例如作用在碟形天線上的淨力。

在一個像圖 9-1 所說明的流體流動的問題中，其空氣的密度和溫度的變化並不顯著，只要對兩個微分運動方程式求解就夠了 —— 即質量守恆與牛頓第二定律 (線性動量方程式)。對於三維的不可壓縮流，共有四個未知數 (速度分量 u、v、w 與壓力 P) 及四個方程式 (一個是質量守恆，這是一個純量方程式；另三個來自牛頓第二定律，這是一個向量方程式)。如我們即將看到的，這些方程式是偶合的 (coupled)，意即某些變數會出現在所有四個方程式中；因此這些微分方程式組必須對所有四個未知數同時求解。再者，這些變數的邊界條件 (boundary conditions) 必須在流域中的所有邊界上被指定，包括入口、出口與壁面。最後，如果流動是不穩定的，當流場變化時，我們必須沿著時間軸推進解答，你可以看出流體流動的微分解析是如何變得非常複雜且困難的。計算機在此可以提供強大的幫

圖 9-1 (a) 在控制體積的分析中，控制體積的內部被像"黑盒子"一般對待，但 (b) 在微分解析中，流場中所有的細節在流域中的每一點都被求解。

助。不過，還是有許多我們可以作解析的地方，首先將推導質量守恆的微分方程式。

9-2 質量守恆－連續方程式

藉由應用雷諾輸運定理 (第 4 章) 到一個控制體積上，我們得到以下質量守恆定理的一般表示式：

控制體積的質量守恆：
$$0 = \int_{CV} \frac{\partial \rho}{\partial t} \, dV + \int_{CS} \rho \vec{V} \cdot \vec{n} \, dA \tag{9-1}$$

注意式 (9-1) 對固定及移動的控制體積都適用，只要速度向量是絕對速度 (如一個固定的觀察者所看到的) 即可。如果有定義明確的入口與出口，式 (9-1) 可重寫成

$$\int_{CV} \frac{\partial \rho}{\partial t} \, dV = \sum_{\text{in}} \dot{m} - \sum_{\text{out}} \dot{m} \tag{9-2}$$

用文字來說，控制體積內質量的淨改變率等於進入控制體積的質量流率減去流出控制體積的質量流率。式 (9-2) 可以適用在任何控制體積上，不論其大小如何。為了導出質量守恆的微分程式，我們讓控制體積收縮至無限小，其大小為 dx、dy 與 dz (圖 9-2)。在極限時，整個控制體積收縮成流場中的一點。

考慮一個與卡氏座標的軸對齊的無限小的盒狀控制體積 (圖 9-3)。此盒的大小為 dx、dy 與 dz，且盒子中心顯示是在離開原點的任意點 P 上 (盒子可以位於流場中的任何位置)。我們定義盒中心的密度為 ρ，且速度分量為 u、v 與 w，如圖所示。在離開盒中心的位置上，我們相對於盒中心 (P 點) 使用泰勒級數展開。[級數展開的命名，是為了榮耀其建立者，英國數學家 Brook Taylor (1685-1731)]。例如，此盒最右邊表面的中心是位於離盒子中心在 x- 方向距離為 $dx/2$ 的地方，在那一點上的 ρu 值為

$$(\rho u)_{\text{center of right face}} = \rho u + \frac{\partial (\rho u)}{\partial x} \frac{dx}{2} + \frac{1}{2!} \frac{\partial^2 (\rho u)}{\partial x^2} \left(\frac{dx}{2} \right)^2 + \cdots \tag{9-3}$$

然而，當代表控制體積的盒子收縮至一點時，二階及更高階的項變成可以忽略的。例如，假設 $dx/L = 10^{-3}$，其中 L 是流域的某個特徵長度大小。那麼 $(dx/L)^2 = 10^{-6}$，比 dx/L 小了一千倍的

圖 9-2 為了推導微分的守恆方程式，我們讓控制體積收縮至無限小。

圖 9-3 一個中心點在 P 的微小盒狀控制體積被用來推導在卡氏座標系統的質量守恆微分方程式；顏色圓點指示每個面的中心點。

比例。事實上，當 dx 越小時，二階項可以忽略的假設就越好。將密度乘以正向速度分量的截斷的泰勒級數展開式應用到此盒子的 6 個面的每一個面其中心點時，我們有

右面中心點： $\quad (\rho u)_{\text{center of right face}} \cong \rho u + \dfrac{\partial(\rho u)}{\partial x}\dfrac{dx}{2}$

左面中心點： $\quad (\rho u)_{\text{center of left face}} \cong \rho u - \dfrac{\partial(\rho u)}{\partial x}\dfrac{dx}{2}$

前面中心點： $\quad (\rho w)_{\text{center of front face}} \cong \rho w + \dfrac{\partial(\rho w)}{\partial z}\dfrac{dz}{2}$

後面中心點： $\quad (\rho w)_{\text{center of rear face}} \cong \rho w - \dfrac{\partial(\rho w)}{\partial z}\dfrac{dz}{2}$

上面中心點： $\quad (\rho v)_{\text{center of top face}} \cong \rho v + \dfrac{\partial(\rho v)}{\partial y}\dfrac{dy}{2}$

下面中心點： $\quad (\rho v)_{\text{center of bottom face}} \cong \rho v - \dfrac{\partial(\rho v)}{\partial y}\dfrac{dy}{2}$

從這些表面中的任何一個流進或流出的質量流率，等於密度乘以面中心點的法向速度分量再乘以此面的面積。換言之，在每個面上 $\dot m = \rho V_n A$，其中 V_n 是通過此面的法向速度分量，而 A 是此面的面積 (圖 9-4)，通過我們的無限小的控制體積的每個面上的質量流率繪於圖 9-5。我們也可以對在每個面的中心點的其它 (非法向) 速度分量建立其截斷的泰勒級數展開式，但這並不需要，因為這些分量對被考慮的表面而言是切向的。例如在右

圖 9-4 通過一個表面的質量流率等於 $\rho V_n A$。

圖 9-5 通過微分控制體積的每個面的質量的流入率與流出率；大圓點指示每個面上的中心點。

面中心點上的 ρv 的值可以用類似的展開式來作估計，但是因為 v 對此盒的右面而言是切向的，其對進入或流出那個面的質量流率共無貢獻。

當控制體積收縮至一點時，在式 (9-2) 左邊的體積分的值變成

在 CV 內部的質量變化率：
$$\int_{CV} \frac{\partial \rho}{\partial t} dV \cong \frac{\partial \rho}{\partial t} dx\, dy\, dz \tag{9-4}$$

因為此盒的體積為 $dx\, dx\, dz$。我們現在應用圖 9-5 中的近似到式 (9-2) 中的右邊。我們對經過這些面流進及流出控制體積的質量流率作加總。左面、底面及背面對流進的質量有貢獻，式 (9-2) 中右邊的第一項變成

進入 CV 的淨質量流率：
$$\sum_{\text{in}} \dot{m} \cong \underbrace{\left(\rho u - \frac{\partial(\rho u)}{\partial x}\frac{dx}{2}\right)dy\, dz}_{\text{左面}} + \underbrace{\left(\rho v - \frac{\partial(\rho v)}{\partial y}\frac{dy}{2}\right)dx\, dz}_{\text{底面}} + \underbrace{\left(\rho w - \frac{\partial(\rho w)}{\partial z}\frac{dz}{2}\right)dx\, dy}_{\text{背面}}$$

類似的，右面、上面及前面對流出的質量有貢獻，式 (9-2) 右邊的第二項變成

流出 CV 的淨質量流率：
$$\sum_{\text{out}} \dot{m} \cong \underbrace{\left(\rho u + \frac{\partial(\rho u)}{\partial x}\frac{dx}{2}\right)dy\, dz}_{\text{右面}} + \underbrace{\left(\rho v + \frac{\partial(\rho v)}{\partial y}\frac{dy}{2}\right)dx\, dz}_{\text{上面}} + \underbrace{\left(\rho w + \frac{\partial(\rho w)}{\partial z}\frac{dz}{2}\right)dx\, dy}_{\text{前面}}$$

我們把式 (9-4) 及這兩個質量流率的方程式代入式 (9-2)。許多項會彼此抵消；在結合與簡化剩下的項以後，我們得到

$$\frac{\partial \rho}{\partial t} dx\, dy\, dz = -\frac{\partial(\rho u)}{\partial x} dx\, dy\, dz - \frac{\partial(\rho v)}{\partial y} dx\, dy\, dz - \frac{\partial(\rho w)}{\partial z} dx\, dy\, dz$$

盒子的體積 $dx\, dy\, dz$ 出現在每一項中，可以被消去。重新整理以後，我們最後得到在卡氏座標系統中質量守恆的微分方程式：

卡氏座標中的連續方程式：
$$\frac{\partial \rho}{\partial t} + \frac{\partial(\rho u)}{\partial x} + \frac{\partial(\rho v)}{\partial y} + \frac{\partial(\rho w)}{\partial z} = 0 \tag{9-5}$$

式 (9-5) 是卡氏座標中的連續方程式的可壓縮形式。它可被寫成更簡潔的形式，即

$$\frac{\partial \rho}{\partial t} + \vec{\nabla} \cdot (\rho \vec{V}) = 0 \tag{9-6}$$

例題 9-1　空氣-燃料混合物的壓縮

空氣-燃料混合物在一個內燃機引擎的汽缸中被活塞壓縮（圖 9-6）。座標 y 的原點在汽缸的頂部，y 直接指向下面，如圖所示。假設活塞以等速率 V_p 向上移動。汽缸頂與活塞間的距離 L 隨著時間以線性近似式 $L = L_{bottom} - V_p t$ 的方式減小，其中 L_{bottom} 是在時間 $t = 0$ 時，活塞在其循環的底部的位置，如在圖 9-6 所繪出的。在 $t = 0$，在汽缸中的空氣-燃料混合物的密度到處都等於 $\rho(0)$。試估計當活塞在向上行程時空氣-燃料混合物的密度與時間及其它已知參數之間的函數關係。

解答： 要估計空氣-燃料混合物的密度與時間及在問題敘述中所給的參數之間的函數關係。

假設： 1. 密度隨時間（不是空間）變化；換言之，在任何給定時間時，密度在整個汽缸中是均勻的，但是會隨時間而變：$\rho = \rho(t)$。2. 速度分量 v 隨 y 與 t 而變，但不隨 x 或 z 變化。換言之，$v = v(y, t)$ 而已。3. $u = w = 0$。4. 在壓縮時沒有質量會從汽缸逃脫。

解析： 首先我們需要建立一個速度分量 v 與 y 及 t 的函數關係表示式。顯然在 $y = 0$ 處（活塞頂部），$v = 0$，並且在 $y = L$ 處，$v = -V_p$。為簡單計，我們將 v 近似成在這兩個邊界條件之間呈線性變化，

垂直速度分量：
$$v = -V_P \frac{y}{L} \tag{1}$$

其中 L 如給定的，是一個時間的函數。在卡氏座標中的可壓縮連續方程式 (9-5) 適用於這個問題的求解

$$\frac{\partial \rho}{\partial t} + \underbrace{\frac{\partial(\rho u)}{\partial x}}_{0 \text{ 因為 } u = 0} + \frac{\partial(\rho v)}{\partial y} + \underbrace{\frac{\partial(\rho w)}{\partial z}}_{0 \text{ 因為 } w = 0} = 0 \quad \rightarrow \quad \frac{\partial \rho}{\partial t} + \frac{\partial(\rho v)}{\partial y} = 0$$

根據假設 1，密度不是 y 函數，因此可以從對 y 的微分項中提出。代入式 (1) 給 v 及給 L 的表示式，微分並化簡，我們得到

$$\frac{\partial \rho}{\partial t} = -\rho \frac{\partial v}{\partial y} = -\rho \frac{\partial}{\partial y}\left(-V_P \frac{y}{L}\right) = \rho \frac{V_P}{L} = \rho \frac{V_P}{L_{bottom} - V_P t} \tag{2}$$

再根據假設 1，我們用 $d\rho/dt$ 取代式 (2) 中的 $\partial \rho / \partial t$。分離變數後，得到一個可以被解析地積分的表示式，

$$\int_{\rho = \rho(0)}^{\rho} \frac{d\rho}{\rho} = \int_{t=0}^{t} \frac{V_P}{L_{bottom} - V_P t} dt \quad \rightarrow \quad \ln \frac{\rho}{\rho(0)} = \ln \frac{L_{bottom}}{L_{bottom} - V_P t} \tag{3}$$

最後我們得到密度 ρ 作為時間的函數的表示式，

圖 9-6　一個內燃機引擎汽缸中的燃料與空氣被一個活塞所壓縮。

$$\rho = \rho(0) \frac{L_{\text{bottom}}}{L_{\text{bottom}} - V_P t} \qquad (4)$$

為了遵循將結果無因次化的習慣，式 (4) 被重寫成

$$\frac{\rho}{\rho(0)} = \frac{1}{1 - V_P t/L_{\text{bottom}}} \quad \rightarrow \quad \rho^* = \frac{1}{1 - t^*} \qquad (5)$$

其中 $\rho^* = \rho/\rho(0)$，而 $t^* = V_P t/L_{\text{bottom}}$。式 (5) 被繪於圖 9-7 中。

討論： 在 $t^* = 1$，活塞碰到汽缸的頂部且 ρ 趨近無限大。在一個真實的內燃機引擎中，活塞在接觸汽缸的頂部之前就會停止，形成所謂的餘隙容積，其通常佔最大汽缸容積的 4% 至 12%。汽缸內均勻密度的假設是這個簡化解析中最弱的一點。事實上，ρ 可能同時是空間與時間的函數。

圖 9-7 例題 9-1 中，無因次密度與無因次時間的函數關係。

在圓柱座標系統中的連續方程式

許多流體力學的問題在圓柱座標系統 (r, θ, z) 中，而不是在卡氏座標系統，求解會比較方便。為簡單計，我們先介紹在二維中的圓柱座標 (圖 9-8a)。按照習慣，r 是從原點到某一點 (P) 的徑向距離，而 θ 是從 x- 軸量起的角度 (θ 在數學上總是被定義為在逆時針方向為正)。速度分量 u_r 及 u_θ 與單位向量 $\vec{e}_r$ 及 $\vec{e}_\theta$，也被顯示在圖 9-8a 中。在三維時，想像把在圖 9-8a 中的一切沿著 z- 軸 (垂直於 xy- 平面) 滑出頁面一段距離 z。我們試著將這些繪於圖 9-8b 中。在三維中，我們有第三個速度分量 u_z 與第三個單位向量 $\vec{e}_z$，也繪於圖 9-8b 中。

以下的座標轉換可從圖 9-8 中得到

座標轉換：

$$r = \sqrt{x^2 + y^2} \quad x = r\cos\theta \quad y = r\sin\theta \quad \theta = \tan^{-1}\frac{y}{x} \qquad (9\text{-}7)$$

座標 z 在圓柱與卡氏座標系統中是一樣的。

為了獲得一個在圓柱座標系統中連續方程式的表示式，我們可以畫出在圓柱座標中一個三維的無限小流體元素，並且分析流進與流出此元素的質量流率，就像我們在卡氏座標中所做的一樣。

圖 9-8 在圓柱座標中的速度分量與單位向量：(a) 在 xy- 或 $r\theta$- 平面上的二維流動，(b) 三維流動。

圓柱座標中的連續方程式：
$$\frac{\partial \rho}{\partial t} + \frac{1}{r}\frac{\partial (r\rho u_r)}{\partial r} + \frac{1}{r}\frac{\partial (\rho u_\theta)}{\partial \theta} + \frac{\partial (\rho u_z)}{\partial z} = 0 \qquad (9\text{-}8)$$

方法的細節可以從 Fox and McDonald (1998) 的書中找出。

連續方程式的特例

我們現在來看看連續方程式的兩個特例或簡化。更明確一點，將先考慮穩定可壓縮流，然後是不可壓縮流。

特例 1：穩定可壓縮流

如果流動為可壓縮但是穩定的，任何變數的 $\partial/\partial t$ 為零。因此，式 (9-6) 簡化為

穩定的連續方程式：
$$\vec{\nabla} \cdot (\rho \vec{V}) = 0 \tag{9-9}$$

在卡氏座標中，式 (9-9) 簡化為

$$\frac{\partial(\rho u)}{\partial x} + \frac{\partial(\rho v)}{\partial y} + \frac{\partial(\rho w)}{\partial z} = 0 \tag{9-10}$$

在圓柱座標中，式 (9-9) 簡化為

$$\frac{1}{r}\frac{\partial(r\rho u_r)}{\partial r} + \frac{1}{r}\frac{\partial(\rho u_\theta)}{\partial \theta} + \frac{\partial(\rho u_z)}{\partial z} = 0 \tag{9-11}$$

特例 2：不可壓縮流

如果流動被近似為不可壓縮的，密度不是時間或空間的函數。所以式 (9-6) 簡化為

不可壓縮流的連續方程式：
$$\vec{\nabla} \cdot \vec{V} = 0 \tag{9-12}$$

你可能已經注意到沒有時間導數留在式 (9-12) 中。我們從這裡得到的結論是，即使流動是不穩定的，式 (9-12) 也適用於在時間的任何一個時刻上。物理上，這表示在一個不可壓縮的流場中，當任何一個部分的速度場改變時，整個流場的其它部分立刻對此變化作出調整，使得式 (9-12) 在任何時間點上都是滿足的。對於可壓縮流，就不是這種情況。事實上，在流場中的一個部分上的擾動，並不會被一段距離以外的流體質點感受到，一直到從擾動發生的聲波達到那個距離為止。非常響亮的噪音，例如從槍枝或爆炸發生的，產生一個震波 (shock wave)，其移動速度事實上會大於聲波 (爆炸所產生的震波顯示於圖 9-9)。

圖 9-9　從一個爆炸產生的擾動不會被察覺，直到震波達到觀察者為止。

在卡氏座標中，式 (9-12) 為

卡氏座標中不可壓縮流的連續方程式：
$$\frac{\partial u}{\partial x} + \frac{\partial v}{\partial y} + \frac{\partial w}{\partial z} = 0 \quad (9\text{-}13)$$

式 (9-13) 可能是你最常接觸到的連續方程式的形式。它可以被用在穩定或不穩定的不可壓縮的三維流動中，記住它會讓你更好做事。

在圓柱座標中，式 (9-12) 為

圓柱座標中不可壓縮流的連續方程式：
$$\frac{1}{r}\frac{\partial(ru_r)}{\partial r} + \frac{1}{r}\frac{\partial(u_\theta)}{\partial \theta} + \frac{\partial(u_z)}{\partial z} = 0 \quad (9\text{-}14)$$

例題 9-2　設計一個可壓縮流的收縮流道

要設計一個二維的收縮流道給一個高速風洞。流道的下壁面是平而水平的，而其上壁面彎曲的方式要使得軸向風速 u 近似線性的增加，從在斷面 (1) 的 $u_1 = 100$ m/s 增加至在斷面 (2) 的 $u_2 = 300$ m/s (圖 9-10)。同時，空氣密度 ρ 會呈線性的減小，從在斷面 (1) 的 $\rho_1 = 1.2$ kg/m³ 減小至在斷面 (2) 的 $\rho_2 = 0.85$ kg/m³。收縮流道為 2.0 m 長且在斷面 (1) 為 2.0 m 高。(a) 預測在流道中速度的 y-分量 $v(x,y)$。(b) 畫出流道的近似形狀，忽略在壁面上的摩擦。(c) 在斷面 (2)，即流道的出口，流道應該是多高？

圖 9-10　收縮流道，設計給高速風洞用的 (沒有按照比例)。

解答：對給定的速度分量 u 與密度，我們要預測速度分量 v，畫出流道的近似形狀，並預測在流道出口的高度。

假設：**1.** 流動是穩定的，並且在 xy- 平面是二維的。**2.** 在壁面上的摩擦被忽略。**3.** 軸向速度 u 隨 x 呈線性增加，而密度 ρ 隨 x 呈線性減小。

性質：流體是室溫 (25°C) 下的空氣。音速約 346 m/s，因此流動是次音速的，但是可壓縮的。

解析：我們寫下 u 與 ρ 的表示式，強迫它們對 x 是線性的，

$$u = u_1 + C_u x \quad \text{其中} \quad C_u = \frac{u_2 - u_1}{\Delta x} = \frac{(300 - 100) \text{ m/s}}{2.0 \text{ m}} = 100 \text{ s}^{-1} \quad (1)$$

及

$$\rho = \rho_1 + C_\rho x \quad \text{其中} \quad C_\rho = \frac{\rho_2 - \rho_1}{\Delta x} = \frac{(0.85 - 1.2) \text{ kg/m}^3}{2.0 \text{ m}} \quad (2)$$

這個二維可壓縮流的穩定連續方程式化簡為

$$\frac{\partial(\rho u)}{\partial x} + \frac{\partial(\rho v)}{\partial y} + \underbrace{\frac{\partial(\rho w)}{\partial z}}_{0\,(2\text{-D})} = 0 \quad \to \quad \frac{\partial(\rho v)}{\partial y} = -\frac{\partial(\rho u)}{\partial x} \quad (3)$$

將式 (1) 與 (2) 代入式 (3)，並注意 C_u 及 C_ρ 是常數

$$\frac{\partial(\rho v)}{\partial y} = -\frac{\partial[(\rho_1 + C_\rho x)(u_1 + C_u x)]}{\partial x} = -(\rho_1 C_u + u_1 C_\rho) - 2C_u C_\rho x$$

對 y 積分得到

$$\rho v = -(\rho_1 C_u + u_1 C_\rho)y - 2C_u C_\rho xy + f(x) \tag{4}$$

注意，因為積分是個偏積分，我們已經加上一個 x 的任意函數，而不僅是一個簡單的積分常數。接下來，我們應用邊界條件，因為底板是平而水平的，對任意 x，v 必須在 $y = 0$ 處為零。這只有當 $f(x) = 0$ 時才是可能的。對式 (4) 求解 v 得到

$$v = \frac{-(\rho_1 C_u + u_1 C_\rho)y - 2C_u C_\rho xy}{\rho} \rightarrow v = \frac{-(\rho_1 C_u + u_1 C_\rho)y - 2C_u C_\rho xy}{\rho_1 + C_\rho x} \tag{5}$$

(b) 使用式 (1) 和 (5) 及在第 4 章中說明的技術，我們在圖 9-11 中繪出介於 $x = 0$ 和 $x = 2.0$ m 間的幾條流線。從 $x = 0$、$y = 2.0$ m 開始的流線就近似流道的上壁面。

(c) 在斷面 (2)，頂部流線在 $x = 2.0$ m 處通過 $y = 0.941$ m。因此，流道在斷面 (2) 的預測高度是 **0.941 m**。

討論：你可以證明式 (1)、(2) 與 (5) 的結合滿足連續方程式。然而，單單這個不能保證密度與速度會真的遵循這些方程式，如果流道要根據這裡的設計建造。真實的流動相依於斷面 (1) 與 (2) 之間的壓力降；只有唯一的壓力降可產生希望的流動加速。在這種空氣朝向音速加速的可壓縮流中，溫度的變化也可能是很可觀的。

圖 9-11 例題 9-2 中收縮流道的流線。

例題 9-3　不穩定的二維流的不可壓縮性

考慮例題 4-5 中的速度場 —— 一個不穩定的二維速度場，由於 $\vec{V} = (u, v) = (0.5 + 0.8x)\vec{i} + [1.5 + 2.5 \sin(\omega t) - 0.8y]\vec{j}$ 給定，其中角頻率 ω 等於 2π rad/s (物理頻率為 1 Hz)。證明這個流場可以被近似為不可壓縮的。

解答：我們要證明一個給定的流場是不可壓縮的。
假設：流動是二維的，意即沒有速度的 z- 分量，並且 u 與 v 不隨 z 而變化。
解析：速度在 x 與 y- 方向的分量分別是

$$u = 0.5 + 0.8x \quad \text{與} \quad v = 1.5 + 2.5\sin(\omega t) - 0.8y$$

如果流動是不可壓縮的，式 (9-12) 必須成立。更明確的，在卡氏座標式 (9-13) 必須成立。讓我們檢驗：

$$\underbrace{\frac{\partial u}{\partial x}}_{0.8} + \underbrace{\frac{\partial v}{\partial y}}_{-0.8} + \underbrace{\frac{\partial w}{\partial z}}_{0\,因為二維} = 0 \quad \rightarrow \quad 0.8 - 0.8 = 0$$

因此我們看到不可壓縮的連續方程式的確在任何時刻都是滿足的，**所以此流場可被近似為不可壓縮的**。

討論：雖然在 v 中有一個不穩定項，但因其無 y 微分而從連續方程式中被消去了。

例題 9-4　找出遺失的速度分量

已知一個穩定、不可壓縮的三維流場的兩個速度分量，即 $u = ax^2 + by^2 + cz^2$ 與 $w = axz + byz^2$，其中 a、b 與 c 是常數。但其 y 速度分量遺失了。推導一個給 v 的表示式，表示成 x、y 與 z 的函數。

解答：我們要找出速度的 y- 分量 v，使用已知的 u 及 w 的表示式。

假設：**1.** 流動是穩定的。**2.** 流動是不可壓縮的。

解析：因為流動是穩定且不可壓縮的，並且因為我們使用卡氏座標系統，將式 (9-13) 應用在此流場上。

不可壓縮性的條件：
$$\frac{\partial v}{\partial y} = -\underbrace{\frac{\partial u}{\partial x}}_{2ax} - \underbrace{\frac{\partial w}{\partial z}}_{ax+2byz} \quad \rightarrow \quad \frac{\partial v}{\partial y} = -3ax - 2byz$$

接下來我們對 y 積分。因為積分是偏積分，加上一個 x 及 z 的任意函數來取代一個簡單的積分常數。

解答：
$$v = -3axy - by^2z + f(x,z)$$

討論：任何函數 $f(x, z)$ 都產生一個滿足連續方程式的 v，因為在連續方程式中沒有 v 對 x 或 z 的微分。

例題 9-5　二維、不可壓縮的渦旋流

考慮在圓柱座標中的一個二維的不可壓縮流；其切向速度分量為 $u_\theta = K/r$，其中 K 是一個常數。這代表一個渦旋流的種類，推導出另一個速度分量 u_r 的表示式。

解答：已知切向速度分量，我們要推導出徑向速度分量的表示式。

假設：**1.** 流動在 xy- ($r\theta$-) 平面是二維的 (速度不是 z 的函數，並且到處都是 $u_z = 0$)。**2.** 流動是不可壓縮的。

解析：不可壓縮的連續方程式 (9-14) 對此二維的情況可以化簡成

$$\frac{1}{r}\frac{\partial (ru_r)}{\partial r} + \frac{1}{r}\frac{\partial u_\theta}{\partial \theta} + \underbrace{\frac{\partial u_z}{\partial z}}_{0\,(2\text{-D})} = 0 \quad \rightarrow \quad \frac{\partial (ru_r)}{\partial r} = -\frac{\partial u_\theta}{\partial \theta} \tag{1}$$

已知的 u_θ 表示式不是 θ 的函數，因此式 (1) 化簡成

$$\frac{\partial (ru_r)}{\partial r} = 0 \quad \rightarrow \quad ru_r = f(\theta, t) \quad (2)$$

其中我們導入一個 θ 與 t 的任意函數來替代一個積分常數，因為是相對於 r 作偏積分。解出 u_r，

$$u_r = \frac{f(\theta, t)}{r} \quad (3)$$

因此，任何由式 (3) 給定的徑向速度分量都能得到一個二維的不可壓縮速度場，並滿足連續方程式。

圖 9-12 流線與速度形狀：(a) 一個線渦旋流，及 (b) 一個旋轉的線渦旋／沉流。

我們討論一些特例。最簡單的情況是當 $f(\theta, t) = 0$ ($u_r = 0$，$u_\theta = K/r$)。這會得到在第 4 章中討論過的**線渦旋** (line vortex)，如畫在圖 9-12a 中的。另一個簡單的情況是當 $f(\theta, t) = C$ 時，其中 C 是一個常數。這會產生一個徑向速度，其大小隨 $1/r$ 而減小。對負值的 C，想像一個旋轉的線渦旋／沉流，其流體元素不只繞著原點旋轉，並被位於原點的沉吸入 (事實上是一個沿著 z- 軸的線沉)。這情況被畫在圖 9-12b 中。

討論：其它更複雜的流動令 $f(\theta, t)$ 為某些其它函數而得到。對於任何 $f(\theta, t)$ 的函數，其流動滿足在任何給定時刻的二維的不可壓縮連續方程式。

9-3　流線函數

卡氏座標中的流線函數

考慮在 xy- 平面的不可壓縮的二維流動的簡單情況。在卡氏座標的連續方程式 (9-13) 簡化為

$$\frac{\partial u}{\partial x} + \frac{\partial v}{\partial y} = 0 \quad (9\text{-}15)$$

一個聰明的變數轉換使我們可以用一個相依變數 (ψ) 取代兩個相依變數 (u 和 v) 來重寫式 (9-14)。我們定義**流線函數** (stream function) ψ 為 (圖 9-13)

卡氏座標中不可壓縮的二維流線函數：

$$u = \frac{\partial \psi}{\partial y} \quad \text{與} \quad v = -\frac{\partial \psi}{\partial x} \quad (9\text{-}16)$$

流線函數首先被義大利數學家拉格朗日 (Joseph Louis Lagrange,

流線函數

- 2-D、不可壓縮、卡氏座標：
$$u = \frac{\partial \psi}{\partial y} \quad \text{與} \quad v = -\frac{\partial \psi}{\partial x}$$

- 2-D、不可壓縮、圓柱座標：
$$u_r = \frac{1}{r}\frac{\partial \psi}{\partial \theta} \quad \text{與} \quad u_\theta = -\frac{\partial \psi}{\partial r}$$

- 軸對稱、不可壓縮、圓柱座標：
$$u_r = -\frac{1}{r}\frac{\partial \psi}{\partial z} \quad \text{與} \quad u_z = \frac{1}{r}\frac{\partial \psi}{\partial r}$$

- 2-D、可壓縮、卡氏座標：
$$\rho u = \frac{\partial \psi_\rho}{\partial y} \quad \text{與} \quad \rho v = -\frac{\partial \psi_\rho}{\partial x}$$

圖 9-13 有幾種流線函數的定義，端視考慮中的流動型態與使用的座標系統而定。

1736-1813) 推導出來。將式 (9-16) 代入式 (9-15) 中得到

$$\frac{\partial}{\partial x}\left(\frac{\partial \psi}{\partial y}\right) + \frac{\partial}{\partial y}\left(-\frac{\partial \psi}{\partial x}\right) = \frac{\partial^2 \psi}{\partial x \, \partial y} - \frac{\partial^2 \psi}{\partial y \, \partial x} = 0$$

其對任意平滑函數 $\psi(x, y)$ 自然成立，因為其微分的順序 (先 y 再 x 對應先 x 再 y) 是無關的。

你可能會問為什麼我們選擇將負號放在 v 上，而不是 u 上 (如果我們用相反的正負號來定義流線函數，連續方程式仍會被自動滿足)。答案是雖然正負號是任意的，但式 (9-16) 的定義會使得當 ψ 在 y- 方向增加時，流動是從左到右，這通常是我們比較喜歡的。大多數流體力學的書都以這種方式定義 ψ，雖然有時候 ψ 會以相反的正負號來定義 (例如，某些英國教科書與室內空氣品質領域方面，如 Heinsohn 與 Cimbala, 2003)。

我們從這個轉換得到什麼呢？首先，如已經提及的，一個單一變數 (ψ) 取代了兩個變數 (u 與 v) —— 一旦知道 ψ，我們可以經由式 (9-16) 產生 u 與 v，並且我們被保證解答會滿足連續方程式 (9-15)。第二，事實顯示流線函數具備有用的物理意義 (圖 9-14)。亦即，

圖 9-14 流線函數是常數的曲線代表此流動的流線。

ψ 為常數的曲線是流動的流線。

這可以輕易地考慮在 xy- 平面上的一條流線來證明，如繪於圖 9-15 中的。從第 4 章的回想，知道沿著這樣的一條流線

沿著一條流線： $\dfrac{dy}{dx} = \dfrac{v}{u} \quad \rightarrow \quad \underbrace{-v}_{\partial \psi / \partial x} dx + \underbrace{u}_{\partial \psi / \partial y} dy = 0$

圖 9-15 沿著一條在 xy- 平面上的二維流線上的線段 $d\vec{r} = (dx, dy)$ 與當地速度向量 $\vec{V} = (u, v)$。

其中我們已經應用式 (9-16)，ψ 的定義。因此，

沿著一條流線： $\qquad \dfrac{\partial \psi}{\partial x} dx + \dfrac{\partial \psi}{\partial y} dy = 0 \qquad (9\text{-}17)$

但是對任何一個兩個變數 x 與 y 的平滑函數 ψ，我們從數學上的鎖鏈律知道 ψ 從點 (x, y) 到距離為無限小的另一點 $(x + dx, y + dy)$ 的全變化是

ψ 的全變化： $\qquad d\psi = \dfrac{\partial \psi}{\partial x} dx + \dfrac{\partial \psi}{\partial y} dy \qquad (9\text{-}18)$

比較式 (9-17) 與 (9-18)，我們得知沿著一條流線 $d\psi = 0$；因此已經證明沿著一條流線 ψ 是常數的這個敘述。

例題 9-6　從流線函數計算速度場

一個 xy- 平面上的穩定、二維、不可壓縮流場有一個流線函數，由 $\psi = ax^3 + by + cx$ 給定，其中 a、b 與 c 是常數：$a = 0.50$ $(m \cdot s)^{-1}$、$b = -2.0$ m/s 及 $c = -1.5$ m/s。(a) 求速度分量 u 與 v 的表示式。(b) 證明流場滿足不可壓縮的連續方程式。(c) 在右上邊的第一象限上畫出幾條流線。

解答：對一個給定的流線函數，我們要計算速度分量，證明不可壓縮性，並畫出流線。

假設：**1.** 流動是穩定的。**2.** 流動是不可壓縮的 (這個假設將要被證實)。**3.** 流動在 xy- 平面是二維的，暗示 $w = 0$ 且 u 與 v 都與 z 無關。

解析：(a) 我們使用式 (9-16)，將流線函數微分，來獲得 u 與 v 的表示式，

$$u = \frac{\partial \psi}{\partial y} = b \quad \text{與} \quad v = -\frac{\partial \psi}{\partial x} = -3ax^2 - c$$

(b) 因為 u 不是 x 的函數，且 v 不是 y 的函數，我們立刻看出二維、不可壓縮的連續方程式 (9-15) 是滿足的。事實上，因為 ψ 是 x 與 y 的平滑函數，則在 xy- 平面上，此二維不可壓縮的連續方程式由 ψ 的定義是自動滿足的。我們的結論是**此流動的確是不可壓縮的**。

(c) 為了畫流線，我們對給定的方程式求解 y，作為 x 與 ψ 的函數；或求解 x，作為 y 與 ψ 的函數。對於本例，前者較簡單，因此得出

流線的方程式：
$$y = \frac{\psi - ax^3 - cx}{b}$$

對於一些 ψ 值，這個方程式被畫在圖 9-16 中，使用到提供的 a、b 與 c 的值。對於較大的 x 值，流動幾乎是直接向下的，但對 $x < 1$ m 則轉向上。

討論：你可以證明在 $x = 1$ m 處 $v = 0$。事實上，對 $x > 1$ m，v 是負的；而對 $x < 1$ m，v 是正的。流動的方向也可以在流場中選擇任意的點來決定，例如 $(x = 3$ m, $y = 4$ m$)$，並計算該處的速度。在該點，我們得到 $u = -2.0$ m/s 與 $v = -12.0$ m，這顯示在流場的這一個區域，流體的流動是向左下方向的。為求清楚起見，在這一點上的速度向量，也畫在圖 9-16 中；顯然其是與靠近該點的流線平行的。在其它三個位置上的速度向量也被畫在圖上。

圖 9-16 例題 9-6 的速度場的流線；每條流線上的 ψ 常數值被顯示出來，並且在 4 個位置上的速度向量也被顯示了。

例題 9-7　為一個已知的速度場計算流線函數

考慮一個穩定的、二維、不可壓縮速度場，其 $u = ax + b$ 且 $v = -ay + cx$，其中 a、b 與 c 是常數：$a = 0.50$ s^{-1}、$b = 1.5$ m/s 且 $c = 0.35$ s^{-1}。推導出一個流線函數的表示式，並且在右上象限上畫出此流動的一些流線。

解答： 對一個給定的速度場，我們要推導出一個 ψ 的表示式，並且對給定的常數值 a、b 與 c 畫出幾條流線。

假設：1. 流動是穩定的。**2.** 流動是不可壓縮的。**3.** 流動在 xy- 平面上是二維的，暗示 $w=0$ 且 u 及 v 與 z 無關。

解析： 我們從定義流線函數的式 (9-16) 中的兩個部分中選出一個來開始 (我們選擇哪一個部分並不重要，解答會是相同的)。

$$\frac{\partial \psi}{\partial y} = u = ax + b$$

接下來，我們對 y 作積分，注意此為一個偏積分，因此我們加上一個為另一個變數 x 的任意函數，而不僅只是個積分常數，

$$\psi = axy + by + g(x) \tag{1}$$

現在我們選擇式 (9-16) 中的另一個部分，微分式 (1) 並重新整理如下：

$$v = -\frac{\partial \psi}{\partial x} = -ay - g'(x) \tag{2}$$

其中 $g'(x)$ 代表 dg/dx，因為 g 僅是單一變數 x 的函數。我們現在有兩個速度分量 v 的表示式，在問題敘述中所給的及式 (2)。令兩者相等，並對 x 積分來找出 $g(x)$，

$$v = -ay + cx = -ay - g'(x) \rightarrow g'(x) = -cx \rightarrow g(x) = -c\frac{x^2}{2} + C \tag{3}$$

注意，這裡我們加了一個任意的積分常數 C，因為 g 只是一個 x 的函數。最後，將式 (3) 代入式 (1) 就得到 ψ 的最後表示式。

解答：
$$\psi = axy + by - c\frac{x^2}{2} + C \tag{4}$$

為了畫出流線，我們注意到式 (4) 代表一組曲線，對每一個 ($\psi - C$) 的常數值，都對應一條特定的曲線。因為 C 是任意的，通常將其設為零，雖然其可被設成任何高興的值。為簡單計，我們設 $C=0$ 並從式 (4) 解出 y 作為 x 的函數，得到

流線的方程式：
$$y = \frac{\psi + cx^2/2}{ax + b} \tag{5}$$

對給定的常數 a、b 與 c 的值，將幾個 ψ 的值將式 (5) 畫在圖 9-17 中。從圖 9-17 看出這是一個在右上象限的平滑的收縮流。

討論： 檢查你的數學運算通常是個好主意。以本例而言，你應該將式 (4) 代入式 (9-16) 中去驗證是否得到正確的速度分量。

圖 9-17 例題 9-7 中速度場的流線；每一條流線上都標示出其 ψ 的常數值。

關於流線函數，另外有一個物理意義：

從一條流線到另一條流線的 ψ 的差值等於兩條流線之間每單位寬度的體積流率。

這個敘述被畫在圖 9-18 中。考慮兩條流線 ψ_1 與 ψ_2，並且想像這是在 xy- 平面上的二維流線，在進入頁面方向是單位寬度 (在 $-z-$ 方向是 1 m)。根據定義，沒有流動能穿越流線。因此佔據這兩條流線之間的空間的流體，一直被限制在這兩條流線之間。穿過介於此兩條流線之間的任何一個截面的質量流率在任何時刻都是相同的。截面可以是任意的形狀，只要其從流線 1 開始，並終止於流線 2 即可。例如在圖 9-18 中，截面 A 是從一條流線到另一條流線的平滑曲面，而截面 B 則是波動面。對於在 xy- 平面上的穩定、不可壓縮的三維流動，此兩條流線之間的體積流率 $\dot{V}$ (每單位寬度) 也必須是一個常數。如果此兩條流線向外分開，就如它們從截面 A 到截面 B 一樣，則兩條流線之間的平均速度也隨之減小，使得體積流率維持相同 ($\dot{V}_A = \dot{V}_B$)。在例題 9-6 的圖 9-16 中，流場中介於 $\psi = 0$ m^2/s 與 $\psi = 5$ m^2/s 的流線之間，有四個位置上的速度向量被畫出來。你可以清楚地看到當流線彼此分開時，速度向量的大小隨著減小。同樣地，當流線收縮時，它們之間的平均速度也隨著增加。

圖 9-18 對於在 xy- 平面上的二維流線，兩條流線之間每單位寬度的體積流率 $\dot{V}$ 在通過任意截面時都是相同的。

當處理流線函數時，流動的方向是由我們稱為"左側慣例"的方式來決定的。亦即，如果你在 xy- 平面，往 $z-$ 軸的方向看 (圖 9-19)，並且隨著流動的方向移動，流線函數往你的左邊增加。

在 xy- 平面上，ψ 的值是往流動方向的左邊增加。

例如，在圖 9-19 中，流線函數往流動方向的左邊增加，不管流動如何扭曲轉彎。同時也注意當流線分隔比較開時 (圖 9-19 中的右下區)，在那附近的速度大小 (流速) 較小，相對當流線較接近時 (圖 9-19 的中間區域)，流速較大。這很容易可以用質量守恆來解釋。當流線收縮時，它們之間的截面積變小，速度必須增加才能維持流線間的流率不變。

圖 9-19 "左側慣例"的說明。在 xy- 平面上，流線函數的值總是往流動方向的左邊增加。

圓柱座標中的流線函數

對於 xy- 平面上的二維流動，我們也可以定義在圓柱座標的流線函數，其對於許多問題更為適當。注意所謂二維，我們的意思是只有兩個相關的空間獨立變數 —— 與第三個分量是無關的。有兩種可能，第一是平面流 (planar flow)，就像圖 9-15 與 9-16，但是用 (r, θ) 及 (u_r, u_θ) 表示，而不是用 (x, y) 及 (u, v) (參考圖 9-8a)。在這種情況下，與座標 z 是無關的。對於在 $r\theta$- 平面的二維的平面流，我們簡化不可壓縮的連續方程式 (9-14)，成為

$$\frac{\partial(ru_r)}{\partial r} + \frac{\partial(u_\theta)}{\partial \theta} = 0 \tag{9-19}$$

我們如下定義流線函數：

圓柱座標上不可壓縮的平面流線函數：

$$u_r = \frac{1}{r}\frac{\partial \psi}{\partial \theta} \quad \text{與} \quad u_\theta = -\frac{\partial \psi}{\partial r} \tag{9-20}$$

我們再注意到正負號在某些教科書中是相反的。你可以將式 (9-20) 代入式 (9-19) 中來說服自己對於任何平滑的函數 $\psi(r, \theta)$，式 (9-19) 是自動滿足的，因為微分的順序 (先 r 再 θ 對應先 θ 再 r) 對一個平滑函數是無關的。

在圓柱座標中的第二種二維流動是軸對稱流 (axisymmetric flow)，其中 r 與 z 是相關的空間變數，u_r 與 u_z 是非零的速度分量，並且與 θ 是無關的 (圖 9-20)。軸對稱流的例子包括經過球、子彈的流動與在許多像魚雷與飛彈等前端的流動，如果不包括它們的鰭片，這些流動是到處軸對稱的。對於不可壓縮的軸對稱流，連續方程式是

$$\frac{1}{r}\frac{\partial(ru_r)}{\partial r} + \frac{\partial(u_z)}{\partial z} = 0 \tag{9-21}$$

圖 9-20 流體流過一個在圓柱座標的軸對稱物體，其相對於 z- 軸是旋轉對稱的；不管在幾何上，或在速度場上都與 θ 無關，並且 $u_\theta = 0$。

流線函數要被定義成其會正好滿足式 (9-21)，當然 ψ 必須是 r 與 z 的平滑函數，

圓柱座標上不可壓縮的軸對稱流線函數：

$$u_r = -\frac{1}{r}\frac{\partial \psi}{\partial z} \quad \text{與} \quad u_z = \frac{1}{r}\frac{\partial \psi}{\partial r} \tag{9-22}$$

> **例題 9-8**   **圓柱座標中的流線函數**

考慮一個線渦旋，定義為一個穩定的、平面的不可壓縮流動，其速度分量為 $u_r = 0$ 及 $u_\theta = K/r$，其中 K 是一個常數，這個流動顯示於圖 9-12a。推導流線函數 $\psi(r, \theta)$ 的一個表示式，並且證明流線為圓形的。

解答：對在圓柱座標上的一個給定速度場，我們要推導流線函數的一個表示式，並證明流線是圓形的。

假設：**1.** 流動是穩定的。**2.** 流動是不可壓縮的。**3.** 流動在 $r\theta$- 平面是平面的。

解析：我們使用式 (9-20) 所給的流線函數的定義。可以選擇從任一個分量開始，選切向分量，

$$\frac{\partial \psi}{\partial r} = -u_\theta = -\frac{K}{r} \quad \rightarrow \quad \psi = -K \ln r + f(\theta) \tag{1}$$

現在我們選式 (9-20) 的另一個分量，

$$u_r = \frac{1}{r}\frac{\partial \psi}{\partial \theta} = \frac{1}{r}f'(\theta) \tag{2}$$

其中撇號代表對 θ 微分。將 u_r 給定的資訊代入式 (2)，我們看出來

$$f'(\theta) = 0 \quad \rightarrow \quad f(\theta) = C$$

其中 C 是一個任意的積分常數。式 (1) 因此成為

解答：
$$\psi = -K \ln r + C \tag{3}$$

最後我們從式 (3) 看出來 ψ 為常數的曲線是令 r 為一個常數值所產生出來的。因為根據定義 r 為常數的圖形是圓形，**流線 (ψ 為常數的曲線)** 因此必須是相對於原點的圓形，如圖 **9-12a** 所示。對給定的 C 與 ψ 的值，我們從式 (3) 解出 r 來畫流線，

流線的方程式：
$$r = e^{-(\psi - C)/K}$$

對應 $K = 10$ m²/s 且 $C = 0$ 的流線從 $\psi = 0$ 到 22 被畫在圖 9-21 中。

討論：當 ψ 的值均勻地增加時，其流線在原點的附近會越來越接近，而切線速度會越來越快。這是敘述"從一條流線到另一條流線的 ψ 值的差等於此兩條流線間每單位寬度的體積流率"的直接結果。

圖 9-21 例題 9-8 的速度場的流線，$K = 10$ m²/s 且 $C = 0$；ψ 的值被標示在幾條流線上。

9-4 線性動量微分方程式 — 科西方程式

透過雷諾輸運定理的應用 (第 4 章)，我們得到對於一個控制體積的線性動量方程式的一般式，

$$\sum \vec{F} = \int_{CV} \rho \vec{g} \, dV + \int_{CS} \sigma_{ij} \cdot \vec{n} \, dA = \int_{CV} \frac{\partial}{\partial t}(\rho \vec{V}) \, dV + \int_{CS} (\rho \vec{V}) \vec{V} \cdot \vec{n} \, dA \qquad (9\text{-}23)$$

其中 σ_{ij} 是在第 6 章中定義的**應力張量** (stress tensor)，在一個無限小的矩形控制體積的正向表面上的 σ_{ij} 的分量被顯示在圖 9-22 中。式 (9-23) 同時適用於固定的與移動的控制體積。前提是 $\vec{V}$ 為絕對速度 (一個固定的觀察者所看到的)。對於有著定義良好的入口與出口的流動，式 (9-23) 被化簡成下式：

$$\sum \vec{F} = \sum \vec{F}_{\text{body}} + \sum \vec{F}_{\text{surface}} = \int_{CV} \frac{\partial}{\partial t}(\rho \vec{V}) \, dV + \sum_{\text{out}} \beta \dot{m} \vec{V} - \sum_{\text{in}} \beta \dot{m} \vec{V} \qquad (9\text{-}24)$$

圖 9-22 卡氏座標中在一個無限小的矩形控制體積的正表面上 (右、上與前) 的應力張量的正分量。圓點指示出每個面上的中心點。在負表面上 (左、下與背) 的正分量的方向與圖中所示的方向相反。

其中在最後兩項中的 $\vec{V}$ 是取在一個入口或出口上的平均速度，而 β 是動量通量修正因子 (第 6 章)。以文字表示，作用在控制體積上的總力等於控制體積內動量的變化率加流出控制體積的動量流率減流進控制體積的動量流率。式 (9-24) 適用於任何控制體積，不管其大小如何。為了導出一個線性動量的微分式，我們想像一個縮至無限小的控制體積。在極限時，整個控制體積縮成流場中的一點 (圖 9-2)。

我們使用一個無限小的控制體積，並將線性動量定理應用於其上 (圖 9-23)。在盒子中心，如前所述，我們定義密度 ρ 與速度分量 u、v 與 w，也定義在盒中心的應力張量 σ_{ij}。為求簡單計，我們考慮式 (9-24) 的 x- 分量，即取 $\sum \vec{F}$ 的 x- 分量 $\sum F_x$，並取 $\vec{V}$ 的 x- 分量 u。這不僅簡化圖形，並讓我們可以用一個純量方程式來工作，亦即

圖 9-23 通過一個無限小控制體積的每個面上的線性動量的 x- 分量的流進量與流出量，圓點指示出每一個面的中心點。

$$\sum F_x = \sum F_{x,\,\text{body}} + \sum F_{x,\,\text{surface}} = \int_{CV} \frac{\partial}{\partial t}(\rho u)\, dV + \sum_{\text{out}} \beta \dot{m} u - \sum_{\text{in}} \beta \dot{m} u \qquad (9\text{-}25)$$

當控制體積縮成一點時，式 (9-25) 中右邊的第一項變成

控制體積內 x- 動量的變化率：
$$\int_{CV} \frac{\partial}{\partial t}(\rho u)\, dV \cong \frac{\partial}{\partial t}(\rho u)\, dx\, dy\, dz \qquad (9\text{-}26)$$

因為微分元素的體積是 $dx\, dy\, dz$。在離開控制體積中心的位置上，我們應用截斷的泰勒級數的一階展開式來近似動量 x- 方向的流進率與流出率。圖 9-24 中顯示出在無限小的控制體積其六個表面之每一個面中心點上的動量通量。在每一個面上只需要考慮正向速度分量，因為切向速度分量對流進 (或流出) 表面的質量流率沒有貢獻，因此也對通過此面的動量流率沒有貢獻。

將顯示在圖 9-23 中的所有外流相加，並減去所有的入流，我們得到式 (9-25) 中最後兩項的近似式，

通過控制面的 x- 動量的淨流出率：
$$\sum_{\text{out}} \beta \dot{m} u - \sum_{\text{in}} \beta \dot{m} u \cong \left(\frac{\partial}{\partial x}(\rho u u) + \frac{\partial}{\partial y}(\rho v u) + \frac{\partial}{\partial z}(\rho w u) \right) dx\, dy\, dz \qquad (9\text{-}27)$$

其中 β 在每個面上都被設成 1，與我們的一階近似一致。

接下來，我們將作用在無限小的控制體積上的所有 x- 方向的力加總。就如在第 6 章所作的，我們必須同時考慮物體力或表面力。重力 (重量) 是我們考慮的唯一的物體力。對於重力可能不沿著 z- 軸 (或任何一個座標軸) 的一般情況，如圖 9-24 中所示的，重力向量可以寫成

$$\vec{g} = g_x \vec{i} + g_y \vec{j} + g_z \vec{k}$$

因此，在 x- 方向，作用在控制體積的物體力為

$$\sum F_{x,\,\text{body}} = \sum F_{x,\,\text{gravity}} \cong \rho g_x\, dx\, dy\, dz \qquad (9\text{-}28)$$

圖 9-24 一般而言，重力向量不一定平行於任何特定軸，並且作用在一個無限小的流體元素上的物體力有 3 個分量。

接下來我們考慮在 x- 方向的淨表面力。回憶應力張量 σ_{ij} 的因次是每單位面積上的力。因此，為了得出力，我們必須將每個張量分量乘以其作用面的表面積。我們只需要考慮指向 x- 方向 (或 $-x$- 方向) 的分量 (應力張量的其它分量，雖然可能不為零，但對 x- 方向的淨力沒有貢獻)。使用截斷的泰勒級數展開式，我們畫出作用在我們的微分流體元素上對表面力的 x- 分量的淨力有貢獻的所有表面力 (圖 9-25)。

圖 9-25 在微分控制體積的每個面上的應力張量對作用在 x- 方向的表面力有貢獻的分量的圖示；圓點指示出每個面上的中心點。

對畫在圖 9-25 中的所有表面力作加總，我們得到一個作用在微分流體元素上的 x- 方向的淨表面力

$$\sum F_{x,\text{surface}} \cong \left(\frac{\partial}{\partial x} \sigma_{xx} + \frac{\partial}{\partial y} \sigma_{yx} + \frac{\partial}{\partial z} \sigma_{zx} \right) dx\, dy\, dz \tag{9-29}$$

現在我們將式 (9-26) 到 (9-29) 都代入式 (9-25) 中，注意微分流體元素的體積 $dx\, dy\, dz$ 出現在每一項中，可以被消去。重新整理以後，我們得到 x- 動量方程式的微分形式

$$\frac{\partial(\rho u)}{\partial t} + \frac{\partial(\rho uu)}{\partial x} + \frac{\partial(\rho vu)}{\partial y} + \frac{\partial(\rho wu)}{\partial z} = \rho g_x + \frac{\partial}{\partial x} \sigma_{xx} + \frac{\partial}{\partial y} \sigma_{yx} + \frac{\partial}{\partial z} \sigma_{zx} \tag{9-30}$$

同樣的作法，我們可以分別導出 y- 與 z- 動量方程式的微分形式，

$$\frac{\partial(\rho v)}{\partial t} + \frac{\partial(\rho uv)}{\partial x} + \frac{\partial(\rho vv)}{\partial y} + \frac{\partial(\rho wv)}{\partial z} = \rho g_y + \frac{\partial}{\partial x} \sigma_{xy} + \frac{\partial}{\partial y} \sigma_{yy} + \frac{\partial}{\partial z} \sigma_{zy} \tag{9-31}$$

與

$$\frac{\partial(\rho w)}{\partial t} + \frac{\partial(\rho uw)}{\partial x} + \frac{\partial(\rho vw)}{\partial y} + \frac{\partial(\rho ww)}{\partial z}$$
$$= \rho g_z + \frac{\partial}{\partial x} \sigma_{xz} + \frac{\partial}{\partial y} \sigma_{yz} + \frac{\partial}{\partial z} \sigma_{zz} \tag{9-32}$$

最後，可以將式 (9-30) 到 (9-32) 結合成一個向量方程式，

科西方程式：
$$\frac{\partial}{\partial t}(\rho \vec{V}) + \vec{\nabla} \cdot (\rho \vec{V}\vec{V}) = \rho \vec{g} + \vec{\nabla} \cdot \sigma_{ij} \tag{9-33}$$

注意，乘積 $\vec{V}\vec{V}$ 是一個二階張量 (圖 9-26)。

圖 9-26 向量 $\vec{V} = (u, v, w)$ 與其自己的外積是一個二階張量。顯示的乘積是在卡氏座標上的，並用一個 9 分量的矩陣來表示。

$$\vec{V}\vec{V} = \begin{bmatrix} uu & uv & uw \\ vu & vv & vw \\ wu & wv & ww \end{bmatrix}$$

科西方程式的替代形式

應用乘積律到式 (9-33) 中左邊的第一項，我們得到

$$\frac{\partial}{\partial t}(\rho \vec{V}) = \rho \frac{\partial \vec{V}}{\partial t} + \vec{V} \frac{\partial \rho}{\partial t} \qquad (9\text{-}34)$$

式 (9-37) 中的第二項被寫成

$$\vec{\nabla} \cdot (\rho \vec{V} \vec{V}) = \vec{V} \vec{\nabla} \cdot (\rho \vec{V}) + \rho (\vec{V} \cdot \vec{\nabla}) \vec{V} \qquad (9\text{-}35)$$

因此，我們消去由 $\vec{V}\vec{V}$ 代表的二階張量。重新整理，並將式 (9-34) 與 (9-35) 代入式 (9-33) 中得到

$$\rho \frac{\partial \vec{V}}{\partial t} + \vec{V} \left[\frac{\partial \rho}{\partial t} + \vec{\nabla} \cdot (\rho \vec{V}) \right] + \rho (\vec{V} \cdot \vec{\nabla}) \vec{V} = \rho \vec{g} + \vec{\nabla} \cdot \sigma_{ij}$$

但是根據連續方程式 (9-6)，這個方程式中在中括號內的表示式等於零。將左邊剩下來的兩項結合，我們可以寫出

方程式的替代形式：
$$\rho \left[\frac{\partial \vec{V}}{\partial t} + (\vec{V} \cdot \vec{\nabla}) \vec{V} \right] = \rho \frac{D\vec{V}}{Dt} = \rho \vec{g} + \vec{\nabla} \cdot \sigma_{ij} \qquad (9\text{-}36)$$

其中中括號內的表示式即為跟隨一個流體質點的加速度 (參考第 4 章)。

在卡氏座標中，科西方程式的替代形式的 3 個分量為

x- 分量：
$$\rho \frac{Du}{Dt} = \rho g_x + \frac{\partial \sigma_{xx}}{\partial x} + \frac{\partial \sigma_{yx}}{\partial y} + \frac{\partial \sigma_{zx}}{\partial z} \qquad (9\text{-}37a)$$

y- 分量：
$$\rho \frac{Dv}{Dt} = \rho g_y + \frac{\partial \sigma_{xy}}{\partial x} + \frac{\partial \sigma_{yy}}{\partial y} + \frac{\partial \sigma_{zy}}{\partial z} \qquad (9\text{-}37b)$$

z- 分量：
$$\rho \frac{Dw}{Dt} = \rho g_z + \frac{\partial \sigma_{xz}}{\partial x} + \frac{\partial \sigma_{yz}}{\partial y} + \frac{\partial \sigma_{zz}}{\partial z} \qquad (9\text{-}37c)$$

在結束本節前，我們注意到使用科西方程式本身 (即使與連續方程式結合)，我們仍無法求解任何流體力學的問題。問題在於應力張量 σ_{ij} 需要用問題中的主要變數 (即密度、壓力與速度) 表示出來。在 9-5 節中，這將對最一般的流體種類來作出來。

第 9 章　流體流動的微分解析　**383**

9-5　納維-斯托克斯方程式

介紹

科西方程式 [式 (9-33)] 對我們並不是很有用，因為應力張量 σ_{ij} 包含 9 個分量，其中 6 個是獨立的 (因為對稱性)。因此，除了密度與 3 個速度分量外，還有 6 個未知數，總共是 10 個未知數 (在卡氏座標中，未知數為 ρ、u、v、w、σ_{xx}、σ_{xy}、σ_{xz}、σ_{yy}、σ_{yz} 與 σ_{zz})。同時，我們至今只討論 4 個方程式 ── 連續 (一個方程式) 與科西方程式 (三個方程式)。當然，為了數學上可解，方程式的數目必須等於未知數的數目，因此還需要 6 個方程式。這些方程式稱為<u>組成方程式</u> (constitutive equations)，它們讓我們可以將應力張量的分量用速度場與壓力場寫出來。

我們做的第一件事就是分離壓應力與黏應力。當一個流體靜止時，作用在任何流體元素的任何表面上唯一應力是局部的靜液壓 P，其總是向內垂直作用在表面上 (圖 9-27)，因此不管座標軸的方向如何，對一個靜止的流體，應力張量簡化成

圖 9-27　對於靜止的流體，作用在流體元素上的唯一應力是靜液壓，其總是向內垂直作用於任何表面上。

靜止的流體：　$\sigma_{ij} = \begin{pmatrix} \sigma_{xx} & \sigma_{xy} & \sigma_{xz} \\ \sigma_{yx} & \sigma_{yy} & \sigma_{yz} \\ \sigma_{zx} & \sigma_{zy} & \sigma_{zz} \end{pmatrix} = \begin{pmatrix} -P & 0 & 0 \\ 0 & -P & 0 \\ 0 & 0 & -P \end{pmatrix}$　(9-38)

在式 (9-38) 中的靜液壓 P 等同於熱力學壓力，其為我們在研習熱力學時所熟悉的。P 透過狀態方程式的某種形式 (例如理想氣體定律) 與溫度和密度相關。要注意的是，這使得可壓縮的分析更複雜，因為我們導入另一個未知數，即溫度。這個新的未知數需要另一個方程式 ── 能量方程式的微分形式 ── 其將不會在本文中討論。

當一個流體移動時，壓力作用方向仍是垂直向內的，但是黏應力也可能存在。對於移動流體，我們把式 (9-38) 一般化為

流動的流體：　$\sigma_{ij} = \begin{pmatrix} \sigma_{xx} & \sigma_{xy} & \sigma_{xz} \\ \sigma_{yx} & \sigma_{yy} & \sigma_{yz} \\ \sigma_{zx} & \sigma_{zy} & \sigma_{zz} \end{pmatrix} = \begin{pmatrix} -P & 0 & 0 \\ 0 & -P & 0 \\ 0 & 0 & -P \end{pmatrix} + \begin{pmatrix} \tau_{xx} & \tau_{xy} & \tau_{xz} \\ \tau_{yx} & \tau_{yy} & \tau_{yz} \\ \tau_{zx} & \tau_{zy} & \tau_{zz} \end{pmatrix}$

(9-39)

其中我們介紹一個新的張量 τ_{ij}，稱為<u>黏應力張量</u> (viscous stress tensor) 或<u>軸差應力張量</u> (deviatoric stress tensor)。數學上，我們並沒有改善情況，因為只是用 τ_{ij} 的

6 個未知數取代 σ_{ij} 的 6 個未知數。同時又增加一個未知數，壓力 P。然而幸運的是，存在著組成方程式可以將 τ_{ij} 用速度場與可量測的流體性質 (例如黏度) 來表示。組成關係式的實際形式相依於流體的種類，這即將討論。

另外，要注意的是，關於在式 (9-39) 中的壓力有一些微妙之處。如果流體是不可壓縮的，我們沒有狀態方程式 (它被方程式 $\rho =$ 常數取代)，不再能把 P 定義為熱力學的壓力。取而代之的是，我們將式 (9-39) 中的 P 定義為機械壓力 (mechanical pressure)，

機械壓力： $$P_m = -\frac{1}{3}(\sigma_{xx} + \sigma_{yy} + \sigma_{zz}) \tag{9-40}$$

我們從式 (9-40) 中看出機械壓力是正向應力的平均值，並向內作用在流體元素上，因此有些作者稱其為平均壓力 (mean pressure)。當處理不可壓縮流體的流動時，壓力變數 P 總是被解釋為機械壓力 P_m。但是對於可壓縮流場，式 (9-39) 中的壓力 P 是熱力學的壓力，但一個流體元素的表面上感受到的平均正向壓力不一定與 P 相同 (壓力變數 P 與機械壓力 P_m 不一定相等)。機械壓力更詳細的討論可以參考 Panton (1996) 或 Kundu et al. (2011)。

牛頓與非牛頓流體

對於流動流體的變形的研究稱為流變學 (rheology)；各種流體的流變行為畫在圖 9-28 中。本書中，我們專注於牛頓流體 (Newtonian fluids)，定義為剪應力線性正比於剪應變率的流體。牛頓流體 (應力正比於應變率) 與彈性固體 (虎克定律：應力正比於應變) 類似。許多常見的流體，例如空氣與其它氣體，水、甘油、汽油與其它油類液體，都是牛頓流體。若剪應力與剪應變率不是線性相關的流體，則稱為非牛頓流體 (non-Newtonian fluids)。例如漿體、懸膠體、聚合物溶液、血液、漿糊及餅乾麵糊。有些非牛頓流體顯示出"記憶性"── 剪應力不只與局部應變率有關，同時也與其歷史有關。一個流體當施加於其上的應力釋放以後會恢復 (全部或部分) 其原來形狀的，稱為黏彈性的 (viscoelastic)。

有一些非牛頓流體被稱為剪切減黏流體 (shear thinning fluids) 或擬塑性流體 (pseudoplastic fluids)，因為當流體被剪切越厲害，就變得越不黏。一個好例子是油漆。當從罐中倒出時或被油漆刷沾到時，因為剪切率很小，油漆是很黏的。然而當我們將油漆刷到牆上時，在油漆刷與牆面之間很薄的油漆層受到很大的剪切率，它就變得比較不黏。塑性流體的剪切減黏效應很極端。對於某些流體需要受到大

圖 9-28 流體的流變行為── 剪力與剪應變率的函數關係。

於一個稱為降伏應力的有限應力，才會開始流動；這種流體稱為賓漢塑性流體 (Bingham plastic fluids)。有些漿糊，例如青春痘藥膏及牙膏是賓漢塑性流體的例子。如果你將漿糊膏管子朝下，漿糊膏不會流動，即使由於重力，會有非零的應力存在。然而，如果你擠壓管子 (很大地增加應力)，漿糊膏會像很黏的流體一樣地流下。其它流體顯示出相反的效應則被稱為剪切增黏流體 (shear thickening fluids) 或膨脹流體 (dilatant fluids)；流體被剪切得越厲害，就會變得越黏。最好的例子是流沙，一種沙與水的厚混合物。從好萊塢的電影中，我們都知道，在流沙中慢慢地移動是容易的，因為黏度較低；但如果你心慌而快速移動，黏性阻力大幅增加，就會讓你被"陷"住了 (圖 9-29)。你可以做出自己的流沙，將 2 份茨粉混合 1 份水即可 ── 試試看吧！

圖 9-29 當一個工程師掉入流沙 (一種膨脹流體) 中時，他試圖動得越快，流體就越黏。

推導不可壓縮且等溫流動的納維-斯托克斯方程式

從這裡開始，我們將只限於討論牛頓流體，根據定義，其應力張量是線性正比於應變率張量的。一般性的結果 (給可壓縮流的) 比較複雜，不在此討論。取代的，我們假設不可壓縮流 (ρ = 常數)。我們也假設幾乎是等溫流動 ── 即溫度的局部變化很小或不存在，這去除了對微分能量方程式的需要。後一項假設的進一步結果是流體性質 (例如動力黏度 μ 與運動黏度 v) 也會是常數 (圖 9-30)。有了這些假設，可以證明黏應力向量化簡成 (Kundu et al., 2011)

圖 9-30 不可壓縮流近似暗示著等密度，而等溫近似暗示著等黏度。

一個等性質的不可壓縮牛頓流體的黏應力張量： $\tau_{ij} = 2\mu\varepsilon_{ij}$ （9-41）

其中 ε_{ij} 是在第 4 章中所定義的應變率張量。式 (9-41) 顯示應力是線性正比於應變率張量的。在卡氏座標中，黏應力張量的 9 個分量被列出來，由於對稱性，其中只有 6 個是獨立的：

$$\tau_{ij} = \begin{pmatrix} \tau_{xx} & \tau_{xy} & \tau_{xz} \\ \tau_{yx} & \tau_{yy} & \tau_{yz} \\ \tau_{zx} & \tau_{zy} & \tau_{zz} \end{pmatrix} = \begin{pmatrix} 2\mu\dfrac{\partial u}{\partial x} & \mu\left(\dfrac{\partial u}{\partial y} + \dfrac{\partial v}{\partial x}\right) & \mu\left(\dfrac{\partial u}{\partial z} + \dfrac{\partial w}{\partial x}\right) \\ \mu\left(\dfrac{\partial v}{\partial x} + \dfrac{\partial u}{\partial y}\right) & 2\mu\dfrac{\partial v}{\partial y} & \mu\left(\dfrac{\partial v}{\partial z} + \dfrac{\partial w}{\partial y}\right) \\ \mu\left(\dfrac{\partial w}{\partial x} + \dfrac{\partial u}{\partial z}\right) & \mu\left(\dfrac{\partial w}{\partial y} + \dfrac{\partial v}{\partial z}\right) & 2\mu\dfrac{\partial w}{\partial z} \end{pmatrix} \quad (9\text{-}42)$$

因此在卡氏座標中，式 (9-39) 的應力張量變成

$$\sigma_{ij} = \begin{pmatrix} -P & 0 & 0 \\ 0 & -P & 0 \\ 0 & 0 & -P \end{pmatrix} + \begin{pmatrix} 2\mu\dfrac{\partial u}{\partial x} & \mu\left(\dfrac{\partial u}{\partial y}+\dfrac{\partial v}{\partial x}\right) & \mu\left(\dfrac{\partial u}{\partial z}+\dfrac{\partial w}{\partial x}\right) \\ \mu\left(\dfrac{\partial v}{\partial x}+\dfrac{\partial u}{\partial y}\right) & 2\mu\dfrac{\partial v}{\partial y} & \mu\left(\dfrac{\partial v}{\partial z}+\dfrac{\partial w}{\partial y}\right) \\ \mu\left(\dfrac{\partial w}{\partial x}+\dfrac{\partial u}{\partial z}\right) & \mu\left(\dfrac{\partial w}{\partial y}+\dfrac{\partial v}{\partial z}\right) & 2\mu\dfrac{\partial w}{\partial z} \end{pmatrix} \qquad (9\text{-}43)$$

現在將式 (9-43) 代入科西方程式的三個卡氏分量中。讓我們先考慮 x- 分量。式 (9-37a) 變成

$$\rho\frac{Du}{Dt} = -\frac{\partial P}{\partial x} + \rho g_x + 2\mu\frac{\partial^2 u}{\partial x^2} + \mu\frac{\partial}{\partial y}\left(\frac{\partial v}{\partial x}+\frac{\partial u}{\partial y}\right) + \mu\frac{\partial}{\partial z}\left(\frac{\partial w}{\partial x}+\frac{\partial u}{\partial z}\right) \qquad (9\text{-}44)$$

注意，因為壓力只包含正向應力，其對式 (9-44) 只貢獻 1 項。然而因為黏應力張量同時包含正向與切向應力，它貢獻出 3 項。

我們注意到只要速度分量是 x、y 與 z 的平滑函數，微分順序就無關緊要。例如在式 (9-44) 中最後一項的第一個部分可以重寫成

$$\mu\frac{\partial}{\partial z}\left(\frac{\partial w}{\partial x}\right) = \mu\frac{\partial}{\partial x}\left(\frac{\partial w}{\partial z}\right)$$

經過對式 (9-44) 中的黏性項作一些聰明的重新整理以後，

$$\rho\frac{Du}{Dt} = -\frac{\partial P}{\partial x} + \rho g_x + \mu\left[\frac{\partial^2 u}{\partial x^2} + \frac{\partial}{\partial x}\frac{\partial u}{\partial x} + \frac{\partial}{\partial x}\frac{\partial v}{\partial y} + \frac{\partial^2 u}{\partial y^2} + \frac{\partial}{\partial x}\frac{\partial w}{\partial z} + \frac{\partial^2 u}{\partial z^2}\right]$$

$$= -\frac{\partial P}{\partial x} + \rho g_x + \mu\left[\frac{\partial}{\partial x}\left(\frac{\partial u}{\partial x}+\frac{\partial v}{\partial y}+\frac{\partial w}{\partial z}\right) + \frac{\partial^2 u}{\partial x^2} + \frac{\partial^2 u}{\partial y^2} + \frac{\partial^2 u}{\partial z^2}\right]$$

由於不可壓縮流的連續方程式 (9-13)，在小括號內的項為零。同時我們也認出最後 3 項是卡氏座標中速度分量 u 的拉普拉斯運算 (圖 9-31)。因此，將動量方程式的 x- 分量寫成

$$\rho\frac{Du}{Dt} = -\frac{\partial P}{\partial x} + \rho g_x + \mu\nabla^2 u \qquad (9\text{-}45a)$$

相似的，動量方程式的 y- 分量與 z- 分量分別為

$$\rho\frac{Dv}{Dt} = -\frac{\partial P}{\partial y} + \rho g_y + \mu\nabla^2 v \qquad (9\text{-}45b)$$

拉普拉斯運算子

卡氏座標：
$$\nabla^2 = \frac{\partial^2}{\partial x^2} + \frac{\partial^2}{\partial y^2} + \frac{\partial^2}{\partial z^2}$$

圓柱座標：
$$\nabla^2 = \frac{1}{r}\frac{\partial}{\partial r}\left(r\frac{\partial}{\partial r}\right) + \frac{1}{r^2}\frac{\partial^2}{\partial \theta^2} + \frac{\partial^2}{\partial z^2}$$

圖 9-31 拉普拉斯運算子，在此同時用卡氏座標與圓柱座標的形式來顯示，出現在不可壓縮流的納維-斯托克斯方程式的黏性項中。

與

$$\rho \frac{Dw}{Dt} = -\frac{\partial P}{\partial z} + \rho g_z + \mu \nabla^2 w \qquad (9\text{-}45c)$$

最後，我們結合這三個分量方程式為一個向量方程式；結果就是給具有等黏度的不可壓縮流的納維－斯托克斯方程式 (Navier-Stokes equation)。

不可壓縮的納維－斯托克斯方程式：

$$\rho \frac{D\vec{V}}{Dt} = -\vec{\nabla} P + \rho \vec{g} + \mu \nabla^2 \vec{V} \qquad (9\text{-}46)$$

雖然我們是在卡氏座標中推導出式 (9-46) 的分量，但是式 (9-46) 的向量形式適用於任何正交的座標系統。這個有名的方程式是為紀念法國工程師納維 (Louis Marie Henri Navier, 1785-1836) 及法國數學家斯托克斯 (Sir George Gabriel Stokes, 1819-1903) 而命名的，他們都推導出黏性項，但彼此是獨立完成的。

納維－斯托克斯方程式是流體力學的里程碑。它看起來好像沒什麼，但卻是一個不穩定的非線性的二階偏微分方程式。不幸的，除了非常簡單的流場以外，解析解是不可得的。式 (9-46) 有 4 個未知數 (3 個速度分量加壓力)，但是其只代表 3 個方程式 (因為其為向量方程式，有 3 個分量)。我們顯然需要另一個方程式才能使問題可解。第 4 個方程式是不可壓縮的連續方程式 (9-12)。在我們試圖求解這組方程式之前，需要選擇一個座標系統，並在那個系統上展開此方程組。

卡氏座標的連續與納維－斯托克斯方程式

連續方程式 (9-12) 與納維－斯托克斯方程式 (9-46) 在卡氏座標 (x, y, z) 與 (u, v, w) 中被展開：

不可壓縮的連續方程式：

$$\frac{\partial u}{\partial x} + \frac{\partial v}{\partial y} + \frac{\partial w}{\partial z} = 0 \qquad (9\text{-}47a)$$

不可壓縮的納維－斯托克斯方程式的 x- 分量：

$$\rho\left(\frac{\partial u}{\partial t} + u\frac{\partial u}{\partial x} + v\frac{\partial u}{\partial y} + w\frac{\partial u}{\partial z}\right) = -\frac{\partial P}{\partial x} + \rho g_x + \mu\left(\frac{\partial^2 u}{\partial x^2} + \frac{\partial^2 u}{\partial y^2} + \frac{\partial^2 u}{\partial z^2}\right) \qquad (9\text{-}47b)$$

不可壓縮的納維－斯托克斯方程式的 y- 分量：

$$\rho\left(\frac{\partial v}{\partial t} + u\frac{\partial v}{\partial x} + v\frac{\partial v}{\partial y} + w\frac{\partial v}{\partial z}\right) = -\frac{\partial P}{\partial y} + \rho g_y + \mu\left(\frac{\partial^2 v}{\partial x^2} + \frac{\partial^2 v}{\partial y^2} + \frac{\partial^2 v}{\partial z^2}\right) \qquad (9\text{-}47c)$$

不可壓縮的納維－斯托克斯方程式的 z- 分量：

$$\rho\left(\frac{\partial w}{\partial t} + u\frac{\partial w}{\partial x} + v\frac{\partial w}{\partial y} + w\frac{\partial w}{\partial z}\right) = -\frac{\partial P}{\partial z} + \rho g_z + \mu\left(\frac{\partial^2 w}{\partial x^2} + \frac{\partial^2 w}{\partial y^2} + \frac{\partial^2 w}{\partial z^2}\right) \quad (9\text{-}47\text{d})$$

圓柱座標的連續與納維-斯托克斯方程式

連續方程式 (9-12) 與納維-斯托克斯方程式在圓柱座標，(r, θ, z) 與 (u_r, u_θ, u_z) 中被展開：

不可壓縮的連續方程式：
$$\frac{1}{r}\frac{\partial(ru_r)}{\partial r} + \frac{1}{r}\frac{\partial(u_\theta)}{\partial \theta} + \frac{\partial(u_z)}{\partial z} = 0 \quad (9\text{-}48\text{a})$$

不可壓縮的納維-斯托克斯方程式的 r- 分量：
$$\rho\left(\frac{\partial u_r}{\partial t} + u_r\frac{\partial u_r}{\partial r} + \frac{u_\theta}{r}\frac{\partial u_r}{\partial \theta} - \frac{u_\theta^2}{r} + u_z\frac{\partial u_r}{\partial z}\right)$$
$$= -\frac{\partial P}{\partial r} + \rho g_r + \mu\left[\frac{1}{r}\frac{\partial}{\partial r}\left(r\frac{\partial u_r}{\partial r}\right) - \frac{u_r}{r^2} + \frac{1}{r^2}\frac{\partial^2 u_r}{\partial \theta^2} - \frac{2}{r^2}\frac{\partial u_\theta}{\partial \theta} + \frac{\partial^2 u_r}{\partial z^2}\right]$$
$$(9\text{-}48\text{b})$$

不可壓縮的納維-斯托克斯方程式的 θ- 分量：
$$\rho\left(\frac{\partial u_\theta}{\partial t} + u_r\frac{\partial u_\theta}{\partial r} + \frac{u_\theta}{r}\frac{\partial u_\theta}{\partial \theta} + \frac{u_r u_\theta}{r} + u_z\frac{\partial u_\theta}{\partial z}\right)$$
$$= -\frac{1}{r}\frac{\partial P}{\partial \theta} + \rho g_\theta + \mu\left[\frac{1}{r}\frac{\partial}{\partial r}\left(r\frac{\partial u_\theta}{\partial r}\right) - \frac{u_\theta}{r^2} + \frac{1}{r^2}\frac{\partial^2 u_\theta}{\partial \theta^2} + \frac{2}{r^2}\frac{\partial u_r}{\partial \theta} + \frac{\partial^2 u_\theta}{\partial z^2}\right]$$
$$(9\text{-}48\text{c})$$

不可壓縮的納維-斯托克斯方程式的 z- 分量：
$$\rho\left(\frac{\partial u_z}{\partial t} + u_r\frac{\partial u_z}{\partial r} + \frac{u_\theta}{r}\frac{\partial u_z}{\partial \theta} + u_z\frac{\partial u_z}{\partial z}\right)$$
$$= -\frac{\partial P}{\partial z} + \rho g_z + \mu\left[\frac{1}{r}\frac{\partial}{\partial r}\left(r\frac{\partial u_z}{\partial r}\right) + \frac{1}{r^2}\frac{\partial^2 u_z}{\partial \theta^2} + \frac{\partial^2 u_z}{\partial z^2}\right]$$
$$(9\text{-}48\text{d})$$

黏性項的替代形式
可以證明
$$\frac{1}{r}\frac{\partial}{\partial r}\left(r\frac{\partial u_r}{\partial r}\right) - \frac{u_r}{r^2}$$
$$= \frac{\partial}{\partial r}\left(\frac{1}{r}\frac{\partial}{\partial r}(ru_r)\right)$$
與
$$\frac{1}{r}\frac{\partial}{\partial r}\left(r\frac{\partial u_\theta}{\partial r}\right) - \frac{u_\theta}{r^2}$$
$$= \frac{\partial}{\partial r}\left(\frac{1}{r}\frac{\partial}{\partial r}(ru_\theta)\right)$$

圖 9-32 納維-斯托克斯方程式的 r- 與 θ- 分量中的黏性項的前兩項的替代形式。

圖 9-33 在圓柱座標中，單位向量 $\vec{e}_r$ 與 $\vec{e}_\theta$ 是耦合的：在 θ 方向移動會使 $\vec{e}_r$ 改變方向，並導致在納維-斯托克斯方程式中出現額外的項。

在式 (9-48b) 與 (9-48c) 中的前兩項黏性項可以被操作成不同的形式，使其在求解方程式時更為有用 (圖 9-32)。其推導過程留作練習。納維-斯托克斯方程式的 r- 與 θ- 分量中兩邊的"額外"項是由於圓柱座標的特性而出現的。亦即，當我們在 θ 方向移動時，單位向量 $\vec{e}_r$ 會改變方向；使得 r- 與 θ- 分量變成是耦合的 (圖 9-33)。[這種耦合效應在卡氏座標中並未出現，因此式 (9-47)

中沒有"額外"項。]

為了完整性，在此列出圓柱座標中的黏應力張量的 6 個獨立分量：

$$\tau_{ij} = \begin{pmatrix} \tau_{rr} & \tau_{r\theta} & \tau_{rz} \\ \tau_{\theta r} & \tau_{\theta\theta} & \tau_{\theta z} \\ \tau_{zr} & \tau_{z\theta} & \tau_{zz} \end{pmatrix}$$

$$= \begin{pmatrix} 2\mu\dfrac{\partial u_r}{\partial r} & \mu\left[r\dfrac{\partial}{\partial r}\left(\dfrac{u_\theta}{r}\right) + \dfrac{1}{r}\dfrac{\partial u_r}{\partial \theta}\right] & \mu\left(\dfrac{\partial u_r}{\partial z} + \dfrac{\partial u_z}{\partial r}\right) \\ \mu\left[r\dfrac{\partial}{\partial r}\left(\dfrac{u_\theta}{r}\right) + \dfrac{1}{r}\dfrac{\partial u_r}{\partial \theta}\right] & 2\mu\left(\dfrac{1}{r}\dfrac{\partial u_\theta}{\partial \theta} + \dfrac{u_r}{r}\right) & \mu\left(\dfrac{\partial u_\theta}{\partial z} + \dfrac{1}{r}\dfrac{\partial u_z}{\partial \theta}\right) \\ \mu\left(\dfrac{\partial u_r}{\partial z} + \dfrac{\partial u_z}{\partial r}\right) & \mu\left(\dfrac{\partial u_\theta}{\partial z} + \dfrac{1}{r}\dfrac{\partial u_z}{\partial \theta}\right) & 2\mu\dfrac{\partial u_z}{\partial z} \end{pmatrix} \quad (9\text{-}49)$$

9-6 流體流動問題的微分解析

本節中我們將展示如何在卡氏與圓柱座標中應用運動方程式的微分式。微分方程式 (連續與納維－斯托克斯) 對兩種形式的問題有用：

- 對已知速度場，計算壓力場。
- 對已知幾何形狀與邊界條件的流動，同時計算速度與壓力場。

為了簡單計算，我們只考慮不可壓縮流，去除了對 ρ 這個變數的計算。再者，在 9-5 節中導出的納維－斯托克斯方程式的形式只適用於性質 (黏度、熱傳導率等) 為常數的牛頓流體。最後我們假設溫度的變化可以忽視，使得 T 不是一個變數。我們只剩下 4 個變數或未知數 (壓力和速度分量)，同時有 4 個微分方程式 (圖 9-34)。

三維但不可壓縮的流場

四個變數或未知數：
- 壓力 P
- 三個速度分量 $\vec{V}$

四個運動方程式：
- 連續方程式，
  $\vec{\nabla}\cdot\vec{V} = 0$
- 納維－斯托克斯的三個方程式
  $\rho\dfrac{D\vec{V}}{Dt} = -\vec{\nabla}P + \rho\vec{g} + \mu\nabla^2\vec{V}$

圖 9-34 一個一般的三維但不可壓縮的流場，其性質為常數，需要 4 個方程式來求解 4 個未知數。

對已知速度場計算其壓力場

第一組例題是有關對一個已知速度場計算其壓力場。因為壓力不出現在連續方程式中，理論上可以只基於質量守恆來導出一個速度場。然而，因為速度同時出現在連續方程式與納維－斯托克斯方程式中，這兩組方程式是耦合的。再者，壓力出現在納維－斯托克斯方程式的 3 個分量中，因此速度與壓力場也是耦合的，這種速度與壓力間的密切耦合使我們能對一個已知速度場計算其壓力場。

例題 9-9　計算在卡氏座標中的壓力場

考慮例題 9-7 的穩定、二維的不可壓縮速度場，即 $\vec{V} = (u, v) = (ax+b)\vec{i} + (-ay+cx)\vec{j}$。計算壓力，表示成 x 與 y 的函數。

解答：對一個給定速度場，我們要計算其壓力場。

假設：**1.** 流動是穩定且不可壓縮的。**2.** 流體具有常數性質。**3.** 流動在 xy- 平面是二維的。**4.** 重力不管在 x 或 y- 方向都沒有作用。

解析：首先我們檢查給定的速度場是否滿足二維的不可壓縮連續方程式：

$$\underbrace{\frac{\partial u}{\partial x}}_{a} + \underbrace{\frac{\partial v}{\partial y}}_{-a} + \underbrace{\cancel{\frac{\partial w}{\partial z}}}_{0 \text{（二維）}} = a - a = 0 \tag{1}$$

因此，給定的流場的確滿足連續方程式。如果連續方程式沒有滿足，我們將會停止解析 —— 給定的流場將會是物理上不可能的，因此我們無法計算出一個壓力場。

接下來，我們考慮納維－斯托克斯方程式的 y- 分量：

$$\rho \Big(\underbrace{\cancel{\frac{\partial v}{\partial t}}}_{0\,(\text{穩定})} + \underbrace{u\frac{\partial v}{\partial x}}_{(ax+b)c} + \underbrace{v\frac{\partial v}{\partial y}}_{(-ay+cx)(-a)} + \underbrace{\cancel{w\frac{\partial v}{\partial z}}}_{0\,(\text{二維})} \Big) = -\frac{\partial P}{\partial y} + \underbrace{\rho g_y}_{0} + \mu \Big(\underbrace{\frac{\partial^2 v}{\partial x^2}}_{0} + \underbrace{\cancel{\frac{\partial^2 v}{\partial y^2}}}_{0} + \underbrace{\cancel{\frac{\partial^2 v}{\partial z^2}}}_{0\,(\text{二維})} \Big)$$

此 y- 動量方程式化簡成

$$\frac{\partial P}{\partial y} = \rho(-acx - bc - a^2 y + acx) = \rho(-bc - a^2 y) \tag{2}$$

只要我們能導出一個能滿足式 (2) 的壓力場，則 y- 動量方程式是滿足的。用相同的方式，x- 動量方程式化簡成

$$\frac{\partial P}{\partial x} = \rho(-a^2 x - ab) \tag{3}$$

只要我們能導出一個能滿足式 (3) 的壓力場，則 x- 動量方程式也是滿足的。

為了能使穩定流的解存在，P 不能是時間的函數。再者，一個物理上真實的穩定、不可壓縮流場需要一個壓力場 $P(x, y)$ 是 x 與 y 的平滑函數 (不管 P 或 P 的導數都不能夠有突然的不連續)。數學上，這需要微分的順序 (先 x 再 y 對比先 y 再 x) 無關 (圖 9-35)。我們檢查這是否為真，將式 (2) 與 (3) 分別作交叉微分：

$$\frac{\partial^2 P}{\partial x\, \partial y} = \frac{\partial}{\partial x}\Big(\frac{\partial P}{\partial y}\Big) = 0 \quad \text{與} \quad \frac{\partial^2 P}{\partial y\, \partial x} = \frac{\partial}{\partial y}\Big(\frac{\partial P}{\partial x}\Big) = 0 \tag{4}$$

交叉微分，xy- 平面
如果微分的順序不重要，$P(x, y)$ 就只是一個 x 與 y 的平滑函數：
$$\frac{\partial^2 P}{\partial x\, \partial y} = \frac{\partial^2 P}{\partial y\, \partial x}$$

圖 9-35　對於一個在 xy- 平面的二維流場，交叉微分可以揭露出壓力場 P 是否是一個平滑函數。

方程式顯示出 P 是 x 與 y 的平滑函數。因此，此給定的流場滿足穩定、二維、不可壓縮的納維－斯托克斯方程式。

如果在解析的這一時刻，壓力的交叉微分會產出兩個不一致的關係式 (換言之，如果在圖 9-35 中的方程式不被滿足)，我們可以下結論說給定的速度場不滿足穩定、二維的不可壓縮的納維－斯托克斯方程式，同時放棄要計算一個穩定壓力場的企圖。

為了計算 $P(x, y)$，我們從偏積分式 (2) (相對於 y) 來獲得一個 $P(x, y)$ 的表示式，

從 y-動量得到的壓力場：
$$P(x, y) = \rho\left(-bcy - \frac{a^2 y^2}{2}\right) + g(x) \tag{5}$$

注意，我們加了一個另一個變數 x 的任意函數，而不是一個積分常數，因為這是一個偏積分。然後我們將式 (5) 相對於 x 作偏微分而得到

$$\frac{\partial P}{\partial x} = g'(x) = \rho(-a^2 x - ab) \tag{6}$$

其中我們已經將結果等於式 (3) 來取得一致性。現在積分式 (6) 來獲得函數 $g(x)$，

$$g(x) = \rho\left(-\frac{a^2 x^2}{2} - abx\right) + C_1 \tag{7}$$

其中 C_1 是一個任意的積分常數。最後將式 (7) 代入式 (5) 中來獲得 $P(x, y)$ 的最後表示式，結果是

$$P(x, y) = \rho\left(-\frac{a^2 x^2}{2} - \frac{a^2 y^2}{2} - abx - bcy\right) + C_1 \tag{8}$$

討論： 作為練習，並作為對我們的計算過程的一個檢查，應該將式 (8) 相對於 y 及 x 作微分，並與式 (2) 及 (3) 作比較。再者，試著從式 (3) 開始，而不是從式 (2) 開始，來求得式 (8)；你應該會得到相同的答案。

注意在例題 9-9 中給壓力的最後方程式 [式 (8)] 含有一個任意常數 C_1。這也說明在不可壓縮流中關於壓力場的一個重要點；亦即

一個不可壓縮流的速度場不是受壓力的絕對值影響，而是受壓力差影響。

如果我們檢視納維－斯托克斯方程式，其中的壓力只是以梯度形式 (而不是壓力本身) 出現，那麼這個結果並不令人驚訝。另一個解釋這個敘述的方法是，有影響的不是壓力的絕對大小，而是壓力差 (圖 9-36)。這個敘述的一個直接結果是，我們可以計算壓力場至有一個任意常數的範圍，但為了決定那個常數 (例題 9-9 中的 C_1)，我們必須在流場的某個地方量測 (或者獲得) P。換言之，我們需要一個壓力邊界條件。

我們用一個由**計算流體力學** (computational fluid dynamics, CFD) 所產生的例子來說明這一點，其中的連續與納維－斯托克

圖 9-36 因為壓力只以梯度的形式出現在不可壓縮的納維－斯托克斯方程式中，壓力的絕對大小不重要 — 只有壓力差才是重要的。

斯方程式是用數值方法求解的。考慮空氣通過一個有著不對稱障礙物的流道向下流動 (圖 9-37)。(注意計算的流域較圖 9-37 中所顯示的更往上游及下游延展。) 我們計算兩個相同的情況，除了壓力條件以外。情況 1 中我們設定在障礙物下游遠處的錶壓力為零；情況 2 中我們在相同的位置設定錶壓力為 500 kPa。在視野頂部中心與在視野底部中心的錶壓力對兩種情況都被顯示於圖 9-37 中，都是由 CFD 解答所產生出的結果。你可以看出情況 2 的壓力場與情況 1 的是相同的，除了到處的壓力都增加 500 Pa。每一種情況的速度向量圖與流線圖也同時顯示在圖 9-37 中。結果是一樣的，證實我們關於速度場不是由壓力的絕對大小，而是由壓力差所影響的敘述。將底部的壓力從頂部的壓力減去，看出兩種情況都是 $\Delta P = 12.784$ kPa。

關於壓力差的敘述對可壓縮流場非真，那裡的 P 是熱力壓力，而不是機械壓力。在這種情況下，P 經由狀態方程式與密度和溫度耦合，且壓力的絕對大小是重要的。一個可壓縮流的解，不只需要質量與動量方程式，也需要能量方程式和狀態方程式。

我們藉此機會再對顯示於圖 9-37 中的 CFD 結果作進一步的評論。你可以從研究像這個相對簡單的流動學習到許多有關流體流動的物理。注意大部分的壓力降都發生在跨過流道喉部的位置，那裡的流動被迅速地加速。在障礙物下游也有流動剝離；迅速流動的空氣在一個尖銳角落處無法隨著轉彎，當其從開口處流出時流動從壁面剝離。流線顯示在障礙物下游流道的兩邊有大型的迴流區。速度向量顯示出一個倒鐘形的速度形狀從開口流出 —— 跟一個排出噴束非常相像。由於幾何上不對稱的特性，噴束轉向右邊，並且流動與右壁面的重新附著也比左壁面快。如你所預期的，在噴束衝擊右壁的附近，壓力增加了一些。最後，注意當空氣加速擠壓通過孔口時，流線收縮 (如在 9-3 節中討論的)。當空氣在下游處呈扇狀流出時，流線擴張了一些。同時注意在迴流區中的流線彼此間隔較遠，指出在那裡的速度是相對較小的；這可以從速度向量圖中得到證實。

圖 9-37 空氣通過一個有障礙物的向下流動的壓力輪廓圖、速度向量與流線圖：(a) 情況 1；(b) 情況 2 與情況 1 相同，除了到處的壓力都增加了 500 Pa。在輪廓圖中，淺色是低壓，深色是高壓。

例題 9-10　計算在圓柱座標的壓力場

考慮在例題 9-5 中的穩定、二維、不可壓縮的速度場，令其函數 $f(\theta, t)$ 等於 0。這代表一個線渦旋，其軸沿著 z 座標 (圖 9-38)。速度分量是 $u_r = 0$ 及 $u_\theta = K/r$，其中 K 是常數。計算壓力，表示成 r 與 θ 的函數。

解答： 對一個給定的速度場，我們要計算其壓力場。

假設： **1.** 流動是穩定的。**2.** 流體是不可壓縮的，其性質為常數。**3.** 流動在 $r\theta$- 平面是二維的。**4.** 重力在 r- 或 θ- 方向都沒有作用。

解析： 流場必須滿足連續與動量方程式，式 (9-44)。對於穩定、二維的不可壓縮流，

不可壓縮連續方程式：
$$\frac{1}{r}\underbrace{\frac{\partial(ru_r)}{\partial r}}_{0} + \frac{1}{r}\underbrace{\frac{\partial(u_\theta)}{\partial \theta}}_{0} + \underbrace{\frac{\partial(u_z)}{\partial z}}_{0} = 0$$

因此，不可壓縮的連續方程式是滿足的。現在我們檢視納維－斯托克斯方程式的 θ- 分量 [式 (9-48c)]，

圖 9-38 一個線渦旋的流線與速度形狀。

$$\rho\left(\underbrace{\frac{\partial u_\theta}{\partial t}}_{0(穩定)} + \underbrace{u_r\frac{\partial u_\theta}{\partial r}}_{(0)\left(-\frac{K}{r^2}\right)} + \underbrace{\frac{u_\theta}{r}\frac{\partial u_\theta}{\partial \theta}}_{\left(\frac{K}{r^2}\right)(0)} + \underbrace{\frac{u_r u_\theta}{r}}_{0} + \underbrace{u_z\frac{\partial u_\theta}{\partial z}}_{0(二維)}\right)$$

$$= -\frac{1}{r}\frac{\partial P}{\partial \theta} + \underbrace{\rho g_\theta}_{0} + \mu\left(\underbrace{\frac{1}{r}\frac{\partial}{\partial r}\left(r\frac{\partial u_\theta}{\partial r}\right)}_{\frac{K}{r^3}} - \underbrace{\frac{u_\theta}{r^2}}_{\frac{K}{r^3}} + \underbrace{\frac{1}{r^2}\frac{\partial^2 u_\theta}{\partial \theta^2}}_{0} + \underbrace{\frac{2}{r^2}\frac{\partial u_r}{\partial \theta}}_{0} + \underbrace{\frac{\partial^2 u_\theta}{\partial z^2}}_{0(二維)}\right)$$

因此 θ 動量方程式化簡成

θ 動量：
$$\frac{\partial P}{\partial \theta} = 0 \qquad (1)$$

因此如果我們能導出一個適當的壓力場來滿足式 (1)，則 θ 動量方程式是滿足的。相同作法，r 動量方程式 (9-48b) 化簡成

r 動量：
$$\frac{\partial P}{\partial r} = \rho\frac{K^2}{r^3} \qquad (2)$$

因此，如果我們能導出一個滿足式 (2) 的壓力場，則 r 動量方程式是滿足的。

為了得到一個穩定流的解，P 不能是時間的函數。再者，一個物理真實的穩定、不可壓縮的流場，要求其壓力場 $P(r, \theta)$ 是一個 r 與 θ 的平滑函數。數學上，這要求微分的順序 (r 然後 θ 相對於 θ 然後 r) 不重要 (圖 9-39)。我們將壓力交叉微分來檢驗這一點：

> 交叉微分，$r\theta$- 平面
> 如果微分順序不重要，$P(r, \theta)$ 就只是一個 r 和 θ 的平滑函數。
> $$\frac{\partial^2 P}{\partial r\, \partial \theta} = \frac{\partial^2 P}{\partial \theta\, \partial r}$$

圖 9-39 對於一個在 $r\theta$- 平面的二維流場，交叉微分揭露出壓力 P 是否是一個平滑函數。

$$\frac{\partial^2 P}{\partial r\, \partial \theta} = \frac{\partial}{\partial r}\left(\frac{\partial P}{\partial \theta}\right) = 0 \quad 與 \quad \frac{\partial^2 P}{\partial \theta\, \partial r} = \frac{\partial}{\partial \theta}\left(\frac{\partial P}{\partial r}\right) = 0 \qquad (3)$$

式 (3) 顯示 P 的確是一個 r 與 θ 的平滑函數。因此，給定的流場滿足穩定的二維的不可壓縮的納維－斯托克斯方程式。

我們將式 (1) 對 θ 積分來獲得一個 $P(r, \theta)$ 的表示式，

從 θ 動量得到的壓力場：
$$P(r, \theta) = 0 + g(r) \tag{4}$$

注意我們加了一個另一個變數 r 的任意函數，而不是一個積分常數，因為這是一個偏積分。我們將式 (4) 對 r 作偏微分而得到

$$\frac{\partial P}{\partial r} = g'(r) = \rho \frac{K^2}{r^3} \tag{5}$$

其中為了一致性，我們令結果等於式 (2)。我們將式 (5) 積分來得到函數 $g(r)$：

$$g(r) = -\frac{1}{2} \rho \frac{K^2}{r^2} + C \tag{6}$$

其中 C 是一個任意的積分常數。最後將式 (6) 代入式 (4) 中來得到 $P(r, \theta)$ 的最後表示式，結果為

$$P(r, \theta) = -\frac{1}{2} \rho \frac{K^2}{r^2} + C \tag{7}$$

因此一個線渦旋的壓力場，當我們接近原點時，像 $1/r^2$ 般的遞減 (原點本身是一個奇異點)。這個流場是一個龍捲風或颶風的簡化模型，而其中心的低壓是"暴風眼"(圖 9-40)。我們注意到此流場是無旋的，因此伯努利方程式可以替代地被用來計算壓力。我們稱離原點很遠 ($r \to \infty$) 的壓力為 P_∞，其相對的當地速度趨近 0，伯努利方程式顯示離原點距離為 r 的地方，

伯努利方程式：$P + \frac{1}{2}\rho V^2 = P_\infty \quad \to \quad P = P_\infty - \frac{1}{2} \rho \frac{K^2}{r^2}$ (8)

圖 9-40 二維的線渦旋是一個龍捲風的簡單近似，最小壓力發生在渦旋的中心點。

如果我們令常數 C 等於 P_∞，式 (8) 與從納維－斯托克斯方程式得到的解吻合。接近原點的一個旋轉流的區域，可以避免其處的奇異性，並且將產生一個龍捲風的物理上更真實的模型。

討論：作為練習，試著從式 (2)，而不是式 (1) 開始來得到式 (7)；你將得到相同的答案。

連續與納維－斯托克斯方程式的正解

本節中剩餘的例題是不可壓縮的連續與納維－斯托克斯方程式所形成的微分方程組的正解。如你將看到的，這些問題必須是簡單的，那麼它們才是可解的。它們的大多數假設具有無窮大的邊界且是完全發展的，這些條件使得在納維－斯托克斯方程式左邊的對流項消失了。再者，它們是層流的、二維的，並且是穩定的，或是以一種事先定義的方式相依於時間。解這些問題時，有 6 個基本步驟，如在圖

9-41 中所列出來的。步驟 2 最關鍵，因為邊界條件決定解答的單一性。步驟 4 除了對於簡單問題以外，解析上是不可能的。步驟 5，要有足夠的邊界條件才能解出第 4 步驟中產生的積分常數。步驟 6 要驗證所有的微分方程式與邊界條件都是滿足的。我們忠告你遵循這些步驟，即使某些步驟對一些案例似乎很明顯，為的是學習這些步驟。

步驟 1：設定問題與幾何（畫草圖有幫助）；定出所有的相關因次與參數。

步驟 2：列出所有適當的假設、近似、簡化及邊界條件。

步驟 3：儘可能簡化運動微分方程式（連續與納維−斯托克斯）。

步驟 4：積分方程式，得到一個或更多常數。

步驟 5：用邊界條件解出積分常數。

步驟 6：驗證結果。

邊界條件

因為邊界條件對於一個適當的解答非常關鍵，我們要討論在流體流動的分析中一般會遭遇到邊界條件的型態。最常用到的邊界條件是**無滑動條件** (no-slip condition)，亦即一個與固體壁接觸的流體，流體的速度必須等於固體的，

圖 9-41 求解不可壓縮的連續與納維−斯托克斯方程式的步驟。

無滑動邊界條件：
$$\vec{V}_{\text{fluid}} = \vec{V}_{\text{wall}} \tag{9-50}$$

換言之，如其名稱暗示的，在流體與壁面之間沒有"滑動"。接觸壁面的流體質點附著到壁面上並與壁面相同的速度移動。一個式 (9-50) 的特例是對於一個固定的壁面 $\vec{V}_{\text{wall}} = 0$；則與壁面接觸的流體的速度為零。你必須根據你的參考座標，仔細地設定你的無滑動條件。例如，考慮活塞與汽缸壁之間的細薄油膜（圖 9-42）。從一個固定的參考座標來看，與汽缸壁接觸的流體質點是靜止的，而與活塞接觸的流體具有速度 $\vec{V}_{\text{fluid}} = \vec{V}_{\text{wall}} = V_P \vec{j}$。從一個與活塞一起移動的參考座標來看，與活塞接觸的流體有零速度，但是與汽缸接觸的流體具有速度 $\vec{V}_{\text{fluid}} = \vec{V}_{\text{wall}} = -V_P \vec{j}$。無滑動條件的一個例外發生在稀薄流體中，例如太空船正在重新進入大氣層之中，或在對極小粒子（次微米）運動的研究中。在這些流動中，空氣事實上可以沿壁面滑動，但是這些流動超出本書的範圍之外。

圖 9-42 一個在汽缸中以速率 V_P 移動的活塞。在活塞與汽缸之間有一層細薄油膜受到剪力；油膜的一個放大圖被顯示出來。無滑動邊界條件要求與壁面接觸的流體速度等於壁面速度。

當兩種流體（流體 A 與流體 B）在介面相遇時，介面的邊界條件為

介面邊界條件：　　$\vec{V}_A = \vec{V}_B$ 　及　 $\tau_{s,A} = \tau_{s,B}$ 　　(9-51)

其中，除了兩種流體的速度必須相等的條件以外，平行於介面方向作用在與介面接觸的流體質點的剪應力 τ_s 在此兩種流體之中也要相同（圖 9-43）。注意圖中，$\tau_{s,A}$ 是畫在流體 A 的流體質

圖 9-43 在兩種流體的介面上，兩種流體的速度必須相同。再者，與壁面平行的剪應力在兩種流體中也必須相等。

點之上，其中 $\tau_{s,B}$ 是在流體 B 的流體質點之下，並且我們已經仔細考慮剪應力的作用方向。由於剪應力的正負號慣例，圖 9-43 中的箭頭方向是相對的。我們注意到雖然速度在跨過界面處是連續的，但其斜率則不是。

那麼介面上的壓力又是如何呢？如果表面張力效應是可忽略或介面幾乎是平的，$P_A = P_B$。然而，如果介面彎曲得很厲害，例如在一根毛細管中上升液體的彎月面，介面一邊與另一邊的壓力可能會差異很大。你應該可從第 2 章中回想到跨過一個介面的壓力跳躍是反比於介面曲率半徑，這是表面張力效應的結果。

一個介面邊界條件的退化形式發生在液體的自由表面上，即流體 A 是液體而流體 B 是氣體 (通常是空氣)。我們用圖 9-44 中的簡單例子來作說明，其中流體 A 是液態水，流體 B 是空氣。介面是平的且表面張力效應可以忽略，其中水在水平的移動 (就像水在一條平靜的河流中流動)。在這例子中，介面上的空氣與水的速度必須匹配，並且作用在水面上的水質點上的剪應力必須等於正好作用在介面上的空氣粒子上的剪應力。根據式 (9-51)，

圖 9-44 沿著一個水與空氣的水平的自由表面上，水與空氣的速度必須相等且剪應力必須匹配。然而，因為 $\mu_{air} \ll \mu_{water}$，一個良好的近似是在水面上的剪應力小到可以忽略。

在水-空氣介面上的邊界條件：

$$u_{\text{water}} = u_{\text{air}} \quad 與 \quad \tau_{s,\text{water}} = \mu_{\text{water}} \left.\frac{\partial u}{\partial y}\right)_{\text{water}} = \tau_{s,\text{air}} = \mu_{\text{air}} \left.\frac{\partial u}{\partial y}\right)_{\text{air}} \quad (9\text{-}52)$$

迅速的看一下流體的性質表，顯示 μ_{water} 大於 μ_{air} 50 倍以上。為了使剪應力相等，式 (9-52) 要求斜率 $(\partial u/\partial y)_{\text{air}}$ 大於 $(\partial u/\partial y)_{\text{water}}$ 50 倍以上。因此，相較作用在水中其它部分的剪應力，將作用在水面上的剪應力近似成可忽略的是合理的近似。這個現象的另一種說法是，移動的水拖曳著空氣一起移動而幾乎沒有受到空氣的阻力。相對的，空氣並沒有用任何顯著的力拖慢水。總結是，對於液體與氣體接觸的情況，並且在表面張力效應可以忽略的情況下，自由表面的邊界條件是 (free-surface boundary conditions)

自由表面的邊界條件： $P_{\text{liquid}} = P_{\text{gas}} \quad 與 \quad \tau_{s,\text{liquid}} \cong 0 \quad (9\text{-}53)$

圖 9-45 沿著一個水平對稱面的邊界條件的定義是要確保在對稱面的邊的流場是另一邊的鏡面圖像。例如此處對一個水平對稱面所顯示的。

根據問題的建立，會有其它邊界條件出現。例如，我們常常需要在一個流體進入一個流域的邊界處定義入口邊界條件 (inlet boundary conditions)。同樣地，我們在外流處定義出口邊界條件 (outlet boundary conditions)。沿著一個對稱軸或對稱面，對稱邊界條件 (symmetry boundary coditions) 常是有用的。例如，圖 9-45 中所示的就是沿著一個水平對稱面的適當的對稱邊

界條件，對於不穩定的流動問題，我們也需要定義初始條件 (在初始時間上，通常 $t = 0$)。

在例題 9-11 至 9-14 中，我們將在合適的位置上應用從式 (9-46) 至 (9-49) 的邊界條件。

例題 9-11　完全發展的克維特流

考慮在兩塊無限大的平板之間其狹縫中的一個牛頓流體的穩定，不可壓縮的層流。上平板以速度 V 移動，而下平板是固定的。兩塊平板間的距離是 h，並且重力作用在 $-z$- 方向 (進入圖 9-46 的頁面)。除了重力引起的靜水壓力外，沒有施加的壓力。此流動稱為克維特流 (Couette flow)。試計算速度與壓力場，並估計作用在下平板上每單位面積的剪力。

圖 9-46　例題 9-11 的幾何形狀：在兩塊無限大平板之間的黏滯流；上平板移動而下平板固定。

解答：對於給定的幾何與邊界條件，我們要計算速度與壓力場，並估計作用在下平板上每單位面積的剪力。

假設：1. 平板在 x 與 z- 方向是無限的。**2.** 流動是穩定的，即任何量的 $\partial/\partial t$ 為零。**3.** 這是一個平行流 (假設速度的 y- 分量 v 是零)。**4.** 流體是不可壓縮的，並且是牛頓流體，具有等性質，並且流動是層流。**5.** 相對於 x，壓力 $P =$ 常數。換言之，在 x- 方向沒有施加的壓力梯度在 x- 方向推壓流體；流動是因為移動的上平板所造成的黏滯應力建立起來的。**6.** 流場僅是二維的，亦即 $w = 0$ 且任何速度分量的 $\partial/\partial z$ 為零。**7.** 重力作用在 $-z$- 方向 (進入圖 9-46 的頁面)。我們可以數學表示此點為 $\vec{g} = -g\vec{k}$，或 $g_x = g_y = 0$ 且 $g_z = -g$。

解析：為了獲得速度與壓力場，我們遵循在圖 9-41 中所列出來的逐步步驟。

步驟 1　建立問題及其幾何。參考圖 9-46。

步驟 2　列出假設與邊界條件。我們已經編號並列出 7 個假設 (如上)。邊界條件來自於施加無滑動條件：(1) 在下平板上 ($y = 0$)，$u = v = w = 0$。(2) 在上平板上 ($y = h$)、$u = V$、$v = 0$ 且 $w = 0$。

步驟 3　簡化微分方程式。我們從卡氏座標上的不可壓縮連續方程式，式 (9-47a) 開始。

$$\frac{\partial u}{\partial x} + \underbrace{\frac{\partial v}{\partial y}}_{\text{假設 3}} + \underbrace{\frac{\partial w}{\partial z}}_{\text{假設 6}} = 0 \quad \rightarrow \quad \frac{\partial u}{\partial x} = 0 \tag{1}$$

式 (1) 告訴我們 u 不是一個 x 的函數，換言之，不管我們將原點放在哪裡 —— 在任何 x- 位置上的流動都是相同的。**完全發展 (fully developed)** 這個片語通常用來描述這種情況 (圖 9-47)。這也可從假設 1 直接得到，其告訴我們 x- 位置沒有什麼特別，因為平板長度為無限大。再者，因為 u 不是時間 (假設 2) 與 z (假設 6) 的函數，我們結論 u 最多只是一個 y 的函數。

圖 9-47　一個流域的完全發展區是其速度形狀不隨著往下游的距離而改變的區域。完全發展流會在長的、直的流道或管道中遭遇。這裡顯示的是完全發展的克維特流 —— 在 x_2 的速度形狀與在 x_1 是相同的。

連續方程式的結果：　　　　　　$u = u(y)$ 　　　　　(2)

現在我們儘可能地來簡化 x- 動量方程式 (式 9-47b)。
在劃掉一個項時列出理由是一個良好的練習，如我們這裡所作的：

$$\rho\left(\underbrace{\frac{\partial u}{\partial t}}_{\text{假設 2}} + \underbrace{u\frac{\partial u}{\partial x}}_{\text{連續}} + \underbrace{v\frac{\partial u}{\partial y}}_{\text{假設 3}} + \underbrace{w\frac{\partial u}{\partial z}}_{\text{假設 6}}\right) = \underbrace{-\frac{\partial P}{\partial x}}_{\text{假設 5}} + \underbrace{\rho g_x}_{\text{假設 7}} \tag{3}$$

$$+ \mu\left(\underbrace{\frac{\partial^2 u}{\partial x^2}}_{\text{連續}} + \frac{\partial^2 u}{\partial y^2} + \underbrace{\frac{\partial^2 u}{\partial z^2}}_{\text{假設 6}}\right) \rightarrow \frac{d^2 u}{dy^2} = 0$$

注意，物質加速度 [式 (3) 的左邊] 為零，暗示流體質點在流場中沒有加速度，沒有局部 (不穩定) 加速度，也沒有對流加速度。因為對流加速度項會使納維–斯托克斯方程式為非線性的，這將會大幅簡化問題。事實上，所有在式 (3) 的其它項都消失了，除了一個黏滯項，其本身也必須是零。同時注意作為式 (2) 的一個直接結果，我們已經把式 (3) 中的偏微分 ($\partial/\partial y$) 改成一個全微分 (d/dy)。此處並沒有呈現出細節，但你可以用同樣的方式證明在 y- 動量方程式 (9-47c) 中的每一項，除了壓力項外都是零，因此強迫剩下的孤獨項也必須是零，

$$\frac{\partial P}{\partial y} = 0 \tag{4}$$

換言之，P 不是 y 的函數。因為 P 也不是一個時間 (假設 2) 或 x (假設 5) 的函數，P 最多只是一個 z 的函數，

y- 動量的結果： $$P = P(z) \tag{5}$$

最後，由於假設 6，納維–斯托克斯方程式的 z- 分量 [式 (9-47d)] 化簡為

$$\frac{\partial P}{\partial z} = -\rho g \quad \rightarrow \quad \frac{dP}{dz} = -\rho g \tag{6}$$

其中我們使用式 (5) 來將偏微分轉換成全微分。

步驟 4 求解微分方程式。連續與 y- 動量方程式已經被"解出"，分別產生式 (2) 及 (5)。式 (3) 被積分兩次來得到

$$u = C_1 y + C_2 \tag{7}$$

其中 C_1 及 C_2 是積分常數。式 (6) (z- 動量) 被積分一次，產生

$$P = -\rho g z + C_3 \tag{8}$$

步驟 5 應用邊界條件。我們從式 (8) 開始。因為我們還沒有為壓力指定邊界條件，C_3 還是一個任意常數 (回想對於不可壓縮流，絕對壓力只有在 P 在流場中的某處已知時才能決定)。例如，如果在 $z = 0$，我們令 $P = P_0$，則 $C_3 = P_0$，且式 (8) 變成

壓力場的最後解： $$P = P_0 - \rho g z \tag{9}$$

有警覺的讀者會注意到式 (9) 代表一個簡單的靜液壓分佈 (當 z 增加時壓力線性減小)。我們的結論是，至少對這個問題，靜液壓力的作用與流動無關。更一般的，我們作出以下的敘述 (也參考圖 9-48)：

> 對於沒有自由表面的不可壓縮流場，靜液壓對流場的動力沒有貢獻。

圖 9-48 對於沒有自由表面的不可壓縮流場，靜液壓對流場的動力沒有貢獻。

其次，我們將步驟 2 的邊界條件代入來得到常數 C_1 及 C_2，

邊界條件 (1)： $\qquad u = C_1 \times 0 + C_2 = 0 \quad \rightarrow \quad C_2 = 0$

與

邊界條件 (2)： $\qquad u = C_1 \times h + 0 = V \quad \rightarrow \quad C_1 = V/h$

最後，式 (7) 變成

速度場的最後結果：
$$u = V\frac{y}{h} \tag{10}$$

速度場顯示出一個簡單的線性速度形狀，從在下平板的 $u = 0$ 到在上平板的 $u = V$，如圖 9-49 所畫的。

步驟 6 驗證結果。使用式 (9) 和 (10)，你可以驗證所有的微分方程式和邊界條件都是滿足的。

為了計算作用在下平板上每單位面積的剪力，我們考慮一個矩形流體元素其底面與下平板接觸 (圖 9-50)。數學上為正的黏應力被顯示在圖上。在此例中，這些應力都是在適當的方向上，因為微分元素上面的流體將其拉向右邊，而元素下面的壁面將其拉向左邊。從式 (9-42)，我們寫出黏應力張量的分量，

圖 9-49 例題 9-11 的線性速度形狀；平行平板之間的克維特流。

$$\tau_{ij} = \begin{pmatrix} 2\mu\dfrac{\partial u}{\partial x} & \mu\left(\dfrac{\partial u}{\partial y}+\dfrac{\partial v}{\partial x}\right) & \mu\left(\dfrac{\partial u}{\partial z}+\dfrac{\partial w}{\partial x}\right) \\ \mu\left(\dfrac{\partial v}{\partial x}+\dfrac{\partial u}{\partial y}\right) & 2\mu\dfrac{\partial v}{\partial y} & \mu\left(\dfrac{\partial v}{\partial z}+\dfrac{\partial w}{\partial y}\right) \\ \mu\left(\dfrac{\partial w}{\partial x}+\dfrac{\partial u}{\partial z}\right) & \mu\left(\dfrac{\partial w}{\partial y}+\dfrac{\partial v}{\partial z}\right) & 2\mu\dfrac{\partial w}{\partial z} \end{pmatrix} = \begin{pmatrix} 0 & \mu\dfrac{V}{h} & 0 \\ \mu\dfrac{V}{h} & 0 & 0 \\ 0 & 0 & 0 \end{pmatrix} \tag{11}$$

因為根據定義應力的因次是每單位面積的力，作用在流體元素底面上每單位面積的力等於 $\tau_{yx} = \mu V/h$，並且作用在 $-x-$ 方向，如圖所示。壁面上每單位面積的剪力與此相等並逆向 (牛頓第三定律)；因此

作用在壁面上每單位面積的剪力：
$$\frac{\vec{F}}{A} = \mu\frac{V}{h}\vec{i} \tag{12}$$

圖 9-50 作用在一個微分的二維矩形流體元素上的應力其底面與例題 9-11 中的下平板相接觸。

此力的方向與我們的直覺吻合；亦即，流體試圖拉著下壁面向右，原因是黏滯效應 (摩擦)。

討論：線性動量的 z- 分量與其它方程式是非耦合的；這解釋為什麼我們會得到在 z- 方向的液靜壓力分佈，即使流體不是靜止的，而是移動的。式 (11) 顯示出黏應力張量在流場中到處都是一樣的，而不只是在下壁面上 (注意沒有一個 τ_{ij} 的分量是位置的函數)。

你可能會懷疑例題 9-11 最後的結果的有用性。畢竟，什麼時候我們會遇到兩塊無限大的平板，其中一塊是運動的？事實上有許多實際的流動，對它們而言，克維特流是一個很好的近似。一個這樣的流動發生在一個轉動黏性計中 (圖 9-51)，一個用來量測黏度的儀器。它是由兩個同心而長度為 L 的圓筒構成的 —— 一個是實心的，半徑為 R_i 的旋轉內圓筒；另一個是空心的，半徑為 R_o 的固定外圓筒 (L 是進入圖 9-51 頁面的長度；z-軸穿出頁面)。兩個圓筒間的間隙非常小，其內含有要被量測黏度的流體。圖 9-51 的放大區域幾乎與圖 9-46 的配置相同，因為間隙是很細小的，即 $(R_o - R_i) \ll R_o$。在一個黏度量測中，內圓筒的角速度 ω 被量測，同時也量測需要用來轉動內圓筒的力矩 $T_{applied}$。從例題 9-11，我們知道作用在與內圓筒接觸的流體元素上的黏性剪應力是近似等於

$$\tau = \tau_{yx} \cong \mu \frac{V}{R_o - R_i} = \mu \frac{\omega R_i}{R_o - R_i} \tag{9-54}$$

其中在圖 9-46 中移動上平板的速度 V 被以內圓筒的轉動壁面的逆時鐘速度 ωR_i 所取代。在圖 9-51 底部的放大區域中，τ 向右作用在與內圓筒壁面接觸的流體元素上；因此，在此位置上作用在內圓筒上每單位面積的力向左作用，其大小由式 (9-54) 給定。由於流體的黏度作用在內圓筒壁上的總順時鐘方向的力矩，等於此剪應力乘以壁面積，再乘以力臂，

$$T_{viscous} = \tau A R_i \cong \mu \frac{\omega R_i}{R_o - R_i} \left(2\pi R_i L\right) R_i \tag{9-55}$$

在穩定條件下，順時鐘力矩 $T_{viscous}$ 是由施加的逆時鐘力矩 $T_{applied}$ 來平衡的。令兩者相等，並解式 (9-55) 來得到流體的黏度

流體的黏度：
$$\mu = T_{applied} \frac{(R_o - R_i)}{2\pi \omega R_i^3 L}$$

圖 9-51 一個旋轉黏度計；內圓筒以角速度 ω 旋轉，並且被施加一個力矩 $T_{applied}$，由此就可計算出流體的黏度。

一個相似的分析可以施行在一個無負載的軸頸軸承上,其中一種黏性油在內轉軸與一個固定的外殼之間的小細縫中流動 (當軸承受到負載,內圓筒與外圓筒不再是同心的,並且需要更複雜的分析)。

例題 9-12　受到壓力梯度作用的克維特流

考慮與例題 9-11 相同的幾何,但壓力在 x- 方向不是一個常數,而是一個壓力梯度作用在 x- 方向 (圖 9-52)。明確的,令在 x- 方向的壓力梯度 $\partial P/\partial x$ 是某個常數:

施加的壓力梯度:
$$\frac{\partial P}{\partial x} = \frac{P_2 - P_1}{x_2 - x_1} = 常數 \quad (1)$$

其中 x_1 與 x_2 是沿 x- 軸的兩個任意位置,而 P_1 與 P_2 是在此兩個位置上的壓力。其它方面都與例題 9-11 相同。(a) 計算速度場與壓力場。(b) 用無因次形式畫出一組速度形狀。

圖 9-52　例題 9-12 的幾何:兩個無限大平板之間的黏性流,其受到一個常數的壓力梯度的作用;上平板在移動而下平板是固定的。

解答: 我們要計算畫在圖 9-52 中流動的速度與壓力場,並用無因次的形式畫出一組速度形狀。

假設: 假設與例題 9-11 中的相同,但假設 5 由以下取代:一個常數的壓力梯度作用在 x- 方向,使得壓力相對於 x 遵循式 (1) 呈線性變化。

解析: (a) 我們遵循如同在例題 9-11 的相同步驟。大部分的數學步驟都相同,為了節省空間,只討論不同的。

步驟 1　參考圖 9-52。
步驟 2　與例題 9-11 相同,除了假設 5。
步驟 3　連續方程式用像在例題 9-11 的相同方法作化簡,

連續方程式的結果:
$$u = u(y) \quad (2)$$

x- 動量方程式用像在例題 9-11 的相同方法作化簡,但是壓力梯度項留下來。結果是

x- 動量的結果:
$$\frac{d^2 u}{dy^2} = \frac{1}{\mu}\frac{\partial P}{\partial x} \quad (3)$$

同樣的,y- 動量與 z- 動量化簡為

y- 動量的結果:
$$\frac{\partial P}{\partial y} = 0 \quad (4)$$

與

z- 動量的結果:
$$\frac{\partial P}{\partial z} = -\rho g \quad (5)$$

在式 (5) 中我們無法從偏微分轉換成全微分,因為在本例題中,P 同時是 x 與 z 的函數,不像在例題 9-11 中,那裡 P 只是 z 的函數。

步驟 4　我們積分式 (3) (x- 動量) 兩次，注意 $\partial P/\partial x$ 是一個常數，

x- 動量的積分：
$$u = \frac{1}{2\mu}\frac{\partial P}{\partial x}y^2 + C_1 y + C_2 \tag{6}$$

其中 C_1 與 C_2 是積分常數。式 (5) (z- 動量) 被積分一次，得到

z- 動量的積分：
$$P = -\rho g z + f(x) \tag{7}$$

注意，因為現在 P 同時是 x 與 z 的函數，我們在式 (7) 中加了一個 x 的函數來代替積分常數。這是一個相對於 z 的偏積分，因此當進行偏積分時必須很小心 (圖 9-53)。

步驟 5　從式 (7)，我們看出壓力在 z- 方向是呈現靜液壓的變化，同時我們指定一個在 x- 方向壓力的線性變化。因此函數 $f(x)$ 必須等於一個常數加 $\partial P/\partial x$ 乘以 x。如果令 $P = P_0$ 沿著線 $x = 0$、$z = 0$ (即 y- 軸)，式 (7) 變成

壓力場的最後結果：
$$P = P_0 + \frac{\partial P}{\partial x}x - \rho g z \tag{8}$$

圖 9-53　關於偏積分的警告。

接下來我們應用例題 9-11 中步驟 2 的速度場邊界條件 (1) 與 (2) 來得到常數 C_1 與 C_2，

邊界條件 (1)：
$$u = \frac{1}{2\mu}\frac{\partial P}{\partial x} \times 0 + C_1 \times 0 + C_2 = 0 \quad \rightarrow \quad C_2 = 0$$

與

邊界條件 (2)：
$$u = \frac{1}{2\mu}\frac{\partial P}{\partial x}h^2 + C_1 \times h + 0 = V \quad \rightarrow \quad C_1 = \frac{V}{h} - \frac{1}{2\mu}\frac{\partial P}{\partial x}h$$

最後，式 (6) 變成

$$u = \frac{Vy}{h} + \frac{1}{2\mu}\frac{\partial P}{\partial x}(y^2 - hy) \tag{9}$$

式 (9) 指出速度場包含兩個部分的疊加：一個線性速度形狀從在下平板的 $u = 0$ 到在上平板的 $u = V$，與一個拋物線分佈，其為相依於施加壓力梯度的大小。如果壓力梯度是零，式 (9) 中的拋物線部分消失，使得形狀是線性的，就像在例題 9-11 中的一樣；這在圖 9-54 中用顏色虛線畫出來。如果壓力梯度是負的 (壓力在 x- 方向遞減，造成流體從左被推向右)，$\partial P/\partial x < 0$ 且速度形狀就像在圖 9-54 中畫出來的。一個特例是當 $V = 0$ 時 (上平板靜止)；式 (9) 中的線性部分消失，速度形狀是拋物線的，並且相對於通道中心線是對稱的 ($y = h/2$)；這在圖 9-54 中被用點虛線畫出來。

圖 9-54　例題 9-12 的速度形狀：兩平行板之間帶有施加負壓力梯度的克維特流；顏色虛線指示出零壓力梯度的形狀，而點虛線指示出具有負壓力梯度，且上平板靜止 ($V = 0$) 的形狀。

步驟 6 你可以用式 (8) 與 (9) 來驗證所有的微分方程式與邊界條件都是滿足的。

(b) 我們要用因次分析來產生無因次群 (Π 群)。我們將速度分量 u 來表示成 y、h、V、μ 與 ∂P/∂x 的函數來建置這個問題。總共有 6 個變數 (包括相依變數 u)，因為問題中有 3 個主要因次 (質量、長度與時間)，我們預期有 6 − 3 = 3 個無因次群。當我們選擇 h、V 及 μ 作為重複變數時，使用重複變數法，我們得到以下的結果 (細節留給你去做 —— 這是第 7 章內容的良好複習)：

因次分析的結果：
$$\frac{u}{V} = f\left(\frac{y}{h}, \frac{h^2}{\mu V}\frac{\partial P}{\partial x}\right) \tag{10}$$

使用這三個無因次群，我們重寫式 (9) 如下：

速度場的無因次形式：
$$u^* = y^* + \frac{1}{2}P^* y^*(y^* - 1) \tag{11}$$

其中無因次參數是

$$u^* = \frac{u}{V} \quad y^* = \frac{y}{h} \quad P^* = \frac{h^2}{\mu V}\frac{\partial P}{\partial x}$$

在圖 9-55 中，使用式 (11)。對幾個 P^* 的值，u^* 被畫成 y^* 的函數。

圖 9-55 具有施加的壓力梯度的克維特流的無因次速度形狀；幾個無因次壓力梯度的速度形狀被顯示出來。

討論：當結果被無因次化後，我們看出來式 (11) 代表一組速度形狀，也看到當壓力梯度為正值時 (流場被從右推向左) 且數值夠大時，在流道的底下部分，我們會有逆流。在所有的情況中，邊界條件化簡成在 $y^* = 0$、$u^* = 0$ 及在 $y^* = 1$、$u^* = 1$。如果有壓力梯度，但兩壁面都是靜止的，則流動稱為二維通道流，或平面或平面普修爾流 (planar Poiseuille flow，圖 9-56)。然而，我們注意到，大部分的作者保留普修爾流這個名稱給完全發展管流 —— 二維通道流的軸對稱的對應流動 (參考例題 9-14)。

圖 9-56 給完全發展的二維的通道流動 (平面普修爾流) 的速度形狀。

> **例題 9-13** 油膜被重力作用流下一個垂直壁面

考慮一個油膜的穩定、不可壓縮的平行的層流從一個無限大的垂直平板緩慢地流下 (圖 9-57)。油膜厚度是 h，且重力作用在 $-z$- 方向 (在圖 9-57 中向下)。沒有施加的 (強制的) 壓力驅動此流動 – 油膜僅靠重力作用流下。試計算在油膜中的速度與壓力場，並畫出正常化後的速度形狀。你可以忽略周圍空氣中靜液壓力的變化。

解答： 對給定的一個幾何及一組邊界條件，我們要計算速度場與壓力場並畫出速度形狀。

假設： **1.** 壁面在 yz- 平面是無限大的 (對一個右手座標系統，y 進入頁面)。**2.** 流動是穩定的 (所有相對於時間的偏微分為零)。**3.** 流動是平行的 (速度的 x- 分量 u 到處都為零)。**4.** 流體是不可壓縮且牛頓的，具有常數性質，並且流動是層流。**5.** 在自由表面，$P = P_{\text{atm}}$ = 常數。換言之，沒有施加的壓力梯度推動流體；流動是由於重力與黏力的平衡而自行建立的。再者，因為在水平方向沒有重力，到處都是 $P = P_{\text{atm}}$。**6.** 流場是單純的二維流動，亦即速度分量 $v = 0$ 且所有相對於 y 的偏微分為零。**7.** 重力作用在 $-z$- 方向。我們數學地表示這點為 $\vec{g} = -g\vec{k}$ 或 $g_x = g_y = 0$ 且 $g_z = -g$。

圖 9-57 例題 9-13 的幾何：黏性油膜藉由重力而沿著一個垂直面滑下。

解析： 我們遵循對微分流動問逐步求解的方法來得到速度場與壓力場 (圖 9-41)。

步驟 1 建立問題及其幾何。參考圖 9-57。

步驟 2 列出假設與邊界條件。我們已經列出了 7 個假設。邊界條件為：(1) 壁面沒有滑動，在 $x = 0$，$u = v = w = 0$。(2) 在自由表面 $(x = h)$，剪力可以忽略 [式 (9-53)]，對在此座標系統的一個垂直自由表面，表示在 $x = h$、$\partial w / \partial x = 0$。

步驟 3 寫出並化簡微分方程式。我們從在卡氏座標中的不可壓縮連續方程式開始，

$$\underbrace{\frac{\partial u}{\partial x}}_{\text{假設 3}} + \underbrace{\frac{\partial v}{\partial y}}_{\text{假設 6}} + \frac{\partial w}{\partial z} = 0 \quad \rightarrow$$

$$\frac{\partial w}{\partial z} = 0 \tag{1}$$

式 (1) 告訴我們 w 不是 z 的函數；即不論將原點放在哪裡 —— 流動在任何 z- 位置都是相同的。換言之，流動是完全發展的。因為 w 不是時間 (假設 2)、z [式 (1)] 或 y (假設 6) 的函數。我們作出

結論： w 最多只是 x 的函數，

連續的結果： $\quad w = w(x) \tag{2}$

現在儘可能地來簡化納維–斯托克斯方程式的每個分量。因為到處都有 $u = v = 0$，且重力在 x- 或 y- 方向沒有作用，x 與 y- 動量正確地被滿足了 (事實上兩個方程式中的每一項都是零)。z- 動量方程式化簡成

$$\rho\left(\underbrace{\frac{\partial \cancel{w}}{\partial t}}_{\text{假設 2}} + \underbrace{u\frac{\partial \cancel{w}}{\partial x}}_{\text{假設 3}} + \underbrace{v\frac{\partial \cancel{w}}{\partial y}}_{\text{假設 6}} + \underbrace{w\frac{\partial \cancel{w}}{\partial z}}_{\text{連續}}\right) = \underbrace{-\frac{\partial \cancel{P}}{\partial z}}_{\text{假設 5}} + \underbrace{\rho g_z}_{-\rho g}$$

$$+ \mu\left(\frac{\partial^2 w}{\partial x^2} + \underbrace{\frac{\partial^2 \cancel{w}}{\partial y^2}}_{\text{假設 6}} + \underbrace{\frac{\partial^2 \cancel{w}}{\partial z^2}}_{\text{連續}}\right) \rightarrow \frac{d^2 w}{dx^2} = \frac{\rho g}{\mu} \quad (3)$$

隨質點加速度 [式 (3) 的左邊] 是零，暗示流體質點在流場中沒有加速度，沒有局部加速度，也沒有對流加速度。因為對流加速度項使納維－斯托克斯方程式是非線性的，這大幅地簡化問題。根據式 (2) 的結果，我們已經把在式 (3) 的偏微分 (∂/∂x) 變成全微分 (d/dx)，使偏微分方程式 (PDE) 簡化成常微分方程式 (ODE)。當然 ODES 比 PDES 好解太多了 (圖 9-58)。

步驟 4 求解微分方程式。連續及 x- 與 y- 動量方程式已經被"解出"。式 (3) (z- 動量) 被積分兩次，得到

$$w = \frac{\rho g}{2\mu}x^2 + C_1 x + C_2 \quad (4)$$

步驟 5 應用邊界條件。我們應用步驟 2 的邊界條件 (1) 與 (2) 來得到常數 C_1 和 C_2，

邊界條件 (1)： $\quad w = 0 + 0 + C_2 = 0 \quad C_2 = 0$

與

邊界條件 (2)： $\quad \left.\dfrac{dw}{dx}\right)_{x=h} = \dfrac{\rho g}{\mu}h + C_1 = 0 \rightarrow C_1 = -\dfrac{\rho g h}{\mu}$

最後，式 (4) 變成

速度場： $\quad w = \dfrac{\rho g}{2\mu}x^2 - \dfrac{\rho g}{\mu}hx = \dfrac{\rho g x}{2\mu}(x - 2h) \quad (5)$

因為在油膜中 $x < h$，w 到處都是負的，就如預期的 (流動是向下的)。壓力場很明顯；亦即，到處都是 $P = P_{atm}$。

步驟 6 驗證結果。你可以證明所有的微分方程式和邊界條件都是滿足的。

我們用檢視來正常化式 (5)；令 $x^* = x/h$ 及 $w^* = w\mu/(\rho g h^2)$。式 (5) 變成

正常化速度形狀： $\quad w^* = \dfrac{x^*}{2}(x^* - 2) \quad (6)$

我們在圖 9-59 中畫出正常化的速度形狀。

圖 9-58 從例題 9-11 到 9-14，運動方程式都從偏微分方程式被簡化成常微分方程式，使它們更容易求解。

圖 9-59 例題 9-13 的正常的速度形狀：油膜流下一個垂直壁面。

討論：速度形狀在靠近壁面處由於那裡的無滑動條件 (在 $x = 0$, $w = 0$) 有很大的斜率，但在自由表面斜率為零，其位置的邊界條件是零剪應力 (在 $x = h$，$\partial w/\partial x = 0$)。我們在定義 w^* 時可以導入一個 -2 的因子，來使 w^* 在自由表面上等於 1 而不是 $-\frac{1}{2}$。

從例題 9-11 到 9-13，在卡氏座標中使用的解題步驟也可以被用在任何其它座標系統中。在例題 9-14 中，我們將介紹在一個圓管中完全發展流的古典問題，對此使用圓柱座標。

例題 9-14　在圓管中的完全發展流 —— 普修爾流

考慮一個牛頓流體在一根直徑 D 或半徑 $R = D/2$ 的無限長圓管中的穩定、不可壓縮的層流 (圖 9-60)。我們忽略重力效應。一個常數的壓力梯度 $\partial P/\partial x$ 作用在 x- 方向，

施加的壓力梯度：
$$\frac{\partial P}{\partial x} = \frac{P_2 - P_1}{x_2 - x_1} = 常數 \quad (1)$$

其中 x_1 與 x_2 是沿著 x- 軸的兩個任意位置，且 P_1 與 P_2 是在此兩個位置上的壓力。注意此處我們採用一個修正的圓柱座標系統，用 x 代替 z 作為軸分量，即 (r, θ, x) 與 (u_r, u_θ, u)。試推導在管內速度場的一個表示式，並且估計作用在管壁上每單位面積的黏性剪應力。

圖 9-60　例題 9-14 的幾何：在一根很長的圓管中，受到一個壓力梯度 $\partial P/\partial x$ 推動流體流過管子的穩定的層流。壓力梯度通常是由一個泵或重力所產生的。

解答：對於在一根圓管中的流動，我們要計算速度場，然後估計作用在管壁的黏性剪應力。

假設：1. 管在 x- 方向是無限長的。**2.** 流動是穩定的 (所有的時間導數為零)。**3.** 這是一個平行流 (速度的 r- 分量 u_r 為零)。**4.** 流體是不可壓縮的牛頓流體，性質為常數且流動是層流 (圖 9-61)。**5.** 一個常數的壓力梯度施加在 x- 方向，使得壓力相對於 x 根據式 (1) 而呈線性變化。**6.** 流場是軸對稱的，沒有旋轉，亦即 $u_\theta = 0$ 且所有相對於 θ 的偏微分都是零。**7.** 我們忽略重力的效應。

解析：為了獲得速度場，我們遵循勾勒在圖 9-41 的逐步方法。

步驟 1　建立問題與幾何。參考圖 9-60。

步驟 2　列出假設和邊界條件。我們已經列出 7 個假設。第一個邊界條件是從在管壁上應用無滑動條件而來：(1) 在 $r = R$，$\vec{V} = 0$。第二個邊界條件是從管的中心線是對稱軸這個事實而來；(2) 在 $r = 0$，$\partial u/\partial r = 0$。

圖 9-61　納維–斯托克斯方程式的正確解析解，就如這裡所提供的例題，對於紊流是不可能的。

步驟 3　寫出並化簡微分方程式。我們從圓柱座標的不可壓縮的連續方程式開始，式 (9-48a) 的一個修正式是

$$\underbrace{\frac{1}{r}\frac{\partial(ru_r)}{\partial r}}_{\text{假設 3}} + \underbrace{\frac{1}{r}\frac{\partial(u_\theta)}{\partial \theta}}_{\text{假設 6}} + \frac{\partial u}{\partial x} = 0 \quad \rightarrow \quad \frac{\partial u}{\partial x} = 0 \tag{2}$$

式 (2) 告訴我們 u 不是一個 x 的函數。換言之，不論將原點放在哪裡 —— 流動在任何 x- 位置都是相同的。這也可以直接從假設 1 推論而得，其告訴我們任何 x- 位置都沒什麼特別的，因為管長是無限的 —— 流動是完全發展的。再者，因為 u 不是時間 (假設 2) 或 θ (假設 6) 的函數，我們結論 u 最多只是 r 的函數，

連續的結果：
$$u = u(r) \tag{3}$$

現在儘可能地來簡化軸向動量方程式 [式 (9-48d) 的一個修正式]：

$$\rho\left(\underbrace{\frac{\partial u}{\partial t}}_{\text{假設 2}} + \underbrace{u_r\frac{\partial u}{\partial r}}_{\text{假設 3}} + \underbrace{\frac{u_\theta}{r}\frac{\partial u}{\partial \theta}}_{\text{假設 6}} + \underbrace{u\frac{\partial u}{\partial x}}_{\text{連續}}\right)$$

$$= -\frac{\partial P}{\partial x} + \underbrace{\rho g_x}_{\text{假設 7}} + \mu\left(\frac{1}{r}\frac{\partial}{\partial r}\left(r\frac{\partial u}{\partial r}\right) + \underbrace{\frac{1}{r^2}\frac{\partial^2 u}{\partial \theta^2}}_{\text{假設 6}} + \underbrace{\frac{\partial^2 u}{\partial x^2}}_{\text{連續}}\right)$$

或

$$\frac{1}{r}\frac{d}{dr}\left(r\frac{du}{dr}\right) = \frac{1}{\mu}\frac{\partial P}{\partial x} \tag{4}$$

就像例題 9-11 至 9-13 一樣，隨質點加速度 (x- 動量方程式的整個左邊) 是零，暗示流體質點在整個這個流場中，都沒有加速，且納維–斯托克斯方程式被線性化了 (圖 9-62)。由於式 (3) 我們已經把對 u 的偏微分用全微分代替了。

用同樣的方式，在 r 動量方程式 (9-48b) 中的每一項，除了壓力梯度項以外都是零，迫使剩下的孤獨項也必須是零，

r 動量：
$$\frac{\partial P}{\partial r} = 0 \tag{5}$$

納維–斯托克斯方程式

$$\rho\left(\frac{\partial \vec{V}}{\partial t} + \boxed{(\vec{V}\cdot\vec{\nabla})\vec{V}}\right) = -\vec{\nabla}P + \rho\vec{g} + \mu\nabla^2\vec{V}$$

非線性項

圖 9-62　對不可壓縮流的解而言，若在納維–斯托克斯方程式中的對流項是零，則方程式變成線性的，因為對流項是這個方程式中的唯一非線性項。

換言之，P 不是一個 r 的函數，因為 P 也不是時間 (假設 2) 或 θ (假設 6) 的函數，P 最多只能是 x 的函數

r 動量的結果：
$$P = P(x) \tag{6}$$

因此，我們可以把式 (4) 中壓力梯度的偏微分用全微分取代，因為 P 只隨 x 改變。最後，納維–斯托克斯方程式的 θ- 分量 [式 (9-48c)] 的所有項都是零。

步驟 4　求解微分方程式。連續和 r 動量已經被"解出"，分別得到式 (3) 與 (6)，而 θ 動量方程式已經消失了，因此剩下式 (4) (x- 動量)。對兩邊同乘以 r 以後，我們積分一次來得到

$$r\frac{du}{dr} = \frac{r^2}{2\mu}\frac{dP}{dx} + C_1 \tag{7}$$

其中 C_1 是一個積分常數。注意，壓力梯度 dP/dx 在這裡是一個常數。將式 (7) 的兩邊同除以 r，我們積分第二次來得到

$$u = \frac{r^2}{4\mu}\frac{dP}{dx} + C_1 \ln r + C_2 \tag{8}$$

其中 C_2 是第二個積分常數。

步驟 5 應用邊界條件。首先對式 (7) 應用邊界條件 (2)，

邊界條件 (2)： $\qquad 0 = 0 + C_1 \quad \rightarrow \quad C_1 = 0$

另一個解釋這個邊界條件的方法是 u 在圓管中心必須維持有限值。這只有當 C_1 等於 0 才有可能，因為在式 (8) 中的 $\ln(0)$ 是無定義的。現在應用邊界條件 (1)，

邊界條件 (1)： $\qquad u = \frac{R^2}{4\mu}\frac{dP}{dx} + 0 + C_2 = 0 \quad \rightarrow \quad C_2 = -\frac{R^2}{4\mu}\frac{dP}{dx}$

最後，式 (8) 變成

軸向速度： $\qquad u = \frac{1}{4\mu}\frac{dP}{dx}(r^2 - R^2) \tag{9}$

因此軸向速度是一個拋物面的形狀，就如圖 9-63 所畫出來的。

步驟 6 驗證結果。我們可以證明所有微分方程式與邊界條件都是滿足的。

我們同時也計算管流的完全發展層流的其它性質。例如最大軸向速度顯然發生在圓管中心線上 (圖 9-63)。令式 (9) 中的 $r = 0$ 得到

最大的軸向速度： $\qquad u_{\max} = -\frac{R^2}{4\mu}\frac{dP}{dx} \tag{10}$

圖 9-63 例題 9-14 中的軸向速度形狀：在一根長的圓管中的穩定層流，其受到一個常數的壓力梯度作用而推動流體流過管子。

經過管的體積流率可以用式 (9) 對管的一個截面作積分而求得

$$\dot{V} = \int_{\theta=0}^{2\pi}\int_{r=0}^{R} u r \, dr \, d\theta = \frac{2\pi}{4\mu}\frac{dP}{dx}\int_{r=0}^{R}(r^2 - R^2)r \, dr = -\frac{\pi R^4}{8\mu}\frac{dP}{dx} \tag{11}$$

因為體積流率也等於平均軸向速度乘以截面積，我們可以輕易決定平均軸向速度 V：

平均軸向速度： $\qquad V = \frac{\dot{V}}{A} = \frac{(-\pi R^4/8\mu)(dP/dx)}{\pi R^2} = -\frac{R^2}{8\mu}\frac{dP}{dx} \tag{12}$

比較式 (10) 與 (12)，我們發現對於完全發展的管中層流，平均軸向速度正好等於最大軸向速度的一半。

為了計算作用在管壁上每單位面積的黏性剪力，我們考慮接近管底部壁面的一個微分流體元素 (圖 9-64)。壓應力與數學上為正的黏應力被顯示出來。從式 (9-49) (針對我們的座標系統作了修正)，寫出黏應力張量如：

$$\tau_{ij} = \begin{pmatrix} \tau_{rr} & \tau_{r\theta} & \tau_{rx} \\ \tau_{\theta r} & \tau_{\theta\theta} & \tau_{\theta x} \\ \tau_{xr} & \tau_{x\theta} & \tau_{xx} \end{pmatrix} = \begin{pmatrix} 0 & 0 & \mu \frac{\partial u}{\partial r} \\ 0 & 0 & 0 \\ \mu \frac{\partial u}{\partial r} & 0 & 0 \end{pmatrix} \quad (13)$$

圖 9-64 壓力與黏性剪應力作用在一個微分流體元素上，其底面與管壁接觸。

我們使用式 (9) 給 u，並且在管壁上令 $r = R$；式 (13) 的 τ_{rx}- 分量簡化為

在管壁的黏性剪力：
$$\tau_{rx} = \mu \frac{du}{dr} = \frac{R}{2} \frac{dP}{dx} \quad (14)$$

對從左至右的流動，dP/dx 是負的，因此在壁面上流體元素的底部黏性剪應力的方向與圖 9-64 中指示的方向相反 (這與我們的直覺相符，因為管壁對流體會施加一個阻力)。作用在壁面上的每單位面積的剪力與此大小相等，但方向相反；因此

作用在管壁上每單位面積的黏性剪力：
$$\frac{\vec{F}}{A} = -\frac{R}{2} \frac{dP}{dx} \vec{i} \quad (15)$$

此力的方向再次與我們的直覺相符，即流體試圖拖拉底部壁面向右，原因是摩擦力，此為當 dP/dx 為負值時。

討論：因為在管中心線的 $du/dr = 0$，其處的 $\tau_{rx} = 0$。你被鼓勵使用一個替代的控制體積法來試著得到式 (15)。你的控制體積取在管子中介於任兩個 x- 位置 (x_1 與 x_2) 中間的流體區域。你應該會得到相同的答案 (提示：因為流動是完全發展的，在位置 1 的軸向速度形狀與在位置 2 的相同)。注意當流過此管的體積流率超過某個臨界值時，會產生流動的不穩定性，並且這裡所得到的解不再有效。明確地說，管中的流動變成是紊流，而不是層流；管中紊流在第 8 章中已有詳細討論。此問題在第 8 章中也被使用替代的方法求解。

圖 9-65 例題中 9-14 中利用一個替代方法來求得式 (15) 的控制體積。

例題 9-11 到 9-14 針對的是不可壓縮的層流。相同的微分方程組 (不可壓縮的連續與納維－斯托克斯) 對不可壓縮的紊流也是成立的。然而，紊流的解更加複雜，因為流動包含無規則不穩定的三維的小旋渦，其會混合流體。再者，這些旋渦的大小範圍跨越好幾個數量級。在一個紊流的流場，方程式中沒有一項可以被忽略 (在某些情況下，重力項也許可以)，因此解只能經由數值計算求得。

應用聚焦燈 — 無滑動邊界條件

客座作者：Minami Yoda，喬治亞理工學院

　　流體與固體接觸的邊界條件的敘述是在流體與固定之間沒有"滑動"。一種流體與另一個不同的流體接觸時，其邊界條件的敘述也是兩種流體之間沒有滑動。然而為什麼不同的物質 — 流體與固體分子，或不同流體的分子 — 有相同的行為呢？無滑動的邊界條件廣被接受，因為其已經被觀察者所證實，並且因為對於從速度場導出的量的量測，例如剪應力，也都與假設其切向速度分量在靜止壁面上是零的速度形狀相符合。

　　有趣的是，納維 (納維-斯托克斯方程式中的那一位) 並沒有提出一個無滑動的邊界條件，他提出的是一個部分滑動邊界條件 (圖 9-66)。給一個流體與一個固體接觸的邊界：流體在壁面上與壁面平行的速度分量 u_f 是正比於流體在壁面上的剪應力 τ_s：

$$u_f = b\tau_s = b\mu_f \left.\frac{\partial u}{\partial y}\right)_f \tag{1}$$

其中比例常數 b，其因次為長度，被稱為滑動長度。無滑動條件是式 (1) 中當 $b=0$ 的特例。雖然最近在很小 (直徑＜0.1 mm) 的流道中的某些研究建議在靠近壁面數奈米以內 ($1\ nm = 10^{-9}\ m = 10$ Ångstroms)，無滑動條件可能不成立，但無滑動條件似乎對於一個流體與壁面或一個連體的流體接觸時，似乎仍然是一個正確的邊界條件。

　　無論如何，工程師也試圖利用無滑動邊界條件來減少摩擦(黏性) 阻力。如在本章中討論的，在自由表面或水 — 空氣介面上，無滑動邊界條件會使黏性應力 τ_s，從而使摩擦阻力，在液體上非常小 [式 (9-53)]。一個在固體表面上創造出自由表面的方法，例如在船殼上，是注入空氣來創造出空氣膜 (至少是部分的)來覆蓋船殼表面 (圖 9-67)。理論上，船的阻力從而使其燃料消耗，藉著在船殼上創造出自由表面的邊界條件，可以被很大地減少。然而，維持一個穩定的空氣膜仍然是工程上的主要挑戰。

圖 9-66 納維的部分滑動條件。

圖 9-67 在一般貨輪的船殼底部被建議注入空氣來形成一層空氣膜 [Courtesy of Y. Murai and Y. Oishi, Hokkaido University and the Monohakobi Technology Institute (MTI), Nippon Yusen Kaisha (NYK) and NYK-Hinode Lines]。

參考文獻：

Lauga, E., Brenner, M. and Stone, H., "Microfluidics: The No-Slip Boundary Condition," *Springer Handbook of Experimental Fluid Mechanics* (eds. C. Tropea, A. Yarin, J. F. Foss), Ch. 19, pp. 1219-1240, 2007.

http://www.nature.com/news/2008/080820/full/454924a.html

總結

本章中我們推導了質量守恆 (連續方程式) 與線性動量方程式 (納維–斯托克斯方程式) 的微分形式。對於具有常數性質的一個牛頓流體的不可壓縮流，連續方程式為

$$\vec{\nabla} \cdot \vec{V} = 0$$

而納維–斯托克斯方程式為

$$\rho \frac{D\vec{V}}{Dt} = -\vec{\nabla} P + \rho \vec{g} + \mu \nabla^2 \vec{V}$$

對於不可壓縮的二維流動，我們也定義流線函數 ψ。在卡氏座標中，

$$u = \frac{\partial \psi}{\partial y} \quad v = -\frac{\partial \psi}{\partial x}$$

我們證明了從一條流線到另一條流線的 ψ 值差，等於在此兩條流線間每單位寬度的體積流率，並且 ψ 為常數的曲線是流動的流線。

我們提供了幾個例題來說明流體運動的微分方程式如何用來對一個給定的速度場產生一個壓力場的表示式，並且對一個指定幾何與邊界條件的問題，如何同時產生速度場與壓力場的表示式。這裡學到的解題步驟可以被延伸。至更複雜的流動，其求解需要計算機的輔助。

納維–斯托克斯方程式是流體力學的里程碑。雖然我們知道描述流體運動所需要的微分方程式 (連續與納維–斯托克斯)，但對它們求解是另一件事。對於某些簡單的 (通常是無限大的) 幾何，方程式簡化成可以被解析解的方程式。對於更複雜的幾何，方程式是非線性的、耦合的、二階的偏微分方程式，不能以筆和紙直接求解，必須訴諸近似解或數值解。

參考資料和建議讀物

1. Y. A. Çengel. *Heat Transfer: A Practical Approach*, 4th ed. New York: McGraw-Hill, 2010.
2. R. W. Fox and A. T. McDonald. *Introduction to Fluid Mechanics*, 8th ed. New York: Wiley, 2011.
3. P. M. Gerhart, R. J. Gross, and J. I. Hochstein. *Fundamentals of Fluid Mechanics*, 2nd ed. Reading, MA: Addison-Wesley, 1992.
4. R. J. Heinsohn and J. M. Cimbala. *Indoor Air Quality Engineering*. New York: Marcel-Dekker, 2003.
5. P. K. Kundu, I. M. Cohen., and D. R. Dowling. *Fluid Mechanics*, ed. 5. San Diego, CA: Academic Press, 2011.
6. R. L. Panton. *Incompressible Flow*, 2nd ed. New York: Wiley, 2005.
7. M. R. Spiegel. *Vector Analysis, Schaum's Outline Series, Theory and Problems*. New York: McGraw-Hill Trade, 1968.
8. M. Van Dyke. *An Album of Fluid Motion*. Stanford, CA: The Parabolic Press, 1982.

習題

有 "C" 題目是觀念題，學生應儘量作答。

一般的與數學背景的問題

9-1C 解釋流域與控制體積的基本差別。

9-2C 對於三維、不穩定的不可壓縮流場，當其溫度變化不顯著時，有多少未知數呢？列出解這些未知數所需要的方程式。

9-3C 對一個不穩定、不可壓縮的流場，其在 xy- 平面是二維的，並且其溫度變化不顯著，共有多少未知數？列出解這些未知數所需要的方程式。

9-4 轉換位置 $x = (5\text{m}, \pi/3 \text{ radians}, 1.27\text{m})$ 從圓柱座標 (r, θ, z) 到卡氏座標 (x, y, z)，包括單位。$\vec{x}$ 的 3 個分量都用 m 的單位寫出。

9-5 使用圖 P9-5 作為指導，轉換卡氏速度分量 (u, v, w) 成為圓柱速度分量 (u_r, u_θ, u_z)。(提示：因為速度的 z- 分量在此轉換中不變，我們只需考慮 xy- 平面。)

圖 P9-5

9-6 一個穩定、二維的不可壓縮速度場有卡氏速度分量 $u = Cy/(x^2+y^2)$ 及 $v = -Cx/(x^2+y^2)$，其中 C 是一個常數。轉換這個卡氏速度分量成為圓柱速度分量 u_r 及 u_θ，儘可能地簡化。你應該認識這個流動。這是哪一種流動呢？(Answer: 0, $-C/r$, 線渦旋)

連續方程式

9-7 重做例題 9-1 (空氣在汽缸中被活塞壓縮)，但是不要使用連續方程式。取代的，從考慮密度的基本定義著手，即質量除以體積。證明例題 9-1 的式 (5) 是正確的。

9-8 證明習題 9-6 中穩定的二維不可壓縮流場滿足連續方程式。維持在卡氏座標，並展示你所有的作法。

9-9 考慮通過一個軸對稱園藝噴嘴的穩定水流 (圖 P9-9)。速度的軸向分量從 $u_{z,\text{entrance}}$ 到 $u_{z,\text{exit}}$ 線性增加，如圖所示。在 $z = 0$ 到 $z = L$ 之間，軸向速度分量是 $u_z = u_{z,\text{entrance}} + [(u_{z,\text{exit}} - u_{z,\text{entrance}})/L]z$。推導在 $z = 0$ 到 $z = L$ 之間徑向速度分量的表示式。你可以忽略在壁面上的摩擦效應。

圖 P9-9

9-10 考慮以下在卡氏座標中穩定的三維速度場：$\vec{V} = (u, v, w) = (axy^2 + b)\vec{i} + cxy^2\vec{j} + dx^2y\vec{k}$，其中 a、b、c 與 d 是常數。在什麼條件下，此流場是不可壓縮的？

9-11 想像一個穩定、二維的不可壓縮流，其在 xy- 或 $r\theta$- 平面是純圓形的。換言之，速度分量 u_θ 不為零，但 u_r 到處都是零 (圖 P9-11)。什麼是速度分量 u_θ 的最一般形式而不會違反質量守恆？

圖 P9-11

9-12 一個穩定、二維不可壓縮流場的 u 速度分量是 $u = 3ax^2 - 2bxy$，其中 a、b 是常數的。速度 v 為未知。推導 v 作為 x 與 y 的函數表示式。

9-13 一個穩定、二維不可壓縮流場的兩個速度分量為已知：$u = 2ax + bxy + cy^2$ 及 $v = axz - byz^2$，其中 a、b 與 c 是常數。缺少速度分量 w。推導 w 作為 x、y 與 z 的函數表示式。

流線函數

9-14C 考慮在 xy- 平面的二維流動。什麼是流線函數從一條流線到另一條流線差值的意義？

9-15C 什麼限制或條件被加在流線函數上，使其根據定義正好滿足二維的不可壓縮的連續方程式？為什麼這些限制是必須的？

9-16 考慮穩定、二維不可壓縮的均勻流流場。流體到處的速度都是 V，且流動對齊 x-軸 (圖 P9-16)。卡氏速度分量是 $u = V$ 及 $v = 0$。推導此流動的流線函數關係式。若 $V = 6.94$ m/s，且 ψ_2 是在 $y = 0.5$ m 的水平線，而沿著 x- 軸的 ψ 值為零，試計算此兩流線間每單位寬度 (進入頁面，圖 P9-16) 的體積流速。

圖 P9-16

9-17 一個不穩定、二維流場的流線函數為

$$\psi = \frac{4x}{y^2} t$$

對此 xy- 平面的給定流場，畫出幾條流線，並推出速度分量 $u(x, y, t)$ 及 $v(x, y, t)$ 的表示式。同時決定在 $t = 0$ 的路徑線。

9-18 考慮完全發展的二維通道流 — 相隔距離為 h 的兩塊無限大平板之間的流動，上下兩平板都是靜止的，並且有一個強制的壓力梯度 dP/dx 驅動流場，如圖 P9-18。(dP/dx 是常數且為負的。) 此流動是穩定的、不可壓縮的，且在 xy- 平面是二維的。速度分量由 $u = (1/2\mu)(dP/dx)(y^2 - hy)$ 與 $v = 0$ 給定，其中 μ 是流體的黏度。試導出沿著圖 P9-18 的垂直虛線的流線函數的一個表示式。為方便計，令沿著流道底部壁面的 $\psi = 0$。什麼是沿著上壁面的 ψ 的值？

圖 P9-18

9-19 考慮圖 P9-18 的通道流。流體是在 20°C 的水。對 $dP/dx = -20,000$ N/m³ 及 $h = 1.20$ mm 的情況，使用均勻間隔的流線函數畫出幾條流線。流線本身是否平均間隔？討論原因。

9-20 在很多情況下，一個相當均勻的自由流，其在 x- 方向的速度為 V 會碰到一根半徑為 a 的長圓柱，其安置方向垂直於流動方向 (圖 P9-20)。例子包括空氣流過一根天線、風吹過旗桿或電線桿、風吹過電線、海流沖擊支撐鑽油平台的水中圓柱。在這些例子中，圓柱背部的流動是分離、不穩定的，且通常是紊流。然而在圓柱前半部的流動是比較穩定且可預測的。事實上，除了靠近圓柱表面一層很薄的邊界層以外，流場可用以下在 xy- 或 $r\theta$- 平面的穩定的、二維的流線函數來近似，其以圓柱的圓心作為原點：$\psi = V \sin\theta(r - a^2/r)$。試導出徑向與切向速度分量的表示式。

圖 P9-20

9-21 速率 V 的均勻流與 x- 軸的傾斜角為 α (圖 P9-21)。流動是穩定、二維且不可壓縮的。卡氏速度分量是 $u = V \cos \alpha$ 及 $v = V \sin \alpha$。推導此流場的流線函數表示式。

圖 P9-21

9-22 一個研究生為碩士論文在跑一個 CFD 軟體，並產生一個流線 (流線函數的等位線) 圖形。等位線的流線函數取相等差值。Flows 教授看著圖形，並立即指著流場的一個區域說："看！這裡流速很快！"Flows 教授在區域的流線注意到什麼？為什麼她知道那個區域的流速很快呢？

9-23 一個流動的流線草圖 (等流線函數的輪廓圖) 被示於圖 9-23，其為空氣在一個彎曲流道中的穩定、不可壓縮的二維的流動。(a) 在流線上畫箭頭來指示流向。(b) 若 $h = 4$ cm，在 P 點，空氣的近似流速是什麼？(c) 如果流體是水，而不是空氣，重做 (b) 小題。請討論。(Answer: (b) 0.3 m/s, (c) 0.3 m/s)

圖 P9-23

9-24 在例題 9-2 中，我們提供給流體流過一個可壓縮的收縮流道的 u、v 與 ρ 的表示式。試推導用來描述這個流場的可壓縮的流線函數 ψ_ρ 的一個表示式。為了一致起見，令沿著 x- 軸的 $\psi_\rho = 0$。

9-25 穩定、不可壓縮、二維的流動，通過一個新設計的小型水翼，其弦長 $c = 9.0$ mm。此流場使用商用計算流體力學 (CFD) 軟體模擬。圖 P9-25 顯示的是流線 (流線函數的等高線) 的近視圖。流線函數的單位是 m²/s。流體是室溫的水。(a) 在圖中的 A 點畫一個箭頭來指示流向和速度的相對大小，對 B 點也做同樣的事。討論你的結果如何可以用來解釋此物體如何產生升力。(b) A 點的空氣速度大約是多少？(圖中 A 點在流線 1.65 與 1.66 之間。)

圖 P9-25

9-26 考慮在原點的線源所造成的穩定、不可壓縮、二維流動 (圖 P9-26)。原點釋出流體並在 xy- 平面上的所有方向沿徑向上外散佈。每單位寬度 (圖 P9-26 進入頁面的方向) 釋出流體的淨體積流率是 $\dot{V}/L$，其中 L 是進入圖 P9-26 中頁面方向的線源寬度。因為除了源點 (一個奇異點) 以外，到處都要質量守恆，任何半徑 r 的圓上，每單位寬度的體積流率必須也是 $\dot{V}/L$。若我們 (隨意的) 指定沿正 x- 軸 ($\theta = 0$) 的流線函數 ψ 為 0，則沿正 y- 軸 ($\theta = 90°$) 的 ψ 值是多少？沿負 x- 軸 ($\theta = 180°$) 的 ψ 值是多少？

圖 P9-26

線性動量方程式、邊界條件與應用

9-27C 什麼是機械壓力 P_m，及其在一個不可壓縮流的解中是如何被使用的？

9-28C 一架飛機以等速度 $\vec{V}_{airplane}$ 飛行 (圖 P9-28C)。從兩個參考座標討論與飛機表面接觸的空氣速度的邊界條件：(a) 站立在地面上，與 (b) 隨飛機移動。同樣的，什麼是這兩個參考座標中的空氣速度的遠場邊界條件 (離開飛機很遠的位置)。

圖 P9-28C

9-29C 定義或描述每一種流體種類：(a) 黏彈性流體，(b) 類塑性流體，(c) 膨脹流體 (剪力增黏流體)，(d) 賓漢塑膠流體。

9-30 考慮圓柱形桶內的液體。桶與液體都像固體一般旋轉 (圖 P9-30)。液體的自由表面對室內空氣是開放的，忽略表面張力。討論解題需要的邊界條件；即在所有表面，包括桶壁與自由表面，用圓柱座標 (r, θ, z) 與速度分量 (u_r, u_θ, u_z) 表示的速度邊界條件是什麼？此流場合適的壓力邊界條件是什麼？為每一個條件寫出數學方程式並討論。

圖 P9-30

9-31 機油在 $T = 60°C$ 被強制流過兩塊很大的靜止平行平板，其間隔細縫高度是 $h = 3.60$ mm (圖 P9-31)。平板的大小為 $L = 1.25$ m 與 $W = 0.550$ m。出口壓力是大氣壓力，而入口壓力是 1 atm 錶壓力。試估計油的體積流率，同時也根據間隙高度 h 與平均速度來計算雷諾數。此流動是層流或紊流？(Answer: 2.39×10^{-3} m^3/s, 51.8，層流)

圖 P9-31

9-32 考慮穩定、二維、不可壓縮的速度場：$\vec{V} = (u, v) = (-ax^2)\vec{i} + (2axy)\vec{j}$，其中 a 是常數。試計算壓力為 x 與 y 的函數。

9-33 考慮以下的穩定、二維、不可壓縮速度場：$\vec{V} = (u, v) = (ax+b)\vec{i} + (-ay+cx^2)\vec{j}$，其中 a、b 與 c 是常數。試計算壓力為 x 與 y 的函數。(Answer: 找不到)

9-34 考慮一個黏性流體的穩定、不可壓縮的平行的層流，在兩個無限大的垂直壁之間流下 (圖 P9-34)。兩壁之間的距離是 h，且重力作用在 $-z$- 方向 (圖中往下的方向)。沒有施加的 (強制) 壓力驅動流動—流體僅受到重力而向下流。在流場的到處壓力都是常數。試計算速度場，並且以適當的無因次變數畫出速度形狀。

圖 P9-34

9-35 流體在兩個平行的垂直壁之間往下流動 (習題 9-34)，為每單位寬度的體積流率 ($\dot{V}/L$) 推導一個表示式，使其為 ρ、μ、h 與 g 的函數。將你的結果與相同流體沿一個垂直壁流下，而另一壁則由自由表面取代 (例題 9-14) 的結果作比較。討論兩者的差異，並提供物理解釋。(Answer: $\rho g h^3/12\mu$ 向下)

9-36 納維－斯托克斯方程式的 θ- 分量 [式 (9-48c)] 的首兩個黏滯項是 $\mu\left[\dfrac{1}{r}\dfrac{\partial}{\partial r}\left(r\dfrac{\partial u_\theta}{\partial r}\right) - \dfrac{u_\theta}{r^2}\right]$。用乘法律將此表示式儘量展開，產生三項。現在將所有三項結合成一項。(提示：使用逆向乘法律 — 需要作一些試誤法。)

9-37 一個不可壓縮的牛頓液體被限制在兩個無限長的同心圓筒之間 — 一個固體內圓筒，半徑 R_i 與一個空心的靜止外圓筒，半徑 R_o (圖 P9-37；z- 軸穿出頁面)。內圓筒以等角速度 ω_i 旋轉。流動是穩定的層流且在 $r\theta$- 平面是二維的。流動也是旋轉對稱的，亦即無任何東西是座標 θ 的函數 (u_θ 與 P 只是半徑 r 的函數而已)。流動也是圓形的，亦即速度分量到處都是 $u_r = 0$。試導出速度分量 u_θ 作為 r 與其它問題中參數的函數正確表示式。你可以忽略重力。(提示：習題 9-36 的結果是有用的。)

圖 P9-37

9-38 分析並討論習題 9-37 的兩個極限解：(a) 間隙很小，證明速度形狀從外圓柱壁到內圓柱壁趨近線性的。換言之，對很小的間隙，速度形狀化簡成簡單的二維克維特流。(提示：定義 $y = R_o - r$、h = 間隙厚度 $= R_o - R_i$、V = "上板"的速度 $= R_i \omega_{io}$。) (b) 外圓柱半徑趨近無限大，而內圓柱半徑非常小。這個作法流動會趨近什麼？

9-39 考慮圖 P9-39 所畫的圓柱環。假設到處的壓力都是常數 (沒有壓力梯度驅動的流動)。令內圓柱以穩定速度 V 向右移動，而外圓柱則固定。(這是軸對稱克維特流。) 推導速度的 x- 分量 u 的一個表示式，作為 r 與問題中其它參數的函數。

圖 P9-39

9-40 考慮克維特流的一個修正形式，即兩種不互相混合的流體被夾在兩個無限長且寬的平行平板之間 (圖 P9-40)。流動是穩定、不可壓縮的平行層流。上平板以速度 V 向右移動，而下平板是靜止的。重力作用在 $-z$- 方向 (在圖中向下)。沒有強制的壓力梯度推動流體流過通道 — 流動的建立純粹是由移動上平板所造成的黏力效應。你可以忽略表面張力效應並假設介面是水平的。在流動底部 ($z = 0$) 的壓力等於 P_0。(a) 列出速度與壓力的所有適當的邊界條件。(提示：共需要 6 個邊界條件。) (b) 解出速度場。(提示：將解拆開成兩部分，每一種流體一份。分別導出 u_1 與 u_2 作為 z 的函數表示式。) (c) 解出壓力場。(提示：同樣將解拆開。分別解出 P_1 與 P_2。) (d) 令流體 1 為水，流體 2 為沒有用過的機油，都是在 80°C。同時令 $h_1 = 5.0$ mm，$h_2 = 8.0$ mm，且 $V = 10.0$ m/s。跨過整個流道，畫出 u 與 z 的函數關係。討論結果。

圖 P9-40

9-41 一個攪拌器在一個大桶內混合液態化學物質 (圖 P9-41)。液體的自由表面對室內空氣開放。表面張力效應是可忽略的。討論求解這個問題需要的邊界條件。特別是什麼是在所有表面上的速度邊界條件，用圓柱座標 (r, θ, z) 與速度分量 (u_r, u_θ, u_z) 來表示？對這個流場什麼是適當的壓力邊界條件？寫出每個邊界條件的數學方程式，並討論之。

圖 P9-41

複習題

9-42C 列出用來解具有常數流體性質的不可壓縮流的納維-斯托克斯與連續方程式的 6 個步驟。(你應能在不偷瞄本章內容下寫出答案。)

9-43C 解釋為什麼不可壓縮流近似與等溫度近似經常綁在一起。

9-44 對一個不可壓縮的液體被像剛體一樣在一個任意方向上被加速的情況 (圖 P9-44)，儘可能的化簡納維-斯托克斯方程式。重

力作用在 $-z$- 方向。從納維–斯托克斯方程式的不可壓縮的向量形式開始，解釋某些項如何與為何可以被化簡，並將你的結果用向量方程式表示。

圖 P9-44

9-45　包伯使用計算流體力學軟體模擬不可壓縮流體通過一個二維突縮流道的穩定流動，如圖 P9-45 所示。流道高度從 $H_1 = 2.0$ cm 變成 $H_2 = 4.6$ cm。在計算區域的左邊界設定均勻速度 $\vec{V}_1 = 18.5\vec{i}$。CFD 軟體使用的數值方法需要在計算區域的所有邊界指定流線函數。如圖 P9-45 所示，沿著整個流道的整個底壁，ψ 被指定為零。(a) 對流道的頂壁，包伯需要指定的 ψ 值是什麼？(b) 計算區域的左邊，包括要如何指定 ψ？(c) 計算區域的右邊，討論包伯要如何設定 ψ。

圖 P9-45

9-46　邊界層是靠近壁面的一個細薄區域，其內部的黏滯（摩擦）力由於無滑動邊界條件而變成非常重要。沿著一塊對齊自由流的平板發展的穩定、不可壓縮、二維的邊界層，如圖 P9-46 所示。平板上游的流動是均勻的，由於黏滯效應，邊界層厚度 δ 沿著平板隨著 x 而增厚。畫幾條流線，有些在邊界層之內，有些在邊界層之外。$\delta(x)$ 是不是一條流線？(提示：要特別留意，對穩定、不可壓縮、二維流動，任何兩條流線之間每單位寬度的體積流率是常數。)

圖 P9-46

9-47　一個物塊以速度 V 從一個長又直的斜面滑下，物塊騎在一個厚度為 h 的細油膜上 (圖 P9-47)。物塊的重量為 W，其與油膜的接觸面積為 A。假設測得 V，且 W、A、角度 α 與黏度 μ 皆為已知。油膜厚度 h 是未知數。(a) 推導一個給 h 的正確的解析表示式，表示成已知參數 V、A、W、α 與 μ 的函數。(b) 使用因次分析來導出一個給 h 的無因次表示式，表示成已知參數的函數。建構在你的 Π 之間的關係式，並能與 (a) 小題的正確解析表示式相符合。

圖 P9-47

9-48　水從一根長又直的傾斜管流下，其直徑為 D，長度為 L (圖 P9-48)。在點 1 與點 2 之間沒有強制的壓力梯度；換言之，水只靠重力流下管子，且 $P_1 = P_2 = P_{atm}$。流動是穩定的完全發展的層流。我們採用一個座標系統其 x- 方向沿著管軸的方向。(a) 使用第 8 章的控制體積技術來導出平

均速度 V 作為已知參數 ρ、g、D、Δz、μ 與 L 的函數的一個表示式。(b) 使用微分分析來導出速度 V 作為已知參數的函數的一個表示式。與 (a) 小題的結果比較並討論。(c) 使用因次分析來導出速度 V 作為已知參數的函數的一個無因次表示式。建構一個你的 Π 之間的關係式，並且能與正確的解析表示式相符合。

圖 P9-48

基礎工程學 (FE) 試題

9-49 納維－斯托克斯方程式也稱為
(a) 牛頓第一定律 (b) 牛頓第二定律
(c) 牛頓第三定律 (d) 連續方程式
(e) 能量方程式

9-50 哪一個選項是二維不可壓縮連續方程式？

(a) $\int_{CS} \rho \vec{V} \cdot \vec{n} \, dA = 0$

(b) $\dfrac{1}{r}\dfrac{\partial(ru_r)}{\partial r} + \dfrac{1}{r}\dfrac{\partial(u_\theta)}{\partial \theta} = 0$

(c) $\vec{\nabla} \cdot (\rho \vec{V}) = 0$

(d) $\vec{\nabla} \cdot \vec{V} = 0$

(e) $\dfrac{\partial u}{\partial x} + \dfrac{\partial v}{\partial y} = 0$

9-51 一個穩定、二維的不可壓縮流場在 xy- 平面的流線為 $\psi = ax^2 + by^2 + cy$，其中 a、b 與 c 是常數。速度分量的表示是
(a) $2ax$ (b) $2by + c$ (c) $-2ax$
(d) $-2by - c$ (e) $2ax + 2by + c$

9-52 如果一個流體的流動是不可壓縮且等溫的，則哪一個性質不被期望是常數？
(a) 溫度 (b) 密度 (c) 動力黏度
(d) 運動黏度 (e) 比熱

9-53 關於納維－斯托克斯方程式，哪一個選項不正確？
(a) 非線性方程式 (b) 不穩定方程式
(c) 二階方程式 (d) 偏微分方程式
(e) 以上皆非

Chapter 10 外流場：阻力與升力

學習目標

讀完本章後，你將能夠

- 對與外流場相關的各種物理現象，諸如阻力、摩擦力及壓力阻力、阻力減低以及升力有一個直觀的認識。
- 計算流體通過常見幾何形狀的流動阻力。
- 明白流體通過圓柱體或球體時流動狀態對阻力係數的影響。
- 瞭解通過機翼的流動的基本原理，並計算作用於機翼的阻力和升力。

在這一章我們考慮外流場──即沉浸於流體內的物體周圍的流動，特別強調產生的阻力與升力。在外流場，黏滯效應侷限於像是邊界層與尾流等部分的流場，它們被周圍具有小的速度與溫度梯度的外部流動區域所包圍。

當流體流過固體時，它施加垂直於物體表面的壓力及平行於物體表面的剪應力。我們通常對作用於物體的壓力與剪應力的合力感興趣，而非這些力沿著整個物體表面的詳細分佈。壓力與剪應力的合力沿著流動方向的分量稱為阻力，而垂直流動方向的分量稱為升力。

我們用阻力與升力的討論作為本章的開端，探索壓力阻力、摩擦阻力及流體分離的概念。我們將繼續討論各種實際遇到的二維及三維幾何形狀的阻力係數，並且由實驗得出的阻力係數來求得阻力。接著驗證平行流過平坦表面的流動的速度邊界層之發展，並且發展出通過平板、圓柱體及球體的流動的表面摩擦與阻力係數的關係式。最後，討論機翼所形成的升力及影響物體升力的因素。

10-1　導論

　　流體流過固體在現實中經常發生，它是很多物理現象的起因，像是作用於汽車、輸電線、樹木及水下輸油管的阻力；由鳥類或機翼產生的升力；在強風中、雨、雪、雹及塵粒的向上氣流；紅血球藉由血液流動的輸送；由噴霧器噴出的霧沫所夾帶的液滴；物體在流體中移動所產生的振動與噪聲；風力渦輪機產生的動力。因此，充分地理解外流場對很多工程系統的設計是很重要的，像是飛機、汽車、建築物、船、潛艇及各種渦輪機。例如新型汽車的設計特別強調空氣動力學。這導致燃料消耗與噪音顯著的降低，並且在操作上有相當大的改進。有些時候是流體流過靜止的物體 (例如風吹過建築物)，有些時候則物體移動通過靜止的流體 (例如汽車在空氣中移動)。這兩種看似不同的過程其實是互相等價的；重要的是流體與物體間的相對運動。分析這樣的運動將座標系統固定在物體較為方便，稱為通過物體的流動或外流場流動。例如為了在實驗室中便於對不同飛機機翼的設計作空氣動力學方面的研究，機翼放置在風洞中而用大型風扇將空氣吹向它們。同樣的，流動可以分類成穩態與非穩態，依選取的參考座標而定。例如，飛機巡航時，環繞著飛機的流動相對於地面總是非穩態的，但是相對於一個與飛機一起移動的參考座標，流動則是穩態的。

　　多數的外流場問題的幾何形狀太複雜以致無法用解析求解，因此我們必須依賴基於實驗數據的相關分析。高速計算機的可用性已使人們有可能藉由統御方程式的數值解法迅速地進行一系列的"數值實驗"，而昂貴與費時的測試與實驗只有在設計的最後階段才進行。這些測試在風洞中進行。H. F. 飛利浦 (1842-1912) 在 1894 年建造了第一個風洞，並且測量升力與阻力。在這一章，我們主要依賴由實驗發展出來的關係式。

　　流向物體的流體速度稱為自由流速度，記為 V。當流動沿著 x- 軸，它也記作 u_∞ 或 U_∞，因為 u 是用來表示速度的 x- 分量。流體速度的範圍從在物體表面上的零 (無滑移條件) 到遠離物體表面的自由流速度值，下標 "無窮大" 提示是在一個無法感受到物體的存在的距離的值。自由流速度可以隨位置與時間變動 (例如，風吹過建築物)。但是在設計與分析中，為了方便起見，自由流速度通常假設為均勻的而且是穩態的，這就是在這一章中我們所要做的。

　　物體的形狀深刻地影響通過物體的流動及速度場。當流體通過的物體非常長，有固定的截面且流動垂直物體時，此流動稱為是二維 (two-dimensional)。風垂直於管軸地吹過一條長管就是二維流的一例。注意在這個例子中，軸向的速度分量為零，因此速度是二維的。

當物體足夠長使末端點效應可忽略且來流為均勻時，二維理想化才適用。另一種化簡發生在當物體對於在流動方向的某一軸具有旋轉對稱性時。在這種情況的流動也是二維的，稱為軸對稱流。一顆子彈穿過空氣是軸對稱的一個例子。在這種情況下的速度隨著軸向距離 x 與徑向距離 r 而改變。通過物體的流動無法用二維或軸對稱建模者，例如通過汽車的流動，是為三維 (three-dimensional) 流。

通過物體的流動也可以分類為不可壓縮流 (incompressible flow) (例如通過汽車、潛艇及建築物的流動) 與可壓縮流 (例如通過高速飛機、火箭與飛彈的流動)。在低速 (Ma ≤ 0.3 的流動) 時，可壓縮性效應是可忽略的，此等流動可以被當作不可壓縮處理而不失其精確性。

圖 10-1　驅動流線型體通過流體要比鈍體容易許多。

在流動流體中的物體根據它們的整體形狀被分類成流線型與肥型。一個物體的外形如果與流場中所預期的流線相吻合，則稱為流線型。流線型體諸如賽車及飛機顯現出曲線與圓潤。與此不同，物體 (例如建築物) 傾向阻礙流動，稱為肥型 (bluff) 或鈍型。通常驅動流線型形體穿過流體較為容易，因此流線型對車輛與飛機的設計是非常重要的 (圖 10-1)。

10-2　阻力與升力

當物體穿過流體移動，特別是液體，它將遇到某些阻抗，這是大家共有的經驗。如同你所注意到的，在水中步行是相當困難的，因為與空氣相比，它提供運動更大阻力。同樣的，你也許已經看過強風擊倒樹木、輸電線甚至拖車，並且感受過風施加在你身上的強大推力 (圖 10-2)。當你將手臂伸出行駛中的車窗外時，你經歷了相同的感覺。流體會在各個方向施加力與力矩在物體上。流動的流體施加在物體上的力，沿著流動方向的稱作阻力。只要在遭受流體流動的物體裝上校正過的彈簧，並測量在流動方向的位移，就可以直接測得阻力。精緻的阻力測量設備，稱為阻力天平，使用安裝有應變計的撓性樑以電子方式測量阻力。

圖 10-2　由於阻力的結果，強風擊倒樹木、電線，甚至人。

阻力通常是不希望得到的效應，如同摩擦力，而我們儘量地將它最小化。阻力的減少與下列事物密切相關，例如：汽車、潛艇與飛機的燃料消耗；在強風襲擊下，結構的安全性與耐久性的改良；以及噪聲與振動的消除。但是在某些場合，阻力產生有益的效應而我們嘗試將它最大化。例如摩擦力在汽車的煞車中是"救命者"。同樣的，對於人們跳傘、花粉飛到遙遠的位置，以及大家能享受海洋的波浪與令人放鬆的樹葉飄動，阻力使它們變為可能。

靜止流體只施加正向壓力於沉浸的物體表面。然而，由於黏滯效應引起的無滑移條件，移動的流體同時也施加切向剪應力於表面。通常兩個力均有沿流動方向的分量，因此阻力是由於沿流動方向的壓力與壁面剪應力的組合效應所造成的。沿著垂直流動方向的壓力與壁面剪應力分量傾向於讓物體沿該方向移動，它們的和稱為升力。

對於二維流動，壓力與壁面剪應力的合力分解成兩個分量：一個是沿著流動的方向，即阻力；另一個在垂直流動的方向，即升力，如圖 10-3 所示。對於三維的流動，還有一個在垂直頁面方向的側邊力分量，它傾向於讓物體沿該方向移動。

圖 10-3 作用在二維物體的壓力和黏滯力以及升力與阻力的合力。

作用在表面上的一個微分面積 dA 的壓力與剪應力分別為 PdA 與 $\tau_w dA$。在二維流動中，阻力與升力的微分量為 (圖 10-3)

$$dF_D = -P\,dA\cos\theta + \tau_w\,dA\sin\theta \tag{10-1}$$

與

$$dF_L = -P\,dA\sin\theta - \tau_w\,dA\cos\theta \tag{10-2}$$

其中 θ 為 dA 向外法線於正流動方向的夾角。作用於物體的總阻力與總升力經由式 (10-1) 與 (10-2) 對整個物體表面的積分求得

阻力：
$$F_D = \int_A dF_D = \int_A (-P\cos\theta + \tau_w\sin\theta)\,dA \tag{10-3}$$

以及

升力：
$$F_L = \int_A dF_L = -\int_A (P\sin\theta + \tau_w\cos\theta)\,dA \tag{10-4}$$

當我們用電腦來模擬流動時，這些是用來預測物體上淨阻力與淨升力的方程式。然而，當我們執行實驗分析時，式 (10-3) 與 (10-4) 並不實用，因為壓力與剪應力的詳細分佈很難用測量得到。所幸，這個資訊並不是常常需要的。通常我們需要的是作用在整個物體上的阻力與升力的合力，它可以在風洞中直接地且很簡單地測得。

式 (10-1) 與 (10-2) 顯示通常表面摩擦 (壁面剪力) 與壓力兩者都對阻力與升力有貢獻。在平行流動方向排列的薄平板的特例中，阻力只與壁面剪力有關，而與壓力無關，因為 $\theta = 90°$。然而，當平板放置成與流動垂直的方向，阻力只與壓力有

關。而與壁面剪力無關，因為在這種情況下，剪力作用於垂直流動的方向且 $\theta = 0°$ (圖 10-4)。假如平板相對於流動方向傾斜一角度，則阻力與壓力及剪應力兩者均有關。

飛機機翼的形狀與裝配的位置都經特別設計使得在最小的阻力的條件下產生升力。這個可以藉由在飛航時保持某個攻角達到，如圖 10-5。我們在本章的後面會討論到，升力與阻力兩者均為攻角的強函數。機翼上下表面間的壓差產生提升機翼向上的作用力，因而提升了連接在機翼的機身。對於像機翼這樣纖細的物體，剪力的作用幾乎平行於流動的方向，因此對升力的貢獻極小。對於這樣纖細物體的阻力大部分是由於剪力 (表面摩擦力) 所致。

阻力與升力與流體的密度 ρ、上游速度 V、物體的尺寸、形狀與指向有關；除此之外，要列出在各種情況下的這些力是不實際的。相反的，使用代表物體阻力與升力特性的適當的無因次參數較為方便。這些參數有**阻力係數** (drag coefficient) C_D 及**升力係數** (lift coefficient) C_L，它們定義為

阻力係數：
$$C_D = \frac{F_D}{\frac{1}{2}\rho V^2 A} \qquad (10\text{-}5)$$

升力係數：
$$C_L = \frac{F_L}{\frac{1}{2}\rho V^2 A} \qquad (10\text{-}6)$$

圖 10-4 (a) 作用在平行於流動方向的平板的阻力僅與壁面剪力有關。(b) 作用於垂直流動方向的平板的阻力僅與壓力有關，與壁面剪力無關，它的作用方向垂直於自由流的流動方向。

圖 10-5 飛機機翼的形狀和位置是用來在飛行過程中產生足夠的升力，同時保持阻力最小。高於以及低於大氣壓的壓力分別用加號和減號表示。

其中 A 通常是物體的迎風面積 (投影於垂直流動方向的平面的面積)。換句話說，A 是一個人順著流體流過來的方向看物體所看到面積。例如，直徑 D 與長度 L 的圓柱體的迎風面積為 $A = LD$。在某些薄物體的升力與阻力的計算中，例如機翼，A 取為平面形狀面積 (planform area)，它是一個人從上方垂直向下看著物體所看到的面積。升力係數與阻力係數主要是物體形狀的函數，但在某些案例中也與雷諾數及表面粗糙有關。式 (10-5) 與 (10-6) 中的 $\frac{1}{2}\rho V^2$ 項是**動壓** (dynamic pressure)。

由於在流動方向的速度邊界層的改變的結果，局部阻力係數與升力係數沿著表面變動。我們通常對整個表面的阻力與升力感興趣，可以用平均阻力係數與升力係數求得。因此，我們提出局部 (用下標 x 識別) 以及平均兩種阻力係數與升力係數的相關式。若已知長度 L 的表面的局部阻力係數與升力係數的關係式，整個表面的平均阻力係數與升力係數可以從下式積分求得

$$C_D = \frac{1}{L}\int_0^L C_{D,x}\,dx \qquad (10\text{-}7)$$

與

$$C_L = \frac{1}{L}\int_0^L C_{L,x}\,dx \qquad (10\text{-}8)$$

作用在落體的作用力通常是阻力，浮力與物體的重量。當物體掉進大氣層或湖泊中，起先是在重量的影響下加速。物體的運動受到與運動相反方向的阻力阻擋。隨著物體的速度遞增，阻力也遞增，持續到所有的力互相平衡且作用在物體的淨力 (因而其加速度) 為零。然後在剩下的下落過程，物體的速度保持不變，假如物體的路徑中的流體的性質本質上保持固定不變。這是落體所能達到的最大速度，稱為終端速度 (圖 10-6)。

圖 10-6 在自由下落過程中，當阻力等於物體重量減去浮力時，物體到達其終端速度。

例題 10-1 ▶ 測量車子的阻力係數

在 1 atm、20°C 與 95 km/h 的設計條件下，車子的阻力係數以全尺寸試驗的方式在大型風洞中測得 (圖 10-7)。車子的迎風面積為 2.07 m²。假如作用在車子在流動方向的作用力經測量為 300 N，求這部車子的阻力係數。

解答：作用在車子上的阻力在風洞中被測得。在測試條件的車子的阻力係數將被決定。

圖 10-7 例題 10-1 的示意圖。

假設：**1.** 空氣的流動是穩態且不可壓縮的。**2.** 風洞的截面積大到可以用來模擬通過車子的自由流。**3.** 風洞底部也以空氣速率移動，以近似真實的駕駛條件或者是這個效應是可忽略的。

性質：在 1 atm 與 20°C 時空氣的密度為 $\rho = 1.204$ kg/m³。

分析：作用於物體的阻力與阻力係數由下式給出，

$$F_D = C_D A \frac{\rho V^2}{2} \quad \text{與} \quad C_D = \frac{2F_D}{\rho A V^2}$$

其中 A 為迎風面積。替換並注意 1 m/s = 3.6 km/h，車子的阻力係數被確定為

$$C_D = \frac{2\times(300\text{ N})}{(1.204\text{ kg/m}^3)(2.07\text{ m}^2)(95/3.6\text{ m/s})^2}\left(\frac{1\text{ kg}\cdot\text{m/s}^2}{1\text{ N}}\right) = \mathbf{0.35}$$

討論：注意阻力係數與設計條件有關，在不同的條件，例如雷諾數，其值可能會有所差異。因此已發表的不同車輛的阻力係數，只有在動力相似條件下求得，或是雷諾數獨立性被證實 (第 7 章) 的條件下作比較才有意義。這顯示發展標準測試步驟的重要性。

10-3 摩擦與壓力阻力

如 10-2 節所提過的，阻力是流體施加在物體上的壁面剪力與壓力的組合效應而產生在流動方向的淨力。分離這兩種效應並分別加以研究通常是具有啟發性的。

直接由壁面剪應力 τ_w 所造成的這部分阻力稱為**表面摩擦阻力** (skin friction drag，或只稱摩擦阻力 $F_{D, \text{friction}}$)，因為它是由摩擦效應所導致的；而直接由壓力 P 所造成的部分稱為**壓力阻力** (pressure drag，$F_{D, \text{pressure}}$，也稱作形狀阻力，因為它對物體形狀有強烈相依性)。摩擦係數與壓力阻力係數定義為

$$C_{D, \text{friction}} = \frac{F_{D, \text{friction}}}{\frac{1}{2}\rho V^2 A} \quad 與 \quad C_{D, \text{pressure}} = \frac{F_{D, \text{pressure}}}{\frac{1}{2}\rho V^2 A} \tag{10-9}$$

當摩擦與壓力阻力係數 (基於相同的面積 A) 是已知時，只要將它們相加，總阻力係數或阻力即可求得

$$C_D = C_{D, \text{friction}} + C_{D, \text{pressure}} \quad 與 \quad F_D = F_{D, \text{friction}} + F_{D, \text{pressure}} \tag{10-10}$$

摩擦阻力為壁面剪力在流動方向的分量，因此它與物體的指向及壁面剪應力 τ_w 的大小有關。對於垂直流動方向的平面，摩擦阻力為零，而對於平行流動方向的平面，摩擦阻力為最大值，因為在這個情況下，摩擦阻力等於表面上的總剪力。因此，對於流過平面的平行流，阻力係數等於摩擦阻力係數，或簡稱摩擦係數。摩擦阻力是黏度的強函數，隨著黏度增加而遞增。

雷諾數反比於流體的黏度。因此，對於鈍體，在高雷諾數時摩擦阻力對總阻力的貢獻較小，並且在非常高的雷諾數時是可忽略的，在這種情況下的阻力大部分來自壓力阻力。在低雷諾數時，大部分的阻力來自摩擦阻力。對於像機翼這樣的高度流線型物體更是如此。摩擦阻力也正比於表面積。因此，有較大表面積的物體感受到較大的摩擦阻力。例如大型的商業客機在到達節省燃料的巡航高度時，藉由收回自身的機翼的延伸以減少總表面積，因而減少其阻力。在層流中，摩擦阻力係數與表面粗糙度無關，但在紊流中，它是表面粗糙度的強函數，因為表面粗糙元素更深層地伸入邊界層。摩擦阻力係數類比於第 8 章所討論的管流中的摩擦因子，其值與流動區域有關。

壓力阻力正比於迎風面積以及作用於沉浸物體前後面間的壓差。因此，壓力阻力通常對鈍體起主導作用，對諸如機翼的流線型物體壓力阻力較小，對平行流動方向的薄平板而言，壓力阻力為零。當流體的速度太高使得流體無法跟隨物體的曲率，因而流體在某一點自物體分離，並且在後端產生一個非常低壓的區域時，壓力

阻力變得最顯著。在這種情況下的壓力阻力是由於物體前後邊的巨大壓力差所產生的。

用流線型降低阻力

我們想到的第一個減少阻力的念頭是將物體流線化以便減少流動分離，因而降低壓力阻力。甚至連汽車銷售人員都能迅速地指出他們汽車的低阻力係數是由於流線型。但是流線化對於壓力與摩擦阻力有相反的效果，它藉由延遲邊界層分離來降低壓力阻力，因而減少物體前後的壓差，然而因為增加了表面積而增加摩擦阻力，最終結果有賴於哪一種效應主導。因此，任何對降低物體阻力的最佳化研究必須考慮到兩種效應，並且必須試圖將兩者之和最小化，如圖 10-8 所示。對於顯示在圖 10-8 的例子而言，總阻力的最小值發生在 $D/L = 0.25$。對於與圖 10-8 的流線型有相同厚度的圓柱體的情形，阻力係數增為 5 倍。因此藉由適當的整流罩使用，圓柱形元件的阻力可以減少接近五分之一。

圖 10-8 不同厚弦比的二維流線型支柱在 $Re = 4 \times 10^4$ 時的摩擦，壓力及總阻力係數的變化。注意機翼及其它薄的物體的 C_D 是基於平面形狀面積，而非迎風面積。
Data from Abbott and von Doenhoff (1959).

流線化對阻力係數的影響的最好的說明是考慮不同長寬比 D/L 的長橢圓柱，其中 L 為流動方向的長度，D 為厚度，如圖 10-9 所示。注意當橢圓變得更纖細，阻力係數很急劇地遞減。對於 $L/D = 1$ 的特殊情形 (圓柱)，在這個雷諾數，阻力係數為 $C_D \cong 1$。當長寬比遞減，橢圓柱像一片平板，垂直流動方向的平板所得之阻力係數增加到 1.9。注意曲線在長寬比約大於 4 時變得幾乎平坦。因此，對已知直徑 D，長寬比約為 $L/D \cong 4$ 的橢圓形通常提供一個介於總阻力係數與長度間的妥協。在高長寬比的阻力係數的減少，主要是由於邊界層保持附著於表面更遠，以及隨之而生的壓力復原。在長寬比為 4 或大於 4 的橢圓柱上的壓力阻力是可忽略的 (在這個雷諾數下小於總阻力的 2%)。

當藉由壓扁使橢圓柱的長寬比增加 (即減少 D 而保持 L 不變)，阻力係數開始遞增，當 $L/D \to \infty$ (即當橢圓變成像一片平行流體的平板) 時，阻力係數趨近於無窮大。這是因為迎風面積，它出現在 C_D 的定義中的分母，趨近於零。這並不表示當物體變平坦時，阻力劇烈地增加 (事實上阻力遞減)。這顯示對於像機翼與平板等細長的物體，迎風面積不適用於阻力的關係式。在此等情況，阻力係數定義在平面形狀面積的基礎上，它

圖 10-9 不同長寬比的長橢圓形圓柱體的阻力係數的變化。這裡的 C_D 是基於迎風面積的 bD，其中 b 是物體寬度。
Data from Blevins (1984).

是平行流動方向的平板的某一個面 (頂面或底面) 的表面積。這是相當恰當的，因為對於細長的物體，阻力幾乎全部起因於正比於表面積的摩擦阻力。

流線化具有減少振動和噪音的額外好處。只有處在真正可能發生流體分離的高速流體流動中 (因而高雷諾數) 的鈍體才應該考慮流線化。通常處於低雷諾數流 (例如 Re＜1 的蠕動流) 的物體是不需要的，因為在那些案例中，阻力幾乎完全起因於摩擦阻力，流線化將只會增加表面積與總阻力。因此，草率地流線化事實上可能增加阻力而不是降低阻力。

流動分離

當在鄉村道路行駛，在急轉彎處放慢以避免被拋出道路是一種常見的安全措施。很多司機經過千辛萬苦終於學到以過高的速度在彎曲的道路行駛時，車子難以順從。我們可以把這種現象視為從道路上的 "車子的分離"。當快速行駛的車輛躍過山丘時，也可以觀察到這種現象。在低速時，車輛的車輪總是保持與路面接觸；但在高速時，車輛太快，以致無法沿著道路的曲率行進並且飛離山丘，失去與路面的接觸。

當強迫流體以高速流過彎曲表面時，流體也有相同的行為。流體沿著彎曲表面的前部流動沒有問題，但是在到了後側，它已經難以保持附著在表面。在足夠高的速度，流體從物體的表面自行分離。這稱為流動分離 (flow separation) (圖 10-10)。即使這個表面完全淹沒在液體中或沉浸在氣體中，流動也可以從表面分離 (圖 10-11)。分離點的位置取決於幾個因素，如雷諾數、表面粗糙度和在自由流的擾動程度，除非有尖角或固體表面的形狀有突兀的改變，但通常難以準確地預測會在哪裡發生分離。

圖 10-10 瀑布的流動分離。

圖 10-11 沿著壁面流過後向台階的流動分離。

當流體從物體分離出來，在物體和流體流之間形成了分離區域。這個在物體後方發生再循環和回流的低壓區域被稱為分離區 (separated region)。分離區越大，壓力阻力就越大。流動分離的效應在較遠的下游以降低速度的形式被感應到 (相對於上游的速度)。尾隨於物體感應到物體對速度的影響的流動區域稱為尾流 (wake)。分離區域終止於兩道液流重新連接。因此，分離區是一個封閉的體積，而尾流在物體後方繼續增長，直到在尾流區的流體重新獲得其速度並且速度輪廓再次變得幾乎平坦。黏滯效應與旋轉效應在邊界層、分離區及尾流區最為顯著。

分離的發生不限於鈍體。整個背面的完全分離，也可能發生在一個流線型物體，如處於足夠大的攻角 (angle of attack) (對大多數機翼而言約大於 15°) 的飛機機翼。而攻角是流過來的流體與機翼的弦 (chord，連接鼻端與後緣的直線) 的夾角。在機翼上表面的流動分離急劇地減弱升力，並且可能導致飛機失速 (stall)。許多飛機事故與渦輪機的效率損失被歸咎於失速。

注意，阻力和升力強烈依賴於物體的形狀，任何引起形狀改變的效應對阻力和升力都有深遠的影響。例如在飛機機翼上的積雪和結冰會改變其形狀，足以造成顯著的升力損失。這一現象已引起許多飛機喪失高度而墜毀，以及許多飛機中止起飛。因此，在惡劣天氣下，起飛前檢查堆積在飛機關鍵元件的冰或雪已成為例行的安全措施，這對於因為擁擠的交通起飛前已經在跑道等待了很長時間的飛機尤其重要。

流動分離的一個重要後果是在尾流區稱為旋渦 (vortices) 的循環流體結構的形成與脫落。這些旋渦在下游週期性的產生，稱為旋渦洩離 (vortex shedding)。這種現象通常發生在 $Re \gtrsim 90$，垂直流過長圓柱體或球體的流動。如果旋渦的頻率接近物體的自然頻率，由靠近物體的旋渦所產生的振動會導致物體產生共振到危險的程度 — 這是在設計像飛機的機翼、處於穩定強風中的吊橋等受制於高速流體流動的設備必須避免的狀況。

10-4 常見幾何形狀的阻力係數

阻力的概念在日常生活中有重要的影響，而自然和人造物體的阻力行為特徵由典型操作條件下測得的阻力係數所描繪。雖然阻力是由兩種不同的效應 (摩擦力和壓力) 產生，但要個別測定它們通常是很困難的。此外，在大多數情況下，我們感興趣的是總阻力，而不是個別的阻力分量，因此通常報告的是總阻力係數。阻力係數的測定一直是許多研究的主題 (主要是實驗的)，僅就任何實際感興趣的幾何形狀而言，就有大量的阻力係數數據在文獻中。

通常阻力係數取決於雷諾數，特別是低於大約 10^4 的雷諾數。在較高的雷諾數，多數幾何形狀的阻力係數基本上保持恆定 (圖 10-12)。這是由於在高雷諾數的流動變成完全紊流所致。然而，對於像是圓柱體與球體這樣的圓滑物體並非如此，我們在本節後面會討論到。發表的阻力係數通常只適用於在高雷諾數的流動。

阻力係數在低雷諾數區 (蠕動流)、中雷諾數區 (層流)，以及高雷諾數區 (紊流) 表現出不同的行為。在低雷諾數 ($Re \lesssim 1$) 流動中慣性效應可以忽略不計，稱為蠕動流，流體滑順地盤繞物體。在這種情況下，阻力係數反比於雷諾數，針對球體以下式確定：

圖 10-12 雷諾數超過 10^4，對於大多數的幾何形狀 (但不是全部) 的阻力係數基本上保持恆定。

球：
$$C_D = \frac{24}{\text{Re}} \quad (\text{Re} \lesssim 1) \quad (10\text{-}11)$$

那麼在低雷諾數作用於球形物體的阻力變成

$$F_D = C_D A \frac{\rho V^2}{2} = \frac{24}{\text{Re}} A \frac{\rho V^2}{2} = \frac{24}{\rho V D/\mu} \frac{\pi D^2}{4} \frac{\rho V^2}{2} = 3\pi\mu VD \quad (10\text{-}12)$$

稱為**斯托克斯定律** (Stokes law)，紀念英國數學家和物理學家 G. G. 斯托克斯 (1819-1903)。這個關係式表明，在非常低的雷諾數下，作用於球形物體的阻力正比於直徑、速度及流體的黏度。這個關係式通常適用於空氣中的灰塵顆粒，以及在水中的懸浮固體顆粒。

在圖 10-13 給出通過一些其它的幾何結構的低雷諾數流動的阻力係數。注意在低雷諾數，物體的形狀對阻力係數不具有太大的影響。

表 10-1 和 10-2 給出各種二維與三維物體在高雷諾數時的阻力係數。從這些表中，我們對在高雷諾數的阻力係數做了幾個觀察。首先，物體相對於流動的方向對阻力係數有很大的影響。例如對通過半球的流動，當球面側面向流動，阻力係數為 0.4，但當平面側面向流動時它增加了三倍到 1.2 (圖 10-14)。

對於有銳角的鈍體，如流過矩形塊或平板垂直於流動，分離發生在正面和背面的邊緣，沒有顯著流動特性的改變。因此，這些物體的阻力係數幾乎是與雷諾數無關。需要注意的是，方形棒的阻力係數經過圓角處理從 2.2 至 1.2，幾乎減少了一半。

生物系統與阻力

阻力的概念對生物系統也產生重要影響。例如，魚類，尤其對於那些能在長距離游得很快的 (如海豚)，身體高度流線化以減少阻力 (海豚基於其濕潤表皮面積的阻力係數約 0.0035，相當於一個在紊流中平板的值)。因此，我們模仿大型魚類建造潛艇不足為奇。在另一方面，迷人美麗且優雅的熱帶魚，只能游短距離而已。顯然在牠們的設計中，主要考量的是優雅而非高速度與阻力。鳥類飛行時藉由向前伸展牠們的喙，以及向後摺疊牠們的腳來減少阻力為我們上了一課。飛機看起來有點像大型鳥類，起飛後縮回機輪以減少阻力與燃料消耗。透過改變形狀，植物的柔性結構使它們能夠在強風中減少阻力。例如大扁葉在強風下蜷縮成低

圖 10-13 在低雷諾數的阻力係數 C_D (Re $\lesssim 1$，其中，Re $= VD/\nu$ 和 $A = \pi D^2/4$)。

圖 10-14 改變物體相對於流動方向的指向 (因而形狀也跟著改變) 會使物體的阻力係數急劇地變化。

表 10-1 各種二維物體的阻力係數 C_D，在 $\text{Re} > 10^4$ 之下且以迎風面積 $A = bD$ 為基準，其中 b 是垂直於頁面方向的長度 (用在阻力關係式 $F_D = C_D A \rho V^2/2$，其中 V 為上游流速)

方形棒		矩形棒		
$V \rightarrow$ □ D	銳角：$C_D = 2.2$	$V \rightarrow$ 矩形 L, D	銳角	L/D C_D 0.0* 1.9 0.1 1.9 0.5 2.5 1.0 2.2 2.0 1.7 3.0 1.3
$V \rightarrow$ 圓角方形 r, D	圓角：$(r/D = 0.2)$: $C_D = 1.2$	$V \rightarrow$ 圓形前緣 L, D	圓形迎風邊	*相當於薄板 L/D C_D 0.5 1.2 1.0 0.9 2.0 0.7 4.0 0.7

圓棒 (柱)		橢圓棒		
$V \rightarrow$ ○ D	層流：$C_D = 1.2$ 紊流：$C_D = 0.3$	$V \rightarrow$ 橢圓 L, D		C_D L/D 層流 紊流 2 0.60 0.20 4 0.35 0.15 8 0.25 0.10

正三角形棒		半圓殼		半圓棒	
$V \rightarrow$ ▷ D	$C_D = 1.5$	$V \rightarrow$) D	$C_D = 2.3$	$V \rightarrow$ D形 D	$C_D = 1.2$
$V \rightarrow$ ◁ D	$C_D = 2.0$	$V \rightarrow$ (D	$C_D = 1.2$	$V \rightarrow$ D形反 D	$C_D = 1.7$

阻力的圓錐狀，而樹枝集群成簇以減少阻力。柔韌的樹幹在風的作用下彎曲，以減少阻力並藉由減小迎風面積來降低彎曲力矩。

  如果觀看奧運比賽，你可能已經觀察到有很多由選手刻意努力以減少阻力。一些例子：在百米賽跑中，跑者保持手指併攏與筆直，並且移動手平行於運動方向，以減少手的阻力；長頭髮的游泳者，用緊而光滑的頭罩捂頭以減少頭部的阻力，還穿合身連身泳衣；馬和自行車騎士身體儘可能地向前傾以減少阻力 (同時減少阻力係數和迎風面積)；競速滑雪運動員也做同樣的事情。

表 10-2 除非另有說明，否則各種代表性三維物體的阻力係數 C_D，在 $Re > 10^4$ 且以迎風面積為基準 (用在阻力關係式 $F_D = C_D A \rho V^2/2$，其中 V 是上游速度)

正立方體，$A = D^2$
$C_D = 1.05$

薄圓盤，$A = \pi D^2/4$
$C_D = 1.1$

圓錐體 (當 $\theta = 30°$)，$A = \pi D^2/4$
$C_D = 0.5$

球體，$A = \pi D^2/4$
層流：
$Re \leq 2 \times 10^5$
$C_D = 0.5$
紊流：
$Re \geq 2 \times 10^6$
$C_D = 0.2$

光滑及粗糙的圓球體 C_D 與 Re 的關係參考圖 10-25。

橢圓體，$A = \pi D^2/4$

L/D	層流 $Re \leq 2 \times 10^5$	紊流 $Re \geq 2 \times 10^6$
0.75	0.5	0.2
1	0.5	0.2
2	0.3	0.1
4	0.3	0.1
8	0.2	0.1

半球體，$A = \pi D^2/4$
$C_D = 0.4$
$C_D = 1.2$

垂直的有限長圓柱，$A = LD$

L/D	C_D
1	0.6
2	0.7
5	0.8
10	0.9
40	1.0
∞	1.2

適用於層流 ($Re \leq 2 \times 10^5$)

水平的有限長圓柱，$A = \pi D^2/4$

L/D	C_D
0.5	1.1
1	0.9
2	0.9
4	0.9
8	1.0

流線型物體，$A = \pi D^2/4$
$C_D = 0.04$

矩形板，$A = LD$
$C_D = 1.10 + 0.02(L/D + D/L)$
當 $1/30 < (L/D) < 30$

降落傘，$A = \pi D^2/4$
$C_D = 1.3$

樹，$A =$ 迎風面積

V, m/s	C_D
10	0.4-1.2
20	0.3-1.0
30	0.2-0.7

表 10-2 除非另有說明，否則各種代表性三維物體的阻力係數 C_D，在 $Re > 10^4$ 且以迎風面積為基準 (用在阻力關係式 $F_D = C_D A \rho V^2/2$，其中 V 是上游速度) (續)

人 (平均)	自行車	
站立：$C_D A = 0.84 \text{ m}^2$ 坐下：$C_D A = 0.56 \text{ m}^2$	坐直：$A = 0.51 \text{ m}^2$, $C_D = 1.1$ 比賽：$A = 0.36 \text{ m}^2$, $C_D = 0.9$	$C_D = 0.9$ $C_D = 0.5$ 跟車：$A = 0.36 \text{ m}^2$, $C_D = 0.50$ 整流罩：$A = 0.46 \text{ m}^2$, $C_D = 0.12$
拖車，$A =$ 迎風面積	汽車，$A =$ 迎風面積	大樓，$A =$ 迎風面積
無整流罩：$C_D = 0.96$ 有整流罩：$C_D = 0.76$	休旅車：$C_D = 0.4$ 轎車或跑車：$C_D = 0.3$	$C_D \approx 1.0$ 至 1.4

車輛的阻力係數

阻力係數一詞常用於日常生活的各個領域。汽車製造商試圖藉由指出他們的汽車的低阻力係數以吸引消費者。車輛的阻力係數範圍為從大型拖車的約 1.0 到休旅車的 0.4 及轎車的 0.3。在一般情況下，車輛越鈍，阻力係數越高。安裝整流罩使迎風面更具流線型，降低了聯結拖車的阻力係數約 20%。一個經驗法則是，由於降低阻力使燃料節省的百分比約等於以高速公路的速率行駛時的阻力降低百分比的一半。

若在空氣中的運動不用理會道路的影響時，車輛的理想形狀是基本的淚滴狀，在紊流的情況下，阻力係數約 0.1。但是這種形狀需要被修改以適應多種必要的外部元件，如車輪、後視鏡、車軸和門把。另外，車輛必須足夠高以感覺舒適，而且必須與道路有最小的空隙。此外，車輛不能太長以致無法開入車庫與停車位。控制材料與製造成本需要最小化，或消除任何不能被利用的“死”體積。其結果是，形狀變得類似一個箱子而非淚滴，這就是早期在 1920 年代汽車的形狀，阻力係數約 0.8。在那個時候，這不是問題，因為速度低、燃油便宜，阻力不是主要的設計考量。

由於對金屬成形製造技術的改良，與更注重車子的外形及流線化的結果，車子的平均阻力係數在 1940 年代降至約 0.70、1970 年代 0.55、1980 年代 0.45，以及

1990 年代 0.30。精心打造的賽車的阻力係數約 0.2，但這是將駕駛的舒適性列為次要考慮之後才實現的。注意 C_D 的理論下限約為 0.1，而賽車的值是 0.2，看來對於客車的阻力係數從現在約 0.3 的值作進一步改善只有一點點空間。例如，馬自達 3 的阻力係數為 0.29。對於卡車和公共汽車，可以進一步在保持相同的車輛總長度的條件下，藉由最佳化的前後外型 (例如使它變得圓滑) 將阻力係數降低到實用的程度。

當以一個群體行進時，一個暗中減少阻力的方式是跟車 (drafting) 作用，此為自行車車手和賽車選手熟知的現象，它涉及從後面靠近移動物體並被牽引進入物體後方的低壓力區。例如，自行車選手的阻力係數，藉由跟車作用可從 0.9 降低到 0.5 (表 10-2)。

作為一個謹慎的駕駛，我們還可以幫助降低車輛的總阻力，因而節省燃料消耗。例如，阻力正比於速度的平方。因此，行駛速度超過高速公路的速限不僅增加獲得超速罰單或發生意外的機會，同時也會增加單位哩程的燃料消耗量。因此，以中等速度駕駛是安全且經濟的。而且從車上伸出任何東西，就算是一隻手臂，都會增加阻力係數。駕駛時搖下車窗也會增加阻力及燃料消耗。以高速公路上的速率行駛，在炎熱的天氣裡使用空調往往要比搖下車窗節省燃料。對於許多低阻力的汽車，經由打開車窗所產生的紊流與額外的阻力比空調機消耗更多的燃料，但是高阻力的車輛就不是如此了。

線性疊加

在現實中遇到的許多物體的形狀不是簡單的，但這樣的物體在阻力的計算上可以方便地將它們視為由兩個或多個簡單的物體所構成。例如，安裝於屋頂上有一個圓柱棒的衛星碟型天線，可以被看成是一個半球體與圓柱體的組合。於是，物體的阻力係數可以近似地藉由使用線性疊加 (superposition) 來確定。這樣的過分簡單化並沒有考慮到組件彼此的影響，因而所得到的結果應進行相對應的解釋。

例題 10-2 ▶ 迎風面積對汽車燃油效率的影響

提高車輛的燃料效率的兩種常用方法是，降低阻力係數，以及車輛的迎風面積。考慮一輛寬度 (W) 及高度 (H) 分別為 1.85 m 和 1.70 m 的車子 (圖 10-15)，其阻力係數為 0.30。求由於車子的高度低至 1.55 m 而寬度保持不變的結果，每年節省的燃料量與金錢。假設車輛一年以 95 km/h 的平均速度行駛 18,000 km。汽油的密度和價格分別取 0.74 kg/L 及 $0.95/L。空氣的密度取為 1.20 kg/m^3，汽油的熱值為 44,000 kJ/kg，且汽車的動力傳動系統的總效率為 30%。

圖 10-15　例題 10-2 的示意圖。

解答：汽車的迎風面積經由重新設計而減少，欲求所造成的每年燃料和金錢節省。
假設：**1.** 車輛以平均車速 95 km/h，一年行駛 18,000 km。**2.** 迎風面積的減少對阻力係數的影響是可以忽略的。
性質：已知空氣和汽油的密度分別為 1.20 kg/m^3 與 0.74 kg/L。汽油的熱值為 44,000 kJ/kg。
分析：作用在物體上的阻力是

$$F_D = C_D A \frac{\rho V^2}{2}$$

其中 A 為物體的迎風面積。重新設計前，作用於汽車的阻力為

$$F_D = 0.3(1.85 \times 1.70 \text{ m}^2)\frac{(1.20 \text{ kg/m}^3)(95 \text{ km/h})^2}{2}\left(\frac{1 \text{ m/s}}{3.6 \text{ km/h}}\right)^2\left(\frac{1 \text{ N}}{1 \text{ kg·m/s}^2}\right)$$

$$= 394 \text{ N}$$

注意，功為作用力乘上距離，對於 18,000 km 的距離，克服這個阻力的作功量與所需的能量輸入是

$$W_{\text{drag}} = F_D L = (394 \text{ N})(18,000 \text{ km/年})\left(\frac{1000 \text{ m}}{1 \text{ km}}\right)\left(\frac{1 \text{ kJ}}{1000 \text{ N·m}}\right)$$

$$= 7.092 \times 10^6 \text{ kJ/年}$$

$$E_{\text{in}} = \frac{W_{\text{drag}}}{\eta_{\text{car}}} = \frac{7.092 \times 10^6 \text{ kJ/年}}{0.30} = 2.364 \times 10^7 \text{ kJ/年}$$

供應這麼多的能量的燃料量與價格為

$$\text{燃料量} = \frac{m_{\text{fuel}}}{\rho_{\text{fuel}}} = \frac{E_{\text{in}}/\text{HV}}{\rho_{\text{fuel}}} = \frac{(2.364 \times 10^7 \text{ kJ/year})/(44,000 \text{ kJ/kg})}{0.74 \text{ kg/L}}$$

$$= 726 \text{ L/年}$$

$$\text{成本} = (\text{燃料量})(\text{單價}) = (726 \text{ L/年})(\$0.95/\text{L}) = \$690/\text{年}$$

也就是說，這部車子每年使用 730 L 的汽油大約 $690 的總成本來克服阻力。
阻力與克服它所作的功直接正比於迎風面積。於是，由於減小迎風面積因而在燃料消耗上減少的百分比等於迎風面積減少的百分比：

$$\text{減少比率} = \frac{A - A_{\text{new}}}{A} = \frac{H - H_{\text{new}}}{H} = \frac{1.70 - 1.55}{1.70} = 0.0882$$

$$\text{減少量} = (\text{減少比率})(\text{總量})$$

$$\text{燃料減少} = 0.0882(726 \text{ L/年}) = \textbf{64 L/年}$$

$$\text{成本降低} = (\text{減少比率})(\text{成本}) = 0.0882 (\$690/\text{年}) = \textbf{\$61/年}$$

因此，降低了汽車的高度由於阻力少掉近 9%，因而降低了燃料消耗。
討論：答案給到 2 位有效數字。本例題證明，顯著的阻力和燃料消耗的減少可以透過降低車輛的迎風面積來實現。

10-5 流過平板的平行流

考慮流體流過平板的流動，如圖 10-16 所示。稍有弧度的表面 (如渦輪葉片) 在合理的準確度下也可以近似為平板。x- 座標是沿板面從板的前緣順著流動方向量起，而 y 是從表面向垂直方向量起。流體在 x 方向上以均勻速度 V 接近平板，相當於平板上遠離表面處的速度。

為了便於討論，我們考慮流體由相鄰的層狀結構堆疊在彼此的頂部上所構成。由於無滑移條件，毗連平板的第一層流體質點的速度為零。由於這兩個不同速度的相鄰流體層的質點之間的摩擦的結果，這個不動層使相鄰流體層的質點變慢。然後這個流體層使下一層的質點變慢，依此類推。因此，在某個垂直距離 δ 以內感受到平板的存在，超過那裡，自由流速度幾乎保持不變。因此，流體速度的 x- 分量，u，從在 $y=0$ 的 0 變動到在 $y=\delta$ 的接近 V (通常是 $0.99V$) (圖 10-17)。

平板上由 δ 所包圍的流動區域，在那個區域中感受到由流體黏度造成的黏性剪力的影響，稱為速度邊界層。邊界層厚度 δ 通常是定義為從表面算起到 $u=0.99V$ 的距離 y。

$u=0.99V$ 的假想線將流過平板的流動分割成兩個區域：在邊界層區域裡，黏滯效應與速度的變化是顯著的；但是在**無旋流動區域** (irrotational flow region) 裡，摩擦作用是可忽略的，速度基本上保持恆定。

對於流過平板的平行流，壓力阻力為零，因此阻力係數等於摩擦阻力係數，或簡單地稱為摩擦係數 (圖 10-18)。亦即，

平板：
$$C_D = C_{D,\text{friction}} = C_f \tag{10-13}$$

一旦平均摩擦係數 C_f 是可用的，則整個表面上的阻力 (或摩擦力) 由下式確定：

圖 10-16 在表面上的邊界層的發展是由於無滑移條件和摩擦。

圖 10-17 流過平板的邊界層，以及不同流域的發展過程 (沒有按照比例)。

平板上的摩擦力： $$F_D = F_f = \tfrac{1}{2}C_f A \rho V^2 \tag{10-14}$$

其中，A 是平板曝露於流體流過的表面面積。當薄板的兩側都有流體流過，A 變成頂部表面和底部表面的總面積。

在層流和紊流的典型的平均速度輪廓畫在圖 10-17 中。注意，紊流速度輪廓比層流更為飽滿，在表面附近急劇下降。紊流邊界層可以被看成含有四個區域，以自壁面算起的距離來表徵。貼近壁面的是非常薄的一層，在那裡黏滯效應佔優勢的是黏性次層 (viscous sublayer)。在這一層的速度分佈圖非常接近直線，並且流動大致是平行的。黏性次層的上面是緩衝層 (buffer layer)，其中紊流的影響變得顯著，但流動仍然以黏滯效應為主。緩衝層的上方是重疊層，在那裡紊流效果更加顯著，但仍然不佔優勢。緩衝層的上方是紊流層 (或外層)，其中紊流效應超過黏滯效應佔主導地位。注意，平板上的紊流邊界層輪廓非常類似於完全發展的紊流管流 (第 8 章) 中的邊界層輪廓。

從層流到紊流的過渡取決於表面幾何形狀、表面粗糙度、上游速度、表面溫度、流體的種類以及其它事項，並且主要由雷諾數決定其特徵。從一個平板前緣算起的距離 x 的雷諾數表示成

$$\mathrm{Re}_x = \frac{\rho V x}{\mu} = \frac{Vx}{\nu} \tag{10-15}$$

其中，V 是上游速度，而 x 是幾何形狀的特徵長度，對於平板，是平板在流動方向上的長度。注意，與管流不同，平板的雷諾數沿著流動而改變，在平板末端達到 $\mathrm{Re}_L = VL/\nu$。對於平板上的任意點，特徵長度是從前緣到該點在流動方向的距離 x。

對於流過光滑平板的流動，從層流到紊流的過渡大約開始於 $\mathrm{Re} \cong 1 \times 10^5$，但在雷諾數達到更高的值之前，通常在 3×10^6 左右，不會變成完全紊流。在工程分析上，對於臨界雷諾數一個普遍接受的值是

$$\mathrm{Re}_{x,\,\mathrm{cr}} = \frac{\rho V x_{\mathrm{cr}}}{\mu} = 5 \times 10^5$$

對於平板而言，工程臨界雷諾數的實際值可能從約 10^5 至 3×10^6 有些變動，取決於表面粗糙度、紊流的程度及沿表面的壓力變化。

摩擦係數

流過平板的層流其摩擦係數可以透過數值求解質量守恆與線動量守恆方程式理論地確定。然而對於紊流，它必須用實驗求得並用經驗公式來表示。

圖 10-18 用於平行通過平板的流動，壓力阻力為零，因此阻力係數等於摩擦係數且阻力等於摩擦力。

流過一平板
$C_{D,\,\text{pressure}} = 0$
$C_D = C_{D,\,\text{friction}} = C_f$

$F_{D,\,\text{pressure}} = 0$
$F_D = F_{D,\,\text{friction}} = F_f = C_f A \dfrac{\rho V^2}{2}$

第 10 章　外流場：阻力與升力

在流動方向上速度邊界層的變化的結果，局部摩擦係數沿著平板的表面變化。我們通常感興趣的是在整個表面上的阻力，它可以用平均摩擦係數求得。但有時我們也對某個位置上的阻力感興趣，在這種情況下，我們需要知道摩擦係數的局部值。考慮到這一點，我們提出在整個平板上的局部摩擦係數 (用下標 x 表示) 與平均摩擦係數兩者在層流、紊流以及層流與紊流複合流的條件下的關係式。一旦局部值已知，整個平板的平均摩擦係數用積分求得

$$C_f = \frac{1}{L} \int_0^L C_{f,x}\, dx \tag{10-16}$$

作為分析的基礎，對於流過平板的層流，邊界層厚度與在位置 x 處的局部摩擦係數可求得為

層流：　　$\delta = \dfrac{4.91x}{\text{Re}_x^{1/2}}$　與　$C_{f,x} = \dfrac{0.664}{\text{Re}_x^{1/2}}$,　　$\text{Re}_x \lesssim 5\times 10^5$ 　　(10-17)

紊流的對應關係為

紊流：　　$\delta = \dfrac{0.38x}{\text{Re}_x^{1/5}}$　與　$C_{f,x} = \dfrac{0.059}{\text{Re}_x^{1/5}}$,　　$5\times 10^5 \lesssim \text{Re}_x \lesssim 10^7$ 　　(10-18)

其中 x 是從平板的前緣算起的距離，而 $\text{Re}_x = Vx/\nu$ 是在位置 x 處的雷諾數。注意，$C_{f,x}$ 正比於 $1/\text{Re}_x^{1/2}$，因此對層流而言為正比於 $x^{-1/2}$，而對紊流而言正比於 $x^{-1/5}$。在任一情況下，$C_{f,x}$ 在前緣處 ($x = 0$) 為無窮大，因此式 (10-17) 和 (10-18) 靠近前緣是無效的。邊界層的厚度 δ 的變化與沿著平板的摩擦係數 $C_{f,x}$ 被描繪於圖 10-19。因為在紊流邊界層中發生強烈地混合，紊流的局部摩擦係數比層流高。注意，當流段變成完全紊流，$C_{f,x}$ 到達最大值，其後在流動方向以 $x^{-1/5}$ 的關係沿流向降低，如圖所示。

圖 10-19　流過平板的流動的局部摩擦係數的變化。注意在這張圖中邊界層的垂直刻度被相當地誇大。

將式 (10-17) 與 (10-18) 代入式 (10-16) 並作積分求得整個平板的平均摩擦係數 (圖 10-20)。我們得到

層流：　　$C_f = \dfrac{1.33}{\text{Re}_L^{1/2}}$　　$\text{Re}_L \lesssim 5\times 10^5$ 　　(10-19)

紊流：　　$C_f = \dfrac{0.074}{\text{Re}_L^{1/5}}$　　$5\times 10^5 \lesssim \text{Re}_L \lesssim 10^7$ 　　(10-20)

$$C_f = \frac{1}{L}\int_0^L C_{f,x}\,dx$$
$$= \frac{1}{L}\int_0^L \frac{0.664}{Re_x^{1/2}}\,dx$$
$$= \frac{0.664}{L}\int_0^L \left(\frac{Vx}{\nu}\right)^{-1/2} dx$$
$$= \frac{0.664}{L}\left(\frac{V}{\nu}\right)^{-1/2} \frac{x^{1/2}}{\frac{1}{2}}\Big|_0^L$$
$$= \frac{2 \times 0.664}{L}\left(\frac{V}{\nu L}\right)^{-1/2}$$
$$= \frac{1.328}{Re_L^{1/2}}$$

圖 10-20 通過表面的平均摩擦係數藉由局部摩擦係數對整個表面的積分確定。在此所示的值是層流平板邊界層的結果。

相對粗糙度 ϵ/L	摩擦係數 C_f
0.0*	0.0029
1×10^{-5}	0.0032
1×10^{-4}	0.0049
1×10^{-3}	0.0084

* 在 Re=10^7 的光滑平板，其它數據是對完全粗糙流用式 (10-23) 計算得到的。

圖 10-21 對於紊流，表面粗糙度會導致摩擦係數增加了幾倍。

圖 10-22 平行通過平滑和粗糙的平板的流動的摩擦係數。
Data from White (2010).

這些關係式的第一個是整個平板的流動都是層流的平均摩擦係數。第二個關係式給出的整個平板的平均摩擦係數，適用於通過整個平板的流動都是紊流，或是當平板的層流區域相對於紊流區域是小到可以忽略不計的情況 (即 $x_{cr} \ll L$，其中平板的長度 x_{cr} 由 $Re_{cr} = 5 \times 10^5 = Vx_{cr}/\nu$ 確定，在這段流動是層流)。

在某些情況下，平板雖然足夠長，使得流動變成為紊流，但還不夠長到可以無視層流區域。在這樣的情況下，整個板的平均摩擦係數可經由將式 (10-16) 對層流區 $0 \le x \le x_{cr}$ 與紊流區 $x_{cr} \le x \le L$ 兩個區間分別積分而得

$$C_f = \frac{1}{L}\left(\int_0^{x_{cr}} C_{f,x,\text{laminar}}\,dx + \int_{x_{cr}}^L C_{f,x,\text{turbulent}}\,dx\right) \qquad (10\text{-}21)$$

注意，我們的紊流區包括了過渡區域。再次取臨界雷諾數為 $Re_{cr} = 5 \times 10^5$，並且代入指定的表達式後執行積分，整個平板的平均摩擦係數被確定為

$$C_f = \frac{0.074}{Re_L^{1/5}} - \frac{1742}{Re_L} \qquad 5 \times 10^5 \le Re_L \le 10^7 \qquad (10\text{-}22)$$

在這個關係式中的常數將因不同的臨界雷諾數而不同。此外，該表面假設為平滑的，且自由流具有非常低的紊流強度。對於層流，摩擦係數只與雷諾數有關，表面粗糙度沒有影響；但在紊流，表面粗糙度引起的摩擦係數增加若干倍，且若在完全粗糙紊流區，摩擦係數僅為表面粗糙度的函數而與雷諾數無關 (圖 10-21)。這類似於在管道的流動。

在這個區域的平均摩擦係數的實驗數據的曲線擬合是由施利希廷 (1979) 提出

完全粗糙紊流區： $$C_f = \left(1.89 - 1.62\log\frac{\varepsilon}{L}\right)^{-2.5} \qquad (10\text{-}23)$$

其中 ε 是表面粗糙度，而 L 是平板在流動方向的長度。若是沒有其它更好的公式，這個關係式可以用於 $Re > 10^6$ 的粗糙表面的紊流，尤其是當 $\varepsilon/L > 10^{-4}$ 時。

對於層流與紊流，平行流過光滑與粗糙平板的摩擦係數 C_f 繪於圖 10-22。注意，在紊流中，C_f 隨著粗糙度增加了好幾倍，

也注意到在完全粗糙區 C_f 與雷諾數無關。這張圖是管流的穆迪圖的平板類比。

例題 10-3 　熱油流過平板

在 40°C 的機油以 2 m/s 的自由流速度流過一個 5 m 長的平板 (圖 10-23)。求作用在平板頂側每單位寬度的阻力。

解答： 機油流過平板。要求平板每單位寬度的阻力。
假設： 1. 流動是穩態的與不可壓縮的。 2. 臨界雷諾數 $Re_{cr} = 5 \times 10^5$。
性質： 在 40°C 機油的密度和運動黏度是 $\rho = 876 \text{ kg/m}^3$ 及 $\nu = 2.485 \times 10^{-4} \text{ m}^2/\text{s}$。
分析： 注意到 $L = 5$ m，平板末端的雷諾數為

$$Re_L = \frac{VL}{\nu} = \frac{(2 \text{ m/s})(5 \text{ m})}{2.485 \times 10^{-4} \text{ m}^2/\text{s}} = 4.024 \times 10^4$$

圖 10-23　例題 10-3 的示意圖。

它小於臨界雷諾數。因此，在整個板上為層流，平均摩擦係數 (圖 10-20) 為

$$C_f = 1.328 Re_L^{-0.5} = 1.328 \times (4.024 \times 10^4)^{-0.5} = 0.00662$$

注意，壓力阻力為零，因此對於平行流過平板的流動 $C_D = C_F$，作用在平板的每單位寬度的阻力變為

$$F_D = C_f A \frac{\rho V^2}{2} = 0.00662(5 \times 1 \text{ m}^2) \frac{(876 \text{ kg/m}^3)(2 \text{ m/s})^2}{2} \left(\frac{1 \text{ N}}{1 \text{ kg·m/s}^2} \right) = \mathbf{58.0 \text{ N}}$$

作用在整個平板上的總阻力可以通過這個剛剛得到的值與平板寬度的乘積求得。
討論： 每單位寬度的力對應於質量約 6 kg 的重量。因此，一個人若要對平板施加大小相等、方向相反的力以防止它移動，將會感覺到好像要抓住 6 公斤的重物以防止其下落所需相同大小的力。

10-6　流過圓柱體或球體

　　流過圓柱體或球體的流動經常在現實中遇到。例如在一個殼管式熱交換器中，同時包括通過管子的內流場與流過管子的外流場，在熱交換器的分析中兩種流場必須同時考慮。此外，許多體育項目，如足球、網球和高爾夫球都涉及流過球體的流動。

　　圓柱體或球體的特徵長度被取為外徑 D。因此，雷諾數定義為 $Re = VD/\nu$，其中 V 是流向圓柱體或球體的流體的均勻速度。穿過圓柱體或球體的臨界雷諾數約為 $Re_{cr} \cong 2 \times 10^5$；也就是說，$Re \lesssim 2 \times 10^5$ 的邊界層保持層流，$2 \times 10^5 \lesssim Re \lesssim 2 \times 10^6$ 為過渡，在 $Re \gtrsim 2 \times 10^6$ 時變成完全紊流。

　　橫向流過圓柱體的流動呈現複雜的流動模式，流向圓柱體的流體分支出去並環

繞圓柱體，形成盤繞圓柱體的邊界層。在中間平面的流體質點在滯流點撞擊圓柱體，使流體完全停止，從而在該點上提高壓力。其後當流體在流動方向速度增加時，壓力降低。

在非常低的上游速度 (Re ≲ 1)，流體完全盤繞圓柱體，並且兩道流體很有序地在圓柱的後側相遇。因此，流體沿著圓柱體的曲率行進。在較高的速度，流體仍然緊靠著圓柱體的正面側，但它太快了，以致當它靠近圓柱體的頂部 (或底部) 時無法繼續附著在表面。其結果是，邊界層自表面分離，在圓柱體的後面形成分離區域。進入尾流區的流動的特徵是週期性的旋渦的形成，以及壓力比停滯點的壓力低得多。

穿過圓柱體或球體的流動性質強烈地影響總阻力係數 C_D。摩擦阻力和壓力阻力兩者都很顯著。在停滯點的附近的高壓與背面尾流中的低壓產生沿流動方向作用於物體的淨力。低雷諾數 (Re ≲ 10) 的阻力主要是來自於摩擦阻力；而高雷諾數 (Re ≳ 5000) 時則是壓力阻力；在中間的雷諾數，這兩種效應都很顯著。

圖 10-24 給出流過光滑的單一圓柱體與球體的交叉流的平均阻力係數 C_D。曲線顯示在不同範圍的雷諾數下的不同行為：

- Re ≲ 1，我們有蠕動流，阻力係數隨雷諾數的增加遞減。對於球體，它的 $C_D = 24/Re$。在這個區域沒有流動分離。
- 在 Re ≅ 10，分離開始發生於物體的後面，旋渦洩離現象起始於 Re ≅ 90。分離區域隨著雷諾數的增加而增加，高達大約 Re ≅ 10^3。在這一點上，阻力主要 (約 95%) 是由於壓力阻力。阻力係數隨著在 10 ≲ Re ≲ 10^3 範圍內的雷諾數增加而不斷減小。(阻力係數下降並不一定表示阻力減少。阻力正比於速度的平方，並且高雷諾數速度的增加通常遠遠抵消阻力係數的減少。)
- 在 10^3 ≲ Re ≲ 10^5 的中等範圍內，阻力係數保持相對地恆定。這個行為是鈍體

圖 10-24 橫向流過光滑的圓柱體和光滑球體的平均阻力係數。
Data from H. Schlichting.

的特徵。在這個範圍內,邊界層中的流動是層流,但在流經圓柱或球體而進入分離區域時卻成了一個具有寬的紊流尾流區中的高紊流。

- 在 $10^5 \lesssim \text{Re} \lesssim 10^6$ 的範圍內的某處 (通常是約 2×10^5),阻力係數突然下降。C_D 大幅的下降是由於邊界層中的流動成為紊流,而將分離點往物體的更後面移動,減少尾流的尺寸,從而減少壓力阻力的大小。這與流線型物體相反,當邊界層變成紊流時,它感受到阻力係數的增大 (主要是由於摩擦阻力)。
- 有一個 $2 \times 10^5 \lesssim \text{Re} \lesssim 2 \times 10^6$ 的"過渡"區,其中 C_D 驟降到最小值,然後緩慢上升到最終的紊流值。

當邊界層是層流時,流動分離發生在大約 $\theta \cong 80°$ (從圓柱的前停滯點量起);但當它是紊流時,大約在 $\theta \cong 140°$。在紊流中的分離的延遲是流體在橫向的方向上快速擾動所引起的,這使得紊流邊界層在發生分離前得以沿表面行進得更遠,產生更窄的尾流與較小的壓力阻力。請記住,紊流比層流具有更飽滿的速度輪廓分,因而它需要更強的逆壓梯度來克服貼近牆壁的額外的動量。在流動從層流變成紊流的雷諾數的範圍內,甚至當速度 (因而雷諾數) 增加時,阻力 F_D 減小。這導致飛行體的阻力突然下降 (有時稱為阻力危機) 以及飛行的不穩定性。

表面粗糙度的影響

稍早提到在一般情況下,紊流中表面粗糙度增大阻力係數。對於流線型物體尤其是如此。然而,對於鈍體,如圓柱或球體,表面粗糙度的增加可能實際上降低了阻力係數,對於球體如圖 10-25 所示。在低雷諾數這是通過激紊的方式將邊界層變為紊流做到的,因而延遲流動分離,使流體於物體的後方向物體靠近,縮

圖 10-25 表面粗糙度對球體的阻力係數的影響。
Data from Blevins (1984).

Re	C_D 平滑表面	粗糙表面, $\varepsilon/D = 0.0015$
2×10^5	0.5	0.1
10^6	0.1	0.4

圖 10-26 表面粗糙度會增加或減少球狀物體的阻力係數，取決於雷諾數的值。

小尾流，並且大幅減少壓力阻力。這導致粗糙表面的圓柱體或球體在某個雷諾數的範圍內，要比在相同速度下相等尺寸的平滑物體具有更小的阻力係數及阻力。例如，在 $Re = 2 \times 10^5$，對於 $\varepsilon/D = 0.0015$ 的粗糙球體，$C_D \cong 0.1$；而對於平滑球體，$C_D \cong 0.5$。因此，在這種情況下，只不過將表面粗糙化，阻力係數就減少了 5 倍。但是請注意，在 $Re = 10^6$，對一個非常粗糙的球體 $C_D \cong 0.4$，而對平滑球體 $C_D \cong 0.1$，顯然粗糙化球體在這種情況下阻力反而增大 4 倍 (圖 10-26)。

前面的討論表明，粗糙化表面對於降低阻力非常有用，但它也可能反噬，如果我們不小心 —— 特別是如果沒有在正確的雷諾數範圍內操作。以這樣的考量，高爾夫球被刻意地粗糙化，使得在較低雷諾數時引起紊流，以利用在邊界層中紊流開始時阻力係數陡降的優點 (高爾夫球的典型速度範圍是 15 到 150 m/s，而雷諾數小於 4×10^5)。有凹窩的高爾夫球的臨界雷諾數大約是 4×10^4。在這個雷諾數下紊流的發生，使得高爾夫球的阻力係數減少大約一半，如圖 10-25 所示。對於給定的打擊，對球而言這意味著更長的距離。有經驗的球手在擊球的同時也給予一個旋轉，有助於粗糙的球發展出升力，因此行進得更高、更遠。類似的討論也可以用在網球。然而對於乒乓球，速度較慢且球較小 —— 它不可能達到紊流範圍，因此乒乓球的表面是平滑的。

一旦求得阻力係數，在交叉流中作用在物體上的阻力可以由式 (10-5) 來決定，其中 A 為迎風面積 (對於長度 L 的圓柱體，$A = LD$，而對於球體 $A = \pi D^2/4$)。應該牢記於心的是，自由流中的擾動與流場中其它物體的干擾 (例如流過管束)，均可能會顯著地影響到阻力係數。

例題 10-4 ▶ 作用在河流中管道的阻力

一根外徑 2.2 cm 的管道橫跨在 30 m 寬的河流中，而被完全浸泡在水中 (圖 10-27)。水的平均流速為 4 m/s，水的溫度為 15°C。求河流施加在管道的阻力。

解答： 管道淹沒於河中。關於其作用在管道的阻力待確定。
假設：1. 管的外表面是光滑的，使得圖 10-24 可以用來求阻力係數。**2.** 在河中的水流是穩態的。**3.** 水的流動方向是垂直於管道的。**4.** 不考慮河水流動中的紊流。
性質： 在 15°C 水的密度與動力黏度為 $\rho = 999.1 \text{ kg/m}^3$ 及 $\mu = 1.138 \times 10^{-3}$ kg/m·s。
分析： 注意到 $D = 0.022$ m，雷諾數為

$$Re = \frac{VD}{\nu} = \frac{\rho VD}{\mu} = \frac{(999.1 \text{ kg/m}^3)(4 \text{ m/s})(0.022 \text{ m})}{1.138 \times 10^{-3} \text{ kg/m·s}} = 7.73 \times 10^4$$

圖 10-27 例題 10-4 的示意圖。

從圖 10-24，對應於這個值的阻力係數為 $C_D = 1.0$。此外，流過圓柱體的迎風面積為 $A = LD$。然後作用在管道的阻力變成

$$F_D = C_D A \frac{\rho V^2}{2} = 1.0(30 \times 0.022 \text{ m}^2) \frac{(999.1 \text{ kg/m}^3)(4 \text{ m/s})^2}{2} \left(\frac{1 \text{ N}}{1 \text{ kg} \cdot \text{m/s}^2} \right)$$

$$= 5275 \text{ N} \cong \mathbf{5300 \text{ N}}$$

討論：請注意，此力是等效於質量超過 500 kg 的重量。因此，河流施加在管道上的阻力等同於懸掛一個總計超過 500 kg 在質量在支撐相距 30 m 的兩端點的管道上。如果管道不能支撐這股力量，應該採取必要的預防措施。如果河水以更快的速度流動，或者如果在河流中的紊流擾動更加顯著，阻力甚至更大，那麼在管道上的非穩態作用力可能值得注意。

10-7 升力

稍早升力定義為淨力 (由於黏滯力與壓力) 垂直於流動方向的分量，並且升力係數以式 (10-6) 表示成

$$C_L = \frac{F_L}{\frac{1}{2}\rho V^2 A}$$

其中 A 在這裡通常是指平面形狀面積，這是一個人從垂直於物體的上方看到的面積，而 V 是流體的上游速度 (或等價的，一個在靜止流體中的飛行體的速度)。對於寬度 (或翼展) b 與弦長 c (前緣與末端之間的長度) 的機翼，平面形狀面積為 $A = bc$。機翼兩個端點之間的距離稱為機翼翼展或翼展。對於飛機而言，翼展取為兩翼的尖端之間的總距離，包括機翼之間的機身的寬度 (圖 10-28)。每單位平面形狀面積的平均升力 F_L/A 被稱為機翼負荷，這只是飛機的重量與機翼的平面形狀面積的比例 (因為在固定高度飛行時，升力等於重量)。

圖 10-28 與機翼相關的各種術語的定義。

飛機飛行的基礎是升力，因此對升力作更深入的理解，以及提高物體的升力特性已成眾多研究的焦點。在本節中我們的重點是像機翼這種專門設計來產生升力，並將阻力保持最小的裝置。但應牢記在心的是一些裝置，如賽車上的擾流板和倒機翼是專門為相反的目的所設計的，作用是避免升力，甚至產生負升力，以提高牽引力與控制 (由於升力產生的結果使得一些早期的賽車實際上是在高速時"飛起"，這提醒工程師在他們的設計中想出減少升力的方法)。

對於像機翼這樣意在產生升力的裝置，黏滯效應對升力的貢獻通常是可以忽略

圖 10-29 對於機翼而言，黏滯效應對升力的貢獻通常是可以忽略不計，因為壁面剪力平行於表面，因而幾乎與於升力的方向垂直。

圖 10-30 無旋流和真實流通過對稱與非對稱的二維機翼。

(a) 無旋流通過對稱機翼 (零升力)
(b) 無旋流通過非對稱機翼 (零升力)
(c) 真實流通過非對稱機翼 (正升力)

不計，因為物體是流線型的，而且壁剪力平行於這些裝置的表面，因而幾乎垂直於升力的方向 (圖 10-29)。因此，實際上升力近似為完全來自於在物體表面上的壓力分佈，因此物體的形狀對升力有主要的影響。於是，在機翼的設計上首要考量的是最小化上表面的平均壓力而將下表面的平均壓力最大化。伯努利方程式可以用來作為鑑別高壓力區和低壓力區域的一個指引：流速高的位置壓力低，但流速低的位置壓力高。此外，在中等攻角下，升力實際上與表面粗糙度無關，因為表面粗糙度影響壁面剪力，而非壓力。剪力對升力的貢獻只有在非常小 (重量輕) 的低速 (因而低雷諾數) 飛行物體是顯著的。

注意到黏滯性對升力效應的貢獻可以忽略不計，我們應該能夠由簡單地對機翼周圍的壓力分佈積分來確定作用於機翼上的升力。壓力沿著表面在流動方向上有變化，但在整個邊界層內，在垂直於表面的方向上，壓力基本上保持定值。因此，忽略機翼上的薄邊界層，並且從相對簡單的勢流理論 (零渦度、無旋流動) 來計算機翼周圍的壓力分佈似乎是合理的，根據勢流理論通過機翼流動的淨黏滯力為零。

對於對稱和非對稱機翼，藉由忽略薄邊界層，從這些計算得到的流場被描繪在圖 10-30。在零攻角時，正如預期，對稱機翼因為對稱性產生的升力為零，並且停滯點是在前緣和後緣。對於非對稱機翼，在小攻角時，前停滯點已經向下移動到前緣的下方，而後停滯點已經上移到靠近後緣的上表面。出乎我們的意料，產生的升力再次經計算為零 —— 一個與實驗觀察和測量很明顯的矛盾。顯然，理論需要進行修改以與所觀察到的現象相符。

不一致性的來源是後停滯點在上表面，而不是在尾端。這需要下側的流體作幾乎 U 字形的轉彎，並且繞著銳利的後緣朝後停滯點流動，同時保持附著在表面上，這在物理上是不可能的。因為觀察到的現象是在急轉彎的流動，流動會分離 (想像一部汽車試圖以高速做這樣的轉彎)。因此，下側的流體順暢地由後緣分離，而上側的流體則以將後停滯點向下推動作為回應。事實上，上表面上的停滯點一路移動到後緣。如此，機翼頂部與底部的兩道氣流在後緣相遇，在下游產生一個平行於尖銳的後緣的平滑流動。升力的生成是因為在頂部表面的流速較高，因而由於伯努利效應在該表面的壓力較低。

勢流理論與觀察到的現象是可以如下所述變得一致：流動開始時像理論所預測

的，沒有升力，但當速度達到某個值後，下側的流體在後緣處分離。這迫使分離的上側流體向後緣逼近，啟動一個圍繞機翼的順時針環流。這順時針的環流增加上側流的速度，同時降低下側流的速度，產生升力。此時一個符號相反的起始渦旋(逆時針環流)在下游洩放(圖 10-31)，平順的流線型流動在機翼上建立起來。當加入適當的環流量來修正勢流理論以將停滯點下移到後緣，對於流場與升力兩者，都在理論和實驗之間得到極好的一致性。

圖 10-31 攻角忽然增加後的不久，一個逆時鐘起始渦旋從機翼洩放，同時環繞機翼出現一個順時鐘環流，導致產生升力。

對於機翼而言，生成最大的升力並同時產生最小的阻力是令人嚮往的。因此，機翼性能的一個量度是升阻比，這相當於升阻係數之比 C_L/C_D。這個資訊是經由對不同的攻角繪製 C_L 對 C_D 圖(升阻力曲線)，或是 C_L/C_D 比對攻角作圖所提供。後者是特別針對機翼設計所做的，如圖 10-32。注意 C_L/C_D 的比值隨攻角增大，直到機翼失速，而對一個二維機翼而言，升阻比的值可以是 100 的數量級。

一個顯而易見的改變機翼的升力和阻力特性的方法是改變攻角。例如，在飛機上，整架飛機上仰以增加升力，因為機翼是被固定在機身上的。另一種方法則是透過可動的前緣和後緣襟翼的使用以改變機翼的形狀，如通常在現代大型飛機所做的，襟翼被用來在起飛和降落時改變機翼的形狀以最大化升力，並使飛機以低速降落或起飛。起飛和降落時阻力的增加並沒有太被關注，因為它所包含的時間週期相對較短。一旦達到巡航高度，襟翼縮回，機翼回復到其"正常"的形狀，在恆定高度巡航時以最小的阻力係數和足夠的升力係數來減少燃料消耗。注意，在正常操作期間，即使很小的升力係數都會產生夠大的升力，因為飛機巡航速度高而升力正比於流速的平方。

圖 10-32 二維機翼升阻比隨攻角的變化。

對於一架飛機，襟翼對升力和阻力係數的效應如圖 10-33 所示。注意最大升力係數從沒有襟翼的機翼的大約 1.5 增加到雙開縫襟翼的情況下的大約 3.5。但同時也注意到，最大阻力係數從沒有襟翼的機翼大約 0.06 增加到雙縫襟翼情況的大約 0.3。風阻係數增加了五倍，引擎必須更辛苦的工作以提供克服這個阻力所需的推力。襟翼的攻角可以被增加以最大化升力係數。此外，襟翼延長弦長，從而擴大機翼面積 A。波音 727 採用了三開縫襟翼於後緣及一個在前緣的縫翼。

最小飛行速度(失速速度)是從要求飛機的總重量 W 等於升力及 $C_L = C_{L,\text{max}}$ 求得，就是

圖 10-33 襟翼對升力和阻力係數的影響。

圖 10-34 裝有襟翼的機翼用翼縫來防止邊界層從上表面分離，並增加升力係數。

$$W = F_L = \tfrac{1}{2} C_{L,\max} \rho V_{\min}^2 A \quad \rightarrow \quad V_{\min} = \sqrt{\frac{2W}{\rho C_{L,\max} A}} \quad (10\text{-}24)$$

對於已知的重量，可以透過最大化升力係數與機翼面積的乘積，$C_{L,\max}A$，來最小化著陸或起飛速度，它可以簡單地藉由經過襟翼之間的流動斷面 (翼縫) 來實現，如圖 10-34 所示。翼縫用於防止邊界層從機翼與襟翼的上表面分離。這是透過使空氣從機翼下方的高壓區移動進入在頂面的低壓區。注意，升力係數在失速狀態下達到最大值 $C_L = C_{L,\max}$，因此飛行速度達到最小值，但這是不穩定的操作區域，必須加以避免。美國聯邦航空管理局 (FAA) 為了安全起見，不允許低於 1.2 倍失速速度的操作。

我們從這個方程式注意到另一件事是，最小起飛或降落速度反比於密度的平方根。注意空氣密度隨高度減小 (在 1500 m 約減少 15%)，在較高海拔的機場 (例如丹佛) 需要較長的跑道以適應更高的最小起飛和著陸速度。對炎熱的夏日形勢變得更關鍵，因為空氣的密度與溫度成反比。

在 1930 年代，高效率 (低阻力) 機翼的發展是熱烈的實驗研究主題。這些機翼由國家航空諮詢委員會 (NACA，也就是現在美國航空太空總署) 作了標準化，並且有大量的相關升力係數數據的報告。圖 10-35 給出兩個 2-D (無限翼展) 機翼 (NACA 0012 和 NACA 2412) 的升力係數 C_L 對攻

圖 10-35 對於對稱與非對稱機翼，升力係數隨攻角的變化。
Data from Abbott (1945, 1959).

角的變化。我們從該圖中作了下列觀察：

- 升力係數隨攻角 α 的增加幾乎呈線性，約在 $\alpha = 16°$ 時達到最大值，然後開始急劇下降。這種隨著攻角進一步增加而升力減少的現象稱為失速，它是由於在機翼頂面的流動分離以及寬的尾流區的形成所致。因為失速也會增加阻力，所以應極力避免。
- 在零攻角 ($\alpha = 0°$)，對於對稱機翼升力係數為零，但對於表面有大曲率的非對稱機翼不為零。因此，為了產生相同的升力，有對稱翼形的飛機必須讓它們的機翼以較大的攻角飛行。
- 透過調節攻角，升力係數增加了好幾倍 (對於非對稱機翼，從在 $\alpha = 0°$ 時的 0.25 到 $\alpha = 10°$ 時的 1.25)。
- 阻力係數也隨攻角增加，通常呈指數型增加 (圖 10-36)。因此，為了燃料效率，高攻角應謹慎地於短時間內使用。

圖 10-36 機翼的阻力係數隨攻角而作變化。
Data from Abbott and von Doenhoff (1959).

有限翼展翼和誘導阻力

對於飛機的機翼及其它有限翼展的翼形體，因為在上下表面間的流體洩漏，翼尖的末端效應變得重要。在下表面 (高壓區域) 與上表面 (低壓區域) 之間的壓力差，使得因為流體和機翼之間的相對運動而向後流動的流體，在翼尖處被驅使向上。這會在兩翼翼尖產生一個沿著流動方向作螺旋狀盤旋的旋轉運動，稱為**翼尖渦旋** (tip vortex)。機翼的翼尖之間沿著翼面也有渦旋形成。這些分佈渦旋從機翼的後緣脫離後向邊緣聚集，與翼尖渦旋結合形成兩道沿著翼尖的強大尾渦 (trailing vortices)。大型飛機所產生的尾渦持續很長一段時間及很長的距離 (超過 10 公里)，才由於黏滯耗散的關係而逐漸消失。這種渦旋和隨之發生的下沉氣流強大到足以引起一架飛經大型飛機的尾流的小型飛機失控並空翻，因此緊跟在大型飛機之後 (在 10 公里內) 對小型飛機有實際的危險。這個問題是管制飛機起飛間隔的控制因素，這限制了機場的飛行容量。在自然界中，這樣效果的好處被利用。為了利用前方的鳥類所生成的上升氣流，遷徙的鳥類呈 V 字形。已經確定的是，一個典型的群聚的鳥類以 V 字隊形飛行，可以用三分之一的較少能量飛達目的地。同理，軍用噴射機也偶爾以 V 字形飛行。

與自由流交互作用的翼尖渦旋從各個方向施加作用力於機翼，包括流動的方向。在流動方向的作用力分量加到阻力，並且稱為**誘導阻力** (induced drag)，於是機翼上的總阻力為誘導阻力 (3-D 效應) 與機翼剖面的阻力 (2-D 效應) 之和。

機翼的平均翼展的平方與平面形狀面積之比，稱為展弦比。對於一個弦長 c 及

翼展 b 的矩形平面的機翼,展弦比表示為

$$AR = \frac{b^2}{A} = \frac{b^2}{bc} = \frac{b}{c} \tag{10-25}$$

因此,展弦比是一個機翼在流動方向上 (相對地) 有多窄的一個量度。通常隨著展弦比的增加,翼的升力係數遞增而阻力係數遞減。這是因為跟相同平面形狀面積的短而寬的機翼相比,一個狹長的機翼 (大展弦比) 具有較短的翼尖長度,因此較小的翼尖損失及較小的誘導阻力。所以大展弦比的物體飛行更有效率,但它們比較不容易操作,因為它們有更大的慣性矩 (由於距離中心較遠);具有較小的展弦比的物體較易操作,因為翼更靠近中央部分。所以毫不奇怪的,戰鬥機 (以及像獵鷹這樣戰鬥型的鳥類) 具有短而寬的翅膀,而大型商用飛機 (以及像信天翁這樣滑翔型的鳥類) 有狹長的翅膀。

末端效應可以藉由在機翼的翼尖裝上垂直於上表面的端板 (endplates) 或小翼 (winglets) 來最小化。端板的功能在於阻斷一些翼尖周圍的洩漏,這導致翼尖渦流的強度與誘導阻力大大地減少。鳥類翼尖的羽毛像扇子一樣張開,也是基於相同目的。

由旋轉生成的升力

你可能有過經驗,為了改變升力特性並且使球產生更理想的軌跡與彈射,而給網球一個旋轉或是對網球或乒乓球做吊球,高爾夫球、足球與棒球選手也在他們的比賽中使用旋轉。由旋轉物體產生升力的現象被稱為馬格努斯效應 (Magnus effect) 以紀念德國科學家海因里希‧馬格努斯 (1802-1870),他是第一個研究旋轉物體的升力,圖 10-37 所畫的是無旋流 (勢流) 的簡化案例。當球不旋轉時,因為上下對稱,升力為零。但當圓柱繞其軸線旋轉,因為無滑移條件,圓柱拖曳周圍的一些流體,並且流場反映了旋轉和不旋轉流的疊加。停滯點下移,並且流動不再對稱於穿過圓柱的中心的水平面。由於伯努利效應,在上半部的平均壓力比在下半部來得小,因此有淨向上力 (升力) 作用於圓柱。類似的觀點可以用於在旋轉的球上所產生的升力上。

對光滑的球體,旋轉速率對升力和阻力係數的影響如圖 10-38 所示。注意,升力係數強烈地取決於旋轉的速率,尤其是在低的角速度時。旋轉速率對阻力係數的影響較小。粗糙度也影響阻力與升力係

圖 10-37 對於"理想的"勢流的情況,在旋轉圓柱體上所產生的升力 (實際流場包括在尾流區的流動分離)。

(a) 通過靜止圓柱的勢流

(b) 通過旋轉圓柱的勢流

第 10 章　外流場：阻力與升力　　**451**

圖 10-38　在雷諾數為 Re = VD/ν = 6×10^4 時，光滑球體的升力和阻力係數隨無因次旋轉速率的變化。
Data from Goldstein (1938).

數。在某個雷諾數的範圍內，粗糙度對於增加升力係數同時降低阻力係數產生令人滿意的效果。因此，對於相同的打擊，適量粗糙度的高爾夫球飛得比光滑的球高且遠。

例題 10-5　　商用飛機的升力和阻力

一架商用飛機有 70,000 kg 的總質量和 150 m² 的機翼平面形狀面積 (圖 10-39)。這架飛機有 558 km/h 的巡航速度以及 12,000 m 的巡航高度，其中空氣密度為 0.312 kg/m³。這架飛機有雙縫襟翼用於起飛和著陸過程，但巡航時收回所有襟翼。假設機翼的升力和阻力特性可以用 NACA 23012 (圖 10-33) 近似，求 (a) 帶和不帶延伸的襟翼的起飛和著陸的最小安全速度，(b) 穩定巡航於巡航高度的攻角，以及 (c) 提供足夠推進力以克服機翼阻力所需供給的功率。

圖 10-39　例題 10-5 的示意圖。

解答：已知巡航條件下的客機和它的機翼特性。要決定最小安全著陸和起飛速度、巡航期間的攻角，以及所需的功率。

假設：**1.** 除了機翼以外，飛機的其它部分，例如機身，所產生的阻力與升力不予考慮。**2.** 機翼假定為二維翼型截面，並且不考慮機翼的末端效應。**3.** 機翼的升力和阻力特性用 NACA 23012 近似使得圖 10-33 是適用的。**4.** 空氣在地面上的平均密度為 1.20 kg/m³。

性質：空氣的密度在地面上為 1.20 kg/m³，在巡航高度為 0.312 kg/m³。帶有襟翼與不帶襟翼的機翼的最大升力係數 $C_{L,\,max}$ 分別是 3.48 與 1.52 (圖 10-33)。

分析：(a) 飛機的重量和巡航速度是

$$W = mg = (70{,}000 \text{ kg})(9.81 \text{ m/s}^2)\left(\frac{1 \text{ N}}{1 \text{ kg·m/s}^2}\right) = 686{,}700 \text{ N}$$

$$V = (558 \text{ km/h})\left(\frac{1 \text{ m/s}}{3.6 \text{ km/h}}\right) = 155 \text{ m/s}$$

對應的，不帶襟翼與帶有襟翼的機翼對應於失速條件的最低速度分別由式 (10-24) 得到

$$V_{\min 1} = \sqrt{\frac{2W}{\rho C_{L,\max 1}A}} = \sqrt{\frac{2(686{,}700 \text{ N})}{(1.2 \text{ kg/m}^3)(1.52)(150 \text{ m}^2)}}\left(\frac{1 \text{ kg·m/s}^2}{1 \text{ N}}\right) = 70.9 \text{ m/s}$$

$$V_{\min 2} = \sqrt{\frac{2W}{\rho C_{L,\max 2}A}} = \sqrt{\frac{2(686{,}700 \text{ N})}{(1.2 \text{ kg/m}^3)(3.48)(150 \text{ m}^2)}}\left(\frac{1 \text{ kg·m/s}^2}{1 \text{ N}}\right) = 46.8 \text{ m/s}$$

那麼避免失速的"安全"最低速度，可由上面求得的值乘以 1.2 得到

無襟翼： $\quad V_{\min 1, \text{safe}} = 1.2 V_{\min 1} = 1.2(70.9 \text{ m/s}) = 85.1 \text{ m/s} = $ **306 km/h**

有襟翼： $\quad V_{\min 2, \text{safe}} = 1.2 V_{\min 2} = 1.2(46.8 \text{ m/s}) = 56.2 \text{ m/s} = $ **202 km/h**

因為 1 m/s = 3.6 km/h。注意，使用襟翼允許飛機以相當低的速度起飛和降落，因而可以使用在更短的跑道上。

(b) 當飛機正穩定地巡航於一個固定高度時，升力必須等於飛機的重量，$F_L = W$。於是升力係數為

$$C_L = \frac{F_L}{\frac{1}{2}\rho V^2 A} = \frac{686{,}700 \text{ N}}{\frac{1}{2}(0.312 \text{ kg/m}^3)(155 \text{ m/s})^2(150 \text{ m}^2)}\left(\frac{1 \text{ kg·m/s}^2}{1 \text{ N}}\right) = 1.22$$

對於不帶襟翼的情況，對應於這個 C_L 值的攻角，由圖 10-33 求得為 $\alpha = 10°$。

(c) 當飛機平穩地巡航於一個恆定的高度時，作用在飛機上的淨力是零，因而由引擎所提供的推進力必須等於阻力。對於不帶襟翼的情況。對應於巡航升力係數 1.22 的阻力係數，從圖 10-33 求得為 $C_D \cong 0.03$，於是作用於機翼的阻力變成

$$F_D = C_D A \frac{\rho V^2}{2} = (0.03)(150 \text{ m}^2)\frac{(0.312 \text{ kg/m}^3)(155 \text{ m/s})^2}{2}\left(\frac{1 \text{ kN}}{1000 \text{ kg·m/s}^2}\right)$$

$$= 16.9 \text{ kN}$$

注意，功率是力乘以速度 (每單位時間的距離)，克服這個阻力所需的功率等於推進力乘以巡航速度：

$$\text{功率} = \text{推力} \times \text{速度} = F_D V = (16.9 \text{ kN})(155 \text{ m/s})\left(\frac{1 \text{ kW}}{1 \text{ kN·m/s}}\right)$$

$$= \mathbf{2620 \text{ kW}}$$

因此在巡航過程中，引擎必須提供 2,620 kW 的功率以克服作用於機翼的阻力。對於 30% 的推進效率 (即 30% 燃料的能量被用於推進飛機)，則飛機需要 8,730 kJ/ s 的能量輸入率。

討論：求出的功率只用來克服作用在機翼的阻力，並不包括作用於飛機其它部分 (機身、機尾等) 的阻力。因此，在巡航過程中所需的總功率將會遠大於此。此外，它不考慮誘導阻力，在起飛的過程中，當攻角很大時這可是佔有主導地位的 (圖 10-33 是用於 2-D 機翼，並不包含 3-D 效應)。

例題 10-6 ▶ 旋轉對網球的影響

一個質量 0.0570 kg、直徑 6.37 cm 的網球，以 72 km/h 速率被擊出後以 4800 rpm 逆向旋轉 (圖 10-40)。判定球在 1 atm 和 25°C 的空氣中被擊出後，重力與短暫的旋轉產生的升力的綜合效果下，球會落下還是上升。

解答：網球以逆向旋轉的方式被擊出。要判定被擊中後球會落下還是上升。

圖 10-40　例題 10-6 的示意圖。

假設：1. 球的表面足夠光滑，以至於圖 10-38 適用 (對網球而言，這是延伸使用)。2. 球被水平擊中，使它剛開始是水平運動。

性質：空氣的密度和運動黏度在 1 atm 和 25°C 時為 $\rho = 1.184$ kg/m^3 及 $\nu = 1.562 \times 10^{-5}$ m^2/s。

分析：球被水平擊中，因此在沒有旋轉的情況，它在受到重力的影響下通常會落下。逆向旋轉產生升力，如果升力大於球的重量，球會上升。升力由下式確定：

$$F_L = C_L A \frac{\rho V^2}{2}$$

其中，A 是球的迎風面積，$A = \pi D^2/4$。球的平移速度與角速度為

$$V = (72 \text{ km/h})\left(\frac{1000 \text{ m}}{1 \text{ km}}\right)\left(\frac{1 \text{ h}}{3600 \text{ s}}\right) = 20 \text{ m/s}$$

$$\omega = (4800 \text{ rev/min})\left(\frac{2\pi \text{ rad}}{1 \text{ rev}}\right)\left(\frac{1 \text{ min}}{60 \text{ s}}\right) = 502 \text{ rad/s}$$

那麼，旋轉的無因次轉動速率為

$$\frac{\omega D}{2V} = \frac{(502 \text{ rad/s})(0.0637 \text{ m})}{2(20 \text{ m/s})} = 0.80 \text{ rad}$$

從圖 10-38，對應於這個值的升力係數是 $C_L = 0.21$。然後作用於球的升力為

$$F_L = (0.21)\frac{\pi(0.0637 \text{ m})^2}{4}\frac{(1.184 \text{ kg/m}^3)(20 \text{ m/s})^2}{2}\left(\frac{1 \text{ N}}{1 \text{ kg} \cdot \text{m/s}^2}\right)$$

$$= 0.158 \text{ N}$$

球的重量為

$$W = mg = (0.0570 \text{ kg})(9.81 \text{ m/s}^2)\left(\frac{1 \text{ N}}{1 \text{ kg} \cdot \text{m/s}^2}\right) = 0.559 \text{ N}$$

這超過了升力。因此，球將會**落下**，在重力與短暫旋轉產生的升力的綜合效應下產生 $0.559 - 0.158 = 0.401$ N 的淨力。

討論：這個例子說明，給球一個逆向旋轉，球可以被擊得更遠。注意，上旋球有相反的效果 (負升

力)，並且加速球掉落至地面。另外，對於這個問題的雷諾數是 8×10^4，這充分地接近 6×10^4，圖 10-38。

也請記住，儘管有些旋轉可以增加球移動的距離，但存在一個最佳的旋轉，且是發射角的函數，現在大多數的高爾夫球員對此越來越清楚。太多的旋轉將引入過多的誘導阻力反而減小距離。

沒有提到威爾伯·萊特 (1867-1912) 和奧維爾·萊特 (1871-1948) 的貢獻，對升力和阻力的討論就不算是完整的。萊特兄弟是歷代真正最令人印象深刻的工程團隊。靠著自學，他們充分瞭解那個時代的航空理論與實務，並與該領域的其它領導者保持通信，且在專業期刊發表論文。雖然開發升力和阻力的概念不是他們的功勞，但是他們卻實現第一個比空氣重而有動力的、載人的受控飛行。之前有許多人失敗，但他們成功了，因為他們個別地評估與設計了零件。在萊特兄弟之前，實驗者都建造並測試整架飛機。直觀地說，這個方法無法判斷出要如何使飛機更好。當飛行只持續了片刻，你只能用猜測來找出設計上的弱點。因此，一架新飛機的表現並不一定比它的前輩更好。測試的結果只不過是一連串的機腹朝天。然而萊特兄弟改變了這一切，他們在風洞中使用比例模型及全尺寸模型，並且實地研究每一個部件。第一個動力飛行器組裝好之前，他們知道支持一架載人飛機的最佳機翼形狀所需的面積，以及用他們的改良螺旋槳提供足夠的推進力所需的引擎馬力。萊特兄弟不僅向世界展示如何飛翔，也告訴工程師如何用本章提供的方程式來設計更好的飛機。

總結

在這一章中，我們研究了流過沉浸體的流體流動，強調產生的升力和阻力。流體可以在物體的不同方向上施加作用力與力矩。流動的流體施加在物體上的力，沿著流動方向的為阻力，而垂直於流動方向的稱為升力。直接來自於壁面切應力 τ_w 的部分的阻力稱為表面摩擦阻力，因為它是由摩擦作用引起的，直接來自於壓力 P 的部分稱為壓力阻力或形狀阻力，因為它對物體的形狀有強烈相依性。

阻力係數 C_D 和升力係數 C_L 是表示一物體的阻力和升力特性的無因次參數，並且被定義為

$$C_D = \frac{F_D}{\frac{1}{2}\rho V^2 A} \quad \text{與} \quad C_L = \frac{F_L}{\frac{1}{2}\rho V^2 A}$$

其中 A 通常是物體的迎風面積 (投影垂直於流動方向的平面上的面積)。對於平板和機翼，A 被取為平面形狀面積，這是一個人從物體正上方所看到的面積。通常，阻力係數取決於雷諾數，特別是在 10^4 以下的雷諾數。在較高雷諾數，許多幾何形狀的阻力係數基本保持不變。

一個物體如果被有意識地嘗試用流場中預期的流線調整其形狀，以減少阻力就說是流線型的。否則，若一個物體 (例如建築物) 傾向阻礙流動，則被稱為非流線型的。 在足夠高的速度，流體流動會自物體表面分離。這稱為流動分離。當流體流動從物體分離時，它在物體與流動流體間

會形成分離區域。

分離也可能發生在流線型的物體，諸如攻角足夠大的飛機機翼，攻角是流動的流體與弦 (連接鼻端和尾端的線) 間的夾角。在機翼頂面上的流動分離會大幅度減小升力，並可能會導致飛機失速。

一個感受到由流體黏度引起的黏性剪應力的影響的表面上方的流動區域，稱為速度邊界層或是邊界層。邊界層厚度，δ，定義為從表面算起到速度是 0.99 V 時的距離。速度 0.99 V 的假想線將流過平板的流動分割成兩個區域：邊界層區域，在那裡黏滯效應與速度的變化是顯著的，以及無旋的外部流區域，在那裡摩擦效應可以忽略不計，且速度基本上保持恆定。

對於外流場，雷諾數表示為

$$\text{Re}_L = \frac{\rho V L}{\mu} = \frac{V L}{\nu}$$

其中，V 是上游速度，而 L 是幾何形狀的特徵長度，對平板而言，那是平板的沿流動方向的長度，對於圓柱或球體則為直徑 D。在整個平板上的平均摩擦係數為

層流：
$$C_f = \frac{1.33}{\text{Re}_L^{1/2}} \quad \text{Re}_L \leq 5 \times 10^5$$

紊流：
$$C_f = \frac{0.074}{\text{Re}_L^{1/5}} \quad 5 \times 10^5 \leq \text{Re}_L \leq 10^7$$

如果小於工程臨界值 $\text{Re}_{cr} = 5 \times 10^5$ 的流場被近似為層流，而超過的是紊流，則整個平板上的平均摩擦係數變成

$$C_f = \frac{0.074}{\text{Re}_L^{1/5}} - \frac{1742}{\text{Re}_L} \quad 5 \times 10^5 \leq \text{Re}_L \leq 10^7$$

在完全粗糙紊流區域中，平均摩擦係數的實驗數據的曲線擬合為

粗糙表面：
$$C_f = \left(1.89 - 1.62 \log \frac{\varepsilon}{L}\right)^{-2.5}$$

其中 ε 是表面粗糙度，而 L 是在流動方向的平板長度。在沒有一個更好的公式下，這個關係式可用在 $\text{Re} > 10^6$，具有粗糙表面的紊流上，特別是當 $\varepsilon/L > 10^{-4}$。

在一般情況下，在紊流中表面粗糙度會使阻力係數增大。然而，對於像是圓柱或球之類的鈍體，表面粗糙度的增加可以降低阻力係數。在較低的雷諾數時，我們藉由激紊的方法將流動變成紊流，因而造成流體收在物體後面，使尾流變窄並大幅降低壓力阻力，來做到這一點。

對機翼而言產生最大的升力及產生小阻力是有需要的。因此，機翼的性能的一個度量是升阻比，C_L/C_D。

飛機的最小安全飛行速度由下式決定：

$$V_{\min} = \sqrt{\frac{2W}{\rho C_{L,\max} A}}$$

對於一個給定的重量，藉由升力係數與機翼面積乘積 $C_{L,\max} A$ 的最大化，可以將降落或起飛速度最

小化。

對於飛機機翼及其它有限翼展的翼型體，下表面與上表面之間的壓力差驅動在翼尖的流體向上。這導致迴旋渦旋，稱為翼尖渦旋。與自由流交互作用的翼尖渦旋施加各個方向的作用力於翼尖，包括流動方向。在流動方向的作用力分量加到阻力中，稱為誘導阻力。於是機翼的總阻力為誘導阻力 (3-D 效應) 與機翼剖面的阻力 (2-D 效應) 的總和。

當一個在流場中的圓柱體或球體以足夠高的速率轉動，會產生升力，這種由固體旋轉產生升力現象稱為馬格努斯效應。

參考資料和建議讀物

1. I. H. Abbott. "The Drag of Two Streamline Bodies as Affected by Protuberances and Appendages," *NACA Report* 451, 1932.
2. I. H. Abbott and A. E. von Doenhoff. *Theory of Wing Sections, Including a Summary of Airfoil Data*. New York: Dover, 1959.
3. I. H. Abbott, A. E. von Doenhoff, and L. S. Stivers. "Summary of Airfoil Data," *NACA Report* 824, Langley Field, VA, 1945.
4. J. D. Anderson. *Fundamentals of Aerodynamics*, 5th ed. New York: McGraw-Hill, 2010.
5. R. D. Blevins. *Applied Fluid Dynamics Handbook*. New York: Van Nostrand Reinhold, 1984.
6. S. W. Churchill and M. Bernstein. "A Correlating Equation for Forced Convection from Gases and Liquids to a Circular Cylinder in Cross Flow," *Journal of Heat Transfer* 99, pp. 300-306, 1977.
7. S. Goldstein. *Modern Developments in Fluid Dynamics*. London: Oxford Press, 1938.
8. J. Happel and H. Brenner. *Low Reynolds Number Hydrodynamics with Special Applications to Particulate Media*. Norwell, MA: Kluwer Academic Publishers, 2003.
9. S. F. Hoerner. *Fluid-Dynamic Drag*. [Published by the author.] Library of Congress No. 64, 1966.
10. J. D. Holmes. *Wind Loading of Structures* 2nd ed. London: Spon Press (Taylor and Francis), 2007.
11. G. M. Homsy, H. Aref, K. S. Breuer, S. Hochgreb, J. R. Koseff, B. R. Munson, K. G. Powell, C. R. Roberston, S. T. *Thoroddsen*. *Multi-Media Fluid Mechanics* (CD) 2nd ed. Cambridge University Press, 2004.
12. W. H. Hucho. *Aerodynamics of Road Vehicles* 4th ed. London: Butterworth-Heinemann, 1998.
13. H. Schlichting. *Boundary Layer Theory*, 7th ed. New York: McGraw-Hill, 1979.
14. M. Van Dyke. *An Album of Fluid Motion*. Stanford, CA: The Parabolic Press, 1982.
15. J. Vogel. *Life in Moving Fluids*, 2nd ed. Boston: Willard Grand Press, 1994.
16. F. M. White. *Fluid Mechanics*, 7th ed. New York: McGraw-Hill, 2010.

應用聚焦燈 ── 阻力縮減

客座作者：Werner J. A. Dahm，密西根大學

對於作用於航空載具、海軍的水面載具或水下載具上的阻力，僅僅幾個百分比的減少，都能轉化為大量的燃油重量和運行成本的減少，或增加載具的航程與酬載。實現這種阻力縮減的一種方法是，主動地控制在載具表面上的紊流邊界層的黏性次層自然發生的流向旋渦。在任何紊流邊界層底部的薄黏性次層是一個功能強大的非線性系統，能夠將微致動器引起的微擾放大，造成載具阻力大大的縮減。大量的實驗、計算和理論研究已經表明，透過恰當地控制這些次層的結構，壁剪切應力減少 15% 到 25% 是有可能的。我們面臨的挑戰是開發用來操縱這些結構的大型密集的微致動器，以實現在實際航空與水航載具上的阻力縮減（圖 10-41）。次層的結構通常是幾百個微米，因此非常符合微機電系統 (MEMS) 的尺度。

圖 10-42 顯示一個基於電動力學原理的微尺度致動器陣列的實例，非常適合於在實際載具的主動次層控制。電動力流動提供一種在非常小的設備上以非常快的時間尺度移動少量流體的方法。致動器以一種抵消次層旋渦的影響的方式脈衝地在壁面與次層間移開固定體積的流體。基於獨立的單元小室系統結構，適合於這種大型微致動器陣列，大大地降低在個別的單元小室中的控制處理要求，小室中含有相對小的數量的個別感測器與致動器。統御電動力流動的比例原理的基本考量，以及次層的結構，動力學與微加工技術，已被用於開發與製造可滿足許多在真實載具的條件下紊流邊界層的主動次層控制需求的全尺寸電動力微致動器陣列。

這樣的微動電致動器 (MEKA) 陣列，當與同樣基於微機電系統製造的壁面剪應力感測器一起製造，可能在未來讓工程師能夠使作用於實際航空和水航載具的阻力獲得可觀的縮減。

圖 10-41 在一架潛艇的船體上的阻力縮減微致動器陣列。圖中顯示含有感測器與致動器的單元小室像磁磚般排列的系統結構。

圖 10-42 有 25,600 個 325 μm 間的隔單獨致動器的微動電致動器陣列 (MEKA-5) 作為全尺寸水航阻力縮減。一個單元小室（上）的放大圖以及整個陣列的部分圖（下）。

參考文獻

Diez-Garias, F. J., Dahm, W. J. A., and Paul, P. H., "Microactuator Arrays for Sublayer Control in Turbulent Boundary Layers Using the Electrokinetic Principle," *AIAA Paper No. 2000-0548*, AIAA, Washington, DC, 2000.

Diez, F. J., and Dahm, W. J. A., "Electrokinetic Microactuator Arrays and System Architecture for Active Sublayer Control of Turbulent Boundary Layers," *AIAA Journal*, Vol. 41, pp. 1906-1915, 2003.

習題

阻力、升力和阻力係數

10-1C 考慮流過平板的層流。局部摩擦係數如何隨位置變化？

10-2C 定義外流場中的物體的平面面積。什麼時候適合使用平面面積於阻力與升力的計算？

10-3C 上游速度與自由流速度之間的區別是什麼？對於什麼類型的流動，這兩個速度彼此相等？

10-4C 列舉一些需要大阻力的應用。

10-5C 什麼是升力？是什麼原因導致的呢？壁面剪力對升力有貢獻嗎？

10-6C 在流過某個像機翼這樣的細長物體的流動中，測得阻力、上游速度與流體密度。解釋你將如何決定升力係數。在你的計算中會使用什麼樣的面積？

10-7C 表面摩擦阻力和壓差阻力之間的區別是什麼？何者通常對像機翼這樣的細長物體更為重要？

10-8C 流線化對 (a) 摩擦阻力和 (b) 壓差阻力的影響是什麼？流線化的結果是否作用在物體上的總阻力必然變小？請解釋。

10-9C 什麼是跟車作用？它是如何影響作用於跟車物體的阻力係數？

10-10C 整流罩連在一個圓柱形物體的前部和背面，使其看起來更具流線型。這樣的修飾對 (a) 摩擦阻力，(b) 壓力阻力，以及 (c) 總阻力的影響是什麼？兩種情況均假設雷諾數夠高，假使流動是紊流的。

圖 P10-10C

10-11 作用在物體上的壓力和壁面剪切力的合力經測量為 580 N，與流動的方向成 35° 角。求作用於物體的阻力和升力。

圖 P10-11

10-12 一輛車正以 110 km/h 的等速度移動。求使用於流體流動分析的上游速度，假如 (a) 空氣很平靜，(b) 風以 30 km/h 逆著車子的運動方向吹，以及 (c) 風以 30 km/h 順著車子的運動方向吹。

10-13 比爾找到送披薩的工作。披薩公司讓他在車頂上安裝一個標誌。該標誌的迎風面積為 $A = 0.0569$ m^2，他估計在接近全速行駛時的阻力係數為 $C_D = 0.94$。與沒有標誌相比，估計比爾在車頂安裝這個標誌每年要額外多付多少錢在開車的燃料上。使用以下附加資訊：他每年開車約 16,000 km，平均速率 72 km/h。整部車子的效率是 0.332，$\rho_{燃料} = 804$ kg/m^3，而燃料的熱值是 45,700 kJ/kg。燃料成本為每公升 \$0.925。使用標準的空氣性質。留意單位換算。

10-14 以高速公路速率行駛，汽車引擎產生的動力有一半是用來克服氣動阻力，因此燃料消耗幾乎正比於平路的阻力。若一個人平常以 90 km/h 駕駛，現在開始以 120 km/h 駕駛時，求汽車單位時間內燃料消耗增加的比例。

10-15 風負載是在廣告牌的支撐結構設計中的首要考慮因素，從許多廣告牌在強風下被吹倒就可以為證。求以 90 km/h 垂直作用在 3.7 m 高、6 m 寬的廣告牌的風

第 10 章　外流場：阻力與升力　**459**

力，大氣的條件為 98 kPa 以及 5°C。
(Answer: 17,000 N)

10-16　一個 70 kg 的腳踏車騎士騎自行車下坡，在坡度 8° 的路上，沒有踩踏板或煞車。腳踏車騎士做直立姿勢時的迎風面積為 0.45 m² 且阻力係數 1.1，做賽車姿勢時的迎風面積為 0.4 m² 且阻力係數 0.9，不算滾動阻力和軸承摩擦，求騎車處於兩種姿勢時的終端速度。空氣密度為 1.25 kg/m³。(Answer: 70 km/h, 82 km/h)

10-17　一個直徑 0.90 m、高 1.1 m 的垃圾桶在早晨被發現由於夜間強風而吹倒。假設垃圾的平均密度為 150 kg/m³，並取空氣密度為 1.25 kg/m³，估計在夜間讓垃圾桶被吹倒的風速。垃圾桶的阻力係數取為 0.7。(Answer: 159 km/h)

10-18　一個直徑 7 m、總質量 350 kg 的熱氣球在無風的日子裡於空氣中靜止不動，突然該氣球受到 40 km/h 的風的作用，求氣球在水平方向的初始加速度。

10-19　為了減少阻力係數，從而提高汽車的燃料效率，近數十年來側後視鏡的設計從簡單的圓板到流線型的形狀發生巨大改變。求將一個 13 cm 直徑的平面後視鏡更換成一個有球形背面的後視鏡 (如圖所示)，每年節省燃料的量和金錢。假設汽車一年以 95 km/h 的平均速度行駛約 24,000 km。汽油的密度和價格分別為 0.75 kg/L 和 $0.90/L；汽油的熱值為 44,000 kJ/kg；引擎的整體效率為 30%。

圖 P10-19

流過平板的流動

10-20C　什麼流體性質與速度邊界層發展有關？速度在邊界層的厚度的影響是什麼？

10-21　考慮流過在平板的流體的層流流動。現在流體的自由流速度變成三倍。求在平板上阻力的變化。假設流動保持層流。
(Answer: 增加 5.20 倍)

10-22　以 95 km/h 移動的火車乘客車廂的頂面時為 2.1 m 寬、8 m 長。如果室外空氣是 1 atm 與 25°C，求作用在車廂的頂部表面的阻力。

圖 P10-22

10-23　在 20°C 的輕油以 2 m/s 的自由流速度流過一個 4.5 m 長的平板。求每單位板寬的總阻力。

10-24　大小 50 cm × 50 cm 的薄平板的重量在天秤上與質量為 2 kg 的秤錘達成平衡，如圖 P10-24 所示。現在打開一個風扇，1 atm 和 25°C 的空氣以 10 m/s 的速度向下流動通過平板的兩側 (在圖中的正面和背面)，求在這種情況下為了平衡平板所需添加的秤錘質量。

圖 P10-24

流過圓柱體或球體的流動

10-25C 在流過諸如圓柱這樣的鈍體的流動，如何區別摩擦阻力與壓力阻力？

10-26 一個直徑 0.1 mm、密度 2.1 g/cm^3 的灰塵被觀察到懸浮在 1 atm 與 25°C 的空氣中的某一定點。估計在該位置的空氣運動的上升氣流速度。假設斯托克斯定律是適用的。這是一個有效的假設嗎？
(Answer: 0.62 m/s)

10-27 考慮在 1 atm 與 5°C 的大氣中自由下落的直徑 0.8 cm 的冰雹。求冰雹的終端速度。冰雹的密度為 910 kg/m^3。

10-28 直徑 0.06 mm，密度 1.6 g/cm^3 的塵粒在大風中為不安定的，並且被風往上吹，上升到 200 m 的高度才安定下來。估計在 1 atm 和 30°C 的靜止空氣中，要花多久的時間灰塵顆粒才會落回到地面以及它的速度。不管塵埃粒子加速到其終端速度前的那段初始暫態期間，並假設斯托克斯定律是適用的。

10-29 一條直徑 6 mm 的電力傳輸線曝露在起風的空氣中。在有風的日子裡，求施加於一段長 160 m 的導線上的阻力，當空氣在 1 atm 與 15°C 時，並且風以 65 km/h 時吹過傳輸線。

升力

10-30C 為什麼對於機翼而言，黏滯效應對升力的貢獻通常可以忽略不計？

10-31C 什麼是失速？是什麼原因導致機翼失速？為什麼商用飛機不准在接近失速的條件下飛行？

10-32C 空氣以零攻角流過對稱機翼。作用於機翼的 (a) 升力與 (b) 阻力是零，還是非零？

10-33C 為什麼在起飛與著陸時，襟翼被用於大型飛機機翼的前緣和尾緣？沒有它們，飛機可以起飛或降落嗎？

10-34C 翼尖渦流 (從機翼到下部到上部的空氣環流) 對阻力和升力的影響是什麼？

10-35C 解釋為什麼端板或小翼會被添加到一些飛機機翼。

10-36 小型飛機在起飛設定時，有 35 m^2、升力係數 0.45 的機翼，以及 4000 kg 的總質量。求 (a) 這架飛機在標準大氣條件下的海平面處的起飛速度，(b) 機翼荷重，以及 (c) 保持以 300 km/h 的恆定速度巡航，巡航阻力係數 0.035，所需要的功率。

10-37 考慮一架起飛速度 220 km/h 的飛機，並且在海平面上起飛需要 15 s。對於機場在海拔 1600 m 處 (如丹佛市)，求這架飛機所需的 (a) 起飛速度，(b) 起飛時間，和 (c) 額外的跑道長度。兩種情況均假設為等加速度。

圖 P10-37

10-38 當巨型噴氣式飛機滿載著 400 多名乘客時的重量約 400,000 kg，且以 250 km/h 的速度起飛。求當飛機上有 100 個空位時的起飛速度。假設每位乘客連同行李為 140 kg，機翼和襟翼設定保持不變。
(Answer: 246 km/h)

10-39 質量為 57 g，直徑 6.4 cm 的網球以 105 km/s 的初速及 4200 rpm 的逆向旋轉角速度擊出。在重力與升力的組合效應下，由於擊出後短暫的旋轉，確定球是落下抑或上升？假設空氣是在 1 atm 和 25°C。

第 10 章　外流場：阻力與升力　**461**

圖 P10-39

兩個直徑 5 cm、高 4 m (露出部分) 的圓柱固定在寬 4 m、高 0.15 m 的矩形混凝土塊 (密度 = 2300 kg/m³) 上，如圖 P10-43 所示。如果該標誌要能承受速率 150 km/h 來自任意方向的風，求 (a) 面板上的最大阻力，(b) 作用在圓柱的阻力，以及 (c) 使廣告板能抵禦大風的混凝土塊的最小長度 L。空氣的密度為 1.30 kg/m³。

10-40　NACA 64(1)-412 機翼在 0° 攻角時具有 50 的升阻比，如圖 10-32 所示。在什麼樣的攻角時，此比率會增大到 80？

10-41　一架小型飛機擁有 1,800 kg 的總質量以及 42 m² 的機翼。當這架飛機以等速度 280 km/h 在 4000 m 的高空巡航，並且產生 190 kW 的功率時，求升力和阻力係數。

複習題

10-42　考慮一艘可以近似為一個直徑 3 m、長 8 m 的橢圓體飛船，並且與地面連接。在無風的日子，由於淨浮力效應的繩索張力經測定為 120 N。求當有 50 km/h 的風沿著飛船 (平行於飛船的軸) 吹時，繩索的張力。

圖 P10-42

10-43　一個高 2 m、寬 4 m 的長方形廣告板，用

圖 P10-43

10-44　一架商業飛機的總質量為 70,000 kg，機翼面積 170 m²。這架飛機有 900 km/h 的巡航速度及 11,500 m 的巡航高度，在那裡空氣的密度為 0.333 kg/m³。這架飛機有雙縫襟翼用於起飛和著陸，但巡航時收回所有襟翼。假設機翼的升力和阻力特性可以近似 NACA 23012。求 (a) 起飛和著陸時有張開襟翼與沒有張開襟翼的最小安全速度，(b) 穩定地在巡航高度巡航的攻角，以及 (c) 所需補充以提供足夠的推力來克服阻力的動力。空氣密度為 1.2 kg/m³。

10-45　傘兵和直徑 8 m 降落傘的重量為 950 N。取平均空氣密度為 1.2 kg/m³，求傘兵的終端速度。(Answer: 4.9 m/s)

圖 P10-45

10-46 在一般的打擊，一個直徑 9 cm 的平滑運動球速度為 36 km/h。假使球在 1 atm 和 25°C 的空氣中作 3500 rpm 的旋轉，求阻力係數增量的百分比。

10-47 17,000 kg 拖車具有迎風面積 9.2 m², 阻力係數 0.96, 滾動阻力係數 0.05 (車輛的重量乘以滾動阻力係數給出滾動阻力), 350 N 的軸承摩擦阻力及 110 km/h 的最大速率在平靜的天氣裡穩定地行駛於平路, 空氣密度為 1.25 kg/m³。現在整流罩安裝在拖車的前方以抑制流體分離, 並讓頂表面更接近流場的流線, 阻力係數因而降到 0.76。求用了這個整流罩後, 拖車的最大速度。(Answer: 133 km/h)

10-48 在一個實驗中，三個鋁球 (ρ_s = 2600 kg/m³) 直徑分別為 2、4 及 10 mm, 被丟進到一個充滿 22°C 的甘油 (ρ_f = 1274 kg/m³, μ = 1 kg/ m·s) 的罐子中。球的終端沉降速度經測定, 分別為 3.2、12.8 及 60.4 mm/s。將這些值與用阻力的斯托克斯定律 $F_D = 3\pi\mu DV$ 預測的速度作比較, 對非常低的雷諾數 (Re ≪ 1), 哪一個有效？求每一個案例的誤差, 並評估斯托克斯定律的準確性。

10-49 直徑 D = 2 mm、ρ_s = 2700 kg/m³ 的小鋁球被放入一個充滿著 40°C 的油 (ρ_f = 876 kg/m³, μ = 0.2177 kg/m·s) 的大容器中。如預料中雷諾數很小，因此阻力的斯托克斯定律 $F_D = 3\pi\mu DV$ 適用。證明速度隨時間的變化可表示為 $V = (a/b)(1 - e^{-bt})$，其中 $a = g(1 - \rho_f/\rho_s)$ 以及 $b = 18\mu/(\rho_s D^2)$。將速度隨時間的變化作圖, 並計算出球達到 99% 的終端速度時所花的時間。

10-50 藉由將一個球形物體丟入流體中，並測量物體的終端速度體, 我們可以用斯托克斯定律來求流體的黏度。當曲線變成線性時，這可以經由行進距離對時間的作圖與觀察做到。在這樣的實驗中，直徑 3 mm 的玻璃球 (ρ = 2500 kg/m³) 落入密度為 875 kg/m³ 的流體中, 並且終端速度經測量為 0.12 m/s。不考慮壁面的影響, 求流體的黏度。

圖 P10-50

基礎工程學 (FE) 試題

10-51 壓力與壁面剪力在垂直流動方向之分量總和稱為
(a) 阻力 (b) 摩擦力
(c) 升力 (d) 懸崖力
(e) 鈍力

10-52 某人以 110 km/h 的速度駕駛摩托車，空氣的溫度為 20°C。摩托車與駕駛的迎風面積為 0.75 m²。如果在這些條件下的阻

力係數經估計為 0.90，沿流動方向作用在車上的阻力是

(a) 379 N (b) 220 N
(c) 283 N (d) 308 N
(e) 450 N

10-53 跟在物體之後感受到物體影響的流動區域被稱為

(a) 尾流 (b) 分離區域
(c) 失速 (d) 旋渦
(e) 無旋的

10-54 10°C 的水以 0.55 m/s 的速度流過一個長 1.1 m 的平板。如果該板的寬度是 2.5 m，計算作用於平板頂側的阻力。(在 10°C 水的性質為：$\rho = 999.7$ kg/m^3、$\mu = 1.307 \times 10^{-3}$ kg/ m·s。)

(a) 0.46 N (b) 0.81 N
(c) 2.75 N (d) 4.16 N
(e) 6.32 N

10-55 空氣在 30°C 以 6m/s 的速度流過外徑 3.0 cm、長 45 m 的管道。計算空氣施加在管道的阻力。(在 30°C 空氣性質為：$\rho = 1.164$ kg/m^3、$\nu = 1.608 \times 10^{-5}$ m^2 /s。)

(a) 19.3 N (b) 36.8 N
(c) 49.3 N (d) 53.9 N
(e) 60.1 N

10-56 一架飛機總質量 18,000 kg，機翼的平面面積 35 m^2。在地面上的空氣的密度是 1.2 kg/m^3。最大升力係數為 3.48。當襟翼展開時，起飛和著陸的最小安全速度為

(a) 305 km/h (b) 173 km/h
(c) 194 km/h (d) 212 km/h
(e) 246 km/h

10-57 一架飛機以速度 800 km/h 的速度在密度是 0.526 kg/m^3 的空氣中巡航。飛機有 90 m^2 的機翼平面面積。在巡航條件下，升力和阻力係數估計分別為 2.0 和 0.06。提供足夠的推進力，以克服機翼阻力所需要的功率為

(a) 9,760 kW (b) 11,300 kW
(c) 15,600 kW (d) 18,200 kW
(e) 22,600 kW

設計與小論文題

10-58 書寫一份關於用於大型商用飛機機翼的前端與後端襟翼的報告。討論在起飛及著地時，襟翼如何影響阻力和升力係數。

10-59 許多司機關掉他們的空調，並搖下車窗，希望節省燃料。但有一種說法是，這種看起來好像"免費的冷氣"實際上卻增加某些汽車的燃料消耗。研究這件事並寫一份關於哪種作法在什麼條件下節省汽油的報告。

明渠流

Chapter 11

學習目標

讀完本章後,你將能夠

■ 瞭解明渠中的流動與管路中被加壓的流動的區別。
■ 學到明渠中的不同流動區域及它們的特性。
■ 預測流動中是否會發生水躍,並計算水躍時,能量耗散的比率。
■ 瞭解如何使用水閘門及堰來量測明渠中的流動率。

明渠流 (open-channel flow) 意指在對大氣開放的渠道中進行的流動,但是管道中的流動如果液體並沒有完全充滿管道,以致有自由表面也是明渠流。明渠流中的液體 (通常是水或廢水) 只對一種氣體曝露 (通常是空氣,其是在大氣壓力下)。

管中的流動由重力或壓力差驅動,而渠道中的流動自然是由重力驅動的。例如,河中的流水是由上游與下游的高度差所驅動的。一條明渠中的流率是重力與摩擦力之間動力平衡所建立的。液體流動的慣性力在不穩定流中也會變得重要。自由表面與水力坡線 (HGL) 一致,並且沿著自由表面的壓力是常數。但是從渠道底部到自由表面的高度及沿著渠道的流動截面積的所有尺寸並不是事先就知道的 —— 它們會隨著平均流速而改變。

本章我們介紹明渠流的基本原理,以及具有常見截面的渠道中的穩定的一維流動的相關的關係式。詳細的訊息可以從幾本討論這個主題的書中得到,其中一些列在參考資料和建議讀物中。

11-1　明渠流的分類

　　明渠流意指在對大氣開放的渠道中或在部分充滿液體的流道中的流動，其特徵是存在著液體—氣體的介面，稱為自由表面。大多數實際上會遭遇到的自然流動，例如小溪、河流及洪水中水的流動，或是高速公路、停車場與屋頂上的雨水的排洩都是明渠流。人造的明渠流系統包括灌溉系統、污水管線、排水溝與邊溝，如何設計這種系統是一個重要的工程應用領域。

　　在一個明渠中，邊壁與底面上的流速為零，原因是無滑動條件，而渠道截面是對稱的幾何形狀時，最大速度是在中間平面上，並且一般在稍低於自由表面的位置上，如圖 11-1 所示。[由於二次流的關係 (即使在很窄的平直渠道中也會發生)，最大軸向速度發生在低於自由表面的位置，通常在 25% 深度的範圍之內。] 再者，對大多數的情況，流速在流動方向也會改變。因此，明渠中的速度分佈 (即流動) 一般是三維的。然而在工程實踐中，方程式通常是用渠道的一個截面上的平均速度寫出來的。因為平均速度只隨流向距離 x 而變，V 是一個一維的變數。一維化讓以手算來簡單地求解真實世界的問題變得可能，因此在本章中我們的討論限制在可以使用一維平均速度的流動上。不管其簡單性，一維的方程式提供了極正確的結果，並且在實務中經常被使用。

圖 11-1 一個梯形截面的明渠流的典型的軸向速度輪廓圖；數值是相對於平均速度的。

　　在渠道壁上的無滑動條件造成速度梯度，並使壁面剪應力 τ_w 沿著濕邊發展出來。在一個給定的截面上，壁面剪應力沿著濕邊變化並對流動造成阻力。這個阻力的大小相依於流體的黏度與壁面上的速度梯度，且會受壁面粗糙度影響。

　　明渠流也可被分類為穩定的或不穩定的。如果在一個給定的位置上，流動不隨時間而變，就稱為穩定的。在明渠流中一個代表性的量是流動深度 (flow depth) (或替代地，平均速度)，可能會沿著渠道改變。如果流動深度在沿渠道的任何一個位置上都不隨時間而變，此流動就稱為是穩定的 (雖然它從一個位置到另一個位置可以改變)；否則流動就是不穩定的。本章我們只討論穩定流。

均勻流與變速流

　　明渠流也被分類為均勻的或不均勻的 (也稱為變速的)，端視流動深度 y (從渠道底部到自由表面的垂直距離) 如何沿著渠道改變而定。如果流動深度 (從而平均速度) 維持不變，明渠流就稱為均勻的 (uniform)；否則流動就稱為是不均勻的或變速的 (nonuniform 或 varied)，即指流動深度在流道方向隨著距離而改變。均勻流條件在實務中常見於長而直的渠道段，且具有等斜率、等粗糙度與等截面積的流動中。

第 11 章 明渠流 **467**

在具有等斜率且等截面積的明渠中，液體加速直到由於摩擦效應所造成的水頭損失等於高度下降量為止。此時液體達到其終端速度，而均勻流建立起來了。流動維持均勻的，只要渠道的斜率、截面積與表面粗糙度維持不變。均勻流的流動深度稱為正常水深 (normal depth) y_n，其在明渠流中是一個重要的特徵參數 (圖 11-2)。

圖 11-2 在一個明渠流的均勻流中，流動深度與平均流速 V 維持為常數。

在明渠中出現的障礙物，例如一個閘門或在斜率或截面上的變化，會造成流動深度的改變，從而使流動變成變速的或不均勻的。這種變速流在自然的或人造的明渠 (例如河流、灌溉系統與污水管線) 中都很常見。如果流動深度在流動方向的一個相當短的距離內有很明顯的改變，這種變速流就稱為急變流 (rapidly varied flow, RVF) (例如水流通過一個部分開啟的閘門或流過瀑布)。如果流動深度在流動方向的一段很長的距離之間逐漸改變，就稱為漸變流 (gradually varied flow, GVF)。一個漸變流區域通常發生在急變流與均勻流區域之間，如圖 11-3 所示。

在漸變流中，我們可以使用一維的平均速度，就像在均勻流中所做的。然而對於急變流，平均速度並不是最有用或最適當的參數。因此，急變流的分析是非常複雜的，特別當流動是不穩定時 (例如岸邊的破浪)。對於一個已知的排放率，一個指定的明渠流中的一個漸變流區域的流動高度 (即自由表面的高度) 可以從一個流動條件為已知的截面積開始，用逐步的方法來決定之，並計算每一步中的水頭損失、高度下降及平均速度。

渠道中的層流與紊流

像管流一樣，明渠流可以是層流、過渡流或紊流，視雷諾數的值而定，雷諾數可表示為

$$\mathrm{Re} = \frac{\rho V R_h}{\mu} = \frac{V R_h}{\nu} \tag{11-1}$$

圖 11-3 一個明渠中的均勻流 (UF)、漸變流 (GVF) 與急變流 (RVF)。

其中 V 是平均液體速度，ν 是運動黏度，而 R_h 是水力半徑 (hydraulic radius) 定義為截面積 A_c 與濕邊長 p 的比。

水力半徑：
$$R_h = \frac{A_c}{p} \quad (m) \tag{11-2}$$

考慮到明渠通常有相當不規則的截面，水力半徑可以作為特徵長度，並且在處理明渠時帶來一致性。同時，一個明渠中的整個均勻流動段的雷諾數是常數。

你可能會預期水力半徑被定義為水力直徑的一半，但不幸的是，情況並非如此。回想管流的水力直徑 D_h 被定義為 $D_h = 4A_c/p$，使圓管的水力直徑正好就是圓管直徑。水力半徑與水力直徑的關係是

水力直徑：
$$D_h = \frac{4A_c}{p} = 4R_h \tag{11-3}$$

因此，我們看出來事實上水力半徑是水力直徑的 1/4 而不是 1/2（圖 11-4）。

圖 11-4 水力半徑與水力直徑的關係可能不是你預期的。

所以，一個基於水力半徑的雷諾數是基於水力直徑作為特徵尺寸的雷諾數的 1/4。因此，在管流中當 Re ≤ 2000 為層流時，但在明渠流中卻是 Re ≤ 500 為層流就不奇怪了。同時，明渠流一般當 Re ≥ 2500 時是紊流，而在 500 ≤ Re ≤ 2500 時是過渡流。層流是當一細層水流（例如雨水從路面或停車場排洩時）以低速度流動時會遭遇到。

水在 20°C 的運動黏度是 1.00×10^{-6} m^2/s，而明渠中的平均流速通常高於 0.5 m/s。同時，水力半徑一般大於 0.1 m。因此，明渠中的水流的雷諾數一般會大於 50,000，使流動幾乎總是紊流的。

注意濕邊包括渠道中與液體接觸的兩邊與底邊，但不包括自由表面，及兩邊與空氣接觸的部分。例如一個矩形渠道，高度 h、寬度 b 且含水的深度為 y，其濕邊長與截面積分別為 $p = b + 2y$，$A_c = yb$。因此，

矩形渠道：
$$R_h = \frac{A_c}{p} = \frac{yb}{b + 2y} = \frac{y}{1 + 2y/b} \tag{11-4}$$

作為另一個例子，一個寬度為 b 的停車場，排水深度為 y 時的水力半徑為（圖 11-5）

深度 y 的液體層：
$$R_h = \frac{A_c}{p} = \frac{yb}{b + 2y} \cong \frac{yb}{b} \cong y \tag{11-5}$$

(a) 圓渠道 (θ 用弧度)
$A_c = R^2(\theta - \sin\theta\cos\theta)$
$p = 2R\theta$
$R_h = \dfrac{A_c}{p} = \dfrac{\theta - \sin\theta\cos\theta}{2\theta}R$

(b) 梯形渠道
$R_h = \dfrac{A_c}{p} = \dfrac{y(b + y/\tan\theta)}{b + 2y/\sin\theta}$

(c) 矩形渠道
$R_h = \dfrac{A_c}{p} = \dfrac{yb}{b+2y} = \dfrac{y}{1+2y/b}$

(d) 厚度 y 的液體薄層
$R_h = \dfrac{A_c}{p} = \dfrac{yb}{b+2y} \cong \dfrac{yb}{b} \cong y$

圖 11-5 各種明渠幾何的水力半徑關係式。

因為 $b \gg y$。因此，一個液體薄層在一個很大表面上的流動的水力半徑簡單地即為液體層的厚度。

11-2　福勞數與波速

明渠流也可分類為次臨界 (subcritical)、臨界 (critical) 或超臨界 (super critical)，端視在第 7 章中定義的無因次的福勞數的數值而定。福勞數定義為

福勞數：
$$\text{Fr} = \dfrac{V}{\sqrt{gL_c}} \tag{11-6}$$

其中 g 是重力加速度，V 是在一個截面的平均液體速度，而 L_c 是特徵長度。對寬的矩形渠道，L_c 取為流動深度 y，因此 $\text{Fr} = V/\sqrt{gy}$。福勞數是一個重要參數，主宰著明渠流的流動特性。流動可以分類為

Fr < 1　　次臨界流或靜流 (tranquil flow)

Fr = 1　　臨界流　　　　　　　　　　　　　　　　　　(11-7)

Fr > 1　　超臨界流或急變流 (rapid flow)

這類似可壓縮流中相對於馬赫數的分類：對於 Ma < 1 為次音速；對於 Ma = 1 為音速，及對於 Ma > 1 為超音速 (圖 11-6)。的確，福勞數的分母有速度的因次，它代表微小擾動在靜止液體中移動的速度 c_0，這是本節稍後要證明的。因此類似於馬赫數，福勞數代表流速對波速之比，Fr = V/c_0，就像馬赫數代表流速對音速之比，Ma = V/c。

福勞數也代表慣性力 (或動力) 對重力 (或重量) 之比的平方根。這可以藉由將福勞數平方 V^2/gL_c 的分子與分母都乘以 ρA 來說明，其中 ρ 是密度，A 是代表性面積，這給出

$$\mathrm{Fr}^2 = \frac{V^2}{gL_c}\frac{\rho A}{\rho A} = \frac{2(\tfrac{1}{2}\rho V^2 A)}{mg} \propto \frac{慣性力}{重力} \qquad (11\text{-}8)$$

可壓縮流	明渠流
Ma = V/c	Fr = V/c_0
Ma < 1 次音速流	Fr < 1 次臨界流
Ma = 1 音速流	Fr = 1 臨界流
Ma > 1 超音速流	Fr > 1 超臨界流

V = 音速
$c = \sqrt{kRT}$ = 聲速 (理想氣體)
$c_0 = \sqrt{gy}$ = 波速 (液體)

圖 11-6 可壓縮流中的馬赫數與明渠流中福勞數之間的相似性。

其中 $L_c A$ 代表體積，$\rho L_c A$ 是此流體體積的質量，而 mg 是重量，分子是慣性力 $\tfrac{1}{2}\rho V^2 A$ 的兩倍，其可被想成是動壓 $\tfrac{1}{2}\rho V^2$ 乘以截面積 A。因此，明渠中的流動，當福勞數大的時候由慣性力主宰，當福勞數小的時候則由重力主宰。

因此在低流速時 (Fr < 1)，小擾動向上游移動 (相對於一個靜止觀察者以速度 $c_0 - V$) 並影響上游的條件，此稱為次臨界流或靜流；但是當高流速時 (Fr > 1)，小擾動不能向上游移動 (事實上，此波動以相對於一個靜止觀察者的速度 $V - c_0$ 被沖向下游)，上游的條件無法被下游的條件所影響，此稱為超臨界流或急變流。此種情況的流動被上游的條件所控制。因此一個表面波當 Fr < 1 時向上游移動；當 Fr > 1 時被沖向下游；而當 Fr = 1 時似乎是在表面上凍住了。再者，當水深相對於擾動的波長是淺的時候，表面波的速度隨著流動深度 y 而增加，因此一個表面擾動在深渠道中傳播的速度較在淺渠道中快上許多。

考慮一個液體以體積流率 $\dot{V}$ 在一個截面積 A_c 的矩形明渠道中的流動，當流動是臨界的時候，Fr = 1，且其平均速度為 $V = \sqrt{gy_c}$，其中 y_c 是**臨界深度** (critical depth)。注意 $\dot{V} = A_c V = A_c \sqrt{gy_c}$，臨界深度可被表示為

臨界深度 (一般)：
$$y_c = \frac{\dot{V}^2}{gA_c^2} \qquad (11\text{-}9)$$

對一個寬度 b 的矩形渠道，我們有 $A_c = by_c$，因此臨界深度關係式簡化成

臨界深度 (矩形)：
$$y_c = \left(\frac{\dot{V}^2}{gb^2}\right)^{1/3} \tag{11-10}$$

對於次臨界流，液體的深度 $y>y_c$；對於超臨界流，則是 $y<y_c$ (圖 11-7)。

就像在可壓縮流中一樣，一個液體可以從次臨界流加速到超臨界流。當然，也可以從超臨界流減速到次臨界流，這可由經歷一個震波來做到。在此情況的震波被稱為**水躍** (hydraulic jump)，它對應到可壓縮流中的正震波。因此，明渠流與可壓縮流的相似性是很顯著的。

表面波的速度

我們都熟悉在海洋、湖泊、河流，甚至在游泳池的自由表面上形成的水波。表面波可以很高，像我們在海洋中見到的，也有剛好可以察覺的。有些表面波是平滑的，有些則在表面破碎。對波運動的基本瞭解在研究明渠流的某些方面是必須的。這裡我們只提出一個簡潔的描述。波運動的比較詳細地論述可以從許多描寫這個主題的書裡發現。

研究明渠流時一個重要的參數是波速 (wave speed) c_0，這是一個表面擾動在液體中移動的速度。考慮一個長且寬的渠道，開始時包含一個高度為 y 的靜止液體。渠道的一端被以速度 δV 移動，產生了一個高度 δy 的表面波以速度 c_0 朝向靜止液體傳播，如圖 11-8a 所示。

現在考慮一個圍繞著波前的控制體積並隨著它移動，如圖 11-8b 所示。對一個隨著波前移動的觀察者而言，其右邊的液體似乎以速度 c_0 流向波前，而其左邊的液體似乎是以速度 $c_0 - \delta V$ 離開波前。當然觀察者會認為圍繞波前 (包括他自己) 的控制體積似乎是靜止的，並且他看到的是一個穩定流過程。

對這個寬度 b 的控制體積的穩定流，其質量守恆 $\dot{m}_1 = \dot{m}_2$ (或連續方程式) 可以被表示為

$$\rho c_0 yb = \rho(c_0 - \delta V)(y + \delta y)b \quad \rightarrow \quad \delta V = c_0 \frac{\delta y}{y + \delta y} \tag{11-11}$$

我們做以下的近似：(1) 速度在跨過渠道方向幾乎是常數，因此動量通量修正因子 (β_1 與 β_2) 為 1；(2) 跨過波的距離很短，因此底面的摩擦力與頂面的空氣阻

圖 11-7 用臨界深度來定義的次臨界流與超臨界流。

(a) 一個波的產生與傳播

(b) 相對於與波一起移動的觀察者的控制體積，上面顯示的是錶壓力的分佈。

圖 11-8 在一個明渠中，一個波的產生與分析。

力都是可忽略的；(3) 動力效應可以忽略，因此液體中的壓力是靜水力分佈的，$P_{1,\text{avg}} = \rho g h_{1,\text{avg}} = \rho g(y/2)$ 與 $P_{2,\text{avg}} = \rho g h_{2,\text{avg}} = \rho g(y + \delta y)/2$；(4) 質量流率是常數，即 $\dot{m}_1 = \dot{m}_2 = \rho c_0 y b$；與 (5) 沒有外力或物體力，因此作用在控制體積的水平 x- 方向的唯一力量是壓力。動量方程式 $\sum \vec{F} = \sum_{\text{out}} \beta \dot{m} \vec{V} - \sum_{\text{in}} \beta \dot{m} \vec{V}$ 在 x- 方向變成靜水壓力與動量傳遞之間的平衡，

$$P_{2,\text{avg}} A_2 - P_{1,\text{avg}} A_1 = \dot{m}(-V_2) - \dot{m}(-V_1) \tag{11-12}$$

注意進口與出口平均速度兩者都是負的，因為它們是在負 x- 方向。代入，

$$\frac{\rho g(y + \delta y)^2 b}{2} - \frac{\rho g y^2 b}{2} = \rho c_0 y b(-c_0 + \delta V) - \rho c_0 y b(-c_0) \tag{11-13}$$

或，

$$g\left(1 + \frac{\delta y}{2y}\right)\delta y = c_0 \, \delta V \tag{11-14}$$

結合動量和連續關係式，並重新整理得到

$$c_0^2 = gy\left(1 + \frac{\delta y}{y}\right)\left(1 + \frac{\delta y}{2y}\right) \tag{11-15}$$

因此，波速 c_0 與波高度 δy 成正比。對於無限小的表面波，$\delta y \ll y$，因此

無限小的表面波：
$$c_0 = \sqrt{gy} \tag{11-16}$$

因此，無限小的表面波的速度正比於液體深度的平方根。再一次注意這個分析只對淺液體物體有效，例如在明渠中遭遇到的；否則，深液體物體的波速與深度是無關的，例如海洋。波速也可以用能量平衡關係式來決定以代替用動量方程式與連續方程式的結合。注意波最後會因為黏性效應而消失，這在分析中是被忽略的。同時，對於在非矩形截面的渠道中的流動，水力深度 (hydraulic depth) (定義為 $y_h = A_c/L_t$，其中 L_t 是流動段的上部寬度) 應該代替流動深度被使用在福勞數的計算中。例如，對一個半滿的圓形渠道，水力深度為 $y_h = (\pi R^2/2)/2R = \pi R/4$。

我們從經驗知道，當一塊石頭被丟進湖裡時，形成的同心水波向所有方向均勻的傳播並且在一段距離後消失了。但是當石頭被丟進一條河流時，如果流動是靜流或次臨界流 ($V < c_0$)，波的上游側向上游移動；但如果流動是急流或超臨界流 ($V > c_0$) 則向下游移動；而在流動是臨界流時 ($V = c_0$)，波在其產生的位置維持靜止。

你可能會奇怪，為什麼我們對流動是次臨界的或超臨界的這麼關心。原因是流動的特性，強烈受到此現象影響。例如，一塊在河床上的岩石，可能造成在那個位置的水面高度上升或下降，視流動是次臨界的或超臨界的而定。同時，在次臨界流中，液體的高度在流動的方向逐漸下降，但是在超臨界流中 (Fr > 1)，當流動減速至次臨流時 (Fr < 1)，液體高度會有一個突然的上升，稱為水躍。

圖 11-9　經過一個水閘門的超臨界流動。

這個現象可以在一個水閘門的下游發生，如圖 11-9 所示。液體以次臨界速度接近水閘門，但是上游液體的高度夠高，當其經過閘門時 (就像氣體在一個收縮-擴張噴嘴中流動一樣)，會被加速至超臨界的水準。但如果渠道下游段的坡度向下程度不夠，就不能夠維持這個超臨界速度，使得液體躍升至一個較高的水位並有較大的截面積，從而得到一個較低的次臨界速度。最後，在河流、運河與灌溉系統中的流動一般都是次臨界的。但是經過水閘門與溢洪道的流動一般是超臨界的。

下次你洗盤子時，你可以創造一個漂亮的水躍。讓水龍頭的水沖擊餐盤的中央。當水向外沿徑向流出去時，其深度減小了，並且流動是超臨界的。終於，一個水躍產生了，你可以從突然的水深增加看到這個現象。試試看吧！

11-3　比能量

考慮液體在渠道中流動，在一個截面的流動深度是 y 的位置，平均速度是 V，而渠道底部相對於某個基準參考平面是 z。為簡單起見，我們忽略液體速度在截面上的變化，並假設每個地方的速度都是 V。渠道中這個液體的總機械能可以用水頭表示為 (圖 11-10)

$$H = z + \frac{P}{\rho g} + \frac{V^2}{2g} = z + y + \frac{V^2}{2g} \tag{11-17}$$

其中 z 是高度水頭，$P/\rho g = y$ 是錶壓水頭，而 $V^2/2g$ 是速度或動力水頭。總能量如式 (11-17) 所表示的並不是一個流動流體的真實能量的一個寫實的表示，因參考基準面的選擇，從而使得高度水頭的值是相當隨意的。如果渠道的底面被取為參考基準面使那裡成為 $z = 0$ 的位置，流體在一個截面的內在能量可以更真實地被表示，那麼流體的總機械能用水頭表示變成是壓力水頭與動力水頭的總和。一個明渠中的流體的壓力與動力水頭的總和稱為比能量 (specific energy) E_s，並且被表示為 (Bakhmeteff, 1932)

$$E_s = y + \frac{V^2}{2g} \qquad (11\text{-}18)$$

如圖 11-10 所示。

考慮在一個矩形截面的明渠中的流動,其寬度 b 為常數。體積流率是 $\dot{V} = A_c V = ybV$,平均流速是

$$V = \frac{\dot{V}}{yb} \qquad (11\text{-}19)$$

圖 11-10 明渠中液體的比能量 E_s 是相對於渠道底部的總機械能 (用水頭表示)。

代入式 (11-18),比能量變成

$$E_s = y + \frac{\dot{V}^2}{2gb^2y^2} \qquad (11\text{-}20)$$

這方程式很具有教育性,因為它顯示出比能量隨流動深度的變化。在一個明渠的穩定流中,流率是常數,且在 V 與 b 為常數下,E_s 相對於 y 的變化示於圖 11-11 中。從此圖我們觀察到以下幾點:

圖 11-11 在一個指定流率下,比能量 E_s 相對於深度 y 的變化。

- 從垂直的 y- 軸上的一點到曲線的距離代表在那個 y- 值的比能量。從 $E_s = y$ 的線到曲線的部分對應流體的動力水頭 (或動水頭),而剩下的部分代表壓力水頭 (或位能水頭)。

- 當 $y \to 0$ 時,比能量趨近無限大 (由於速度趨近無限大),而當 y- 值很大時,比能量變成等於流動深度 (因為速度,從而是動能,變成很小)。比能量在某個中間位置達到一個最小值,稱為臨界點 (critical point),特徵是臨界深度 (critical depth) y_c,與臨界速度 (critical velocity) V_c。最小的比能量也稱為臨界能量 (critical energy)。

- 有一個最小的比能量 $E_{s,\,min}$ 需要用來支撐指定的流率 $\dot{V}$。因此對於一個給定的 $\dot{V}$,E_s 不能夠低於 $E_{s,\,min}$。

- 一條水平線與比能量曲線僅在一點相交,因此一個固定的流動深度對應到一個固定的比能量。這是預期的,因為當 $\dot{V}$、b 與 y 被指定時,速度只能有一個固定值。然而,對於 $E_s > E_{s,\,min}$,一條垂直線與曲線相交於兩點,顯示一個流動可以有兩個不同的深度 (因此兩個不同的速度) 對應到比能量的一個固定值。這兩個深度稱為交替深度 (alternate depths)。對於通過一個水閘門的流動,忽略摩擦損失 (因此 $E_s =$ 常數),上面的深度對應上游的流動,而下面的深度對應下游的流動 (圖 11-12)。

- 靠近臨界點時，比能量的一個微小改變會造成交替深度之間的大差異，並且可能造成流動高度的劇烈擾動。因此在設計明渠流時，應該儘量避免靠近臨界點的操作。

發生最小比能量與臨界深度的值可以把式 (11-20) 中的 E_s 在 b 與 $\dot{V}$ 為常數下對 y 作微分，並令微分為零來決定：

$$\frac{dE_s}{dy} = \frac{d}{dy}\left(y + \frac{\dot{V}^2}{2gb^2y^2}\right) = 1 - \frac{\dot{V}^2}{gb^2y^3} = 0 \tag{11-21}$$

圖 11-12 一個水閘門說明交替深度 —— 水閘門上游較深的液體與水閘門下游較淺的液體。

解出 y，其為臨界深度 y_c，得到

$$y_c = \left(\frac{\dot{V}^2}{gb^2}\right)^{1/3} \tag{11-22}$$

在臨界點的流率可以被表示為 $\dot{V} = y_c b V_c$，代入可以求得臨界速度為

$$V_c = \sqrt{gy_c} \tag{11-23}$$

此即為波速。此點的福勞數是

$$\text{Fr} = \frac{V}{\sqrt{gy}} = \frac{V_c}{\sqrt{gy_c}} = 1 \tag{11-24}$$

指出最小比能量的點的確是臨界點，並且當比能量達到其最小值時，流動變成臨界的。

流動在較低流速，即較高流動深度 (圖 11-11 的曲線的上臂) 時是次臨界的；在較高流速，即較低流動深度 (曲線的下臂) 時是超臨界的；而在臨界點 (最小比能量的點) 是臨界的。

注意因 $V_c = \sqrt{gy_c}$，最小的 (或臨界的) 比能量可以僅用臨界深度來表示為

$$E_{s,\min} = y_c + \frac{V_c^2}{2g} = y_c + \frac{gy_c}{2g} = \frac{3}{2}y_c \tag{11-25}$$

在均勻流中，流動深度、流速及比能量維持為常數，因為 $E_s = y + V^2/2g$。水頭損失由高度的下降彌補 (渠道在流動的方向向下傾斜)。然而，在不均勻流中，比能量可能增加或減小，端視渠道斜率與摩擦損失而定。例如，若跨過一個流段的高度下降大於那一段的水頭損失，比能量增加的量等於高度下降量與水頭損失的差異量。比能量的觀念在研究變速流時是一個特別有用的工具。

例題 11-1 ▶ 流動與交替深度的特徵

水穩定地在一個 0.4 m 寬的矩形渠道中以流率 0.2 m³/s 流動 (圖 11-13)。如果流動深度是 0.15 m，試求流速並決定流動到底是次臨界的或超臨界的。同時決定當流動特徵改變時的交替深度。

解答： 考慮水在矩形渠道中的流動。要決定流動特徵、流速與交替深度。

假設： 比能量是常數。

解析： 平均流速如下決定：

$$V = \frac{\dot{V}}{A_c} = \frac{\dot{V}}{yb} = \frac{0.2 \text{ m}^3/\text{s}}{(0.15 \text{ m})(0.4 \text{ m})} = \textbf{3.33 m/s}$$

圖 11-13 例題 11-1 的示意圖。

這個流動的臨界深度是

$$y_c = \left(\frac{\dot{V}^2}{gb^2}\right)^{1/3} = \left(\frac{(0.2 \text{ m}^3/\text{s})^2}{(9.81 \text{ m/s}^2)(0.4 \text{ m})^2}\right)^{1/3} = 0.294 \text{ m}$$

因此，流動是**超臨界的**，因為實際的流動深度是 $y = 0.15$ m 且 $y < y_c$。另一種決定流動特徵的方法是計算福勞數，

$$\text{Fr} = \frac{V}{\sqrt{gy}} = \frac{3.33 \text{ m/s}}{\sqrt{(9.81 \text{ m/s}^2)(0.15 \text{ m})}} = 2.75$$

再一次確定流動是超臨界的，因為 Fr > 1。在給定條件下的比能量是

$$E_{s1} = y_1 + \frac{\dot{V}^2}{2gb^2y_1^2} = (0.15 \text{ m}) + \frac{(0.2 \text{ m}^3/\text{s})^2}{2(9.81 \text{ m/s}^2)(0.4 \text{ m})^2(0.15 \text{ m})^2} = 0.7163$$

然後交替深度可以從 $E_{s1} = E_{s2}$ 來決定，

$$E_{s2} = y_2 + \frac{\dot{V}^2}{2gb^2y_2^2} \quad \rightarrow \quad 0.7163 \text{ m} = y_2 + \frac{(0.2 \text{ m}^3/\text{s})^2}{2(9.81 \text{ m/s}^2)(0.4 \text{ m})^2 y_2^2}$$

解出 y_2 就得到交替深度為 $y_2 = \textbf{0.69 m}$。因此如果流動特徵從超臨界變成次臨界，並維持比能量為常數時，流動深度會從 0.15 m 上升至 0.69 m。

討論： 注意如果水在等比能量下經歷一個水躍 (動能損失等於位能增加)，流動深度會上升至 0.69 m，前提是渠道邊壁要有足夠高度。

11-4 質量與能量守恆方程式

明渠流牽涉到的液體，其密度幾乎是常數，因此一維穩定流的質量守恆方程式被表示為

$$\dot{V} = A_c V = 常數 \tag{11-26}$$

也就是流動的截面積與平均流速的乘積在整個渠道中維持為常數。式 (11-26) 在沿著流道的兩個截面間可以表示為

連續方程式：
$$A_{c1}V_1 = A_{c2}V_2 \tag{11-27}$$

其與管中液體穩定流的質量守恆方程式是相同的。注意流動截面積與平均流速兩者在流動中都可能改變，但是其乘積維持為常數。

為了決定在明渠中流動的液體相對於一個參考基準面的總能量，如圖 11-14 所示，考慮液體中與自由表面的距離是 a 的一點 A (因此距離渠道底面的距離為 $y - a$)。注意在點 A 的高度、壓力 (相對於自由表面的靜水壓) 與速度分別是 $z_A = z + (y - a)$、$P_A = \rho g a$ 與 $V_A = V$，液體的總能量用水頭來表示是

$$H_A = z_A + \frac{P_A}{\rho g} + \frac{V_A^2}{2g} = z + (y - a) + \frac{\rho g a}{\rho g} + \frac{V^2}{2g}$$
$$= z + y + \frac{V^2}{2g} \tag{11-28}$$

圖 11-14 一個液體在明渠中流動的總能量。

其與點 A 在截面上的位置是無關的。因此，明渠中的液體在任何截面上的總機械能可以用水頭表示為

$$H = z + y + \frac{V^2}{2g} \tag{11-29}$$

其中 y 是流動深度，z 是渠道底面的高度，而 V 是平均流速。一個明渠流在上游截面 1 與下游截面 2 的一維能量方程式可以寫成

能量方程式：
$$z_1 + y_1 + \frac{V_1^2}{2g} = z_2 + y_2 + \frac{V_2^2}{2g} + h_L \tag{11-30}$$

由摩擦效應所造成的水頭損失 h_L 如同在管流中一樣被表示為

$$h_L = f \frac{L}{D_h} \frac{V^2}{2g} = f \frac{L}{R_h} \frac{V^2}{8g} \tag{11-31}$$

其中 f 是平均摩擦因子且 L 是截面 1 與 2 之間的渠道長度。當使用水力半徑代替水力直徑時，應該注意關係式 $D_h = 4R_h$。

明渠中的流動是重力驅動的，因此典型的渠道是稍微傾斜向下的。渠道底部的斜率被表示為

$$S_0 = \tan\alpha = \frac{z_1 - z_2}{x_2 - x_1} \cong \frac{z_1 - z_2}{L} \tag{11-32}$$

其中 α 是渠道底面與水平面之間的角度。一般而言，底面的斜率非常小，渠道底面幾乎是水平的。因此 $L \cong x_2 - x_1$，其中 x 是在水平方向的距離。同時，流動深度 y 是沿著垂直方向作量測的，但是可以取作為垂直於底面的深度，其誤差是可忽略的。

如果渠道底面是直的，使得底面斜率是常數，則截面 1 與 2 之間的垂降距離可以被表示為 $z_1 - z_2 = S_0 L$。能量方程式 (11-30) 變成

能量方程式：
$$y_1 + \frac{V_1^2}{2g} + S_0 L = y_2 + \frac{V_2^2}{2g} + h_L \tag{11-33}$$

這個方程式的好處是它與高度的參考基準面無關。

在設計明渠系統時，底面斜率的選擇是必須能夠提供適當的高度差來克服摩擦水頭損失，使流動得以維持在想要的流率下。因此，水頭損失與底面斜率之間有密切的關聯，使得把水頭損失用一個斜率 (或一個角度的正切) 來表示就顯得是合理的。這可以透過定義一個摩擦斜率 (friction slope) 來達成，

摩擦斜率：
$$S_f = \frac{h_L}{L} \tag{11-34}$$

因此能量方程式被寫成

能量方程式：
$$y_1 + \frac{V_1^2}{2g} = y_2 + \frac{V_2^2}{2g} + (S_f - S_0)L \tag{11-35}$$

注意當水頭損失等於高度下降時，摩擦斜率等於底面斜率。也就是當 $h_L = z_1 - z_2$ 時，$S_f = S_0$。

圖 11-15 也顯示出能量線，其為水平基準面之上距離 $z + y + V^2/2g$ 的地方 (液體的總機械能用水頭表示)。典型的能量線像渠道本身是傾斜向下的，這是摩擦損失的結果，其垂降距離等於水頭損失 h_L，因此其斜率與摩擦斜率相同。注意如果沒有水頭損失，能量線會是水平的，即使當渠道不是水平時亦是。在此情況下，高度與速度水頭 ($z + y$ 與 $V^2/2g$) 將能夠互相轉換，但是它們的加總會維持是常數。

圖 11-15 一個明渠中的液體在兩個截面之間的總能量。

11-5 渠道中的均勻流

我們在 11-1 節中提到流動深度 (因此是平均流速，因為在穩流時，$\dot{V} = A_c V =$ 常數) 維持是常數的渠道流稱為均勻流。均勻流在實際中通常發生在一個長而直的，且具有等斜率、等截面積、等表面內襯之渠道中。在設計明渠時，非常希望系統的大部分都能夠是均勻流，因為這表示渠道會有等壁面高度，這會比較容易設計與建造。

均勻流中的流動深度稱為正常深度 (normal depth) y_n，而其平均速度稱為均勻流速度 (uniform-flow velocity) V_0。只要渠道的斜率、截面積與表面粗糙度維持不變，流動就維持是均勻的 (圖 11-16)。當底面的斜率增加時，流速增加而流動深度減小。因此，一個新的均勻流，具有新的 (較低的) 流動深度被建立起來了。如果底面的斜率被減小時，會發生相反的現象。

在一個具有等斜率 S_0、等截面積 A_c 及等表面摩擦因子的明渠中，當水頭損失等於高度下降時就建立了均勻流。因此，

$$h_L = f \frac{L}{D_h} \frac{V^2}{2g} \quad \text{或} \quad S_0 L = f \frac{L}{R_h} \frac{V_0^2}{8g} \tag{11-36}$$

因為在均勻流中，$h_L = S_0 L$ 且 $D_h = 4R_h$。從第二個關係式求解均勻流速度 V_0 並決定流率可得

$$V_0 = C\sqrt{S_0 R_h} \quad \text{與} \quad \dot{V} = CA_c\sqrt{S_0 R_h} \tag{11-37}$$

其中

$$C = \sqrt{8g/f} \tag{11-38}$$

圖 11-16 在均勻流中，流動深度 y、平均流速 V 及底面斜率 S_0 都維持為常數，並且水頭損失等於高度損失，$h_L = z_1 - z_2 = S_f L = S_0 L$。

稱為**蔡希係數** (Chezy coefficient)。式 (11-37) 與係數 C 的命名是為紀念法國工程師蔡希 (Antoine Chezy, 1718-1798)，他在約 1769 年提出了一個相似的關係式。蔡希係數是一個有因次的量，其值從有粗糙表面的小渠道的 30 $m^{1/2}$/s 到有光滑表面的大渠道的 90 $m^{1/2}$/s。

蔡希係數可以用一種直接的方式從式 (11-38) 來決定。首先決定摩擦因子 f，像在第 8 章中對管流所做的一樣，即從穆迪圖或對於完全粗糙的紊流 (Re → ∞)，用科爾布魯克方程式，

$$f = [2.0 \log(14.8 R_h/\varepsilon)]^{-2} \tag{11-39}$$

其中，ε 是平均表面粗糙度。注意明渠流一般是紊流，並且在均勻流建立的時候，流動是完全發展的。因此，使用完全發展的紊流的摩擦因子關係式是合理的。同時，在大雷諾數時，相對粗糙度所對應的摩擦因子曲線幾乎是水平的，因此摩擦因子與雷諾數無關。

自從蔡希方程式被提出以後，許多研究者貢獻了可觀的努力來開發平均速度和流率更簡單的經驗式。最廣被使用的方程式是由法國人果克勒 (Philippe-Gaspard Gauckler, 1826-1905) 在 1868 年與愛爾蘭人曼寧 (Robert Manning, 1816-1897) 在 1889 年發展出來的。

果克勒與曼寧兩人都建議蔡希方程式中的常數可表示為

$$C = \frac{a}{n} R_h^{1/6} \tag{11-40}$$

其中 n 稱為曼寧係數 (Manning coefficient)，其值相依於渠道面的粗糙度。將其代入式 (11-37) 中得到以下的經驗式稱為曼寧方程式 (Manning equations)，也稱為果克勒−曼寧方程式 (Gauckler-Manning equations)。此方程式所給的均勻流速度與流率為

均勻流： $\quad V_0 = \dfrac{a}{n} R_h^{2/3} S_0^{1/2} \quad$ 與 $\quad \dot{V} = \dfrac{a}{n} A_c R_h^{2/3} S_0^{1/2} \quad$ (11-41)

因子 a 是有因次的常數，其 SI 單位的值為 $a = 1 \text{ m}^{1/3}/\text{s}$。注意底面斜率 S_0 與曼寧係數 n 是無因次參數，並且當 R_h 用 m 表示時，式 (11-41) 給出 SI 單位為 m/s 的速度與單位為 m^3/s 的流率。

對於許多自然的與人工的渠道，實驗決定的 n 的值被給在表 11-1 中。更廣泛的表可以在文獻中找到。注意 n 的值從給玻璃渠道的 0.010 變化到長滿樹木的氾濫平原的 0.150 (是玻璃渠道的 15 倍)。在 n 的值中有可觀的不確定性，特別是在自然渠道中，正如你所預期的，因為沒有兩個渠道完全相同，其散佈可以達 20% 或更多。無論如何，係數 n 被近似為與渠道的大小與形狀無關 — 它只隨表面粗糙度而變。

表 11-1 明渠中的水流的曼寧係數的平均值*

壁面材質	n
A. 人造襯裡渠道	
玻璃	0.010
黃銅	0.011
鋼，平滑	0.012
鋼，油漆	0.014
鋼，鉚釘	0.015
鑄鐵	0.013
混凝土，精製	0.012
混凝土，粗製	0.014
木材，鉋光	0.012
木材，無鉋光	0.013
陶板	0.014
砌磚	0.015
瀝青	0.016
折疊金屬	0.022
粗石工	0.025
B. 濬渠的土渠道	
乾淨	0.022
礫土	0.025
多草	0.030
大礫石	0.035
C. 自然渠道	
乾淨且直	0.030
有水池的緩流	0.040
主要河流	0.035
山溪	0.050
D. 氾濫平原	
牧地，農地	0.035
疏灌木	0.050
濃灌木	0.075
樹木	0.150

* n 的不確定性可達 ±20% 或更多。

臨界均勻流

通過明渠中的流動當福勞數 Fr = 1 時變成臨界流,並且其流速等於波速 $V_c = \sqrt{gy_c}$,其中 y_c 是臨界深度,之前定義於式 (11-9)。當體積流率 $\dot{V}$、渠道斜率 S_0 與曼寧係數 n 為已知時,正常深度 y_n 可以用曼寧方程式決定 [式 (11-41)]。然而,因為 A_c 與 R_h 兩者都是 y_n 的函數,此方程式變成對 y_n 是隱式的並且需要用數值方法 (或試誤法) 來求解。如果 $y_n = y_c$,此流動是均勻的臨界流,且在這種情況下底面斜率 S_0 等於臨界斜率 S_c。當流動深度 (而不是流率 $\dot{V}$) 為已知時,流率可用曼寧方程式來決定,並用式 (11-9) 決定臨界深度。再者,只有當 $y_n = y_c$ 時流動才是臨界的。

當均勻臨界流時,$S_0 = S_c$ 且 $y_n = y_c$。將曼寧方程式中的 $\dot{V}$ 與 S_0 分別用 $\dot{V} = A_c\sqrt{gy_c}$ 與 S_c 來替換,並解出 S_c,就得到以下給臨界斜率的一般式,

臨界斜率 (一般式):
$$S_c = \frac{gn^2 y_c}{a^2 R_h^{4/3}} \tag{11-42}$$

對於薄膜流,或在一個寬矩形渠道中的流動,$b \gg y_c$,式 (11-42) 簡化為

臨界斜率 ($b \gg y_c$):
$$S_c = \frac{gn^2}{a^2 y_c^{1/3}} \tag{11-43}$$

這個方程式給出在一個寬的矩形渠道,其曼寧係數為 n,要維持深度 y_c 的臨界流所需要的斜率。

非均勻周長的疊加法

大多數自然的與一些人造的渠道的粗糙度會沿著濕邊周長,甚至沿著渠道變化。例如一條河中,其正常河床可能有石礫底面,但是其延伸的氾濫平原可能是生滿灌木的表面。有幾個方法來解決這樣的問題,為整個渠道截面找出等效曼寧係數,或將渠道考慮成由幾個次區域組成並應用疊加原理。例如,一個渠道的截面可被分成 N 個次區域,每一個有其自己的曼寧係數與流率。當決定一個區域的周長時,只有那個區域邊界的濕部分被考慮,而假想邊界則被忽略。通過渠道的流率是通過所有區域的流率的加總,如例題 11-4 所說明的。

例題 11-2 明渠在均勻流時的流率

水在一條多草的人工濬渫渠道中流動，其梯形截面的底寬度 0.8 m，角度 60°，且底面傾斜角度為 0.3°，如圖 11-17 所示。如果量測到的流動深度是 0.52 m，試求水通過這個渠道的流率。如果底面傾斜角度是 1°，你的答案會是什麼呢？

解答： 水在一個已知尺寸的多草的矩形渠道中流動。要決定對應一個流動深度量測值的流率。

圖 11-17 例題 11-2 的示意圖。

假設： 1. 流動是穩定且均勻的。 2. 底面斜率是常數。 3. 渠道的濕邊的粗糙度 (即摩擦係數)，是常數。

性質： 多草表面的明渠的曼寧係數是 $n = 0.030$。

解析： 渠道的截面積、周長與水力半徑是

$$A_c = y\left(b + \frac{y}{\tan\theta}\right) = (0.52\text{ m})\left(0.8\text{ m} + \frac{0.52\text{ m}}{\tan 60°}\right) = 0.5721\text{ m}^2$$

$$p = b + \frac{2y}{\sin\theta} = 0.8\text{ m} + \frac{2 \times 0.52\text{ m}}{\sin 60°} = 2.001\text{ m}$$

$$R_h = \frac{A_c}{p} = \frac{0.5721\text{ m}^2}{2.991\text{ m}} = 0.2859\text{ m}$$

渠道的底面斜率是

$$S_0 = \tan\alpha = \tan 0.3° = 0.005236$$

通過渠道的流率用曼寧方程式決定，

$$\dot{V} = \frac{a}{n} A_c R_h^{2/3} S_0^{1/2} = \frac{1\text{ m}^{1/3}/\text{s}}{0.030}(0.5721\text{ m}^2)(0.2859\text{ m})^{2/3}(0.005236)^{1/2} = \mathbf{0.60\text{ m}^3/\text{s}}$$

底面角度為 1° 的流率可以用 $S_0 = \tan\alpha = \tan 1° = 0.01746$ 代入最後一個關係式中來決定。結果是 $\dot{V} = \mathbf{1.1\text{ m}^3/\text{s}}$。

討論： 注意流率是底面角度的強函數。同時，曼寧係數的值，從而使計算出的流率，有可觀的不確定性。若 n 值有 10% 的不確定性，會導致流率也有 10% 的不確定性，因此最後的結果只以兩個有效數字給出。

例題 11-3 矩形渠道的高度

水在一個粗製混凝土矩形渠道 (其底部寬 1.2 m) 中輸送，流率為 1.5 m³/s。地形使渠道底面每 300 m 長下降 0.6 m，試求在均勻流條件下渠道的最小高度 (圖 11-18)。假如底面是每 300 m 長度下降 0.3 m，你的答案會是什麼呢？

解答： 水在一個已知底面寬度的矩形粗製混凝土渠道中流動。要決定對應一個指定流率的最小渠道高度。

圖 11-18 例題 11-3 的示意圖。

假設：**1.** 流動是穩定而均勻的。**2.** 底面斜率是常數。**3.** 渠道濕邊的粗糙度，從而摩擦因子，是常數。

性質：一個具有粗製混凝土表面的明渠的曼寧係數是 $n = 0.014$。

解析：渠道的截面積、周長與水力半徑為

$$A_c = by = (1.2 \text{ m})y \quad p = b + 2y = (1.2 \text{ m}) + 2y \quad R_h = \frac{A_c}{p} = \frac{1.2y}{1.2 + 2y}$$

渠道的底面斜率是 $S_0 = 0.6/300 = 0.002$。使用曼寧方程式，通過渠道的流率被表示為

$$\dot{V} = \frac{a}{n} A_c R_h^{2/3} S_0^{1/2}$$

$$1.5 \text{ m}^3/\text{s} = \frac{1 \text{ m}^{1/3}/\text{s}}{0.014} (1.2y \text{ m}^2) \left(\frac{1.2y}{1.2 + 2y} \text{ m} \right)^{2/3} (0.002)^{1/2}$$

這是 y 的一個非線性方程式。使用方程式求解器，例如 EES 或用疊代法，解出的流動深度是

$$y = \mathbf{0.799 \text{ m}}$$

如果底面每 300 m 長下降 0.3 m，底面斜率是 $S_0 = 0.001$，且流動深度是 $y = \mathbf{1.05 \text{ m}}$。

討論：注意 y 是流動深度，因此這是渠道高度的最小值。同時曼寧係數 n 有可觀的不確定性，在決定建造渠道高度時必須被考慮。

例題 11-4 ▶ 有非均勻粗糙度的渠道

水在一個渠道中流動，其底面斜率是 0.003，且其截面積示於圖 11-19。圖中也給出了不同次區域的尺寸與曼寧係數。試求通過渠道的流率與渠道的等效曼寧係數。

解答：水流過一個有不均勻表面特性的渠道。要決定流率與等效曼寧係數。

假設：**1.** 流動是穩定且均勻的。**2.** 底面斜率是常數。**3.** 沿著渠道方向的曼寧係數不會改變。

圖 11-19 例題 11-4 的示意圖。

解析：渠道包含粗糙度不同的兩個部分，因此將渠道區分成兩個次區域，如圖 11-19 所示，是適當的。每個次區域的流率可以用曼寧方程式決定，而總流率可以將它們加總來決定。

三角形渠道的邊長是 $s = \sqrt{3^2 + 3^2} = 4.243$ m，然後每個次區域及整個渠道的流動面積、周長及水力半徑變成：

次區域 1：

$$A_{c1} = 21 \text{ m}^2 \quad p_1 = 10.486 \text{ m} \quad R_{h1} = \frac{A_{c1}}{p_1} = \frac{21 \text{ m}^2}{10.486 \text{ m}} = 2.00 \text{ m}$$

次區域 2：

$$A_{c2} = 16 \text{ m}^2 \quad p_2 = 10 \text{ m} \quad R_{h2} = \frac{A_{c2}}{p_2} = \frac{16 \text{ m}^2}{10 \text{ m}} = 1.60 \text{ m}$$

整個渠道：

$$A_c = 37 \text{ m}^2 \quad p = 20.486 \text{ m} \quad R_h = \frac{A_c}{p} = \frac{37 \text{ m}^2}{20.486 \text{ m}} = 1.806 \text{ m}$$

對每個次區域使用曼寧方程式，通過流道的總流率被決定為

$$\dot{V} = \dot{V}_1 + \dot{V}_2 = \frac{a}{n_1} A_{c1} R_{h1}^{2/3} S_0^{1/2} + \frac{a}{n_2} A_{c2} R_{h2}^{2/3} S_0^{1/2}$$

$$= (1 \text{ m}^{1/3}/\text{s}) \left[\frac{(21 \text{ m}^2)(2 \text{ m})^{2/3}}{0.030} + \frac{(16 \text{ m}^2)(1.60 \text{ m})^{2/3}}{0.050} \right] (0.003)^{1/2}$$

$$= 84.8 \text{ m}^3/\text{s} \cong \mathbf{85 \text{ m}^3/\text{s}}$$

知道總流率，整個渠道的等效曼寧係數可以用曼寧方程式決定，

$$n_{\text{eff}} = \frac{a A_c R_h^{2/3} S_0^{1/2}}{\dot{V}} = \frac{(1 \text{ m}^{1/3}/\text{s})(37 \text{ m}^2)(1.806 \text{ m})^{2/3}(0.003)^{1/2}}{84.8 \text{ m}^3/\text{s}} = \mathbf{0.035}$$

討論：渠道的等效曼寧係數 n_{eff} 的結果介於兩個 n 值之間，正如預期。渠道的曼寧係數的加權平均是 $n_{\text{avg}} = (n_1 P_1 + n_2 P_2)/P = 0.040$，其值與 n_{eff} 相當不同。因此，使用一個加權的平均曼寧係數給整個渠道雖然很吸引人，但卻不是那麼正確。

11-6 最好的水力截面積

明渠系統通常是在重力的影響下所設計出的，以最低可能的成本在一個指定的流率下來輸送液體到一個較低高度的地方。注意不需要輸入能量，明渠系統的成本主要包含的是起始建造成本，因此正比於系統的物理尺寸。對於一個給定的渠道長度，渠道的周長代表系統的成本，應該被維持在一個最小值，目的是最小化系統的尺寸，從而最小化系統的成本。

從另一個觀點來看，流動的阻力是由於壁剪應力 τ_w 與壁面積，其是等於每單位渠道長度的濕邊周長。因此對一個給定的流動截面積 A_c，濕邊周長越小，阻力越小，從而使平均速度與流率越大。

再從另一個觀點來看，對一個指定的渠道幾何，具有指定的底面斜率 S_0 與表面襯裡 (因此是粗糙度係數 n)，流動速度是由曼寧公式 $V = a R_h^{2/3} S_0^{1/2}/n$ 給定。因此流速隨水力半徑增加，為了最大化每單位截面積的平均流速與流率，水力半徑必須被最大化 (因此周長必須被極小化，因為 $R_h = A_c/p$)。我們得到以下的結論：

明渠的最好的水力截面是有最大水力半徑的那一個，也就是說對一個指定的截面積具有最小的濕邊周長的那一個。

每單位面積周長最小的形狀是圓形。因此，在最小流動阻力的基礎下，明渠的最好的截面是半圓形 (圖 11-20)。然而，建造一個具有平直邊牆的明渠 (例如梯形或矩形截面的渠道) 取代半圓形的渠道通常比較便宜，並且渠道的一般形狀可能會被事先指定。因此對於最好的截面，分別地分析每一種幾何形狀是合理的。

作為一個啟發的例子，考慮一個精製混凝土 ($n = 0.012$) 的矩形渠道，其寬度 b，流動深度 y，底面斜率是 1° (圖 11-21)。對於一個 1 m² 的截面積，要決定深寬比 y/b 對水力半徑 R_h 與流率 $\dot{V}$ 的影響，R_h 與 $\dot{V}$ 用曼寧公式計算。結果被表列在表 11-2 並畫在圖 11-22 中，深寬比的範圍從 0.1 到 5。從表與圖中，我們觀察到流率 $\dot{V}$ 隨著深寬比 y/b 的增加而增加，在 $y/b = 0.5$ 時達到一個最大值，然後開始減小 ($\dot{V}$ 的數值也可被解釋為用 m/s 表示的流速，因為 $A_c = 1$ m²)。我們看到水力半徑有相同的趨勢，但是濕邊周長 p 則有相反的趨勢。這個結果證實了對一個給定的形狀最好的截面是有最大水力半徑的那一個，也就是有最小的濕邊周長的那一個。

圖 11-20 一個明渠的最好的水力截面是一個半圓形，因為對於一個指定的截面積，其有最小的濕邊周長，從而有最小的流動阻力。

圖 11-21 一個寬度 b、流動深度 h 的矩形明渠。對於一個給定的截面積，最高流率發生在當 $y = b/2$ 時。

表 11-2 對一個矩形渠道，$A_c = 1$ m²，$S_0 = \tan 1°$ 與 $n = 0.012$，其水力半徑 R_h 與流率 $\dot{V}$ 隨深寬比 y/b 的變化

深寬比 y/b	渠道寬度 b, m	流動深度 y, m	周長 P, m	水力半徑 R_h, m	流率 $\dot{V}$, m³/s
0.1	3.162	0.316	3.795	0.264	4.53
0.2	2.236	0.447	3.130	0.319	5.14
0.3	1.826	0.548	2.921	0.342	5.39
0.4	1.581	0.632	2.846	0.351	5.48
0.5	1.414	0.707	2.828	0.354	5.50
0.6	1.291	0.775	2.840	0.352	5.49
0.7	1.195	0.837	2.869	0.349	5.45
0.8	1.118	0.894	2.907	0.344	5.41
0.9	1.054	0.949	2.951	0.339	5.35
1.0	1.000	1.000	3.000	0.333	5.29
1.5	0.816	1.225	3.266	0.306	5.00
2.0	0.707	1.414	3.536	0.283	4.74
3.0	0.577	1.732	4.041	0.247	4.34
4.0	0.500	2.000	4.500	0.222	4.04
5.0	0.447	2.236	4.919	0.203	3.81

圖 11-22 一個矩形渠道 ($A_c = 1$ m^2 與 $S_0 = \tan 1°$) 的流率隨深寬比 y/b 的變化。

矩形渠道

考慮液體在一個矩形截面，寬度 b 且流動深度 y 的明渠中的流動。在一個流動段的截面積與濕邊周長為

$$A_c = yb \quad 與 \quad p = b + 2y \tag{11-44}$$

從式 (11-44) 的第一個關係式解出 b，並將其代入第二個關係式中得

$$p = \frac{A_c}{y} + 2y \tag{11-45}$$

現在我們應用準則：對一個給定的截面積，一個明渠的最好的水力截面是有最小的濕邊周長。取 p 對 y 的微分並維持 A_c 為常數，得到

$$\frac{dp}{dy} = -\frac{A_c}{y^2} + 2 = -\frac{by}{y^2} + 2 = -\frac{b}{y} + 2 \tag{11-46}$$

令 $dp/dy = 0$ 並解出 y，根據最好水力截面準則可以得到

最好水力截面 (矩形渠道)：
$$y = \frac{b}{2} \tag{11-47}$$

因此，一個矩形明渠應該設計成液體高度是渠道寬度的一半，以便在給定截面積下最小化流阻或最大化流率。這樣也會最小化周長及建造成本。這個結果證實了從表 11-2 的發現，即 $y = b/2$ 給出最好的截面。

梯形渠道

現在考慮液體在一個梯形截面 (其底面寬度 b，流動深度 y，且梯形角度從水平面量起是 θ) 的明渠中的流動，如圖 11-23 所示。在一個流動段的截面積與濕邊周長為

$$A_c = \left(b + \frac{y}{\tan \theta}\right)y \quad \text{與} \quad p = b + \frac{2y}{\sin \theta} \tag{11-48}$$

$$R_h = \frac{A_c}{p} = \frac{y(b + y/\tan \theta)}{b + 2y/\sin \theta}$$

圖 11-23 梯形渠道的參數。

從式 (11-48) 的第一個關係式解出 b，並將其代入第二個關係式中得到

$$p = \frac{A_c}{y} - \frac{y}{\tan \theta} + \frac{2y}{\sin \theta} \tag{11-49}$$

在維持 A_c 與 θ 為常數下，將 p 對 y 取微分得到

$$\frac{dp}{dy} = -\frac{A_c}{y^2} - \frac{1}{\tan \theta} + \frac{2}{\sin \theta} = -\frac{b + y/\tan \theta}{y} - \frac{1}{\tan \theta} + \frac{2}{\sin \theta} \tag{11-50}$$

令 $dp/dy = 0$ 且解出 y，對任何指定的梯形角度 θ，根據最好水力截面準則可以得到

最好水力截面 (梯形渠道)：
$$y = \frac{b \sin \theta}{2(1 - \cos \theta)} \tag{11-51}$$

對於 $\theta = 90°$ 的特別 (矩形渠道)，此關係式簡化成 $y = b/2$，正如預期。

一個梯形渠道的水力半徑 R_h 可以被表示為

$$R_h = \frac{A_c}{p} = \frac{y(b + y/\tan \theta)}{b + 2y/\sin \theta} = \frac{y(b \sin \theta + y \cos \theta)}{b \sin \theta + 2y} \tag{11-52}$$

重新整理式 (11-51) 成為 $b \sin \theta = 2y(1 - \cos \theta)$，代入式 (11-52) 中並簡化，有最好截面的梯形渠道的水力半徑變成

最好截面的水力半徑：
$$R_h = \frac{y}{2} \tag{11-53}$$

因此，有最好截面的梯形渠道不管梯形角度 θ 是多少，其水力半徑都是流動深度的一半。

類似地，最好水力截面的梯形角度是在保持 A_c 與 y 為常數下，取 p [式 (11-49)] 對 θ 的微分，令 $dp/d\theta = 0$，並對結果方程式求解 θ 來決定的。這樣會得到

最好的梯形角度：
$$\theta = 60° \tag{11-54}$$

將最好的梯形角度 $\theta = 60°$ 代入最好的水力截面關係式 $y = b\sin\theta/(2 - 2\cos\theta)$ 得到

$\theta = 60°$ 下的最好的流動深度：
$$y = \frac{\sqrt{3}}{2}b \qquad (11\text{-}55)$$

因此流動截面的邊牆長度與流動面積變成

$$s = \frac{y}{\sin 60°} = \frac{b\sqrt{3}/2}{\sqrt{3}/2} = b \qquad (11\text{-}56)$$

$$p = 3b \qquad (11\text{-}57)$$

$$A_c = \left(b + \frac{y}{\tan\theta}\right)y = \left(b + \frac{b\sqrt{3}/2}{\tan 60°}\right)(b\sqrt{3}/2) = \frac{3\sqrt{3}}{4}b^2 \qquad (11\text{-}58)$$

因為 $\tan 60° = \sqrt{3}$。因此梯形渠道的最好的截面是六邊形的一半 (圖 11-24)。這不令人驚訝，因為六邊形非常接近圓形，並且六邊形的一半在所有梯形渠道中每單位截面積有最小的周長。

其它渠道形狀的最好的水力截面也可以用相同的方式來決定。例如，一個直徑 D 的圓形渠道其最好的水力截面可以證明為 $y = D/2$。

圖 11-24 梯形渠道的最好的截面是一個六邊形的一半。

$R_h = \frac{y}{2} = \frac{\sqrt{3}}{4}b \qquad A_c = \frac{3\sqrt{3}}{4}b^2$

例題 11-5 ▶ 一個明渠的最好的截面

水要在一個表面鋪有瀝青的明渠中以流率 $2\ \text{m}^3/\text{s}$ 的均勻流形式輸送。底面斜率是 0.001，試求最好的截面的尺寸，如果渠道是 (a) 矩形與 (b) 梯形 (圖 11-25)。

解答：水要在一個明渠中以指定的流率輸送。要決定矩形與梯形渠道的最好的渠道尺寸。

假設：**1.** 流動是穩定且均勻的。**2.** 底面斜率是常數。**3.** 渠道的濕表面的粗糙度 (即摩擦係數) 是常數。

性質：瀝青表面的明渠的曼寧係數是 $n = 0.016$。

解析：(a) 矩形渠道的最好截面發生在當流動高度是渠道寬度的一半時，$y = b/2$。因此渠道的截面積、周長與水力半徑為

$$A_c = by = \frac{b^2}{2} \qquad p = b + 2y = 2b \qquad R_h = \frac{A_c}{p} = \frac{b}{4}$$

圖 11-25 例題 11-5 的示意圖。

代入曼寧方程式中，

$$\dot{V} = \frac{a}{n}A_c R_h^{2/3} S_0^{1/2} \quad \rightarrow \quad b = \left(\frac{2n\dot{V}4^{2/3}}{a\sqrt{S_0}}\right)^{3/8} = \left(\frac{2(0.016)(2\ \text{m}^3/\text{s})4^{2/3}}{(1\ \text{m}^{1/3}/\text{s})\sqrt{0.001}}\right)^{3/8}$$

其給出 $b = 1.84$ m。因此，$A_c = 1.70$ m^2，$p = 3.68$ m，且最好的矩形渠道的尺寸為

$$b = \mathbf{1.84 \text{ m}} \quad 與 \quad y = \mathbf{0.92 \text{ m}}$$

(b) 梯形渠道的最好截面發生在當梯形角度 60° 與流動高度是 $y = b\sqrt{3}/2$ 時。因此

$$A_c = y(b + b\cos\theta) = 0.5\sqrt{3}b^2(1 + \cos 60°) = 0.75\sqrt{3}b^2$$

$$p = 3b \qquad R_h = \frac{y}{2} = \frac{\sqrt{3}}{4}b$$

代入曼寧方程式中，

$$\dot{V} = \frac{a}{n}A_c R_h^{2/3} S_0^{1/2} \quad \rightarrow \quad b = \left(\frac{(0.016)(2 \text{ m}^3/\text{s})}{0.75\sqrt{3}(\sqrt{3}/4)^{2/3}(1 \text{ m}^{1/3}/\text{s})\sqrt{0.001}}\right)^{3/8}$$

其給出 $b = 1.12$ m。因此 $A_c = 1.64$ m^2，$p = 3.37$ m，且最好的梯形渠道的尺寸為

$$b = \mathbf{1.12 \text{ m}} \qquad y = \mathbf{0.973 \text{ m}} \qquad 與 \qquad \theta = \mathbf{60°}$$

討論：注意梯形截面較好因為它有較小的周長 (3.37 m 對 3.68 m)，因此有較低的建造成本。這是為什麼許多人造水道是梯形的原因。然而，通過梯形渠道的平均速度較大，因為 A_c 較小。

11-7 漸變流

到目前為止，我們考慮的是均勻流，其流動深度 y 與流速 V 維持為常數。本節中考慮漸變流 (GVF)，這是一種穩定的非均勻流形式，特徵是流動深度與速度逐漸改變 (小斜率且沒有突然的變化)，並且自由表面總是維持平滑的 (沒有不連續性與曲折)。流動深度與速度快速變化的流動，稱為急變流 (RVF)，將在 11-8 節中討論。底面斜率或渠道截面或流道中的一個障礙物的改變，都可能造成渠道中的均勻流變成漸變流或急變流。

急變流發生在渠道的一個小段之間，具有相對較小的表面積，因此與壁面剪力有關的摩擦損失是可忽略的。急變流中的水頭損失是高度局部性的，起因於強烈的擾動與紊流。另一方面，漸變流中的損失主要是由於沿著渠道的摩擦效應，並且可用曼寧公式來決定。

在漸變流中，流動深度與速度緩慢地改變，且自由表面是穩定的。這使得在質量與能量守恆定理的基礎上來推導沿著渠道的流動深度變化的公式，並獲得自由表面的形狀變得是可能的。

在均勻流中，能量線的斜率等於底面的斜率。因此摩擦斜率等於底面斜率，$S_f = S_0$。然而，在漸變流中這些斜率是不同的 (圖 11-26)。

考慮在一個寬度 b 的矩形明渠中的穩定流，並且假設底面斜率與水深的任何改變都相當緩慢。我們再一次用平均速度來寫出方程式並近似壓力分佈為靜水壓的，從式 (11-17)，液體在任何截面的總水頭是 $H = z_b + y + V^2/2g$，其中 z_b 是從參考基準面到底面的垂直距離。將 H 對 x 作微分得到

$$\frac{dH}{dx} = \frac{d}{dx}\left(z_b + y + \frac{V^2}{2g}\right) = \frac{dz_b}{dx} + \frac{dy}{dx} + \frac{V}{g}\frac{dV}{dx} \qquad (11\text{-}59)$$

但是 H 是液體的總能量，因此 dH/dx 是能量線的斜率 (一個負的量)，它等於摩擦斜率的負值，如示於圖 11-26 中的。同時，dz_b/dx 是底面斜率的負值。因此，

圖 11-26 一個明渠在漸變流 (GVF) 的條件下，經過一個微分流動段的性質的變化。

$$\frac{dH}{dx} = -\frac{dh_L}{dx} = -S_f \quad \text{與} \quad \frac{dz_b}{dx} = -S_0 \qquad (11\text{-}60)$$

將式 (11-60) 代入式 (11-59) 得到

$$S_0 - S_f = \frac{dy}{dx} + \frac{V}{g}\frac{dV}{dx} \qquad (11\text{-}61)$$

質量守恆方程式對在矩形渠道中的穩定流是 $\dot{V} = ybV = $ 常數。相對於 x 作微分得到

$$0 = bV\frac{dy}{dx} + yb\frac{dV}{dx} \quad \to \quad \frac{dV}{dx} = -\frac{V}{y}\frac{dy}{dx} \qquad (11\text{-}62)$$

將式 (11-62) 代入式 (11-61) 中，並注意 $V/\sqrt{gy}$ 是福勞數，

$$S_0 - S_f = \frac{dy}{dx} - \frac{V^2}{gy}\frac{dy}{dx} = \frac{dy}{dx} - \text{Fr}^2\frac{dy}{dx} \qquad (11\text{-}63)$$

求解 dy/dx，得到在一個明渠中的漸變流的流動深度 (或表面形狀) 的變化率的關係式，

GVF 方程式：
$$\frac{dy}{dx} = \frac{S_0 - S_f}{1 - \text{Fr}^2} \qquad (11\text{-}64)$$

這個關係式是為矩形渠道導出的，但對其它截面的渠道也是成立的，只要福勞數被適當地表示即可。對於一組給定的參數，這個微分方程式的解析或數值解會得到流動深度 y 與 x 的函數關係表示式，而函數 $y(x)$ 即表面形狀。

流動深度的一般趨勢 —— 不管它沿著渠道是增加、減小或維持常數 —— 相依於

dy/dx 的正負號,而它則相依於式 (11-64) 中分子與分母的正負號。福勞數永遠是正的,摩擦斜率 S_f 也是一樣 (除非是理想情況下的流動,其摩擦效應可以忽略,h_L 與 S_f 兩者都是零)。底面斜率 S_0 對往下傾斜的流段 (一般的情況) 是正的,對水平流段是零,而對往上傾斜的流段 (逆流) 是負的。流動深度當 $dy/dx > 0$ 時增加,當 $dy/dx < 0$ 時減小,而當 $dy/dx = 0$ 時,維持為常數 (因此自由表面平行於渠道底面,如在均勻流之情況) 並且 $S_0 = S_f$。對於指定 S_0 與 S_f 時,dy/dx 可能是正或負,端視福勞數小於或大於 1 而定。因此,次臨界流與超臨界流的流動行為是相反的。假如 $S_0 - S_f > 0$,次臨界流在流動方向的流動深度增加,但在超臨界流中則減小。

分母 $1 - \text{Fr}^2$ 的正負號的決定是簡單的:對於次臨界流 (Fr<1),它是正的;而對於超臨界流 (Fr>1),則是負的。但是分子的正負號要看 S_0 與 S_f 的相對大小而定。注意摩擦斜率 S_f 永遠是正的,其值在均勻流中 ($y = y_n$) 等於渠道斜率 S_0。摩擦斜率是會隨著流動距離改變的量,並且就像在例題 11-6 中所展示的,可以用曼寧方程式根據每個流動位置的深度來做計算。注意水頭損失隨著速度增加而增加,並且對於一個給定的流率,速度與流動深度成反比。因此當 $y < y_n$ 時,$S_f > S_0$,從而 $S_0 - S_f < 0$;當 $y > y_n$ 時,$S_f < S_0$,從而 $S_0 - S_f > 0$。對於水平的 ($S_0 = 0$) 與向上傾斜的 ($S_0 < 0$) 渠道,分子 $S_0 - S_f$ 永遠都是負的,因此在這種渠道中,當在次臨界流時,流動深度沿著流動方向減小。

明渠中的液體表面形狀,$y(x)$

明渠系統的設計與建造是根據沿著渠道的預計流動深度,因此對於一個指定的流率與指定的渠道能夠預測流動深度是很重要的。一個流動深度相對於流動距離的圖是流動的表面形狀 (surface profile) $y(x)$。漸變流的表面形狀的一般特性相依於與臨界及正常深度相對應的底面斜率與流動深度。

一個典型的明渠包括各種不同底面斜率與不同流域的流段,因此有不同表面形狀的流動段。例如,渠道的一個向下傾斜的流段的表面形狀的一般形狀與在一個向上傾斜的流段中的情形是不一樣的。同樣地,在次臨界流中的形狀與在超臨界流中的形狀也不一樣。不像均勻流中不包括慣性力,漸變流包括液體的加速和減速,因此表面形狀反應液體重量、剪力與慣性力的動態平衡。

每一種表面形狀由一個指示渠道斜率的字母與一個指示相對於臨界深度 y_c 與正常深度 y_n 的流動深度的數字來作標識。渠道斜率可以是陡峭 (S)、臨界 (C)、溫和 (M)、水平 (H) 或逆向 (A) (圖 11-27)。如果 $y_n > y_c$,渠道斜率被稱為溫和的;如果 $y_n < y_c$,被稱為陡峭的;如果 $y_n = y_c$,被稱為臨界的;如果

圖 11-27 對不同斜率型態的液體表面形狀用 S、C、M、H 與 A 等不同字母標識。

$S_0 = 0$ (零底面斜率)，被稱為水平的；以及如果 $S_0 < 0$ (負斜率) 被稱為逆向的。注意當一個明渠中的液體沿山坡向上流動時，渠道斜率是逆向的。

一個明渠流段的分類相依於流率與渠道截面，也相依於渠道底面的斜率。一個渠道流段對某一個流動被分類為溫和的斜率，但對另一個流動可能是陡峭的斜率，而對第三個流動甚至可能是臨界斜率。因此在我們可以評估斜率之前，需要計算臨界深度 y_c 與正常深度 y_n。

數字標識對一個給定斜率的渠道而言，指示液面的起始位置相對於臨界與均勻流的液面高度的關係，如圖 11-28 所示。用 1 標識的表面形狀，其流動深度同時大於臨界與正常深度 ($y > y_c$ 且 $y > y_n$)，用 2 標識的流動深度介於兩者之間 ($y_n > y > y_c$ 或 $y_n < y < y_c$)，而用 3 標識的流動深度則同時小於臨界與正常深度 ($y < y_c$ 且 $y < y_n$)。因此，對一個指定的渠道斜率型態，可能有三種不同的形狀。但是對於零斜率或逆向斜率的渠道，型態 1 的流動不會存在，因為對於水平或向上的渠道，流動不可能是均勻的，因此正常深度沒被定義。同時，型態 2 的流動對於有臨界斜率的渠道不存在，因為在此情況下，臨界與正常深度是相同的。

圖 11-28 基於流動深度相對於正常與臨界深度的值的液體表面形狀指定 1、2 與 3 等數字。

以上所討論的五種斜率與三種初始位置能給出在漸變流中十二種不同的表面形狀外觀，都被列出並畫在表 11-3 中。每一種情況的福勞數也被給出，且對於 $y < y_c$ 其 $Fr > 1$，同時也列出從式 (11-64)，$dy/dx = (S_0 - S_f)/(1 - Fr^2)$，所決定的表面形狀的斜率 dy/dx 的正負號。注意當 $S_0 - S_f$ 與 $1 - Fr^2$ 兩者皆為正或負時 $dy/dx > 0$，因此流動深度沿著流動方向增加。否則，$dy/dx < 0$ 且流動深度減小。第 1 型流動，流動深度沿著流動的方向增加，並且表面形狀漸趨近水平平面。第 2 型流動，流動深度減小且表面形狀趨近 y_c 或 y_n 的較低者。第 3 型流動，流動深度增加且表面形狀趨近 y_c 或 y_n 的較低者。這些表面形狀的趨勢只要底面斜率或粗糙度沒有改變就會一直持續。

考慮表 11-3 標識為 M1 的情況 (溫和渠道斜率且 $y > y_n > y_c$)。此流動是次臨界的，因為 $y > y_c$，從而 $Fr < 1$ 且 $1 - Fr^2 > 0$。同時因為 $y > y_n$，$S_f < S_0$ 從而 $S_0 - S_f > 0$，因此流速小於正常流的速度。因此，表面形狀的斜率 $dy/dx = (S_0 - S_f)/(1 - Fr^2) > 0$，使得流動深度 y 沿著流動方向增加。但當 y 增加時，流速減小，因此 S_f 與 Fr 趨近零。結果 dy/dx 趨近 S_0，使得流動深度的增加率等於渠道斜率。這要求表面的形狀在 y 增大的時候變成水平。因此我們可以得出，M1 表面形狀在流動的方向先上升，然後漸進地趨向水平。

在次臨界流中，當 $y \to y_c$ (例如 M2、H2 與 A2)，我們有 $Fr \to 1$ 且 $1 -$

表 11-3 漸變流中表面形狀的分類。垂直方向的尺寸被高度誇張了。

渠道斜率	形狀符號	流動深度	福勞數	形狀斜率	表面形狀
陡峭 (S) $y_c > y_n$ $S_0 < S_c$	S1	$y > y_c$	Fr < 1	$\dfrac{dy}{dx} > 0$	
	S2	$y_n < y < y_c$	Fr > 1	$\dfrac{dy}{dx} < 0$	
	S3	$y < y_n$	Fr > 1	$\dfrac{dy}{dx} > 0$	
臨界 (C) $y_c = y_n$ $S_0 < S_c$	C1	$y > y_c$	Fr < 1	$\dfrac{dy}{dx} > 0$	
	C2	$y < y_c$	Fr > 1	$\dfrac{dy}{dx} > 0$	
	C3				
溫和 (M) $y_c < y_n$ $S_0 < S_c$	M1	$y > y_n$	Fr < 1	$\dfrac{dy}{dx} > 0$	
	M2	$y_c < y < y_n$	Fr < 1	$\dfrac{dy}{dx} < 0$	
	M3	$y < y_c$	Fr > 1	$\dfrac{dy}{dx} > 0$	
水平 (H) $y_n \to \infty$ $S_0 = 0$	H2	$y > y_c$	Fr < 1	$\dfrac{dy}{dx} < 0$	
	H3	$y < y_c$	Fr > 1	$\dfrac{dy}{dx} > 0$	
逆向 (A) $S_0 < 0$ y_n：不存在	A2	$y > y_c$	Fr < 1	$\dfrac{dy}{dx} < 0$	
	A3	$y < y_c$	Fr > 1	$\dfrac{dy}{dx} > 0$	

$Fr^2 \to 0$，因此斜率 dy/dx 趨向負無限大；但是在超臨界流中，當 $y \to y_c$ (例如 M3、H3 與 A3)，我們有 $Fr \to 1$ 且 $1 - Fr^2 \to 0$，因此 dy/dx (一個正量) 趨向無限大。亦即，自由表面幾乎垂直地上升且流動深度非常快速地增加。這在物理上不能夠被維持，因此自由表面破碎了，結果形成一個水躍。當發生此現象時，一維近似不再適用。

一些代表性的表面形狀

一個典型的明渠系統包括幾個不同斜率的流段，其間有稱為過渡區的連接段，因此流動的總表面形狀是一個連續的形狀，由先前所描述過的各個形狀所組成。明渠中通常會遭遇到幾個代表性的表面形狀，包括一些複合形狀，被給在圖 11-29 中。對每一種情況，表面形狀的改變是由渠道幾何上的改變所造成的。例如斜率上的突然改變或在流動中的一個障礙物，如水閘門。更多複合形狀可以從列於參考資料中的專書中找到。表面形狀上的一點代表在那一點上滿足質量、動量與能量守恆關係式的流動高度。注意在漸變流中 $dy/dx \ll 1$ 且 $S_0 \ll 1$，因此在這些圖中渠道與表面形狀兩者的斜率，為了有較好的視覺效果都被高度誇大了。許多渠道與表面形狀如果按照比例畫出，看起來幾乎是水平的。

圖 11-29a 顯示的是在一個有溫和斜率與水閘門的渠道中漸變流的表面形狀。次臨界的上游流動 (注意流動是次臨界的，因為斜率是溫和的) 在接近閘門時慢下來 (例如河流接近水壩)，並且液面高度上升了。當流動通過閘門時是超臨界的 (因為開口的高度低於臨界深度)。因此，閘門之前的表面形狀是 M1，而閘門之後水躍之前是 M3。

一個明渠中的一段可能有負斜率並且包含上坡流，如圖 11-29b 所示的。有逆向斜率的流動無法維持，除非慣性力能克服抵抗流體運動的重力及摩擦力。因此一個上坡的渠道流段必須緊接著一個下坡的流段或一個自由出口。當具有逆向斜率的次臨界流接近一個水閘門時，流動深度會減小，產生一個 A2 形狀。通過閘門的流動一般是超臨界的，在水躍之前會產生一個 A3 形狀。

圖 11-29c 的明渠流段包括一個從陡峭到不那麼陡峭的斜率的改變。在較不陡峭的那個流段其流速較小 (較小的高度下降來驅動流體)，因此當均勻流再一次建立時，流動深度較高。注意有較陡峭斜率的均勻流必須是超臨界的 ($y < y_c$)，流動深度很平滑地經過一個 S3 的形狀從起始增加到新的均勻流高度。

圖 11-29d 顯示出一個明渠的複合表面形狀，包含幾個不同的流段。開始時斜率是溫和的，其流動是均勻且次臨界的。然後流動變成陡峭的，且其流動當均勻流建立時變成超臨界的。臨界深度發生在坡度改變的地方。當斜率改變時，透過在溫和段末端經歷的 M2 形狀與陡峭段前端經歷的 S2 形狀，流動深度得以平滑地減

(a) 在一個具有溫和斜率的明渠中通過水閘門的流動

(b) 在一個具有逆向斜率及自由出口的明渠中通過水閘門的流動

(c) 均勻的超臨界流從陡峭到較不陡峭的變化

(d) 均勻的次臨界流從溫和到陡峭到具有自由出口的水平斜率的變化

圖 11-29 在平渠流中會遭遇到的幾個常見的表面形狀。所有流動都是從左向右。

小。在水平段，流動深度先經過一個 H3 形狀平滑地增加，然後經歷一個水躍急速地增加。接著，當液體加速朝向渠道尾端的自由出口時，流動深度經過一個 H2 形狀減小。流動在達到渠道末端之前變成臨界的，而排水出口控制著通過水躍的上游流動。出口的流動是超臨界的。注意，均勻流在水平渠道中不能夠建立，因為重力在流動方向沒有分量，且流動是由慣性驅動的。

表面形狀的數值解

預測表面形狀是設計明渠系統的一個重要部分。一個決定表面形狀的良好起始點是辨識沿著渠道的重要點，稱為控制點 (control points)，而在這些點上的流動深度可以從已知的流率資訊上計算出來。例如，一個矩形渠道中發生臨界流的截面，其流動深度稱為臨界點，可以用 $y_c = (\dot{V}^2/gb^2)^{1/3}$ 決定。正常深度，其為均勻流被建立時所達到的流動深度，也是一個控制點。一旦有了在控制點上的流動深度，其上游或下游的表面形狀，通常用數值積分非線性微分方程式 [式 (11-64)，重複寫在這裡] 來決定

$$\frac{dy}{dx} = \frac{S_0 - S_f}{1 - \text{Fr}^2} \tag{11-65}$$

摩擦斜率 S_f 是從均勻流條件來決定的，且福勞數是從適用於渠道截面的一個關係式所決定的。

例題 11-6 ▶ 有 M1 表面形狀的漸變流

考慮水在一個每單位寬度流率 $1\ \text{m}^3/\text{s}\cdot\text{m}$，曼寧係數為 $n = 0.02$ 的寬矩形渠道中的漸變流。渠道的斜率是 0.001，並且在 $x = 0$ 的位置量測到的流動深度是 0.8 m。(a) 決定流動的正常和臨界流動深度，並分類水的表面形狀，並 (b) 在範圍 $0 \leq x \leq 1000\ \text{m}$ 用數值方法積分 GVF 方程式來計算在 $x = 1000\ \text{m}$ 的流動深度 y。重做 (b) 小題得到不同 x 值的流動深度，並畫出表面形狀（圖 11-30）。

圖 11-30 例題 11-6 的示意圖。

解答：考慮水在一個寬矩形渠道中的漸變流。要決定水在一個指定位置上的正常與臨界流動深度、流動型態和流動深度，並畫出表面形狀。

假設：1. 渠道是寬的，並且流動是漸變的。2. 底面斜率是常數。3. 渠道濕面的粗糙度與摩擦係數是常數。

性質：渠道的曼寧係數為 $n = 0.02$。

解析：(a) 渠道是寬的，因此水力半徑等於流動深度，$R_h \cong y$。知道每單位寬度 ($b = 1\ \text{m}$) 的流率。正常深度可用曼寧方程式決定為

$$\dot{V} = \frac{a}{n} A_c R_h^{2/3} S_0^{1/2} = \frac{a}{n}(yb) y^{2/3} S_0^{1/2} = \frac{a}{n} b y^{5/3} S_0^{1/2}$$

$$y_n = \left(\frac{(\dot{V}/b)n}{aS_0^{1/2}}\right)^{3/5} = \left(\frac{(1\,\text{m}^2/\text{s})(0.02)}{(1\,\text{m}^{1/3}/\text{s})(0.001)^{1/2}}\right)^{3/5} = 0.76\ \text{m}$$

此流動的臨界深度是

$$y_c = \frac{\dot{V}^2}{gA_c^2} = \frac{\dot{V}^2}{g(by)^2} \rightarrow y_c = \left(\frac{(\dot{V}/b)^2}{g}\right)^{1/3} = \left(\frac{(1\,\text{m}^2/\text{s})^2}{(9.81\,\text{m/s}^2)}\right)^{1/3} = 0.47\ \text{m}$$

注意在 $x=0$，$y_c < y_n < y$，我們從表 11-3 看出在此 GVF 中水的表面形狀被歸類為 **M1**。
(b) 知道起始條件 $y(0)=0.8$ m，任何 x 位置的流動深度是由數值積分 GVF 方程式來決定的，

$$\frac{dy}{dx} = \frac{S_0 - S_f}{1 - \mathrm{Fr}^2}$$

其中福勞數對一個寬矩形渠道是

$$\mathrm{Fr} = \frac{V}{\sqrt{gy}} = \frac{\dot{V}/by}{\sqrt{gy}} = \frac{\dot{V}/b}{\sqrt{gy^3}}$$

而摩擦斜率是從均勻流方程式令 $S_0 = S_f$ 來決定的，

$$\dot{V} = \frac{a}{n} b y^{5/3} S_f^{1/2} \rightarrow S_f = \left(\frac{(\dot{V}/b)n}{ay^{5/3}}\right)^2 = \frac{(\dot{V}/b)^2 n^2}{a^2 y^{10/3}}$$

代入，對一個寬矩形渠道的 GVF 方程式變成

$$\frac{dy}{dx} = \frac{S_0 - (\dot{V}/b)^2 n^2/(a^2 y^{10/3})}{1 - (\dot{V}/b)^2/(gy^3)}$$

這是高度非線性的，因此要用解析方法積分非常困難 (如果不是不可能)。幸運地，現在用像 EES 或 Matlab 這樣的程式使用數值方法來解這樣的非線性方程式是容易的。瞭解這一點，一階非線性微分方程式受起始條件 $y(x_1) = y_1$ 支配的解被表示為

$$y = y_1 + \int_{x_1}^{x_2} f(x,y)dx \quad \text{其中} \quad f(x,y) = \frac{S_0 - (\dot{V}/b)^2 n^2/(a^2 y^{10/3})}{1 - (\dot{V}/b)^2/(gy^3)}$$

其中 $y = y(x)$ 是在指定 x 位置的水深。對於給定的數值，這個問題可以用 EES 求解如下：

Vol = 1 "m^3/s, volume flow rate per unit width, b = 1 m"
b = 1 "m, width of channel"
n = 0.02 "Manning coefficient"
S_0 = 0.001 "slope of channel"
g = 9.81 "gravitational acceleration, m/s^2"
x1 = 0; y1 = 0.8 "m, initial condition"
x2 = 1000 "m, length of channel"
f_xy = (S_0-((Vol/b)^2*n^2/y^(10/3)))/(1-(Vol/b)^2/(g*y^3)) "the GVF equation to be integrated"
y = y1+integral(f_xy, x, x1, x2) "integral equation with automatic step size."

將以上的迷你程式拷貝到一個空的 EES 螢幕上，並計算得到在位置 1000 m 的水深，

$$y(x_2) = y(1000 \text{ m}) = \mathbf{1.44 \text{ m}}$$

注意內建函數 "integral" 使用一個自動調整步長的方法在指定的上下限之間進行數值積分。沿著渠

道在不同位置的水深是在不同的 x_2 值上重複此計算而得到的。畫出結果得到顯示在圖 11-31 上的表面形狀。使用 EES 的曲線擬合的特性，我們甚至可以將流動深度數據曲線擬合成以下的二次多項式：

$$y_{approx}(x) = 0.7930 + 0.0002789x + 3.7727 \times 10^{-7}x^2$$

可以證明從這個曲線擬合公式所得到的流動深度結果與圖表上的數據差異不超過 1%。

討論：圖形結果證實從表 11-3 所得到的定量預測，即一個 M1 形狀應該得到在往下游的方向水的深度增加。這個問題也可以用其它程式解出，像 Matlab，使用給出在圖 11-32 的程式碼。

沿渠道的距離，m	水深，m
0	0.80
100	0.82
200	0.86
300	0.90
400	0.96
500	1.03
600	1.10
700	1.18
800	1.26
900	1.35
1000	1.44

```
clear all
domain=[0 1000]; % limits on integral
s0=.001; % channel slope
n=.02; % Manning roughness
q=1; % per-unit-width flowrate
g=9.81; % gravity (SI)
y0=.8; % initial condition on depth
[X,Y]=ode45('simple_flow_derivative',
[domain(1) domain (end)],y0,
[],s0,n,q,g,domain);

plot (X, Y, 'k')
axis([0 1000 0 max(Y)])
xlabel('x (m)');ylabel('y (m)');
***************

function
yprime=simple_flow_
derivative(x,y,flag,s0, n,q,g, (domain)
yprime=(s0-n.^2*q.^2./y.^(10/3))./(1-
q.^2/g./y.^3);
```

圖 11-31 在例題 11-6 中討論的 GVF 問題的流動深度與表面形狀。

圖 11-32 求解例題 11-6 的 GVF 問題的一個 Matlab 程式。

例題 11-7 渠道斜率的分類

水在一個有粗製混凝土表面的矩形明渠中均勻的流動。渠道寬度 6 m，流動深度 2 m，且底面斜率是 0.004。試決定此流動的渠道應該被分類為溫和的、臨界的或是陡峭的 (圖 11-33)。

解答：水在一個明渠中均勻的流動。要決定這個流動的渠道是溫和、臨界的或陡峭的。

假設：1. 流動是穩定且均勻的。2. 底面斜率是常數。3. 渠道濕面的粗糙度不變，因此摩擦係數是常數。

圖 11-33 例題 11-7 的示意圖。

性質：對一個粗製混凝土表面的明渠，其曼寧係數是 $n = 0.014$。
解析：截面積、周長與水力半徑為

$$A_c = yb = (2 \text{ m})(6 \text{ m}) = 12 \text{ m}^2$$
$$p = b + 2y = 6 \text{ m} + 2(2 \text{ m}) = 10 \text{ m}$$
$$R_h = \frac{A_c}{p} = \frac{12 \text{ m}^2}{10 \text{ m}} = 1.2 \text{ m}$$

流率用曼寧方程式決定為

$$\dot{V} = \frac{a}{n} A_c R_h^{2/3} S_0^{1/2} = \frac{1 \text{ m}^{1/3}/\text{s}}{0.014} (12 \text{ m}^2)(1.2 \text{ m})^{2/3}(0.004)^{1/2} = \mathbf{61.2 \text{ m}^3/\text{s}}$$

注意，此流動是均勻的，指定的流率是正常深度，因此 $y = y_n = 2$ m。
此流動的臨界深度是

$$y_c = \frac{\dot{V}^2}{gA_c^2} = \frac{(61.2 \text{ m}^3/\text{s})^2}{(9.81 \text{ m/s}^2)(12 \text{ m}^2)^2} = 2.65 \text{ m}$$

此渠道在這些流動條件下被分類為**陡峭**的，因為 $y_n < y_c$，且流動是超臨界的。
討論：如果流動深度大於 2.65 m，渠道斜率會被稱為溫和的。因為只有底面斜率並不足夠用來分類一個下坡的渠道是溫和、臨界的或陡峭的。

11-8 急變流與水躍

明渠中的流動如果流動深度在一個相當短的距離變化非常明顯時被稱為急變流 (RVF) (圖 11-34)。例如發生在水閘門、寬頂堰、銳緣堰、瀑布與在渠道擴張或收縮的過渡段。渠道截面的變化是急變流的一個原因。但是有一些急變流，發生在即使渠道截面是常數的區域，例如通過水閘門的流動。

急變流一般都非常複雜，因為它們事實上可能包括可觀的多維度與暫態效應、逆流與流動分離。因此急變流通常用實驗的或數值的方法研究。但是不管這些複雜性，仍然有可能用一維的流動近似以合理的正確性分析某些急變流。

在陡峭渠道中的流動可能是超臨界的，如果由於渠道降低斜率或增加摩擦效應而不再能夠維持超臨界流，則流動必須變成次臨界的。任何這種從超臨界到次臨界的變化都是通過水躍發生的。水躍包含可觀的混合與攪動，因此會有相當可觀的機械能量耗散。

圖 11-34 流動有突然變化時會發生急變流，例如截面積的突然改變。

考慮通過一個包含水躍的控制體積的穩定流，如圖 11-35 所示。為了使一個簡單的分析變成是可能的，我們作以下的近似：

1. 在渠道的截面 1 與 2 的速度幾乎是常數，因此動量通量修正因子是 $\beta_1 = \beta_2 \cong 1$。
2. 液體中的壓力呈靜水力分佈，並且我們只考慮錶壓，因為大氣壓作用在所有表面上且其影響互相抵消。
3. 壁面剪應力及其有關的損失相對於水躍中由於劇烈擾動的損失是可忽略的。
4. 渠道是寬而水平的。
5. 除了重力以外，沒有外力或物體力。

圖 11-35 一個水躍的示意圖與流動深度—比能量圖 (比能量減小)。

對一個寬度 b 的渠道，質量守恆關係式 $\dot{m}_1 = \dot{m}_2$ 被表示為 $\rho y_1 b V_1 = \rho y_2 b V_2$ 或

$$y_1 V_1 = y_2 V_2 \tag{11-66}$$

注意作用在控制體積水平的 x- 方向的唯一力是壓力，動量方程式 $\sum \vec{F} = \sum_{\text{out}} \beta \dot{m} \vec{V} - \sum_{\text{in}} \beta \dot{m} \vec{V}$ 在 x- 方向變成是靜水壓力與動量傳遞之間的平衡，

$$P_{1,\text{avg}} A_1 - P_{2,\text{avg}} A_2 = \dot{m} V_2 - \dot{m} V_1 \tag{11-67}$$

其中 $P_{1,\text{avg}} = \rho g y_1/2$ 及 $P_{2,\text{avg}} = \rho g y_2/2$。對於一個渠道寬度 b，我們有 $A_1 = y_1 b$、$A_2 = y_2 b$ 及 $\dot{m} = \dot{m}_2 = \dot{m}_1 = \rho A_1 V_1 = \rho y_1 b V_1$。代入並簡化，動量方程式變成

$$y_1^2 - y_2^2 = \frac{2 y_1 V_1}{g}(V_2 - V_1) \tag{11-68}$$

用 $V_2 = (y_1/y_2) V_1$，從式 (11-66)，消去 V_2 得到

$$y_1^2 - y_2^2 = \frac{2 y_1 V_1^2}{g y_2}(y_1 - y_2) \tag{11-69}$$

從兩邊消去共同因子 $(y_1 - y_2)$，並重新整理得到

$$\left(\frac{y_2}{y_1}\right)^2 + \frac{y_2}{y_1} - 2\text{Fr}_1^2 = 0 \tag{11-70}$$

其中 $Fr_1 = V_1/\sqrt{gy_1}$。這是一個 (y_2/y_1) 的二次方程式，它有兩個根 —— 一正一負。注意 y_2/y_1 不能是負的，因為 y_2 與 y_1 兩者都是正的量，深度比 y_2/y_1 被決定為

深度比： $$\frac{y_2}{y_1} = 0.5(-1 + \sqrt{1 + 8Fr_1^2}) \tag{11-71}$$

對此水平流段能量方程式 (11-36) 是

$$y_1 + \frac{V_1^2}{2g} = y_2 + \frac{V_2^2}{2g} + h_L \tag{11-72}$$

注意 $V_2 = (y_1/y_2)V_1$ 且 $Fr_1 = V_1/\sqrt{gy_1}$，與一個水躍有關的水頭損失被表示為

$$h_L = y_1 - y_2 + \frac{V_1^2 - V_2^2}{2g} = y_1 - y_2 + \frac{y_1 Fr_1^2}{2}\left(1 - \frac{y_1^2}{y_2^2}\right) \tag{11-73}$$

一個水躍的能量線示於圖 11-35 中。能量線在跨過水躍的下降代表與此水躍有關的水頭損失。

當給定 Fr_1 與 y_1 時，下游的流動深度 y_2 與水頭損失 h_L 分別可用式 (11-71) 與 (11-73) 計算出來。將 h_L 相對於 Fr_1 畫出來會揭露當 $Fr_1 < 1$ 時 h_L 變成負的，這是不可能的 (這對應到產生負的熵，將會違反熱力學第二定律)。因此我們的結論是水躍要能夠產生，上游的流動必須是超臨界的 ($Fr_1 > 1$)。換言之，次臨界流不能夠產生水躍。這類似於氣體的流動要產生震波必須是超音速的 (馬赫數大於 1)。

水頭損失是經由內部流體摩擦所產生的機械能耗散的一個量度，且水頭損失通常是不被喜歡的，因為它代表機械能的浪費。但是有時候水躍會與水壩的靜水池或溢洪道一起設計，目的是儘可能地消耗機械能來最小化水的機械能以降低其造成損害的能力。其作法是先轉換高壓力成為高速度來產生超臨界流，然後允許流體在其崩潰與減速時擾動，並消耗其動能的一部分。因此水躍性能的一個度量是其能量耗散的比例大小。

液體在水躍之前的比能量是 $E_{s1} = y_1 + V_1^2/2g$。因此能量耗散比 (圖 11-36) 被定義為

圖 11-36 能量耗散比代表在一個水躍中機械能耗散的比例。

$$\text{能量耗散比} = \frac{h_L}{E_{s1}} = \frac{h_L}{y_1 + V_1^2/2g} = \frac{h_L}{y_1(1 + Fr_1^2/2)} \tag{11-74}$$

能量耗散比的範圍從弱水躍 ($Fr_1 < 2$) 的幾個百分比到強水躍 ($Fr_1 > 9$) 的 85% 左右。

不像氣體流動的正震波,是發生在一個截面上並具有可忽略的厚度,但水躍通常發生在一段可觀的渠道長度上。在實際關注的福勞數範圍內,被觀察到的水躍長度約為下游流動深度 y_2 的 4 到 7 倍。

實驗研究指出水躍可以分成五類如表 11-4 所示,主要相依於上游福勞數 Fr_1。若 Fr_1 稍大於 1,液體在水躍時稍微上升,製造出駐波。在 Fr_1 更大一點時,產生出高度破壞性的振盪波。最希望的福勞數範圍是 $4.5 < Fr_1 < 9$,會產生穩定且高度平衡的穩定波,在水躍內具有高水平的能量耗散。大於 $Fr_1 > 9$ 的水躍會產生非常劇烈的波。深度比 y_2/y_1 的範圍則會從溫和且表面高度微幅上升之波狀水躍 (undular jump) 下的略大於 1,變化到劇烈且表面高度大幅升高之強水躍下的大於 12。

在本節中,我們所考慮的僅限制在寬的水平矩形渠道,因此其邊際與重力效應可以忽略。非矩形及傾斜渠道的水躍行為類似,但是流動特性,也就是深度比、水頭損失、水躍長度與耗散比是不同的。

表 11-4 水躍的分類

上游 Fr_1	深度比 y_2/y_1	能量耗散比	描述	表面形狀
<1	1	0	水躍不可能。違反熱力學第二定律。	
1-1.7	1-2	<5%	波狀水躍 (或駐波)。表面高度微升,低能量耗散。接近 Fr = 1.7 時,發展出表面滾動。	
1.7-2.5	2-3.1	5-15%	弱水躍。表面平滑地上升,帶有滾動。低能量耗散。	
2.5-4.5	3.1-5.9	14-45%	振盪水躍。由底部進入的噴束所引起的振盪會產生大型波浪,可以傳播數英里並破壞土堤。設計靜水池時必須避免。	
4.5-9	5.9-12	45-70%	穩定水躍。穩定、高度平衡,並對下游條件不敏感。在水躍內有密集的旋渦運動與高水平的能量耗散。是推薦的設計範圍。	
>9	>12	70-85%	強水躍。險惡並斷斷續續。能量耗散很有效,但與其它設計比較,可能是不經濟的,因牽涉到的水波高度較高。	

來源:美國填海工程局 (1955)。

例題 11-8　水躍

水從一個水閘門排入一個 10 m 寬的矩形水平渠道中，並被觀察到經歷一個水躍。水躍前的流動深度與速度分別是 0.8 m 與 7 m/s。試求 (a) 水躍之後的流動深度與福勞數，(b) 水頭損失與能量耗散比，與 (c) 由於水躍所浪費的功率製造能力 (圖 11-37)。

解答：在水平渠道中的水在指定深度與速度下經歷了一個水躍。要決定在水躍之後的深度與福勞數、水頭損失與耗散比與浪費的功率能力。

假設：**1.** 流動是穩定或近似穩定的。**2.** 渠道足夠寬，故邊際效應可以忽略。

性質：水的密度是 1000 kg/m³。

解析：(a) 水躍之前的福勞數是

$$\text{Fr}_1 = \frac{V_1}{\sqrt{gy_1}} = \frac{7 \text{ m/s}}{\sqrt{(9.81 \text{ m/s}^2)(0.8 \text{ m})}} = 2.50$$

圖 11-37　例題 11-8 的示意圖。

其值大於 1。因此水躍前流動的確是超臨界的。水躍之後的流動深度、速度與福勞數為

$$y_2 = 0.5y_1\left(-1 + \sqrt{1 + 8\text{Fr}_1^2}\right) = 0.5(0.8 \text{ m})\left(-1 + \sqrt{1 + 8 \times 2.50^2}\right) = \mathbf{2.46 \text{ m}}$$

$$V_2 = \frac{y_1}{y_2}V_1 = \frac{0.8 \text{ m}}{2.46 \text{ m}}(7 \text{ m/s}) = 2.28 \text{ m/s}$$

$$\text{Fr}_2 = \frac{V_2}{\sqrt{gy_2}} = \frac{2.28 \text{ m/s}}{\sqrt{(9.81 \text{ m/s}^2)(2.46 \text{ m})}} = \mathbf{0.464}$$

注意在水躍之後流動深度變 3 倍，而福勞數減小成約 1/5 倍。

(b) 水頭損失從能量方程式決定為

$$h_L = y_1 - y_2 + \frac{V_1^2 - V_2^2}{2g} = (0.8 \text{ m}) - (2.46 \text{ m}) + \frac{(7 \text{ m/s})^2 - (2.28 \text{ m/s})^2}{2(9.81 \text{ m/s}^2)}$$

$$= \mathbf{0.572 \text{ m}}$$

水躍之前水的比能量與耗散比為

$$E_{s1} = y_1 + \frac{V_1^2}{2g} = (0.8 \text{ m}) + \frac{(7 \text{ m/s})^2}{2(9.81 \text{ m/s}^2)} = 3.30 \text{ m}$$

$$耗散比 = \frac{h_L}{E_{s1}} = \frac{0.572 \text{ m}}{3.30 \text{ m}} = \mathbf{0.173}$$

因此，液體可用的水頭 (或機械能) 的 17.3% 被浪費了 (轉變成熱能)，原因是水躍產生的摩擦效應。

(c) 水的質量流率是

$$\dot{m} = \rho\dot{V} = \rho by_1 V_1 = (1000 \text{ kg/m}^3)(0.8 \text{ m})(10 \text{ m})(7 \text{ m/s}) = 56{,}000 \text{ kg/s}$$

對應一個 0.572 m 的水頭損失的功率耗散大小為

$$\dot{E}_{\text{dissipated}} = \dot{m}gh_L = (56{,}000 \text{ kg/s})(9.81 \text{ m/s}^2)(0.572 \text{ m})\left(\frac{1 \text{ N}}{1 \text{ kg}\cdot\text{m/s}^2}\right)$$

$$= 314{,}000 \text{ N}\cdot\text{m/s} = \mathbf{314 \text{ kW}}$$

討論：結果顯示水躍是高度的耗散過程，此例中浪費了 314 kW 的功率產生能力。因此，如果水被分流到一個水力輪機來代替從水閘門排放，至多可以產生 314 kW 的功率。但是這個潛力被轉換成無用的熱能，而不是有用的功率，造成水溫上升，

$$\Delta T = \frac{\dot{E}_{\text{dissipated}}}{\dot{m}c_p} = \frac{314 \text{ kJ/s}}{(56{,}000 \text{ kg/s})(4.18 \text{ kJ/kg}\cdot°\text{C})} = 0.0013°\text{C}$$

注意一個 314 kW 的電阻式加熱器會對 56,000 kg/s 的水流率造成相同的溫升。

11-9 流動控制與量測

管道及流道中的流率是用各種閥來控制的。然而，在明渠中的液體流動並沒受到侷限，因此流動是用部分阻塞渠道來控制的。其作法是允許流體從障礙物之上或之下流過。若障礙物允許流體從其上面流過，稱為堰 (weir)。若障礙物底部有可調整的門口並允許液體流過其底部，稱為底流閘門 (underflow gate)。這些裝置可以用來控制通過渠道的流率並加以量測。

底流閘門

有許多種底流閘門可以用來控制流率，每種都有一些優點與缺點。底流閘門位於牆壁、壩或明渠的底部。兩種常用的這種閘門是水閘門 (sluice gate) 與滾筒式閘門 (drum gate)，如圖 11-38 所示。水閘門一般是垂直的，並使用一個平的表面，而滾筒式閘門則有圓形的截面，並具有流線型的表面。

當閘門部分打開時，上游液體在朝向閘門接近時加速，在閘門達到臨界速度，並在通過閘門以後繼續加速至超臨界流的速度。因此，底流閘門就類似於氣體動力

圖 11-38 用來控制流率的底流閘門的一般形式。

(a) 自由出流的水閘門
(b) 浸沒出流的水閘門
(c) 滾筒式閘門

學中的收縮-擴張噴嘴。從一個底流閘門的排水，如果液體噴束直接從閘門流出到大氣中則稱為自由出流 (free outflow) (圖 11-38a)，而若是排出的液體逆流回來並淹沒了液體噴束，則稱為浸沒出流 (drowned or submerged outflow) (圖 11-38b)。在浸沒流中，流體噴束經歷一個水躍，因此下游的流動是次臨界的。同時浸沒出流中包含有高水平的紊流與逆流，因此有很大的水頭損失 h_L。

對於以自由或浸沒出流型式通過底流閘門的流動，其流動深度−比能量的圖示於圖 11-39。注意對於摩擦效應可以忽略的理想閘門，其比能量維持為常數 (從點 1 到點 2a)，但對實際的閘門而言則會減小。若通過閘門的是自由出流，則下游是超臨界的 (點 2b)，但若是浸沒出流則是次臨界的 (點 2c)，因為浸沒出流會經過一個水躍變成次臨界流，這將包含可觀的混合與能量耗散。

將摩擦效應近似成可忽略的並假設上游 (或貯水槽) 速度很小，使用伯努利方程式可以證明自由噴束 (free jet) 的排出速度是 (細節參考第 5 章)

$$V = \sqrt{2gy_1} \qquad (11\text{-}75)$$

用一個排放係數 (discharge coefficient) C_d 來修正此關係式，就可以把摩擦效應考慮在內。因此閘門的排放速度與流率變成

$$V = C_d\sqrt{2gy_1} \quad 且 \quad \dot{V} = C_d ba\sqrt{2gy_1} \qquad (11\text{-}76)$$

其中 b 與 a 分別是閘門開口的寬度與高度。

對於理想的流動，排放係數 $C_d = 1$，但對實際通過閘門的流動 $C_d < 1$。實驗決定的底流閘門的 C_d 值被畫在圖 11-40 中，表示成收縮係數 y_2/a 與深度比 y_1/a 的函數。注意垂直水閘門的自由出流的 C_d 值的範圍大多數介於 0.5 與 0.6 之間。而浸沒出流的 C_d 值則如預期的急速下降，並且在相同的上游條件下，流率減小了。對一個給定的 y_1/a 值，C_d 值隨 y_2/a 的增加而減小。

圖 11-39 通過底流閘門的流動的示意圖與流動深度−比能量圖。

圖 11-40 底流閘門的自由出流與浸沒出流的排放係數。
Data from Henderson, Open Channel Flow, 1st Edition, © 1966. Reprinted by permission of Pearson Education, Inc., Upper Saddle River, NJ.

例題 11-9 ▶ 有浸沒出流的水閘門

水從一個 3 m 深的水庫排放，通過一個在渠道底部有 0.25 m 高的開口的水閘門進入一個 6 m 寬的明渠中。在所有紊流都平息後的流動深度為 1.5 m。試決定排放率 (圖 11-41)。

解答：水從一個水庫中被排放，經過一個水閘門進入一條明渠中。對於指定的流動深度，要決定排放率。

假設：**1.** 流動在平均上是穩定的。**2.** 渠道足夠寬使得邊際效應可以忽略。

解析：深度比 y_1/a 與收縮係數 y_2/a 為

$$\frac{y_1}{a} = \frac{3 \text{ m}}{0.25 \text{ m}} = 12 \quad \text{與} \quad \frac{y_2}{a} = \frac{1.5 \text{ m}}{0.25 \text{ m}} = 6$$

對應的排放係數從圖 11-40 決定為 $C_d = 0.47$，因此排放率變成

$$\dot{V} = C_d ba\sqrt{2gy_1} = 0.47(6 \text{ m})(0.25 \text{ m})\sqrt{2(9.81 \text{ m/s}^2)(3 \text{ m})} = \mathbf{5.41 \text{ m}^3/\text{s}}$$

討論：在自由出流的情況下，排放係數將會是 $C_d = 0.59$，而對應的流率是 $6.78 \text{ m}^3/\text{s}$。因此當出流被浸沒時，流率可觀地下降了。

圖 11-41 例題 11-9 的示意圖。

溢流閘門

在一條明渠的任何截面上，其液體的總機械能可以用水頭表示為 $H = z_b + y + V^2/2g$，其中 y 是流動深度，z_b 是渠道底面的高度，而 V 是平均流速。在可忽略摩擦效應的流動中 (水頭損失 $h_L = 0$)，總機械能維持為常數，而明渠流中在上游截面 1 與下游截面 2 之間的一維的能量方程式可以寫成

$$z_{b1} + y_1 + \frac{V_1^2}{2g} = z_{b2} + y_2 + \frac{V_2^2}{2g} \quad \text{或} \quad E_{s1} = \Delta z_b + E_{s2} \tag{11-77}$$

其中 $E_s = y + V^2/2g$ 是比能量，且 $\Delta z_b = z_{b2} - z_{b1}$ 是截面 2 的水流底面相對於截面 1 的水流底面的高度。因此在一個下坡流動中液體流的比能量增加了 $|\Delta z_b|$ (注意對於向下傾斜的渠道，Δz_b 是負的)，在上波流動時則減少 Δz_b，而對於水平流則維持為常數。(如果摩擦效應不可忽略，則所有情況比能量都會減少 h_L。)

對一個等寬度 b 的渠道，在穩定流時，$\dot{V} = A_c V = byV$ 且 $V = \dot{V}/A_c$，因此比能量變成

$$E_s = y + \frac{\dot{V}^2}{2gb^2y^2} \tag{11-78}$$

對在具有常數寬度 b 的渠道中的穩定流，其比能量 E_s 隨著深度 y 變化的圖重繪於圖 11-42 中。此圖極有價值，因為它顯示出流動中能夠允許的狀態。一旦在一個流動截面 1 的上游條件被指定了，則在 $E_s\text{-}y$ 圖上任意截面 2 的液體狀態必須落在通過點 1 的比能量曲線的一點上。

通過隆起且摩擦可以忽略的流動

現在考慮在一個等寬度 b 的水平渠道中，通過一個高度 Δz_b 的凸起物的穩定流動，其摩擦力可以忽略，如圖 11-43 所示。這種情況的能量方程式，從式 (11-77)，可得

$$E_{s2} = E_{s1} - \Delta z_b \tag{11-79}$$

因此，液體的比能量在流過一個凸起物時減小了 Δz_b，且液體的狀態在 $E_s\text{-}y$ 圖中向左移動了 Δz_b，如圖 11-43 所示。對一個有大寬度的渠道，質量守恆方程式為 $y_2 V_2 = y_1 V_1$，因此 $V_2 = (y_1/y_2) V_1$。流過凸起物的液體的比能量可以被表示為

$$E_{s2} = y_2 + \frac{V_2^2}{2g} \quad \rightarrow \quad E_{s1} - \Delta z_b = y_2 + \frac{V_1^2}{2g} \frac{y_1^2}{y_2^2} \tag{11-80}$$

重新整理

$$y_2^3 - (E_{s1} - \Delta z_b) y_2^2 + \frac{V_1^2}{2g} y_1^2 = 0 \tag{11-81}$$

這是 y_2 的一個 3 次多項式，因此有 3 個解。捨棄負號的解，在凸起物上方的流動深度似乎有兩個解。

現在好奇的問題是，凸起物上方的液面高度會上升或下降？我們的直覺會以為整個液體會跟隨凸起物，因此液體表面在凸起物上方會上升，但實際上未必如此。注意，比能量是流動深度與動能水頭的加總，因此兩種情況都是可能的，端視速度如何改變。圖 11-43 的 $E_s\text{-}y$ 圖給我們確定的答案是：如果凸起物之前的流動是次臨界的 (狀態 1a)，流動深度 y_2 會減小 (狀態 2a)。若流動深度的減小量大於凸起物高度 (即 $y_1 - y_2 > \Delta z_b$)，則自由表面會被壓低。但若流動在接近凸起物時是超臨界的 (狀態 1b)，流動深度在凸起物上面會上升 (狀態 2b)，因此在自由表面上造成一個凸起。

若渠道有一個深度 Δz_b 的凹坑，而不是一個凸起，情況就會相反：這種情況的比能量會增加 (在 $E_s\text{-}y$ 圖上狀態 2 會在狀態 1 的右邊)，因為 Δz_b 是負的。因此，若接近流是次臨界的，流動深度增加；若接近流是超臨界的，則流動深度減小。

圖 11-42 一個等寬度的渠道，在一個指定流率下，比能量 E_s 隨著深度 y 的變化關係。

圖 11-43 在上游流動為次臨界與超臨界下，流過一個凸起物的示意圖與流動深度–比能量圖。

現在，讓我們再考慮流過一個凸起物的流動，摩擦力可以忽略，如之前討論過的。當凸起的高度 Δz_b 增加時，點 2 (不管是次臨界流的 2a 或超臨界流的 2b) 在 E_s-y 圖上持續地向左移動，直到最後達到臨界點。也就是當凸起高度是 $\Delta z_c = E_{s1} - E_{sc} = E_{s1} - E_{min}$ 時，凸起上面的流動是臨界的，並且液體的比能量達到其最低的水平。

我們心中想到的問題是，若凸起高度再被增加時會發生什麼呢？液體的比能量是否繼續減小？這個問題的答案是很響亮的"不"，因為液體已經在其最低的能量水平，且其能量不能進一步減小。換言之，液體已經在 E_s-y 圖上最左邊的點上，沒有更左邊的點可以滿足質量、能量與動量的守恆方程式。因此，流動必須維持為臨界的。這種情況的流動被稱為"阻塞"(Choked) 了。在氣體動力學中，這類似於在收縮噴嘴中的流動，當背壓被降低時氣流加速。當背壓達到臨界壓力時，氣流在噴嘴的出口達到音速。但是不論背壓再如何被降低，噴嘴出口速度將維持在音速的水平。這裡一樣，流動被"阻塞"了。

寬頂堰

流過高凸起的水流的討論可以總結如下：流過在一個明渠中的一個足夠高的障礙物的水流總是臨界的。這種被故意放置在一個明渠中用來量測流率的障礙物稱為堰 (weirs)。因此，一個足夠寬的堰上的流速是臨界速度，可以被表示為 $V = \sqrt{gy_c}$，其中 y_c 是臨界深度。因此流過一個寬度 b 的堰的流率被表示為

$$\dot{V} = A_c V = y_c b \sqrt{gy_c} = bg^{1/2} y_c^{3/2} \tag{11-82}$$

寬頂堰 (broad-crested weir) 是一個矩形塊，高度 P_w、長度 L_w，有一個水平的頂部，臨界流發生在其上 (圖 11-44)。上游高於堰的頂部平面的水頭稱為堰水頭 (weir head)，並用 H 表示。為了得到一個用堰水頭 H 表示的臨界深度 y_c 的關係式，我們對忽略摩擦的流動寫出在一個上游截面與在堰上面的一個截面之間的能量方程式：

$$H + P_w + \frac{V_1^2}{2g} = y_c + P_w + \frac{V_c^2}{2g} \tag{11-83}$$

圖 11-44 在一個寬頂堰上的流動。

從兩邊消去 P_w 並代入 $V_c = \sqrt{gy_c}$，得到

$$y_c = \frac{2}{3}\left(H + \frac{V_1^2}{2g}\right) \tag{11-84}$$

代入式 (11-82) 中，對這個忽略摩擦的理想流動的情況，流率被決定為

$$\dot{V}_{\text{ideal}} = b\sqrt{g}\left(\frac{2}{3}\right)^{3/2}\left(H + \frac{V_1^2}{2g}\right)^{3/2} \tag{11-85}$$

這個關係式顯示出流率與流動參數之間的函數相依關係，但是因為它沒有考慮到摩擦效應而高估流率約幾個百分比。這個效應一般用一個實驗決定的堰排放係數 (weir discharge coefficient) C_{wd} 來修正理論關係式 (11-85) 成為

寬頂堰：
$$\dot{V} = C_{\text{wd, broad}} b\sqrt{g}\left(\frac{2}{3}\right)^{3/2}\left(H + \frac{V_1^2}{2g}\right)^{3/2} \tag{11-86}$$

其中寬頂堰的合理正確的排放係數可以從下式得到 (Chow, 1959)

$$C_{\text{wd, broad}} = \frac{0.65}{\sqrt{1 + H/P_w}} \tag{11-87}$$

更正確但比較複雜的 $C_{\text{wd, broad}}$ 的關係式也可以從文獻中獲得 (如 Ackers, 1978)。同時，上游速度 V_1 通常很小，可以被忽略。特別是在高堰中情況更是如此。因此流率被近似為

具有低 V_1 的寬頂堰：
$$\dot{V} \cong C_{\text{wd, broad}} b\sqrt{g}\left(\frac{2}{3}\right)^{3/2} H^{3/2} \tag{11-88}$$

應該永遠記住使用式 (11-86) 到 (11-88) 的基本要求是堰之上面必須建立起臨界流，這將對堰長度 L_w 加上一些限制。如果堰太長 ($L_w > 12H$)，壁面剪應力主宰並造成堰上的流動變成是次臨界的；如果堰太短 ($L_w < 2H$)，液體可能無法加速至臨界速度。根據觀察，寬邊堰的適當長度是 $2H < L_w < 12H$。注意，對某一個流動太長的堰，對另一個流動則可能太短，要看堰水頭 H 的值而定。因此，必須先知道流率的範圍後才能選擇一個堰。

銳緣堰

一個銳緣堰 (sharp-crested weir) 是放置於渠道中的一個垂直平板，強迫液體流過一個開口來量測流率。堰的形式特徵決定於開口的形狀。一個具有平直上緣的垂直細平板被稱為矩形堰，因為在其上方的流動截面是矩形的；一個具有三角形開口的堰則被稱為三角堰等等。

上游流動是次臨界的，且在其接近堰時變成臨界的。液體持續加速並以像自由噴束的超臨界流排出。加速的原因是自由表面高度的穩定下降，並將高度水頭轉換成速度水頭。以下所給出的流率關係式是根據液體經過堰的自由溢水，稱為水舌

(nappe)，從堰排出所得到的。維持水舌之下空間的通風來確保其下的大氣壓力可能是必要的。

考慮液體流過放置在一個水平渠道的銳緣堰的流動，如圖 11-45 所示。為了簡單起見，堰上游的流速在一個垂直截面 1 上被近似為幾乎是常數。此上游液體的總能量被表示為相對於渠道底面的水頭時即為比能量，這是流動深度與速度水頭的加總，即 $y_1 + V_1^2/2g$，其中 $y_1 = H + P_w$。堰上方的流動並不是一維的。因為在通過堰上方時，液體的速度與方向都有很大的改變。但是水舌內的壓力是大氣壓。

圖 11-45 通過銳緣堰上方的流動。

一個堰上方液體速度變化的簡單關係式的獲得是假設摩擦力可以忽略，並寫出在上游流動中的一點 (點 1) 與堰上方 (距離上游液面高度的垂直距離 h 處) 的一點之間的伯努利方程式，

$$H + P_w + \frac{V_1^2}{2g} = (H + P_w - h) + \frac{u_2^2}{2g} \tag{11-89}$$

消去共同項並解出 u_2，堰上方理想化後的速度分佈是

$$u_2 = \sqrt{2gh + V_1^2} \tag{11-90}$$

事實上，當堰上的液體開始其自由溢水時 (上方的拉下效應)，液體表面會下降一些，而在堰上緣的流動分離進一步窄化了水舌 (底部的收縮效應)。結果，堰上方的流動高度遠小於 H，當拉下與收縮效應為了簡單起見而被忽略時，流率的獲得是將流速與微分流動面積的乘積對整個流動面積作積分，

$$\dot{V} = \int_{A_c} u_2 \, dA_{c2} = \int_{h=0}^{H} \sqrt{2gh + V_1^2} \, w \, dh \tag{11-91}$$

其中 w 是流動面積在離上游自由表面垂直距離 h 處的寬度。

一般而言，w 是 h 的函數。但對一個矩形堰，$w = b$，是一個常數。因此積分可以被輕易地執行，使矩形堰上的流率在忽略摩擦力且忽略拉下與收縮效應的理想流動情況下，可以被決定為

$$\dot{V}_{\text{ideal}} = \frac{2}{3} b \sqrt{2g} \left[\left(H + \frac{V_1^2}{2g} \right)^{3/2} - \left(\frac{V_1^2}{2g} \right)^{3/2} \right] \tag{11-92}$$

當堰高度遠大於堰水頭時 ($P_w \gg H$)，上游速度很小，使得上游速度水頭可以被忽略，即 $V_1^2/2g \ll H$。於是，

$$\dot{V}_{\text{ideal, rec}} \cong \frac{2}{3} b \sqrt{2g} H^{3/2} \tag{11-93}$$

因此，流率可以從兩個幾何量的知識來決定：頂面寬度 b 與堰水頭 H，這是堰頂面與上游自由表面之間的垂直距離。

這個簡化分析給出流率關係式的一般形式，但是它需要被修正來考慮扮演次要角色的摩擦與表面張力效應，以及拉下與收縮效應。同樣的，這是藉著將理想流率關係式乘以一個用實驗決定的排放係數 C_{wd} 做到的。因此銳緣矩形堰的流率可以被表示為

銳緣矩形堰：
$$\dot{V}_{\text{rec}} = C_{\text{wd, rec}} \frac{2}{3} b \sqrt{2g} H^{3/2} \tag{11-94}$$

其中，從參考資料和建議讀物 1 (Ackers, 1978)，

$$C_{\text{wd, rec}} = 0.598 + 0.0897 \frac{H}{P_w} , \quad \frac{H}{P_w} \leq 2 \tag{11-95}$$

此公式適用於範圍寬廣的雷諾數，定義為 $\text{Re} = V_1 H/\nu$。更精確但也更複雜的相關式也可以在文獻中找到。注意式 (11-94) 適用於全寬度的矩形堰。如果堰的寬度小於渠道寬度使得流動被迫收縮，就應該包括一個修正的收縮係數來適當地考慮到這個影響。

另一種經常會用來作流量量測的銳緣堰是三角形堰 (也稱為 V 形堰)，示於圖 11-46 中。三角形堰的優點是即使對小流率也維持一個高的堰水頭 H，因為當堰水頭 H 減小時流動面積跟著減小，因此它可被用來正確的量測一個比較寬的流率範圍。

從幾何上考量，V 形寬度可以被表示為 $w = 2(H-h)\tan(\theta/2)$。其中 θ 是 V 形的角度。代入式 (11-91) 中並作積分，會得到給三角形堰的理想流率為

圖 11-46 一個三角形 (或 V 形) 銳緣堰的幾何。視角是從下游看向上游。

$$\dot{V}_{\text{ideal, tri}} = \frac{8}{15} \tan\left(\frac{\theta}{2}\right) \sqrt{2g} H^{5/2} \tag{11-96}$$

其中我們再次忽略上游的速度水頭。摩擦與其它耗散效應也同樣可將理想的流率乘以一個堰排放係數來方便地加以考慮。因此一個三角形銳緣堰的流率變成

三角形銳緣堰：
$$\dot{V} = C_{\text{wd, tri}} \frac{8}{15} \tan\left(\frac{\theta}{2}\right) \sqrt{2g} H^{5/2} \tag{11-97}$$

其中 $C_{wd,tri}$ 的值一般是介於 0.58 到 0.62 之間。因此流體摩擦、流動面積收縮與其它耗散效應導致 V 形堰的流率相對於理想情況約減小了 40%。在許多實際的情況 ($H > 0.2$ m 且 $45° < \theta < 120°$) 下，堰的排放係數值約 $C_{wd,tri} = 0.58$。更精確的值在文獻中可以找到。

例題 11-10 ▶ 流過凸起的次臨界流

在一個寬的水平明渠中的水流碰到在渠道底面的一個 15 cm 高的凸起物。如果在凸起之前的流動深度是 0.80 m 且速度是 1.2 m/s，試決定凸起上的水面是否凹下了 (圖 11-47)。若是如此，凹下多少？

解答：在一個水平明渠中的水流遇到一個凸起。要決定凸起上的水面是否凹下。

假設：**1.** 流動是穩定的。**2.** 忽略摩擦效應，所以沒有機械能的耗散。**3.** 渠道足夠寬，所以沒有邊際效應。

解析：上游福勞數與臨界深度為

$$\text{Fr}_1 = \frac{V_1}{\sqrt{gy_1}} = \frac{1.2 \text{ m/s}}{\sqrt{(9.81 \text{ m}^2/\text{s})(0.80 \text{ m})}} = 0.428$$

$$y_c = \left(\frac{\dot{V}^2}{gb^2}\right)^{1/3} = \left(\frac{(by_1V_1)^2}{gb^2}\right)^{1/3} = \left(\frac{y_1^2 V_1^2}{g}\right)^{1/3}$$

$$= \left(\frac{(0.8 \text{ m})^2 (1.2 \text{ m/s})^2}{9.81 \text{ m/s}^2}\right)^{1/3} = 0.455 \text{ m}$$

圖 11-47 例題 11-10 的示意圖與流動深度-比能量圖。

因為 Fr < 1，流動是次臨界的，因此在凸起上的流動深度減小。上游比能量為

$$E_{s1} = y_1 + \frac{V_1^2}{2g} = (0.80 \text{ m}) + \frac{(1.2 \text{ m/s})^2}{2(9.81 \text{ m/s}^2)} = 0.873 \text{ m}$$

凸起上的流動深度如下決定：

$$y_2^3 - (E_{s1} - \Delta z_b)y_2^2 + \frac{V_1^2}{2g}y_1^2 = 0$$

代入

$$y_2^3 - (0.873 - 0.15 \text{ m})y_2^2 + \frac{(1.2 \text{ m/s})^2}{2(9.81 \text{ m/s}^2)}(0.80 \text{ m})^2 = 0$$

或

$$y_2^3 - 0.723y_2^2 + 0.0470 = 0$$

使用一個方程式求解器，此方程式的三個根被決定為 0.59 m、0.36 m 與 −0.22 m。

我們捨棄負值解，因其在物理上是不可能的。我們也去除 0.36 m 的解，因其小於臨界深度，只能發生在超臨界流中，因此凸起上的流動深度的唯一有意義的解是 $y_2 = 0.59$ m。所以凸起上的水面與渠道底面的距離是 $\Delta z_b + y_2 = 0.15 + 0.59 = 0.74$ m，此值小於 $y_1 = 0.80$ m。凸起上方水面的**凹下量**為

$$凹下量 = y_1 - (y_2 + \Delta z_b) = 0.80 \text{ m} - (0.59 + 0.15) = \mathbf{0.06 \text{ m}}$$

討論：注意雖然 $y_2 < y_1$，但並不一定代表水面是凹下的 (它有可能在凸起上是隆起的)。只有當 $y_1 - y_2$ 的差值大於凸起高度 Δz_b，凸起上的水面才是凹下的。同時，凹下的實際值可能不同於 0.06 m，因為此分析中忽略了摩擦效應。

例題 11-11 ▶ 用堰量測流率

在一個 5 m 寬的水平明渠中的水流率要用一個等寬度、高度 0.60 m 的銳緣矩形堰來量測。如果上游的水深為 1.5 m，試決定水的流率 (圖 11-48)。

解答：一個具有銳緣矩形堰的水平明渠的上游水深被量測到，要決定流率。

假設：1. 流動是穩定的。2. 忽略上游的速度水頭。3. 渠道夠寬可以忽略邊際效應。

解析：堰水頭是

$$H = y_1 - P_w = 1.5 - 0.60 = 0.90 \text{ m}$$

堰的排放係數是

$$C_{\text{wd, rec}} = 0.598 + 0.0897 \frac{H}{P_w} = 0.598 + 0.0897 \frac{0.90}{0.60} = 0.733$$

圖 11-48 例題 11-11 的示意圖。

因為 $0.9/0.6 = 1.5$，滿足條件 $H/P_w < 2$。通過渠道的水流率變成

$$\begin{aligned}
\dot{V}_{\text{rec}} &= C_{\text{wd, rec}} \frac{2}{3} b \sqrt{2g} H^{3/2} \\
&= (0.733) \frac{2}{3} (5 \text{ m}) \sqrt{2(9.81 \text{ m/s}^2)} (0.90 \text{ m})^{3/2} \\
&= \mathbf{9.24 \text{ m}^3/\text{s}}
\end{aligned}$$

討論：上游速度與上游速度水頭為

$$V_1 = \frac{\dot{V}}{by_1} = \frac{9.24 \text{ m}^3/\text{s}}{(5 \text{ m})(1.5 \text{ m})} = 1.23 \text{ m/s} \quad \text{與} \quad \frac{V_1^2}{2g} = \frac{(1.23 \text{ m/s})^2}{2(9.81 \text{ m/s}^2)} = 0.077 \text{ m}$$

這是堰水頭的 8.6%，其影響是顯著的。當考慮上游速度水頭時，流率變成 10.2 m³/s，這比求得的值高約 10%。因此考慮上游速度水頭是好的作法，除非堰高度 P_w 相對於堰水頭 H 是非常大時。

應用聚焦燈 —— 橋樑挖蝕

客座作者:Peggy A. Johnson,賓州州立大學

橋樑挖蝕是美國橋樑損壞最常見的原因 (Wardhana and Hadipriono, 2003)。橋樑挖蝕是溪流或河流中在一座橋樑附近的河道的侵蝕,包括橋墩與橋座周圍的侵蝕與整個河床的侵蝕與降低。橋樑基礎附近的侵蝕已經是美國的水道中近乎 400,000 座橋樑損壞的主要因素。一些最近的損壞案例,可能是由在河流中橋樑附近的高流量所造成的,這說明了問題的嚴重性。在 1993 年發生在上密西西比與下密蘇里河流盆地的洪水中,28 座橋樑損壞中至少有 22 座是由於挖蝕,造成至少 800 萬美元的損害成本 (Kamojjala et al., 1994)。在 2010 年發生在田納西州的"超級洪水"期間,至少 30 個郡被發佈為主要災區,田納西河的洪水造成 587 座橋樑的挖蝕與堤岸侵蝕,並導致超過 50 座橋樑被關閉。在 2011 年的秋天,在中大西洋與美國東北部的颶風艾琳 (Irene) 與熱帶風暴李 (Lee) 造成洪水氾濫,並由於挖蝕導致許多橋樑的損壞與受損。

橋墩挖蝕的機制已經在實驗室中及用電腦模型加以研究。主要機制被認為是由於在洪水期間因橋墩導致之逆向壓力梯度所造成的"馬蹄形"渦旋,驅動一部分的來流在橋墩前向下流動所致 (Arneson et al., 2012)。挖蝕洞的侵蝕率直接與向下流的強度大小有關,而這是與河川來流的速度直接有關的。強烈的渦旋將沉澱物從凹洞中舉起,並沉積在下游的尾流渦旋中。結果形成在橋墩上游很深的凹洞,可導致橋樑基礎變得不穩定。

保護河川中的橋墩對抗洪水的損害仍然是全美各州主要的挑戰。渠道中的洪水力量強大足以搬動沉積物與岩石;傳統的保護法,例如消波塊,通常並不足夠。有很多研究使用導葉及類似的結構,在河流的流道中來幫助引導水流繞過橋墩與橋座,並提供平滑的轉向,使水流很順地流過橋的開口 (Johnson et al., 2010)。

參考文獻

Arneson, L. A., L. W. Zevenbergen, P. F. Lagasse, P. E. Clopper (2012). Hydraulic Engineering Circular 18, Evaluating Scour at Bridges. Federal Highway Administration Report FHWA-HIF-12-003, HEC-18, Washington, D.C.

Johnson, P. A., Sheeder, S. A., Newlin, J. T. (2010). Waterway transitions at US bridges. Water and Environment Journal, 24 (2010), 274-281.

Kamojjala, S., Gattu, N. P. Parola. A. C., Hagerty, D. J. (1994), "Analysis of 1993 Upper Mississippi flood highway infrastructure damage," in ASCE Proceedings of the First International Conference of Water Resources Engineering, San Antonio, TX, pp. 1061-1065.

Wardhana, K., and Hadipriono, F. C., (2003). 17(3). ASCE Journal of Performance of Constructed Facilities, 144-150.

總結

明渠流指的是液體在一個對大氣開放的渠道中或在一個部分填滿的流道中的流動。如果流動深度 (或平均速度) 維持為常數,渠道中的流動就是均勻的;否則,流動就是非均勻的或變速的。水力半徑定義為 $R_h = A_c/p$。無因次福勞數定義為

$$\text{Fr} = \frac{V}{\sqrt{gL_c}} = \frac{V}{\sqrt{gy}}$$

若 Fr＜1，流動被分類為次臨界的；若 Fr＝1，則被分類為臨界的；若 Fr＞1，則是超臨界的。臨界流的流動深度稱為臨界深度，並被表示為

$$y_c = \frac{\dot{V}^2}{gA_c^2} \quad \text{或} \quad y_c = \left(\frac{\dot{V}^2}{gb^2}\right)^{1/3}$$

其中 b 是寬渠道的渠道寬度。

　　一個表面擾動在深度 y 的液體中移動的速度稱為波速 c_0，可以表示為 $c_0 = \sqrt{gy}$。液體在一個渠道中的總機械能可以用水頭表示為

$$H = z_b + y + \frac{V^2}{2g}$$

其中 z_b 是高度水頭，$P/\rho g = y$ 是壓力水頭，而 $V^2/2g$ 是速度水頭。壓力與動力水頭的加總稱為比能量 E_s，

$$E_s = y + \frac{V^2}{2g}$$

質量守恆方程式是 $A_{c1}V_1 = A_{c2}V_2$。能量方程式被表示為

$$y_1 + \frac{V_1^2}{2g} + S_0 L = y_2 + \frac{V_2^2}{2g} + h_L$$

其中 h_L 是水頭損失，而 $S_0 = \tan\theta$ 是渠道底面斜率。摩擦斜率被定義為 $S_f = h_L/L$。

　　均勻流的流動深度稱為正常深度 y_n，而其平均速度稱為均勻流速度 V_0。均勻流的速度與流率為

$$V_0 = \frac{a}{n}R_h^{2/3}S_0^{1/2} \quad \text{與} \quad \dot{V} = \frac{a}{n}A_c R_h^{2/3}S_0^{1/2}$$

其中 n 是曼寧係數，其值相依於渠道表面的粗糙度，而 $a = 1$ m$^{1/3}$/s。若 $y_n = y_c$，流動是均勻臨界流，且底面斜率 S_0 等於臨界斜率 S_c，表示為

$$S_c = \frac{gn^2 y_c}{a^2 R_h^{4/3}} \quad \text{其可簡化成} \quad S_c = \frac{gn^2}{a^2 y_c^{1/3}}$$

這是薄層流動或在一個寬的矩形渠道 $b \gg y_c$ 中的流動。

　　最好的水力截面是具有最大水力半徑的明渠，或是對於一個給定的截面積，有最小濕邊周長的渠道。矩形渠道的最好水力截面的準則是 $y = b/2$。梯形渠道的最好截面是六角形的一半。

　　在漸變流中 (GVF)，流動深度隨著往下游的距離緩慢而平滑地改變。表面形狀 $y(x)$ 是藉著積分 GVF 方程式來計算的：

$$\frac{dy}{dx} = \frac{S_0 - S_f}{1 - \text{Fr}^2}$$

在急變流中 (RVF)，流動深度在流動方向的一個相當短的距離有很顯著的改變。任何從超臨界到次臨界的流動的改變是通過一個水躍發生的，這是一個高度耗散的過程。水躍過程中的深度比 y_2/y_1、水頭損失與能量耗散比可以被表示為

$$\frac{y_2}{y_1} = 0.5\left(-1 + \sqrt{1 + 8\text{Fr}_1^2}\right)$$

$$h_L = y_1 - y_2 + \frac{V_1^2 - V_2^2}{2g}$$

$$= y_1 - y_2 + \frac{y_1 \text{Fr}_1^2}{2}\left(1 - \frac{y_1^2}{y_2^2}\right)$$

$$\text{耗散比} = \frac{h_L}{E_{s1}} = \frac{h_L}{y_1 + V_1^2/2g}$$

$$= \frac{h_L}{y_1(1 + \text{Fr}_1^2/2)}$$

一個允許液體流過它的障礙物，稱為一個堰，而一個障礙物其底部具有可調整的開口來允許液體從其底端流過的，稱為底流閘門。通過水閘門的流率被給定如下：

$$\dot{V} = C_d ba\sqrt{2gy_1}$$

其中 b 與 a 是閘門開口的寬度與高度，而 C_d 是排放係數，被用來考慮摩擦效應。

一個寬頂堰是一個矩形塊，有一個水平的頂面讓臨界流可以在其上發生。其上游高於堰的頂面的水頭高度，稱為堰水頭，H。流率被表示為

$$\dot{V} = C_{\text{wd, broad}} b \sqrt{g}\left(\frac{2}{3}\right)^{3/2}\left(H + \frac{V_1^2}{2g}\right)^{3/2}$$

其中排放係數是

$$C_{\text{wd, broad}} = \frac{0.65}{\sqrt{1 + H/P_w}}$$

一個銳緣矩形堰的流率被表示為

$$\dot{V}_{\text{rec}} = C_{\text{wd, rec}} \frac{2}{3} b \sqrt{2g} H^{3/2}$$

其中

$$C_{\text{wd, rec}} = 0.598 + 0.0897 \frac{H}{P_w} \quad \text{當} \quad \frac{H}{P_w} \leq 2$$

一個銳緣三角形堰的流率被表示為

$$\dot{V} = C_{wd,\,tri}\frac{8}{15}\tan\left(\frac{\theta}{2}\right)\sqrt{2g}H^{5/2}$$

其中 $C_{wd,\,tri}$ 的值一般介於 0.58 與 0.62 之間。

明渠流分析一般被用來設計衛生下水道系統、灌溉系統、疏洪道與水壩。

參考資料和建議讀物

1. P. Ackers et al. *Weirs and Flumes for Flow Measurement*. New York: Wiley, 1978.
2. B. A. Bakhmeteff. *Hydraulics of Open Channels*. New York: McGraw-Hill, 1932.
3. M. H. Chaudhry. *Open Channel Flow*. Upper Saddle River, NJ: Prentice Hall, 1993.
4. V. T. Chow. *Open Channel Hydraulics*. New York: McGraw-Hill, 1959.
5. R. H. French. *Open Channel Hydraulics*. New York: McGraw-Hill, 1985.
6. F. M. Henderson. *Open Channel Flow*. New York: Macmillan, 1966.
7. C. C. Mei. *The Applied Dynamics of Ocean Surface Waves*. New York: Wiley, 1983.
8. U. S. Bureau of Reclamation. "Research Studies on Stilling Basins, Energy Dissipaters, and Associated Appurtenances," Hydraulic Lab Report Hyd.-399, June 1, 1955.

習題

有 "C" 題目是觀念題，學生應儘量作答。

分類、福勞數與波速

11-1C 在一個明渠流中沿著自由表面壓力是如何變化的？

11-2C 什麼造成一個明渠中的流動是變速的 (或非均勻的)？急變流與漸變流是如何區別的？

11-3C 在明渠中均勻流與非均勻流是如何區別的？在哪一種渠道中均勻流會被觀察到？

11-4C 一個明渠中的流動被觀察到經歷一個水躍。這個水躍上游的流動是否必定是超臨界的？這個水躍下游的流動是否必定是次臨界的？

11-5C 什麼是福勞數？它是如何定義的？它的物理意義是什麼？

11-6 考慮水在一個寬渠道中的流動。試決定在流動中一個小擾動的傳播速度，如果流動深度是 (a) 25 cm 與 (b) 80 cm。如果流體是油，你的答案是什麼？

11-7 下大雨後，水在混凝土表面上以平均速度 1.3 m/s 流動。若水深是 2 cm，試決定流動是次臨界的或超臨界的。

11-8 水在 10°C 以 2.5 m/s 的平均速度在一個半滿的 3 m 直徑的圓形渠道中流動。試決定水力半徑、雷諾數與流動狀態 (層流或紊流)。

11-9 水在 20°C 以 2 m/s 的平均速度在一個部分填滿的 3 m 直徑圓形渠道中流動。如果最大的水深是 0.75 m，試決定水力半徑、雷諾數與流動狀態。

圖 P11-9

比能量與能量方程式

11-10C 在一個明渠中流動的流體的比能量是如何用水頭定義的？

11-11C 考慮在一個寬的矩形渠道中的穩定一維流動。有人宣稱在一個截面的自由表面上的流體總機械能等於流體在相同截面的渠道底面上的總能量。你同意嗎？解釋之。

11-12C 在明渠流中將一維的能量方程式在上游截面 1 與下游截面 2 之間表示出來，並解釋如何決定水頭損失。

11-13C 考慮水的穩定的超臨界流以等流率通過一個矩形明渠，一個人宣稱水的流動深度越大，比能量越大。你同意嗎？解釋之。

11-14C 摩擦斜率是如何定義的？在什麼條件下，它會等於明渠的底面斜率？

11-15 水在 10°C 以 12 m³/s 的流率在一個 6 m 寬的矩形渠道中流動，其深度為 0.55 m。試求 (a) 臨界深度，(b) 流動是次臨界或超臨界的，與 (c) 替代深度。(Answer: (a) 0.742 m, (b) 超臨界的, (c) 1.03 m)

11-16 水在 20°C 以 4 m/s 的平均速度及 0.4 m 的深度在一個矩形渠道中流動。試決定水的比能量及流動是次臨界或超臨界的。

11-17 水以 5 m/s 的平均速度在一個 2 m 寬的矩形渠道中流動。若流動是臨界的，試決定水的流率。(Answer: 25.5 m³/s)

均勻流與最好的水力截面

11-18C 哪一個對一個明渠是較好的水力截面：有較小的或較大的水力半徑？

11-19C 一個有最好的水力截面的矩形明渠的流體高度是其渠道寬度的 (a) 一半，(b) 2 倍，(c) 相等，或 (d) 1/3。

11-20C 在一個明渠的均勻流中，有人宣稱水頭損失可以將底面斜率乘以渠道長度來簡單的決定。這件事可以這樣簡單嗎？解釋之。

11-21 考慮均勻流通過內部鋪磚塊的明渠，其曼寧係數 $n = 0.015$。若由於藻類在表面生長導致曼寧係數倍增 ($n = 0.030$)，但流動截面積維持為常數，則流率會 (a) 倍增，(b) 減小為 $1/\sqrt{2}$，(c) 維持不變，(d) 減小一半，或 (e) 減小為 $1/2^{1/3}$。

11-22 水均勻地在一個精製混凝土建造的梯形截面的渠道中流動，渠道底面寬度 0.8 m，梯形角度 50°，而底面角度為 0.4°。若量測到的流動深度為 0.52 m，試決定水經過渠道的流率。

圖 P11-22

11-23 在明渠的均勻流中，流速與流率的決定可以從曼寧方程式表示為 $V_0 = (a/n) R_h^{2/3} S_0^{1/2}$ 與 $\dot{V} = (a/n) A_c R_h^{2/3} S_0^{1/2}$。在這些方程式中常數 a 用 SI 單位表示的值和因次是什麼呢？同時，當摩擦因子 f 已知時，解釋曼寧係數 n 是如何決定的。

11-24 一個梯形渠道，底面寬度 6 m，自由表面寬度 12 m，且流動深度 2.2 m，以流率 120 m³/s 排水。若渠道的表面鋪設瀝青 ($n = 0.016$)，試決定每 km 渠道的高度降。(Answer: 5.61 m)

圖 P11-24

11-25 考慮水流過兩個相同的矩形截面 4 m×4 m 的渠道。現在結合兩個渠道，形成一個 8 m 寬的渠道。流率被調整成流動深度維持為 4 m。試決定結合兩個渠道後，流率增加的百分比。

圖 P11-25

11-26 一個乾淨泥土的梯形渠道，其底面寬 1.8 m 且邊牆坡度為 1:1，要用來以流率 8 m^3/s 均勻地排水經過 1 km 的距離。如果流動深度不能超過 1.2 m，試決定需要的高度差。(Answer: 3.90 m)

11-27 水在一個渠道中流動，其底面斜率是 0.002，截面如圖 P11-27 所示。不同次區域的截面尺寸與表面的曼寧係數也在圖上給出。試決定通過渠道的流率與渠道的等效曼寧係數。

圖 P11-27

11-28 水要在一個明渠中以均勻的流率 10 m^3/s 被輸送，渠道表面鋪設瀝青，底面斜率 0.0015。試決定最好截面的尺寸：若渠道的形狀是 (a) 直徑 D 的圓形，(b) 底部寬 b 的矩形，與 (c) 底部寬 b 的梯形。

11-29 一個矩形渠道，其底面斜率 0.0004 要建造來以流率 20 m^3/s 輸送水。試決定渠道的最好的尺寸：若渠道要由 (a) 粗製混凝土與 (b) 精製混凝土建造而成。(Answer: (a) 4.93 m×2.47 m, (b) 4.66 m×2.33 m)

11-30 一個由粗製混凝土製成的渠道，底面斜率為 1°，底面寬度 5 m，且有 1:1 的斜率的邊牆，如圖 P11-30 所示。若流率為 25 m^3/s，試決定正常深度 h。

圖 P11-30

漸變流、急變流與水躍

11-31C 漸變流與急變流是如何不同的？

11-32C 有人宣稱與表面壁剪力有關的摩擦損失在分析急變流時可以忽略，但在分析漸變流時應該考慮。你同意這個聲明嗎？為你的答案辯護。

11-33C 次臨界流是否可能經歷一個水躍？解釋之。

11-34C 考慮水穩定地在一個矩形截面的水平渠道中的流動。如果流動是次臨界的，在流動方向的流動深度會 (a) 增加，(b) 維持常數，或 (c) 減小。

11-35C 考慮水穩定在一個水平的矩形截面的渠道中流動。如果流動是超臨界的，則在流動方向的流動深度會 (a) 增加，(b) 維持常數，或 (c) 減小。

11-36 水在一個 90° 的 V 形鑄鐵渠道中以流率 3 m³/s 流動，底面斜率是 0.002。試決定此流動的渠道斜率應該被分類為溫和的、臨界的或陡峭的。(Answer: 溫和的)

11-37 考慮水在一個 3.5 m 寬，底面斜率 0.5° 的粗製混凝土矩形渠道中流動。如果流率是 8.5 m³/s，試決定此渠道的斜率是溫和的、臨界的或陡峭的。同時，若流動深度為 0.9 m，分類當流動發展時的表面形狀。

11-38 水從一個水閘門排入一個 8 m 寬的水平矩形渠道中，並被觀察到經歷一個水躍。水躍之前的流動深度與流速分別是 1.2 m 與 9 m/s。試求 (a) 水躍之後的流動深度與福勞數，(b) 水頭損失與耗散比，及 (c) 水躍所耗散的機械能。

圖 P11-38

11-39 水在經過一個水躍以後的流動深度與速度經量測分別為 1.1 m 與 1.75 m/s。試求水躍之前的流動深度與速度，及消耗的機械能的比例。

11-40 水以流動深度 56 cm 在一個寬的矩形渠道中以 9 m/s 的平均速度流動，並經歷一個水躍。試求與此水躍相關的水頭損失。

11-41 考慮漸變流通過在一個寬渠道的突起，如圖 P11-41 所示。起始速度是 0.75 m/s，起始水流深度是 1 m，曼寧參數是 0.02，而渠道底面的高度被描述為

$$z_b = \Delta z_b \exp[-0.001(x-100)^2]$$

其中最大的凸起高度 Δz_b 等於 0.15 m，而凸起的頂點位於 $x = 100$ 處。(a) 計算並畫出此流動的臨界深度及 (在其存在的地方) 流動的正常深度，(b) 在範圍 $0 \leq x \leq 200$ m，積分 GVF 方程式，並根據對表 11-3 分類方法的瞭解，對觀察到的自由表面的行為加以評論。

圖 P11-41

11-42 考慮漸變流方程式：

$$\frac{dy}{dx} = \frac{S_0 - S_f}{1 - \text{Fr}^2}$$

對一個寬矩形渠道的情況，證明此方程式可以簡化成以下的形式，其可明顯地展示 y、y_n 與 y_c 之間關係的重要性：

$$\frac{dy}{dx} = \frac{S_0[1 - (y_n/y)^{10/3}]}{1 - (y_c/y)^3}$$

11-43 考慮水在一個寬矩形灌溉渠道中的漸變流，其每單位寬度的流率為 5 m³/s·m，斜率為 0.01，而曼寧係數為 0.02。流動起始時是在均勻的深度。在一個給定的位置，$x = 0$，流動進入一個 200 m 長的渠道，由於缺少維護，導致渠道的粗糙度變成 0.03，經過這段渠道以後，粗糙度回復成起始的 (有維護) 值。(a) 為這兩個不同的流段，計算流動的正常與臨界深度。(b) 用數值方法求解漸變流方程式，範圍 $0 \leq x \leq 400$ m。將你的結果畫圖 (即，y 相對 x) 並評論水面的行為。

圖 P11-43

渠道中的流動控制與量測

11-44C 寬頂堰被用來量測經過一個明渠的流率的操作的基本原理是什麼？

11-45C 考慮在一個等寬度 b 的水平渠道中的穩定無摩擦的流動，通過一個高度 Δz 的凸起。當流體流過凸起時，流動深度將會增加、減小或維持常數？假設流動是次臨界的。

11-46C 為流過底流閘門的水流畫一個流動深度—比能量圖，並指出通過閘門的流動狀態。考慮以下情形：(a) 無摩擦閘門，(b) 有自由出流的水閘門，與 (c) 有浸沒出流的水閘門 (包括水躍變成次臨界流)。

11-47 在一個寬渠道中流動的水流遭遇到在渠道底部的一個 22 cm 高的凸起。如果在凸起之前的水流深度是 1.2 m 且速度是 2.5 m/s，決定凸起上的流動是否阻塞了，並討論之。

圖 P11-47

11-48 水從一個 12 m 深的水庫進入釋出進入一個 6 m 寬的明渠中，流動經過一個水閘門在渠道底部的一個 1 m 高的開口。如果閘門下游的流動深度經量測到為 3 m，試決定經過閘門的排水率。

圖 P11-48

11-49 在一個 10 m 寬的水平渠道中的水流率要使用一個跨過渠道的 1.3 m 高的銳緣矩形堰來量測。如果上游的水流深度是 3.4 m，試求水流率。(Answer: 66.8 m^3/s)

圖 P11-49

11-50 水流過一個 2 m 高的銳緣矩形堰。堰上游的水流深度是 3 m，且從堰所排出的水流進一個相同寬度的粗製混凝土渠道中，並且在其中建立均勻流條件。如果在下游的流動中沒有水躍發生，試決定下坡渠道的最大斜率。

11-51 考慮水流通過一個寬渠道，流動深度為 2.5 m。現在水流過一個具有 0.3 m 高開口的水閘門，自由地向外排出後隨即經歷一個水躍。忽略任何與水閘門本身有關的損失，試求水躍前後的流動深度與流速，以及在水躍中耗散的機械能的比例。

11-52 一個 0.80 m 高的寬頂堰要被用來量測水在一個 5 m 寬的矩形渠道中的流率。在堰足夠上游處的流動深度是 1.80 m。試決定通過渠道的流率及堰上方的最小流動深度。

圖 P11-52

11-53 考慮在一個粗製混凝土製造的寬渠道的均勻水流，其斜率為 0.0022。現在水流過一個 15 cm 高的凸起。若凸起上方的流動正好是臨界的 (Fr = 1)，試決定凸起上方每 m 寬度的流率與流動深度。(Answer: 20.3 m³/s, 3.48 m)

圖 P11-53

11-54 水流通過一個 8 m 寬 (進入紙面方向) 的渠道的流率被一個水閘門控制。若閘門上游與下游量測到的流動深度分別是 0.9 與 0.25 m，試決定閘門下游的流率與福勞數。

圖 P11-54

複習題

11-55 一個梯形渠道，底面寬度 4 m，邊牆斜率為 45°，以 18 m³/s 的流率排水。若流動深度為 0.6 m，試決定流動是次臨界或超臨界的？

11-56 水流過一個 2.2 m 寬的矩形渠道，其曼寧係數為 $n = 0.012$。若水是 0.9 m 深且渠道的底面斜率是 0.6°。試求此渠道在均勻流時的排水率。

11-57 考慮一個由精製混凝土 ($n = 0.012$) 製成的水流渠道，內部直徑 1 m，斜率 0.002。若中心線的水流深度是 0.32 m，試求經過此渠道的水流率。(Answer: 0.258 m³/s)

圖 P11-57

11-58 考慮水流通過一個拋物線形缺口，如圖 P11-58 所示。為流率推導出一個關係式，並計算理想情況下的數值，其速度可由托利切利 (Torricellis) 方程式 $V = \sqrt{2g(H-y)}$ 給出。(Answer: 0.123 m³/s)

圖 P11-58

11-59 考慮兩個的渠道：其中一個是底面寬為 b 的矩形；另一個是直徑 D 的圓形，兩者有相同的流率、底面斜率與表面鋪面。若矩形渠道的流動深度也是 b，而圓形渠道則是半滿的，試決定 b 與 D 之間的關係。

11-60 在一個 6 m 寬的矩形渠道中的水流率要用一個跨過渠道,高度為 1.1 m 的銳緣矩形堰來量測。如果堰上游的水頭高於堰頂面 0.60 m,試決定其水流率。

11-61 水均勻地在一個半滿的 3.2 m 直徑的圓形渠道中流動,其斜率為 0.004。如果量測到的水流率是 4.5 m^3/s,試決定此渠道的曼寧係數與福勞數。(Answer: 0.487, 0.319)

11-62 一個有自由出流的水閘門被用來控制流過一個渠道的水流率。試決定當閘門被升高至產生一個 50 cm 的開口,並且上游量測到的水流深度為 2.8 m 時每單位寬度的流率。同時決定下游的水流深度與流速。

11-63 水流經過一個水閘門時經歷了一個水躍,如圖 P11-63 所示。水在接近閘門時的速度是 1.25 m/s,而在水躍之後則是 4 m/s。試決定通過閘門的水流的每單位寬度的流率、水流深度 y_1 與 y_2,及水躍的能量耗散比。

圖 P11-63

11-64 水從一個 5 m 深的湖泊經過一個水閘門底部的一個 0.5 m 高的開口,排水進入一個精製水泥的渠道。其底面斜率為 0.004。在建立超臨界流條件的不久之後,水流經歷一個水躍。當分析水躍時,忽略底面斜率,試決定水躍之後的水流深度、速度與福勞數。

11-65 水在一個水平的寬矩形渠道中流動,以速度 1.25 m/s 逼近一個 20 cm 高的凸起,水流深度為 1.8 m。試決定凸起上方的速度、水流深度與福勞數。

圖 P11-65

基礎工程學 (FE) 試題

11-66 哪些選項是明渠流的例子?
 I. 河流中的水流
 II. 高速公路雨水的排水
 III. 向上氣流中的雨雪
 IV. 污水管道
 (a) I 與 II
 (b) I 與 III
 (c) II 與 III
 (d) I、II 與 IV
 (e) I、II、III 與 IV

11-67 考慮水在一個高度 2 m 與寬度 5 m 的矩形明渠中流動,水流深度是 1.5 m,此流動的水力半徑是
 (a) 0.47 m   (b) 0.94 m   (c) 1.5 m
 (d) 3.8 m   (e) 5m

11-68 水以 0.25 m^3/s 的流率流過一個寬度 0.6 m 的矩形明渠。如果水流深度是 0.2 m,若流動特性要改變,什麼是替代的水流深度?
 (a) 0.2 m   (b) 0.26 m   (c) 0.35 m
 (d) 0.6 m   (e) 0.8 m

11-69 水流過一個乾淨且平直的矩形截面的自然渠道,其底面寬度 0.75 m 且底面斜率的角度為 0.6°。如果流動深度為 0.15 m,則水通過渠道的流率是
 (a) 0.0317 m^3/s   (b) 0.05 m^3/s

(c) 0.0674 m³/s (d) 0.0866 m³/s
(e) 1.14 m³/s

11-70 水要在一個 4 m 寬的矩形明渠中輸送。最大化流率的流動深度是
(a) 1 m (b) 2 m (c) 4 m
(d) 6 m (e) 8 m

11-71 水在一個黏土板鋪面的梯形渠道中以流率 0.8 m³/s 被輸送。渠道底面的斜率是 0.0015。渠道的最好截面寬度是
(a) 0.48 m (b) 0.70 m (c) 0.84 m
(d) 0.95 m (e) 1.22 m

11-72 水從一個水閘門排水進入一個矩形水平渠道中並經歷一個水躍。渠道為 25 m 寬且水躍之前的水流深度與速度分別為 2 m 與 9 m/s。水躍之後的水流深度是
(a) 1.26 m (b) 2 m (c) 3.61 m
(d) 4.83 m (e) 6.55 m

11-73 水從一個水閘門排水進入一個 7 m 寬的矩形的水平渠道中並經歷一個水躍。水躍之前的水流深度與速度分別是 0.65 m 與 5 m/s。由於水躍浪費的功率能力是
(a) 158 kW (b) 112 kW
(c) 67.3 kW (d) 50.4 kW
(e) 37.6 kW

11-74 在一個 3 m 寬的水平明渠中的水流率用一個等寬度的 0.4 m 高的銳緣矩形堰量測。若上游的水深是 0.9 m，則水的流率是
(a) 1.37 m³/s (b) 2.22 m³/s
(c) 3.06 m³/s (d) 4.68 m³/s
(e) 5.11 m³/s

設計與小論文題

11-75 考慮水在一個 5 m 寬的矩形渠道的水平段中的流動，範圍從 10 至 15 m³/s。一個矩形或三角形的細板堰要被建置來量測流率。如果水深在所有時間都要維持在 2 m 以下，指出合適的堰的形式與尺寸。若流動範圍是 0 到 15 m³/s，你的回答會是什麼呢？

附錄

性質表與圖*

表 A-1	莫耳質量、氣體常數與理想氣體比熱
表 A-2	沸點與凝固點的性質
表 A-3	水的飽和性質
表 A-4	冷媒-134a 的飽和性質
表 A-5	氨的飽和性質
表 A-6	丙烷的飽和性質
表 A-7	液體的性質
表 A-8	液體金屬的性質
表 A-9	在 1 atm 氣壓的空氣性質
表 A-10	在 1 atm 氣壓的氣體性質
表 A-11	不同高度的大氣性質
圖 A-12	圓管中完全發展流決定摩擦因子的穆迪圖

* 這些表中的大部分性質都是從 EES 的性質資料庫取得的,其原始來源列在表之下。列出的性質比宣稱的準確度有更多的有效數字,目的是最小化手算時累積的捨入誤差,並確保與 EES 獲得的結果能有更好的吻合度。

表 A-1　莫耳質量、氣體常數與理想氣體比熱

物質	莫耳質量 M, kg/kmol	氣體常數 R, kJ/kg·K*	比熱 (25°C) c_p, kJ/kg·K	c_v, kJ/kg·K	$k = c_p/c_v$
空氣	28.97	0.2870	1.005	0.7180	1.400
氨，NH_3	17.03	0.4882	2.093	1.605	1.304
氬，Ar	39.95	0.2081	0.5203	0.3122	1.667
三臭，Br_2	159.81	0.05202	0.2253	0.1732	1.300
異丁烷，C_4H_{10}	58.12	0.1430	1.663	1.520	1.094
正丁烷，C_4H_{10}	58.12	0.1430	1.694	1.551	1.092
二氧化碳，CO_2	44.01	0.1889	0.8439	0.6550	1.288
一氧化碳，CO	28.01	0.2968	1.039	0.7417	1.400
氯，Cl_2	70.905	0.1173	0.4781	0.3608	1.325
氯二氟甲烷 (R-22)，$CHClF_2$	86.47	0.09615	0.6496	0.5535	1.174
乙烷，C_2H_6	30.070	0.2765	1.744	1.468	1.188
乙烯，C_2H_4	28.054	0.2964	1.527	1.231	1.241
氟，F_2	38.00	0.2187	0.8237	0.6050	1.362
氦，He	4.003	2.077	5.193	3.116	1.667
正庚烷，C_7H_{16}	100.20	0.08297	1.649	1.566	1.053
正己烷，C_6H_{14}	86.18	0.09647	1.654	1.558	1.062
氫，H_2	2.016	4.124	14.30	10.18	1.405
氪，Kr	83.80	0.09921	0.2480	0.1488	1.667
甲烷，CH_4	16.04	0.5182	2.226	1.708	1.303
氖，Ne	20.183	0.4119	1.030	0.6180	1.667
氮，N_2	28.01	0.2968	1.040	0.7429	1.400
一氧化氮，NO	30.006	0.2771	0.9992	0.7221	1.384
二氧化氮，NO_2	46.006	0.1889	0.8060	0.6171	1.306
氧，O_2	32.00	0.2598	0.9180	0.6582	1.395
正戊烷，C_5H_{12}	72.15	0.1152	1.664	1.549	1.074
丙烷，C_3H_8	44.097	0.1885	1.669	1.480	1.127
丙烯，C_3H_6	42.08	0.1976	1.531	1.333	1.148
水蒸氣，H_2O	18.015	0.4615	1.865	1.403	1.329
二氧化硫，SO_2	64.06	0.1298	0.6228	0.4930	1.263
四氯甲烷，CCl_4	153.82	0.05405	0.5415	0.4875	1.111
四氟乙烷 (R-134a)，$C_2H_2F_4$	102.03	0.08149	0.8334	0.7519	1.108
三氟乙烷 (R-143a)，$C_2H_3F_3$	84.04	0.09893	0.9291	0.8302	1.119
氙，Xe	131.30	0.06332	0.1583	0.09499	1.667

* 單位 kJ/kg·K 與 kPa·m^3/kg·K 相等。氣體常數從 $R = R_u/M$ 計算而得，其中 R_u = 8.31447 kJ/kmol·K 是萬用氣體常數，M 是分子量。
來源：比熱值主要從國家標準與技術研究院 (NIST) 所提供的性質程式計算得到的。

表 A-2　沸點與凝固點的性質

物質	正常沸點,°C	蒸發潛熱 h_{fg}, kJ/kg	凝固點,°C	熔解潛熱 h_{if}, kJ/kg	溫度,°C	密度 ρ, kg/m³	比熱 C_p kJ/kg·K
氨	−33.3	1357	−77.7	322.4	−33.3	682	4.43
					−20	665	4.52
					0	639	4.60
					25	602	4.80
氬	−185.9	161.6	−189.3	28	−185.6	1394	1.14
苯	80.2	394	5.5	126	20	879	1.72
滷水 (20% 氯化鈉質量)	103.9	—	−17.4	—	20	1150	3.11
正丁烷	−0.5	385.2	−138.5	80.3	−0.5	601	2.31
二氧化碳	−78.4*	230.5 (在 0°C)	−56.6		0	298	0.59
乙醇	78.2	838.3	−114.2	109	25	783	2.46
乙醇酒精	78.6	855	−156	108	20	789	2.84
乙二醇	198.1	800.1	−10.8	181.1	20	1109	2.84
甘油	179.9	974	18.9	200.6	20	1261	2.32
氦	−268.9	22.8	—	—	−268.9	146.2	22.8
氫	−252.8	445.7	−259.2	59.5	−252.8	70.7	10.0
異丁烷	−11.7	367.1	−160	105.7	−11.7	593.8	2.28
煤油	204–293	251	−24.9	—	20	820	2.00
水銀，汞	356.7	294.7	−38.9	11.4	25	13,560	0.139
甲烷	−161.5	510.4	−182.2	58.4	−161.5	423	3.49
					−100	301	5.79
甲醇	64.5	1100	−97.7	99.2	25	787	2.55
氮	−195.8	198.6	−210	25.3	−195.8	809	2.06
					−160	596	2.97
辛烷	124.8	306.3	−57.5	180.7	20	703	2.10
油 (輕)					25	910	1.80
氧	−183	212.7	−218.8	13.7	−183	1141	1.71
石油	—	230–384			20	640	2.0
丙烷	−42.1	427.8	−187.7	80.0	−42.1	581	2.25
					0	529	2.53
					50	449	3.13
冷媒-134a	−26.1	216.8	−96.6	—	−50	1443	1.23
					−26.1	1374	1.27
					0	1295	1.34
					25	1207	1.43
水	100	2257	0.0	333.7	0	1000	4.22
					25	997	4.18
					50	988	4.18
					75	975	4.19
					100	958	4.22

* 昇華溫度 (在壓力低於三相點壓力 518 kPa 時，二氧化碳只能以固態或氣態存在。同時，二氧化碳的凝固點溫度即為三相點溫度 −56.5°C)。

表 A-3　水的飽和性質

溫度 T, °C	飽和壓力 P_{sat}, kPa	密度 ρ kg/m³ 液體	密度 ρ kg/m³ 蒸氣	汽化焓 h_{fg}, kJ/kg	比熱 c_p, J/kg·K 液體	比熱 c_p, J/kg·K 蒸氣	熱導率 k, W/m·K 液體	熱導率 k, W/m·K 蒸氣	動力黏度 μ kg/m·s 液體	動力黏度 μ kg/m·s 蒸氣	普朗特數 Pr 液體	普朗特數 Pr 蒸氣	體積膨脹係數 β 1/K 液體	表面張力 N/m 液體
0.01	0.6113	999.8	0.0048	2501	4217	1854	0.561	0.0171	1.792×10^{-3}	0.922×10^{-5}	13.5	1.00	-0.068×10^{-3}	0.0756
5	0.8721	999.9	0.0068	2490	4205	1857	0.571	0.0173	1.519×10^{-3}	0.934×10^{-5}	11.2	1.00	0.015×10^{-3}	0.0749
10	1.2276	999.7	0.0094	2478	4194	1862	0.580	0.0176	1.307×10^{-3}	0.946×10^{-5}	9.45	1.00	0.733×10^{-3}	0.0742
15	1.7051	999.1	0.0128	2466	4186	1863	0.589	0.0179	1.138×10^{-3}	0.959×10^{-5}	8.09	1.00	0.138×10^{-3}	0.0735
20	2.339	998.0	0.0173	2454	4182	1867	0.598	0.0182	1.002×10^{-3}	0.973×10^{-5}	7.01	1.00	0.195×10^{-3}	0.0727
25	3.169	997.0	0.0231	2442	4180	1870	0.607	0.0186	0.891×10^{-3}	0.987×10^{-5}	6.14	1.00	0.247×10^{-3}	0.0720
30	4.246	996.0	0.0304	2431	4178	1875	0.615	0.0189	0.798×10^{-3}	1.001×10^{-5}	5.42	1.00	0.294×10^{-3}	0.0712
35	5.628	994.0	0.0397	2419	4178	1880	0.623	0.0192	0.720×10^{-3}	1.016×10^{-5}	4.83	1.00	0.337×10^{-3}	0.0704
40	7.384	992.1	0.0512	2407	4179	1885	0.631	0.0196	0.653×10^{-3}	1.031×10^{-5}	4.32	1.00	0.377×10^{-3}	0.0696
45	9.593	990.1	0.0655	2395	4180	1892	0.637	0.0200	0.596×10^{-3}	1.046×10^{-5}	3.91	1.00	0.415×10^{-3}	0.0688
50	12.35	988.1	0.0831	2383	4181	1900	0.644	0.0204	0.547×10^{-3}	1.062×10^{-5}	3.55	1.00	0.451×10^{-3}	0.0679
55	15.76	985.2	0.1045	2371	4183	1908	0.649	0.0208	0.504×10^{-3}	1.077×10^{-5}	3.25	1.00	0.484×10^{-3}	0.0671
60	19.94	983.3	0.1304	2359	4185	1916	0.654	0.0212	0.467×10^{-3}	1.093×10^{-5}	2.99	1.00	0.517×10^{-3}	0.0662
65	25.03	980.4	0.1614	2346	4187	1926	0.659	0.0216	0.433×10^{-3}	1.110×10^{-5}	2.75	1.00	0.548×10^{-3}	0.0654
70	31.19	977.5	0.1983	2334	4190	1936	0.663	0.0221	0.404×10^{-3}	1.126×10^{-5}	2.55	1.00	0.578×10^{-3}	0.0645
75	38.58	974.7	0.2421	2321	4193	1948	0.667	0.0225	0.378×10^{-3}	1.142×10^{-5}	2.38	1.00	0.607×10^{-3}	0.0636
80	47.39	971.8	0.2935	2309	4197	1962	0.670	0.0230	0.355×10^{-3}	1.159×10^{-5}	2.22	1.00	0.653×10^{-3}	0.0627
85	57.83	968.1	0.3536	2296	4201	1977	0.673	0.0235	0.333×10^{-3}	1.176×10^{-5}	2.08	1.00	0.670×10^{-3}	0.0617
90	70.14	965.3	0.4235	2283	4206	1993	0.675	0.0240	0.315×10^{-3}	1.193×10^{-5}	1.96	1.00	0.702×10^{-3}	0.0608
95	84.55	961.5	0.5045	2270	4212	2010	0.677	0.0246	0.297×10^{-3}	1.210×10^{-5}	1.85	1.00	0.716×10^{-3}	0.0599
100	101.33	957.9	0.5978	2257	4217	2029	0.679	0.0251	0.282×10^{-3}	1.227×10^{-5}	1.75	1.00	0.750×10^{-3}	0.0589
110	143.27	950.6	0.8263	2230	4229	2071	0.682	0.0262	0.255×10^{-3}	1.261×10^{-5}	1.58	1.00	0.798×10^{-3}	0.0570
120	198.53	943.4	1.121	2203	4244	2120	0.683	0.0275	0.232×10^{-3}	1.296×10^{-5}	1.44	1.00	0.858×10^{-3}	0.0550
130	270.1	934.6	1.496	2174	4263	2177	0.684	0.0288	0.213×10^{-3}	1.330×10^{-5}	1.33	1.01	0.913×10^{-3}	0.0529
140	361.3	921.7	1.965	2145	4286	2244	0.683	0.0301	0.197×10^{-3}	1.365×10^{-5}	1.24	1.02	0.970×10^{-3}	0.0509
150	475.8	916.6	2.546	2114	4311	2314	0.682	0.0316	0.183×10^{-3}	1.399×10^{-5}	1.16	1.02	1.025×10^{-3}	0.0487
160	617.8	907.4	3.256	2083	4340	2420	0.680	0.0331	0.170×10^{-3}	1.434×10^{-5}	1.09	1.05	1.145×10^{-3}	0.0466
170	791.7	897.7	4.119	2050	4370	2490	0.677	0.0347	0.160×10^{-3}	1.468×10^{-5}	1.03	1.05	1.178×10^{-3}	0.0444
180	1,002.1	887.3	5.153	2015	4410	2590	0.673	0.0364	0.150×10^{-3}	1.502×10^{-5}	0.983	1.07	1.210×10^{-3}	0.0422
190	1,254.4	876.4	6.388	1979	4460	2710	0.669	0.0382	0.142×10^{-3}	1.537×10^{-5}	0.947	1.09	1.280×10^{-3}	0.0399
200	1,553.8	864.3	7.852	1941	4500	2840	0.663	0.0401	0.134×10^{-3}	1.571×10^{-5}	0.910	1.11	1.350×10^{-3}	0.0377
220	2,318	840.3	11.60	1859	4610	3110	0.650	0.0442	0.122×10^{-3}	1.641×10^{-5}	0.865	1.15	1.520×10^{-3}	0.0331
240	3,344	813.7	16.73	1767	4760	3520	0.632	0.0487	0.111×10^{-3}	1.712×10^{-5}	0.836	1.24	1.720×10^{-3}	0.0284
260	4,688	783.7	23.69	1663	4970	4070	0.609	0.0540	0.102×10^{-3}	1.788×10^{-5}	0.832	1.35	2.000×10^{-3}	0.0237
280	6,412	750.8	33.15	1544	5280	4835	0.581	0.0605	0.094×10^{-3}	1.870×10^{-5}	0.854	1.49	2.380×10^{-3}	0.0190
300	8,581	713.8	46.15	1405	5750	5980	0.548	0.0695	0.086×10^{-3}	1.965×10^{-5}	0.902	1.69	2.950×10^{-3}	0.0144
320	11,274	667.1	64.57	1239	6540	7900	0.509	0.0836	0.078×10^{-3}	2.084×10^{-5}	1.00	1.97	—	0.0099
340	14,586	610.5	92.62	1028	8240	11,870	0.469	0.110	0.070×10^{-3}	2.255×10^{-5}	1.23	2.43	—	0.0056
360	18,651	528.3	144.0	720	14,690	25,800	0.427	0.178	0.060×10^{-3}	2.571×10^{-5}	2.06	3.73	—	0.0019
374.14	22,090	317.0	317.0	0	—	—	—	—	0.043×10^{-3}	4.313×10^{-5}	—	—	—	0

注意 1：運動黏度 ν 與熱擴散係數 α 可以從它們的定義計算而得，$\nu = \mu/\rho$ 及 $\alpha = k/\rho c_p = \nu/\text{Pr}$。溫度 0.01°C、100°C 與 374.14°C 分別是水的三相點、沸點與臨界點溫度。上表所列的性質（除了蒸氣密度以外）可以用在任何壓力下，而其誤差可以被忽略，除非非常接近臨界點的值以外。

注意 2：比熱的單位 kJ/kg·°C 與 kJ/kg·K 相等，而熱導率的單位 W/m·°C 與 W/m·K 相等。

來　源：黏度與熱導率的數據從 J. V. Sengers and J. T. R. Watson, *Journal of Physical and Chemical Reference Data* 15 (1986), pp. 1291-1322 獲得。其它數據從不同的來源或經由計算而得。

表 A-4　冷媒-134a 的飽和性質

溫度 T,°C	飽和壓力 P, kPa	密度 ρ, kg/m³ 液體	蒸氣	汽化焓 h_{fg}, kJ/kg	比熱 c_p, J/kg·K 液體	蒸氣	熱導率 k, W/m·K 液體	蒸氣	動力黏度 μ, kg/m·s 液體	蒸氣	普朗特數 Pr 液體	蒸氣	體積膨脹係數 β, 1/K 液體	表面張力, N/m 液體
−40	51.2	1418	2.773	225.9	1254	748.6	0.1101	0.00811	4.878×10^{-4}	2.550×10^{-6}	5.558	0.235	0.00205	0.01760
−35	66.2	1403	3.524	222.7	1264	764.1	0.1084	0.00862	4.509×10^{-4}	3.003×10^{-6}	5.257	0.266	0.00209	0.01682
−30	84.4	1389	4.429	219.5	1273	780.2	0.1066	0.00913	4.178×10^{-4}	3.504×10^{-6}	4.992	0.299	0.00215	0.01604
−25	106.5	1374	5.509	216.3	1283	797.2	0.1047	0.00963	3.882×10^{-4}	4.054×10^{-6}	4.757	0.335	0.00220	0.01527
−20	132.8	1359	6.787	213.0	1294	814.9	0.1028	0.01013	3.614×10^{-4}	4.651×10^{-6}	4.548	0.374	0.00227	0.01451
−15	164.0	1343	8.288	209.5	1306	833.5	0.1009	0.01063	3.371×10^{-4}	5.295×10^{-6}	4.363	0.415	0.00233	0.01376
−10	200.7	1327	10.04	206.0	1318	853.1	0.0989	0.01112	3.150×10^{-4}	5.982×10^{-6}	4.198	0.459	0.00241	0.01302
−5	243.5	1311	12.07	202.4	1330	873.8	0.0968	0.01161	2.947×10^{-4}	6.709×10^{-6}	4.051	0.505	0.00249	0.01229
0	293.0	1295	14.42	198.7	1344	895.6	0.0947	0.01210	2.761×10^{-4}	7.471×10^{-6}	3.919	0.553	0.00258	0.01156
5	349.9	1278	17.12	194.8	1358	918.7	0.0925	0.01259	2.589×10^{-4}	8.264×10^{-6}	3.802	0.603	0.00269	0.01084
10	414.9	1261	20.22	190.8	1374	943.2	0.0903	0.01308	2.430×10^{-4}	9.081×10^{-6}	3.697	0.655	0.00280	0.01014
15	488.7	1244	23.75	186.6	1390	969.4	0.0880	0.01357	2.281×10^{-4}	9.915×10^{-6}	3.604	0.708	0.00293	0.00944
20	572.1	1226	27.77	182.3	1408	997.6	0.0856	0.01406	2.142×10^{-4}	1.075×10^{-5}	3.521	0.763	0.00307	0.00876
25	665.8	1207	32.34	177.8	1427	1028	0.0833	0.01456	2.012×10^{-4}	1.160×10^{-5}	3.448	0.819	0.00324	0.00808
30	770.6	1188	37.53	173.1	1448	1061	0.0808	0.01507	1.888×10^{-4}	1.244×10^{-5}	3.383	0.877	0.00342	0.00742
35	887.5	1168	43.41	168.2	1471	1098	0.0783	0.01558	1.772×10^{-4}	1.327×10^{-5}	3.328	0.935	0.00364	0.00677
40	1017.1	1147	50.08	163.0	1498	1138	0.0757	0.01610	1.660×10^{-4}	1.408×10^{-5}	3.285	0.995	0.00390	0.00613
45	1160.5	1125	57.66	157.6	1529	1184	0.0731	0.01664	1.554×10^{-4}	1.486×10^{-5}	3.253	1.058	0.00420	0.00550
50	1318.6	1102	66.27	151.8	1566	1237	0.0704	0.01720	1.453×10^{-4}	1.562×10^{-5}	3.231	1.123	0.00456	0.00489
55	1492.3	1078	76.11	145.7	1608	1298	0.0676	0.01777	1.355×10^{-4}	1.634×10^{-5}	3.223	1.193	0.00500	0.00429
60	1682.8	1053	87.38	139.1	1659	1372	0.0647	0.01838	1.260×10^{-4}	1.704×10^{-5}	3.229	1.272	0.00554	0.00372
65	1891.0	1026	100.4	132.1	1722	1462	0.0618	0.01902	1.167×10^{-4}	1.771×10^{-5}	3.255	1.362	0.00624	0.00315
70	2118.2	996.2	115.6	124.4	1801	1577	0.0587	0.01972	1.077×10^{-4}	1.839×10^{-5}	3.307	1.471	0.00716	0.00261
75	2365.8	964	133.6	115.9	1907	1731	0.0555	0.02048	9.891×10^{-5}	1.908×10^{-5}	3.400	1.612	0.00843	0.00209
80	2635.2	928.2	155.3	106.4	2056	1948	0.0521	0.02133	9.011×10^{-5}	1.982×10^{-5}	3.558	1.810	0.01031	0.00160
85	2928.2	887.1	182.3	95.4	2287	2281	0.0484	0.02233	8.124×10^{-5}	2.071×10^{-5}	3.837	2.116	0.01336	0.00114
90	3246.9	837.7	217.8	82.2	2701	2865	0.0444	0.02357	7.203×10^{-5}	2.187×10^{-5}	4.385	2.658	0.01911	0.00071
95	3594.1	772.5	269.3	64.9	3675	4144	0.0396	0.02544	6.190×10^{-5}	2.370×10^{-5}	5.746	3.862	0.03343	0.00033
100	3975.1	651.7	376.3	33.9	7959	8785	0.0322	0.02989	4.765×10^{-5}	2.833×10^{-5}	11.77	8.326	0.10047	0.00004

注意 1：運動黏度 v 與熱擴散係數 α 可以從它們的定義計算而得，$v = \mu/\rho$ 及 $\alpha = k/\rho c_p = v/\text{Pr}$。溫度 0.01°C、100°C 與 374.14°C 分別是水的三相點、沸點與臨界點溫度。上表所列的性質（除了蒸氣密度以外）可以用在任何壓力下，而其誤差可以被忽略，除非非常接近臨界點的值以外。

注意 2：比熱的單位 kJ/kg·°C 與 kJ/kg·K 相等，而熱導率的單位 W/m·°C 與 W/m·K 相等。

來　源：數據從 S. A. Klein 與 F. L. Alvarado 所開發的 EES 軟體計算而得。原始來源：R. Tillner-Roth and H. D. Baehr, "An International Standard Formulation for the Thermodynamic Properties of 1,1,1,2-Tetrafluoroethane (HFC-134a) for Temperatures from 170 K to 455 K and Pressures up to 70 MPa," *J. Phys. Chem, Ref. Data*, Vol. 23, No. 5, 1994; M. J. Assael, N. K. Dalaouti, A. A. Griva, and J. H. Dymond, "Viscosity and Thermal Conductivity of Halogenated Methane and Ethane Refrigerants," *IJR*, Vol. 22, pp. 525-535, 1999; NIST REFPROP 6 program (M. O. McLinden, S. A. Klein, E. W. Lemmon, and A. P. Peskin, Physical and Chemical Properties Division, National Institute of Standards and Technology, Boulder, CO 80303, 1995)。

表 A-5　氨的飽和性質

溫度 T, °C	飽和壓力 P, kPa	密度 ρ, kg/m³ 液體	密度 ρ, kg/m³ 蒸氣	汽化焓 h_{fg}, kJ/kg	比熱 c_p, J/kg·K 液體	比熱 c_p, J/kg·K 蒸氣	熱導率 k, W/m·K 液體	熱導率 k, W/m·K 蒸氣	動力黏度 μ, kg/m·s 液體	動力黏度 μ, kg/m·s 蒸氣	普朗特數 Pr 液體	普朗特數 Pr 蒸氣	體積膨脹係數 β, 1/K 液體	表面張力, N/m 液體
−40	71.66	690.2	0.6435	1389	4414	2242	—	0.01792	2.926×10^{-4}	7.957×10^{-6}	—	0.9955	0.00176	0.03565
−30	119.4	677.8	1.037	1360	4465	2322	—	0.01898	2.630×10^{-4}	8.311×10^{-6}	—	1.017	0.00185	0.03341
−25	151.5	671.5	1.296	1345	4489	2369	0.5968	0.01957	2.492×10^{-4}	8.490×10^{-6}	1.875	1.028	0.00190	0.03229
−20	190.1	665.1	1.603	1329	4514	2420	0.5853	0.02015	2.361×10^{-4}	8.669×10^{-6}	1.821	1.041	0.00194	0.03118
−15	236.2	658.6	1.966	1313	4538	2476	0.5737	0.02075	2.236×10^{-4}	8.851×10^{-6}	1.769	1.056	0.00199	0.03007
−10	290.8	652.1	2.391	1297	4564	2536	0.5621	0.02138	2.117×10^{-4}	9.034×10^{-6}	1.718	1.072	0.00205	0.02896
−5	354.9	645.4	2.886	1280	4589	2601	0.5505	0.02203	2.003×10^{-4}	9.218×10^{-6}	1.670	1.089	0.00210	0.02786
0	429.6	638.6	3.458	1262	4617	2672	0.5390	0.02270	1.896×10^{-4}	9.405×10^{-6}	1.624	1.107	0.00216	0.02676
5	516	631.7	4.116	1244	4645	2749	0.5274	0.02341	1.794×10^{-4}	9.593×10^{-6}	1.580	1.126	0.00223	0.02566
10	615.3	624.6	4.870	1226	4676	2831	0.5158	0.02415	1.697×10^{-4}	9.784×10^{-6}	1.539	1.147	0.00230	0.02457
15	728.6	617.5	5.729	1206	4709	2920	0.5042	0.02492	1.606×10^{-4}	9.978×10^{-6}	1.500	1.169	0.00237	0.02348
20	857.8	610.2	6.705	1186	4745	3016	0.4927	0.02573	1.519×10^{-4}	1.017×10^{-5}	1.463	1.193	0.00245	0.02240
25	1003	602.8	7.809	1166	4784	3120	0.4811	0.02658	1.438×10^{-4}	1.037×10^{-5}	1.430	1.218	0.00254	0.02132
30	1167	595.2	9.055	1144	4828	3232	0.4695	0.02748	1.361×10^{-4}	1.057×10^{-5}	1.399	1.244	0.00264	0.02024
35	1351	587.4	10.46	1122	4877	3354	0.4579	0.02843	1.288×10^{-4}	1.078×10^{-5}	1.372	1.272	0.00275	0.01917
40	1555	579.4	12.03	1099	4932	3486	0.4464	0.02943	1.219×10^{-4}	1.099×10^{-5}	1.347	1.303	0.00287	0.01810
45	1782	571.3	13.8	1075	4993	3631	0.4348	0.03049	1.155×10^{-4}	1.121×10^{-5}	1.327	1.335	0.00301	0.01704
50	2033	562.9	15.78	1051	5063	3790	0.4232	0.03162	1.094×10^{-4}	1.143×10^{-5}	1.310	1.371	0.00316	0.01598
55	2310	554.2	18.00	1025	5143	3967	0.4116	0.03283	1.037×10^{-4}	1.166×10^{-5}	1.297	1.409	0.00334	0.01493
60	2614	545.2	20.48	997.4	5234	4163	0.4001	0.03412	9.846×10^{-5}	1.189×10^{-5}	1.288	1.452	0.00354	0.01389
65	2948	536.0	23.26	968.9	5340	4384	0.3885	0.03550	9.347×10^{-5}	1.213×10^{-5}	1.285	1.499	0.00377	0.01285
70	3312	526.3	26.39	939.0	5463	4634	0.3769	0.03700	8.879×10^{-5}	1.238×10^{-5}	1.287	1.551	0.00404	0.01181
75	3709	516.2	29.90	907.5	5608	4923	0.3653	0.03862	8.440×10^{-5}	1.264×10^{-5}	1.296	1.612	0.00436	0.01079
80	4141	505.7	33.87	874.1	5780	5260	0.3538	0.04038	8.030×10^{-5}	1.292×10^{-5}	1.312	1.683	0.00474	0.00977
85	4609	494.5	38.36	838.6	5988	5659	0.3422	0.04232	7.645×10^{-5}	1.322×10^{-5}	1.338	1.768	0.00521	0.00876
90	5116	482.8	43.48	800.6	6242	6142	0.3306	0.04447	7.284×10^{-5}	1.354×10^{-5}	1.375	1.871	0.00579	0.00776
95	5665	470.2	49.35	759.8	6561	6740	0.3190	0.04687	6.946×10^{-5}	1.389×10^{-5}	1.429	1.999	0.00652	0.00677
100	6257	456.6	56.15	715.5	6972	7503	0.3075	0.04958	6.628×10^{-5}	1.429×10^{-5}	1.503	2.163	0.00749	0.00579

注意 1：運動黏度 ν 與熱擴散係數 α 可以從它們的定義計算而得，$\nu = \mu/\rho$ 及 $\alpha = k/\rho c_p = \nu/\mathrm{Pr}$。溫度 0.01°C、100°C 與 374.14°C 分別是水的三相點、沸點與臨界點溫度。上表所列的性質（除了蒸氣密度以外）可以用在任何壓力下，而其誤差可以被忽略，除非非常接近臨界點的值以外。

注意 2：比熱的單位 kJ/kg·°C 與 kJ/kg·K 相等，而熱導率的單位 W/m·°C 與 W/m·K 相等。

來　源：數據從 S. A. Klein 與 F. L. Alvarado 所開發的 EES 軟體計算而得。原始來源：Tillner-Roth, Harms-Watzenberg, and Baehr, "Eine neue Fundamentalgleichung fur Ammoniak," DKV-Tagungsbericht 20:167–181, 1993; Liley and Desai, "Thermophysical Properties of Refrigerants," *ASHRAE*, 1993, ISBN 1-1883413-10-9。

表 A-6　丙烷的飽和性質

溫度 T, °C	飽和壓力 P, kPa	密度 ρ, kg/m³ 液體	密度 ρ, kg/m³ 蒸氣	汽化焓 h_{fg}, kJ/kg	比熱 c_p, J/kg·K 液體	比熱 c_p, J/kg·K 蒸氣	熱導率 k, W/m·K 液體	熱導率 k, W/m·K 蒸氣	動力黏度 μ, kg/m·s 液體	動力黏度 μ, kg/m·s 蒸氣	普朗特數 Pr 液體	普朗特數 Pr 蒸氣	體積膨脹係數 β, 1/K 液體	表面張力, N/m 液體
−120	0.4053	664.7	0.01408	498.3	2003	1115	0.1802	0.00589	6.136×10^{-4}	4.372×10^{-6}	6.820	0.827	0.00153	0.02630
−110	1.157	654.5	0.03776	489.3	2021	1148	0.1738	0.00645	5.054×10^{-4}	4.625×10^{-6}	5.878	0.822	0.00157	0.02486
−100	2.881	644.2	0.08872	480.4	2044	1183	0.1672	0.00705	4.252×10^{-4}	4.881×10^{-6}	5.195	0.819	0.00161	0.02344
−90	6.406	633.8	0.1870	471.5	2070	1221	0.1606	0.00769	3.635×10^{-4}	5.143×10^{-6}	4.686	0.817	0.00166	0.02202
−80	12.97	623.2	0.3602	462.4	2100	1263	0.1539	0.00836	3.149×10^{-4}	5.409×10^{-6}	4.297	0.817	0.00171	0.02062
−70	24.26	612.5	0.6439	453.1	2134	1308	0.1472	0.00908	2.755×10^{-4}	5.680×10^{-6}	3.994	0.818	0.00177	0.01923
−60	42.46	601.5	1.081	443.5	2173	1358	0.1407	0.00985	2.430×10^{-4}	5.956×10^{-6}	3.755	0.821	0.00184	0.01785
−50	70.24	590.3	1.724	433.6	2217	1412	0.1343	0.01067	2.158×10^{-4}	6.239×10^{-6}	3.563	0.825	0.00192	0.01649
−40	110.7	578.8	2.629	423.1	2258	1471	0.1281	0.01155	1.926×10^{-4}	6.529×10^{-6}	3.395	0.831	0.00201	0.01515
−30	167.3	567.0	3.864	412.1	2310	1535	0.1221	0.01250	1.726×10^{-4}	6.827×10^{-6}	3.266	0.839	0.00213	0.01382
−20	243.8	554.7	5.503	400.3	2368	1605	0.1163	0.01351	1.551×10^{-4}	7.136×10^{-6}	3.158	0.848	0.00226	0.01251
−10	344.4	542.0	7.635	387.8	2433	1682	0.1107	0.01459	1.397×10^{-4}	7.457×10^{-6}	3.069	0.860	0.00242	0.01122
0	473.3	528.7	10.36	374.2	2507	1768	0.1054	0.01576	1.259×10^{-4}	7.794×10^{-6}	2.996	0.875	0.00262	0.00996
5	549.8	521.8	11.99	367.0	2547	1814	0.1028	0.01637	1.195×10^{-4}	7.970×10^{-6}	2.964	0.883	0.00273	0.00934
10	635.1	514.7	13.81	359.5	2590	1864	0.1002	0.01701	1.135×10^{-4}	8.151×10^{-6}	2.935	0.893	0.00286	0.00872
15	729.8	507.5	15.85	351.7	2637	1917	0.0977	0.01767	1.077×10^{-4}	8.339×10^{-6}	2.909	0.905	0.00301	0.00811
20	834.4	500.0	18.13	343.4	2688	1974	0.0952	0.01836	1.022×10^{-4}	8.534×10^{-6}	2.886	0.918	0.00318	0.00751
25	949.7	492.2	20.68	334.8	2742	2036	0.0928	0.01908	9.702×10^{-5}	8.738×10^{-6}	2.866	0.933	0.00337	0.00691
30	1076	484.2	23.53	325.8	2802	2104	0.0904	0.01982	9.197×10^{-5}	8.952×10^{-6}	2.850	0.950	0.00358	0.00633
35	1215	475.8	26.72	316.2	2869	2179	0.0881	0.02061	8.710×10^{-5}	9.178×10^{-6}	2.837	0.971	0.00384	0.00575
40	1366	467.1	30.29	306.1	2943	2264	0.0857	0.02142	8.240×10^{-5}	9.417×10^{-6}	2.828	0.995	0.00413	0.00518
45	1530	458.0	34.29	295.3	3026	2361	0.0834	0.02228	7.785×10^{-5}	9.674×10^{-6}	2.824	1.025	0.00448	0.00463
50	1708	448.5	38.79	283.9	3122	2473	0.0811	0.02319	7.343×10^{-5}	9.950×10^{-6}	2.826	1.061	0.00491	0.00408
60	2110	427.5	49.66	258.4	3283	2769	0.0765	0.02517	6.487×10^{-5}	1.058×10^{-5}	2.784	1.164	0.00609	0.00303
70	2580	403.2	64.02	228.0	3595	3241	0.0717	0.02746	5.649×10^{-5}	1.138×10^{-5}	2.834	1.343	0.00811	0.00204
80	3127	373.0	84.28	189.7	4501	4173	0.0663	0.03029	4.790×10^{-5}	1.249×10^{-5}	3.251	1.722	0.01248	0.00114
90	3769	329.1	118.6	133.2	6977	7239	0.0595	0.03441	3.807×10^{-5}	1.448×10^{-5}	4.465	3.047	0.02847	0.00037

注意1：運動黏度 v 與熱擴散係數 α 可以從它們的定義計算而得，$v = \mu/\rho$ 及 $\alpha = k/\rho c_p = v/\text{Pr}$。溫度 0.01°C、100°C 與 374.14°C 分別是水的三相點、沸點與臨界點溫度。上表所列的性質（除了蒸氣密度以外）可以用在任何壓力下，而其誤差可以被忽略，除非非常接近臨界點的值以外。

注意2：比熱的單位 kJ/kg·°C 與 kJ/kg·K 相等，而熱導率的單位 W/m·°C 與 W/m·K 相等。

來　源：數據從 S. A. Klein 與 F. L. Alvarado 所開發的 EES 軟體計算而得。原始來源：Reiner Tillner-Roth, "Fundamental Equations of State," Shaker, Verlag, Aachan, 1998; B. A. Younglove and J. F. Ely, "Thermophysical Properties of Fluids. II Methane, Ethane, Propane, Isobutane, and Normal Butane," *J. Phys. Chem. Ref. Data*, Vol. 16, No. 4, 1987; G.R. Somayajulu, "A Generalized Equation for Surface Tension from the Triple-Point to the Critical-Point," *International Journal of Thermophysics*, Vol. 9, No. 4, 1988。

表 A-7　液體的性質

溫度 T, °C	密度 ρ, kg/m³	比熱 c_p, J/kg·K	熱導率 k, W/m·K	熱力擴散係數 α, m²/s	動力黏度 μ, kg/m·s	運動黏度 ν, m²/s	普朗特數 Pr	體積膨脹係數 β, 1/K
				甲烷 (CH_4)				
−160	420.2	3492	0.1863	1.270×10^{-7}	1.133×10^{-4}	2.699×10^{-7}	2.126	0.00352
−150	405.0	3580	0.1703	1.174×10^{-7}	9.169×10^{-5}	2.264×10^{-7}	1.927	0.00391
−140	388.8	3700	0.1550	1.077×10^{-7}	7.551×10^{-5}	1.942×10^{-7}	1.803	0.00444
−130	371.1	3875	0.1402	9.749×10^{-8}	6.288×10^{-5}	1.694×10^{-7}	1.738	0.00520
−120	351.4	4146	0.1258	8.634×10^{-8}	5.257×10^{-5}	1.496×10^{-7}	1.732	0.00637
−110	328.8	4611	0.1115	7.356×10^{-8}	4.377×10^{-5}	1.331×10^{-7}	1.810	0.00841
−100	301.0	5578	0.0967	5.761×10^{-8}	3.577×10^{-5}	1.188×10^{-7}	2.063	0.01282
−90	261.7	8902	0.0797	3.423×10^{-8}	2.761×10^{-5}	1.055×10^{-7}	3.082	0.02922
				甲醇 [$CH_3(OH)$]				
20	788.4	2515	0.1987	1.002×10^{-7}	5.857×10^{-4}	7.429×10^{-7}	7.414	0.00118
30	779.1	2577	0.1980	9.862×10^{-8}	5.088×10^{-4}	6.531×10^{-7}	6.622	0.00120
40	769.6	2644	0.1972	9.690×10^{-8}	4.460×10^{-4}	5.795×10^{-7}	5.980	0.00123
50	760.1	2718	0.1965	9.509×10^{-8}	3.942×10^{-4}	5.185×10^{-7}	5.453	0.00127
60	750.4	2798	0.1957	9.320×10^{-8}	3.510×10^{-4}	4.677×10^{-7}	5.018	0.00132
70	740.4	2885	0.1950	9.128×10^{-8}	3.146×10^{-4}	4.250×10^{-7}	4.655	0.00137
				異丁烷 (R600a)				
−100	683.8	1881	0.1383	1.075×10^{-7}	9.305×10^{-4}	1.360×10^{-6}	12.65	0.00142
−75	659.3	1970	0.1357	1.044×10^{-7}	5.624×10^{-4}	8.531×10^{-7}	8.167	0.00150
−50	634.3	2069	0.1283	9.773×10^{-8}	3.769×10^{-4}	5.942×10^{-7}	6.079	0.00161
−25	608.2	2180	0.1181	8.906×10^{-8}	2.688×10^{-4}	4.420×10^{-7}	4.963	0.00177
0	580.6	2306	0.1068	7.974×10^{-8}	1.993×10^{-4}	3.432×10^{-7}	4.304	0.00199
25	550.7	2455	0.0956	7.069×10^{-8}	1.510×10^{-4}	2.743×10^{-7}	3.880	0.00232
50	517.3	2640	0.0851	6.233×10^{-8}	1.155×10^{-4}	2.233×10^{-7}	3.582	0.00286
75	478.5	2896	0.0757	5.460×10^{-8}	8.785×10^{-5}	1.836×10^{-7}	3.363	0.00385
100	429.6	3361	0.0669	4.634×10^{-8}	6.483×10^{-5}	1.509×10^{-7}	3.256	0.00628
				甘油				
0	1276	2262	0.2820	9.773×10^{-8}	10.49	8.219×10^{-3}	84,101	
5	1273	2288	0.2835	9.732×10^{-8}	6.730	5.287×10^{-3}	54,327	
10	1270	2320	0.2846	9.662×10^{-8}	4.241	3.339×10^{-3}	34,561	
15	1267	2354	0.2856	9.576×10^{-8}	2.496	1.970×10^{-3}	20,570	
20	1264	2386	0.2860	9.484×10^{-8}	1.519	1.201×10^{-3}	12,671	
25	1261	2416	0.2860	9.388×10^{-8}	0.9934	7.878×10^{-4}	8,392	
30	1258	2447	0.2860	9.291×10^{-8}	0.6582	5.232×10^{-4}	5,631	
35	1255	2478	0.2860	9.195×10^{-8}	0.4347	3.464×10^{-4}	3,767	
40	1252	2513	0.2863	9.101×10^{-8}	0.3073	2.455×10^{-4}	2,697	
				機油 (新品)				
0	899.0	1797	0.1469	9.097×10^{-8}	3.814	4.242×10^{-3}	46,636	0.00070
20	888.1	1881	0.1450	8.680×10^{-8}	0.8374	9.429×10^{-4}	10,863	0.00070
40	876.0	1964	0.1444	8.391×10^{-8}	0.2177	2.485×10^{-4}	2,962	0.00070
60	863.9	2048	0.1404	7.934×10^{-8}	0.07399	8.565×10^{-5}	1,080	0.00070
80	852.0	2132	0.1380	7.599×10^{-8}	0.03232	3.794×10^{-5}	499.3	0.00070
100	840.0	2220	0.1367	7.330×10^{-8}	0.01718	2.046×10^{-5}	279.1	0.00070
120	828.9	2308	0.1347	7.042×10^{-8}	0.01029	1.241×10^{-5}	176.3	0.00070
140	816.8	2395	0.1330	6.798×10^{-8}	0.006558	8.029×10^{-6}	118.1	0.00070
150	810.3	2441	0.1327	6.708×10^{-8}	0.005344	6.595×10^{-6}	98.31	0.00070

來源：數據從 S. A. Klein 與 F. L. Alvarado 所開發的 EES 軟體計算而得。原始來源係根據不同來源得到的。

表 A-8　液態金屬的性質

溫度 T, °C	密度 ρ, kg/m³	比熱 c_p, J/kg·K	熱導率 k, W/m·K	熱力擴散係數 α, m²/s	動力黏度 μ, kg/m·s	運動黏度 ν, m²/s	普朗特數 Pr	體積膨脹係數 β, 1/K
\multicolumn{9}{c}{水銀 (Hg) 熔點：−39°C}
0	13595	140.4	8.18200	4.287×10^{-6}	1.687×10^{-3}	1.241×10^{-7}	0.0289	1.810×10^{-4}
25	13534	139.4	8.51533	4.514×10^{-6}	1.534×10^{-3}	1.133×10^{-7}	0.0251	1.810×10^{-4}
50	13473	138.6	8.83632	4.734×10^{-6}	1.423×10^{-3}	1.056×10^{-7}	0.0223	1.810×10^{-4}
75	13412	137.8	9.15632	4.956×10^{-6}	1.316×10^{-3}	9.819×10^{-8}	0.0198	1.810×10^{-4}
100	13351	137.1	9.46706	5.170×10^{-6}	1.245×10^{-3}	9.326×10^{-8}	0.0180	1.810×10^{-4}
150	13231	136.1	10.07780	5.595×10^{-6}	1.126×10^{-3}	8.514×10^{-8}	0.0152	1.810×10^{-4}
200	13112	135.5	10.65465	5.996×10^{-6}	1.043×10^{-3}	7.959×10^{-8}	0.0133	1.815×10^{-4}
250	12993	135.3	11.18150	6.363×10^{-6}	9.820×10^{-4}	7.558×10^{-8}	0.0119	1.829×10^{-4}
300	12873	135.3	11.68150	6.705×10^{-6}	9.336×10^{-4}	7.252×10^{-8}	0.0108	1.854×10^{-4}
\multicolumn{9}{c}{鉍 (Bi) 熔點：271°C}
350	9969	146.0	16.28	1.118×10^{-5}	1.540×10^{-3}	1.545×10^{-7}	0.01381	
400	9908	148.2	16.10	1.096×10^{-5}	1.422×10^{-3}	1.436×10^{-7}	0.01310	
500	9785	152.8	15.74	1.052×10^{-5}	1.188×10^{-3}	1.215×10^{-7}	0.01154	
600	9663	157.3	15.60	1.026×10^{-5}	1.013×10^{-3}	1.048×10^{-7}	0.01022	
700	9540	161.8	15.60	1.010×10^{-5}	8.736×10^{-4}	9.157×10^{-8}	0.00906	
\multicolumn{9}{c}{鉛 (Pb) 熔點：327°C}
400	10506	158	15.97	9.623×10^{-6}	2.277×10^{-3}	2.167×10^{-7}	0.02252	
450	10449	156	15.74	9.649×10^{-6}	2.065×10^{-3}	1.976×10^{-7}	0.02048	
500	10390	155	15.54	9.651×10^{-6}	1.884×10^{-3}	1.814×10^{-7}	0.01879	
550	10329	155	15.39	9.610×10^{-6}	1.758×10^{-3}	1.702×10^{-7}	0.01771	
600	10267	155	15.23	9.568×10^{-6}	1.632×10^{-3}	1.589×10^{-7}	0.01661	
650	10206	155	15.07	9.526×10^{-6}	1.505×10^{-3}	1.475×10^{-7}	0.01549	
700	10145	155	14.91	9.483×10^{-6}	1.379×10^{-3}	1.360×10^{-7}	0.01434	
\multicolumn{9}{c}{鈉 (Na) 熔點：98°C}
100	927.3	1378	85.84	6.718×10^{-5}	6.892×10^{-4}	7.432×10^{-7}	0.01106	
200	902.5	1349	80.84	6.639×10^{-5}	5.385×10^{-4}	5.967×10^{-7}	0.008987	
300	877.8	1320	75.84	6.544×10^{-5}	3.878×10^{-4}	4.418×10^{-7}	0.006751	
400	853.0	1296	71.20	6.437×10^{-5}	2.720×10^{-4}	3.188×10^{-7}	0.004953	
500	828.5	1284	67.41	6.335×10^{-5}	2.411×10^{-4}	2.909×10^{-7}	0.004593	
600	804.0	1272	63.63	6.220×10^{-5}	2.101×10^{-4}	2.614×10^{-7}	0.004202	
\multicolumn{9}{c}{鉀 (K) 熔點：64°C}
200	795.2	790.8	43.99	6.995×10^{-5}	3.350×10^{-4}	4.213×10^{-7}	0.006023	
300	771.6	772.8	42.01	7.045×10^{-5}	2.667×10^{-4}	3.456×10^{-7}	0.004906	
400	748.0	754.8	40.03	7.090×10^{-5}	1.984×10^{-4}	2.652×10^{-7}	0.00374	
500	723.9	750.0	37.81	6.964×10^{-5}	1.668×10^{-4}	2.304×10^{-7}	0.003309	
600	699.6	750.0	35.50	6.765×10^{-5}	1.487×10^{-4}	2.126×10^{-7}	0.003143	
\multicolumn{9}{c}{鈉-鉀 (%22Na-%78K) 熔點：−11°C}
100	847.3	944.4	25.64	3.205×10^{-5}	5.707×10^{-4}	6.736×10^{-7}	0.02102	
200	823.2	922.5	26.27	3.459×10^{-5}	4.587×10^{-4}	5.572×10^{-7}	0.01611	
300	799.1	900.6	26.89	3.736×10^{-5}	3.467×10^{-4}	4.339×10^{-7}	0.01161	
400	775.0	879.7	27.50	4.037×10^{-5}	2.357×10^{-4}	3.041×10^{-7}	0.00753	
500	751.5	880.1	27.89	4.217×10^{-5}	2.108×10^{-4}	2.805×10^{-7}	0.00665	
600	728.0	881.2	28.28	4.408×10^{-5}	1.859×10^{-4}	2.553×10^{-7}	0.00579	

來源：數據從 S. A. Klein 與 F. L. Alvarado 所開發的 EES 軟體計算而得。原始來源係根據不同來源得到的。

表 A-9　在 1 atm 氣壓的空氣性質

溫度 T, °C	密度 ρ, kg/m³	比熱 c_p, J/kg·K	熱導率 k, W/m·K	熱力擴散係數 α, m²/s	動力黏度 μ, kg/m·s	運動黏度 ν, m²/s	普朗特數 Pr
−150	2.866	983	0.01171	4.158×10^{-6}	8.636×10^{-6}	3.013×10^{-6}	0.7246
−100	2.038	966	0.01582	8.036×10^{-6}	1.189×10^{-6}	5.837×10^{-6}	0.7263
−50	1.582	999	0.01979	1.252×10^{-5}	1.474×10^{-5}	9.319×10^{-6}	0.7440
−40	1.514	1002	0.02057	1.356×10^{-5}	1.527×10^{-5}	1.008×10^{-5}	0.7436
−30	1.451	1004	0.02134	1.465×10^{-5}	1.579×10^{-5}	1.087×10^{-5}	0.7425
−20	1.394	1005	0.02211	1.578×10^{-5}	1.630×10^{-5}	1.169×10^{-5}	0.7408
−10	1.341	1006	0.02288	1.696×10^{-5}	1.680×10^{-5}	1.252×10^{-5}	0.7387
0	1.292	1006	0.02364	1.818×10^{-5}	1.729×10^{-5}	1.338×10^{-5}	0.7362
5	1.269	1006	0.02401	1.880×10^{-5}	1.754×10^{-5}	1.382×10^{-5}	0.7350
10	1.246	1006	0.02439	1.944×10^{-5}	1.778×10^{-5}	1.426×10^{-5}	0.7336
15	1.225	1007	0.02476	2.009×10^{-5}	1.802×10^{-5}	1.470×10^{-5}	0.7323
20	1.204	1007	0.02514	2.074×10^{-5}	1.825×10^{-5}	1.516×10^{-5}	0.7309
25	1.184	1007	0.02551	2.141×10^{-5}	1.849×10^{-5}	1.562×10^{-5}	0.7296
30	1.164	1007	0.02588	2.208×10^{-5}	1.872×10^{-5}	1.608×10^{-5}	0.7282
35	1.145	1007	0.02625	2.277×10^{-5}	1.895×10^{-5}	1.655×10^{-5}	0.7268
40	1.127	1007	0.02662	2.346×10^{-5}	1.918×10^{-5}	1.702×10^{-5}	0.7255
45	1.109	1007	0.02699	2.416×10^{-5}	1.941×10^{-5}	1.750×10^{-5}	0.7241
50	1.092	1007	0.02735	2.487×10^{-5}	1.963×10^{-5}	1.798×10^{-5}	0.7228
60	1.059	1007	0.02808	2.632×10^{-5}	2.008×10^{-5}	1.896×10^{-5}	0.7202
70	1.028	1007	0.02881	2.780×10^{-5}	2.052×10^{-5}	1.995×10^{-5}	0.7177
80	0.9994	1008	0.02953	2.931×10^{-5}	2.096×10^{-5}	2.097×10^{-5}	0.7154
90	0.9718	1008	0.03024	3.086×10^{-5}	2.139×10^{-5}	2.201×10^{-5}	0.7132
100	0.9458	1009	0.03095	3.243×10^{-5}	2.181×10^{-5}	2.306×10^{-5}	0.7111
120	0.8977	1011	0.03235	3.565×10^{-5}	2.264×10^{-5}	2.522×10^{-5}	0.7073
140	0.8542	1013	0.03374	3.898×10^{-5}	2.345×10^{-5}	2.745×10^{-5}	0.7041
160	0.8148	1016	0.03511	4.241×10^{-5}	2.420×10^{-5}	2.975×10^{-5}	0.7014
180	0.7788	1019	0.03646	4.593×10^{-5}	2.504×10^{-5}	3.212×10^{-5}	0.6992
200	0.7459	1023	0.03779	4.954×10^{-5}	2.577×10^{-5}	3.455×10^{-5}	0.6974
250	0.6746	1033	0.04104	5.890×10^{-5}	2.760×10^{-5}	4.091×10^{-5}	0.6946
300	0.6158	1044	0.04418	6.871×10^{-5}	2.934×10^{-5}	4.765×10^{-5}	0.6935
350	0.5664	1056	0.04721	7.892×10^{-5}	3.101×10^{-5}	5.475×10^{-5}	0.6937
400	0.5243	1069	0.05015	8.951×10^{-5}	3.261×10^{-5}	6.219×10^{-5}	0.6948
450	0.4880	1081	0.05298	1.004×10^{-4}	3.415×10^{-5}	6.997×10^{-5}	0.6965
500	0.4565	1093	0.05572	1.117×10^{-4}	3.563×10^{-5}	7.806×10^{-5}	0.6986
600	0.4042	1115	0.06093	1.352×10^{-4}	3.846×10^{-5}	9.515×10^{-5}	0.7037
700	0.3627	1135	0.06581	1.598×10^{-4}	4.111×10^{-5}	1.133×10^{-4}	0.7092
800	0.3289	1153	0.07037	1.855×10^{-4}	4.362×10^{-5}	1.326×10^{-4}	0.7149
900	0.3008	1169	0.07465	2.122×10^{-4}	4.600×10^{-5}	1.529×10^{-4}	0.7206
1000	0.2772	1184	0.07868	2.398×10^{-4}	4.826×10^{-5}	1.741×10^{-4}	0.7260
1500	0.1990	1234	0.09599	3.908×10^{-4}	5.817×10^{-5}	2.922×10^{-4}	0.7478
2000	0.1553	1264	0.11113	5.664×10^{-4}	6.630×10^{-5}	4.270×10^{-4}	0.7539

注意：對理想氣體，性質 c_p、k、μ 及 Pr 與壓力無關。若壓力 P (單位用 atm) 不是 1 atm，ρ 等於同溫度的 ρ 乘以 P，而 ν 與 α 則用同溫度的 α 與 α 除以 P 而得。

來源：數據從 S. A. Klein 與 F. L. Alvarado 所開發的 EES 軟體計算而得。原始來源：Keenan, Chao, Keyes, Gas Tables, Wiley, 198; and Thermophysical Properties of Matter, Vol. 3: Thermal Conductivity, Y. S. Touloukian, P. E. Liley, S. C. Saxena, Vol. 11: Viscosity, Y. S. Touloukian, S. C. Saxena, and P. Hestermans, IFI/Plenun, NY, 1970, ISBN 0-306067020-8。

表 A-10　在 1 atm 氣壓的氣體性質

溫度 T, °C	密度 ρ, kg/m³	比熱 c_p, J/kg·K	熱導率 k, W/m·K	熱力擴散係數 α, m²/s	動力黏度 μ, kg/m·s	運動黏度 ν, m²/s	普朗特數 Pr
\multicolumn{8}{c}{二氧化碳, CO_2}							
−50	2.4035	746	0.01051	5.860×10^{-6}	1.129×10^{-5}	4.699×10^{-6}	0.8019
0	1.9635	811	0.01456	9.141×10^{-6}	1.375×10^{-5}	7.003×10^{-6}	0.7661
50	1.6597	866.6	0.01858	1.291×10^{-5}	1.612×10^{-5}	9.714×10^{-6}	0.7520
100	1.4373	914.8	0.02257	1.716×10^{-5}	1.841×10^{-5}	1.281×10^{-5}	0.7464
150	1.2675	957.4	0.02652	2.186×10^{-5}	2.063×10^{-5}	1.627×10^{-5}	0.7445
200	1.1336	995.2	0.03044	2.698×10^{-5}	2.276×10^{-5}	2.008×10^{-5}	0.7442
300	0.9358	1060	0.03814	3.847×10^{-5}	2.682×10^{-5}	2.866×10^{-5}	0.7450
400	0.7968	1112	0.04565	5.151×10^{-5}	3.061×10^{-5}	3.842×10^{-5}	0.7458
500	0.6937	1156	0.05293	6.600×10^{-5}	3.416×10^{-5}	4.924×10^{-5}	0.7460
1000	0.4213	1292	0.08491	1.560×10^{-4}	4.898×10^{-5}	1.162×10^{-4}	0.7455
1500	0.3025	1356	0.10688	2.606×10^{-4}	6.106×10^{-5}	2.019×10^{-4}	0.7745
2000	0.2359	1387	0.11522	3.521×10^{-4}	7.322×10^{-5}	3.103×10^{-4}	0.8815
\multicolumn{8}{c}{一氧化碳, CO}							
−50	1.5297	1081	0.01901	1.149×10^{-5}	1.378×10^{-5}	9.012×10^{-6}	0.7840
0	1.2497	1048	0.02278	1.739×10^{-5}	1.629×10^{-5}	1.303×10^{-5}	0.7499
50	1.0563	1039	0.02641	2.407×10^{-5}	1.863×10^{-5}	1.764×10^{-5}	0.7328
100	0.9148	1041	0.02992	3.142×10^{-5}	2.080×10^{-5}	2.274×10^{-5}	0.7239
150	0.8067	1049	0.03330	3.936×10^{-5}	2.283×10^{-5}	2.830×10^{-5}	0.7191
200	0.7214	1060	0.03656	4.782×10^{-5}	2.472×10^{-5}	3.426×10^{-5}	0.7164
300	0.5956	1085	0.04277	6.619×10^{-5}	2.812×10^{-5}	4.722×10^{-5}	0.7134
400	0.5071	1111	0.04860	8.628×10^{-5}	3.111×10^{-5}	6.136×10^{-5}	0.7111
500	0.4415	1135	0.05412	1.079×10^{-4}	3.379×10^{-5}	7.653×10^{-5}	0.7087
1000	0.2681	1226	0.07894	2.401×10^{-4}	4.557×10^{-5}	1.700×10^{-4}	0.7080
1500	0.1925	1279	0.10458	4.246×10^{-4}	6.321×10^{-5}	3.284×10^{-4}	0.7733
2000	0.1502	1309	0.13833	7.034×10^{-4}	9.826×10^{-5}	6.543×10^{-4}	0.9302
\multicolumn{8}{c}{甲烷, CH_4}							
−50	0.8761	2243	0.02367	1.204×10^{-5}	8.564×10^{-6}	9.774×10^{-6}	0.8116
0	0.7158	2217	0.03042	1.917×10^{-5}	1.028×10^{-5}	1.436×10^{-5}	0.7494
50	0.6050	2302	0.03766	2.704×10^{-5}	1.191×10^{-5}	1.969×10^{-5}	0.7282
100	0.5240	2443	0.04534	3.543×10^{-5}	1.345×10^{-5}	2.567×10^{-5}	0.7247
150	0.4620	2611	0.05344	4.431×10^{-5}	1.491×10^{-5}	3.227×10^{-5}	0.7284
200	0.4132	2791	0.06194	5.370×10^{-5}	1.630×10^{-5}	3.944×10^{-5}	0.7344
300	0.3411	3158	0.07996	7.422×10^{-5}	1.886×10^{-5}	5.529×10^{-5}	0.7450
400	0.2904	3510	0.09918	9.727×10^{-5}	2.119×10^{-5}	7.297×10^{-5}	0.7501
500	0.2529	3836	0.11933	1.230×10^{-4}	2.334×10^{-5}	9.228×10^{-5}	0.7502
1000	0.1536	5042	0.22562	2.914×10^{-4}	3.281×10^{-5}	2.136×10^{-4}	0.7331
1500	0.1103	5701	0.31857	5.068×10^{-4}	4.434×10^{-5}	4.022×10^{-4}	0.7936
2000	0.0860	6001	0.36750	7.120×10^{-4}	6.360×10^{-5}	7.395×10^{-4}	1.0386
\multicolumn{8}{c}{氫, H_2}							
−50	0.11010	12635	0.1404	1.009×10^{-4}	7.293×10^{-6}	6.624×10^{-5}	0.6562
0	0.08995	13920	0.1652	1.319×10^{-4}	8.391×10^{-6}	9.329×10^{-5}	0.7071
50	0.07603	14349	0.1881	1.724×10^{-4}	9.427×10^{-6}	1.240×10^{-4}	0.7191
100	0.06584	14473	0.2095	2.199×10^{-4}	1.041×10^{-5}	1.582×10^{-4}	0.7196
150	0.05806	14492	0.2296	2.729×10^{-4}	1.136×10^{-5}	1.957×10^{-4}	0.7174
200	0.05193	14482	0.2486	3.306×10^{-4}	1.228×10^{-5}	2.365×10^{-4}	0.7155
300	0.04287	14481	0.2843	4.580×10^{-4}	1.403×10^{-5}	3.274×10^{-4}	0.7149
400	0.03650	14540	0.3180	5.992×10^{-4}	1.570×10^{-5}	4.302×10^{-4}	0.7179
500	0.03178	14653	0.3509	7.535×10^{-4}	1.730×10^{-5}	5.443×10^{-4}	0.7224
1000	0.01930	15577	0.5206	1.732×10^{-3}	2.455×10^{-5}	1.272×10^{-3}	0.7345
1500	0.01386	16553	0.6581	2.869×10^{-3}	3.099×10^{-5}	2.237×10^{-3}	0.7795
2000	0.01081	17400	0.5480	2.914×10^{-3}	3.690×10^{-5}	3.414×10^{-3}	1.1717

表 A-10　在 1 atm 氣壓的氣體性質 (續)

溫度 T, °C	密度 ρ, kg/m³	比熱 c_p, J/kg·K	熱導率 k, W/m·K	熱力擴散係數 α, m²/s	動力黏度 μ, kg/m·s	運動黏度 ν, m²/s	普朗特數 Pr
\multicolumn{8}{c}{氮，N_2}							
−50	1.5299	957.3	0.02001	1.366×10^{-5}	1.390×10^{-5}	9.091×10^{-6}	0.6655
0	1.2498	1035	0.02384	1.843×10^{-5}	1.640×10^{-5}	1.312×10^{-5}	0.7121
50	1.0564	1042	0.02746	2.494×10^{-5}	1.874×10^{-5}	1.774×10^{-5}	0.7114
100	0.9149	1041	0.03090	3.244×10^{-5}	2.094×10^{-5}	2.289×10^{-5}	0.7056
150	0.8068	1043	0.03416	4.058×10^{-5}	2.300×10^{-5}	2.851×10^{-5}	0.7025
200	0.7215	1050	0.03727	4.921×10^{-5}	2.494×10^{-5}	3.457×10^{-5}	0.7025
300	0.5956	1070	0.04309	6.758×10^{-5}	2.849×10^{-5}	4.783×10^{-5}	0.7078
400	0.5072	1095	0.04848	8.727×10^{-5}	3.166×10^{-5}	6.242×10^{-5}	0.7153
500	0.4416	1120	0.05358	1.083×10^{-4}	3.451×10^{-5}	7.816×10^{-5}	0.7215
1000	0.2681	1213	0.07938	2.440×10^{-4}	4.594×10^{-5}	1.713×10^{-4}	0.7022
1500	0.1925	1266	0.11793	4.839×10^{-4}	5.562×10^{-5}	2.889×10^{-4}	0.5969
2000	0.1502	1297	0.18590	9.543×10^{-4}	6.426×10^{-5}	4.278×10^{-4}	0.4483
\multicolumn{8}{c}{氧，O_2}							
−50	1.7475	984.4	0.02067	1.201×10^{-5}	1.616×10^{-5}	9.246×10^{-6}	0.7694
0	1.4277	928.7	0.02472	1.865×10^{-5}	1.916×10^{-5}	1.342×10^{-5}	0.7198
50	1.2068	921.7	0.02867	2.577×10^{-5}	2.194×10^{-5}	1.818×10^{-5}	0.7053
100	1.0451	931.8	0.03254	3.342×10^{-5}	2.451×10^{-5}	2.346×10^{-5}	0.7019
150	0.9216	947.6	0.03637	4.164×10^{-5}	2.694×10^{-5}	2.923×10^{-5}	0.7019
200	0.8242	964.7	0.04014	5.048×10^{-5}	2.923×10^{-5}	3.546×10^{-5}	0.7025
300	0.6804	997.1	0.04751	7.003×10^{-5}	3.350×10^{-5}	4.923×10^{-5}	0.7030
400	0.5793	1025	0.05463	9.204×10^{-5}	3.744×10^{-5}	6.463×10^{-5}	0.7023
500	0.5044	1048	0.06148	1.163×10^{-4}	4.114×10^{-5}	8.156×10^{-5}	0.7010
1000	0.3063	1121	0.09198	2.678×10^{-4}	5.732×10^{-5}	1.871×10^{-4}	0.6986
1500	0.2199	1165	0.11901	4.643×10^{-4}	7.133×10^{-5}	3.243×10^{-4}	0.6985
2000	0.1716	1201	0.14705	7.139×10^{-4}	8.417×10^{-5}	4.907×10^{-4}	0.6873
\multicolumn{8}{c}{水蒸氣，H_2O}							
−50	0.9839	1892	0.01353	7.271×10^{-6}	7.187×10^{-6}	7.305×10^{-6}	1.0047
0	0.8038	1874	0.01673	1.110×10^{-5}	8.956×10^{-6}	1.114×10^{-5}	1.0033
50	0.6794	1874	0.02032	1.596×10^{-5}	1.078×10^{-5}	1.587×10^{-5}	0.9944
100	0.5884	1887	0.02429	2.187×10^{-5}	1.265×10^{-5}	2.150×10^{-5}	0.9830
150	0.5189	1908	0.02861	2.890×10^{-5}	1.456×10^{-5}	2.806×10^{-5}	0.9712
200	0.4640	1935	0.03326	3.705×10^{-5}	1.650×10^{-5}	3.556×10^{-5}	0.9599
300	0.3831	1997	0.04345	5.680×10^{-5}	2.045×10^{-5}	5.340×10^{-5}	0.9401
400	0.3262	2066	0.05467	8.114×10^{-5}	2.446×10^{-5}	7.498×10^{-5}	0.9240
500	0.2840	2137	0.06677	1.100×10^{-4}	2.847×10^{-5}	1.002×10^{-4}	0.9108
1000	0.1725	2471	0.13623	3.196×10^{-4}	4.762×10^{-5}	2.761×10^{-4}	0.8639
1500	0.1238	2736	0.21301	6.288×10^{-4}	6.411×10^{-5}	5.177×10^{-4}	0.8233
2000	0.0966	2928	0.29183	1.032×10^{-3}	7.808×10^{-5}	8.084×10^{-4}	0.7833

注意：對理想氣體，性質 c_p、k、μ 及 Pr 與壓力無關。若壓力 P (單位用 atm) 不是 1 atm，ρ 等於同溫度的 ρ 乘以 P，而 ν 與 α 則用同溫度的 α 與 α 除以 P 而得。

來源：數據從 S. A. Klein 與 F. L. Alvarado 所開發的 EES 軟體計算而得。原始來源係根據不同來源得到的。

表 A-11　不同高度的大氣性質

高度, m	溫度, °C	壓力, kPa	重力 g, m/s²	音速, m/s	密度, kg/m³	黏度 μ, kg/m·s	熱導率, W/m·K
0	15.00	101.33	9.807	340.3	1.225	1.789×10^{-5}	0.0253
200	13.70	98.95	9.806	339.5	1.202	1.783×10^{-5}	0.0252
400	12.40	96.61	9.805	338.8	1.179	1.777×10^{-5}	0.0252
600	11.10	94.32	9.805	338.0	1.156	1.771×10^{-5}	0.0251
800	9.80	92.08	9.804	337.2	1.134	1.764×10^{-5}	0.0250
1000	8.50	89.88	9.804	336.4	1.112	1.758×10^{-5}	0.0249
1200	7.20	87.72	9.803	335.7	1.090	1.752×10^{-5}	0.0248
1400	5.90	85.60	9.802	334.9	1.069	1.745×10^{-5}	0.0247
1600	4.60	83.53	9.802	334.1	1.048	1.739×10^{-5}	0.0245
1800	3.30	81.49	9.801	333.3	1.027	1.732×10^{-5}	0.0244
2000	2.00	79.50	9.800	332.5	1.007	1.726×10^{-5}	0.0243
2200	0.70	77.55	9.800	331.7	0.987	1.720×10^{-5}	0.0242
2400	−0.59	75.63	9.799	331.0	0.967	1.713×10^{-5}	0.0241
2600	−1.89	73.76	9.799	330.2	0.947	1.707×10^{-5}	0.0240
2800	−3.19	71.92	9.798	329.4	0.928	1.700×10^{-5}	0.0239
3000	−4.49	70.12	9.797	328.6	0.909	1.694×10^{-5}	0.0238
3200	−5.79	68.36	9.797	327.8	0.891	1.687×10^{-5}	0.0237
3400	−7.09	66.63	9.796	327.0	0.872	1.681×10^{-5}	0.0236
3600	−8.39	64.94	9.796	326.2	0.854	1.674×10^{-5}	0.0235
3800	−9.69	63.28	9.795	325.4	0.837	1.668×10^{-5}	0.0234
4000	−10.98	61.66	9.794	324.6	0.819	1.661×10^{-5}	0.0233
4200	−12.3	60.07	9.794	323.8	0.802	1.655×10^{-5}	0.0232
4400	−13.6	58.52	9.793	323.0	0.785	1.648×10^{-5}	0.0231
4600	−14.9	57.00	9.793	322.2	0.769	1.642×10^{-5}	0.0230
4800	−16.2	55.51	9.792	321.4	0.752	1.635×10^{-5}	0.0229
5000	−17.5	54.05	9.791	320.5	0.736	1.628×10^{-5}	0.0228
5200	−18.8	52.62	9.791	319.7	0.721	1.622×10^{-5}	0.0227
5400	−20.1	51.23	9.790	318.9	0.705	1.615×10^{-5}	0.0226
5600	−21.4	49.86	9.789	318.1	0.690	1.608×10^{-5}	0.0224
5800	−22.7	48.52	9.785	317.3	0.675	1.602×10^{-5}	0.0223
6000	−24.0	47.22	9.788	316.5	0.660	1.595×10^{-5}	0.0222
6200	−25.3	45.94	9.788	315.6	0.646	1.588×10^{-5}	0.0221
6400	−26.6	44.69	9.787	314.8	0.631	1.582×10^{-5}	0.0220
6600	−27.9	43.47	9.786	314.0	0.617	1.575×10^{-5}	0.0219
6800	−29.2	42.27	9.785	313.1	0.604	1.568×10^{-5}	0.0218
7000	−30.5	41.11	9.785	312.3	0.590	1.561×10^{-5}	0.0217
8000	−36.9	35.65	9.782	308.1	0.526	1.527×10^{-5}	0.0212
9000	−43.4	30.80	9.779	303.8	0.467	1.493×10^{-5}	0.0206
10,000	−49.9	26.50	9.776	299.5	0.414	1.458×10^{-5}	0.0201
12,000	−56.5	19.40	9.770	295.1	0.312	1.422×10^{-5}	0.0195
14,000	−56.5	14.17	9.764	295.1	0.228	1.422×10^{-5}	0.0195
16,000	−56.5	10.53	9.758	295.1	0.166	1.422×10^{-5}	0.0195
18,000	−56.5	7.57	9.751	295.1	0.122	1.422×10^{-5}	0.0195

來源：美國標準大氣增刊，美國政府印刷局，1966 年。依據北緯 45° 的年平均狀態並隨時間與氣候型態改變。在海平面 ($z = 0$) 狀態取 $P = 101.325$ kPa、$T = 15°C$、$\rho = 1.2250$ kg/m³、$g = 9.80665$ m²/s。

圖 A-12 圓管中完全發展流決定給水頭損失關係式 $h_L = f \dfrac{L}{D} \dfrac{V^2}{2g}$ 使用的摩擦因子的穆迪圖。紊流中的摩擦因子是從科爾布魯克方程

式 $\dfrac{1}{\sqrt{f}} = -2\log_{10}\left(\dfrac{\varepsilon/D}{3.7} + \dfrac{2.51}{\text{Re}\,\sqrt{f}}\right)$ 求出的。

符號索引

符號	說明
a	曼寧常數，$m^{1/3}/s$；從渠道底部到水閘門底部的高度，m
$\vec{a}, a$	加速度與其大小，m/s^2
A, A_c	面積，m^2；截面積，m^2
Ar	阿基米德數
AR	寬長比
b	寬度或其它距離，m；RTT 分析中的內延性質；渦輪機葉片寬度，m
bhP	制動馬力，hp 或 kW
B	浮力中心；RTT 分析中的外延性質
Bi	必歐數
Bo	邦德數
c	不可壓縮物質的比熱，$kJ/kg \cdot K$；音速，m/s；真空的光速，m/s；機翼的弦長，m
c_0	波速，m/s
c_P	定壓比熱，$kJ/kg \cdot K$
c_V	定容比熱，$kJ/kg \cdot K$
C	光照亮的因次
C	伯努利常數，m^2/s^2 或 $m/t^2 \cdot L$，相依於伯努利方程式的形式；蔡希係數，$m^{1/2}/2$；周長，m
Ca	空蝕數
$C_D, C_{D,x}$	阻力係數；局部阻力係數
C_d	排出係數
$C_f, C_{f,x}$	范寧摩擦因子或表面摩擦係數；局部表面摩擦係數
C_H	水頭係數
$C_L, C_{L,x}$	升力係數；局部升力係數
C_{NPSH}	吸引水頭係數
CP	壓力中心
C_p	壓力係數
C_P	功率係數
C_Q	容量係數
CS	控制面
CV	控制體積
C_{wd}	堰排水係數
D 或 d	直徑，m（d 一般是給比較小的直徑）
D_{AB}	物種擴散係數，m^2/s
D_h	水力直徑，m
D_p	粒子直徑，m
e	比總能，kJ/kg
$\vec{e}_r, \vec{e}_\theta$	分別是在 r 與 θ 方向的單位向量
E	電壓，V
$E, \dot{E}$	總能，kJ；能量率，kJ/s
Ec	艾克特數
EGL	能量坡線，m
E_s	明渠流中的比能量，m
Eu	歐拉數
f	頻率，cycles/s；布列修士邊界層相似變數
f, f_x	達西摩擦因子；局部達西摩擦因子
$\vec{F}, F$	力與其大小，N
F_B	浮力大小，N
F_D	阻力大小，N
F_f	摩擦阻力大小，N
F_L	升力大小，N

符號	說明
Fo	傅立葉數
Fr	福勞數
F_T	張力大小，N
$\vec{g}, g$	重力加速度及其大小，m/s²
$\dot{g}$	每單位體積的熱產生率
G	重心
GM	定傾中心高度，m
Gr	格拉秀夫數
h	比焓，kJ/kg；高度，m；水頭，m；對流熱傳係數，W/m²·K
h_{fg}	汽化潛熱，kJ/kg
h_L	水頭損失，m
H	高度，m；泵或渦輪機淨水頭，m；明渠流中一個液體的總能量，用水頭表示，m；堰水頭，m
$\vec{H}, H$	動力矩及其大小，N·m·s
HGL	水力坡線，m
H_{gross}	作用在渦輪機的總水頭，m
$\vec{i}$	x- 方向的單位向量
I	電流的因次
I	慣性矩，N·m·s²；電流，A；紊流強度
I_{xx}	二次慣性矩，m⁴
j	在白金漢 π- 定理中的縮減量
$\vec{j}$	y- 方向的單位向量
Ja	亞伯數
k	比熱比；白金漢 π- 定理中 π 參數的預期數目；熱導率，W/m·K；每單位質量的紊流動能，m²/s²
$\vec{k}$	z- 方向的單位向量
ke	比動能，kJ/kg
KE	動能，kJ
K_L	次要損失係數
Kn	紐生數
ℓ	長度或距離，m；紊流長度尺度，m
L	長度因次
L	長度或距離
Le	路易士數
L_c	機翼弦長，m；特徵長度，m
L_h	水力進口長度，m
L_w	堰長度，m
m	質量因次
$m, \dot{m}$	質量，kg；質量流率，kg/s
M	莫耳質量，kg/kmol
$\vec{M}, M$	力矩及其大小，N·m
Ma	馬赫數
n	白金漢 π- 定理中的參數數目；曼寧係數
$n, \dot{n}$	旋轉數；旋轉率，rpm
$\vec{n}$	單位法向量
N	物質量的因次
N	莫耳數，mol 或 kmol
N_P	功率數
Nu	紐塞數
p	溼周長，m
pe	比位能，kJ/kg
P, P'	壓力與修正壓力，N/m² 或 Pa
PE	位能，kJ
Pe	佩克萊數
P_{gage}	錶壓，N/m² 或 Pa
P_m	機械壓，N/m² 或 Pa
Pr	普朗特數
P_{sat} 或 P_v	飽和壓或蒸氣壓，kPa
P_{vac}	真空壓，N/m² 或 Pa
P_w	堰高，m
q	每單位質量的熱傳，kJ/kg
$\dot{q}$	熱通量 (每單位面積的熱傳率)，W/m²
$Q, \dot{Q}$	總熱傳，kJ；熱傳率，W 或 kW
$\vec{r}, r$	矩臂及其大小，m；徑向座標，m；半徑，m
R	氣體常數，kJ/kg·K；半徑，m；電阻，Ω
Ra	雷萊數
Re	雷諾數
R_h	水力半徑，m
Ri	瑞查生數
R_u	萬用氣體常數，kJ/kmol·K

s	沿著一個平板面的浸沒距離，m；沿著一面或流線的距離，m；比熵，kJ/kg·K；在 LDV 中的條紋間隔，m；渦輪機葉片間距，m
S_0	明渠流的渠道底面的斜率
Sc	施密特數
S_c	明渠流的臨界斜率
S_f	明渠流的摩擦斜率
SG	比重
Sh	雪伍德數
SP	停滯點的性質
St	史坦登數；史特豪數
Stk	史托克數
t	時間因次
t	時間，s
T	溫度因次
T	溫度，°C 或 K
$\vec{T}, T$	扭力及其大小，N·m
u	比內能，kJ/kg；卡氏座標的 x- 方向速度分量，m/s
u_*	紊流邊界層的摩擦速度
u_r	圓柱座標的 r- 方向速度分量，m/s
u_θ	圓柱座標的 θ- 方向速度分量，m/s
u_z	圓柱座標的 z- 方向速度分量，m/s
U	內能，kJ；邊界層外面 x- 方向的速度分量 (平行壁面)，m/s
v	卡氏座標的 y- 方向速度分量
υ	比容，m^3/kg
$V, \dot{V}$	體積，m^3；體積流率，m^3/s
$\vec{V}, V$	速度及其大小 (速率)，m/s；平均速度，m/s
V_0	明渠流中的均勻流速度，m/s
w	每單位質量的功，kJ/kg；卡氏座標的 z- 方向速度分量，m/s；寬度，m
W	重量，N；寬度，m
$W, \dot{W}$	功傳遞，kJ；功率，W 或 kW
We	韋伯數
x	卡氏座標 (通常向右)，m
$\vec{x}$	位置向量，m
y	卡氏座標 (通常向上或進入頁面)，m；明渠流中的液體深度，m
y_n	明渠流中的正常深度，m
z	卡氏座標 (通常向上)，m

希臘字母

符號	說明
α	角度；攻角；動能修正因子；熱擴散率，m^2/s
$\vec{\alpha}, \alpha$	角加速度及其大小，s^{-2}
β	體積膨脹係數，K^{-1}；動量通量修正因子；角度；阻塞型流量計的直徑比
δ	邊界層厚度，m；流線間距離，m；量的微小變化
ε	平均表面粗糙度，m；紊流耗散率，m^2/s^3
ε_{ij}	應變張量，s^{-1}
Φ	耗散函數，kg/ms·s^3
ϕ	角度
γ_s	比重量，N/m^3
Γ	環流或渦強度，m^2/s
η	效率
λ	黏度第二係數，kg/m·s
μ	黏度，kg/m·s；馬赫角
ν	運動黏度，m^2/s
Π	因次分析的無因次參數
θ	角度或角度座標
ρ	密度，kg/m^3
σ	正向應力，N/m^2
σ_{ij}	應力張量，N/m^2
σ_s	表面張力，N/m
τ	剪應力，N/m^2
τ_{ij}	黏應力張量 (也稱為剪應力張量)，N/m^2
$\tau_{ij, turbulent}$	比雷諾應力張量，m^2/s^2
$\vec{\omega}, \omega$	角速度向量及其大小；rad/s；角頻率，rad/s
ψ	流線函數，m^2/s
$\vec{\zeta}, \zeta$	渦度向量及其大小，s^{-1}

下標

∞	遠場的性質
0	停滯性質；原點或參考點的性質
abs	絕對的
atm	大氣的
avg	平均量
C	作用在形心
c	與截面有關的
cr	臨界性質
CL	與中心線有關的
CS	與控制面有關的
CV	與控制體積有關的
e	出口性質；抽取部分
eff	有效性質
f	流體性質；通常是液體
H	水平地作用
lam	層流性質
L	不可逆性損失的部分
m	模型性質
max	最大值
mech	機械性質
min	最小值
n	正向分量
P	作用在壓力中心
p	原型性質；粒子性質；活塞性質
R	合力
r	相對的 (移動的參考座標)
rec	直角性質
S	作用在表面上
s	固體性質
sat	飽和性質；衛星性質
sub	沉浸部分
sys	與系統有關的
t	切向分量
tri	三角性質
turb	紊流性質
u	有用的部分
V	垂直地作用
v	蒸氣性質
vac	真空
w	壁面性質

上標

¯ (上槓)	平均量
· (上點)	每單位時間的量；時間微分
' (撇)	擾動量；一個變數的微分；修正變數
*	無因次性質；音速性質
+	紊流邊界層的壁面定律變數
→ (上箭頭)	向量

中英文索引

Btu (British thermal unit)　16
calorie (cal)　16
joule (J)　16
torr　70
watt (W)　16

二劃

二階張量 (second-order tensor)　211
二維 (two-dimensional)　422
力學 (mechanics)　2

三劃

三維 (three-dimensional)　423

四劃

不可壓縮 (incompressible)　9
不可壓縮流 (incompressible flow)　423
不均勻的 (nonuniform)　466
不完全相似性 (incomplete similarity)　272
不穩定 (unsteady)　10
不穩定的 (unstable)　89
中性穩定的 (neutrally stable)　89
內延性質 (intensive properties)　30, 139
內能 (internal energy)　35
公制 SI 系統 (Le Systèm International d'Unités)　14
分壓 (partial pressure)　34
分離區 (separated region)　429
升力係數 (lift coefficient)　425
比重 (specific gravity)　31
比重量 (specific weight)　16
毛細現象 (capillary effect)　49
水力入口長度 (hydrodynamic entry length)　291
水力入口區 (hydrodynamic entrance region)　291
水力半徑 (hydraulic radius)　468
水力完全發展區 (hydrodynamically fully developed region)　291
水力坡線 (hydraulic grade line)　174
水力直徑 (hydraulic diameter)　290
水力動力學 (hydrodynamics)　2
水力發展流 (hydrodynamically developing flow)　291
水力學 (hydraulics)　2
水頭損失 (head loss)　296
水躍 (hydraulic jump)　471
牛頓流體 (Newtonian fluids)　44, 384

五劃

主要因次 (primary dimensions)　13, 248
主要損失 (major losses)　315
功 (work)　16, 182
功率 (power)　182
加速度場 (acceleration field)　113
外形圖 (profile plot)　125
外延性質 (extensive property)　30, 139
失速 (stall)　429
平面流 (planar glow)　377
平移　128
正向應力 (normal stress)　3, 211
正常水深 (normal depth)　467
白金漢 π- 定理 (Buckingham Pi theorem)　255
皮托靜壓管 (Pitot-static probe 或 Pitot-Darcy probe)　171, 332

六劃

全導數 (total derivative)　118
全導數運算子 (total derivative operator)　115
向心加速度 (centripetal acceleration)　227
向量圖 (vector plot)　126
因次 (dimension)　13, 248
因次分析 (dimensional analysis)　250
守恆定理 (conservation laws)　154
次音速 (subsonic)　9
次要因次 (secondary dimensions)　14
次要損失 (minor losses)　315
自然流動 (natural flows)　10

七劃

伯努利方程式 (Bernoulli equation)　166, 189
伸長應變 (extensional strain)　128
位能 (potential energy)　35
均勻的 (uniform)　466
完全發展 (fully developed)　292, 397
尾流 (wake)　429
扭曲的模型 (distorted model)　275
攻角 (angle of attack)　429
系統 (system)　12
阻力 (drag force)　43
阻力係數 (drag coefficient)　425
阻塞型流量計 (obstruction flow-meters)　334

八劃

帕斯卡定理 (Pascal's Law)　69
弦 (chord)　429
拉格朗日描述 (Lagrangian description)　112
拉格朗日導數 (Lagrangian derivative)　118
物體力 (body force)　210
空氣動力學 (aerodynamics)　2
空蝕 (cavitation)　35
空蝕泡 (cavitation bubble)　35
表面力 (surface force)　210
表面張力 (surface tension)　47
表面摩擦阻力 (skin friction drag)　427
非牛頓流體 (non-Newtonian fluids)　384

九劃

封閉系統 (closed system)　12
流功 (flow work)　185
流動分離 (flow separation)　8, 429
流動深度 (flow depth)　466
流場 (flow field)　113
流線函數 (stream function)　372
流線 (streamline)　120
流線管 (streamtube)　121
流變學 (rheology)　384
流體 (fluid)　2
流體力學 (fluid mechanics)　2
流體動力學 (fluid dynamics)　2
相似性 (similarity)　251
胥來侖紋影術 (schlieren technique)　124
英制系統 (English system)　14
計算流體力學 (CFD)　120
計算流體力學 (computational fluid dynamics, CFD)　270, 391
重量 (weight)　15
重複變數 (repeating parameters)　255
重複變數法 (method of repeating variables)　255
音速 (sonic)　9
急變流 (rapidly varied flow, RVF)　467

十劃

時間線 (timeline)　123
氣壓器 (barometer)　69
氣體動力學 (gas dynamics)　2
紊流 (turbulent)　10, 289
紊流剪應力 (turbulent shear stress)　303
紊流模型 (turbulence models)　303
紊流應力 (turbulent stresses)　303
紊流黏度 (turbulent viscosity)　304
納維–斯托克斯方程式 (Navier-Stokes equation)　387
能量守恆定理 (conservation of energy principle)　181
能量坡線 (energy grade line)　174
迴歸分析 (regression analysis)　271
馬赫數 (Mach number)　9

十一劃

停滯點 (stagnation point)　171
剪力 (shear force)　44
剪切減黏流體 (shear thinning fluids)　384
剪切增黏流體 (shear thickening fluids)　385
剪應力 (shear stress)　3, 211
剪應變 (shear strain)　128
剪應變率 (shear strain rate)　130
動力相似 (dynamic similarity)　251
動力學 (dynamics)　2
動力黏度 (dynamic viscosity)　44
動能 (kinetic energy)　35
動能修正因子 (kinetic energy correction factor)　189
動量修正因子 (momentum-flux correction factor)　216
動壓 (dynamic pressure)　170, 425
基本因次 (basic dimensions)　248
基礎因次 (fundamental dimensions)　14, 248

強制流動 (forced flows)　10
控制質量 (control mass)　12
控制體積 (control volume)　13, 112
旋渦 (vortices)　430
旋轉的 (rotational)　134
液靜壓 (hydrostatic pressure)　170
液體壓力計 (manometer)　73
混合長度 (mixing length)　304
焓 (enthalpy)　36
理想氣體 (ideal gas)　33
粒子成像測速法 (particle image velocimetry, PIV)　344
組成方程式 (constitutive equations)　383
速度場 (velocity field)　113
速度邊界層 (velocity boundary layer)　291
連體 (continuum)　30, 112
陰影照相術 (shadowgraph technique)　124
週期性 (periodic)　10

十二劃

單位 (unit)　13, 248
幾何相似 (geometric similarity)　251
斯托克斯定律 (Stokes law)　431
普修爾定律 (Poiseuille's Law)　297
渦度 (vorticity)　133
渦旋 (eddies)　302
渦旋洩離 (vortex shedding)　430
渦旋黏度 (eddy viscosity)　304
無因次參數 (nondimensional parameters)　251
無旋的 (irrotational)　134

無旋流動區域 (irrotational flow region)　437
無滑動條件 (no-slip condition)　8, 395
無黏性流區 (inviscid flow region)　8
等高線圖 (contour plot)　127
絕對壓力 (absolute pressure)　64
絕對黏度 (absolute viscosity)　44
絕熱過程 (adiabatic process)　182
超音速 (supersonic)　9
軸差應力張量 (deviatoric stress tensor)　383
軸對稱流 (axisymmetric flow)　377
開放系統 (open system)　13
運動相似 (kinematic similarity)　251
運動紊流黏度 (kinematic turbulent viscosity)　304
運動渦旋黏度 (kinematic eddy viscosity)　304
運動學 (kinematics)　112
運動黏度 (kinematic viscosity)　45
過渡 (transition)　289

十三劃

傾斜式液體壓力計 (inclined manometers)　74
微分解析法 (differential analysis)　362
極音速 (hypersonic)　9
煙線 (streakline)　122
跟車 (drafting)　435
路徑線 (pathline)　122
雷射都卜勒測速法 (Laser Doppler velocimetry, LDV)　343
雷諾數 (Reynolds number, Re)　10, 252, 290

雷諾輸運定理 (Reynolds transport theorem, RTT) 138
雷諾應力 (Reynolds stress) 303
飽和溫度 (saturation temperature) 33
飽和壓力 (saturation pressure) 34

十四劃

實質導數 (substantial derivative) 118
對流加速度 (convective acceleration) 116
漸變流 (gradually varied flow, GVF) 467
蒸氣壓 (vapor pressure) 34
誘導阻力 (induced drag) 449
遷移加速度 (advective acceleration) 116

十五劃

層流 (laminar) 10, 289
彈性容積模數 (bulk modulus of elasticity) 37
歐拉描述法 (Eulerian description) 112
歐拉導數 (Eulerian derivative) 118
熱 (heat) 35
熱力學第一定理 (first law of thermodynamics) 181
熱能 (thermal energy) 35
熱傳 (heat transfer) 182
熱傳率 (heat transfer rate) 182
熱線式風速計 (hot-wire anemometer) 341
熱膜式風速計 (hot-film anemometer) 341
線性動量 (linear momentum) 214

線性應變 (linear strain) 128
線性應變率 (linear strain rate) 129
線性疊加 (superposition) 435
緩衝層 (buffer layer) 305, 438
蔡希係數 (Chezy coefficient) 479
質量守恆定理 (conservation of mass principle) 157
質點 (material particle) 114
質點位置向量 (material position vector) 115
質點導數 (particle derivative) 118
隨質點加速度 (material acceleration) 118
隨質點導數 (material derivative) 118

十六劃

導出因次 (derived dimensions) 14
機械能 (mechanical energy) 163, 187
穆迪圖 (Moody chart) 308
錶壓力 (gage pressure) 64
靜力學 (statics) 2
靜壓 (static pressure) 170

十七劃

壓力 (pressure) 3, 64
壓力中心 (center of pressure) 78, 79
壓力阻力 (pressure drag) 427
壓損 (pressure loss) 296
壓縮係數 (coefficient of compressibility) 37
應力 (stress) 3
應力張量 (stress tensor) 211, 379
縮流頸 (vena contracta) 317

總能 (total energy)　35
翼尖渦旋 (tip vortex)　449
臨界深度 (critical depth)　470
黏性次層 (viscous sublayer)　438
黏性流 (viscous flows)　8
黏度 (viscosity)　43
黏彈性的 (viscoelastic)　384
黏應力張量 (viscous stress tensor)　383

十八劃

轉動 (rotation)　128
邊界層 (boundary layer)　8, 291

十九劃

穩定 (steady)　10
穩定的 (stable)　89

二十三劃

變形率 (deformation rates)　128
變速的 (varied)　466
體積膨脹係數 (coefficient of volume expansion)　39
體積應變率 (volumetric strain rate)　130